浙江大学首届优秀教材奖 | 特等奖

磁学基础与磁性材料

（第三版）

严　密　彭晓领◎编著

Fundamentals of Magnetics and Magnetic Materials

ZHEJIANG UNIVERSITY PRESS
浙江大学出版社
·杭州·

图书在版编目（CIP）数据

磁学基础与磁性材料 / 严密，彭晓领编著. —3 版
. —杭州：浙江大学出版社，2023.9
ISBN 978-7-308-24226-4

Ⅰ. ①磁… Ⅱ. ①严… ②彭… Ⅲ. ①磁学—基本知识②磁性材料 Ⅳ. ①O441.2②TM271

中国国家版本馆 CIP 数据核字(2023)第 181020 号

内容简介

本书主要包含四部分内容：第一部分阐述铁磁学基本概念和基础理论，包括原子磁矩、基本磁现象、磁畴结构、技术磁化和动态磁化理论，共 6 章；第二部分介绍软磁材料，包括软磁材料性能参数、金属软磁材料、铁氧体软磁材料和软磁复合材料，共 3 章；第三部分介绍常用永磁材料，包括金属永磁材料、铁氧体永磁材料和稀土永磁材料，共 4 章；第四部分介绍其他功能磁性材料，包括磁性纳米材料、磁记录材料、磁性液体、磁致伸缩材料、磁热效应材料、自旋电子学材料，共 6 章。本书讨论的磁性材料既有已广泛应用的材料，也有正成为科学研究的热点、有望在将来获得重要应用的材料。

本书可作为高等学校磁学与磁性材料相关专业本科生和研究生的教学用书，也可作为从事磁性材料生产和研发的工程技术人员的参考书。

磁学基础与磁性材料(第三版)
CIXUE JICHU YU CIXING CAILIAO
严　密　彭晓领　编著

策划编辑　黄娟琴
责任编辑　徐　霞
文字编辑　沈巧华
责任校对　汪荣丽
封面设计　雷建军
出版发行　浙江大学出版社
(杭州市天目山路 148 号　邮政编码 310007)
(网址：http://www.zjupress.com)
排　　版　杭州好友排版工作室
印　　刷　杭州高腾印务有限公司
开　　本　787mm×1092mm　1/16
印　　张　30.5
字　　数　761 千
版 印 次　2023 年 9 月第 3 版　2023 年 9 月第 1 次印刷
书　　号　ISBN 978-7-308-24226-4
定　　价　89.00 元

序 1

我熟识严密教授几十年了，可以说是看着他从一颗“青椒”成长至今的。一方面，我们是同行，在国内外各类学术活动中时常碰面；另一方面，杭州是我的老家，离南京不远，每年我都要去杭州和浙江其他地方很多次，开会、做报告，或者考察交流，对严密和他的工作非常了解。再进一步，可能还是彼此对做人、做学问的相互认可吧。

我了解他磕磕绊绊一路走来的不易。严密本硕博学习铸造，20 世纪 90 年代初到浙江大学工作，由稀土-过渡族金属磁性和储氢特性入手，开启磁性材料学术生涯。那时，浙江的高校和科研院所几乎还没人研究磁性材料，当地磁材产业基础也比较薄弱，钕铁硼生产用的还是铸锭工艺。他将铸造知识用于磁性材料研发，逐步拓展研究方向。因为校内条件有限，他选择与企业合作。现在看，正是当初的困难和选择成就了他。企业提供的中试场地弥补了校内空间的不足，企业提供的助手弥补了研究人手的不足，企业提供的经费、设备和材料使他的工作后顾无忧，企业的市场信息则使他一直能够把握市场脉搏和国家需要，成果也能第一时间获得应用。

几十年来，严密与企业共同成长，相互成就。难能可贵的是，尽管现在他在学术和产业界已有很大影响力，发明创制的系列材料在国防、民用领域大面积应用，主要合作企业发展为龙头企业，可他仍然一直将教书育人视为优先工作。每每聊起学生或助手有什么进步和成就，他都会眉飞色舞。2005 年前后，他在他指导的博士研究生彭晓领的协助下，完成了《磁学基础与磁性材料》(第一版)，弥补了高校材料专业磁性材料教材的缺失。这本书在很多企业的工程技术人员中几乎人手一本。他当时曾赠我一本，读后看得出他花了很多心血。2017 年前后，他说科技和产业发展很快，教材再不更新就误人子弟了，于是写了第二版，字数从第一版的 40 多万增加到近 80 万。两版《磁学基础与磁性材料》，对我国磁性材料人才培养和产业发展发挥了重要作用，重印次数据说超过 20 次。

现在，第三版出版了，不仅结构再次优化，知识再次更新，还增加了课堂教学视频，读者只要扫描二维码即可听讲。严密的用心用力和尽职尽责，我很赞赏。

彭晓领在中国计量大学任教多年，是很优秀的年轻学者。

是以为序。

中科院院士
南京大学教授
2023 年 6 月于南京

序 2

《磁学基础与磁性材料》(第三版)出版之际,我阅读了样书,很乐意和荣幸为该书作序。

磁学和磁性材料如同孪生兄弟,陪伴发展,相互支撑。以前,磁学著作大多出自物理学家之手,物理论述深,材料论述少。对材料专业学生来说,部分著作难免晦涩难懂。而且,磁性材料相关著作,大多聚焦于单一材料。《磁学基础与磁性材料》这本书对磁学理论深度把握得当,磁性材料内容丰富翔实,非常适合材料专业学生与工业界人士学习和阅读。该书第一版在 2006 年出版后,被诸多顶尖高校的材料学科选为本科生或研究生教材,在工业界也广受欢迎。10 多年后,作者增补了大量新的研究成果和新技术,字数增加了 37 万,完成了第二版。该书前后两版,被超过百所高校用作教材,重印 20 多次,成为磁性材料领域影响力最大的著作之一,2023 年获得了"浙江大学首届优秀教材奖"特等奖。

《磁学基础与磁性材料》的成功,我想关键是第一作者严密教授长期专注于磁性材料基础研究与工程应用,理论功底深,学术造诣高,对磁性材料科技和产业发展有深刻理解,又亲身从事本科生教学和研究生培养,对社会所需要的专业教材和学习资料有较全面的把握。严密的科研实践,不仅为浙江发展为如今的全球磁性材料产业中心做出了重要贡献,而且理论与实践的结合,使该书同时满足了高校学生和企业技术人员的学习需求。

该书第三版不仅再次增补了新的知识点,删减了已被淘汰的工艺技术,而且录制了课堂教学视频。通过扫码听讲,读者可以显著提高学习效率。严密在科研工作十分繁重的情况下,依然认真撰写教材,潜心培养学生和年轻工程科技人员,这种精神是值得学习的。

祝贺《磁学基础与磁性材料》(第三版)出版。

沈保根

中科院院士

中科院物理研究所研究员

2023 年 7 月,北京

前　言

《磁学基础与磁性材料》于 2006 年出版第一版，共 42.2 万字，至 2019 年已重印 17 次。2019 年，作者将其修订为第二版，增补至 79.2 万字，至今已重印 4 次。本书不仅被国内近百所高校选为材料专业本科生或研究生的教科书，而且被磁性材料领域广大工程技术人员用作参考书，已成为我国磁学和磁性材料领域影响力最大和印数最多的著作之一。2023 年，本书获"浙江大学首届优秀教材奖"特等奖。

磁性材料是高新技术和制造强国不可或缺的关键基础材料。党的二十大以来，新材料被党和国家提升到前所未有的战略高度。为更好地服务新时期国家人才发展战略，作者细致调研我国高等院校的教学需求，广泛收集使用反馈意见，在继承前两版的特色与优势的基础上，优化内容设计，修订与出版了《磁学基础与磁性材料》(第三版)，力求更好地落实立德树人根本任务，担当为党育人、为国育才的重要使命，努力为新材料产业的高质量发展做出新贡献。

第三版沿用第二版的体系结构，分为铁磁学基础、软磁材料、永磁材料和其他功能磁性材料四个部分，循序渐进地介绍磁学概念与理论、各类磁性材料的特点与典型应用，便于读者对磁学和磁性材料形成系统认识。

第一部分为第 1～6 章，阐述铁磁学基本概念和基础理论，主要包括原子磁矩、基本磁现象、磁畴结构、技术磁化和动态磁化理论。第三版新增了高斯定理、安培环路定理、基尔霍夫定律等基础理论，新增了饱和磁化强度、磁晶各向异性常数等磁学量的测量技术，精简了部分较深的理论内容，从而更好地衔接后面章节。

第二部分为第 7～9 章，阐述软磁材料，包括金属、铁氧体软磁材料和软磁复合材料。第三版更新了硅钢、坡莫合金等软磁材料的产品型号和性能数据，新增了非晶纳米晶等领域的最新进展以及金属、铁氧体软磁材料的相关应用，便于读者更好地理解材料性能与器件的内在关系。

第三部分为第 10～13 章，阐述永磁材料，包括金属、铁氧体和稀土永磁材料。第三版更新了稀土永磁的最新进展和性能数据，精简了铝镍钴等磁钢的制备技术，新增了稀土永磁在高端装备中的相关应用，以加深读者对战略型稀土永磁产业的认识和了解。

第四部分为第 14～19 章，阐述其他功能磁性材料，包括磁性纳米材料、磁记录材料、磁性液体、磁致伸缩材料、磁热效应材料、自旋电子学材料。第三版删除了磁泡等被淘汰的技术，更新了磁记录材料、磁热效应材料和自旋半导体材料等领域的最新进展，新增了磁致伸缩等重要磁学量的测量方法，加强了磁性材料与磁学理论间的逻辑联系。

作者希望使读者能在较短的篇幅中对磁学原理和磁性材料有较全面的认识，尽量避免复杂的数学推导和过深的理论描述。书中对重要材料的制备工艺进行了介绍，方便工程技术人员参考。本书阐述的材料，部分已被广泛应用，另有部分已成为研究热点，有望将来获得重要应用。全书仍采用国际通用的国际单位制(SI)，传统的CGS电磁单位如高斯、奥斯特等至今仍有很多应用，因此专门介绍了两种不同的单位制，并提供两种单位制的磁学量单位换算表和常用物理常数表，以方便读者查对。每章后面都附有习题和参考文献，以方便教学和研究人员查阅原始资料。由于篇幅限制，仍有部分文献未能一一列出，在此谨向文献作者表示歉意。

本书为新形态教材。经过多年的不断改革和优化，更加符合读者的学习特点。核心知识点的教学视频、拓展练习等资源以二维码的形式分布在对应章节，便于读者随时扫码学习。作者在中国大学MOOC和超星平台上开设了“磁性材料与器件”课程，适合各高校开展SPOC教学。

李静博士、陶姗博士、金佳莹博士、姚丽娜博士等参与了本书的修订和教学资源建设，在此对他们的辛苦付出表示衷心感谢。

本书的出版得到了浙江大学和中国计量大学课程建设项目的资助，在此深表感谢。

本书覆盖的领域和材料类型较广，加上作者水平有限，一定存在错误和不妥之处，敬请读者批评指正。

真诚地希望本书对各位读者有所帮助。

作　者

2023年8月于杭州

目　录

第一部分　铁磁学基础

第四部分　其他功能磁性材料

第一部分

铁磁学基础

磁性是自然科学史上最古老的现象之一,磁性材料的应用也在人类文明中源远流长,对于推动人类文明的进步有着非常重要的作用。

最早的磁性材料是天然磁石,即一种被天然闪电产生的超大电流磁场磁化了的铁的氧化物(Fe_3O_4)。在远古时代,苏美尔人、希腊人、中国人和美洲人就十分熟悉并且已经开始使用天然磁石。在中国北宋年间,工匠们发现将红热的钢针淬火,钢针会在地球磁场下被磁化,从而得到了最早的人工磁铁。在指南针传入欧洲后大航海时代开启了,接着哥伦布发现了美洲大陆。

技术的进步很快带来电磁理论的发展。1820 年丹麦科学家奥斯特(Oersted)发现通电导线可以使旁边的磁针发生偏转,很快安培(Ampere)就进一步发现通电线圈等效于一个磁铁,开始将磁现象和电现象联系在一起。1821 年法拉第(Faraday)认为电场力和磁场力都是由一种普遍存在的场引起的,接着他发现了电磁感应,并且采用磁钢设计出了电动机的原型。法拉第随后又发现在磁和光之间也存在着联系,进而发现了磁光效应。麦克斯韦(Maxwell)在前面理论和实践成果的启发下,将磁、电、光作为一个有机整体,提出了著名的麦克斯韦方程组。麦克斯韦方程组的精妙之处在于其将空间中某一点的电场强度与磁场强度和空间中某一个范围内的电荷与电流密度的分布联系起来。

电磁理论的发展又进一步促进磁性材料的研究和开发。1900 年研制出硅钢(Si-Fe 合金),1920 年研制出坡莫合金,1935 年研制出尖晶石型软磁铁氧体,很快人类就进入了电气化时代。铝镍钴、钐钴等高温永磁材料,特别是具有高磁能积、高矫顽力的钕铁硼永磁材料的研制成功,更是极大地促进了电机、风力发电、电动汽车等环境友好型新技术的发展。今天,电动机、磁性传感器、电感器、变压器、磁带、音响、硬盘和风力发电机等民用和工业器件都大量使用永磁和软磁材料。而磁光记录材料、磁致伸缩材料、磁电阻材料、磁热效应材料和磁性液体等功能磁性材料的应用领域也正在不断扩大,这极大地提高了我们的生产力和生活水平。

第一部分阐述了铁磁学基本概念和基础理论,主要包括原子磁矩、基本磁现象、磁畴结构、技术磁化和动态磁化理论。

第1章 导论

1.1 静磁现象

1.1.1 磁矩

在静电学中，物质带电的表现是电荷之间的相互作用。材料中的正电荷和负电荷彼此产生相对位移，生成一个电偶极矩 $\boldsymbol{p}_e$，电荷 $+q$ 和 $-q$、距离 $\boldsymbol{d}$ 产生的电偶极矩大小为 $p_e=qd$。材料宏观的电偶极矩由单位体积内的电偶极矩 $\boldsymbol{P}=n\boldsymbol{p}_e$ 给出，n 为单位体积内的偶极矩数。$\boldsymbol{P}$ 通过电极化率 χ_e 与电场 $\boldsymbol{E}$ 联系起来，其大小关系为：

$$P=\varepsilon_0\chi_e E$$

电位移 $\boldsymbol{D}$ 则通过介电常数 $\varepsilon=\varepsilon_r\varepsilon_0$ 与 $\boldsymbol{E}$ 和 $\boldsymbol{P}$ 联系起来，其大小关系为：

$$D=\varepsilon_0 E+P=\varepsilon_0 E+\varepsilon_0\chi_e E=\varepsilon_0(1+\chi_e)E=\varepsilon_0\varepsilon_r E$$

式中，ε_r、ε_0 分别为相对介电常数和真空介电常数。

在静电学中，两个电荷之间的作用力大小 F 可以用库仑定律来描述：

$$F=\frac{kQ_1Q_2}{r^2}$$

式中，k 为库仑常数，Q_1、Q_2 分别为电荷量，r 为两个电荷之间的距离。

与静电学相似，物质的磁性最直观的表现是两个磁体之间的吸引力或排斥力。磁体中受引力或排斥力最大的区域称为磁体的极，简称磁极，磁极可以类比于静电学中的正负电荷。这样，上述现象就可以用磁极之间的相互作用来描述，这种相互作用与静电荷之间的作用相类似。迄今为止，所发现的磁体上都存在两个自由磁极。考虑强度分别为 m_1(Wb)和 m_2(Wb)，距离为 r(m)的两个磁极，相互之间的作用力大小 F(N)为：

$$F=\frac{m_1m_2}{4\pi\mu_0 r^2} \tag{1.1}$$

式中，μ_0 称为真空磁导率，其值为 $4\pi\times10^{-7}$ H/m。

磁极之间能发生相互作用，是由于在磁极的周围存在着磁场。磁体周围磁场的分布可用磁力线表示，通常用磁体吸引铁屑的情况来表征磁力线的疏密，如图 1.1(a)所示。从图 1.1(a)中看到，磁极吸引的铁屑最多，说明磁极在空间散发的磁力线最密，磁场最强。磁力线具有以下特点：

①磁力线总是从 N 极出发，进入与其最近邻的 S 极，并形成闭合回路；

②磁力线总是走磁导率最大的路径，因此磁力线通常呈直线或曲线，不存在有直角拐弯

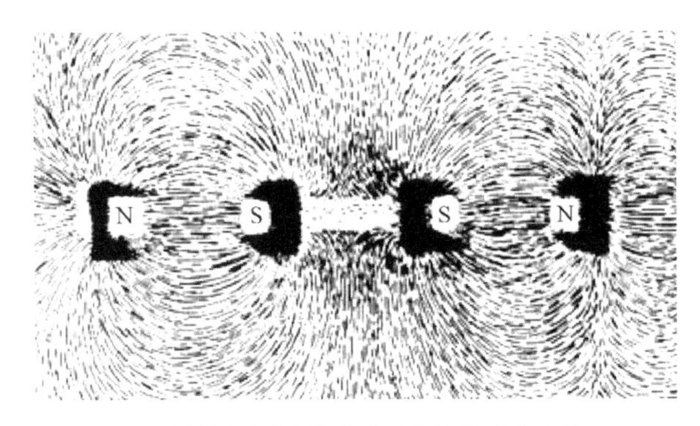

(a) 由铁屑反映出的条形磁体的外部磁力线

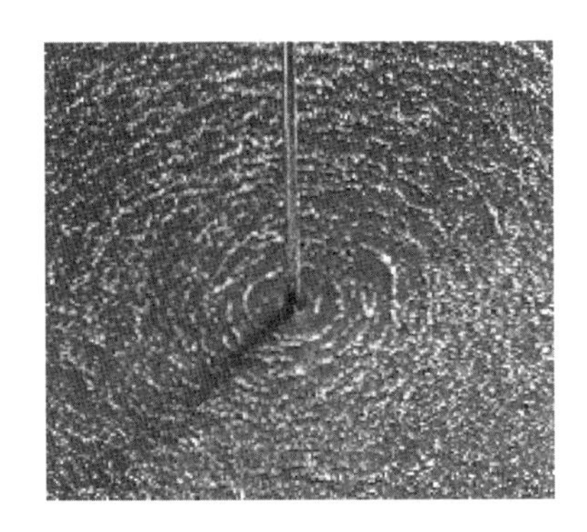

(b) 通电直导线周围的磁力线

图 1.1 磁力线

的磁力线；

③任意两条同向磁力线之间相互排斥，因此不存在相交的磁力线。

通电直导线的周围也会产生磁场，如图 1.1(b)所示。实际上，与静电学中的电偶极子相似，磁学中也引入了磁偶极子的概念。微小磁体所产生的磁场可以由平面电流回路产生的磁场来表征。这种可以用无限小电流回路所表示的小磁体，定义为磁偶极子。设磁偶极子的磁极强度为 m，磁极间距离为 $\boldsymbol{l}$，则用 $\boldsymbol{j}_{\mathrm{m}}=m\boldsymbol{l}$ 来表示磁偶极子所具有的磁偶极矩。$\boldsymbol{j}_{\mathrm{m}}$ 的方向为由 S 极指向 N 极，如图 1.2(a)所示，单位是 Wb · m。

虽然磁偶极子磁性的强弱可以由磁偶极矩来表示，但在实际中往往很难通过精确地确定磁极的位置来确定磁偶极矩的大小。

磁偶极子磁性的大小和方向可以用磁矩来表示。磁矩定义为磁偶极子等效平面回路的电流 i 和回路面积 $\boldsymbol{S}$ 的乘积，即

$$\boldsymbol{\mu}_{\mathrm{m}}=i\boldsymbol{S} \tag{1.2}$$

$\boldsymbol{\mu}_{\mathrm{m}}$ 的方向由右手螺旋定则确定，如图 1.2(b)所示。$\boldsymbol{\mu}_{\mathrm{m}}$ 的单位是 A · m²。

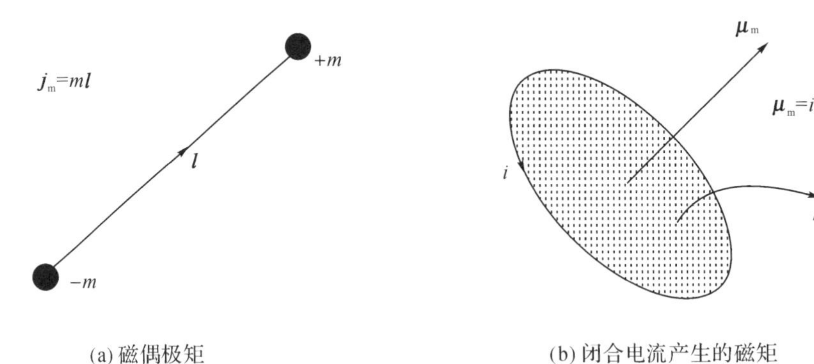

(a) 磁偶极矩　　(b) 闭合电流产生的磁矩

图 1.2 磁偶极矩与磁矩

$\boldsymbol{j}_{\mathrm{m}}$ 和 $\boldsymbol{\mu}_{\mathrm{m}}$ 虽然有自己的单位和数值，却都是表征磁偶极子磁性强弱和方向的物理量，两者之间存在如下关系：

$$\boldsymbol{j}_{\mathrm{m}}=\mu_0\boldsymbol{\mu}_{\mathrm{m}} \tag{1.3}$$

1-1 磁化强度

上式表明，磁偶极矩等于真空磁导率与磁矩的乘积。

在原子中，电子绕原子核做轨道运动。电子在原子壳层中的轨道运动是稳定的，因而，这种运动与通常的电流闭合回路比较，在磁性上是等效的。因此，原子中电子的轨道运动，同无限小尺寸的电流闭合回路一样，可以视为磁偶极子，其磁矩的大小由式(1.2)确定。

1.1.2 磁化强度 $\boldsymbol{M}$

与电极化强度 $\boldsymbol{P}$ 用来描述物体带电强弱类似，磁化强度是描述宏观磁体磁性强弱程度的物理量。在磁体内取一个体积元 ΔV，则在这个体积元内部包含了大量的磁偶极子。这些磁偶极子具有磁偶极矩 $\boldsymbol{j}_{\mathrm{m}1},\boldsymbol{j}_{\mathrm{m}2},\cdots,\boldsymbol{j}_{\mathrm{m}i},\cdots,\boldsymbol{j}_{\mathrm{m}n}$ 或磁矩 $\boldsymbol{\mu}_{\mathrm{m}1},\boldsymbol{\mu}_{\mathrm{m}2},\cdots,\boldsymbol{\mu}_{\mathrm{m}i},\cdots,\boldsymbol{\mu}_{\mathrm{m}n}$。

定义单位体积磁体内磁偶极矩矢量和为磁极化强度，用 $\boldsymbol{J}_{\mathrm{m}}$ 表示：

$$\boldsymbol{J}_{\mathrm{m}} = \frac{\sum_{i=1}^{n} \boldsymbol{j}_{\mathrm{m}i}}{\Delta V} \quad (\mathrm{Wb \cdot m^{-2}}) \tag{1.4}$$

定义单位体积磁体内磁偶极子具有的磁矩矢量和为磁化强度，用 $\boldsymbol{M}$ 表示：

$$\boldsymbol{M} = \frac{\sum_{i=1}^{n} \boldsymbol{\mu}_{\mathrm{m}i}}{\Delta V} \quad (\mathrm{A \cdot m^{-1}}) \tag{1.5}$$

$\boldsymbol{J}_{\mathrm{m}}$ 和 $\boldsymbol{M}$ 虽然有各自的单位和数值，却都是用来描述磁体磁化方向和强度的物理量。同样，它们之间存在关系：

$$\boldsymbol{J}_{\mathrm{m}} = \mu_0 \boldsymbol{M} \tag{1.6}$$

如果这些磁偶极子磁矩的大小相等且相互平行排列，如图 1.3(a)所示，则磁化强度简化为：

$$\boldsymbol{M} = N\boldsymbol{\mu}_{\mathrm{m}}$$

式中，N 是单位体积内磁矩 $\boldsymbol{\mu}_{\mathrm{m}}$ 的总数。

磁偶极子又可以用微小电流回路来表示，这样磁体内部就由很多基本的闭合电流环充满，如图 1.3(b)所示。磁体内部相邻电流因方向相反而互相抵消，只有在表面一层上的电流未被抵消。

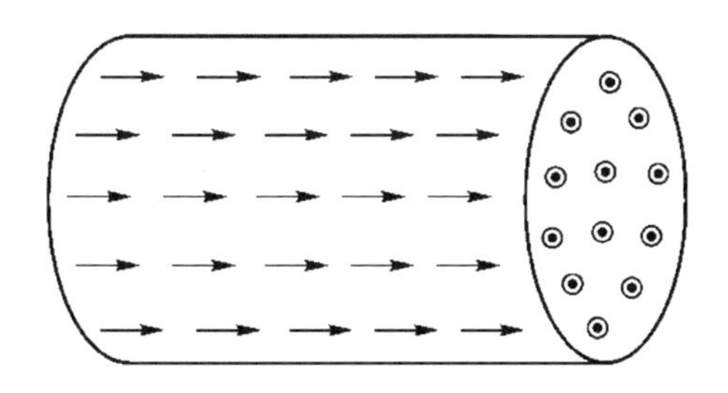

(a) 将磁化强度看成磁偶极子的集合

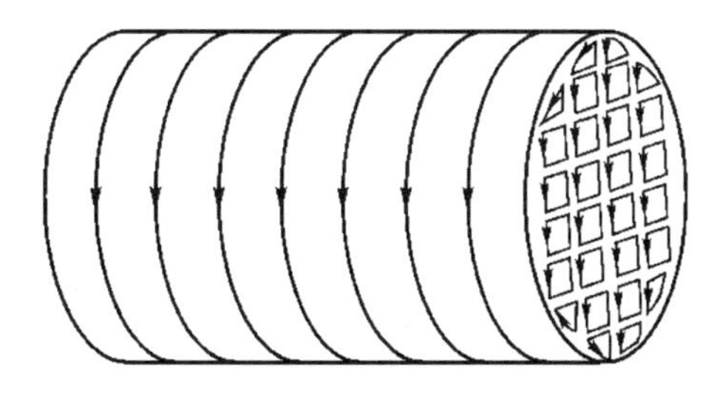

(b) 将磁化强度看成闭合电流环的集合

图 1.3 从两个角度理解磁化强度

1.1.3 磁场强度 $\boldsymbol{H}$ 和磁感应强度 $\boldsymbol{B}$

人们一般将磁极受到作用力的空间称为磁场，导体中的电流或永磁体都会产生磁场。空间中的磁场可以用 $\boldsymbol{H}$ 或 $\boldsymbol{B}$ 两个参量来描述。$\boldsymbol{H}$ 称为磁场强度，$\boldsymbol{B}$ 称为磁感应强度，也称磁通密度。

1-2 磁场

磁场对置于其中的磁极产生力的作用，该力与磁极强度和磁场强度的乘积成正比。设磁极强度为 m，磁场强度为 $\boldsymbol{H}$，磁极受到的力为 $\boldsymbol{F}$，其数值关系为：

$$F=mH \tag{1.7}$$

比较式(1.1)和式(1.7)，相距 r 的两个磁极 m_1、m_2，其中每一个磁极均置于另外一个磁极所产生的磁场中，磁极 m_1、m_2 处磁场大小分别为：

$$H_{m_1}=\frac{m_2}{4\pi\mu_0 r^2},\qquad H_{m_2}=\frac{m_1}{4\pi\mu_0 r^2}$$

由式(1.7)给出磁场强度的定义：单位强度的磁场对应于 1Wb 强度的磁极受到 1N 的力。磁场强度的单位是 $\mathrm{A\cdot m^{-1}}$。

虽然永磁体和电流都能产生磁场，但在实际应用中，常常用电流来产生磁场。法国物理学家毕奥和萨伐尔在实验的基础上得到了空间任意一点的磁场 $\boldsymbol{H}$ 同产生它的电流 I 之间的关系表达式，这就是毕奥-萨伐尔定律。任何载流导体都可以分成多个无限小的电流元 $I\mathrm{d}\boldsymbol{l}$，每个电流元都将对在它周围的每一场点上的磁场强度做出贡献。因此，我们可以先求出一个电流元在空间某场点产生的磁场强度 $\mathrm{d}\boldsymbol{H}$，再根据场叠加原理，求得整个载流导体在该点产生的磁场强度。毕奥-萨伐尔定律指出，当恒定电流 I 流经微分长度为 $\mathrm{d}\boldsymbol{l}$ 的导线时，其产生的微分磁场 $\mathrm{d}\boldsymbol{H}$ 为：

1-3 毕奥-萨伐尔定律

$$\mathrm{d}\boldsymbol{H}=\frac{I}{4\pi}\frac{\mathrm{d}\boldsymbol{l}\times\boldsymbol{e}_r}{r^2}$$

式中，r 是电流元 $I\mathrm{d}l$(看作一点)与场点 P 的距离。$\boldsymbol{e}_r$ 是从 $I\mathrm{d}l$ 指向 P 的单位矢量。可以看出，在任一点 P，由微分电流产生的磁场强度的大小与电流强度、微分长度以及电流方向同电流元与点 P 连线之间夹角的正弦成正比，与微分电流元到点 P 之间的距离的平方成反比。磁场 $\boldsymbol{H}$ 的方向由电流元矢量 $I\mathrm{d}\boldsymbol{l}$ 和距离单位矢量 $\boldsymbol{e}_r$ 确定，根据矢量乘法运算规则，磁场 $\boldsymbol{H}$ 应垂直于电流元 $I\mathrm{d}\boldsymbol{l}$ 与单位矢量 $\boldsymbol{e}_r$ 两者所构成的平面，而且与 $I\mathrm{d}\boldsymbol{l}$ 存在右手螺旋关系：右手拇指代表 $I\mathrm{d}l$ 的方向，弯曲的四指代表磁场 $\mathrm{d}\boldsymbol{H}$ 的方向。

为了确定具有一定尺寸的导体所产生的总磁场 $\boldsymbol{H}$，有必要将构成导体的所有电流元的贡献累加起来。这样，毕奥-萨伐尔定律就可以表示成：

$$\boldsymbol{H}=\frac{I}{4\pi}\int_l\frac{\mathrm{d}\boldsymbol{l}\times\boldsymbol{e}_r}{r^2}$$

式中，$\boldsymbol{l}$ 是沿着电流 I 的路径。该式为毕奥-萨伐尔定律的积分表达式，并且该式能够被实验所验证。

通过毕奥-萨伐尔定律，可以计算给定形状载流导线所产生的磁场。

(1)先计算有限长载流直导线的磁场 $\boldsymbol{H}$。由毕奥-萨伐尔定律可知直导线上任意一电流元在任意一点 P 感生的磁场元 $\mathrm{d}\boldsymbol{H}$ 都有相同方向，磁力线是躺在垂直于导线的平面内的、中心在导线上的一系列同心圆。于是 P 点处磁场 $\boldsymbol{H}$ 的大小可通过对磁场元的标量积分求得：

$$H=\int_{0}^{L}\frac{I}{4\pi}\frac{\mathrm{d}l\sin\theta}{r^{2}}$$

式中，θ 是电流元 $I\mathrm{d}\boldsymbol{l}$ 与距离单位矢量 $\boldsymbol{e}_r$ 的夹角，L 为导线总长。如以 θ_1 和 θ_2 分别代表导线两端点所对应的 θ 值，则上式可变为：

$$H=\frac{I}{4\pi r}(\cos\theta_1-\cos\theta_2)$$

无限长直导线是上述情况的一个特例，此时 $\theta_1=0$，$\theta_2=\pi$，因此：

$$H=\frac{I}{2\pi r} \tag{1.8}$$

说明无限长直导线的磁场取决于场点与导线的距离 r，而且与 r 成反比，越靠近导线处所产生的磁场强度越高，如图 1.4(a)所示。

(2)同样，根据毕奥-萨伐尔定律，可以计算载流环形线圈圆心上的磁场强度，其表示为：

$$H=\frac{I}{2r} \tag{1.9}$$

式中，I 为通过环形线圈的电流，r 为环形线圈的半径。$\boldsymbol{H}$ 的方向按右手螺旋法则确定，如图 1.4(b)所示。

(3)无限长载流螺线管的磁场强度大小为：

$$H=nI \tag{1.10}$$

式中，I 为流经环形线圈的电流，n 为螺线管上单位长度的线圈匝数。$\boldsymbol{H}$ 的方向为螺线管的轴线方向，如图 1.4(c)所示。

综上，随导体形状、尺寸不同，磁场的性质、形态、场强分布都会发生变化。正是基于此，实际应用中多采用各种各样导体形式的电磁铁，根据用途不同还可以设计各种各样的磁场分布。

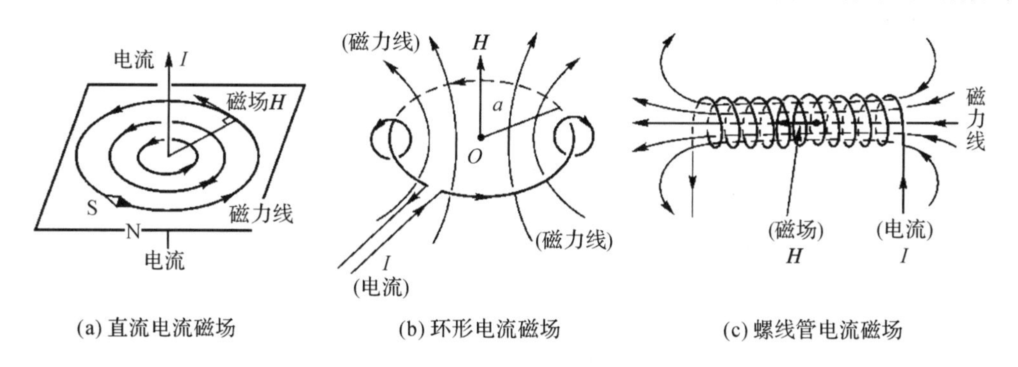

图 1.4　电流形成磁场的基本类型

在一些场合中，确定磁场效应的量是磁感应强度 $\boldsymbol{B}$，而不是磁场强度 $\boldsymbol{H}$。在国际单位制(international system of units，SI)中，磁感应强度的定义公式为：

1-4　磁通密度

$$\boldsymbol{B}=\mu_0(\boldsymbol{H}+\boldsymbol{M}) \tag{1.11}$$

$\boldsymbol{B}$ 的单位是 T 或 $\mathrm{Wb}\cdot\mathrm{m}^{-2}$。

在真空中，$\boldsymbol{M}=\boldsymbol{0}$，则 $\boldsymbol{B}=\mu_0\boldsymbol{H}$，$\boldsymbol{B}$ 和 $\boldsymbol{H}$ 始终是平行的，数值上成比例，两者的关系只由真空磁导率 μ_0 来联系。但在磁体内部，两者的关系就复杂得多，在 $\boldsymbol{H}$ 作用下，磁体会发生磁化，具有一定的磁化强度 $\boldsymbol{M}$，并且 $\boldsymbol{M}$ 不一定和 $\boldsymbol{H}$ 方向相同，必须由式(1.11)来表示。

在磁学量中，除了国际单位制(SI)以外，还有在物理学中广泛采用的高斯单位制(又称厘米克秒单位制，centimeter-gram-second system of units，CGS 单位制)。在不同的文献中往往会有这两种不同的单位制，为避免混淆，掌握这两种单位制之间的换算方法很有必要。这两种单位制中相应磁学量之间的转换关系可参照 1.5 节或查阅相关文献。

在高斯单位制中，磁感应强度表示为：

$$\boldsymbol{B}=\mu_0\boldsymbol{H}+4\pi\boldsymbol{M}$$

式中，磁感应的单位是高斯(G)，磁场强度的单位是奥斯特(Oe)，真空磁导率$\mu_0=1$，单位是 G・Oe^{-1}。

1-5 $\boldsymbol{B}$、$\boldsymbol{M}$、$\boldsymbol{H}$ 间的关系

1.1.4 磁化率和磁导率

置于外磁场中的磁体会对外磁场做出响应，发生磁化，产生一定的磁化强度，其磁化强度 $\boldsymbol{M}$ 和外磁场强度 $\boldsymbol{H}$ 存在以下关系：

$$\boldsymbol{M}=\chi\boldsymbol{H} \text{ 或 } \chi=\boldsymbol{M}/\boldsymbol{H} \tag{1.12}$$

其中，χ称为磁体的磁化率，它是表征磁体磁性强弱的一个参量，即磁体对外磁场响应的难易程度。

1-6 磁化率

将式(1.12)代入式(1.11)，可得：

$$\boldsymbol{B}=\mu_0(\boldsymbol{H}+\chi\boldsymbol{H})=\mu_0(1+\chi)\boldsymbol{H} \tag{1.13}$$

定义

$$\mu=1+\chi \tag{1.14}$$

为相对磁导率，即

$$\mu=\frac{\boldsymbol{B}}{\mu_0\boldsymbol{H}} \tag{1.15}$$

从式中看出，磁导率是表征磁体的磁性、导磁性及磁化难易程度的一个磁学量。在国际单位制中，将 $\boldsymbol{B}$ 与 $\boldsymbol{H}$ 大小的比值定义为绝对磁导率：$\mu_{绝对}=B/H$。材料科学中一般不用 $\mu_{绝对}$ 值，而采用相对磁导率 $\mu=\mu_{绝对}/\mu_0$。一般所说的磁导率均指相对磁导率。

在不同的磁化条件下，磁导率有不同的表达形式。

1. 起始磁导率 μ_i

$$\mu_i=\frac{1}{\mu_0}\lim_{H\to 0}\frac{B}{H} \tag{1.16}$$

1-7 磁导率

起始磁导率是指未被磁化的磁体被置于一个无限小的外磁场中，所表现出来的磁响应程度，即磁中性状态下磁导率的极限值，可以用来衡量磁体对微弱的外磁场的响应程度。对于弱磁场下使用的磁体，如后面介绍的软磁体，起始磁导率 μ_i 是一个重要参数。

2. 最大磁导率 μ_{max}

$$\mu_{max}=\frac{1}{\mu_0}\left(\frac{B}{H}\right)_{max} \tag{1.17}$$

磁体在不同的外磁场下，表现出来的磁响应程度是不同的。对于磁中性的磁体，施加一个不断增大的外磁场，测量其起始磁化曲线，磁导率随磁场强度的不同而不同，其最大值称为最大磁导率 $\mu_{\max}$。

3. 复数磁导率 $\tilde{\mu}$

$$\tilde{\mu}=\mu'-\mathrm{i}\mu'' \tag{1.18}$$

磁体在变化磁场中磁化时，其磁感应强度 $\boldsymbol{B}$ 和磁场强度 $\boldsymbol{H}$ 的方向并不是保持同步的，而是存在一定的相位差，这时，磁感应强度和磁场强度只能用复数表示。它们在复数表示法中的商也同样是一个复数，即复数磁导率 $\tilde{\mu}$。$\tilde{\mu}$ 的形式通常如式(1.18)所示，其中 μ' 和 μ'' 分别是复数形式的实部和虚部。

4. 增量磁导率 μ_{Δ}

$$\mu_{\Delta}=\frac{1}{\mu_0}\frac{\Delta B}{\Delta H} \tag{1.19}$$

在稳恒磁场 $\boldsymbol{H}_0$ 作用下，在磁体上叠加一个较小的交变磁场，表现出来的磁导率为增量磁导率。式中，ΔB、ΔH 分别为交变磁感应强度和交变磁场强度的峰值。

5. 可逆磁导率 μ_{rev}

$$\mu_{\mathrm{rev}}=\lim_{\Delta H\to 0}\mu_{\Delta} \tag{1.20}$$

在很弱的磁场下，材料对外磁场的响应是可逆的，如果外磁场很大，就会引起材料的不可逆磁化。所以，可逆磁导率定义为当交变磁场强度趋于零时增量磁导率的大小，即将增量磁导率的极限值定义为可逆磁导率。

6. 微分磁导率 μ_{diff}

$$\mu_{\mathrm{diff}}=\frac{1}{\mu_0}\frac{\mathrm{d}B}{\mathrm{d}H} \tag{1.21}$$

起始磁化曲线上，每一点所反映出来的材料对外磁场的变化都是不同的。起始磁化曲线上一点的斜率被称为微分磁化率。磁化曲线所反映的是材料对外磁场的响应，包括可逆磁化和不可逆磁化。所以微分磁导率实际上包含了此种外磁场状况下的可逆磁化过程的磁导率和不可逆磁化过程的磁导率。

7. 不可逆磁导率 μ_{irr}

$$\mu_{\mathrm{irr}}=\mu_{\mathrm{diff}}-\mu_{\mathrm{rev}} \tag{1.22}$$

将微分磁导率减去可逆磁导率，即为材料在某一外场下的不可逆磁导率。

另外，连接原点 O 与起始磁化曲线上任一点的直线的斜率被称为总磁导率 μ_{tot}。由于磁导率是描述材料内部磁矩对外磁场的响应的物理量，在不同的外磁场下，会有不同的响应过程，响应难易程度也是不同的，所以不管哪种磁导率，其值都不是常数，而是磁场强度的函数，如图1.5所示。

1.1.5 退磁场

1-8 退磁场

处于电极化状态的介电材料，在表面会产生自由电荷，电荷的分布因介电材料的形状、电极化强度不同而不同。处于表面的自由电荷会在材料内部产生与电极化强度相反的电场，进而会对介电材料的电极化率、材料内部的电场分布产生影响。与之类似，材料的磁化状态，既依赖于它的磁化率，也依赖于样品的形状。当

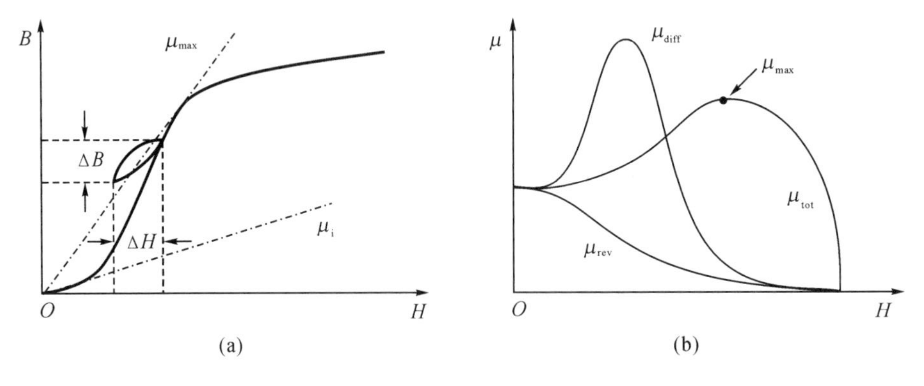

图 1.5　B-H 和 μ-H 曲线示例

一个有限大小的样品被外磁场磁化时，在它两端出现的自由磁极将产生一个与磁化强度方向相反的磁场。如图 1.6 所示，该磁场被称为退磁场。退磁场 $\boldsymbol{H}_d$ 的强度与磁体的形状及磁极的强度有关，存在关系：

$$\boldsymbol{H}_d = -N\boldsymbol{M} \tag{1.23}$$

这里的 N 称为退磁因子，它仅和材料的形状有关。例如：一个沿长轴磁化的细长样品，其两端的自由磁极在样品内部形成的退磁场接近于 0，所以 N 接近于 0；反之，一个粗而短的样品，其 N 就很大。

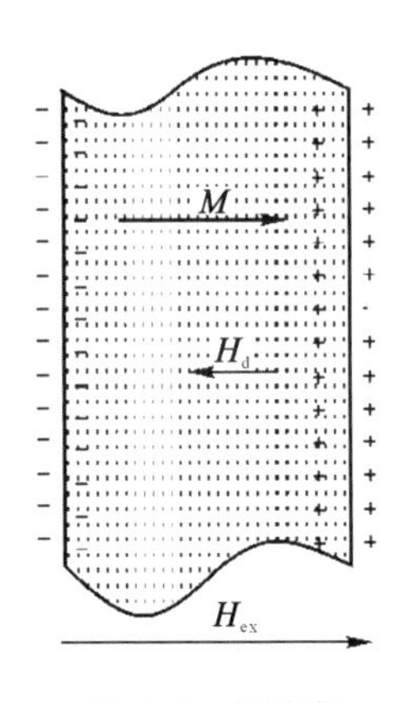

图 1.6　退磁场

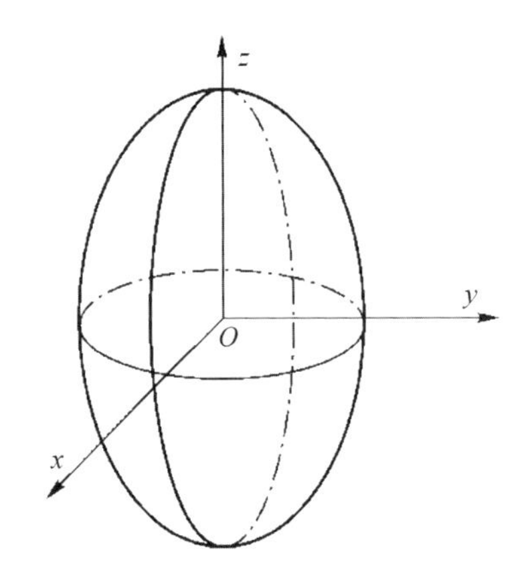

图 1.7　椭球体

原则上讲，对于具有特定几何形状的磁体，可以通过表面自由磁极的分布求出退磁场。但是对于一般形状的磁体，由于难以求出自由磁极在磁体表面的分布情况，所以很难求出 N 的大小。能严格计算其退磁因子的样品的形状只有椭球体，如图 1.7 所示。可以证明椭球体的三个主轴方向退磁因子间存在如下简单关系：

$$N_x + N_y + N_z = 1 \tag{1.24}$$

利用这个关系，我们能够很容易地得到具有高对称性的简单椭球体的退磁因子。

对于球形体，$N_x = N_y = N_z$，由式(1.24)可得：

$$N = \frac{1}{3} \tag{1.25}$$

对于沿长轴方向磁化的细长圆柱体，$N_z=0$，且 $N_x=N_y$，可得：

$$N_x=N_y=\frac{1}{2} \tag{1.26}$$

对于沿垂直表面方向磁化的无限大平板，$N_x=N_y=0$，因此得：

$$N_z=1 \tag{1.27}$$

对于普通形状的椭球体，沿长轴方向磁化的退磁因子如表 1.1 所示。

表 1.1 沿长轴方向磁化的椭球体的退磁因子

纵横比	圆柱体	长椭球体	扁椭球体
0	1.0000	1.0000	1.0000
1	0.2700	0.3333	0.3333
2	0.1400	0.1735	0.2364
5	0.0400	0.0558	0.1248
10	0.0172	0.0203	0.0696
20	0.00617	0.00675	0.0369
50	0.00129	0.00144	0.01472
100	0.00036	0.000430	0.00776
200	0.00009	0.000125	0.00390
500	0.000014	0.0000236	0.001567
1000	0.0000036	0.0000066	0.000784
2000	0.0000009	0.0000019	0.000392

一般来说，我们不能忽略退磁场效应。为了磁化一个具有很大退磁因子的样品，即使样品的磁导率很大，也需要更高的外磁场。假定磁化一个矫顽力 $H_c=2\text{A}\cdot\text{m}^{-1}$ 的坡莫合金球体到磁饱和状态，因为坡莫合金的饱和磁化强度为 $9.24\times10^5\text{A}\cdot\text{m}^{-1}$，退磁场将达到：

$$H_d=NM_S=\frac{1}{3}\times9.24\times10^5=3.08\times10^5(\text{A}\cdot\text{m}^{-1}) \tag{1.28}$$

所以为了使这个球达到饱和磁化，必须施加一个比上述磁场更大的外磁场，这个外磁场是矫顽力 H_c 的 10^5 倍。

1.1.6 静磁能

1-9 静磁能

类似于置于电场中的介电材料发生电极化后具有静电能，置于磁场中的磁体在磁场的作用下将处于磁化状态，处于磁化状态的磁体具有静磁能。

首先考虑磁体在外磁场中的静磁能。如图 1.8 所示，处于磁场中的磁体由于其本身的磁偶极矩和磁场之间的相互作用，所受的力矩大小为：

$$L=Fl\sin\theta=mlH\sin\theta \tag{1.29}$$

式中，θ 为磁偶极矩与磁场强度之间的夹角。从式(1.29)中可以看出，当 $\theta\neq0°$时，磁体在力矩的作用下转动到和磁场一致的方向，如图 1.8(a)所示；当 $\theta=0°$时，磁体所受的力矩最小，处于稳定状态，如图 1.8(b)所示。设磁体在 $\boldsymbol{L}$ 的作用下的转角为 θ，所做的功为：

$$W = \int L\mathrm{d}\theta \tag{1.30}$$

由能量守恒原理，磁体在磁场中的位能为：

$$U = -\int L\mathrm{d}\theta + U_0 = -mlH\cos\theta + C = -\sum \boldsymbol{j}_\mathrm{m} \cdot \boldsymbol{H} + C \tag{1.31}$$

选取适当的 C 值，可以将上式化成最简单的形式。

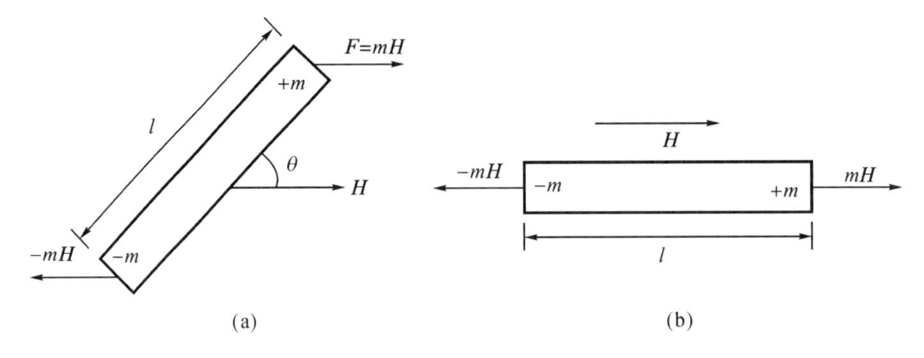

图 1.8 磁体在均匀磁场中受到力的作用

引进磁化强度 $\boldsymbol{M}$ 时，式(1.31)转变成：

$$F_H = -\mu_0 \boldsymbol{M} \cdot \boldsymbol{H} = -\mu_0 MH\cos\theta \tag{1.32}$$

式中，F_H 为磁体受外磁场作用所具有的磁场能量密度。

以上 θ 的变动范围是 0°～180°。当 $\theta = 0°$时，磁矩和外磁场方向一致，磁场能量密度为 $-\mu_0 MH$，处于能量最低的稳定状态；当 θ 逐渐增大时，外力克服磁场做功，磁体在磁场中的能量增加；当 θ 增大到 180°时，磁体的能量密度达到最大值 $+\mu_0 MH$。

磁体在磁场中具有能量，同样磁体在其自身产生的退磁场中也具有一定的位能，即退磁场能。退磁场能的计算可以采用式(1.32)，但稍有不同的是，退磁场强度 $\boldsymbol{H}_\mathrm{d} = -N\boldsymbol{M}$ 是 $\boldsymbol{M}$ 的函数，随 $\boldsymbol{M}$ 的变化而变化。当磁体的磁化强度大小由零变到 M 时，对于内部均匀磁化的磁体，其退磁场能可以用积分的方法来计算，即

$$F_\mathrm{d} = -\int_0^M \mu_0 H_\mathrm{d} \mathrm{d}M = \frac{1}{2}\mu_0 NM^2 \tag{1.33}$$

说明均匀磁化的磁体的退磁场能量只与退磁因子有关，即与磁体的几何形状有关。形状不同的磁体，沿其不同方向磁化时，相应的退磁场能量是不同的，因此退磁场能是一种形状各向异性能。

1.2 磁学理论

1-10 高斯定理

1.2.1 高斯定理

磁通密度 $\boldsymbol{B}$ 穿过任意闭合曲面 $\boldsymbol{S}$ 的通量都为零，具体表述为：

$$\iint_S \boldsymbol{B} \cdot \mathrm{d}\boldsymbol{S} = 0 \tag{1.34}$$

这称为磁场的高斯定理。

根据高斯定理，可以得出一个重要的推论：任何以闭合曲线 $\boldsymbol{L}$ 为边界的曲面都具有相同的磁通量。该推论的证明如下：假设 $\boldsymbol{S}_1$ 和 $\boldsymbol{S}_2$ 是两个以闭合曲线 $\boldsymbol{L}$ 为边界的曲面，则它们组成了一个闭合曲面 $\boldsymbol{S}$。根据高斯定理可得：

$$\iint_S \boldsymbol{B} \cdot \mathrm{d}\boldsymbol{S} = \iint_{S_1} \boldsymbol{B} \cdot \mathrm{d}\boldsymbol{S} + \iint_{S_2} \boldsymbol{B} \cdot \mathrm{d}\boldsymbol{S} = 0$$

因此，

$$\iint_{S_1} \boldsymbol{B} \cdot \mathrm{d}\boldsymbol{S} = -\iint_{S_2} \boldsymbol{B} \cdot \mathrm{d}\boldsymbol{S}$$

式中的负号是因为按照规定，闭合面应选取外法向进行计算。如果重新选定 $\boldsymbol{S}_1$ 和 $\boldsymbol{S}_2$ 的法向，则有

$$\iint_{S_1} \boldsymbol{B} \cdot \mathrm{d}\boldsymbol{S} = \iint_{S_2} \boldsymbol{B} \cdot \mathrm{d}\boldsymbol{S}$$

因此得出结论：任意两个以同一闭合曲线 L 为边界的曲面具有相等的磁通量。

此外，根据散度定理可知：

$$\iint_S \boldsymbol{B} \cdot \mathrm{d}\boldsymbol{S} = \iiint_V \nabla\cdot \boldsymbol{B}\mathrm{d}V = 0 \tag{1.35}$$

从而得到微分形式的方程：

$$\nabla\cdot \boldsymbol{B} = 0 \tag{1.36}$$

该式表明磁场是一种无散度的矢量场。

式(1.34)和式(1.36)也称为磁通连续性方程。这表明磁力线总是一些既无始端也无终端的闭合曲线。在自然界中，既然没有磁力线的源点或终止点，也就不存在孤立存在的“磁荷”。

1.2.2 安培环路定理

1-11 安培环路定理

在真空中，若磁场源为一根无限长载流直导线，其电流强度为 I，则距离导线 a 处的磁场强度大小为 $H = I/(2\pi a)$。在垂直于导线的任意平面内取一闭合回路 $\boldsymbol{l}$ 作为积分路径(见图 1.9)，在闭合回路 $\boldsymbol{l}$ 上取一元线段 $\mathrm{d}\boldsymbol{l}$，其与导线的距离为 $\boldsymbol{a}$，与磁场方向的夹角为 β，对导线的张角是 $\mathrm{d}\theta$，则有 $\boldsymbol{a}\mathrm{d}\theta = \mathrm{d}\boldsymbol{l}\cos\beta$，得到

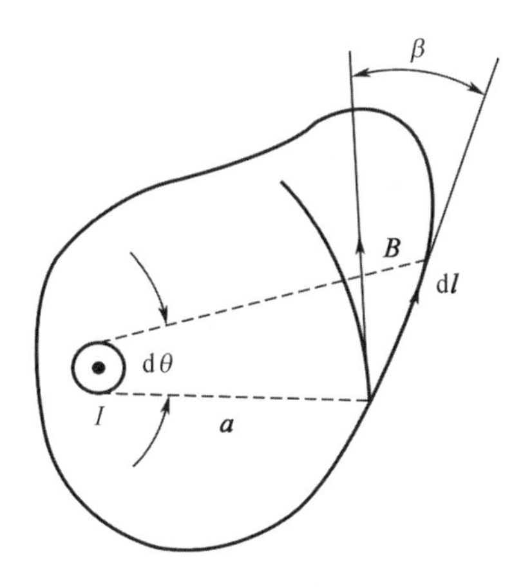

图 1.9 电流强度 I 与闭合回路 $\boldsymbol{l}$ 的位置关系

$$\oint_l \boldsymbol{H}\cdot \mathrm{d}\boldsymbol{l}=\oint_l \frac{I}{2\pi a}\mathrm{d}l\cos\beta=\oint_l \frac{I}{2\pi a}a\,\mathrm{d}\theta=\frac{I}{2\pi}\int_0^{2\pi}\mathrm{d}\theta=I \tag{1.37}$$

如果闭合回路内没有电流穿过，则上式变为

$$\oint_l \boldsymbol{H}\cdot \mathrm{d}\boldsymbol{l}=\frac{I}{2\pi}\int_0^0 \mathrm{d}\theta=0 \tag{1.38}$$

如果闭合回路内有 n 个电流穿过，则有

$$\oint_l \boldsymbol{H}\cdot \mathrm{d}\boldsymbol{l}=I_1+I_2+\cdots+I_n \tag{1.39}$$

上述 3 个表达式是在特殊情况下推导出来的：① 磁场是由一根无限长载流直导线产生的；② 闭合曲线垂直于载流直导线。然而，可以证明，式(1.37)、式(1.38)、式(1.39) 对任意闭合曲线都成立。这就是安培环路定理，其准确的表述为：磁场沿着闭合路径的线积分等于通过该闭合路径所包围面积中的总电流。为了更好地说明这一点，用图 1.10 给出 3 种情况。图 1.10(a) 和(b) 中的路径差异显著，但磁场沿闭合曲线的线积分相等，且都等于电流 I；在图 1.10(c) 中，由于其闭合回路中未包围电流 I，虽然回路各处磁场都不为零，但磁场沿回路的线积分却为零。

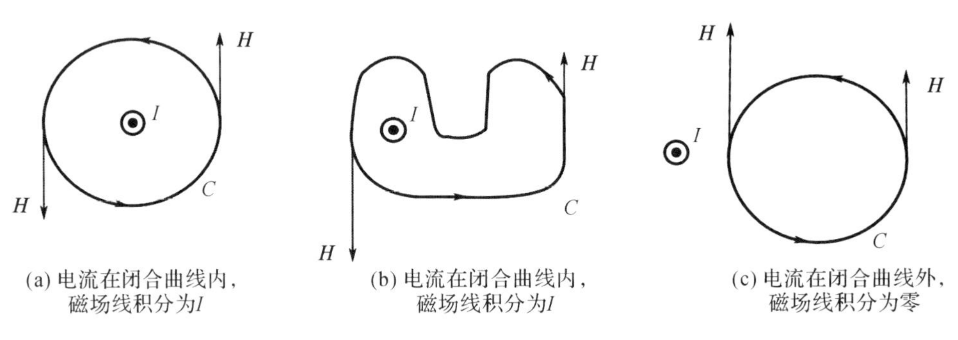

图 1.10　安培环路定理图解

对于具有对称性的磁场分布，应用安培环路定理可以简化磁场的计算。只需选择适当的积分路径，就可以得到由电流所感生的磁场的大小。例如，对于载流直导线、电流圆环和螺线管场景，通过安培环路定理可以轻松地推导出电流磁场的表达式。

1.2.3 磁路定理

磁力线所经过的路径称为磁路。在通电螺线管内侧中部，磁力线与螺线管轴线平行。当靠近螺线管两端时，磁力线变成散开的曲线。如果在螺线管中插入一根长铁芯，则磁力线在螺线管两端不再立即发散，而是沿着铁芯继续向前。若将铁芯组成一个闭合的回路，则绝大部分磁力线集中在铁芯中，泄漏到空间中的很少。

图 1.11 是永磁体磁路。当永磁体单独存在时，磁力线分布如图 1.11(a) 所示。然而，若将永磁体与软磁体构成一个回路，则大部分磁力线会通过由软磁体和永磁体所共同构成的回路，该回路为一个完整的闭合磁路，如图 1.11(b) 所示。

从广义上说，磁路是指磁通量在磁介质中传输的路径。各种不同的磁路都传递着磁能。磁路与电路有相似之处，但磁路分析远比电路分析要复杂得多。电路与周围介质存在明确的分界线，而磁路与周围介质的分界线常常模糊不清。漏电并非经常发生，而漏磁却无处不在。

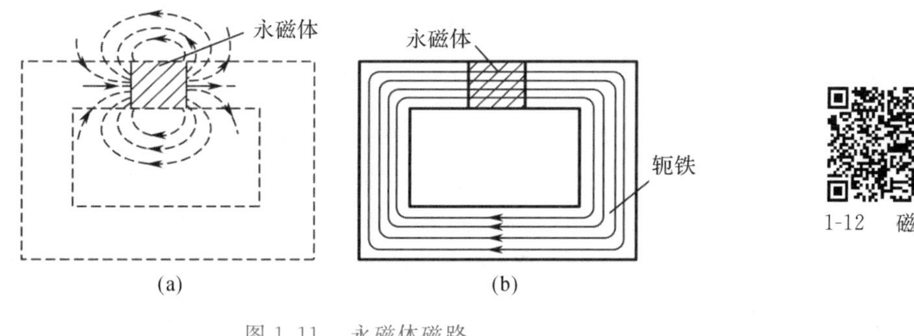

图 1.11 永磁体磁路

电路中导电材料的导电系数通常比周围绝缘材料高几千亿倍，而磁路中导磁材料的磁导率 μ 一般仅比非导磁材料（如空气）的磁导率高几百、几千倍。因此，磁路中的漏磁现象比电路中的漏电现象要明显得多。按照设计途径分布的磁通是主磁通，其余部分则被称为漏磁通。由于漏磁通散布于整个空间内，精确计算几乎不可能，即便是近似计算也相当烦琐。一般情况下，我们只考虑主磁通，而忽略漏磁通，或者对主磁通进行修正。

假设图 1.12 所示的闭合铁芯磁路的截面积为 S，平均周长为 l，磁导率为 μ，线圈匝数为 N，电流为 I，则由安培环路定理可知，圆环内磁场大小为：

$$H = \frac{NI}{l} \tag{1.40}$$

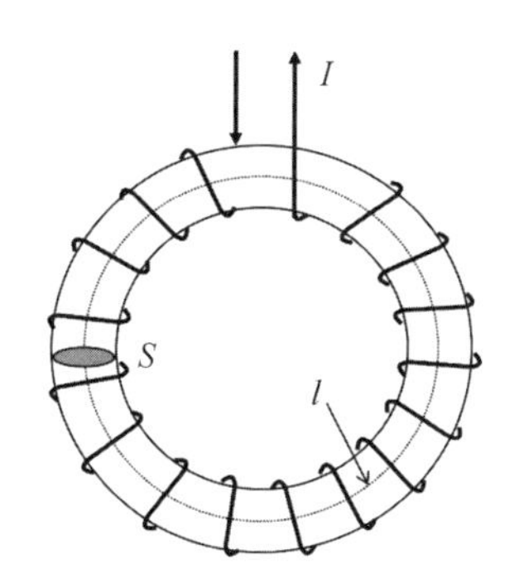

图 1.12 闭合铁芯磁路

磁场 $\boldsymbol{H}$ 的方向与环的轴线平行。在无漏磁的理想情况下，穿过环截面的磁通量 Φ 为

$$\Phi = BS = \mu HS \tag{1.41}$$

将式(1.40) 代入式(1.41)，可得

$$\Phi = \frac{\mu NI}{l}S = \frac{NI}{\dfrac{l}{\mu S}} \tag{1.42}$$

令 $\varepsilon_m = NI, R_m = \dfrac{l}{\mu S}$，则式(1.42) 可写成：

$$\Phi = \frac{\varepsilon_m}{R_m} \tag{1.43}$$

将该式与下面的电路欧姆定律进行对比：

$$I = \frac{U}{R}$$

可以看出,它们在形式上是相似的:式(1.43)中的磁通量 Φ 对应于电路中的电流 I;$\varepsilon_m = NI$ 对应于电动势 U,因此称 ε_m 为磁动势;R_m 对应于电阻 R,因此称 $R_m = \frac{l}{\mu S}$ 为磁阻。式(1.43)被称为磁路欧姆定律。根据该定律,磁通量大小与磁动势 ε_m 成正比,与磁阻 R_m 成反比。磁动势 ε_m 与磁化电流 I 和线圈匝数 N 成正比,磁阻与磁路的长度成正比,与磁导率及磁路的横截面积成反比。

磁路与电路的形式相似,因此由电路欧姆定律推导出来的电动势叠加原理及电阻的串、并联计算方法,同样适用于磁路中的磁动势和磁阻的串、并联。

下面以含气隙的铁芯为例讨论磁路的串联问题,如图 1.13 所示。假设铁芯的截面积为 S_1,气隙中 B 所占面积为 S_2,则根据安培环路定理:

$$NI = H_1 l_1 + H_2 l_2 = \Phi_1 \frac{l_1}{S_1 \mu} + \Phi_2 \frac{l_2}{S_2 \mu_0} \tag{1.44}$$

1-13 磁路定理

又 $\varepsilon_m = NI$,$\Phi = \Phi_1 = \Phi_2$,则

$$\varepsilon_m = \Phi(R_{m1} + R_{m2}) = \Phi R_m \tag{1.45}$$

该式为串联磁路的欧姆定律,总磁阻等于参与串联的磁阻之和。

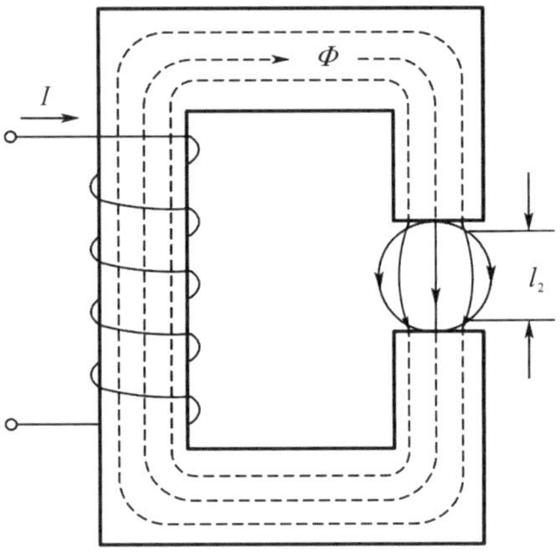

同样,该结论可以推广到一般的磁阻串联情况。根据磁通连续性原理,磁路各处的磁通量相等,即

$$\Phi_1 = \Phi_2 = \cdots = \Phi_i = \cdots = \Phi_n = \Phi$$

一般串联磁路欧姆定律可以表示为:

$$\varepsilon_m = \sum_{i=1}^{n} H_i l_i = \Phi \sum_{i=1}^{n} R_{mi} \tag{1.46}$$

图 1.13 串联磁路

对于图 1.14 所示并联磁路,有

$$\Phi = \Phi_1 + \Phi_2 \tag{1.47}$$

对每个分支路用安培环路定理

$$\varepsilon_m = NI = \Phi R_{m\Phi} + \Phi_1 R_{m1} \tag{1.48}$$

$$\varepsilon_m = NI = \Phi R_{m\Phi} + \Phi_2 R_{m2} \tag{1.49}$$

经简单计算,可得

$$\Phi = \frac{\varepsilon_m}{R_{m\Phi} + R_m} \tag{1.50}$$

$$\frac{1}{R_m} = \frac{1}{R_{m1}} + \frac{1}{R_{m2}} \tag{1.51}$$

该式为并联磁路的欧姆定律,即并联磁路的总磁阻的倒数为各分支路磁阻的倒数之和。

在忽略漏磁的情况下,可以总结出磁路的基尔霍夫第一定律和第二定律。

磁路的基尔霍夫第一定律,也即磁通连续性原理可以表达为:

$$\sum \Phi = 0 \tag{1.52}$$

该式表示在磁路中的任一结点处,进入的磁通量与离开的磁通量之和为零。换言之,流入该节点的总磁通量等于离开该节点的总磁通量。磁力线是封闭曲线,既无起点,也无终点,因此基尔霍夫第一定律也被称为磁通连续定律。

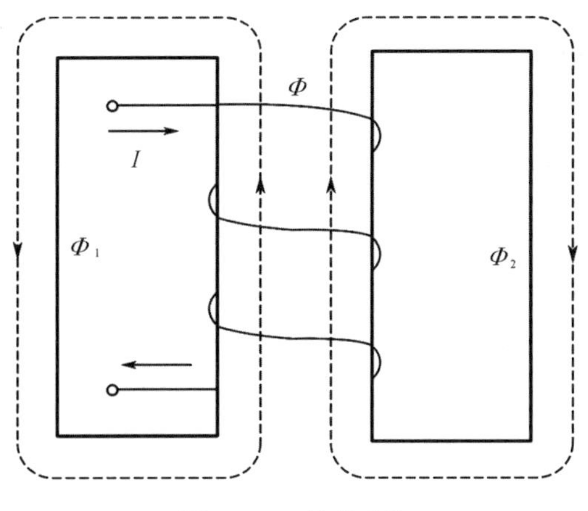

图 1.14 并联磁路

磁路的基尔霍夫第二定律可写成：

$$\sum H_i l_i = \sum N_i I_i = \sum \varepsilon_i \tag{1.53}$$

即在任一闭合磁路中，各段磁压降代数和等于各磁动势的代数和。

1.3 材料的磁化

磁性材料的应用基础是基于材料的磁化强度对外磁场明显的响应特性。这种特性可以由磁化曲线和磁滞回线来表征。通过研究材料的磁化曲线和磁滞回线，可以分析磁性材料的内禀性能。

1.3.1 磁化曲线

磁化曲线用来表示磁感应强度 B 或者磁化强度 M 与磁场强度 H 之间的非线性关系。磁化理论常用 M-H 关系讨论问题，工程技术中多采用 B-H 关系研究问题。

B-H 磁化曲线可以通过实验测量的方法画出。如图 1.15 所示，在磁中性的环形材料样品上缠绕初级线圈 N_1 和次级线圈 N_2，N_1 的两端接上直流电源，N_2 的两端接上电子磁通计。当初级线圈通上电源后，产生沿磁环轴向的磁场，磁性材料样品就会被磁化。假设磁化强度大小为 M，那么样品产生的磁感应强度大小 $B=\mu_0(M+H)$。随着初级线圈上电流的不断增大，电子磁通计便会检测出相应的磁通量，从而得到样品的 B-H 关系曲线。

根据 $B=\mu_0(H+M)$，可以画出 M-H 曲线。图 1.16 给出典型铁磁性材料的 B-H 和 M-H关系曲线。在 M-H 曲线中，H 从小变大时，M 急剧增大，当 H 增大到一定值时，M 逐渐趋近于一个确定的 M_S 值，M_S 称为饱和磁化强度；在 B-H 曲线中，H 从小变大时，刚开始 B 随 H 而急剧变化，当 H 增大到一定值后，B 却并不趋近于某一定值，而是以一定的斜率上升。可见，磁感应强度 B 是随 H 而不断地增大的，所谓饱和磁感应强度并不“饱和”。

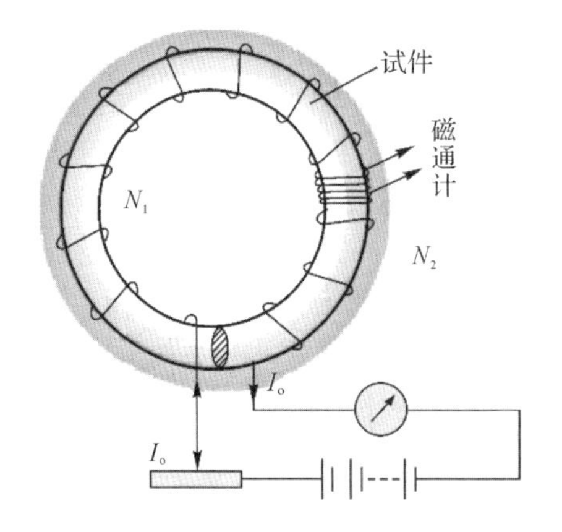

图 1.15　起始磁化曲线的测量

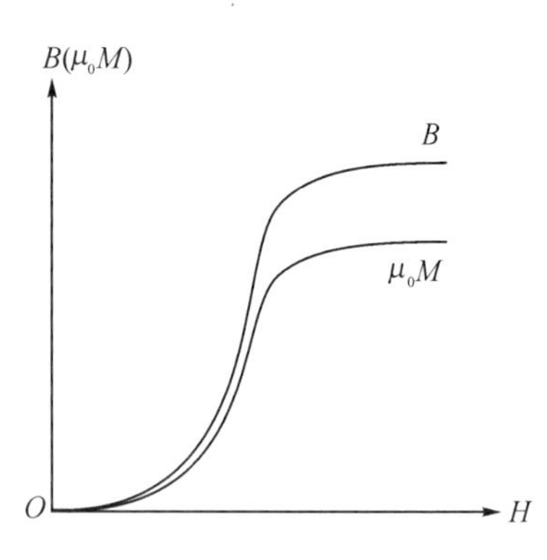

图 1.16　两种磁化曲线

1.3.2　磁滞回线

材料磁化到饱和以后，外磁场逐渐减小，材料中对应的 M 或 B 值也随之减小，但是由于材料内部存在各种阻碍 M 转向的机制，M 并不沿着起始磁化曲线返回。并且当外磁场减小到零时，材料仍保留一定大小的磁化强度或磁感应强度，称为剩余磁化强度或剩余磁感应强度，用 M_r 或 B_r 表示，简称剩磁。在反方向增加磁场，M 或 B 继续减小。当反方向磁场达到一定数值时，满足 $M=0$ 或 $B=0$，那么该磁场强度就称为矫顽力，分别记作 ${}_MH_c$ 或 ${}_BH_c$。它们具有不同的物理意义，${}_MH_c$ 表示 $M=0$ 时的矫顽力，又称为内禀矫顽力；而 ${}_BH_c$ 表示 $B=0$ 时的矫顽力，又称为磁感矫顽力。这两种矫顽力大小不等，一般有 $|{}_MH_c>|{}_BH_c|$。容易发现，矫顽力的物理意义是表征磁性材料在磁化以后保持磁化状态的能力。它是磁性材料的一个重要参数。矫顽力不仅是考察永磁材料的重要标准之一，也是划分软磁材料、永磁材料的重要依据。

M 或 B 变为零后，进一步增大反向磁场，材料中的磁化强度或磁感应强度方向将发生反转，随着反向磁场的增大，M 或 B 在反方向逐渐达到饱和。在材料反向饱和磁化后，再重复上述步骤，M 或 B 的变化与上述的过程相对称。在外加磁场 H 从正的最大到负的最大，再回到正的最大这个过程中，M-H 或 B-H 形成了一条闭合曲线，称为磁滞回线，如图 1.17 所示。磁滞回线是磁性材料的又一重要特征。

磁滞回线在第二象限的部分称为退磁曲线。由于退磁场的作用，在无外磁场作用下，永磁材料将工作在第二象限上，因此退磁曲线是考察永磁材料性能的重要依据。定义退磁曲线上每一点的 B 和 H 的乘积 (BH) 为磁能积，磁能积是表征永磁材料中能量大小的物理量。磁能积 (BH) 的最大值称为最大磁能积，用 $(BH)_{max}$ 表示。它同 $B_r(M_r)$、H_c 一样都是表征永磁材料的重要特性参数。

综上所述，磁化曲线和磁滞回线是磁性材料的重要特征，它们之间的对应关系如图1.18所示。磁化曲线和磁滞回线反映了磁性材料的许多磁学特性，包括磁导率 μ、饱和磁化强度 M_S、剩磁 $M_r(B_r)$、矫顽力 H_c、最大磁能积 $(BH)_{max}$ 等。

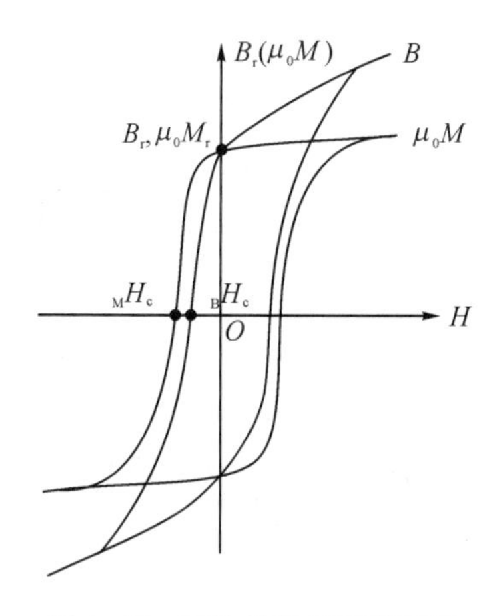

图 1.17 磁性材料的磁滞回线

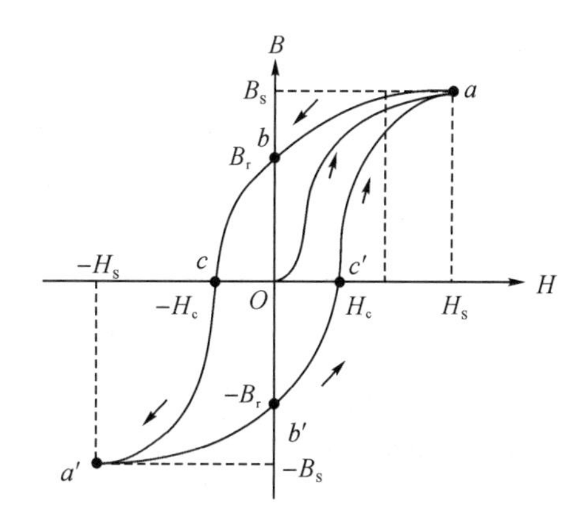

图 1.18 磁性材料的磁化曲线和磁滞回线

实际工作中，由于材料的尺寸受到限制，不可避免地会受到退磁场的影响。因而，测定的磁化特性曲线并不是材料固有的磁化特性曲线，必须对其进行校正。

如图 1.19 所示，虚线为测得的表观磁化特性曲线。由于作用在材料中的有效磁场 H_{eff} 比外加磁场 H_{ex} 要小，即

$$H_{eff} = H_{ex} - NM \tag{1.54}$$

因此，可按如图 1.19 所示校正出真实的磁化特性曲线。将表观磁化特性曲线转变为真实磁化特性曲线的校正工作，称作退磁校正。除非另外申明，否则发表的磁化曲线都是经过退磁校正的。

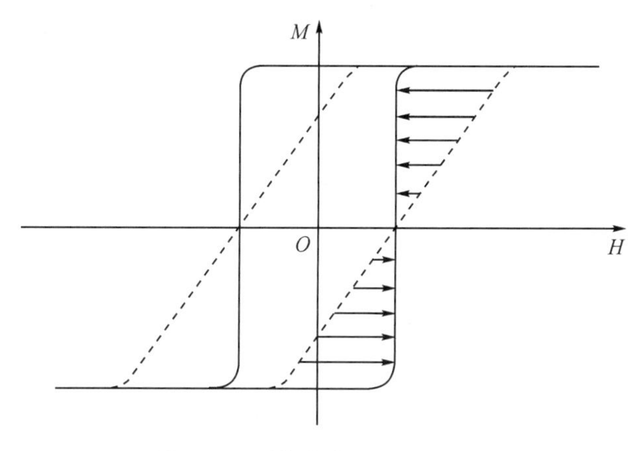

图 1.19 磁化曲线的退磁场校正

1.4 磁性和磁性材料的分类

所有的物质都具有磁性，但并不是所有的物质都能作为磁性材料来应用。有些物质具有很强的磁性，而大部分物质磁性很弱，因此实际上只有很少一部分物质能够作为磁性材料来应用。并且磁性材料发展到今天，已出现一大批磁性体和磁性器件，其品种繁多，功能各异。因此有必要对物质的磁性和各种磁性材料进行分类。

1.4.1 物质的磁性分类

按照磁体磁化时磁化率的大小和符号，可以将物质的磁性分为五个种类：抗磁性、顺磁性、反铁磁性、铁磁性和亚铁磁性。

1-14 磁性分类

1. 抗磁性

抗磁性是在外磁场的作用下，原子系统获得与外磁场方向相反的磁矩的现象。它是一种微弱磁性，相应的物质被称为抗磁性物质。其磁化率χ_d为负值且很小，一般在10^{-5}数量级。抗磁性材料χ_d的大小与温度、磁场均无关，其磁化曲线为一条直线。抗磁性物质包括惰性气体、部分有机化合物、部分金属和非金属等。

2. 顺磁性

一些物质在受到外磁场作用后，感生出与外磁场同向的磁化强度，其磁化率$\chi_P>0$，但数值很小，仅为$10^{-6}\sim10^{-3}$数量级，这种磁性称为顺磁性。顺磁性物质的χ_P与温度T有密切关系，服从居里-外斯定律，即

$$\chi_P=\frac{C}{T-T_P} \tag{1.55}$$

式中，C为居里常数，T为绝对温度，T_P为顺磁居里温度。顺磁性物质包括稀土金属和铁族元素的盐类等。

3. 反铁磁性

这类物质的磁化率在某一温度下存在极大值，该温度称为奈尔温度T_N。当温度$T>T_N$时，其磁化率与温度的关系与正常顺磁性物质的相似，服从居里-外斯定律；当温度$T<T_N$时，磁化率不是继续增大，而是降低，并逐渐趋于定值。这种磁性称为反铁磁性。反铁磁性物质包括过渡族元素的盐类及化合物等。

4. 铁磁性

铁磁性物质只要在很小的磁场作用下就能被磁化到饱和，不但磁化率$\chi_f>0$，而且数值在$10^1\sim10^6$数量级。当铁磁性物质的温度比临界温度T_C高时，铁磁性将转变为顺磁性，并服从居里-外斯定律，即

$$\chi_f=\frac{C}{T-T_P} \tag{1.56}$$

式中，C是居里常数，T_P是铁磁性物质的顺磁居里温度，并且$T_P=T_C$。具有铁磁性的元素不多，但具有铁磁性的合金和化合物却很多。到目前为止，发现11个纯元素晶体具有铁磁性，它们是3个3d金属铁、钴、镍，以及4f金属钆、铽、镝、钬、铒、铥和面心立方的镨、面心立方的钕。

5. 亚铁磁性

亚铁磁性的宏观磁性与铁磁性相同，仅仅是磁化率低一些，大约为$10^0\sim10^3$数量级。典型的亚铁磁性物质为铁氧体。它们与铁磁性物质的最显著区别在于内部磁结构不同。

以上五种磁性及一些相应物质的磁化率数据如表1.2所示。

表 1.2 一些物质的磁化率

<table>
<tr><th>磁性类型</th><th>元素或化合物</th><th>磁化率χ</th></tr>
<tr><td rowspan="9">抗磁性</td><td>铜 Cu</td><td>-1.0×10^{-5}</td></tr>
<tr><td>锌 Zn</td><td>-1.4×10^{-5}</td></tr>
<tr><td>金 Au</td><td>-3.6×10^{-5}</td></tr>
<tr><td>汞 Hg</td><td>-3.2×10^{-5}</td></tr>
<tr><td>水 H_2O</td><td>-0.9×10^{-5}</td></tr>
<tr><td>氢 H</td><td>-0.2×10^{-5}</td></tr>
<tr><td>氖 Ne</td><td>-0.32×10^{-6}</td></tr>
<tr><td>铋 Bi</td><td>-1.66×10^{-4}</td></tr>
<tr><td>热解石墨</td><td>-4.09×10^{-4}</td></tr>
<tr><td rowspan="9">顺磁性</td><td>锂 Li</td><td>4.4×10^{-5}</td></tr>
<tr><td>钠 Na</td><td>0.62×10^{-5}</td></tr>
<tr><td>铝 Al</td><td>2.2×10^{-5}</td></tr>
<tr><td>钒 V</td><td>38×10^{-5}</td></tr>
<tr><td>钯 Pd</td><td>79×10^{-5}</td></tr>
<tr><td>钕 Nd</td><td>34×10^{-5}</td></tr>
<tr><td>空气</td><td>36×10^{-8}(氮是抗磁性)</td></tr>
<tr><td>氯化铁 $FeCl_3$</td><td>77.9×10^{-5}</td></tr>
<tr><td>氯化锰 $MnCl_3$</td><td>86×10^{-5}</td></tr>
<tr><td rowspan="6">反铁磁性</td><td>氧化锰 MnO</td><td>$0.69\left(\frac{\chi(0)}{\chi(T_N)}\right)$</td></tr>
<tr><td>氧化铁 FeO</td><td rowspan="2">0.78</td></tr>
<tr><td>氧化钴 CoO</td></tr>
<tr><td>氧化镍 NiO</td><td rowspan="2">0.67</td></tr>
<tr><td>氧化铬 CrO</td></tr>
<tr><td>三氧化二铬 Cr_2O_3</td><td>0.76</td></tr>
<tr><td rowspan="5">铁磁性</td><td>铁晶体</td><td>$\sim10^{6}$</td></tr>
<tr><td>钴晶体</td><td>$\sim10^{3}$</td></tr>
<tr><td>镍晶体</td><td>$\sim10^{6}$</td></tr>
<tr><td>3.5%Si-Fe</td><td>$\sim7\times10^{4}$</td></tr>
<tr><td>铝镍钴 Al-Ni-Co</td><td>$=10$</td></tr>
<tr><td rowspan="2">亚铁磁性</td><td>四氧化三铁 Fe_3O_4</td><td>$\sim10^{2}$</td></tr>
<tr><td>各种铁氧体</td><td>$\sim10^{3}$</td></tr>
</table>

上述五种磁性物质的磁化率和温度有着不同的关系，其χ-T 和 $1/\chi$-T 曲线分别如图 1.20和 1.21 所示。

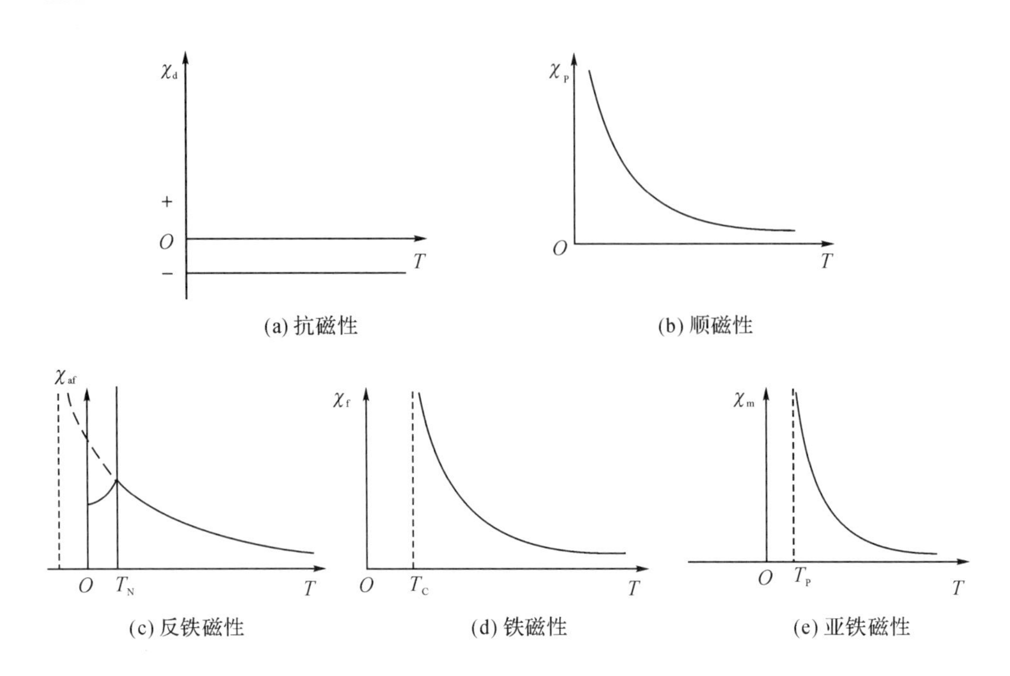

图 1.20 五种磁性的χ-T 曲线

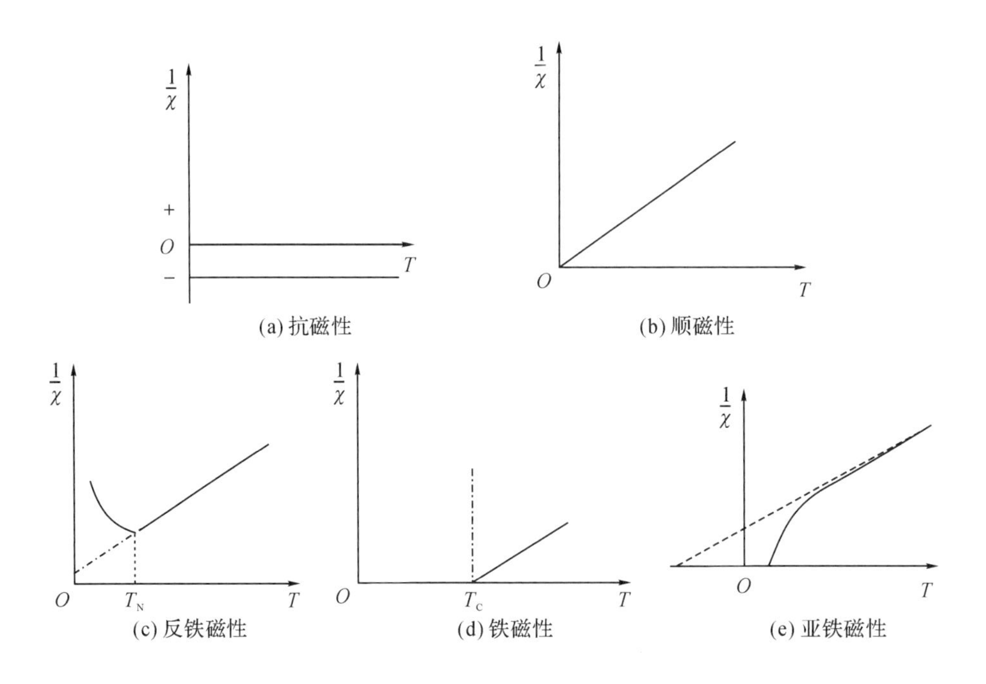

图 1.21 五种磁性的 $1/\chi$-T 曲线

物质的磁性并不是恒定不变的。同一种物质,在不同的环境条件下,可以具有不同的磁性。例如,铁磁性物质在居里点温度以下是铁磁性的,到达居里点温度则转变成为顺磁性;重稀土金属在低温下是强磁性的,在室温或高温下却变成了顺磁性。

五种磁性对应于不同的磁结构,如图 1.22 所示。由图中可以看出,抗磁性物质由于电子的抵抗磁矩，值很小。顺磁性物质和反铁磁性物质由于磁矩混乱取向和相互抵消，磁化率也很小。因此这三种磁性是弱磁性。铁磁性物质中磁矩平行取向，磁化率很高。亚铁磁性物质磁矩虽为反平行排列，但是磁矩不能完全抵消，因而显示较高的磁化率。因此铁磁性和亚铁磁性为强磁性。

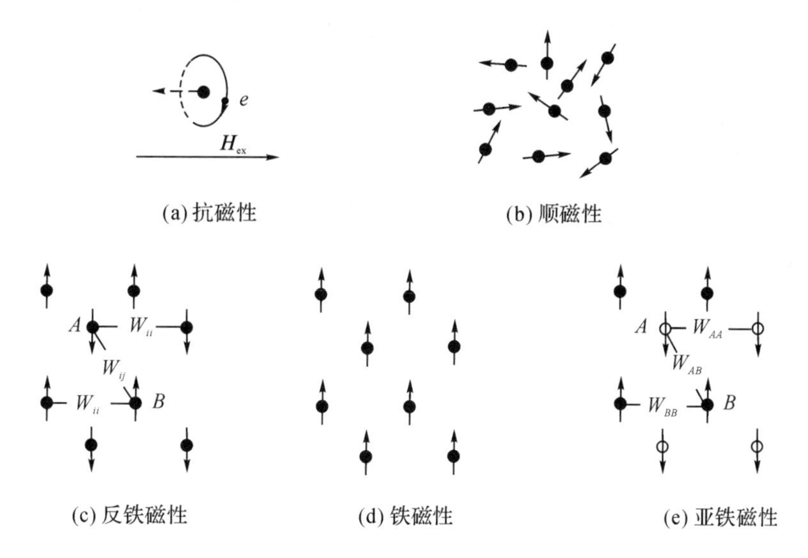

(a) 抗磁性　(b) 顺磁性

(c) 反铁磁性　(d) 铁磁性　(e) 亚铁磁性

图 1.22　五种磁性材料的基本磁结构

由于抗磁性、顺磁性和反铁磁性都是弱磁性，需要精密仪器才能够检测出来，因此在技术上很少应用。铁磁性和亚铁磁性是强磁性，在技术上有着广泛的应用，通常所说的磁性材料就是指具有铁磁性或亚铁磁性的强磁性材料。

1.4.2　磁性材料分类

1-15　磁性材料分类

从实用的观点出发，磁性材料可以分为以下几类。

1. 软磁材料

矫顽力很低，因而既容易受外加磁场磁化，又容易退磁，这样的材料称为软磁材料。

软磁材料的主要特征是：

(1)高的初始磁导率 μ_i 和最大磁导率 μ_{max}。这表示软磁材料对外磁场的灵敏度高。

(2)低的矫顽力 H_c。这表明软磁材料既容易被外磁场磁化，又容易受外磁场或其他因素影响退磁，而且磁滞回线窄，降低了磁化功率和磁滞损耗。

(3)高的饱和磁化强度 M_S 和低的剩余磁感应强度 B_r。可以节省资源，便于产品向轻薄短小方向发展，可迅速响应外磁场极性(N-S 极)的反转。

(4)出于节省能源、降低噪声等方面考虑，软磁材料还应具备低的铁损、高的电阻率、低的磁致伸缩系数等特征。

软磁材料主要用于制造发电机和电动机的定子和转子，变压器、电感器、电抗器、继电器和镇流器的铁芯，计算机磁芯，磁记录的磁头与磁介质，磁屏蔽，电磁铁的铁芯、极头与极靴，磁路的导磁体等。它们是电机工程、无线电、通信、计算机、家用电器和高新技术领域的重要功能材料。软磁材料制造的设备与器件大多数是在交变磁场条件下工作的，要求其体积小、重量轻、功率大、灵敏度高、发热量小、稳定性好、寿命长。

表 1.3 中给出了几种常见软磁材料的磁性能。

表 1.3 几种常见软磁材料的磁性能

材料			磁导率		饱和磁通密度 B_S/T	矫顽力 H_c /(A·m^{-1})	电阻率 ρ /(μΩ·m)	居里温度 T_C/℃
系统	材料名称	组成	初始 μ_i	最大 μ_{max}				
铁及铁系合金	电工软铁	Fe	300	8000	2.15	64	0.11	770
	硅钢	Fe-3Si	1000	30000	2.0	24	0.45	750
	铁铝合金	Fe-3.5Al	500	19000	1.51	24	0.47	750
	Alperm（高磁导率铁镍合金）	Fe-16Al	3000	55000	0.64	3.2	1.53	—
	Permendur（铁钴系高磁导率合金）	Fe-50Co-2V	650	6000	2.4	160	0.28	980
	Sendust（仙台斯特）合金	Fe-9.5Si-5.5Al	30000	120000	1.1	1.6	0.8	500
坡莫合金	坡莫合金（1J78）	Fe-78.5Ni	8000	100000	0.86	4	0.16	600
	超坡莫合金	Fe-79Ni-5Mo	100000	600000	0.63	0.16	0.6	400
	Mumetal（镍铁铜系高磁导率合金）	Fe-77Ni-2Cr-5Cu	20000	100000	0.52	4	0.6	350
	Hardperm（镍铁铌系高磁导率合金）	Fe-79Ni-9Nb	125000	500000	0.1	0.16	0.75	350
铁氧体化合物	Mn-Zn 系铁氧体	32MnO·17ZnO·51Fe$_2$O$_3$	1000	4250	0.425	19.5	$10^4 \sim 10^5$	185
	Ni-Zn 系铁氧体	15NiO·34ZnO·51Fe$_2$O$_3$	900	3000	0.2	24	$10^9 \sim 10^{13}$	70
	Cu-Zn 系铁氧体	22.5CuO·27.5ZnO·50Fe$_2$O$_3$	400	1200	0.2	40	109	90
非晶态	金属玻璃 2605SC	Fe-3B-2Si-0.5C	2500	300000	1.61	3.2	1.25	370
	金属玻璃 2605S2	Fe-3B-5Si	5000	500000	1.56	2.4	1.30	415

2. 永磁材料

永磁材料又称硬磁材料，这类材料经过外加磁场磁化再去掉外磁场以后能长时期保留较高剩余磁性，并能经受不太强的外加磁场和其他环境因素的干扰。因这类材料能长期保留其剩磁，故称永磁材料；又因具有较高的矫顽力，能经受不太强的外加磁场的干扰，又称硬磁材料。

一般来说，对永磁材料有以下基本要求：

(1)高的剩余磁感应强度 B_r 和高的剩余磁化强度 M_r。B_r 和 M_r 是永磁材料闭合磁路在经过外加磁场磁化后磁场为零时的磁感应强度和磁化强度，它们是开磁路的气隙中能得到的磁场磁感应强度的量度。

(2)高的矫顽力$_{B}H_{c}$和高的内禀矫顽力$_{M}H_{c}$。$_{B}H_{c}$和$_{M}H_{c}$是永磁材料保持其永磁特性能力的度量。

(3)高的最大磁能积$(BH)_{max}$。它是永磁材料单位体积存储和可利用的最大磁能密度的度量。

(4)从实用角度考虑，一般还要求其具有高的稳定性，即对外加干扰磁场、温度和震动等环境因素变化的稳定性。

永磁材料的应用主要是利用永磁体在气隙产生足够强的磁场，利用磁极与磁极的相互作用、磁场对带电物体或离子或载电流导体的相互作用来做功，从而实现能量、信息的转换。永磁材料已经在通信、自动化、音像、计算机、电机、仪器仪表、石油化工、磁分离、磁生物、磁医疗与健身器械、玩具等技术领域得到广泛的应用。

表1.4中给出了几种常见永磁材料的磁性能。

表1.4 几种常见永磁材料的磁性能

材料		剩余磁通密度 B_r/T	矫顽力/(kA·m^{-1})		最大磁能积
			$_{M}H_{c}$	$_{B}H_{c}$	$(BH)_{max}$/(kJ·m^{-3})
钢系	马氏体钢，9%Co	0.75	11	10	3.3
	马氏体钢，40%Co	1.00	21	19	8.2
铁铬钴系	各向同性	0.80	42	40	12
	各向异性	1.00	46	45	28
		1.30	49	47	43
铝镍钴系	铝镍钴5，JIS-MCB500 JIS-MCB750	1.25	—	50.1	39.8
		1.35	—	61.7	63.7
	铝镍钴6	1.065	—	62.9	31.8
	铝镍钴8	0.8	—	111	31.8
铁氧体系	$BaFe_{12}O_{19}$各向同性	0.22～0.24	255～310	143～159	7.96～10.3
	$BaFe_{12}O_{19}$湿式各向异性(高磁能积型)	0.40～0.43	143～175	143～175	28.6～31.8
	$BaFe_{12}O_{19}$湿式各向异性(高矫顽力型)	0.33～0.37	239～279	223～255	19.9～23.9
	$SrFe_{12}O_{19}$湿式各向异性(高磁能积型)	0.39～0.42	199～239	191～223	26.3～30.2
	$SrFe_{12}O_{19}$湿式各向异性(高矫顽力型)	0.35～0.39	223～279	215～255	22.7～26.3
稀土系	Sm_2Co_{17}	1.12	550	520	250
	$Nd_2Fe_{14}B$	1.23	2800	2500	479

3. 磁记录材料

磁记录材料是磁记录技术所用的磁性材料，包括磁记录介质材料和磁记录头材料(简称磁头材料)。在磁记录(称为写入)过程中，首先将声音、图像、数字等信息转变为电信号，再通过记录磁头转变为磁信号，记录磁头便将磁信号保存(记录)在磁记录介质材料中。在需要取出记录在磁记录介质材料中的信息时，只要经过同磁记录过程相反的过程(称为读出过程)，即将磁记录介质材料中的磁信号通过读出磁头，将磁信号转变为电信号，再将电信号转变为声音(类似电话)、图像(类似电视)或数字(类似计算机)。

4. 磁致伸缩材料

磁性材料由于磁化状态的改变,长度和体积都会发生微小的变化,这种现象称为磁致伸缩。具有磁致伸缩效应的材料称为磁致伸缩材料。大多数材料的磁致伸缩系数较小,与热膨胀系数相当,一直以来没有应用。20 世纪 40 年代至今,随着具有大磁致伸缩系数的材料和超磁致伸缩材料的开发,磁致伸缩材料逐渐进入实用阶段。具有实用价值的磁致伸缩材料通常也是软磁材料,同时还应具有以下特性:磁致伸缩系数大、响应快、驱动场低和居里温度高等。

表 1.5 中给出了一些物质的磁致伸缩系数。

表 1.5　常见的金属合金、铁氧体和稀土化合物的磁致伸缩系数

材料		磁致伸缩系数	材料		磁致伸缩系数
金属合金系	Fe	-9×10^{-6}	稀土化合物系	$TbFe_2$	1.753×10^{-3}
	Co	-60×10^{-6}		Tb-30Fe	1.590×10^{-3}
	Ni	-40×10^{-6}		$SmFe_2$	-1.560×10^{-3}
	Co-40Fe	70×10^{-6}		$Tb(CoFe)_2$	1.487×10^{-3}
	Fe-13Al	40×10^{-6}		$Tb(NiFe)_2$	1.151×10^{-3}
铁氧体系	Fe_3O_4	60×10^{-6}		$TbFe_3$	6.93×10^{-4}
	$CoFe_2O_4$	-110×10^{-6}		$DyFe_2$	4.33×10^{-4}
	$NiFe_2O_4$	-26×10^{-6}		Pr_2Co_{17}	3.36×10^{-4}
	vibrocs	-28×10^{-6}		$PrAl_2$	2.500×10^{-3}

5. 磁性液体

磁性液体是一种新型的功能材料,它既具有液体的流动性,又具有固体磁性材料的磁性。它是由直径为纳米量级(10nm 以下)的磁性固体颗粒、基液以及界面活性剂三者混合而成的一种稳定的胶状液体。该流体在静态时无磁性吸引力,当外加磁场作用时,才表现出磁性。用纳米金属及合金粉末生产的磁流体性能优异,可广泛应用于各种苛刻条件下的磁性流体密封、减震、医疗器械、声音调节、光显示、磁流体选矿等领域。

6. 磁热效应材料

磁热效应材料是利用磁热效应达到制冷目的的材料。铁磁性或亚铁磁性材料及磁有序材料在磁场作用下,磁性物质的磁矩将会沿磁场方向整齐排列,磁熵减小,从而使磁体的热量释放出来。若除去磁场,磁矩又将混乱排列,磁熵增加,将吸收周围环境的热能,使环境温度下降。如采用一种合适的循环,就可以降低磁体所处的环境温度。

7. 自旋电子学材料

自旋电子学研究自旋极化电子的输运特性,通过在电子电荷的基础上加上自旋自由度,可以通过自旋来控制电子的诸多光电行为,是传统的通过电荷控制电子的有效互补手段。自旋电子器件相比于传统的电子器件,具有存储速度快、存储密度大、信息不易丢失、功耗少、体积小等优点,同时自旋作为一个动力学参数,是量子力学固有的量子特性,将会使新的自旋电子学量子器件诞生。

从材料角度出发，自旋电子学材料主要包括磁电阻材料、半金属材料和稀磁半导体三种材料。下面以磁电阻材料为例进行简单介绍。磁电阻材料是具有显著磁电阻效应的磁性材料。这种材料在受到外加磁场作用时会发生电阻变化。不论磁场与电流方向平行还是垂直，都将产生磁电阻效应。前者（平行）称为纵磁场效应，后者（垂直）称为横磁场效应。一般强磁性材料的磁电阻率（磁场引起的电阻变化与未加磁场时电阻之比）在室温下小于8%，在低温下可增加到10%以上。与利用其他磁效应相比，利用磁电阻效应制成的换能器和传感器，其装置简单，对速度和频率不敏感。磁电阻材料已用于制造磁记录磁头、磁膜存储器的读出器等。

1.5 单位制

计量单位在磁学理论和磁性材料的研究中具有举足轻重的作用。有计量单位的数据才有生命力，才能较完整地表示某物体的多少和属性。完整而有效的数据应是精确数字与合理计量单位完美的有机结合体。计量数据只有数字而无相匹配的计量单位，则该数字就仅仅是一串阿拉伯数字的组合。

由选定的一组基本单位和由定义方程式与比例因数确定的导出单位组成了一系列完整的单位体制。基本单位是可以任意选定的，由于基本单位选取的不同，组成的单位制也就不同，如市制、英制、米制、国际单位制等。单位制的形成和发展与科技的进步、生产的发展密切相关。

历史上在不同时期、不同国家和地区出现的单位制非常多，下面以电磁学单位制的演变历史为背景，介绍两种电磁学单位制。

1.5.1 CGS单位制

18世纪后半期，力学、热学、光学、静电学已成为物理学的基础学科。测量的范围也从度量衡扩展到所有的力学量、热工量、电磁学和光学量，各种物理量都选择合适的单位，建立起数学关系加以定义。19世纪后半期，米制已被欧洲、美洲的许多国家接受，把各种单位构成逻辑关系形成一种单位制成为迫切要求。这时英国科学促进协会（British Association for the Advancement of Science，BAAS）提出，需要一种由某几个基本单位按系统建立起来的一贯单位制。在力学中选择三个基本量：长度、时间和质量。它们的基本单位被选为：厘米、平均太阳时的秒和克。这个单位制中，除基本单位外，还包括按“一贯单位”的要求，导出的这个量制中所能导出的单位。所谓“一贯单位”，即用基本单位通过数字因素为1的形式所表示的导出单位。例如：厘米克秒（CGS）单位制中力的单位达因（dyn）与其基本单位的关系为$1\text{dyn}=1(\text{g}\cdot\text{cm/s})/\text{s}=1\text{g}\cdot\text{cm/s}^2$；功的单位尔格（erg），与其基本单位的关系为$1\text{erg}=1\text{cm}^2\cdot\text{g/s}^2$；速度的单位是厘米每秒（cm/s）。相应的单位制称为厘米克秒单位制，这是近代计量学中第一个计量单位制。

但是，事实上，有很多物理量例如光学的、电学的、热学的，是不能从这三个基本量导出的，这一量制只覆盖了物理学中的运动学、力学、声学和原子物理学，这就使得19世纪末和20世纪初的一些物理学家大伤脑筋，他们总想从中导出电学、磁学的计量单位。

为了适应电、磁现象计量的需要，物理学家首先将厘米克秒单位制推行到电磁学单位。

19世纪初，德国数学家、物理学家和天文学家高斯（1777—1855年）从事将数学应用于物理学、天文学和大地测量学的研究。高斯于1832年发表《用绝对单位测量地磁场强度》，论证了必须以力学中力的单位进行地磁的“绝对测量”，代替用磁针进行的地磁测量。为此，高斯与德国物理学家韦伯合作，在磁学测量中引用了以毫米、毫克和秒这三个单位为基础的“绝对”电学单位制。后来韦伯把它推广到其他的电磁测量中，并在1851年对从电的库仑定律出发的一组物理公式中，确定了一种一贯性的绝对厘米克秒单位制，定名为静电单位制（CGS electrostatic units，CGSE单位制）。他又对从磁的库仑定律出发的一组物理公式中，确定了一种一贯性的绝对厘米克秒单位制，定名为电磁单位制（CGS electromagnetic units，CGSM单位制）。

令库仑定律

$$F=k\frac{q_1q_2}{r^2}$$

中的因子$k=1$，就可从CGS单位制中力F的单位达因和距离r的单位厘米导出电荷量q的单位静库。

静电单位制之所以成立，是因为在库仑定律中令库仑常数$k=1$以及真空介电常数$\varepsilon_0=1$，当时，他并没有认识到这一设定实际上已选取了第四个基本量和基本单位ε_0，也没有认识到已采用的是非合理化公式。同样，在电磁制中采用的也仍都是非合理化公式。

CGSE单位制与CGSM单位制都在电磁学中使用，可是同一电磁量CGSE单位（esu）与CGSM单位（emu）数值相差很大，量纲也不一致，很易导致误解，产生错误。

后来，高斯发现，只要令公式中的比例常数$\gamma=c_0$，在$k=1$以及$\varepsilon_0=1$的条件下，全部电学量的单位（包括量纲）都和CGSE单位制的一样，同样全部磁学量的单位都和CGSM单位制的一样，这就是曾广泛使用的高斯单位制。他仍选厘米、克、秒作为基本单位，而实际上第四个基本量在电学量中是ε_0，在磁学量中是μ_0。

高斯综合了CGSE单位制和CGSM单位制，消除了一些混乱，但在那些既有电学量又有磁学量的公式中，出现γ的公式需要改写。电磁学的CGS单位制用的也仍是非合理化公式。

1.5.2 SI

1902年意大利物理学家乔吉（1871—1950年）创立了合理化实用制，以米（m）、千克（kg）、秒（s）和一个实用电学单位为基本单位并采用合理化电磁公式，正式提出应有四个基本单位对应于四个基本量的量制，建议用磁场强度H作为第四个基本量。

1930年，国际电工委员会（International Electrotechnical Commission，IEC）决定ε_0和μ_0是导出量，磁通密度B、电位移D、电场强度E都是不同性质的物理量，分别赋予了CGSM单位制中磁通单位名称为麦克斯韦（Mx）、磁通密度单位名称为高斯（Gs，G）、磁场强度单位名称为奥斯特（Oe）、磁动势单位名称为吉伯（Gb），并注意到以米、千克、秒为基本单位的合理性，这些决定得到了1931年国际物理学会的同意。

1935年国际电工委员会决定了以米、千克、秒单位制为国际电磁单位制。1954年第十届国际计量大会（Conférence Générale des Poids et Mesures，CGPM）通过决议确定，在米、千克、秒三个基本单位之外，增加安培（A）、开尔文（K）和坎德拉（cd）作为基本单位，1960年第十一届 CGPM 确立了这 6 个基本单位构成的国际单位制(SI)。

为了较好地使化学中的量的单位也按 SI 的原则进入 SI,1971 年的 CGPM 上,增加了第七个基本量——物质的量 n 和第七个基本单位摩尔(mol),用于代替在当时广泛使用的克分子、克原子、克当量等及其所导出的一些量和单位,这就进一步完善了 SI。

由于国际单位制先进、实用、简单、科学,并适用于文化教育、科学技术和经济建设各个领域,故已被世界各国及国际组织广泛采用。1977 年中国明确规定要逐步采用国际单位制,1984 年中国颁布的《中华人民共和国法定计量单位》就是以国际单位制为基础制定的。表 1.6 给出了 SI 单位制中的基本单位、辅助单位和部分导出单位。表 1.7 给出了磁测量中目前存在的两种单位制中的磁学量单位及其换算。

表 1.6 SI 单位制中的基本单位、辅助单位和部分导出单位

物理量名称		单位名称	单位符号	物理量名称		单位名称	单位符号
基本单位	长度	米	m	导出单位	动量	千克米每秒	kg · m/s
	质量	千克	kg		压强	帕[斯卡]	Pa
	时间	秒	s		功	焦[耳]	J
	电流	安[培]	A		能[量]	焦[耳]	J
	热力学温度	开[尔文]	K		功率	瓦[特]	W
	发光强度	坎[德拉]	cd		电荷[量]	库[仑]	C
	物质的量	摩[尔]	mol		电场强度	伏[特]每米	V/m
辅助单位	平面角	弧度	rad		电位、电压、电势差	伏[特]	V
	立体角	球面度	sr		电容	法[拉]	F
导出单位	面积	平方米	m^2		电阻	欧[姆]	Ω
	体积	立方米	m^3		电阻率	欧[姆]米	Ω · m
	速度	米每秒	m/s		磁感应强度	特[斯拉]	T
	加速度	米每二次方秒	m/s^2		磁通[量]	韦[伯]	Wb
	角速度	弧度每秒	rad/s		电感	亨[利]	H
	频率	赫[兹]	Hz		电导	西[门子]	S
	密度	千克每立方米	kg/m^3		光通量	流[明]	lm
	力	牛[顿]	N		光照度	勒[克斯]	lx
	力矩	牛[顿]米	N · m		放射性活度	贝可[勒尔]	Bq

根据磁学工作者在日常学习工作中的使用频率,下面列出了几种常用磁学量之间的换算关系。

磁通量/磁场:

$$1\text{T 等效为 } 7.96\times10^5\,\text{A}\cdot\text{m}^{-1}=7.96\times10^2\,\text{kA}\cdot\text{m}^{-1}$$

$$1\text{T}=10^4\,\text{Gs}$$

磁能积:

$$1\text{kJ}\cdot\text{m}^{-3}=4\pi\times10^{-2}\,\text{MGOe}=1.26\times10^{-1}\,\text{MGOe}$$

磁化强度：

根据定义，单位质量的磁矩称为比磁化强度。在一般测量中，尤其是样品具有不规则形状的时候，容易测量样品的质量，因此通常使用 emu • g^{-1} 单位，此时：

$$1emu \cdot g^{-1} = 1A \cdot m^2 \cdot kg^{-1}$$

根据相应物质的密度就可以将 emu • g^{-1} 的单位转换为标准的 A • m^{-1} 单位。

有时，我们需要使用单位体积的磁矩值来表征样品的磁化强度，如对于薄膜样品，测量样品的质量比测量样品的体积更困难一些，此时通常采用 emu • cc^{-1} 单位，此时：

$$1emu \cdot cc^{-1} = 1 \times 10^3 A \cdot m^{-1}$$

表 1.7 磁学量单位及其换算

磁学量	符号	SI 单位		CGS 单位		由 SI 单位换算成 CGS 单位的因子数	由 CGS 单位换算成 SI 单位的因子数
		名称	符号	名称	符号		
磁极强度	m	韦伯	Wb	电磁单位		$10^8/(4\pi)$	$4\pi \times 10^{-8}$
磁通量	Φ	韦伯	Wb	麦克斯韦	Mx	10^8	10^{-8}
磁偶极矩	j_m	韦伯 • 米	Wb • m	电磁单位		$10^{10}/(4\pi)$	$4\pi \times 10^{-10}$
磁矩	μ_m	安培平方米	A • m^2	电磁单位	emu	10^3	10^{-3}
磁场强度	H	安培每米	A • m^{-1}	奥斯特	Oe	$4\pi \times 10^{-3}$	$10^3/(4\pi)$
磁感应强度	B	特斯拉	T	高斯	Gs	10^4	10^{-4}
磁势	φ, ψ	安培	A	吉伯	Gb	$4\pi/10$	$10/(4\pi)$
磁极化强度	J_m	特斯拉	T	高斯	Gs	$10^4/(4\pi)$	$4\pi \times 10^{-4}$
磁化强度	M	安培每米	A • m^{-1}	高斯	Gs	10^{-3}	10^3
磁化率(相对)	χ					$1/(4\pi)$	4π
磁导率(相对)	μ					1	1
真空磁导率	μ_0	亨利每米	H • m^{-1}			$10^7/(4\pi)$	$4\pi \times 10^{-7}$
退磁因子	N					4π	$1/(4\pi)$
磁阻	R_m	安培每韦伯	A • Wb^{-1}	电磁单位		$4\pi \times 10^{-9}$	$10^9/(4\pi)$
磁能量密度	F	焦耳每立方米	J • m^{-3}	尔格每立方厘米	erg • cm^{-3}	10	1/10
磁晶各向异性常数	K	焦耳每立方米	J • m^{-3}	尔格每立方厘米	erg • cm^{-3}	10	1/10
旋磁比	γ	米每安培秒	m • A^{-1} • s^{-1}	每奥秒	1/(Oe • s)	$10^3/(4\pi)$	$4\pi \times 10^{-3}$
磁能积	$(BH)_{max}$	焦每立方米	J • m^{-3}	高奥	GOe	$4\pi \times 10$	$[1/(4\pi)] \times 10^{-1}$
		特斯拉安每米	T • A • m^{-1}	高斯奥斯特	Gs • Oe		
自感	L	亨利	H	厘米	cm	10^7	10^{-7}

1.6 磁测量

磁性材料是生产、生活、国防科学技术中广泛使用的材料。我国各种磁性材料的产量基本上世界第一，也已经成为磁性材料生产大国和磁性材料产业中心。使用、设计和研制磁性材料和器件都要以材料的各种磁性参数为依据，因此磁测量是不可或缺的一环。此外，磁学理论的研究离不开科学实验，因此磁性测量也是磁学研究中必不可少的研究手段。

磁测量是对物质的各种磁性参数进行测量，对各种磁性现象和效应进行实验研究的一门实验科学。磁测量可以分为以下几类：

1. 物质的本征磁参量的测量

包括铁磁物质与亚铁磁物质的自发磁化强度、顺磁和抗磁物质的磁化率χ、物质的各种磁性相变温度，如居里温度、磁晶各向异性常数K、磁致伸缩系数λ等。这些参数仅与材料的成分和晶体结构有关，而与晶粒大小，晶粒取向，晶体的完整性、密度、形状、应力等结构因素无关。

2. 物质的非本征磁参量的测量

(1)静态磁参量：即材料在静态磁场下的磁特性，包括静态磁化曲线和磁滞回线，以及与之相关的各种参量，如饱和磁感应强度、剩余磁感应强度，矫顽力，软磁材料的起始磁导率、最大磁导率和微分磁导率，永磁材料的退磁曲线、回复曲线、最大磁能积以及上述各种参数的温度依赖关系。

(2)动态磁参量：即软磁材料在动态磁场(包括交流、交直流叠加和脉冲磁化条件)下的磁特性，包括甚低频范围的交流磁化曲线、磁滞回线及磁损耗，从甚低频到甚高频范围的复数磁导率，磁损耗，微波范围的张量磁导率、介电常数、铁磁共振线宽、有效线宽，脉冲磁场下的开关时间、开关系数、信号信噪比、干扰，以及上述参数对温度、频率、磁场的依赖关系。

上述这些非本征参量不仅与物质的本征参量有关，而且与材料的晶粒取向、晶粒大小等结构因素有密切的关系。

3. 对物质磁结构、各种磁性现象和效应进行观测和分析

如观测铁磁材料、亚铁磁材料的磁畴结构，确定晶格点阵上原子磁矩的取向和分布，观察磁致伸缩、磁热、磁电、磁光及磁共振等各种磁效应。

综上所述，磁测量的内容是非常丰富的，不仅涉及整个磁学领域，而且涉及固体物理中的许多方面。本书在后续章节中涉及重要磁学量的地方，会对相应的测试方法进行简要介绍。

习 题

1-1 试解释下列名词：

(1)磁矩和磁化强度；

(2)磁场强度和磁感应强度；

(3)磁化曲线和磁滞回线；

第1章拓展练习

(4)磁化率和磁导率。

1-2　试回答下列问题：

(1)内禀矫顽力和磁感矫顽力有什么区别和联系？

(2)退磁场是怎样产生的？能克服吗？对于实测的材料磁化特性曲线如何进行退磁校正？

(3)物质的磁性可以分为几类？它们各有什么特点？

(4)磁性材料可以分为几类？它们各有什么特点？

1-3　一根长20cm，半径为2cm的螺线管由200匝线圈绕制而成，其中通以$I=0.5\text{A}$的电流，试计算此时螺线管中部和端部的H和B大小。

1-4　某一铁旋转椭球长轴为1mm，短轴直径为0.1mm，饱和磁化强度为$\mu_0 M_S=2.1\text{T}$，求长轴和短轴方向的退磁场。

1-5　将下述物理量由CGS单位制换算为SI单位制。

(1)1000eum/cc；(2)15000Gs；(3)42MGOe。

1-6　简述非本征磁参量和非本质磁参量的区别和种类。

1-7　有两根完全相同的铁棒，一根沿棒长方向磁化，另一根处于退磁状态。在身边没有任何仪器可以利用的情况下，如何将它们区别开来？

参考文献

[1] CULLITY B D. Introduction to Magnetic Materials[M]. London: Addison-Wesley Publishing Company, 1972.

[2] BUSCHOW K H J. Handbook of Magnetic Materials[M]. Amsterdam: Elsevier, 1980.

[3] 田民波.磁性材料[M].北京:清华大学出版社,2001.

[4] 严密,彭晓领.磁学基础与磁性材料[M].2版.杭州:浙江大学出版社,2019.

[5] COEY J M D, BOOKS24X I. Magnetism and Magnetic Materials[M]. Cambridge: Cambridge University Press, 2010.

[6] DONG G F, GAO Z Y, TAN C L, et al. Phase transformation and magnetic properties of Ni-Mn-Ga-Ti ferromagnetic shape memory alloys[J]. Journal Alloys and Compounds, 2010, 508(1): 47-50.

[7] LUMSDEN M D, CHRISTIANSON A D. Magnetism in Fe-based superconductors[J]. Journal of Physics: Condensed Matter, 2010, 22(20): 26.

[8] POGGIO M, DEGEN C L. Force-detected nuclear magnetic resonance: recent advances and future challenges[J]. Nanotechnology, 2010, 21(34): 13.

[9] PEREZ-MATO J M, RIBEIRO J L, PETRICEK V, et al. Magnetic superspace groups and symmetry constraints in incommensurate magnetic phases[J]. Journal of Physics: Condensed Matter, 2012, 24(16): 20.

[10] HILZINGER R, RODEWALD W. Magnetic Materials: Fundamentals, Products, Properties, Applications[M]. Erlangen: Publicis Publishing, 2013.

[11] TUMANSKI，赵书涛，葛玉敏. 磁性测量手册[M]. 北京：机械工业出版社，2014.

[12] ANDERSON C. Handbook of Advanced Magnetic Materials[M]. New York: NY Research Press, 2015.

[13] 斯波尔丁. 磁性材料[M]. 影印版. 北京：世界图书出版公司北京公司，2015.

[14] SILVEYRA J M, FERRARA E, HUBER D L, et al. Soft magnetic materials for a sustainable and electrified world[J]. Science, 2018, 362(6413): 418.

[15] 田民波. 图解磁性材料[M]. 北京：化学工业出版社，2019.

[16] 彭晓领，葛洪良，王新庆. 磁性材料与磁测量[M]. 北京：化学工业出版社，2019.

[17] BERNEVIG B A, FELSER C, BEIDENKOPF H. Progress and prospects in magnetic topological materials[J]. Nature, 2022, 603(7899): 41-51.

[18] 都有为，张世远. 磁性材料[M]. 南京：南京大学出版社，2022.

第2章

磁性起源

2.1 原子磁矩

2-1 原子核外电子排布规律

物质的磁性是组成物质的基本粒子的磁性的集体反映。组成物质的最小单元是原子，原子又由电子和原子核组成。电子因其轨道运动和自旋效应而具有轨道磁矩和自旋磁矩。原子核具有核磁矩，但其值很小，几乎对原子磁矩无贡献。因此，原子的磁矩主要来自原子中的电子，并可看作由电子轨道磁矩和自旋磁矩构成。

2.1.1 原子核外电子排布规律

核外电子分布状态决定了电子轨道磁矩和自旋磁矩，所以原子磁矩直接受到核外电子分布状态的影响。原子中，决定电子所处状态的准则有两条：泡利不相容原理和能量最低原理。泡利不相容原理说明，在已知量子态上不能多于一个电子；能量最低原理说明，体系的能量最低时，体系最稳定。量子力学理论采用四个量子数 n、l、m_l、m_s 来规定每个电子的状态，每一组量子数只代表一个状态，只允许一个电子处于该状态。一旦这四个量子数确定了，这个电子状态也就确定了。

因而，多电子原子中电子分布规律可以归纳为：

(1)n、l、m_l 和 m_s 四个量子数确定以后，电子所处的位置随之而定。这四个量子数都相同的电子不多于一个。

(2)n、l 和 m_l 三个量子数都相同的电子最多只能有两个，它们的第四个量子数 m_s 不能相同，只能分别为 1/2 和 −1/2。

(3)n、l 两个量子数相同的电子最多只有 $2(2l+1)$个。因为对于同一个 l，m_l 可以取 $2l+1$个不同的值，而对于每一个 m_l，m_s 可以取 ±1/2 两个不同的值，因此 n、l 两个量子数相同的电子最多只有 $2(2l+1)$个。

(4)主量子数 n 相同的电子最多只有 $2n^2$ 个，因为 n 确定后，l 可取 $l=0,1,2,\cdots,(n-1)$ 共 n 个可能值，而每一个 l 对应的可能状态数是 $2(2l+1)$个。因而，主量子数 n 相同的电子数最多只能有：

$$\sum_{l=0}^{n-1} 2(2l+1) = 2n^2 \tag{2.1}$$

习惯上按主量子数 n 和角量子数 l 把电子的可能状态分成不同的壳层。将相应于 $n=1,2,3,4,\cdots$ 的壳层分别称作 K，L，M，N，…壳层；每一壳层又可分成 n 个次壳层，相应于 $l=0,1,2,3,\cdots$ 的次壳层，分别用符号 s，p，d，f，…来表示。

表 2.1 给出了电子壳层的划分及各壳层中可能存在的电子数目。表中“状态数或最多电子数”一行内，给出的是各电子壳层中最大可能的电子数目，↑ ↓ 记号分别代表电子自旋向上和向下取向。表 2.2 列出了与磁性有关的最重要的原子的电子组态。

表 2.1 电子壳层的划分及状态数

N	1	2				3								
主壳层符号	K	L				M								
L	0	0	1			0	1			2				
次壳层符号	s	s	p			s	p			d				
m_l	0	0	−1	0	1	0	−1	0	1	−2	−1	0	1	2
m_s	↑↓	↑↓	↑↓	↑↓	↑↓	↑↓	↑↓	↑↓	↑↓	↑↓	↑↓	↑↓	↑↓	↑↓
状态数或最多电子数	2	2	6			2	6			10				
		8				18								

N	4															
主壳层符号	N															
L	0				1				2				3			
次壳层符号	s				p				d				f			
m_l	0	−1	0	1	−2	−1	0	1	2	−3	−2	−1	0	1	2	3
m_s	↑↓	↑↓	↑↓	↑↓	↑↓	↑↓	↑↓	↑↓	↑↓	↑↓	↑↓	↑↓	↑↓	↑↓	↑↓	↑↓
状态数或最多电子数	2				6				10				14			
	32															

表 2.2 原子的电子组态

	原子		能级和状态数																
			K 2	L 8		M 18			N 32				O 50				P 72		Q …
			1s 2	2s 2	2p 6	3s 2	3p 6	3d 10	4s 2	4p 6	4d 10	4f 14	5s 2	5p 6	5d 10	…	6s 2	…	…
	1	H	1																
	2	He	2																
	3	Li	2	1															
	⋮																		
	10	Ne	2	2	6														
	11	Na	2	2	6	1													
	⋮																		
	18	Ar	2	2	6	2	6												
3d传导电子	19	K	2	2	6	2	6		1										
	20	Ca	2	2	6	2	6		2										
	21	Sc	2	2	6	2	6	1	2										
	22	Ti	2	2	6	2	6	2	2										
	23	V	2	2	6	2	6	3	2										
	⋮																		
	30	Zn	2	2	6	2	6	10	2										

续表

原子			能级和状态数																
			K 2	L 8		M 18			N 32				O 50				P 72		Q …
			1s 2	2s 2	2p 6	3s 2	3p 6	3d 10	4s 2	4p 6	4d 10	4f 14	5s 2	5p 6	5d 10	…	6s 2	…	…
	⋮																		
4d传导电子	37	Rb	2	2	6	2	6	10	2	6			1						
	38	Sr	2	2	6	2	6	10	2	6			2						
	39	Y	2	2	6	2	6	10	2	6	1		2						
	⋮																		
	47	Ag	2	2	6	2	6	10	2	6	10		1						
	⋮																		
稀土原子	57	La	2	2	6	2	6	10	2	6	10		2	6	1			2	
	58	Ce	2	2	6	2	6	10	2	6	10	1	2	6	1			2	
	59	Pr	2	2	6	2	6	10	2	6	10	3	2	6	0			2	
	⋮																		
	70	Yb	2	2	6	2	6	10	2	6	10	14	2	6	0			2	
	71	Lu	2	2	6	2	6	10	2	6	10	14	2	6	1			2	
	⋮																		

2.1.2 电子轨道磁矩

2-2 电子轨道磁矩

在原子的经典玻尔模型中，电子绕原子核转动。为简单起见，现讨论一个电子绕原子核做轨道运动的情况。假定电子在半径为 r 的一个圆形轨道上以角速度 $\boldsymbol{\omega}$ 绕核旋转。电子绕核旋转形成一个大小为 $-e\omega/(2\pi)$ 的电流，则由此产生的轨道磁矩大小为：

$$\mu_l = iS = -\frac{e\omega}{2\pi}(\pi r^2) = -\frac{e}{2}\omega r^2 \tag{2.2}$$

电子的轨道运动具有轨道动量矩：

$$p_l = m_e \omega r^2 \tag{2.3}$$

这里 m_e 是电子的质量。则式(2.2)可写成：

$$\mu_l = -\frac{e}{2m_e}p_l = -\gamma_l p_l \tag{2.4}$$

式中，$\gamma_l = \frac{e}{2m_e}$称为轨道磁力比。该式说明，电子绕核做轨道运动，其轨道磁矩与动量矩在数值上成正比，而方向相反。

图 2.1 显示了绕核做轨道运动的电子的角动量和磁矩的关系。

在量子力学中，原子内的电子轨道运动是量子化的，因此只有分立轨道存在。也就是说，角动量是量子化的，并且当电子运动状态的主量子数为 n 时，角动量由角量子数 l 来确定，角动量 $\boldsymbol{p}_l$ 的绝对值为：

$$p_l = \sqrt{l(l+1)}\,\hbar \tag{2.5}$$

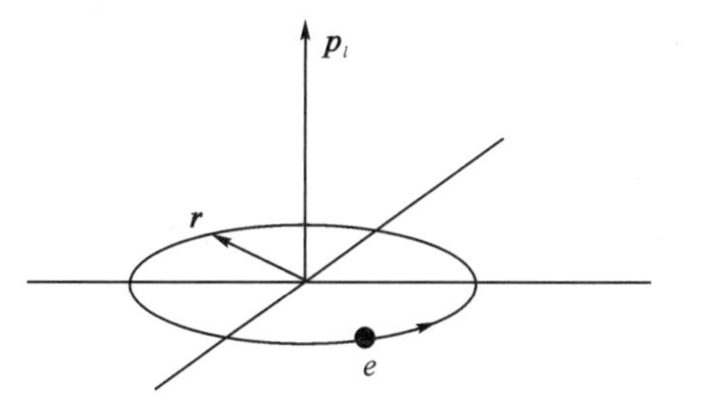

(a) 环流电子的角动量

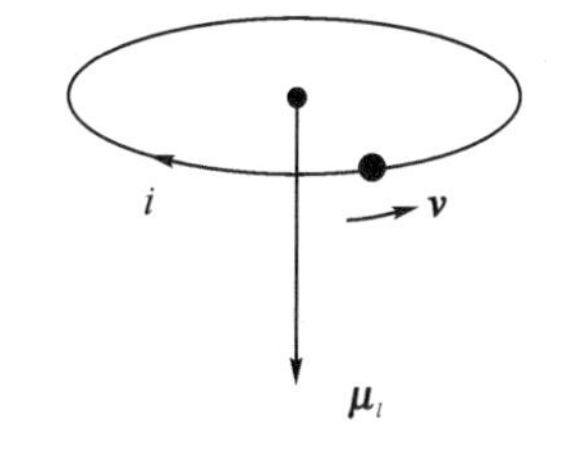

(b) 环流电子的磁矩

图 2.1　角动量和磁矩的关系

式中,l 的可能值为 0,1,2,…,$n-1$;$\hbar=\frac{h}{2\pi}$,h 为普朗克常数,$h=6.6256\times10^{-34}$ J·s。

在量子化的情况下,式(2.4)依然成立,则对应的角动量的磁矩的绝对值是:

$$\mu_l=\sqrt{l(l+1)}\frac{e}{2m_e}\hbar \tag{2.6}$$

令 $\mu_B=\frac{e}{2m_e}\hbar$,则 μ_B 称为玻尔磁子。玻尔磁子是原子磁矩的基本单位,它具有确定的值 9.2730×10^{-24} A·m²。引入 μ_B,则式(2.6)变为:

$$\mu_l=\sqrt{l(l+1)}\mu_B \tag{2.7}$$

从式(2.7)可知:当电子处于 $l=0$ 时,$p_l=0$ 和 $\mu_l=0$,说明电子的角动量和轨道磁矩都等于零,这是一种特殊的统计分布状态;当 $l\neq0$ 时,电子轨道磁矩不是玻尔磁子 μ_B 的整数倍。

当施加一个磁场在原子上时,角动量和磁矩在空间上都是量子化的,它们在外磁场方向的分量不连续,只能有一组确定的间断值。直观地说,相当于电子轨道平面和磁场方向间具有一些不连续的倾斜角。这些间断值取决于磁量子数 m_l,即

$$(p_l)_H=m_l\hbar;\qquad (\mu_l)_H=m_l\mu_B \tag{2.8}$$

由于 l 可取 0,1,2,…,$n-1$,共 n 个可能值,$m_l=0,\pm1,\pm2,\cdots,\pm l$,共 $2l+1$ 个可能值,所以 $\boldsymbol{p}_l$ 和 $\boldsymbol{\mu}_l$ 在空间的取向可以有 $2l+1$ 个。例如,对于 d 电子($l=2$),轨道磁矩可以取 5 个可能的方向,它们相应于 $m=2,1,0,-1,-2$。图 2.2 给出了当 $l=1,2,3$ 时角动量的空间量子化情况。

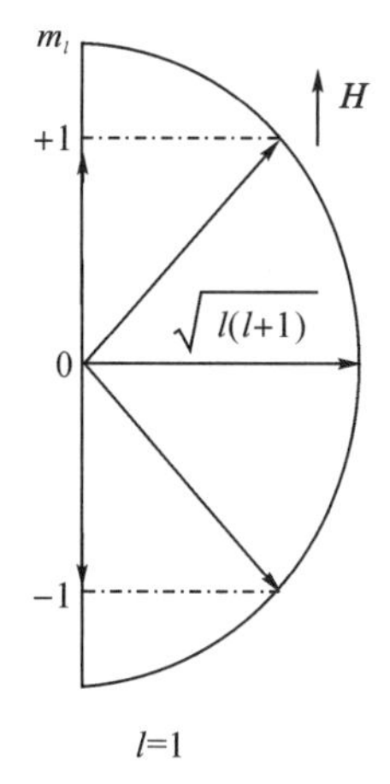

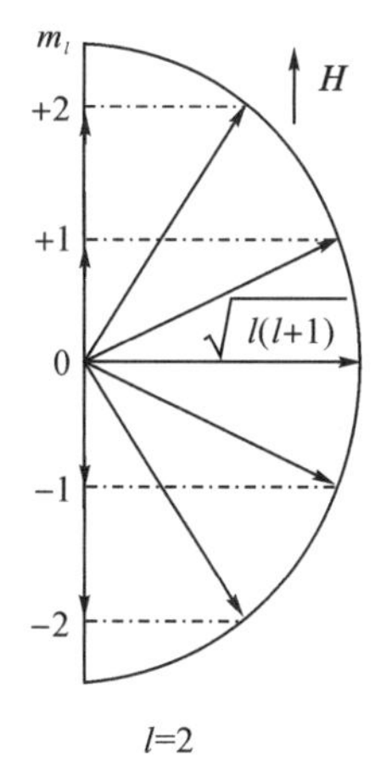

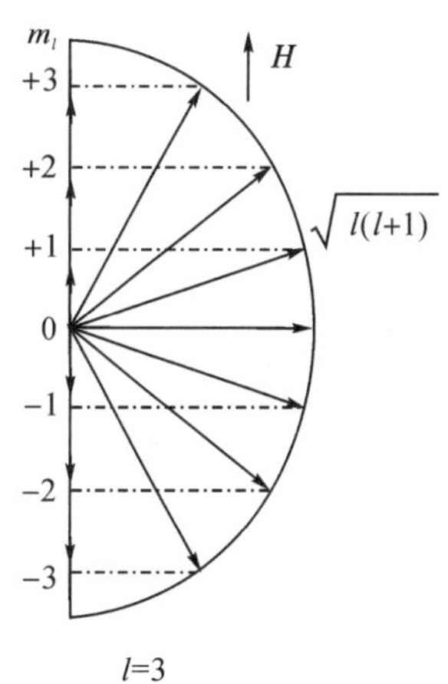

图 2.2　电子角动量的空间量子化

如果原子中存在多个电子，则总轨道角动量等于各个电子轨道角动量的矢量和。总轨道角动量数值上为：

$$P_L=\sqrt{L(L+1)}\hbar$$

式中，L 为总轨道角量子数，它是 l 值按一定规律的组合。例如，对于有两个电子的情况，$L=l_1+l_2, l_1+l_2-1, \cdots, |l_1-l_2|$。

总的轨道磁矩大小为：

$$\mu_L=\sqrt{L(L+1)}\mu_B$$

同样，总角动量和总轨道磁矩在外场方向上的分量为：

$$(p_L)_H=m_L\hbar; \qquad (\mu_L)_H=m_L\mu_B$$

式中，m_L 可取 $0, \pm1, \pm2, \cdots, \pm L$，共 $2L+1$ 个可能值。

在填满了电子的次壳层中，电子的轨道运动占据了所有的可能方向，形成一个球形对称体系，因此合成的总轨道角动量等于零。所以，在计算原子的总轨道角动量时，不考虑填满的内层电子的影响，只考虑那些未填满的次壳层中电子的贡献。

2.1.3 电子自旋磁矩

2-3 电子自旋磁矩

电子在绕核转动的同时，也在自旋。自旋产生的自旋磁矩是电子磁矩的第二个来源。电子自旋角动量取决于自旋量子数 s，自旋角动量的绝对值是：

$$p_s=\sqrt{s(s+1)}\hbar \tag{2.9}$$

由于 s 的值只能等于 $1/2$，故 p_s 的本征值为 $(\sqrt{3}/2)\hbar$。类似于轨道角动量，自旋角动量在外磁场方向上的分量取决于自旋量子数 m_s，m_s 只可能等于 $\pm1/2$，因而

$$(p_s)_H=m_s\hbar=\pm\frac{1}{2}\hbar \tag{2.10}$$

实验表明，和自旋角动量相联系的自旋磁矩 μ_s 在外磁场方向上的投影，刚好等于一个玻尔磁子，但方向有正、负，即

$$(\mu_s)_H=\pm\mu_B \tag{2.11}$$

该式表明，自旋磁矩在空间只有两个可能的量子化方向。图 2.3 显示了电子自旋磁矩在空间的量子化情况。

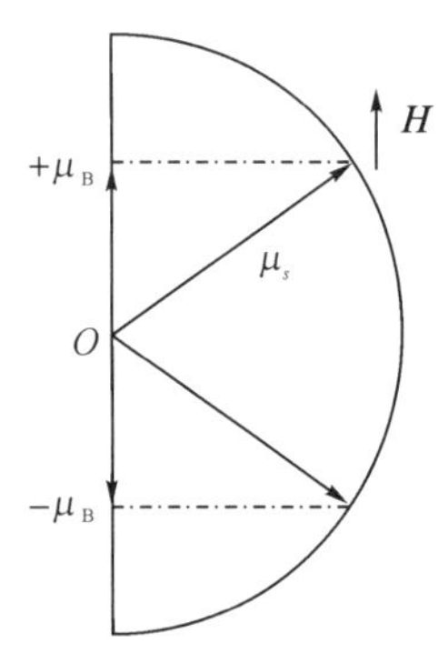

图 2.3 电子自旋磁矩的空间量子化

根据式(2.10)和式(2.11)，并考虑到 $(\mu_s)_H$ 与 $(p_s)_H$ 方向相反，可得：

$$(\mu_s)_H=-\frac{e}{m_e}(p_s)_H \tag{2.12}$$

因此

$$\mu_s=-\frac{e}{m_e}p_s=-\gamma_s p_s \tag{2.13}$$

式中，$\gamma_s=\frac{e}{m_e}$ 称为电子自旋磁力比，它比 γ_l 大一倍。

将式(2.9)代入式(2.13)，得到自旋磁矩的绝对值：

$$\mu_s = 2\sqrt{s(s+1)}\mu_B \tag{2.14}$$

由于自旋量子数本征值 $s=1/2$，所以电子的自旋磁矩的绝对值等于$\sqrt{3}\mu_B$。

如果一个原子具有多个电子，则总自旋角动量和总自旋磁矩是各电子的组合，其大小分别为：

$$P_S = \sqrt{S(S+1)}\hbar$$

$$\mu_S = -\gamma_S\sqrt{S(S+1)}\hbar$$

式中，$S=s_1+s_2+\cdots$为总自旋量子数，S 可能为整数或半整数。

则电子总自旋磁矩在外场方向的投影为：

$$(\mu_S)_H = 2m_S\mu_B \tag{2.15}$$

式中，$m_S=-S,-S+1,\cdots,S-1,S$，共有 $2S+1$ 个可能取向。

在填满电子的次壳层中，各电子的自旋角动量和自旋磁矩也相互抵消了。因此，凡是满电子壳层的总动量和总磁矩都为零。只有未填满电子的壳层上才有未成对的电子磁矩对原子的总磁矩做出贡献。因此，这种未满电子壳层被称为磁性电子壳层。

2.1.4　原子磁矩

2-4　原子磁矩

在这一小节里，主要讨论在一个未填满的电子壳层中，电子的轨道和自旋磁矩如何形成一个原子磁矩。

由于电子的轨道运动和自旋，在原子中形成一定的轨道和自旋角动量矢量。这些矢量相互作用，产生角动量耦合。原子中角动量耦合方式有两种：①$\boldsymbol{j}$-$\boldsymbol{j}$ 耦合；②轨道-自旋耦合($\boldsymbol{L}$-$\boldsymbol{S}$)。

$\boldsymbol{j}$-$\boldsymbol{j}$ 耦合首先是由各处电子的 $\boldsymbol{s}$ 和 $\boldsymbol{l}$ 合成 $\boldsymbol{j}$，然后由各电子的 $\boldsymbol{j}$ 合成原子的总角量子数 $\boldsymbol{J}$。对于原子序数 $Z>82$ 的元素，电子自身的 $\boldsymbol{s}$-$\boldsymbol{l}$ 耦合较强，所以这类原子的总量子数 $\boldsymbol{J}$ 都以 $\boldsymbol{j}$-$\boldsymbol{j}$ 方式进行耦合。

$\boldsymbol{L}$-$\boldsymbol{S}$ 耦合发生在原子序数较小的原子中。在这类原子中，由于各个电子轨道角动量之间的耦合以及自旋角动量之间的耦合较强，首先合成原子轨道角动量 $\boldsymbol{P}_L=\sum\boldsymbol{p}_l$ 和自旋角动量$\boldsymbol{P}_S=\sum\boldsymbol{p}_s$，然后由$\boldsymbol{P}_L$ 和$\boldsymbol{P}_S$ 合成原子的总角动量$\boldsymbol{P}_J$。原子序数 $Z\leqslant32$ 的原子，都为 $\boldsymbol{L}$-$\boldsymbol{S}$ 耦合。从 Z 大于 32 到 Z 小于 82，原子的 $\boldsymbol{L}$-$\boldsymbol{S}$ 耦合逐步减弱，最后完全过渡到另一种耦合。

铁磁性物质的角动量大都属于 $\boldsymbol{L}$-$\boldsymbol{S}$ 耦合，其耦合形式如图 2.4 所示。原子的总角动量 $\boldsymbol{P}_J$ 是其轨道角动量 $\boldsymbol{P}_L$ 和自旋角动量 $\boldsymbol{P}_S$ 的矢量和：

$$\boldsymbol{P}_J = \boldsymbol{P}_L + \boldsymbol{P}_S \tag{2.16}$$

式中，$\boldsymbol{P}_L$ 和 $\boldsymbol{P}_S$ 分别由式(2.5)和式(2.9)的形式确定，但角量子数分别为原子的总轨道量子数 $\boldsymbol{L}$ 和总自旋量子数 $\boldsymbol{S}$ 的矢量和。$\boldsymbol{P}_J$ 的绝对值为：

$$P_J = \sqrt{J(J+1)}\hbar \tag{2.17}$$

原子的总角量子数 $\boldsymbol{J}$ 由 $\boldsymbol{S}$ 和 $\boldsymbol{L}$ 合成，即

$$\boldsymbol{J} = \boldsymbol{L} + \boldsymbol{S} \tag{2.18}$$

多电子原子的量子数 $\boldsymbol{L}$、$\boldsymbol{S}$ 和 $\boldsymbol{J}$，可按照洪德法则来确定。洪德法则的内容如下：

(1)自旋 $\boldsymbol{s}_i$ 的排列，是使总自旋 $\boldsymbol{S}$ 在泡利不相容原理的限制内取最大值。理由是：泡利不相容原理要求自旋同向的电子分开，它们的距离远于自旋反向的电子；同时，由于库仑相互作用，电子自旋同向排列使系统能量较低，这样未满壳层上的电子自旋在同一方向排列，直至达到最大多重性为止，然后在相反方向排列。例如，对能容纳 14 个电子的 4f 壳层，电子按图 2.5 中的数目顺序占据各能态。

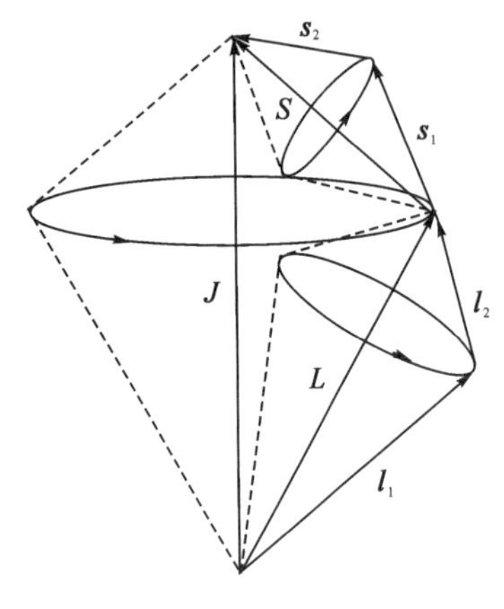

图 2.4　L-S 耦合示意

轨道角动量 \ 自旋角动量	1/2	−1/2
3	①	⑧
2	②	⑨
1	③	
0	④	
−1	⑤	
−2	⑥	
−3	⑦	

图 2.5　4f 电子壳层中电子的自旋和轨道态

(2)每个电子的轨道矢量 $\boldsymbol{l}_i$ 的排列，是使总的轨道角动量 $\boldsymbol{L}$ 在泡利不相容原理和条件一[即(1)]的限制下取最大值。理由是：电子倾向于在同样的方向绕核旋转以避免相互靠近而增大库仑能。

(3)第三条规则涉及 $\boldsymbol{L}$ 和 $\boldsymbol{S}$ 间的耦合。当在 4f 壳层中的电子数 n 小于最大数目的一半，即 $n<7$ 时，其数值关系为 $J=L-S$；当壳层超过半满，即 $n>7$ 时，$J=L+S$。理由是：对于单个电子，自旋与轨道角动量反平行时，能量最低。当壳层中电子的数目少于最大数目的一半时，所有电子的 $\boldsymbol{l}$ 和 $\boldsymbol{s}$ 都是反向的，由此得出 $\boldsymbol{L}$ 和 $\boldsymbol{S}$ 也是反向的；当电子数大于最大数目的一半时，具有正自旋的 7 个电子总的轨道角动量是零，仅存的轨道角动量 $\boldsymbol{L}$ 来自具有与总自旋 $\boldsymbol{S}$ 方向相反的负自旋的电子，这就导致 $\boldsymbol{L}$ 和 $\boldsymbol{S}$ 平行。

通过矢量合成的方法可以获得原子的总磁矩。如图 2.6 所示，分别作矢量 $\boldsymbol{P}_L$ 和 $\boldsymbol{P}_S$，它们的大小由 $P_L=\sqrt{L(L+1)}\hbar$ 和 $P_S=\sqrt{S(S+1)}\hbar$ 确定；在 $\boldsymbol{P}_L$ 和 $\boldsymbol{P}_S$ 的反方向再分别作相应的 $\boldsymbol{\mu}_L$ 和 $\boldsymbol{\mu}_S$，其大小由 $\mu_L=\sqrt{L(L+1)}\mu_B$ 和 $\mu_S=2\sqrt{S(S+1)}\mu_B$ 确定。显然，$\boldsymbol{\mu}_L$ 和 $\boldsymbol{\mu}_S$ 的合成矢量 $\boldsymbol{\mu}_{L\text{-}S}$ 不在 $\boldsymbol{P}_J$ 的轴线方向上。为了得到原子磁矩 $\boldsymbol{\mu}_J$ 的值，将 $\boldsymbol{\mu}_{L\text{-}S}$ 投影到 $\boldsymbol{P}_J$ 的轴线方向上，于是可得到 $\boldsymbol{\mu}_J$ 大小为：

$$\mu_J=g_J\sqrt{J(J+1)}\mu_B \tag{2.19}$$

其中，

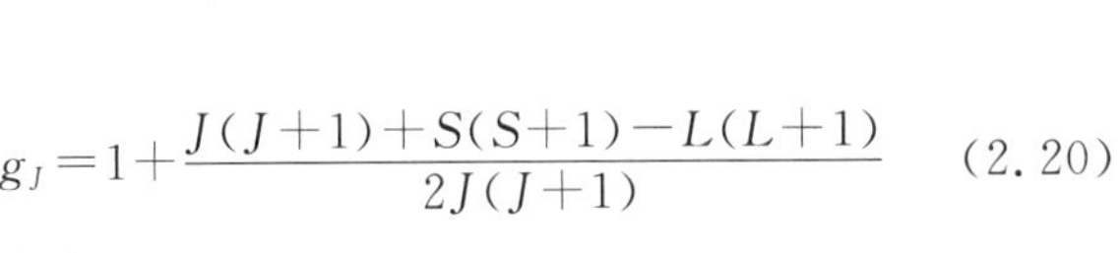

$$g_J=1+\frac{J(J+1)+S(S+1)-L(L+1)}{2J(J+1)} \tag{2.20}$$

称为朗德因子。

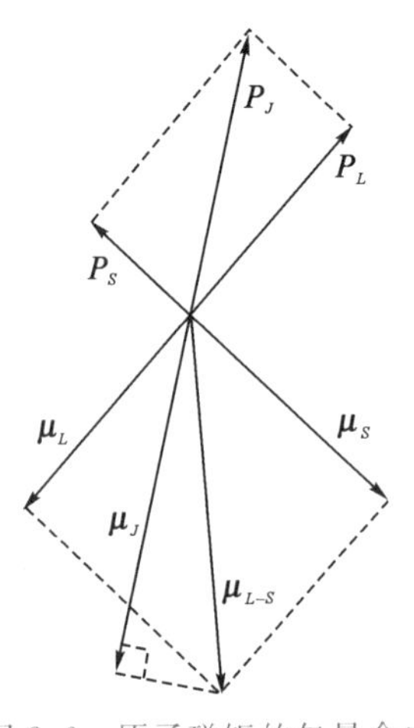

图 2.6　原子磁矩的矢量合成

现讨论两种特殊情况：

(1)当 $L=0$ 时，$J=S$，由式(2.20)得 $g_J=2$，代入式(2.19)就得到式(2.14)，这说明原子总磁矩都是由自旋磁矩贡献的。

(2)当 $S=0$ 时，$J=L$，由式(2.20)得 $g_J=1$，代入式(2.19)就得到式(2.7)，这说明原子总磁矩都是由轨道磁矩贡献的。

事实上，g_J 的大小反映了 $\boldsymbol{\mu}_L$ 和 $\boldsymbol{\mu}_S$ 对 $\boldsymbol{\mu}_J$ 的贡献程度。g_J 是可以由实验精确测定的。如果测定的 g_J 在 1 和 2 之间，说明原子的总磁矩是由轨道磁矩和自旋磁矩共同贡献的。实验表明，所有铁磁物质的磁矩主要由电子自旋贡献，而不是由电子的轨道运动贡献。

同样，原子的总磁矩在外磁场中的取向也是量子化的。它在磁场方向的投影为：

$$(\mu_J)_H=g_J m_J \mu_B$$

式中，$m_J=-J,-J+1,\cdots,J$，共 $2J+1$ 个可能值。

2.2　抗磁性

抗磁性是一种微弱磁性。它的相对磁化率为负值且很小，典型的数值是 10^{-5} 数量级。

抗磁性产生的机理是：当外磁场穿过电子轨道时，引起的电磁感应使轨道电子加速。如图 2.7 所示，模型简化为磁场垂直于电子轨道平面。由楞次定律可知，轨道电子的这种加速运动所引起的磁通量，总是与外磁场方向相反，因而抗磁磁化率为负值。

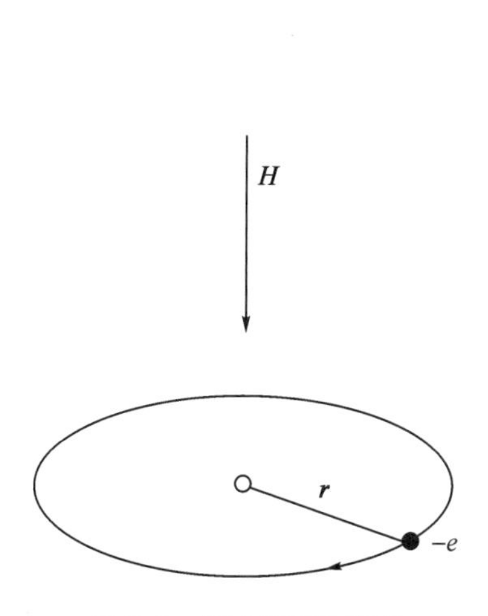

图 2.7　原子抗磁性原理

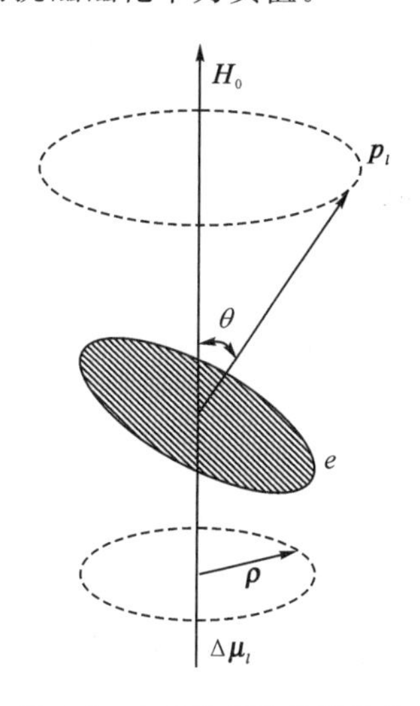

图 2.8　电子轨道的拉莫进动

上述电磁感应引起的电子轨道运动的变化，称为拉莫进动。物质的抗磁性可以用拉莫进动来说明。如图 2.8 所示，运动电子的动量矩 $\boldsymbol{p}_l$ 与磁场 $\boldsymbol{H}$ 成任意角度，则对应于 $\boldsymbol{p}_l$ 磁矩为 $\boldsymbol{\mu}_l=-\dfrac{e}{2m_e}\boldsymbol{p}_l$。该磁矩在磁场中受到力矩 $\mu_0\boldsymbol{\mu}_l\times\boldsymbol{H}$ 的作用。由动量矩原理得：

$$\frac{\mathrm{d}\boldsymbol{p}_l}{\mathrm{d}t}=\mu_0\boldsymbol{\mu}_l\times\boldsymbol{H}=-\frac{\mu_0 e}{2m_e}\boldsymbol{p}_l\times\boldsymbol{H} \tag{2.21}$$

将上式写成沿坐标轴 x,y,z 的分量形式，并且当 $\boldsymbol{H}$ 和 z 轴重合时，得出 $\boldsymbol{p}_l$ 对时间的一次微分：

$$p'_{lx}=-\mu_0\gamma_l p_{ly}H;\quad p'_{ly}=\mu_0\gamma_l p_{lx}H;\quad p'_{lz}=0 \tag{2.22}$$

其中，$\gamma_l=\dfrac{e}{2m_e}$对时间的二次微分为：

$$p''_{lx}=-\mu_0^2\gamma_l^2H^2p_{lx};\quad p''_{ly}=-\mu_0^2\gamma_l^2H^2p_{ly} \tag{2.23}$$

令 $\omega_L=\mu_0\gamma_l H=\dfrac{\mu_0 e}{2m_e}H$，于是式(2.23)可写成：

$$p''_{lx}=-\omega_L^2p_{lx};\quad p''_{ly}=-\omega_L^2p_{ly} \tag{2.24}$$

由此可见，p_{lx}和p_{ly}在xoy平面以角频率$\boldsymbol{\omega}_L$绕磁场方向旋转，也就是动量矩$\boldsymbol{p}_l$绕磁场作进动，即拉莫进动。拉莫进动的方向是对$\boldsymbol{H}$作右旋，角频率的方向与磁场$\boldsymbol{H}$方向一致。

拉莫进动使电子产生了附加的轨道动量矩$\Delta\boldsymbol{p}_l$，$\Delta\boldsymbol{p}_l$大小为：

$$\Delta p_l=m_e\omega_L\overline{\rho^2} \tag{2.25}$$

式中，$\overline{\rho^2}$为电子轨道半径在垂直于$\boldsymbol{H}$的平面上投影的均方值。相应于$\Delta\boldsymbol{p}_l$的磁矩大小为：

$$\Delta\mu_l=-\frac{e}{2m_e}\Delta p_l=-\frac{\mu_0e^2}{4m_e}H\overline{\rho^2} \tag{2.26}$$

$\Delta\boldsymbol{\mu}_l$就是拉莫进动电子对轨道角动量的改变所产生的附加磁矩，其方向与外加磁场$\boldsymbol{H}$的方向相反。最终，拉莫进动使原子产生抗磁效应。

在闭壳状态下，原子内的电子分布为球对称，用$\overline{r^2}$表示原子周围电子云的均方半径，则$\overline{r^2}=\overline{x^2}+\overline{y^2}+\overline{z^2}$，又有$\overline{\rho^2}=\overline{x^2}+\overline{y^2}$，故得出：

$$\overline{r^2}=\frac{3}{2}\overline{\rho^2} \tag{2.27}$$

则式(2.26)变为：

$$\Delta\mu_l=-\frac{\mu_0e^2}{6m_e}H\overline{r^2} \tag{2.28}$$

当材料单位体积内含有N个原子，每个原子有Z个轨道电子时，附加磁化强度大小为：

$$\Delta M=N\sum_{i=1}^{Z}\Delta\mu_l=-N\frac{\mu_0e^2}{6m_e}H\sum_{i=1}^{Z}\overline{r_i^2} \tag{2.29}$$

于是得到抗磁性物质的抗磁磁化率表达式：

$$\chi_d=\frac{\Delta M}{\Delta H}=-\frac{\mu_0Ne^2}{6m_e}\sum_{i=1}^{Z}\overline{r_i^2} \tag{2.30}$$

式(2.30)说明，抗磁磁化率始终为负值。

抗磁性是普遍存在的，它是所有物质在外磁场作用下普遍具有的一种属性。大多数物质的抗磁性因为被较强的顺磁性所掩盖而不能表现出来，只有在不具有固有原子磁矩的物质中才表现出来。

2.3 顺磁性

顺磁性描述的是一种弱磁性，它呈现出正的磁化率，大小为$10^{-6}\sim10^{-3}$数量级。

考虑顺磁系统中的一个原子，设它的原子磁矩大小为μ_B。当温度在绝对零度以上时，原子进行热振动，其原子磁矩也在做同样的振动。在室温下，一个自由度所具有的热能为：

$$U=\frac{1}{2}kT=(\frac{1}{2}\times1.38\times10^{-23}\times300)\text{J}=2.1\times10^{-21}\text{J} \tag{2.31}$$

式中，k 为玻尔兹曼常数，其值为 $1.38\times10^{-23}\text{J}\cdot\text{K}^{-1}$。施加一个 $H=1\times10^{6}\text{A}\cdot\text{m}^{-1}$ 的磁场后，该原子具有磁势能：

$$U=\mu_0\mu_B H\approx1.2\times10^{-23}\text{J} \tag{2.32}$$

比较式(2.31)和式(2.32)发现，该原子在常温下所具有的磁势能比它受到的热能小了两个数量级。因此，这样的磁场对常温下受热扰动的顺磁系统影响很小。

对材料的顺磁性做出解释的经典理论是顺磁性朗之万理论。该理论认为：原子磁矩之间无相互作用，为自由磁矩，热平衡态下为无规则分布，受外加磁场作用后，原子磁矩的角度分布发生变化，沿着接近于外磁场方向作择优分布，因而引起顺磁磁化强度。

从半径为一个单位的球心画单位矢量来表示原子磁矩的角分布。在没有磁场时，原子磁矩均匀地分布在所有可能的方向上，以至于单位矢量的端点，均匀地覆盖在整个球面上。当施加磁场 $\boldsymbol{H}$ 后，这些端点轻微地朝 $\boldsymbol{H}$ 集中，如图2.9所示。一个与 $\boldsymbol{H}$ 成 θ 角的磁矩，势能由式(2.32)确定。一方面，原子磁矩取这个方向的概率与玻尔兹曼因子成正比，玻尔兹曼因子为：

$$\exp(-\frac{U}{kT})=\exp(\frac{\mu_0\mu_J H}{kT}\cos\theta)$$

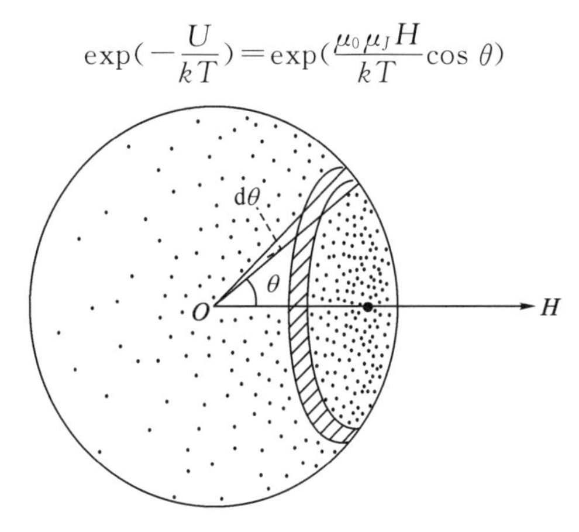

图2.9 顺磁性物质自旋在磁场中的分布

另一方面，一个原子磁矩与磁场夹角在 θ 和 $\theta+\text{d}\theta$ 之间的概率与图2.9中的阴影面积成比例。因此，一个原子磁矩与磁场夹角在 θ 和 $\theta+\text{d}\theta$ 之间的实际概率：

$$\rho(\theta)=\frac{\exp(\frac{\mu_0\mu_J H}{kT}\cos\theta)\sin\theta\text{d}\theta}{\int_0^{\pi}\exp(\frac{\mu_0\mu_J H}{kT}\cos\theta)\sin\theta\text{d}\theta}$$

一个原子磁矩在平行于磁场方向上的分量为 $\mu_J\cos\theta$，并设单位体积内有 N 个原子，则得到磁化强度：

$$M=N\mu_J\int_0^{\pi}\cos\theta\rho(\theta)\text{d}\theta=N\mu_J\frac{\int_0^{\pi}\exp(\frac{\mu_0\mu_J H}{kT}\cos\theta)\cos\theta\sin\theta\text{d}\theta}{\int_0^{\pi}\exp(\frac{\mu_0\mu_J H}{kT}\cos\theta)\sin\theta\text{d}\theta}$$

令 $\mu_0\mu_J H/(kT)=\alpha$，$\cos\theta=x$，则有 $\sin\theta=-\mathrm{d}x$，上式可化简为：

$$M=N\mu_J\frac{\int_{-1}^{1}\mathrm{e}^{\alpha x}x\,\mathrm{d}x}{\int_{-1}^{1}\mathrm{e}^{\alpha x}\,\mathrm{d}x} \tag{2.33}$$

计算分母上的积分得：

$$\int_{-1}^{1}\mathrm{e}^{\alpha x}\,\mathrm{d}x=\frac{1}{\alpha}\left|\mathrm{e}^{\alpha x}\right|_{-1}^{1}=\frac{1}{\alpha}(\mathrm{e}^{\alpha}-\mathrm{e}^{-\alpha})$$

将上式两边对 α 求微分，得到：

$$\int_{-1}^{1}\mathrm{e}^{\alpha x}x\,\mathrm{d}x=\frac{1}{\alpha}(\mathrm{e}^{\alpha}+\mathrm{e}^{-\alpha})-\frac{1}{\alpha^2}(\mathrm{e}^{\alpha}-\mathrm{e}^{-\alpha})$$

将上面两式代入式(2.33)，得到

$$M=N\mu_J\cdot L(\alpha) \tag{2.34}$$

式中，

$$L(\alpha)=\coth\alpha-\frac{1}{\alpha} \tag{2.35}$$

称为朗之万函数。式(2.34)和式(2.35)称为顺磁性朗之万方程。

讨论下面两种情况。

(1)高温。当 $kT\gg\mu_0\mu_J H$ 时，有 $\alpha\ll1$，则

$$\coth\alpha=\frac{\mathrm{e}^{\alpha}+\mathrm{e}^{-\alpha}}{\mathrm{e}^{\alpha}-\mathrm{e}^{-\alpha}}=\frac{1}{\alpha}+\frac{\alpha}{3} \tag{2.36}$$

因而

$$M=N\mu_J L(\alpha)=\frac{N\mu_0\mu_J^2}{3kT}H \tag{2.37}$$

顺磁磁化率为：

$$\chi_{\mathrm{P}}=\frac{N\mu_0\mu_J^2}{3kT}=\frac{C}{T} \tag{2.38}$$

式中，C 为居里常数。至此，顺磁性居里定律得到了推导。

(2)低温。当温度降低到 $kT\ll\mu_0\mu_J H$ 时，有 $\alpha\gg1$，则 $\coth\alpha\rightarrow1$，得出：

$$M=N\mu_J=M_0 \tag{2.39}$$

式中，M_0 称为绝对饱和磁化强度，它等于所有原子磁矩的总和。一般定义饱和磁化强度是在给定温度下可获得的磁化强度的最大值。式(2.39)说明在低温下，只要磁场足够强，原子磁矩可与磁场方向趋于相同。图 2.10 给出了朗之万函数曲线，其中虚线为式(2.37)表示的

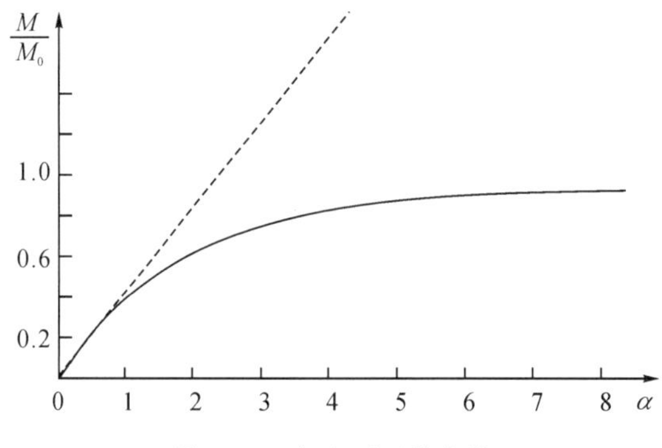

图 2.10　朗之万函数曲线

关系曲线,实线为 $L(\alpha)$ 与 α 的关系曲线。

在上面计算过程中,假定原子磁矩可以取所有可能的方向。但实际上,由于存在空间量子化,原子磁矩只能取若干分立的方向。在磁场 $\boldsymbol{H}$ 作用下,原来简单的 $2J+1$ 个量子态发生分裂。如果在温度 T 时只有这 $2J+1$ 个能态是被激发的,那么不同磁矩取向的统计平均就归结为对 $2J+1$ 个分裂能级求统计平均。设 $\boldsymbol{\mu}_J$ 在磁场方向的分量为 $(\mu_J)_H$,则有:

$$(\mu_J)_H = m_J g_J \mu_B \tag{2.40}$$

同朗之万函数的计算方法一样,得到磁化强度:

$$M = N\frac{\sum_{m_J=-J}^{J}(\mu_J)_H \exp[-m_J\mu_0 g_J\mu_B H/(kT)]}{\sum_{m_J=-J}^{J}\exp[-m_J\mu_0 g_J\mu_B H/(kT)]} = Ng_J J\mu_B B_J(y) \tag{2.41}$$

$$B_J(y) = \frac{2J+1}{2J}\coth\left(\frac{2J+1}{2J}y\right) - \frac{1}{2J}\coth\left(\frac{y}{2J}\right) \tag{2.42}$$

$$y = \mu_0 g_J J\mu_B H/(kT) \tag{2.43}$$

式中,$B_J(y)$ 称为布里渊函数。其与朗之万函数的形式相似,且在 $J\to\infty$ 的极限情况下,完全一致。布里渊函数是在量子力学领域内对朗之万函数的修正。

2.4　铁磁性

2.4.1　铁磁性简介

2-5　铁磁性

铁磁性是一种强磁性,这种强磁性的起源是材料中的自旋平行排列,而平行排列导致自发磁化。

图 2.11 为铁、钴、镍的磁化曲线。纵坐标给出了每种金属饱和磁化强度,但在横坐标上并没有给出相应的磁场强度。这是因为在 $M=0$ 到 $M=M_S$ 的磁化过程中,磁化场 $\boldsymbol{H}$ 为结构敏感量,而饱和磁化强度 $\boldsymbol{M}_S$ 不是结构敏感量。图 2.11 主要强调物质的饱和磁化强度。

对于单晶纯铁,在 $4\text{kA}\cdot\text{m}^{-1}$ 磁场下,就可以磁化到 2T,已接近饱和磁化状态。在相同大小的磁场下,典型的顺磁性物质的磁化强度仅为 $1.2\times10^{-6}\,\text{T}$。

为了解释物质的铁磁性特征,皮埃尔·外斯[①]于 1907 年在朗之万顺磁理论的基础上提出了"分子场"[②]假设。外斯分子场理论可以概括为两点:①分子场引起自发磁化假设;②磁畴假设。

外斯假设在铁磁性物质内部存在着分子场。原子磁矩在这个分子场的作用下,克服了热运动的无序效应,自发地平行一致取向,从而表现为铁磁性。当温度升高到磁矩的热运动能足以与分子场抗衡时,分子场引起的磁有序被破坏,从而表现为顺磁性。这一温度就称为

① 皮埃尔·外斯(1865—1940 年),法国物理学家。他创建了几乎整个铁磁性理论,他的理论还被应用到亚铁磁性理论中,因此被誉为"现代磁学之父"。他几乎全部的工作都是在斯特拉斯堡大学完成的。

② 1912 年德国物理学家劳厄发现了 X 射线衍射现象。1917 年通过 X 射线衍射发现,所有的金属和简单无机化合物都是由原子构成的,而不是分子。如果外斯晚 10 年提出他的假设,极有可能会称之为"原子场",而不是"分子场"。

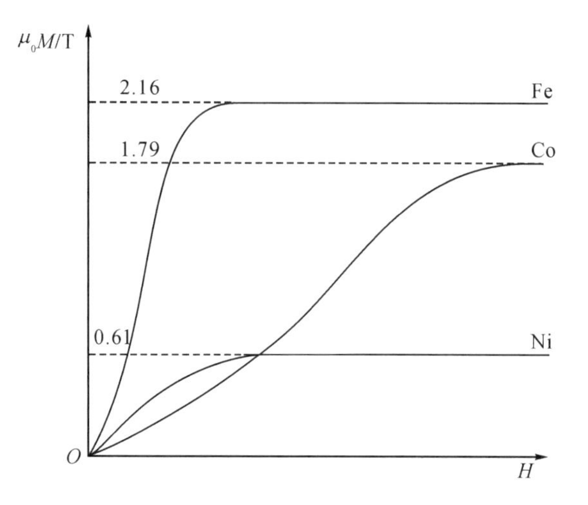

图 2.11 Fe、Co 和 Ni 在室温下的磁化曲线

居里温度 T_C。据此，可以估算出分子场的大小，即：

$$kT_C = H_m \cdot \mu_0 \mu_J$$

式中，k 为玻尔兹曼常数，大小为 $1.38\times10^{-23}\ J \cdot K^{-1}$；$T_C$ 为居里温度，不妨取 10^3 K；H_m 为分子场强度值，可以估算出其为 $10^9\ A \cdot m^{-1}$ 量级。这比原子磁矩相互之间的磁偶极矩作用大几个数量级，所以当 $\boldsymbol{H}_m$ 作用在原子磁矩上时，可使原子磁矩趋于分子场方向。这样，在没有外磁场作用时，铁磁体的每一个小区域内的原子磁矩也有取某一共同方向的趋势，导致自发磁化。既然铁磁性物质，比如铁，能够自发磁化到磁饱和状态，那么为什么能够轻易得到处于消磁状态的铁呢？或者说，为什么通常未经磁化的铁都不具有磁性呢？

外斯的第二个假设回答了这个问题。外斯假设铁磁性物质在消磁状态下被分割成许多小的区域，这些小区域被称为磁畴。在磁畴内部，原子磁矩平行取向，自发磁化强度为 $\boldsymbol{M}_S$。但是，不同磁畴之间磁化方向不同，以至于各磁畴之间的磁化相互抵消。因此，在无外磁场作用下，宏观铁磁体并不表现出磁性。这样，铁磁体的磁化过程就是磁体由多磁畴状态转变为与外加磁场同向的单一磁畴的过程。铁磁体的磁化过程如图 2.12 所示。图(a)中虚线所围的为铁磁体内的一块区域。它包含两个磁畴，中间由畴壁分割。两个磁畴的自发磁化方向相反，而整体磁性为零。图(b)中施加了外磁场 $\boldsymbol{H}$，使畴壁向下移动，结果上面的磁畴长大，同时下面的磁畴减小。外磁场增大，最后畴壁移出了虚线所围的区域，如图(c)所示。随着外磁场的进一步增大，磁化逐步向外磁场方向旋转，最终磁化到饱和状态，如图(d)所示。包含大量磁畴的铁磁体磁化过程和上述过程一致。

后来的实验证实了外斯上述假设的正确性。近一个世纪来的各种实验和理论的发展，只是对上述两个假设的补充和完善。

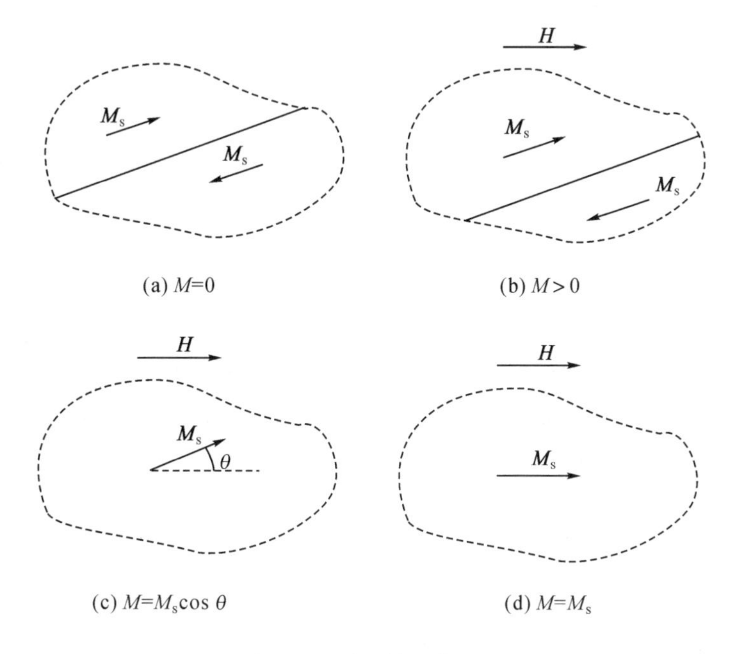

(a) $M=0$　(b) $M>0$

(c) $M=M_s\cos\theta$　(d) $M=M_s$

图 2.12　铁磁体磁化过程

2.4.2　外斯分子场理论

外斯假定分子场强度 $\boldsymbol{H}_m$ 与自发磁化强度 $\boldsymbol{M}_S$ 的大小成正比，即

$$H_m=\gamma M_S \tag{2.44}$$

2-6　分子场理论

式中，γ 称为分子场常数，它是与铁磁性物质的原子本性有关的参数。

假定铁磁性物质中每个原子都具有原子磁矩。在某一温度下，铁磁体的磁化强度随着外磁场的增加而增强。磁化曲线如图 2.13 中曲线 1 所示。图 2.13 中的直线 2 给出了式(2.44)所表示的分子场强度 H_m 与自发磁化强度 M_S 的关系，直线的斜率为 $1/\gamma$。那么，

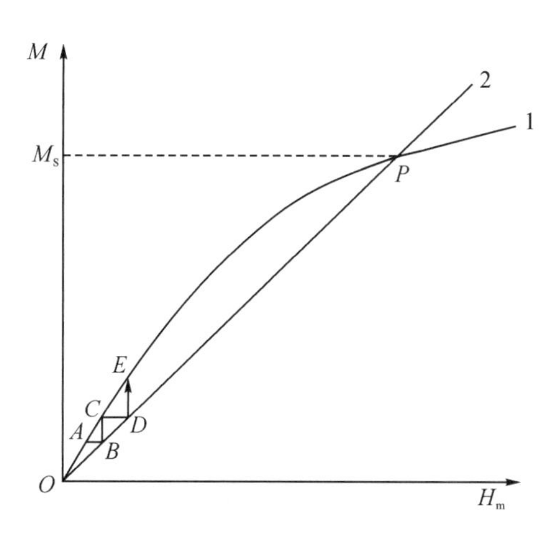

图 2.13　分子场的自发磁化

由分子场引起的铁磁体的自发磁化强度就可以通过两条曲线的交点来确定。如图 2.13 所示，曲线 1 和直线 2 有两个交点：一个是原点，代表自发磁化强度为零；一个是 P 点，代表自发磁化强度大小为 M_S。其中，原点所代表的解为不稳定的解。如果自发磁化 $M=0$，那么在一个微扰下，比如地磁场的作用，铁磁体被磁化到图中的 A 点。但是如果 $M=M_A$，在直线 2 中对应于 B 点，代表了 $H_m=H_B$。大小为 H_B 的分子场在磁体中形成的磁化强度大小为 M_C，如 C 点所示。这样，磁化强度 M 由 O，经 $A,C,E,\cdots$，最终到达 P 点。P 点所代表的是一个稳定的磁化状态。我们可以在 P 点引入一个微扰，发现任何偏离 P 点的磁化都会自发地回到 P 点的磁化状态。因此，铁磁性物质可以自发磁化到 P 点所代表的磁化 M_S。

物质的铁磁性可以理解为顺磁性物质处于一个非常大的分子场中，所有的原子磁矩趋于同向，于是顺磁性朗之万理论几乎可以直接应用到铁磁性物质中。由于铁磁体的原子磁矩被认为是完全由自旋磁矩贡献，所以用总自旋量子数 S 来代替相应的总自旋量子数 J。可以求出：

$$M=Ng_S S\mu_B B_S(y) \tag{2.45}$$

$$y=\mu_0 g_S S\mu_B \gamma M_S/(kT) \tag{2.46}$$

$$B_S(y)=\frac{2S+1}{2S}\coth\left(\frac{2S+1}{2S}y\right)-\frac{1}{2S}\coth\left(\frac{y}{2S}\right) \tag{2.47}$$

当 $B_S(y)\rightarrow 1$ 时，对应于所有原子磁矩同一方向排列的情形，此时：

$$M_0=Ng_S S\mu_B \tag{2.48}$$

式中，M_0 为绝对饱和磁化强度。则式(2.45)和式(2.46)分别可改写为：

$$\frac{M}{M_0}=B_S(y) \tag{2.49}$$

$$\frac{M}{M_0}=\frac{NkT}{\mu_0\gamma M_0^2}y \tag{2.50}$$

可以用图解法给出式(2.45)和式(2.46)所组成方程的解。在以 M/M_0 为纵轴、y 为横轴的坐标上分别作出式(2.45)和式(2.46)所代表的图像，图像的交点即为一定温度和磁场强度下的磁化强度，如图 2.14 所示。

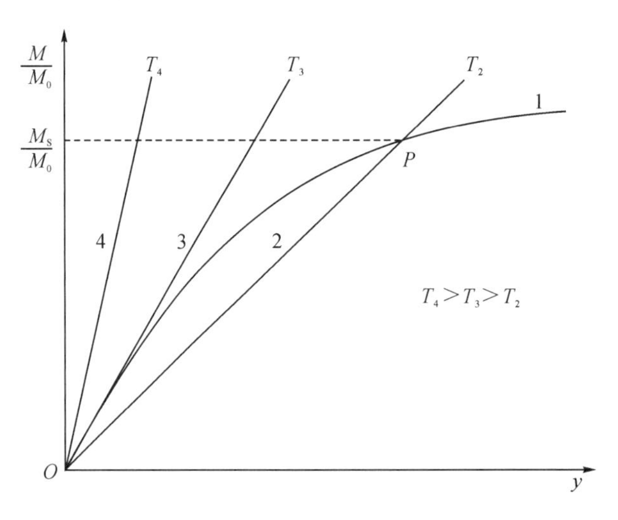

图 2.14　自发磁化与温度的关系

通过图 2.14 可以得到：

(1)当 $T<T_C$，$H=0$ 时，得出的解就是材料的自发磁化强度。直线$\frac{M}{M_0}=\frac{NkT}{\mu_0\gamma M_0^2}y$ 和曲线$\frac{M}{M_0}=B_S(y)$有两个交点：一个是原点 O，另一个是 P 点。原点 O 是不稳定解，在前面已经阐述；P 点是稳定解，改变 $T<T_C$ 范围内的 T，能够得到对应于不同 T 的一系列稳定解，也就是在各种温度下的自发磁化强度。

(2)当 $T=T_C$，$H=0$ 时，直线$\frac{M}{M_0}=\frac{NkT}{\mu_0\gamma M_0^2}y$ 和曲线$\frac{M}{M_0}=B_S(y)$相切，切点为原点，这意味着自发磁化强度为零。从有自发磁化到自发磁化等于零的转变温度，称为铁磁居里温度。当 $T\rightarrow T_C$ 时，$y\ll 1$，式(2.49)变为：

$$\frac{M}{M_0}=\frac{S+1}{3S}y \tag{2.51}$$

式(2.51)与式(2.50)比较，可得：

$$T_C=\gamma\frac{\mu_0 N g_S^2 S(S+1)\mu_B^2}{3k} \tag{2.52}$$

T_C 随分子场系数 γ 和总自旋量子数 S 的增大而增大，居里温度是分子场系数 γ 大小的一个宏观标志，它是与铁磁性物质的原子本性有关的参量。

(3)当 $T>T_C$，$H=0$ 时，直线$\frac{M}{M_0}=\frac{NkT}{\mu_0\gamma M_0^2}y$ 和曲线$\frac{M}{M_0}=B_S(y)$无交点，这意味着在 $T>T_C$范围内没有自发磁化，铁磁性消失，转变为顺磁性。

(4)当 $T>T_C$，$H\neq 0$ 时，$y\ll 1$，可得到：

$$M=Ng_S S\mu_B\frac{S+1}{3S}y \tag{2.53}$$

引入外磁场 $\boldsymbol{H}$ 后，式(2.46)将变为：

$$y=\mu_0 g_S S\mu_B(H+\gamma M_S)/(kT)$$

将上式代入式(2.53)中，整理后可得：

$$M=\frac{C}{T-T_P}H \tag{2.54}$$

其中，

$$C=\frac{\mu_0 N g_S^2 S(S+1)\mu_B^2}{3k},\quad T_P=\gamma C \tag{2.55}$$

式中，C 为居里常数，T_P 为顺磁居里温度。由式(2.54)可以得出铁磁性居里-外斯定律：

$$\chi_f=\frac{C}{T-T_P} \tag{2.56}$$

比较式(2.55)和式(2.52)，不难发现 T_C 等于 T_P。

分子场理论是解释铁磁性物质微观磁性的唯象理论。它很好地解释自发磁化的各种行为，特别是自发磁化强度随温度变化的规律。由于分子场理论的物理图像直观清晰，数学方法简单，至今在磁学理论中仍占有重要的地位。但是，分子场理论没有指出分子场的本质，无非是局域自旋磁矩间相互作用的简单等效场，而且忽略了相互作用的细节，因此在处理低温和居里温度附近的磁行为时与实验有偏差。

2.4.3 海森堡交换相互作用模型

2-7 海森堡交换相互作用模型

外斯分子场理论虽然取得了很大的成功，但并没有解释分子场的起源。海森堡在量子力学的基础上提出了交换作用模型，认为铁磁性自发磁化起源于电子间的静电交换相互作用。

交换作用模型认为，磁性体内原子之间存在着交换相互作用，并且这种交换作用只发生在近邻原子之间。系统内部原子之间的自旋相互作用能为：

$$E_{ex} = -2A\sum_{近邻}\boldsymbol{S}_i \cdot \boldsymbol{S}_j \tag{2.57}$$

式中，A 为交换积分，$\boldsymbol{S}_i$ 和 $\boldsymbol{S}_j$ 为发生交换相互作用原子的自旋。当原子处于基态时，系统最稳定，要求 $E_{ex}<0$。当 $A<0$ 时，$\boldsymbol{S}_i \cdot \boldsymbol{S}_j<0$，自旋反平行为基态，即反铁磁性排列系统能量最低；当 $A>0$ 时，$\boldsymbol{S}_i\boldsymbol{S}_j>0$，自旋平行为基态，即铁磁性排列系统能量最低。

由交换作用模型可以得出物质铁磁性的条件。首先，物质具有铁磁性的必要条件是原子中具有未充满的电子壳层，即具有原子磁矩；其次，物质具有铁磁性的必要条件是 $A>0$，A 为相邻原子间的交换积分。

图 2.15 所示的贝蒂-斯莱特曲线，给出了一些铁磁性金属的交换积分随 r_a/r_{3d} 的变化关系。其中，r_a 为原子半径，r_{3d} 为 3d 电子壳层半径。从曲线可以看出，当 r_a/r_{3d} 值由小变大时，A 由负变正，达到极大值后，逐渐变小。考虑两个同种原子从远处逐渐靠近，原子半径减小，而 3d 电子壳层半径不变，结果 r_a/r_{3d} 值由大逐渐变小。原子间距离远，r_a/r_{3d} 比值很大时，交换积分为正，数值却很小；随着两原子间距离减小，3d 电子越来越接近，交换积分逐渐增至极大值而后降低至零；进一步减小原子间距，3d 电子靠得非常近，导致电子自旋反平行排列(交换积分 $A<0$)，产生反铁磁性。

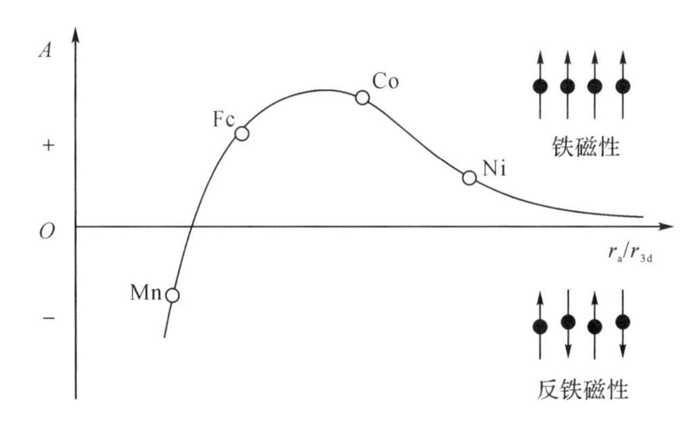

图 2.15 贝蒂-斯莱特曲线

对于铁磁性物质来说，其居里温度与交换积分成正比。居里温度实际上是铁磁体内交换作用的强弱在宏观上的表现：交换作用越强，自旋相互平行取向的能力就越大，要破坏磁体内的这种规则排列，所需要的热能就越高，宏观上就表现为居里温度越高。从贝蒂-斯莱特曲线上 Fe、Co 和 Ni 的位置可以看出：三种物质中 Co 的居里温度最高，Ni 的居里温度最低。

贝蒂-斯莱特曲线从直接交换作用出发，反映 3d 金属中原子间的交换作用与相邻原子的3d电子耦合程度之间的关系。它可以解释一些实验现象，比如某些非铁磁性元素可以形成铁磁性合金。Mn是反铁磁性的，但是MnBi和由Cu_2MnSn与Cu_2MnAl构成的赫斯勒合金是铁磁性的。这是因为，在合金中Mn原子间的距离要大于在纯金属中的原子间距，r_a/r_{3d}变大，于是交换积分A变为正值。实际上，3d金属中3d电子之间的交换作用是通过巡游电子产生的，其性质取决于能带结构，因此贝蒂-斯莱特曲线存在很多缺陷，曲线反映的一些特点与实验也有一定的偏差。

2.4.4 铁磁性能带理论

2-8 能带理论

对于3d族过渡金属，其原子磁矩表现为分数，这时需用“集体电子论”的能带模型来解释。“集体电子论”认为，过渡金属中的3d、4s电子是自由地在晶格中游动的，分布在由若干密集能态组成的能带中。原子在晶格中周期性分布，当原子间距离增加时，3d和4s的能带宽度减小，最后接近一个单能级。两个能带中有一部分面积重叠，从而发生3d和4s电子的互相转移。电子自旋可以朝上或者朝下取向，所以3d层能带和4s层能带又可以分两个副能带。计算表明4s能带的正负能带高度相等，电子数相同，而3d正负能带因交换作用而出现了交换劈裂，导致高度不相等，被电子填充的程度也不一样，结果是3d负能带高。不同原子中不同副能带内被充满的程度不一样，在Ni、Co原子中，3d正能带完全被电子充满，充满的电子数等于5，负能带则未被电子充满，填充程度各不相同。Fe原子的3d正负能带都未填满。由能带理论可以计算出3d金属中能带的电子分布和磁矩（见表2.3），这些可以有效地解释3d族金属原子磁矩为非整数的事实。

表2.3 过渡族金属3d、4s能带中电子分布和原子磁矩

元素	充满的电子层				总数	空穴		原子磁矩
	$3d^+$	$3d^-$	$4s^+$	$4s^-$		$3d^+$	$3d^-$	$(3d^-)-(3d^+)$
Cr	2.7	2.7	0.3	0.3	6	2.3	2.3	0
Mn	3.2	3.2	0.3	0.3	7	1.8	1.8	0
Fe	4.8	2.6	0.3	0.3	8	0.2	2.4	2.2
Co	5	3.3	0.35	0.35	9	0	1.7	1.7
Ni	5	4.4	0.3	0.3	10	0	0.6	0.6
Cu	5	5	0.5	0.5	11	0	0	0

2.4.5 铁磁性RKKY理论

2-9 RKKY理论

对于稀土金属的磁性来源解释需要采用新的理论。稀土金属的磁性来源于4f电子，4f电子被$5s^2p^6d^{10}6s^2$电子屏蔽，而且稀土原子间距离很大，并不允许直接交换作用存在，由于不存在氧离子等媒介，也不可能存在超交换作用。

鲁德曼(Ruderman)和基尔特(Kittel)提出将导电电子作为媒介，在核自旋间发生交换作用。胜田(Kasuya)和良谷(Yosida)提出Mn的d电子和导电电子有交换作用，使电子极化而导致Mn原子的d电子和邻近的导电电子有交换作用。在此基础上发展起来的RKKY(Ruderman-Kittel-Kasuya-Yosida)理论可以有效地解释稀土金属中的磁性来源。

RKKY 理论认为 4f 电子是完全局域的,6s 电子是游动的,作为传导电子。f 电子和 s 电子可以发生交换作用,使 s 电子极化,极化 s 电子的自旋会对 f 电子的自旋取向产生影响。结果将游动的 s 电子作为媒介,磁性原子或离子中的 4f 电子自旋与其邻近磁性原子或离子中的 4f 局域电子自旋磁矩产生交换作用,从而解释清楚了稀土金属的磁性来源。

2.5 反铁磁性

2.5.1 反铁磁性简介

反铁磁性物质在所有的温度范围内都具有正的磁化率,但是其磁化率随温度有着特殊的变化规律。起初,反铁磁性被认为是反常的顺磁性。进一步的研究发现,它们内部的磁结构完全不同,因此人们将反铁磁性归入单独的一类。1932 年,奈尔将外斯分子场理论引入反铁磁性中,发展了反铁磁性理论。

图 2.16 给出了反铁磁性物质磁化率随温度的变化关系。随着温度的降低,反铁磁性的磁化率先增大,达到极大值后减小。该磁化率的极大值所对应的温度称为奈尔温度,用 T_N 表示。在 T_N 温度以上,反铁磁性物质表现出顺磁性;在 T_N 温度以下,物质表现出反铁磁性。物质的奈尔温度 T_N 通常远低于室温,因此为了确定一种常温下为顺磁性的物质在低温下是否为反铁磁性,需要在很低的温度下测量它的磁化率。反铁磁性物质大多是离子化合物,如氧化物、硫化物和氯化物等,反铁磁性金属主要是铬和锰。反铁磁性物质比铁磁性物质常见得多,到目前为止,已经发现了 100 多种反铁磁性物质。反铁磁性物质的出现,具有很大的理论意义,但是其反铁磁性一直没有得到实际的应用。尽管如此,反铁磁性的研究还是具有重大的科学价值的,它为亚铁磁性理论的发展提供了坚实的理论基础。

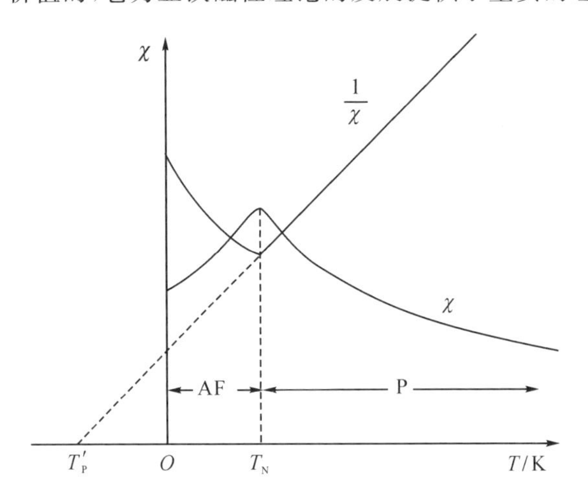

图 2.16 反铁磁性物质磁化率随温度的变化关系

反铁磁性物质中磁性离子构成的晶格,可以分为两个相等而又相互贯穿的次晶格 A 和次晶格 B。次晶格 A 处的磁性离子和次晶格 B 处的磁性离子自旋存在反向的趋势。在 T_N 温度以下,温度越低,A 处和 B 处的磁性离子自旋越接近相反。当 $T=0$K 时,自旋取向完全相反，如图 2.17 所示，因此反铁磁性物质整体磁化强度为零。反铁磁性奈尔温度 T_N 与铁磁性居里温度 T_C 起着相似的作用：将整个温度区间分成两部分，在这个温度以下，磁性粒子自旋有序排列，表现出铁磁性或反铁磁性；在该温度以上，自旋无序排列，表现出顺磁性。

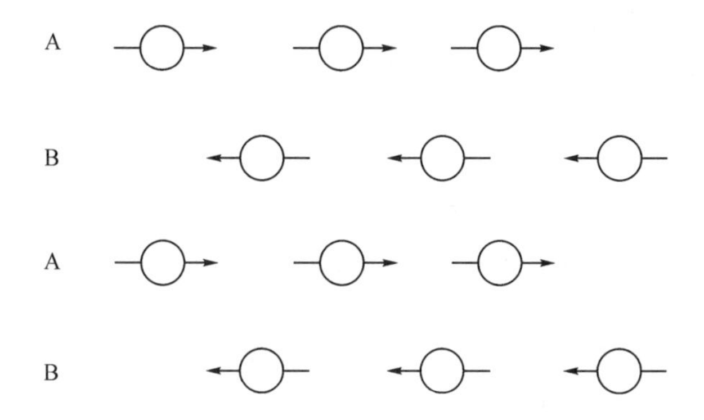

图 2.17　次晶格 A 和次晶格 B 的反铁磁性排列

反铁磁性自旋有序结构首先由沙尔（Shull）和斯马特（Smart）利用中子衍射实验在 MnO 上得到证实。因为中子磁散射对正自旋和反自旋不同，从而可以通过中子衍射谱确定 MnO 的磁结构。如图 2.18 所示，每个 O^{2-} 离子两侧的两个 Mn^{2+} 离子的磁矩都反平行排列。磁矩取向的周期是晶格常数的 2 倍，因此一个磁单胞的体积是化学单胞体积的 8 倍。

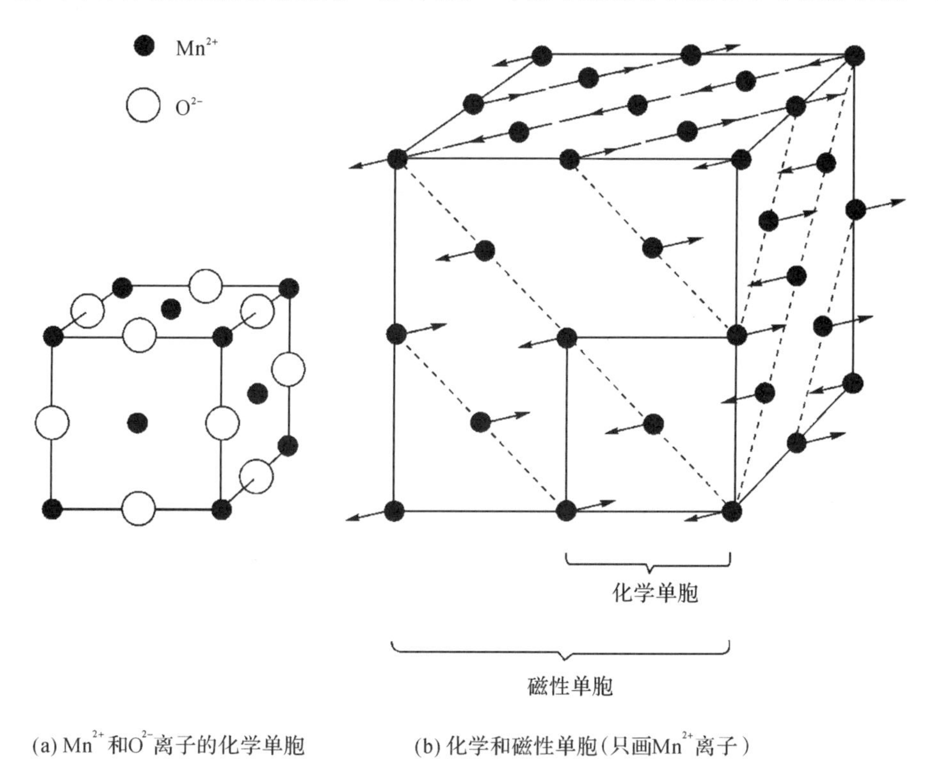

图 2.18　MnO 晶胞结构

2.5.2 定域分子场理论

反铁磁体的晶体结构有立方、六方、四方和斜方等几类。这些晶体中的磁性原子的磁矩在不同位置上的取向是由各原子之间的相互作用决定的，特别是最近邻和次近邻原子的相互作用最为重要。下面以体心立方结构的晶体结构为例，说明反铁磁性物质中的分子场作用情况。

在体心立方中，原子有两种不同的位置：一种是体心的位置 A，另一种是八个角上的位置 B。如果把八个体心的位置连接起来，则连成一个简单立方。因此，体心立方晶格可以看成是由两个相等而又相互贯穿的次晶格 A 和次晶格 B 构成的。显然，每一个 A 位的最近邻都是 B，次近邻才是 A；B 位亦然。

反铁磁性晶体中同样存在分子场。由于作用在次晶格 A 和次晶格 B 上的分子场是不同的，故称为定域分子场。作用在 A 位上的定域分子场的大小 $\boldsymbol{H}_{mA}$ 可以表示为：

$$H_{mA}=-\gamma_{AB}M_{B}-\gamma_{AA}M_{A} \tag{2.58}$$

式中，γ_{AB} 为最近邻相互作用的分子场系数，γ_{AA} 为次近邻相互作用的分子场系数，M_A 和 M_B 分别为 A 位和 B 位上的磁化强度。

同理，作用在 B 位上的定域分子场的大小 $\boldsymbol{H}_{mB}$ 可以表示为：

$$H_{mB}=-\gamma_{BA}M_{A}-\gamma_{BB}M_{B} \tag{2.59}$$

设 A 位和 B 位上的离子是同类离子，则 $\gamma_{AA}=\gamma_{BB}=\gamma_{ii}$，$\gamma_{AB}=\gamma_{BA}$。若考虑外加磁场，则作用在 A 位和 B 位上的有效场大小为：

$$\left.\begin{aligned} H_A=H+H_{mA}=H-\gamma_{AB}M_B-\gamma_{ii}M_A \\ H_B=H+H_{mB}=H-\gamma_{AB}M_A-\gamma_{ii}M_B \end{aligned}\right\} \tag{2.60}$$

由于最近邻相互作用是反铁磁性的，定域分子场系数 γ_{AB} 必须为正。但 λ_{ii} 可能为正，可能为负，也可能为零，取决于材料的性质，这里取负讨论。

应用顺磁性理论，可以求出热平衡时某一次晶格的磁化强度大小。以 A 位为例：

$$M_A=\frac{1}{2}Ng_J J\mu_B B_J(y_A) \tag{2.61}$$

$$y_A=\mu_0 g_J J\mu_B H_A/(kT) \tag{2.62}$$

$$B_J(y_A)=\frac{2J+1}{2J}\coth\left(\frac{2J+1}{2J}\right)y_A-\frac{1}{2J}\coth\left(\frac{1}{2J}\right)y_A \tag{2.63}$$

同样，对于 B 次晶格：

$$M_B=\frac{1}{2}Ng_J J\mu_B B_J(y_B) \tag{2.64}$$

$$y_B=\mu_0 g_J J\mu_B H_B/(kT) \tag{2.65}$$

$$B_J(y_B)=\frac{2J+1}{2J}\coth\left(\frac{2J+1}{2J}\right)y_B-\frac{1}{2J}\coth\left(\frac{1}{2J}\right)y_B \tag{2.66}$$

联合式(2.61)至式(2.66)，便可求得反铁磁物质的一系列特性。

1. 反铁磁性消失温度——奈尔温度 T_N 的求解

当高温且无外磁场时，$y_A \ll 1$，式(2.63)布里渊函数可展开，只取第一项，于是式(2.61)变为：

$$M_A \approx \frac{N}{2} g_J J \mu_B \frac{J+1}{3J} y_A = \frac{C}{2T} H_A \tag{2.67}$$

式中，$C=\mu_0 N g_J^2 J(J+1)\mu_B^2/(3k)$，将式(2.58)代入式(2.67)，可得到：

$$M_A = \frac{C}{2T}(-\gamma_{AB} M_B - \gamma_{ii} M_A) \tag{2.68}$$

同样，对于B次晶格：

$$M_B = \frac{C}{2T}(-\gamma_{AB} M_A - \gamma_{ii} M_B) \tag{2.69}$$

整理式(2.68)和式(2.69)，可得到：

$$\left.\begin{aligned} \left(1+\frac{C}{2T}\gamma_{ii}\right)M_A + \frac{C}{2T}\gamma_{AB} M_B = 0 \\ \frac{C}{2T}\gamma_{AB} M_A + \left(1+\frac{C}{2T}\gamma_{ii}\right)M_B = 0 \end{aligned}\right\} \tag{2.70}$$

当 $T=T_N$ 时，各次晶格开始出现自发磁化，这意味着 M_A 和 M_B 都不为零，即式(2.70)有非零解，则方程中系数行列式为零，即

$$\begin{vmatrix} 1+\frac{C}{2T}\gamma_{ii} & \frac{C}{2T}\gamma_{AB} \\ \frac{C}{2T}\gamma_{AB} & 1+\frac{C}{2T}\gamma_{ii} \end{vmatrix} = 0 \tag{2.71}$$

于是得到：

$$T_N = \frac{1}{2} C(\gamma_{AB} - \gamma_{ii}) \tag{2.72}$$

T_N 即为奈尔温度。由式(2.72)可见，γ_{AB}越大，γ_{ii}越小，则最近邻相互作用越强，次近邻相互作用越弱，则反铁磁性物质的奈尔温度 T_N 越高。

2. $T>T_N$ 时反铁磁性物质的特性

当 $T>T_N$ 时，反铁磁性物质的自发磁化消失，转变为顺磁状态。在外磁场作用下，在磁场方向将感生出一定的磁化强度。只要出现磁矩，由于磁矩之间的相互作用，便存在定域分子场，于是上述分析的公式依然适用，只是磁化强度并非自发磁化强度而已。于是，可类似得出：

$$M'_A = \frac{C}{2T}(H - \gamma_{AB} M'_B - \gamma_{ii} M'_A)$$

$$M'_B = \frac{C}{2T}(H - \gamma_{AB} M'_A - \gamma_{ii} M'_B)$$

式中，$C=\mu_0 N g_J^2 J(J+1)\mu_B^2/(3k)$，$M'_A$和 M'_B与 H 同向，故总磁化强度为：

$$M' = \frac{C}{T+T'_P} H \tag{2.73}$$

式中，$T'_P = \frac{C}{2}(\lambda_{AB} + \lambda_{ii})$。于是，可得出反铁磁性的居里-外斯定律：

$$\chi = \frac{C}{T+T'_P} \tag{2.74}$$

该式与式(2.56)类似，只是这里的 T'_P变成了负值。T'_P称为渐近居里点。

3. $T<T_N$ 时反铁磁性物质的特性

当 $T<T_N$ 时，定域分子场的作用占主导地位，每个次晶格的磁矩有规则地反平行排列。外磁场为零时，次晶格内有自发磁化强度，但总的自发磁化强度等于零。只有当外磁场不等于零时才表现出总的磁化强度，且随外磁场方向而异。

2.5.3 超交换作用模型

在 MnO 晶体中，由于中间 O^{2-} 离子的阻碍，Mn^{2+} 离子之间的直接交换作用非常弱。那么，在 MnO 晶体中怎么会出现反铁磁性呢？这可以由超交换作用模型来解释。这个模型由克雷默首先提出，他认为反铁磁性物质内的磁性离子之间的交换作用是通过隔在中间的非磁性离子作为媒介来实现的，故称为超交换作用。后来奈尔、安德生等人将这个模型发展完善。

超交换作用模型的机理如图 2.19 所示。Mn^{2+} 离子的未满电子壳层组态为 $3d^5$，5 个自旋彼此平行取向；O^{2-} 离子的电子结构为 $(1s)^2(2s)^2(2p)^6$，其自旋角动量和轨道角动量都是彼此抵消的，无净自旋磁矩。O^{2-} 离子 2p 轨道向近邻的 Mn^{2+} 离子 M_1 和 M_2 伸展，这样 2p 轨道电子云与 Mn^{2+} 离子电子云交叠，2p 轨道电子有可能迁移到 Mn^{2+} 离子中。假设，一个 2p 电子转移到 M_1 离子的 3d 轨道。在此情况下，该电子必须使它的自旋与 Mn^{2+} 的总自旋反平行，因为 Mn^{2+} 已经有 5 个电子，按照洪德法则，其空轨道只能接受一个与 5 个电子自旋反平行的电子。同时，按泡利不相容原理，2p 轨道上的剩余电子的自旋必须与被转移的电子的自旋反平行。此时，由于 O^- 离子与另一个 Mn^{2+} 离子 M_2 的交换作用是负的，故 O^- 离子 2p 轨道剩余电子与 M_2 离子 3d 电子自旋反平行取向。这样，M_1 的总自旋就与 M_2 的总自旋反平行取向。当夹角 M_1-O-M_2 为 180°时，超交换作用最强，而当角度变小时作用变弱。这就是超交换作用原理。用这个模型可以解释反铁磁性自发磁化的起因。

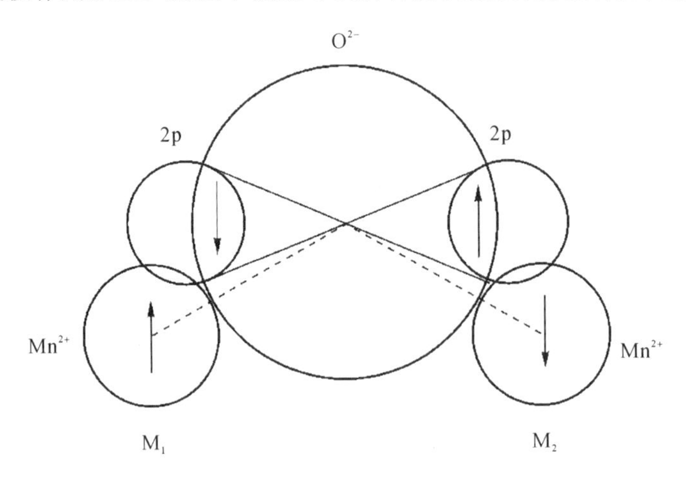

图 2.19 超交换作用原理

当然，上面介绍的超交换作用中，通过 O^{2-} 离子发生超交换作用的同为 Mn^{2+} 离子，它们与 O^{2-} 离子作用的交换积分皆为负值，耦合电子自旋为反平行排列。实际上也存在左右两侧的交换积分皆为正值的情况，这时同样导致反铁磁性。如果两侧的交换积分为一正一负，就会导致铁磁性。

2.6　亚铁磁性

2.6.1　亚铁磁性简介

亚铁磁性物质存在与铁磁性物质相似的宏观磁性：居里温度以下，存在按磁畴分布的自发磁化，能够被磁化到饱和，存在磁滞现象；在居里温度以上，自发磁化消失，转变为顺磁性。正是因为同铁磁性物质具有以上相似之处，所以亚铁磁性是最晚被发现的一类磁性。直到 1948 年，奈尔才命名了亚铁磁性，并提出了亚铁磁性理论。

典型的亚铁磁性物质当属铁氧体。铁氧体是一种氧化物，含有氧化铁和其他铁族或稀土族氧化物等主要成分。铁氧体是一种古老而又年轻的磁性材料。因为 Fe_3O_4 磁铁矿在很久以前就被我们的古人发现，是最早的铁氧体材料，可是直到 1933—1945 年，铁氧体磁性材料才重新引起人们的重视，进入商业领域。

铁氧体通常采用陶瓷烧结工艺制备。以镍铁氧体（$NiO \cdot Fe_2O_3$）为例，先是将 NiO 和 Fe_2O_3 粉末充分混合，再压制成所需的形状，最后在高于 1200℃ 的温度下烧结，这样得到的成品通常硬而脆。铁氧体具有很高的电阻率，一般为金属的 10^6 倍以上。在交流磁场中使用时，铁氧体不会像金属一样产生大的涡流损耗。因此铁氧体在高频领域是一类理想的磁性材料。

铁氧体是离子化合物，它的磁性来源于所含离子的磁性。我们考察元素周期表中第四周期过渡族离子。其最外层为 3d 电子壳层，能够容纳 5 个自旋向上的电子和 5 个自旋向下的电子。前 5 个电子进入壳层自旋向上排列，第 6 个电子进入壳层取自旋向下方向。含有 6 个 3d 电子的离子，比如 Fe^{2+} 离子，自旋磁矩为 $5-1=4\mu_B$。其他离子的自旋磁矩在表 2.4 中列出。

表 2.4　元素周期表中第四周期过渡族离子的自旋磁矩

离子	3d 电子数目	自旋磁矩/μ_B
Sc^{3+}　Ti^{4+}	0	0
Ti^{3+}　V^{4+}	1	1
Ti^{2+}　V^{3+}　Cr^{4+}	2	2
V^{2+}　Cr^{3+}　Mn^{4+}	3	3
Cr^{2+}　Mn^{3+}　Fe^{4+}	4	4
Mn^{2+}　Fe^{3+}　Co^{4+}	5	5
Fe^{2+}　Co^{3+}　Ni^{4+}	6	4
Co^{2+}　Ni^{3+}	7	3
Ni^{2+}	8	2
Cu^{2+}	9	1
Cu+　Zn^{2+}	10	0

将离子磁矩与测得的铁氧体磁矩相比较发现，铁氧体与铁磁性物质存在巨大的差别。同样以 $NiO \cdot Fe_2O_3$ 为例，它含有一个 Ni^{2+}、二个 Fe^{3+}。如果它们之间的交换作用为正，则

一个 $NiO \cdot Fe_2O_3$ 分子的总磁矩为 $2+5\times 2=12\mu_B$。实际测得，在 0K 温度下一个 $NiO \cdot Fe_2O_3$ 分子的饱和磁化强度仅为 $2.3\mu_B$。显然在 $NiO \cdot Fe_2O_3$ 中，金属离子磁矩不可能为平行取向。

因此奈尔认为铁氧体存在不同于以往所认识的任何一种磁结构。奈尔做出假设，铁氧体中处于不同晶体学位置（比如 A 位和 B 位）的金属离子之间的交换作用为负。A 位金属离子和 B 位金属离子分别沿相反的方向自发磁化，但是 A 位和 B 位之间的磁化强度却不相等。因此，两个相反方向的磁矩不能完全抵消，产生了剩余自发磁化。奈尔用分子场理论建立起一套亚铁磁性理论，并且和实验取得很好的一致性。为了更好地讲解磁性离子在 A 位和 B 位的相互作用，在介绍亚铁磁性理论之前，先介绍铁氧体的晶体结构。

2.6.2 几种常见的铁氧体

常见的铁氧体，按晶格类型分为三种：①尖晶石型铁氧体；②石榴石型铁氧体；③磁铅石型铁氧体。

1. 尖晶石型铁氧体

尖晶石型铁氧体的晶体结构与天然矿石——镁铝尖晶石（$MgAl_2O_4$）结构相同，故而得名。尖晶石型铁氧体的化学分子式的通式为 $X^{2+}Y_2^{3+}O_4$。其中 X^{2+} 代表二价金属离子，通常是过渡族元素，常见的有 Co、Ni、Fe、Mn、Zn 等；分子式中 Y^{3+} 代表三价金属离子，通常是 Fe^{3+}、Al^{3+}、Cr^{3+} 等，也可以被 Fe^{2+} 或 Ti^{4+} 取代一部分。尖晶石铁氧体的晶格结构呈立方对称，一个单位晶胞含有 8 个分子式，一个单胞的分子式为 $X_8^{2+}Y_{16}^{3+}O_{32}^{2-}$。所以，一个铁氧体单胞内共有 56 个离子，其中 X^{2+} 离子 8 个，Y^{3+} 离子 16 个，O^{2-} 离子 32 个。三者比较，氧离子的尺寸最大，晶格结构以氧离子紧密堆积，金属离子填充在氧离子密堆积的间隙内。在 32 个氧离子堆积构成的面心立方晶格中，有两种间隙：①四面体间隙 A；②八面体间隙 B。四面体间隙由 4 个氧离子中心连线构成的 4 个三角形平面包围而成。这样的四面体间隙共有 64 个。四面体间隙较小，只能填充尺寸小的金属离子。八面体间隙由 6 个氧离子中心连线构成的 8 个三角形平面包围而成。这样的八面体间隙共有 32 个。八面体间隙较大，可以填充尺寸较大的金属离子。尖晶石型铁氧体晶体结构如图 2.20 所示。

一个尖晶石单胞，实际上只有 8 个 A 位和 16 个 B 位被金属离子填充。把 X^{2+} 离子填充 A 位，Y^{3+} 离子填充 B 位的分布，定义为正型尖晶石铁氧体，即 $(X^{2+})[Y_2^{3+}]O_4$。结构式中括号（ ）和［ ］分别代表被金属离子占有的 A 位和 B 位。如果 X^{2+} 离子不是填充 A 位，而是同 B 位中 8 个 Y_2^{3+} 离子对调位置，这样形成的结构，定义为反型铁氧体，即 $(Y^{3+})[X^{2+}Y^{3+}]O_4$。大多数铁氧体以反型结构出现。正型结构的铁氧体只有 $ZnFe_2O_4$ 和 $CdFe_2O_4$。此外还有介于正型和反型之间的混合分布结构铁氧体，即 $(X_\delta^{2+}Y_{1-\delta}^{3+})[X_{1-\delta}^{2+}Y_{1+\delta}^{3+}]O_4$，$\delta$ 为 X^{2+} 离子占有 A 位的份数。当 $\delta=1$ 时，变成正型结构；当 $\delta=0$ 时，变成反型结构；一般 $0<\delta<1$。

尖晶石铁氧体的分子磁矩，为 A、B 两次晶格中离子的自旋反平行耦合的净磁矩。一般有：

$$\boldsymbol{M}=\boldsymbol{M}_A+\boldsymbol{M}_B$$

式中，$\boldsymbol{M}_B$ 为 B 次晶格磁性离子具有的磁矩，$\boldsymbol{M}_A$ 为 A 次晶格磁性离子具有的磁矩。

对于正型尖晶石铁氧体，它的分子磁矩大小应为：

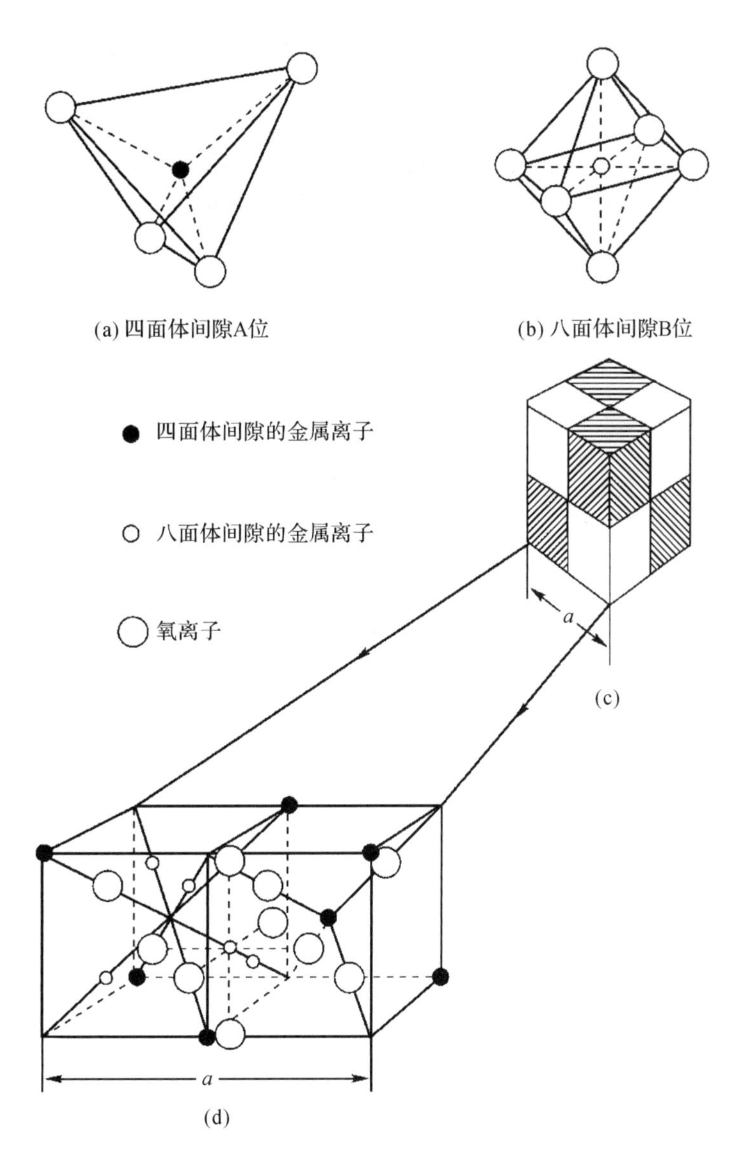

图 2.20　尖晶石型铁氧体晶体结构

$$M_{\text{正型}}=2M_{Y^{3+}}-M_{X^{2+}}$$

但实际上并不是这样的。具有完全正型分布的尖晶石铁氧体很少，以锌铁氧体($ZnFe_2O_4$)为例说明。$ZnFe_2O_4$ 中 A 位 Zn^{2+} 的自旋磁矩等于零，B 次晶格中的两个 Fe^{3+} 离子的自旋呈反平行排列。于是有：

$$M_{\text{正型}}=M_{Fe^{3+}}-M_{Fe^{3+}}=0$$

对于反型尖晶石铁氧体，有 $M_A=M_{Y^{3+}}$，$M_B=M_{Y^{3+}}+M_{X^{2+}}$，于是有：

$$M_{\text{反型}}=M_{Y^{3+}}+M_{X^{2+}}-M_{Y^{3+}}=M_{X^{2+}}$$

对于一般混合型分布铁氧体，有 $M_A=\delta M_{X^{2+}}+(1-\delta)M_{Y^{3+}}$，$M_B=(1-\delta)M_{X^{2+}}+(1+\delta)\times M_{Y^{3+}}$，因此有：

$$M_{\text{混合}}=(1-2\delta)M_{X^{2+}}+2\delta M_{Y^{3+}}$$

这样就可以通过调节 δ 值来改变铁氧体的磁化强度。

表 2.5 中列出了几种典型铁氧体中的阳离子分布和分子磁矩。

表 2.5　几种典型铁氧体中的阳离子分布和分子磁矩

物质	结构	四面体间隙 A 位	八面体间隙 B 位	分子磁矩
$ZnO \cdot Fe_2O_3$	正型	Zn^{2+} 0	Fe^{3+}，Fe^{3+} 5　5 ←　→	0
$NiO \cdot Fe_2O_3$	反型	Fe^{3+} 5 →	Ni^{2+}，Fe^{3+} 2　5 ←　←	2
$MgO \cdot Fe_2O_3$	混合型	Mg^{2+}，Fe^{3+} 0　4.5 →	Mg^{2+}，Fe^{3+} 0　5.5 ←	1
$0.9NiO \cdot Fe_2O_3$ + $0.1ZnO \cdot Fe_2O_3$	反型 正型	Fe^{3+} 4.5 → Zn^{2+} 0	Ni^{2+}，Fe^{3+} 1.8　4.5 ←　← Fe^{3+}，Fe^{3+} 0.5　0.5 ←　←	2.8

2. 石榴石型铁氧体

石榴石型铁氧体的通式是 $RE_3^{3+}Fe_5^{3+}O_{12}^{2-}$，常叫作稀土石榴石(rare earth iron garnet，RIG)。其中，RE 代表稀土离子，常见的有 Y、Sm、Eu、Gd、Tb、Dy、Ho、Er、Tm、Yb 或 Lu 等。因为其晶体结构与天然石榴石——$(FeMn)_3Al_2(SiO_4)_3$ 矿相同，故得名石榴石型铁氧体。研究最多的石榴石铁氧体有钇铁石榴石($Y_3Fe_5O_{12}$，缩写为 YIG)。对于 YIG 来说，由于 Y^{3+} 为非磁性离子，所含的磁性离子仅为 S 态的 Fe^{3+} $(3d^5)$，从磁性的角度考虑较单纯，所以 YIG 成为研究其他 RIG 的基础。

石榴石型铁氧体属于立方晶系，具有体心立方晶格。每个单位晶胞含有 8 个分子式，金属离子填充在氧离子密堆积之间的间隙里。对于单位晶胞而言，间隙位置可分为以下三种：

① 由 4 个氧离子所包围的四面体位置(d 位)有 24 个(也称 24d 位)，被 Fe^{3+} 离子所占，如图 2.21(a)所示；

② 由 6 个氧离子所包围的八面体位置(a 位)有 16 个(也称 16a 位)，被 Fe^{3+} 离子所占，如图 2.21(b)所示；

③ 由 8 个氧离子所包围的十二面体位置(c 位)有 24 个(也称 24c 位)，被较大的 Y^{3+} 或 RE^{3+} 所占，如图 2.21(c)所示。

于是石榴石型铁氧体的占位结构式表示为 $\{RE_3\}[Fe_2](Fe_3)O_{12}$。式中，{ }、[ ]和( )分别代表 24c、16a 和 24d 位置。图 2.22 给出了 $Y_3Fe_5O_{12}$ 石榴石 a、d、c 三种次晶格的

相对位置和离子的占位分布。由于存在 c、a 和 d 三种间隙位置，所以晶体中存在六种类型的超交换相互作用，即 a-a、d-d、c-c、a-d、a-c 以及 c-d。通过测量不同位置之间的距离和夹角，发现 a-d 的超交换相互作用最强，c-d 次之。由于这两类次晶格磁性离子间的超交换相互作用为负，所以 a-d 位置上的离子磁矩反向排列，c-d 位置上的离子磁矩也是反向排列，故而 c 与 a 位置上的离子磁矩同向排列。

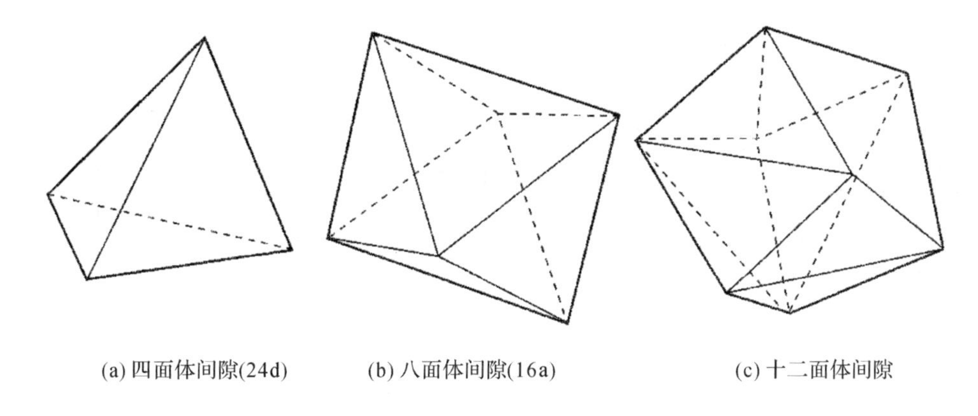

(a) 四面体间隙(24d)　　(b) 八面体间隙(16a)　　(c) 十二面体间隙

图 2.21　钇铁石榴石结构中的三种阳离子间隙

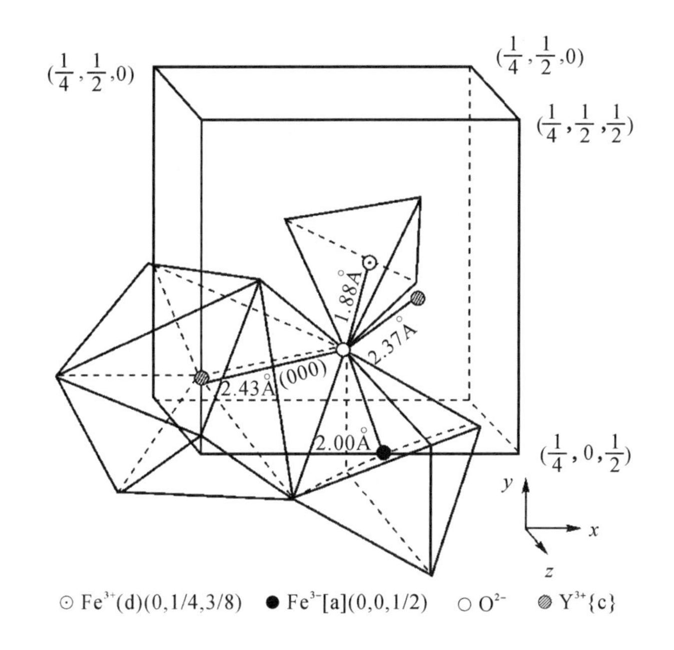

图 2.22　$Y_3Fe_5O_{12}$ 石榴石 a、d、c 三种次晶格的相对位置和离子的占位分布

于是，分子式为 $RE_3Fe_5O_{12}$ 的石榴石型铁氧体的分子磁矩大小可以表示成：

$$M=|\boldsymbol{M}_d-\boldsymbol{M}_a-\boldsymbol{M}_c|=|3\boldsymbol{M}_{Fe^{3+}}-2\boldsymbol{M}_{Fe^{3+}}-3\boldsymbol{M}_{R^{3+}}|=|\boldsymbol{M}_{Fe^{3+}}-3\boldsymbol{M}_{R^{3+}}|$$

一些石榴石型铁氧体的基本参量列于表 2.6 中。

表 2.6 一些石榴石型铁氧体的基本参量

石榴石	基本参量					
	分子磁矩 (0K)/μ_B	饱和磁化强度 (300K/10^5 A·m^{-1})	居里温度 /K	补偿温度 /K	晶格常数 /Å	密度 /(g·cm^{-3})
$Y_3Fe_5O_{12}$	5.01	1.34	560	—	12.38	5.17
$Sm_3Fe_5O_{12}$	5.43	1.27	578	—	12.52	6.24
$Eu_3Fe_5O_{12}$	2.78	0.88	566	—	12.52	6.28
$Gd_3Fe_5O_{12}$	16.00	0.04	564	286	12.48	6.44
$Tb_3Fe_5O_{12}$	18.20	0.15	568	246	12.45	6.53
$Dy_3Fe_5O_{12}$	16.90	0.32	563	226	12.41	6.65
$Ho_3Fe_5O_{12}$	15.20	0.68	567	137	12.38	6.76
$Er_3Fe_5O_{12}$	10.20	0.62	556	83	12.35	6.86
$Tm_3Fe_5O_{12}$	1.20	0.88	549	—	12.33	6.95
$Yb_3Fe_5O_{12}$	0	1.19	548	—	12.39	7.06
$Lu_3Fe_5O_{12}$	5.07	1.19	539	—	12.28	7.14

3. 磁铅石型铁氧体

磁铅石型铁氧体的晶体结构和天然矿石磁铅石 $Pb(Fe_{7.5}Mn_{3.5} \cdot Al_{0.5}Ti_{0.5})O_{19}$ 的结构相似，属于六角晶系。其化学分子式为 $M^{2+}B^{3+}_{12}O^{2-}_{19}$。式中，$M^{2+}$ 是二价阳离子，常见的有 Ba、Sr 或 Pb；B^{3+} 是三价阳离子，常见的有 Al、Ga、Cr 或 Fe。Ba^{2+}、Sr^{2+}、Pb^{2+} 的离子半径分别是 1.43Å、1.27Å 和 1.32Å，因而与 O^{2-} 离子半径(1.32Å)不相上下。于是取代部分氧离子，也参与氧离子的堆积；B^{3+} 离子填充到由氧离子组成的四面体、六面体和八面体间隙中。根据参与氧离子替代的大金属离子所在层的结构与层数，六角氧化物又可分为 M、W、X、Y、Z 和 U 型。

图 2.23 为六角氧化物的三元系组成图，这里用 Fe_2O_3、BaO、MeO 来表示成分，其中 Me

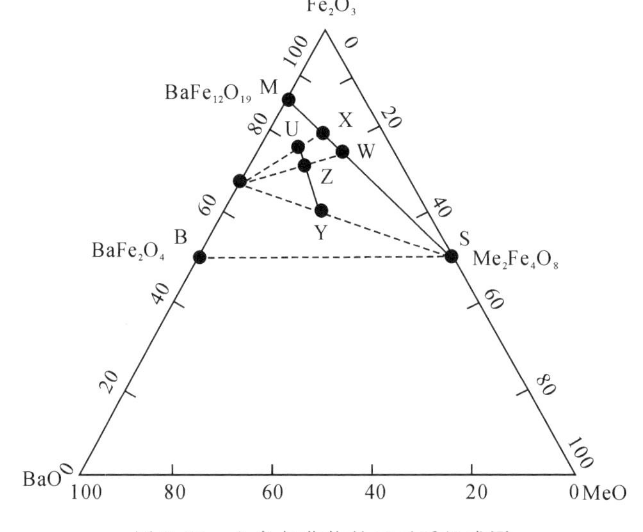

图 2.23 六角氧化物的三元系组成图

代表 Mg、Mn、Fe、Co、Ni、Zn、Cu 等二价金属离子，或 Li^{+} 和 Fe^{3+} 的组合。图中，S 点代表 Fe_2O_3 和 MeO 按 1∶1 混合的氧化物，它为普通的立方尖晶石；B 点表示非磁性的钡铁氧体 $BaFe_2O_4$；M 点表示单组分的磁铅石铁氧体 $BaFe_{12}O_{19}$。W、X、Y、Z 和 U 型化合物就是由 M、S 和 B 按一定的比例混合而成的。上述几种六角氧化物的组成、晶体结构与晶格参数在表 2.7 种列出。

表 2.7　六角晶系铁氧体的组成、晶体结构与晶格参数

型号	化学组成	结构式	简称	氧离子层数	晶格常数		分子量	X 射线密度/(g · cm³)
					a/Å	b/Å		
M	$BaFe_{12}O_{19}$	$(B_1S_4)_2$	M	5×2	5.88	23.2	1112	5.28
W	$BaMe_2Fe_{16}O_{27}$	$(B_1S_6)_6$	Me_2W	7×2	5.88	32.8	1575	5.31
X	$Ba_2Me_2Fe_{28}O_{46}$	$(B_1S_4B_1S_6)_3$	Me_2X	12×3	5.88	84.1	2686	5.29
Y	$Ba_2Me_2Fe_{12}O_{22}$	$(B_2S_4)_3$	Me_2Y	6×3	5.88	43.5	1408	5.39
Z	$Ba_3Me_2Fe_{24}O_{41}$	$(B_2S_1B_1S_4)_2$	Me_2Z	11×2	5.88	52.3	2520	5.33
U	$Ba_4Me_2Fe_{36}O_{60}$	$(B_1S_4B_1S_1B_1S_4)$	Me_2U	16	5.88	38.1	3622	5.31

以单组分的磁铅石铁氧体为例，介绍六角晶系铁氧体。由 X 射线结构分析知道，一个 M 型晶胞分为 10 个氧离子层，在 c 轴方向这 10 个氧离子层又可按含有 Ba^{2+} 层(用 B_1 代表)和相当于尖晶石的“尖晶石块”(用 S_4 代表)来划分。从图 2.24 可看出，一个晶胞含有两个 B_1 层和两个 S_4 层。Ba^{2+} 层每隔四个氧离子层出现一次，它含有一个 Ba^{2+}、三个 O^{2-} 和三个 Fe^{3+}。其中，有两个 Fe^{3+} 占据 B 位，另外一个 Fe^{3+} 占据 E 位(由 5 个氧离子构成的六面体间隙)，如图 2.25 所示。一个尖晶石块里有 9 个 Fe^{3+} 填充在 O^{2-} 组成的间隙中，其中 2 个占据 A 位，7 个占据 B 位。所以，每个 M 型晶胞中共有 38 个氧离子、2 个钡离子、24 个铁离子。铁离子分别分布在 4 个 A 位、18 个 B 位和 2 个 E 位上。

磁铅石型氧化物的分子磁矩，根据磁性离子的分布可以推算出来。以 M 型钡铁氧体为例，它的结构式是 $(B_1S_4)_2$，一个晶胞中含有两个 $BaFe_{12}O_{19}$ 分子。每一个尖晶石块内的 9 个 Fe^{3+} 离子有 7 个在 B 位，2 个在 A 位；含 Ba^{2+} 离子层内的 3 个 Fe^{3+} 有 2 个与 A 位离子磁矩平行，1 个反平行，所以总的分子磁矩大小为：

$$
\begin{aligned}
M_{分子} &= |\boldsymbol{M}_{S_4} + \boldsymbol{M}_{B_1}| \\
&= 7M_{Fe^{3+}} - 2M_{Fe^{3+}} - 2M_{Fe^{3+}} + M_{Fe^{3+}} = 4M_{Fe^{3+}}
\end{aligned}
$$

一个 Fe^{3+} 的离子磁矩大小为 $5\mu_B$，这样计算得出的分子磁矩理论值($20\mu_B$)与实验值($19.7\mu_B$)恰好相符。

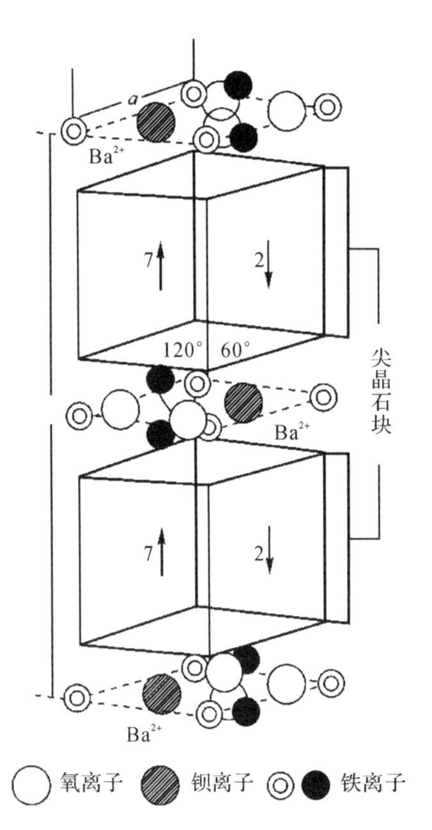

图 2.24 $BaFe_{12}O_{19}$ 铁氧体的晶体结构

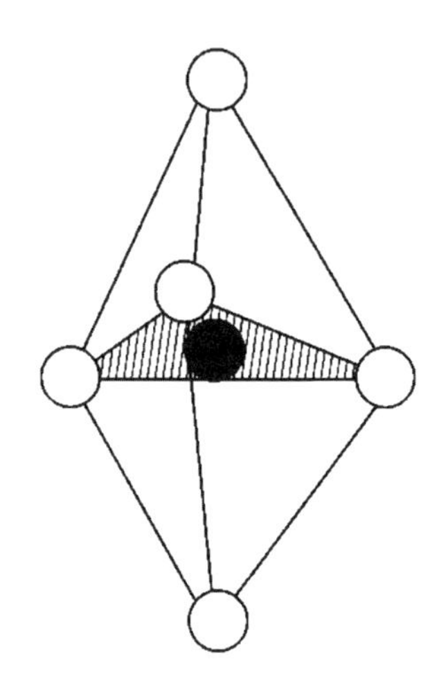

图 2.25 六面体间隙

一些磁铅石型铁氧体的基本磁性能在表 2.8 中列出。

表 2.8 一些磁铅石型铁氧体的基本磁性能

型 号	分子磁矩 (0K)/μ_B	饱和磁化强度 (300K)/(kA·m^{-1})	居里温度 /K
Mn_2W	27.4	310	688
Zn_2W	35	424	648
(FeZn)W	30.7	382	703
Zn_2X	50.4	—	705
Co_2X	46	—	740
Ni_2Y	6.3	127	663
Mn_2Y	10.6	167	563
Zn_2Y	18.4	227	403
Co_2Z	29.8	267	675
Zn_2Z	—	310	633
Cu_2Z	27.2	247	713
Zn_2U	60.5	294	673

2.6.3　亚铁磁性的奈尔分子场理论

和反铁磁性物质一样，大多数亚铁磁体的电导率很低，其磁矩限定在特定的磁性离子上。不同的离子被氧离子分割开来，它们通过超交换相互作用耦合。奈尔根据反铁磁性分子场理论，以尖晶石型铁氧体的晶体机构为基础，提出了亚铁磁性分子场理论。奈尔将尖晶石结构抽象成两种次晶格A和B，A位和B位之间的相互作用是主要的相互作用，并且交换相互作用积分为负值。绝对零度时，这种相互作用导致磁矩按如下方式取向：A位所有离子磁矩都平行排列，其磁化强度为 $\boldsymbol{M}_A$；B位所有离子磁矩都平行排列，其磁化强度为 $\boldsymbol{M}_B$。$\boldsymbol{M}_A$ 与 $\boldsymbol{M}_B$ 取向相反，数量不等，宏观磁化强度大小为 $|\boldsymbol{M}_A-\boldsymbol{M}_B|$。

图2.26(a)给出了尖晶石型铁氧体(Fe^{3+})[$Fe^{3+}Me^{2+}$]O_4 中的5种交换相互作用，分别用箭头表示。为了简化问题，奈尔只考虑 Fe^{3+} 一种磁性离子，假定 Me^{2+} 不具有磁矩。这样，晶体结构就简化为由同种磁性离子构成的A、B次晶格，磁性离子在不同晶位上的分布不等。晶体中仅存在3种交换相互作用，如图2.26(b)所示。

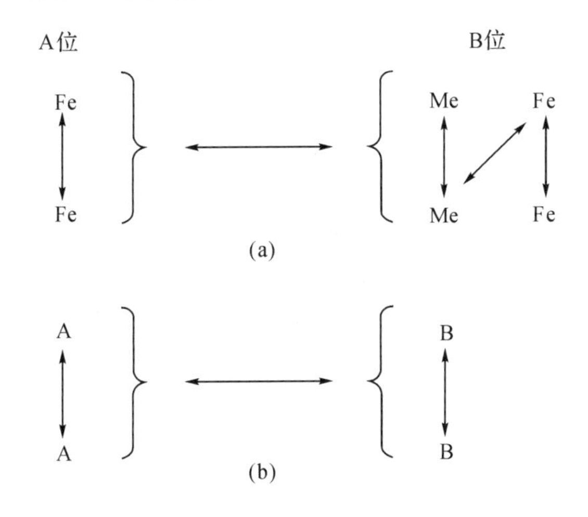

图2.26　离子间的交换相互作用

假定单位体积内有 n 个磁性离子按比率 $\lambda:\mu$ 分布在A位和B位上，且：

$$\lambda+\mu=1 \tag{2.75}$$

设 μ_a、μ_b 分别为某一温度下A位和B位上一个磁性离子在分子场方向的平均磁矩。(尽管A位和B位为同种磁性离子，但因为这些磁性离子在不同的晶位上，受到的分子场作用也不等，因此 $\mu_a\neq\mu_b$)则A位上的磁化强度大小 $M_A=\lambda n\mu_a$，B位上的磁化强度大小 $M_B=\mu n\mu_b$。令 $n\mu_a=M_a$，$n\mu_b=M_b$，得到：

$$M_A=\lambda M_a$$

$$M_B=\mu M_b$$

于是，整个亚铁磁体的总自发磁化强度大小为：

$$M_S=|\boldsymbol{M}_A-\boldsymbol{M}_B|=|\lambda\boldsymbol{M}_a-\mu\boldsymbol{M}_b|$$

将分子场理论推广到上述两种不等价的次晶格中，因结构不等价而存在下面四种不同的分子场。

1. $\boldsymbol{H}_{AB}=\gamma_{AB}\boldsymbol{M}_{B}$

$\boldsymbol{H}_{AB}$是由近邻 B 位上磁性离子产生，作用在 A 位上的分子场；γ_{AB}表示 B-A 作用分子场系数，它只表示大小而不计入方向。

2. $\boldsymbol{H}_{BB}=\gamma_{BB}\boldsymbol{M}_{B}$

$\boldsymbol{H}_{BB}$是由近邻 B 位上磁性离子产生，作用在 B 位上的分子场；γ_{BB}表示 B-B 作用分子场系数。

3. $\boldsymbol{H}_{AA}=\gamma_{AA}\boldsymbol{M}_{A}$

$\boldsymbol{H}_{AA}$是由近邻 A 位上磁性离子产生，作用在 A 位上的分子场；γ_{AA}表示 A-A 作用分子场系数。

4. $\boldsymbol{H}_{BA}=\gamma_{BA}\boldsymbol{M}_{A}$

$\boldsymbol{H}_{BA}$是由近邻 A 位上磁性离子产生，作用在 B 位上的分子场；γ_{BA}表示 B-A 作用分子场系数。一般有 $\gamma_{AB}=\gamma_{BA}$。

作用在 A 位上的分子场大小为：

$$H_{Am}=\gamma_{AA}M_{A}-\gamma_{AB}M_{B}=\gamma_{AA}\lambda M_{a}-\gamma_{AB}\mu M_{b} \tag{2.76}$$

式中，M_a、M_b 分别为磁性离子完全占据 A 位、B 位时的磁化强度大小。$\boldsymbol{M}_a$ 和 $\boldsymbol{M}_b$ 的相互取向相反，因此这里取负号。

同样，作用在 B 位上的分子场大小为：

$$H_{Bm}=-\gamma_{AB}M_{A}+\gamma_{BB}M_{B}=-\gamma_{BA}\lambda M_{a}+\gamma_{BB}\mu M_{b} \tag{2.77}$$

令

$$\alpha=\frac{\gamma_{AA}}{\gamma_{AB}} \qquad \beta=\frac{\gamma_{BB}}{\gamma_{BA}} \tag{2.78}$$

α、β 分别为次晶格内相互作用于次晶格之间的相互作用强度之比。令 $\gamma_{AB}=\gamma_{BA}=\gamma$，并考虑外磁场 $\boldsymbol{H}_0$，则 A 位和 B 位上的有效场大小分别为：

$$\left.\begin{aligned}H_{Am}&=H_0+\gamma(\alpha\lambda M_a-\mu M_b)\\H_{Bm}&=H_0+\gamma(-\lambda M_a+\beta\mu M_b)\end{aligned}\right\} \tag{2.79}$$

同样，可以用顺磁性布里渊函数来描述 M_a、M_b：

$$\left.\begin{aligned}M_a&=Ng_S\mu_B B_S(y_a)\\M_b&=Ng_S\mu_B B_S(y_b)\end{aligned}\right\} \tag{2.80}$$

式中，

$$\left.\begin{aligned}y_a&=\mu_0\frac{g_S\mu_B H_{Am}}{kT}\\y_b&=\mu_0\frac{g_S\mu_B H_{Bm}}{kT}\end{aligned}\right\} \tag{2.81}$$

方程式(2.80)和(2.81)是讨论亚铁磁性的基本公式。下面根据这些方程，讨论亚铁磁体的高温顺磁性和自发磁化。

1. 高温顺磁性

当温度高于某一临近温度时，亚铁磁体的亚铁磁性将消失。在高温下，y_a 远小于 1，则布里渊函数展开式变成：

$$B_S(y_a)=(S+1)y_a/(3S) \tag{2.82}$$

代入式(2.80)中，得到次晶格 A 的磁化强度大小为：

$$M_a=\frac{C}{T}[H_0+\gamma(\alpha\lambda M_a-\mu M_b)] \tag{2.83}$$

式中，
$$C=\mu_0 N g_S^2 S(S+1)\mu_B^2/(3k) \tag{2.84}$$

同理，可得到：

$$M_b=\frac{C}{T}[H_0+\gamma(-\lambda M_a+\beta\mu M_b)] \tag{2.85}$$

求解式(2.83)和式(2.85)，得到：

$$\left.\begin{aligned}\frac{M_a}{H_0}&=\frac{\frac{T}{C}-\gamma\mu(\beta+1)}{\left(\frac{T}{C}-\gamma\beta\mu\right)\left(\frac{T}{C}-\gamma\alpha\lambda\right)-\gamma^2\lambda\mu}\\ \frac{M_b}{H_0}&=\frac{\frac{T}{C}-\gamma\lambda(\alpha+1)}{\left(\frac{T}{C}-\gamma\beta\mu\right)\left(\frac{T}{C}-\gamma\alpha\lambda\right)-\gamma^2\lambda\mu}\end{aligned}\right\} \tag{2.86}$$

由于外磁场 $\boldsymbol{H}_0$ 的作用，$\boldsymbol{M}_a$ 和 $\boldsymbol{M}_b$ 同取 $\boldsymbol{H}_0$ 方向，将式(2.85)代入式 $\frac{M}{H_0}=\lambda\frac{M_a}{H_0}+\mu\frac{M_b}{H_0}$ 中，即可求得亚铁磁体在高于居里温度时的顺磁磁化率：

$$\frac{1}{\chi}=\frac{T}{C}+\frac{1}{\chi_0}-\frac{\rho}{T-\theta} \tag{2.87}$$

其中，

$$\frac{1}{\chi_0}=\gamma(2\lambda\mu-\lambda^2\alpha-\mu^2\beta)$$
$$\rho=C\gamma^2\lambda\mu[\lambda(\alpha+1)-\mu(\beta+1)]^2$$
$$\theta=C\gamma\lambda\mu(\alpha+\beta+2)$$

式(2.87)描述 $1/\chi$ 与温度 T 的关系呈近似双曲线关系，其具有物理意义的部分在图 2.27中绘出。温度由高温降低时，式(2.87)中的第三项迅速增加，$1/\chi$ 值降低。达到某一温度 $T=T_P$ 时，$1/\chi$ 降到零，与 T 轴相交，该温度称为亚铁磁居里温度。亚铁磁居里温度可通过式(2.87)来计算，令式中 $1/\chi=0$，解得：

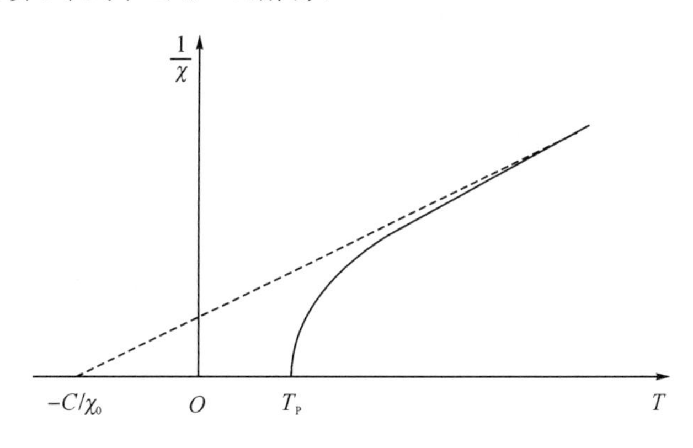

图 2.27　居里温度以上亚铁磁性的 $\frac{1}{\chi}$-T 理论曲线

$$T_P=\frac{1}{2}C\gamma\left[(\lambda\alpha+\mu\beta)-\sqrt{(\alpha\lambda-\beta\mu)^2+4\lambda\mu}\right] \tag{2.88}$$

当 $T\to\infty$ 时，方程右边的第三项消失，得到：

$$\chi=\frac{C}{T+C/\chi_0} \tag{2.89}$$

即为亚铁磁性的居里-外斯定律。

式(2.87)表示的曲线在高温区域与实验有很好的一致性,但在居里点附近两者却符合得不是很好。图 2.28 给出了几种铁氧体的 $1/\chi$ 对温度 T 的关系曲线。

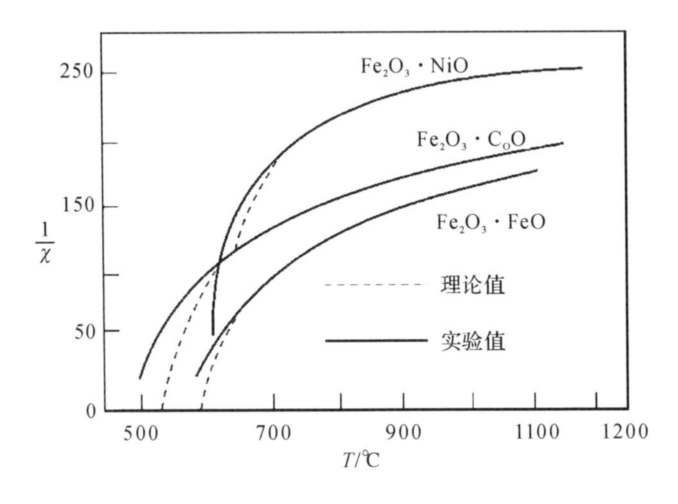

图 2.28 几种常见铁氧体的 $\frac{1}{\chi}$-T 曲线

2. 自发磁化

温度低于居里温度时,A、B 次晶格内均存在自发磁化。亚铁磁体的自发磁化强度可以根据式(2.80)和式(2.82)在外磁场等于零时求得,其温度关系曲线有不同的类型。亚铁磁体的 $M_S(T)$ 曲线随参数 λ、μ、α 和 β 等的相对数值不同而有不同的形状。也就是说,亚铁磁体的 $M_S(T)$ 曲线的形状依赖于离子在 A 位和 B 位的分布以及 A 位、B 位的各自磁化强度对温度的依赖性。根据分析和实验观测,$M_S(T)$ 曲线的形状通常有三种类型,即 P、Q 和 N 型,如图 2.29 所示。

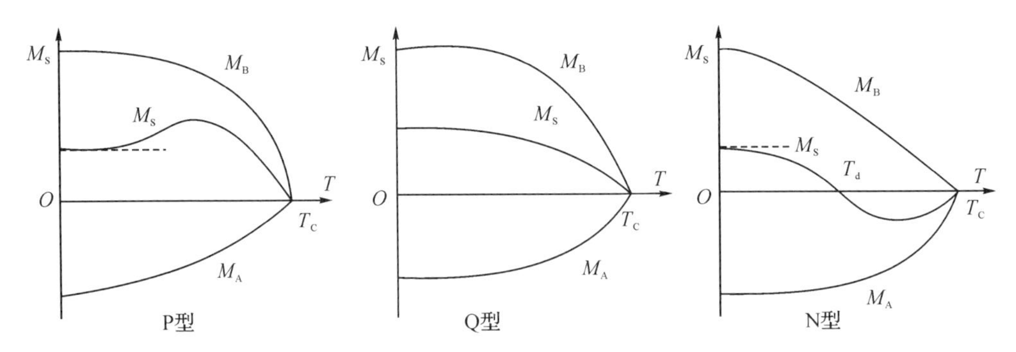

图 2.29 几种不同的 $M_S(T)$ 曲线

(1)P 型 $M_S(T)$ 曲线。绝对零度时,自发磁化强度对温度的变化率趋近于零,$M_S(T)$ 曲线在 0K 附近却表现为 $\frac{dM_S}{dT}>0$,这是由于两个次晶格内的磁化强度各自对温度的变化率不同,即$\frac{dM_A}{dT} \neq \frac{dM_B}{dT}$。

(2)Q 型 $M_S(T)$曲线。从 0K 到 T_N 的温度范围内,M_A 和 M_B 随温度变化的曲线有很大的相似性,因此亚铁磁体表现出来的宏观 $M_S(T)$的形状与正常铁磁性的 $M_S(T)$曲线相似。

(3)N 型 $M_S(T)$曲线。绝对零度时,$\boldsymbol{M}_S$ 为 $\boldsymbol{M}_B$ 的方向,在 T_N(K)附近,$\boldsymbol{M}_S$ 为 $\boldsymbol{M}_A$ 的方向,在其间某一温度 T_{comp}时,$M_S=0$。但它仍具有铁磁性的特点,T_{comp}和居里温度有本质的差别,称为补偿温度或补偿点。在 T_{comp}处,$\boldsymbol{M}_A$ 和 $\boldsymbol{M}_B$ 大小相等,方向相反,使总磁矩为零,但$\frac{dM_A}{dT} \neq \frac{dM_B}{dT}$,同时材料的其他特性在 T_{comp}处也出现反常值。

习　　题

第 2 章拓展练习

2-1　试解释下列名词:

(1)洪德法则;

(2)外斯分子场。

2-2　试回答下列问题:

(1)物质的抗磁性是怎样产生的?为什么说抗磁性是普遍存在的?

(2)顺磁性朗之万理论的内容是什么?在量子力学范畴内如何对其修正?

(3)铁磁性物质是怎样实现自发磁化的?为什么通常未经磁化的铁都不具有磁性?

(4)试阐述物质铁磁性、反铁磁性和亚铁磁性之间的区别与联系。

(5)交换作用模型与超交换作用模型的内容分别是什么?

2-3　铜是一种常见的抗磁性物质,试计算它的相对抗磁磁化率。已知铜的原子序数为 29,原子量为 63.54,密度为 $8.94\text{g}\cdot\text{cm}^{-3}$,电子平均轨道半径为 0.5Å,阿伏伽德罗常数为 $6.02\times10^{23}\text{mol}^{-1}$,电子电荷为 $1.60\times10^{-19}\text{C}$,电子质量为 $9.11\times10^{-31}\text{kg}$。

2-4　已知某气体分子 $J=1$,$g=2$,试计算该理想气体在标准状况下的相对顺磁磁化率。标准状况下 1mol 理想气体的体积为 22.4L,阿伏伽德罗常数为 $6.02\times10^{23}\text{mol}^{-1}$。

2-5　试证明式(2.38)与式(2.54)中的居里常数 C 的表达式是一致的。

2-6　试利用洪德法则计算铁原子的原子磁矩。

2-7　Zn 如何取代镍铁氧体 $NiFe_2O_4$ 中的 Ni?在这个过程中离子化合价和分子磁矩如何变化?给出定量计算结果。

参考文献

[1] CABRERA B. The theory of paramagnetism[J]. Journal de Physique et le Radium 1927, 8:257-275.

[2] STONER E C. Ferromagnetism[J]. Reports on Progress in Physics, 1947, 11: 43-112.

[3] Ferromagnetism and anti-ferromagnetism[J]. Nature, 1950, 166(4227):

777-779.

[4] ANDERSON P W. Antiferromagnetism-theory of superexchange interaction[J]. Physical Review, 1950, 79(2): 350-356.

[5] PAULING L. A theory of ferromagnetism[J]. Proceedings of the National Academy of Sciences of the United States of America, 1953, 39(6): 551-560.

[6] BRAILSFORD F. Magnetic Materials[M]. 3rd ed. London: Methuen; New York: Wiley, 1960.

[7] MERMIN N D, WAGNER H. Absence of ferromagnetism or antiferromagnetism in one- or two-dimensional isotropic heisenberg models[J]. Physical Review Letters, 1966, 17(22): 1133-1136.

[8] 宛德福,马兴隆.磁性物理学[M].成都:电子科技大学出版社,1994.

[9] ZHANG S C. A unified theory based on SO(5) symmetry of superconductivity and antiferromagnetism[J]. Science, 1997, 275(5303): 1089-1096.

[10] 廖绍彬.铁磁学[M].北京:科学出版社,1998.

[11] 姜寿亭,李卫.凝聚态磁性物理[M].北京:科学出版社,2003.

[12] PAINE T K, WEYHERMULLER T, SLEP L D, et al. Nonoxovanadium(IV) and oxovanadium(V) complexes with mixed O, X, O-donor ligands (X = S, Se, P, or Po)[J]. Inorganic Chemistry, 2004, 43(23): 7324-7338.

[13] SELLMYER D J, LIU Y, SHINDO D. Handbook of Advanced Magnetic Materials: 先进磁性材料手册[M]. Beijing: Tsinghua University Press, 2005.

[14] COEY J M D. Magnetism and Magnetic Materials[M]. Cambridge: Cambridge University Press, 2010.

[15] BUSCHOW K H J, BOER F R D. Physics of Magnetism and Magnetic Materials: 磁性物理学和磁性材料[M]. 北京: 世界图书出版公司, 2013.

[16] JING L, HUANG P, ZHU H R, et al. Spin-polarized semiconductors: tuning the electronic structure of graphene by introducing a regular pattern of sp3 carbons on the graphene plane[J]. Small, 2013, 9(2): 306-311.

[17] 金汉民. 磁性物理[M]. 北京: 科学出版社, 2013.

[18] GIBERT M, VIRET M, TORRES-PARDO A, et al. Interfacial control of magnetic properties at $LaMnO_3/LaNiO_3$ interfaces[J]. Nano Letters, 2015, 15(11): 7355-7361.

[19] LING T, WANG J J, ZHANG H, et al. Freestanding ultrathin metallic nanosheets: materials, synthesis, and applications[J]. Advanced Materials, 2015, 27(36): 5396-5402.

[20] POTASZ P, FERNANDEZ-ROSSIER J. Orbital magnetization of quantum spin hall insulator nanoparticles[J]. Nano Letters, 2015, 15(9): 5799-5803.

[21] SI H B, LIAN G, WANG A Z, et al. Large-scale synthesis of few-layer F-BN nanocages with zigzag-edge triangular antidot defects and investigation of the advanced ferromagnetism[J]. Nano Letters, 2015, 15(12): 8122-8128.

[22] SPALDIN N A. Magnetic Materials: Fundamentals and Applications[M]. 2nd ed. 北京：世界图书出版公司，2015.

[23] YANG S X, WANG C, SAHIN H, et al. Tuning the optical, magnetic, and electrical properties of $ReSe_2$ by nanoscale strain engineering[J]. Nano Letters, 2015, 15(3): 1660-1666.

[24] DI PAOLA C, D'AGOSTA R, BALETTO F. Geometrical effects on the magnetic properties of nanoparticles [J]. Nano Letters, 2016, 16 (4): 2885-2889.

[25] PALACIO-MORALES A, KUBETZKA A, VON BERGMANN K, et al. Coupling of coexisting noncollinear spin states in the Fe monolayer on Re(0001) [J]. Nano Letters, 2016, 16(10): 6252-6256.

[26] 戴道生.物质磁性基础[M].北京:北京大学出版社,2016.

[27] CHEN Y J, LEE H K, VERBA R, et al. Parametric resonance of magnetization excited by electric field[J]. Nano Letters, 2017, 17(1): 572-577.

[28] HONG J H, JIN C H, YUAN J, et al. Atomic defects in two-dimensional materials: from single-atom spectroscopy to functionalities in opto-/electronics, nanomagnetism, and catalysis[J]. Advanced Materials, 2017, 29(14): 32.

[29] MOON S H, NOH S H, LEE J H, et al. Ultrathin interface regime of core-shell magnetic nanoparticles for effective magnetism tailoring[J]. Nano Letters, 2017, 17(2): 800-804.

[30] PARK J, PARK C, YOON M, et al. Surface magnetism of cobalt nanoislands controlled by atomic hydrogen[J]. Nano Letters, 2017, 17(1): 292-298.

[31] TOKMACHEV A M, AVERYANOV D V, KARATEEV I A, et al. Engineering of magnetically intercalated silicene compound: an overlooked polymorph of $EuSi_2$[J]. Advanced Functional Materials, 2017, 27(18): 9.

[32] MOLINARI A, HAHN H, KRUK R. Voltage-controlled on/off switching of ferromagnetism in manganite supercapacitors[J]. Advanced Materials, 2018, 30 (1): 6.

[33] 田民波.图解磁性材料[M].北京:化学工业出版社,2019.

[34] 彭晓领,李静,葛洪良.磁性材料基础与应用[M].北京:化学工业出版社,2022.

[35] SHEN C, CHEN B, REEVES K K, et al. The origin of underdense plasma downflows associated with magnetic reconnection in solar flares[J]. Nature Astronomy, 2022, 6(3): 317-324.

[36] 姜寿亭,李卫.凝聚态磁性物理[M].北京:科学出版社,2022.

第3章

磁各向异性和磁致伸缩

3.1 磁各向异性基本概念

当磁性材料沿着不同方向磁化时，材料的磁化率或者磁化曲线会随磁化方向的改变而改变。物质磁性随方向改变的现象称为磁各向异性。材料的磁各向异性主要有以下几个方面：与材料的晶体各向异性相关的磁晶各向异性，由外界应力、磁场等因素感生出来的感生各向异性，与材料形状各向异性相关的退磁场各向异性，与材料磁致伸缩相关的磁弹性各向异性。

对于无限大单晶体来说，形状、应力、原子对等对材料的磁各向异性影响可以忽略，沿着不同的晶体方向会呈现出截然不同的磁化特性，即为磁晶各向异性。

当对磁体施加应力时，或者进行磁场处理时，或者采用特定的制备方法时，外界因素会导致磁体内产生形变各向异性、原子对有序各向异性、生长各向异性，进而产生感生各向异性。

对于具有一定形状的磁体，当材料内部的磁矩取向一致时，会在磁体表面产生自由磁极，形成退磁场。而退磁因子的大小，直接由磁体的形状决定。因此，在对具体形状的磁体进行技术磁化时，受退磁场影响，在不同方向呈现不同的磁化特性，即为形状各向异性。形状各向异性对于三维尺度都特别大的材料来说，表现不是很明显。但是对于在某一个或者两个维度上尺寸很小的材料而言，往往表现出很强的形状各向异性：在相对尺寸较小的维度上，退磁场很大，材料难以被磁化；而在相对尺寸较大的维度上，退磁场较弱，材料易被磁化。

3.2 磁晶各向异性

在测量单晶体的磁化曲线时，发现磁化曲线的形状与单晶体的晶轴方向有关。图 3.1、图 3.2 和图 3.3 分别为铁、镍和钴单晶沿不同晶轴方向的磁化曲线。由图可见，磁化曲线因晶轴方向的不同而有所差别，即磁性随晶轴方向显示各向异性，这种现象称为磁晶各向异性。磁晶各向异性存在于所有铁磁性晶体中。

在同一单晶体内，由于磁晶各向异性的存在，磁化强度随磁场的变化便会因方向不同而有所差别。也就是说，在某些方向容易磁化，在另一些方向上不容易磁化。把容易磁化的方向称为易磁化方向，或易轴；不容易磁化的方向称为难磁化方向，或难轴。从图中看出，铁单晶的易磁化方向为[100]，难磁化方向为[111]；镍单晶恰好与铁相反，易轴为[111]，难轴为[100]；钴单晶的易磁化方向为[0001]，难磁化方向为与易轴垂直的任一方向。

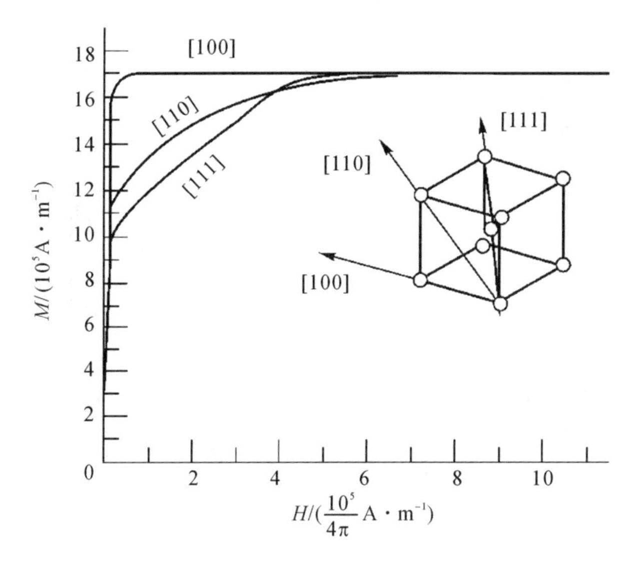

图3.1 Fe单晶的磁化曲线

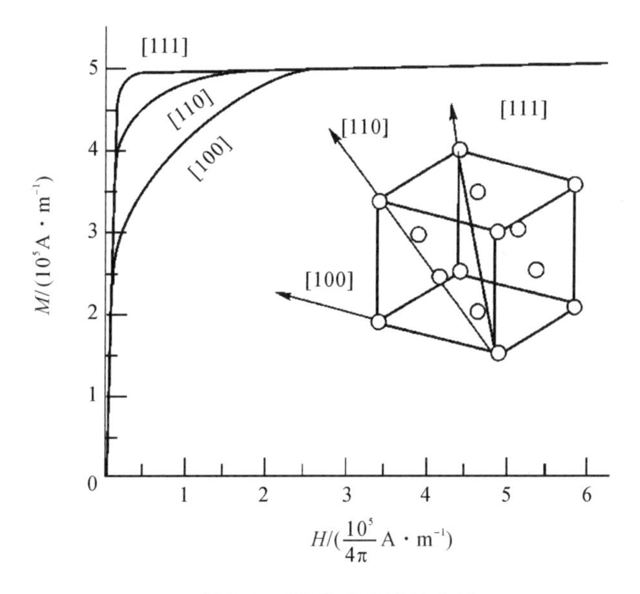

图3.2 Ni单晶的磁化曲线

3.2.1 磁晶各向异性能

运用能量的概念可以很好地解释磁晶各向异性，并可将磁晶各向异性现象用数学式子表示出来。铁磁体从退磁状态磁化到饱和，需要付出的磁化功为：

$$\int_0^M \mu_0 \boldsymbol{H} \cdot \mathrm{d}\boldsymbol{M} = \int_0^M \mathrm{d}E = E(M) - E(0) \tag{3.1}$$

上式左端的磁化功的大小，由磁化曲线与 M 坐标轴间所包围的面积所决定。上式右端为铁磁晶体在磁化过程中所增加的自由能。图3.1至图3.3中不同的磁化曲线形状说明，沿铁磁晶体不同晶轴方向磁化时所增加的自由能不同。称这种与磁化方向有关的自由能为磁晶各向异性能。显然，铁磁体沿易磁化轴方向的磁晶各向异性能最小，沿难磁化轴方向的

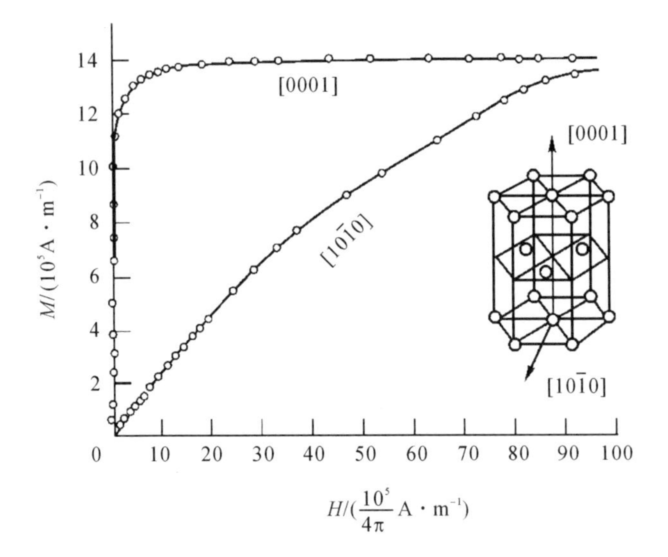

图 3.3 Co 单晶的磁化曲线

磁晶各向异性能最大，而沿不同晶轴方向的磁化功之差表示沿不同晶轴方向的磁晶各向异性能之差。

从晶体的宏观对称性出发，磁晶各向异性能可以分为单轴型和多轴型。由于磁晶各向异性能与自发磁化强度 $\boldsymbol{M}$ 和晶轴之间的夹角有关，磁晶各向异性能可以用 $\boldsymbol{M}$ 对晶轴的方向余弦来表示。

1. 立方晶体的磁晶各向异性能

由于立方晶体的易磁化轴是在几个晶体方向上的，具有多重易磁化轴，称为多轴各向异性。

对于 Fe 和 Ni 等立方晶系的晶体，晶体磁各向异性能 E_K 可以用自发磁化与相互正交的晶体学主轴间的方向余弦的函数来表示，如图 3.4 所示。考虑到晶体对称性，利用方向余

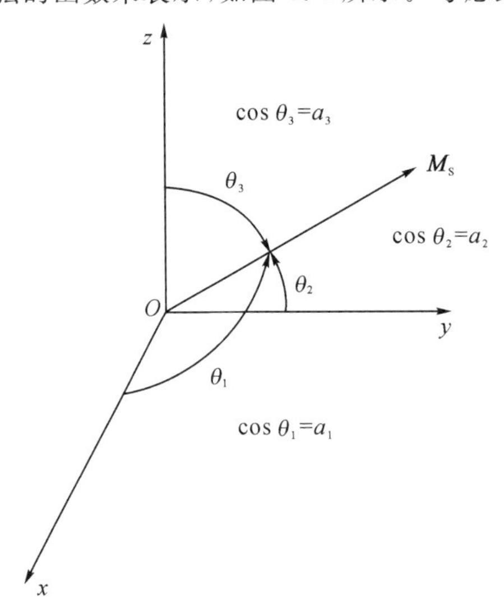

图 3.4 立方晶系中自发磁化的方位角

弦的数学关系式，晶体磁晶各向异性能可表示为：

$$E_K = K_1(a_1^2 a_2^2 + a_2^2 a_3^2 + a_3^2 a_1^2) + K_2 a_1^2 a_2^2 a_3^2 \tag{3.2}$$

式中，K_1、K_2 称为立方晶体磁晶各向异性常数。K_1 和 K_2 的数值大小是表征材料沿不同晶轴方向磁化到饱和状态所需能量的差异，可以通过实验来测定。

通过对式(3.2)求极值，可以推导出易磁化轴与 K_1 和 K_2 数值的关系。立方晶体中，沿[100]轴磁化时，$\theta_1=0°$，$\theta_2=\theta_3=90°$，则 $a_1=1$，$a_2=a_3=0$，由式(3.2)求出 $E_K^{[100]}=0$。同理求得：$E_K^{[110]}=K_1/4$，$E_K^{[111]}=K_1/3+K_2/27$。铁晶体的易磁化轴是[100]方向([010]、[001]也是易磁化方向)，故 $K_1>0$；镍晶体的易磁化轴是[111]方向，难磁化轴是[100]方向，故 $K_1<0$。表3.1列出了立方晶体的 K_1、K_2 和难、易磁化轴的关系。

表3.1 立方晶体的磁晶各向异性

K_1	+	+	+	−	−	−
K_2	$+\infty \to -9K_1/4$	$-9K_1/4 \to -9K_1$	$-9K_1 \to -\infty$	$-\infty \to 9\lvert K_1\rvert/4$	$9\lvert K_1\rvert/4 \to 9\lvert K_1\rvert$	$9\lvert K_1\rvert \to +\infty$
易轴	[100]	[100]	[111]	[111]	[110]	[110]
中等	[110]	[111]	[100]	[110]	[111]	[100]
难轴	[111]	[110]	[110]	[100]	[100]	[111]

2. 单轴磁晶各向异性能

在一个轴的正负两个方向上具有最低的磁各向异性能，称为单轴磁晶各向异性。在磁晶各向异性中，同样存在单轴磁晶各向异性，比如钴单晶，钡铁氧体单晶，由于它们是六角晶系，自发磁化强度矢量的稳定取向平行于六角晶系的[0001]轴。

稳定情况下，磁化强度矢量沿着[0001]轴，当其与[0001]轴夹角为 θ 时，如图3.5所示，则晶体磁晶各向异性能 E_K 可表示为：

$$E_K = K_{U1}\sin^2\theta + K_{U2}\sin^4\theta + \cdots \tag{3.3}$$

式中，K_{U1}、K_{U2} 称为单轴磁晶各向异性常数。通常只需考虑 K_{U1} 项和 K_{U2} 项即可。钴晶体为六角晶体结构，易磁化轴方向为[0001]，因此 $K_{U1}>0$、$K_{U2}>0$。

由于 K_{U1}、K_{U2} 的符号和大小不同，六角晶体可以出现三种易磁化方向：①六角晶轴[0001]，对应于主轴型各向异性；②垂直于六角晶轴的平面，对应于平面型各向异性；③与六角晶轴成一定角度的平面，对应于锥面型各向异性。通过对式(3.3)求极值，可以推导出易磁化轴与 K_{U1} 和 K_{U2} 数值的关系，具体见表3.2。

表3.2 六角晶体的磁晶各向异性

K_{U1} 和 K_{U2} 的范围	易磁化方向	各向异性类型
$K_{U1}>0, K_{U1}+K_{U2}>0$	$\theta=0°$	主轴型
$K_{U1}>0, K_{U1}+K_{U2}<0$ 或 $K_{U1}<0, K_{U1}+2K_{U2}<0$	$\theta=90°$	平面型
$K_{U1}<0, K_{U1}+2K_{U2}>0$	$\theta=\arcsin\sqrt{\dfrac{-K_{U1}}{2K_{U2}}}$	锥面型

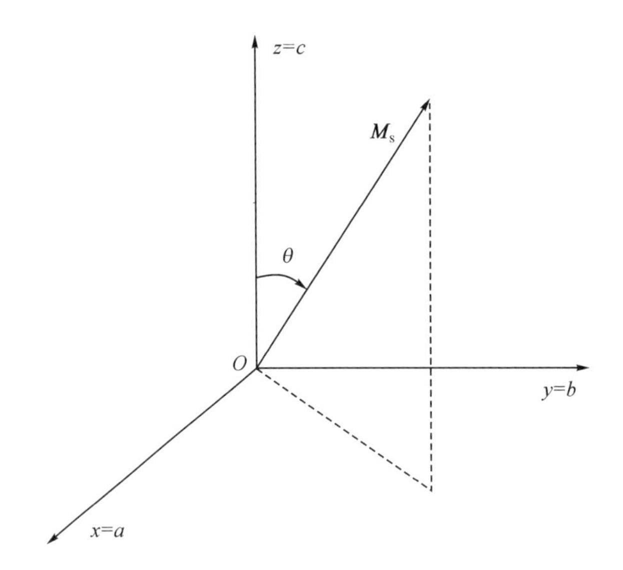

图 3.5 六角晶系中自发磁化的方位角

3.2.2 磁晶各向异性等效场

晶体中由于磁晶各向异性的存在，无外场时磁畴内的磁矩倾向于沿易磁化轴方向取向。就好像在易磁化方向存在一个磁场，把磁矩拉了过去。利用磁体在磁晶各向异性等效场中磁场能与磁晶各向异性能等效的关系可以求出晶体中的磁晶各向异性等效场。

对于主轴型六角晶体，其磁晶各向异性等效场大小可表示为：

$$H_K=\frac{2K_{U1}}{\mu_0 M_S} \tag{3.4}$$

对于立方晶体来说，易磁化轴方向不同，其磁晶各向异性等效场也不同。如果易磁化轴方向为[100]，其磁晶各向异性等效场大小表示为：

$$H_K=\frac{2K_1}{\mu_0 M_S} \tag{3.5}$$

如果易磁化轴方向为[111]，其磁晶各向异性等效场大小表示为：

$$H_K=-\frac{4K_1}{3\mu_0 M_S} \tag{3.6}$$

3.2.3 磁晶各向异性常数

测量磁晶各向异性常数的方法通常有单晶体磁化曲线法、磁转矩法、铁磁共振法等。实验室里测量磁晶各向异性常数最常用的方法是转矩磁强计法。该方法的原理是：将片状或球状铁磁性样品放置在合适的强磁场中，使样品磁化到饱和。若易轴接近于磁化强度的方向，则磁晶各向异性使样品旋转以使易轴与磁化强度方向平行，这样就产生了作用于样品上的转矩。测量转矩与磁场绕垂直轴转过的角度之间的关系，就得到转矩曲线。由该曲线，可以求得磁晶各向异性常数。图 3.6 为简单的转矩磁强计模型。

假设磁场转动$\partial\theta$，磁晶各向异性能增加$\partial E(\theta)$。作用在样品上的转矩所做的功等于磁晶各向异性能的减少量，即

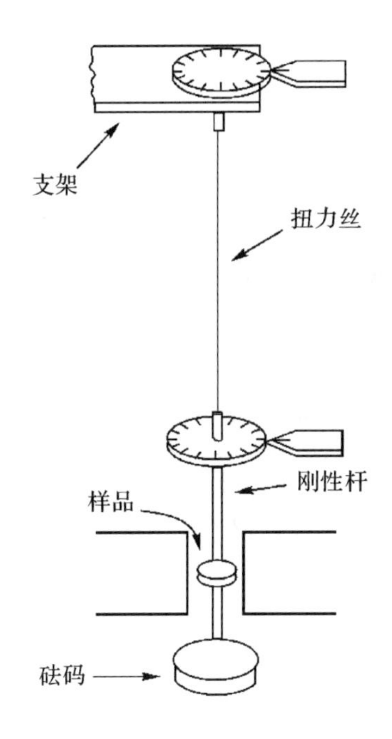

图 3.6 转矩磁强计模型

$$-L(\theta)\partial\theta=\partial E(\theta) \qquad 或 \qquad L(\theta)=-\frac{\partial E(\theta)}{\partial\theta} \tag{3.7}$$

首先考察立方晶体。设单晶为旋转椭球体，其赤道平面为一主晶面，如(100)面，磁场 $\boldsymbol{H}$ 和磁化强度 $\boldsymbol{M}_S$ 均在主晶面内。如果磁场强度足够大，则 $\boldsymbol{M}_S$ 取外磁场 $\boldsymbol{H}$ 方向，磁体磁晶各向异性能可表示为：

$$E_K=K_1\cos^2\theta\sin^2\theta \tag{3.8}$$

故磁场对于(100)晶面的转矩大小为：

$$L(100)=-\frac{\partial E(\theta)}{\partial\theta}=-\frac{K_1\sin 4\theta}{2} \tag{3.9}$$

图 3.7 给出了在(100)晶面内转矩 L 随角度 θ 的变化曲线，通过曲线可直接求出 K_1。

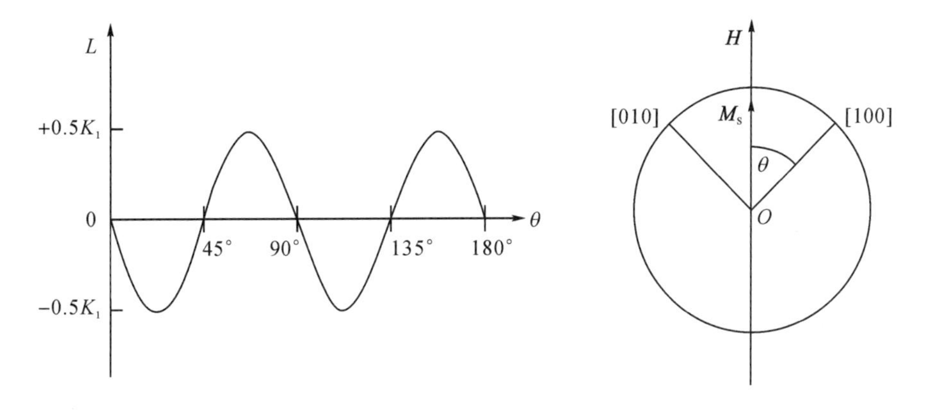

图 3.7 (100)晶面内的转矩曲线

如果赤道面为(110)晶面，则磁晶各向异性能为：

$$E_K=\frac{1}{4}K_1(\sin 4\theta+\sin^2 2\theta)+\frac{1}{4}K_2\sin^4\theta\cos^2\theta \tag{3.10}$$

磁场对于(110)晶面的转矩大小为：

$$L_{(110)}=-\frac{2\sin 2\theta+3\sin 4\theta}{8}K_1+\frac{\sin 2\theta-4\sin 4\theta-3\sin 6\theta}{64}K_2 \tag{3.11}$$

图3.8给出了(110)晶面内转矩 L 随角度 θ 的变化曲线，由曲线可求出 K_1、K_2 的大小。

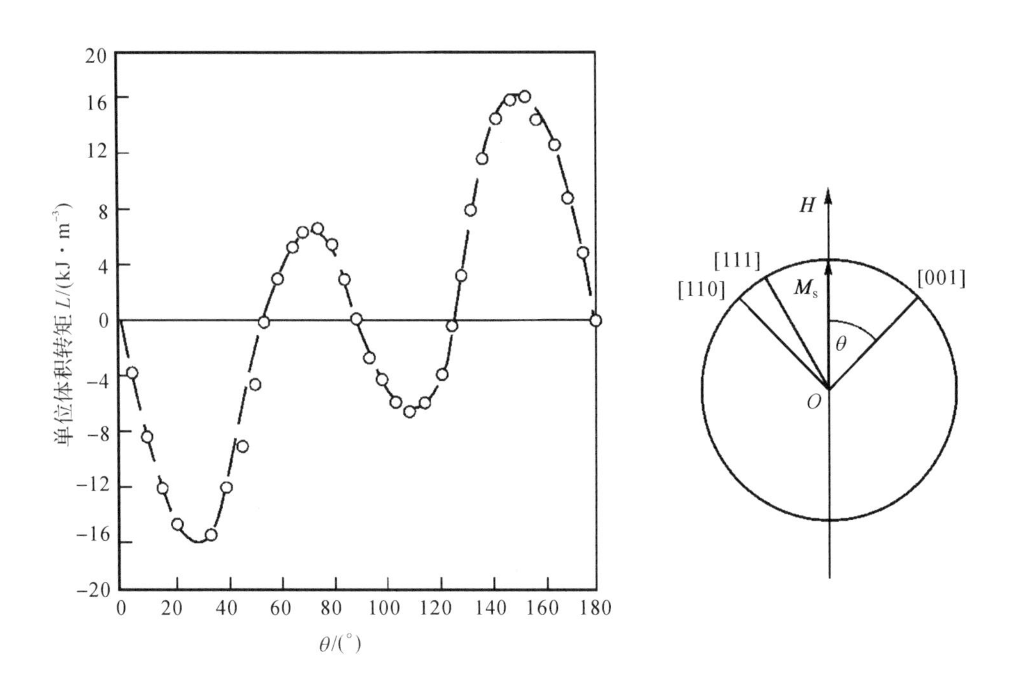

图3.8 (110)晶面内的转矩曲线

其次考察易轴平行于 c 轴的六角晶体。设其单晶为片状，c 轴位于盘片内。一扭力丝通过盘片中心将其悬挂起来，因此盘片保持水平状态，并且磁场平行于盘片面。如图3.9(a)所示，忽略 K_{U2} 的影响，晶体的磁晶各向异性能为：

$$E_K=K_{U1}\sin^2\theta \tag{3.12}$$

磁场对盘面的转矩为：

$$L=\frac{\partial E_K}{\partial\theta}=-2K_{U1}\sin\theta\cos\theta=-K_{U1}\sin 2\theta \tag{3.13}$$

图3.9(b)给出了盘面内磁晶各向异性能 E_K 和转矩 L 随角度 θ 的变化曲线，由曲线可以求出 K_{U1} 的大小。

表3.3列出了室温下一些常见磁性材料的磁晶各向异性常数。

材料的磁晶各向异性常数与温度存在依赖关系。图3.10至图3.13给出了几种磁性材料的磁晶各向异性常数随温度的变化关系。

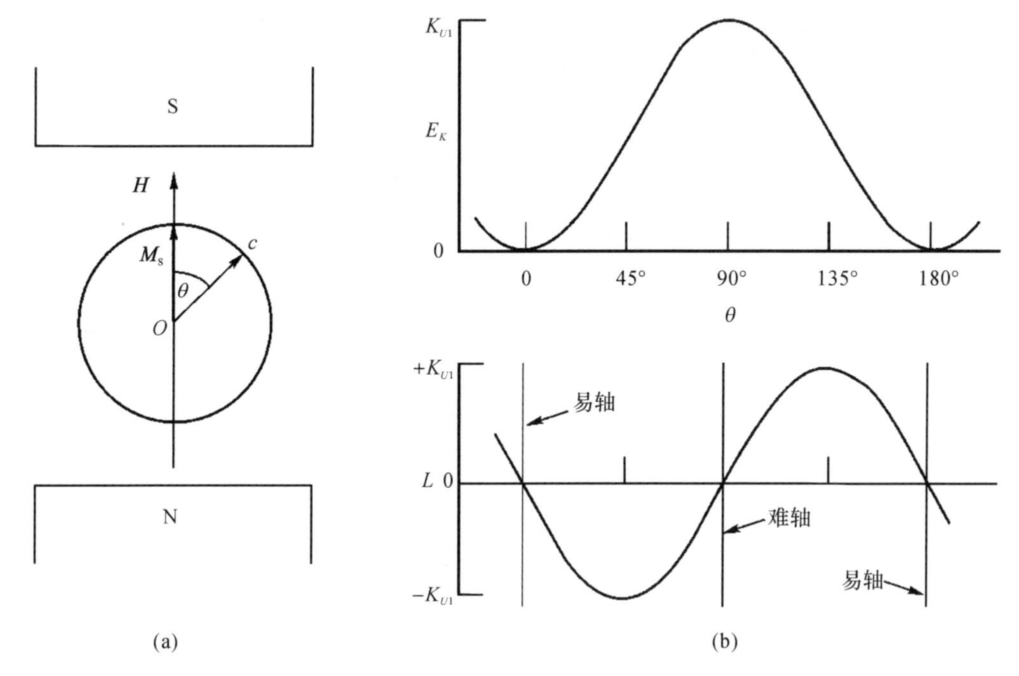

图 3.9　六角晶体转矩和磁晶各向异性能随角度的变化关系

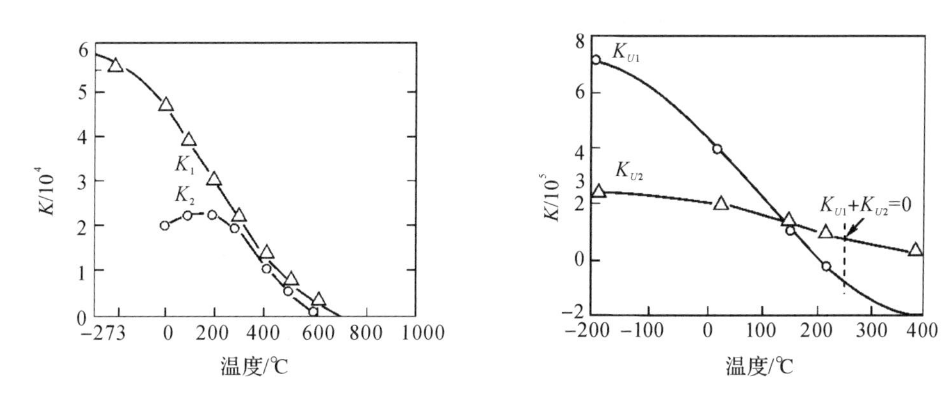

图 3.10　Fe 的 K_1、K_2 随温度的变化关系

图 3.11　Co 的 K_{U1}、K_{U2} 随温度的变化关系

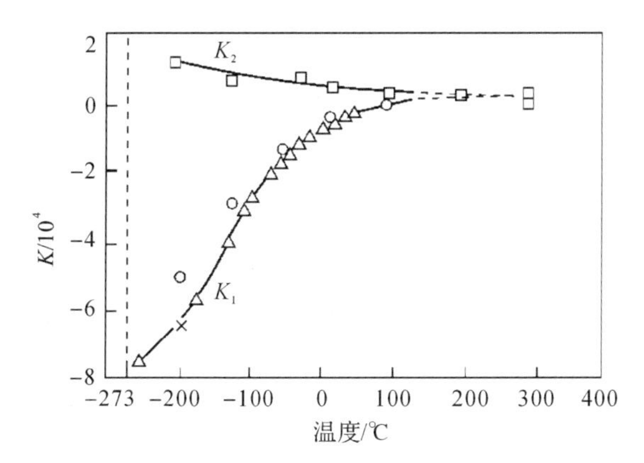

图 3.12　Ni 的 K_1、K_2 随温度的变化关系

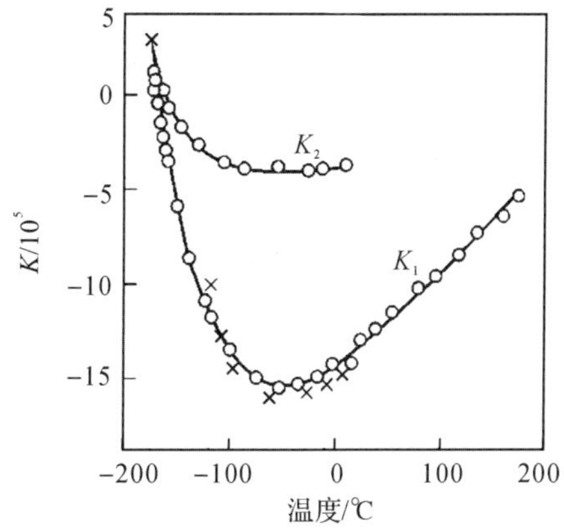

图 3.13　Fe_3O_4 的 K_1、K_2 随温度的变化关系

表 3.3 室温下一些常见磁性材料的磁晶各向异性常数

材料名称	晶体结构	$K_1(K_{U1})/(10^3\,\mathrm{J\cdot m^{-3}})$	$K_2(K_{U2})/(10^3\,\mathrm{J\cdot m^{-3}})$
Fe	立方	42	15
Ni	立方	−3	5
80%Ni-Fe	立方	−0.35	0.8
Fe_3O_4	立方	−11.8	−28
Co	六角	410	100
$Co_2BaFe_{16}O_{27}$	六角	−186	75
MnBi	六角	910	260
Y_2Co_{17}	六角	−290	3
$Nd_2Fe_{14}B$	四方	5000	660

3.2.4 磁晶各向异性起源

究竟是什么原因导致了磁体的磁晶各向异性呢？磁晶各向异性能是磁性材料因磁化强度方向改变而发生变化的能量，所以磁晶各向异性的来源就要从晶体内部原子排列和原子内部的电子自旋与轨道耦合来理解。量子理论计算表明，电子自旋和轨道的相互耦合作用以及轨道和晶体场的耦合作用对磁晶各向异性有重要作用。

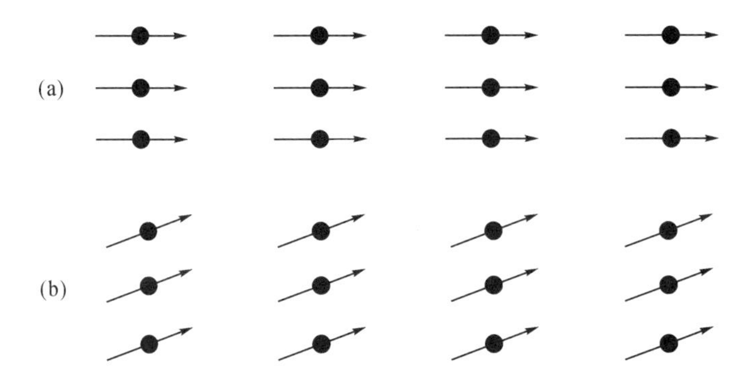

图 3.14 铁磁性材料中的自旋转动

图 3.14 中，由平行自旋组成的铁磁体的自发磁化强度从一个方向(a)转到另一个方向(b)。自旋间强烈的交换作用使相邻自旋始终保持平行。根据交换作用模型，两相邻自旋 $\boldsymbol{S}_i$、$\boldsymbol{S}_j$ 间的交换作用能为：

$$E_{\mathrm{ex}}=-2A\boldsymbol{S}_i\cdot\boldsymbol{S}_j=-2AS^2\cos\varphi \tag{3.14}$$

式中，A 为交换相互作用积分，S 为自旋的大小，φ 为 $\boldsymbol{S}_i$、$\boldsymbol{S}_j$ 间的夹角。图 3.14 中磁化强度由(a)旋转到(b)时，所有自旋都保持平行，$\varphi\equiv0$，交换能没有变化。因此，交换能是各向同性的。

电子自旋磁矩之间的交换作用是各向同性的，电子轨道在自由状态下也是各向同性的，并且电子自旋运动和轨道运动之间存在耦合作用。但在磁性晶体中，电子的轨道运动和晶格间存在强烈的耦合作用。对于一个磁性离子，其电子要受到邻近离子的核库仑场和电子的作用，这一作用的平均效果可以等价为晶体场。晶体场的作用引起电子轨道能级分裂，使轨道简并度部分消除或全部消除,导致轨道角动量的取向处于"冻结"状态。这就是通常所说的电子轨道角动量"猝灭"。结果,电子的轨道运动失去了自由状态下的各向同性,变成了与晶格有关的各向异性,并且通过自旋轨道耦合,使电子自旋取向具有各向异性。因此电子自旋在不同取向时,电子云的交叠程度与交换作用都不同。这样磁体从晶体不同方向磁化时,也就需要不同的能量,这就是磁晶各向异性的起源。其物理模型如图 3.15 所示:(a)中,磁体水平磁化时,原子间电子云交叠少,相互间交换作用弱;(b)中,磁体在垂直方向磁化时,原子间电子云交叠程度很大,交换作用强。

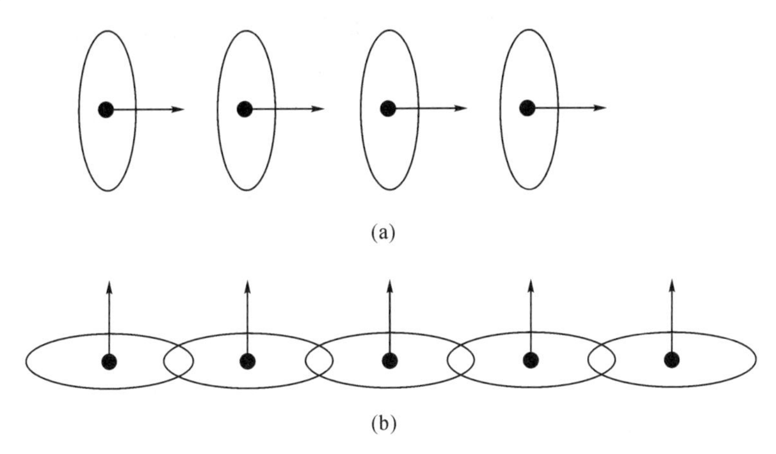

图 3.15　磁晶各向异性来源模型

根据磁体中对磁性有贡献的电子的分布状态,磁晶各向异性理论可以具体分为两类模型:一类是巡游电子模型;另一类是单离子模型。

巡游电子模型适用于 3d 过渡族铁磁金属。它以能带理论为基础,认为表征磁性的 3d 电子是共有化的。用巡游电子模型,可以定性地解释 3d 过渡族铁磁金属的磁晶各向异性的一些问题。

单离子模型是迄今为止对磁晶各向异性解释最成功的模型。该模型不但能说明铁氧体中 3d、4d、5d 金属离子的磁晶各向异性,还能说明稀土材料中 4f 离子的磁晶各向异性。在该模型假定的晶体结构中,磁性金属离子被非金属离子所隔离,其对磁性有贡献的电子是局域化的。这样磁性电子自身发生 S-L 耦合,不同磁性离子之间不存在耦合作用,因此称为单离子模型。在晶体场作用下,电子轨道发生冻结,产生轨道各向异性,并通过轨道自旋耦合影响电子自旋的取向。因此,这种各向异性取决于电子轨道发生冻结的情况以及自旋、轨道之间耦合的强度,即晶体场的对称性与强度、自由离子的电子数、电子组态等。

3.3　感生各向异性

对于各向同性的磁性材料,可以通过施加某种方向性的处理,例如磁场热处理、磁场中成型或者轧制等,感生出各向异性。感生各向异性对基础研究和技术应用都具有很大的价值,例如:对于某些软磁材料进行横向磁场热处理,可以使磁导率在一定磁场范围内保持恒定;进行纵向磁场热处理,则可以改善磁滞回线的矩形比;对永磁材料进行磁场热处理,则可以提高剩磁和矫顽力。

在大块磁体或者磁性薄膜的制备过程中施加磁场，或者对材料进行低于居里温度的磁场热处理，可以使磁性离子或原子对出现方向有序，从而影响磁矩的取向。将磁体急冷到常温后，新的感生方向将保持为所施加的外磁场方向，从而形成磁场感生磁各向异性，这种各向异性为单轴各向异性。图 3.16 是 50％Ni-Fe 非晶合金在磁场热处理后所测得的磁滞回线的上半部分。由图可以看出磁场热处理能够明显地诱导出各向异性：Z 回线为平行于退火磁场方向的磁滞回线，表现为矩形回线，具有很高的剩磁；F 为垂直于退火磁场方向的磁滞回线，表现为扁形回线，剩磁很低；R 为未加磁场退火后的磁滞回线，表现为圆弧状回线，剩磁接近于饱和磁感应强度的一半。

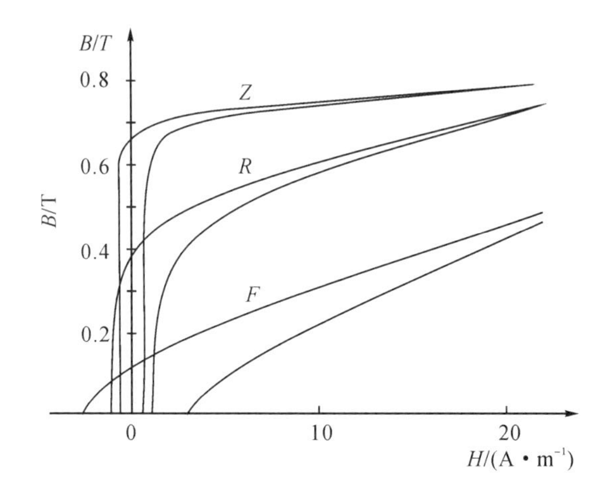

图 3.16 不同退火条件的磁滞回线

注：Z 为平行于退火磁场方向的回线，F 为垂直于退火磁场方向的回线，R 为未加磁场退火后的回线。

对磁体施加应力，产生的形变通过磁弹性作用使磁矩择优取向。在外延磁性薄膜中，如果基片和磁性薄膜的晶格常数存在较大差异，则会引起单轴各向异性，从而诱导出单轴磁各向异性。

对于某些外延和真空沉积的金属合金薄膜，在生长过程中施加某种特殊条件，使各个磁性离子沿着特定的方向有序化，从而表现出生长感生各向异性，且在磁性薄膜的特定方向形成易磁化轴，从而感生出单轴各向异性。

利用原子对有序理论可以解释磁场感生各向异性和生长感生各向异性。最初这个理论是用来解释坡莫合金经过磁场热处理而表现出磁各向异性的。坡莫合金中，原本 Fe、Ni 原子都随机地占据晶格格点，相邻的两个原子可以视为一个原子对，即 Fe-Fe、Fe-Ni、Ni-Fe，原子对的方向是随机分布的。显然，如果这些原子对的排列具有各向异性，那么磁体就会表现出磁各向异性，如图 3.17 所示。在外加磁场下生长磁体（真空沉积薄膜），或将磁体从高温急冷到常温，原子对有序的方向就会沿着外磁场方向并且保持下来，从而原子磁矩就会朝向外磁场的方向，形成磁体的易磁化方向。此外，对于由轧制工艺产生的磁体的各向异性，也可以由原子对有序理论解释，在此不做介绍。

一些磁性合金在热处理中会出现析出物。如果对这种磁性合金进行磁场热处理，析出物就会出现择优长大，而析出物的形状各向异性将会导致磁体的单轴磁各向异性。

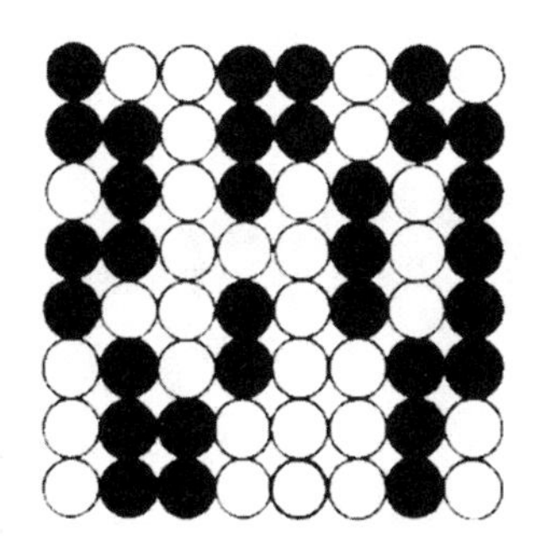

图 3.17　坡莫合金中原子对有序模型

注：白球表示 Ni 原子，黑球表示 Fe 原子。

普通的磁性薄膜，在膜面的法线方向上，由于退磁场很强，内部磁矩在沿着平行膜面的方向最稳定。但是如果构成薄膜的是柱状晶，由于沿着柱状晶长度方向存在形状各向异性，在某些情况下，将有可能形成垂直各向异性。

磁致伸缩材料，存在逆磁致伸缩效应，即磁体在受到形变时，将发生偶极子互相作用能的变化和弹性能的变化，产生磁各向异性。

3.4　交换各向异性

交换各向异性也称为交换偏置各向异性，源于铁磁（ferromagnetic，FM）/反铁磁（antiferromagnetic，AFM）界面的交换作用。当包含铁磁（FM）/反铁磁（AFM）界面的体系在外磁场中从反铁磁奈尔温度以上冷却到低温后，铁磁层的磁滞回线将沿磁场方向偏离原点，同时伴随着矫顽力的增加。这一现象被称为交换偏置，其偏离量被称为交换偏置场（记为 H_E）。米克尔约翰（Meikleijohn）和比恩（Bean）于 1956 年在 CoO 外壳覆盖的 Co 颗粒中首先发现了这一现象。

交换各向异性能表述为：

$$E_{ex}^{K}=-K_{ex}\cos\theta \tag{3.15}$$

式中，K_{ex} 为交换各向异性常数，θ 表示各向异性轴和自发磁化强度的夹角。由上式可以看出，θ 在 0～360°范围内，只有当 $\theta=0°$ 时，交换各向异性能才能达到极小，因此这种各向异性被称为单向各向异性。单向各向异性与单轴各向异性并不是一个概念，反而有很大差别。一般的单轴各向异性是在两个相反方向上，能量取到极小值。

将直径为 10nm 的 Co 微粒进行轻度的表面氧化，使之形成 CoO 薄层，这样就形成了核心为铁磁性的 Co 微粒，而表面层为反铁磁性的 CoO 薄层的铁磁（FM）/反铁磁（AFM）界面体系，如图 3.18 所示。由于在 Co 和 CoO 界面存在交换作用，当磁场热处理后，就会引起交换各向异性。米克尔约翰和比恩对上述试样分别在未经磁场热处理和经磁场热处理后测量磁滞回线，如图 3.19 所示。

从图中的磁滞回线上可以看出两个现象：①磁滞回线的偏移；②矫顽力的增大。这些现象可以由能量极小条件得到解释。

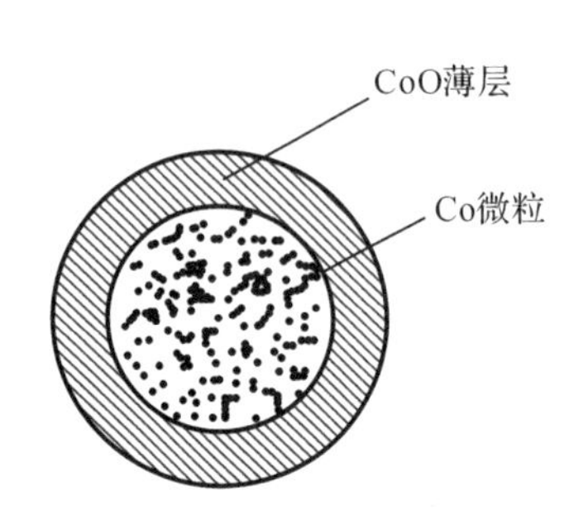

图 3.18 Co-CoO 微粒子

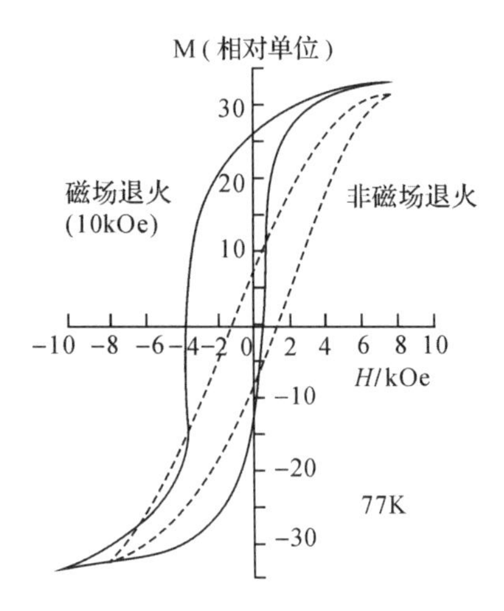

图 3.19 Co-CoO 微粒子在 77K 下的磁滞回线

Co-CoO 颗粒在磁场中的自由能包括三部分:Co 的单轴磁晶各向异性能 K_U,Co 与 CoO 界面的单向交换各向异性能 K_V、磁场能。

$$F = K_U \sin^2\theta - K_V \cos\theta - \mu_0 M_S H \cos\theta$$
$$= K_U \sin^2\theta - [H + K_V/(\mu_0 M_S)]\mu_0 M_S \cos\theta$$

矫顽力大小 H_c 是由$\frac{\partial F}{\partial\theta}=0$ 和$\frac{\partial^2 F}{\partial^2\theta}=0$ 来决定的。根据上面各式,可得:

$$H_c = -\frac{2K_U}{\mu_0 M_S} - \frac{K_V}{\mu_0 M_S}$$

上式说明,磁滞回线沿着坐标轴向左偏移了$\frac{K_V}{\mu_0 M_S}$大小,而$\frac{2K_U}{\mu_0 M_S}$是单轴磁晶各向异性的矫顽力。未经磁场热处理的 Co-CoO 体系,只有 Co 的单轴磁晶各向异性,磁滞回线形状以原点为中心对称,如图 3.19 虚线所示。经磁场热处理的 Co-CoO 体系,由于存在交换各向异性的作用,致使磁滞回线发生偏移,如图 3.19 实线所示。

交换各向异性的起源可用图 3.20 来解释。当 Co-CoO 体系在外磁场中冷却至 CoO 奈尔温度以下时,铁磁性金属 Co 沿着易磁化方向磁化,而反铁磁性的 CoO 为反铁磁性排列,在 Co/CoO 界面上存在着正交换作用,是 CoO 内侧 Co 原子和金属 Co 外侧的 Co 原子磁矩平行排列,如图 3.20(a)所示。外磁场反向时,金属 Co 原子磁矩反转 180°,由于界面交换作用,CoO 内侧的 Co 原子也发生转向,但远离界面的 CoO 中的 Co 原子磁矩仍保持原来的反铁磁排列,如图 3.20(b)所示。当外磁场逐渐降低并回到正向时,金属 Co 原子的磁矩也返回正向,CoO 中的 Co 原子磁矩由于界面交换作用回到起始状态,如图 3.20(c)所示。外磁场经过一个循环的变化,就可以得到如图 3.20(d)所示的偏移磁滞回线。

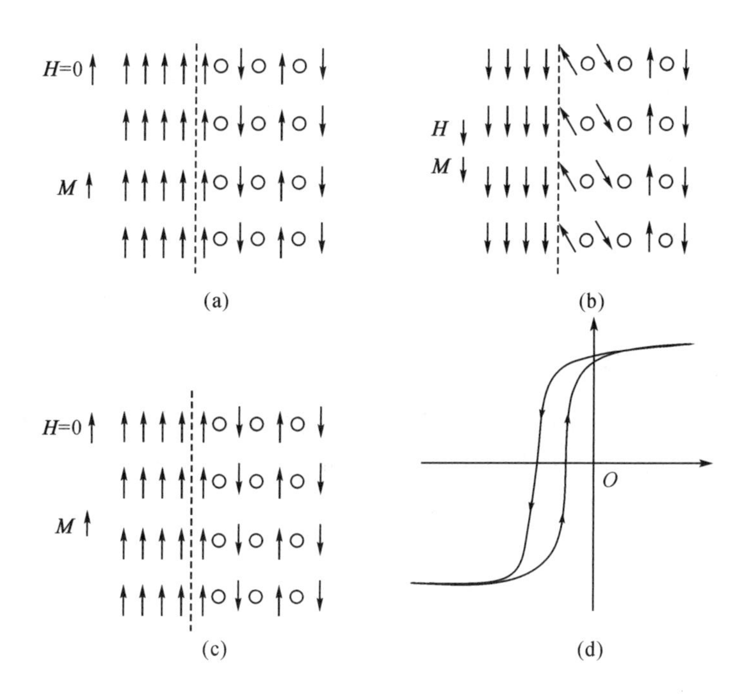

图 3.20 交换各向异性示意图

3.5 表面和界面磁各向异性

在表面和界面处，近邻原子数的减少使得对称性降低，从而可以引起面各向异性。在表面和界面处，面法线为对称轴，单位面积的表面或者界面的磁各向异性能可表示为：

$$E_S = K_S \sin^2\theta$$

式中，θ 为 $\boldsymbol{M}_S$ 与界面法线的夹角，当 $K_S>0$ 时，易磁化轴沿着法线方向，称为垂直磁各向异性；当 $K_S<0$ 时，易磁化方向在平面内。

在界面上，晶格失配或者热膨胀系数不同会引起层间应力，可以导致磁各向异性，其能量密度为：

$$E_r = K_\sigma \sin^2\theta$$

上式中，$K_\sigma = -\dfrac{3}{2}\lambda\sigma$，$K_\sigma>0$ 或 <0 与磁致伸缩系数 λ_S 和应力 σ 的符号相关。

在薄膜中还存在由退磁场引起的形状各向异性，其能量密度为：

$$E_m = -2\pi M_S^2 \sin^2\theta$$

以及磁晶各向异性，其能量密度为：

$$E_k = K_c \sin^2\theta$$

这里 K_c 为磁晶各向异性常数。

薄膜总的磁各向异性能为上述几种各向异性的等效值：

$$E_A = K_{\mathrm{eff}} \sin^2\theta$$

其中 K_{eff} 为薄膜的有效磁各向异性常数：

$$K_{\mathrm{eff}}=\frac{2K_c}{t}+K_V-2\pi M_S^2$$

上式中，$K_V=K_\sigma+K_c$，t 为薄膜厚度。$K_{\mathrm{eff}}>0$ 表示易磁化方向垂直于膜面，为垂直各向异性，这对于垂直磁记录至关重要。

3.6 磁致伸缩

3.6.1 磁致伸缩效应

对于铁磁性材料或者亚铁磁性材料，在外磁场中被磁化时，其长度和体积均发生变化，这种现象称为磁致伸缩。沿着外磁场方向尺寸的相对变化称为纵向磁致伸缩；垂直于外磁场方向尺寸的相对变化称为横向磁致伸缩。这种长度的变化是 1842 年由焦耳(Joule)发现的，称为焦耳效应，也称为线性磁致伸缩。磁体体积的相对变化称为体积磁致伸缩。体积磁致伸缩量很小，小到可以被忽略。另外，如果在铁磁性和亚铁磁性的棒材或者丝材上施加一个旋转场，样品就会发生扭曲，这就是广义的磁致伸缩，称为维德曼(Wiedemann)效应。

磁致伸缩效应的大小通常用磁致伸缩系数 λ 来衡量，有：

$$\lambda=\Delta l/l$$

磁致伸缩的大小与磁场强度的大小有关，一般随磁场的增加而增加，最后达到饱和。图 3.21 为磁性材料的磁致伸缩系数 λ 与磁场强度大小 H 的关系示意图。磁场达到饱和磁化场时，纵向磁致伸缩为一确定值，以 λ_S 表示，称为磁性材料的饱和磁致伸缩系数。饱和磁致伸缩系数 λ_S 也是磁性材料的一个磁性参数。磁致伸缩长度的变化很小，相对变化只有百万分之一(ppm)量级，属于弹性形变。

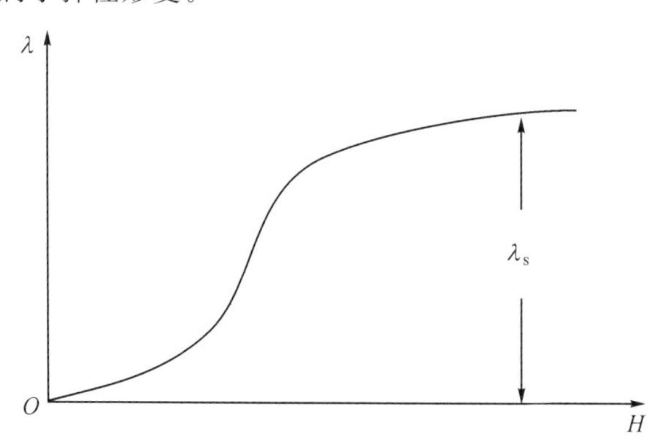

图 3.21 磁致伸缩系数与磁场强度大小的关系

不同材料的饱和磁致伸缩系数 λ_S 是不同的，有的 λ_S 小于零，有的 λ_S 大于零。$\lambda_S>0$ 的称为正磁致伸缩，即在磁场方向上长度变化是伸长，在垂直于磁场方向上是缩短的，如铁的磁致伸缩就是属于这一类；$\lambda_S<0$ 的称为负磁致伸缩，即在磁场方向上长度变化是缩短的，在垂直于磁场方向上是伸长的，如镍的磁致伸缩就属于这一类。图 3.22 给出了实际测量的几种磁性材料的磁致伸缩系数 λ 与磁场强度大小 H 的关系。

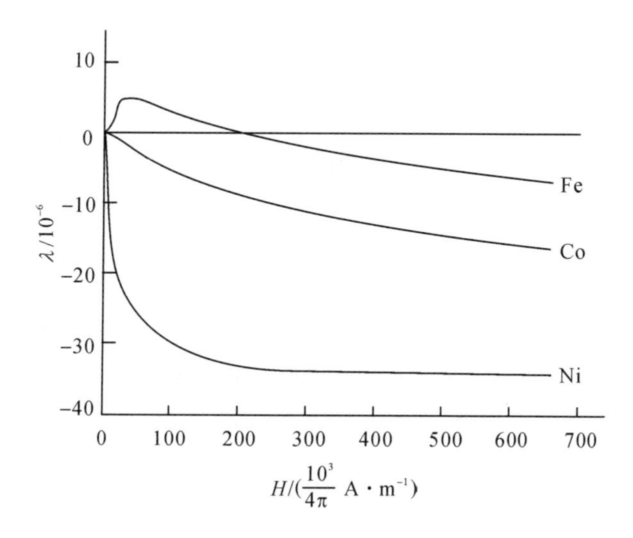

图 3.22　铁、钴、镍的磁致伸缩系数与磁场强度大小的关系

同种单晶体在不同晶轴方向磁化时的磁致伸缩系数也是不相同的，即单晶体的磁致伸缩具有各向异性。图 3.23 中，铁单晶在[100]方向上是伸长的，在[111]方向上是缩短的，在[110]方向上是先伸长后缩短的，而镍单晶在任何方向上都是缩短的。

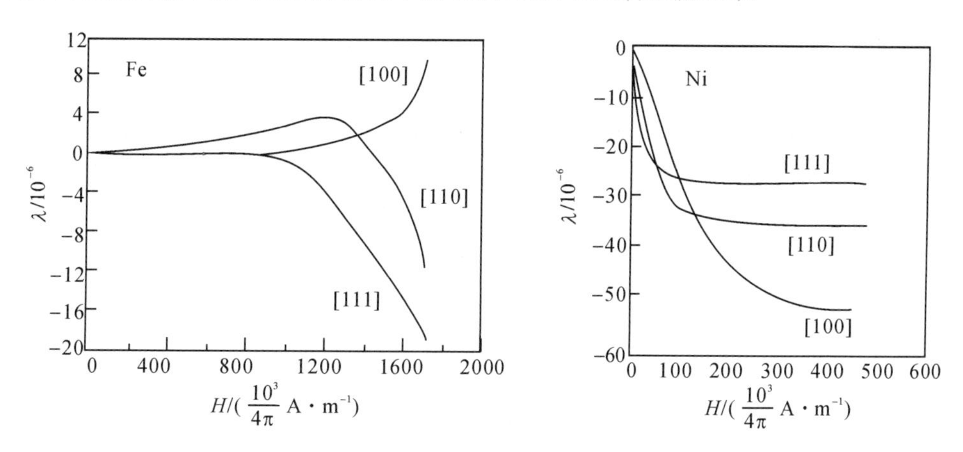

图 3.23　铁、镍在不同晶轴上的磁致伸缩系数

设沿[100]、[111]方向磁化时的饱和磁致伸缩系数分别为 λ_{100}、λ_{111}；α_1、α_2、α_3 分别为磁化方向相对于单晶晶轴的方向余弦；β_1、β_2、β_3 为磁致伸缩方向相对于单晶晶轴的方向余弦，则立方系单晶在任意磁化方向的磁致伸缩系数 λ_S 可表示为：

$$\lambda_S=\frac{3}{2}\lambda_{100}\left(\alpha_1^2\beta_1^2+\alpha_2^2\beta_2^2+\alpha_3^2\beta_3^2-\frac{1}{3}\right)+3\lambda_{111}(\alpha_1\alpha_2\beta_1\beta_2+\alpha_2\alpha_3\beta_2\beta_3+\alpha_3\alpha_1\beta_3\beta_1) \tag{3.16}$$

当磁致伸缩方向和磁化方向相同时，$\beta_1=\alpha_1$，$\beta_2=\alpha_2$，$\beta_3=\alpha_3$，上式变为：

$$\lambda_S=\lambda_{100}+3(\lambda_{111}-\lambda_{100})(\alpha_1^2\alpha_2^2+\alpha_2^2\alpha_3^2+\alpha_3^2\alpha_1^2) \tag{3.17}$$

对于六方晶系，取立方晶系同样的直角坐标系(直角坐标系与六角晶轴坐标系的关系如图 3.24 所示)，以易轴平行于 c 轴的状态为基准，其磁致伸缩系数为：

$$\begin{aligned}\lambda_S=&\lambda_A[(\alpha_1\beta_1+\alpha_2\beta_2)^2-(\alpha_1\beta_1+\alpha_2\beta_2)\alpha_3\beta_3]\\&+\lambda_B[(1-\alpha_3)^2(1-\beta_3)^2-((\alpha_1\beta_1+\alpha_2\beta_2)^2)]\\&+\lambda_C[(1-\alpha_3)^2\beta_3^2-(\alpha_1\beta_1+\alpha_2\beta_2)\alpha_3\beta_3]\\&+4\lambda_D(\alpha_1\beta_1+\alpha_2\beta_2)\alpha_3\beta_3\end{aligned}\tag{3.18}$$

式中，λ_A、λ_B、λ_C、λ_D 是与材料有关的常数。

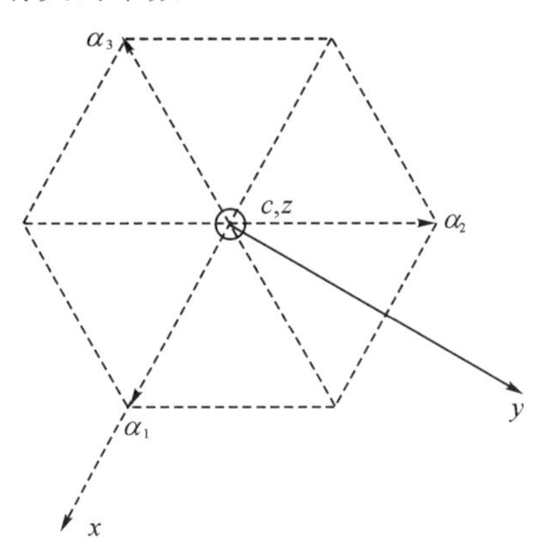

图 3.24 六角晶轴与直角坐标系的关系

当磁致伸缩方向和磁化方向相同时，$\beta_1=\alpha_1$，$\beta_2=\alpha_2$，$\beta_3=\alpha_3$，上式变为：

$$\lambda_S=\lambda_A[(1-\alpha_3^2)^2-(1-\alpha_3^2)\alpha_3^2]+4\lambda_D(1-\alpha_3^2)\alpha_3^2\tag{3.19}$$

式中，$\alpha_1^2+\alpha_2^2+\alpha_3^2=1$。

磁体在外磁场作用下会发生磁致伸缩，引起物体的几何尺寸的变化。反过来，通过对材料施加拉应力或压应力，使材料的长度发生变化，则材料内部的磁化状态亦发生变化，即所谓的压磁效应，这是磁致伸缩的逆效应。

磁致伸缩对材料的磁性能诸如磁导率、矫顽力等具有重要的影响。通过研究材料的磁致伸缩，可以了解内部各种相互作用的本质以及磁化过程与物体形变的关系。同时，磁致伸缩效应本身在实际上的应用也很重要，可以根据材料的压磁效应和磁致伸缩效应制成很多有用的器件。例如，利用材料在交变磁场作用下长度的伸长和缩短，可以制成超声波发生器和接收器，力、速度、加速度传感器，延迟线以及滤波器等器件。这些应用要求材料的磁致伸缩系数要大，灵敏度要高，磁弹耦合系数要高。磁致伸缩效应在某些应用领域中也会带来有害的影响，例如，由于磁致伸缩的影响，软磁材料在交流磁场下发生振动，使得诸如镇流器、变压器等器件在使用时会产生噪声。因此，减少噪声的有效途径就是降低软磁材料的磁致伸缩系数，这已经成为电力电子领域中软磁材料，特别是硅钢研制中重要的课题。

3.6.2 磁致伸缩机理

材料的磁化状态发生变化时，其自身的形状和体积都要改变，因为只有这样才能使系统的总能量最小，可以从下述三个方面来理解形状和体积的改变。

1. 自发形变

自发形变(即自发的磁致伸缩)是由原子间的交换相互作用引起的。假设有一个单轴晶体，在居里温度以上是球形的。当它自居里温度以上冷却下来以后，由于交换相互作用，晶体发生自发磁化，与此同时，晶体也改变了形状（见图 3.25），这就是“自发”的变形。

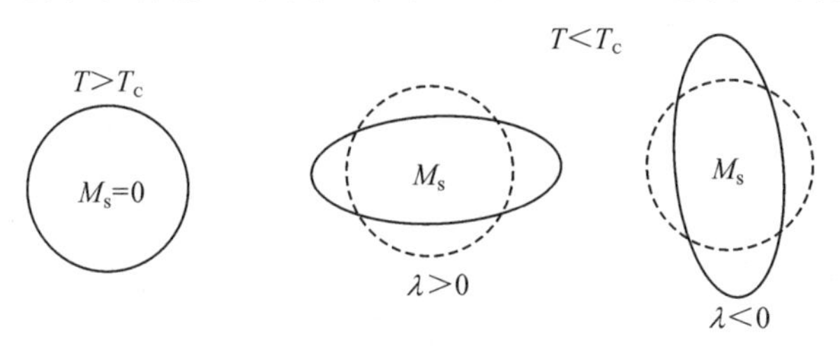

图 3.25 自发形变

同样可以用前章提到的贝蒂-斯莱特曲线来理解这种变化。设球形晶体在居里温度以上时原子间距离为 d_1（相当于图 3.26 中曲线上的点 1），当晶体冷却至居里温度以下时，若距离仍为 d_1，则交换积分为 A_1，若距离增加至 d_2（相当于曲线上的点 2），则交换积分为 A_2，且有 $A_2>A_1$。根据量子力学理论，交换积分越大，则交换能越小，而系统在变化过程中总是向着交换能变小的趋势发展，所以球形晶体从顺磁状态变到铁磁状态时，原子间的距离不会保持在 d_1，而会变为 d_2，表现为晶体的尺寸增大，以达到降低系统能量的目的。若材料交换积分 A 与 r_a/r_{3d} 值的关系处在贝蒂-斯莱特曲线下降段（如曲线上的点 3），则该铁磁体从顺磁状态转变到铁磁状态时就会发生尺寸收缩。

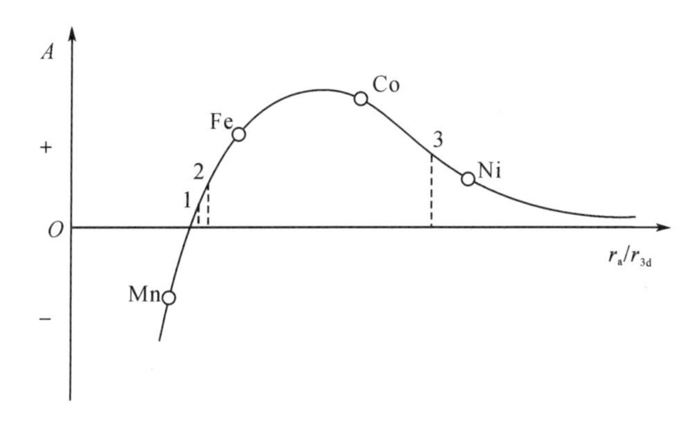

图 3.26 贝蒂-斯莱特曲线

2. 场致形变

磁性材料在磁场的作用下显示出形状和体积的变化，所加磁场大小的不同，形变也不同。当磁场比饱和磁场小时，样品的形变主要是长度的改变（线性磁致伸缩），而体积几乎不变，当磁场大于饱和磁场时样品的形变主要体现为体积的改变，即体积磁致伸缩。

线性磁致伸缩与磁化过程密切相关，并且表现出各向异性。目前认为铁磁体的磁致伸缩同磁晶各向异性的原理一样，是由原子或离子的自旋与轨道的耦合作用而产生的。

图 3.27 中的模型描述了磁致伸缩的产生机理。

图 3.27 中，黑点代表原子核，箭头代表原子磁矩，椭圆代表原子核外电子云。(a)中描述了 T_C 温度以上顺磁状态下的原子排列状况；(b)中，在 T_C 温度以下，出现自发磁化，原子磁矩定向排列，出现自发磁致伸缩 $\Delta L'/L'$；(c)中，施加垂直方向的磁场，原子磁矩和电子云旋转 90°取向排列，磁致伸缩量为 $\Delta L/L$。

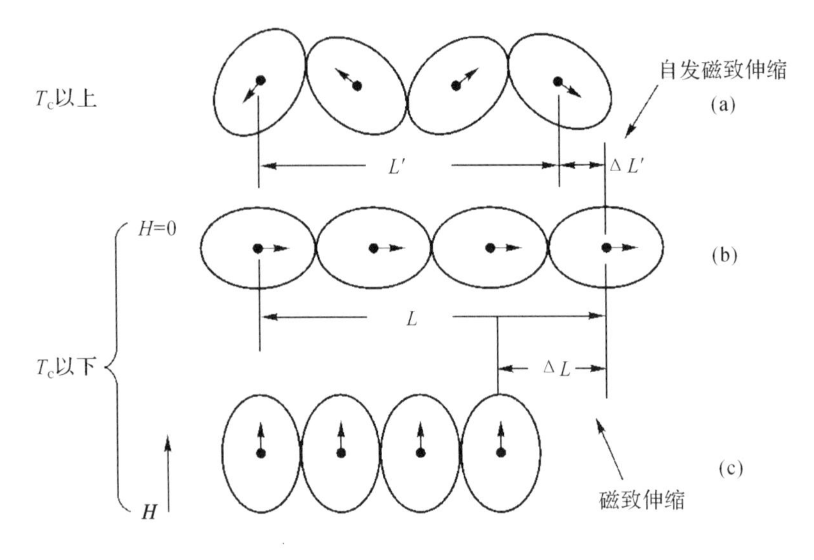

图 3.27 磁致伸缩产生机理

3. 形状效应

设一个球形的单畴样品，假设它的内部没有交换作用和自旋轨道耦合作用，只有退磁能 $\frac{1}{2}NM_S^2V$，为了降低退磁能，样品的体积要缩小，并且在磁化方向要伸长以减小退磁因子 N。形状效应产生的磁致伸缩比其他效应所产生的磁致伸缩要小。

铁磁体的磁致伸缩在居里温度 T_C 以下才能明显地表现出来。体积磁致伸缩与铁磁体内部的静电交换作用相联系，是各向同性的。线磁致伸缩来源于铁磁体内各向异性能作用，一般线性磁致伸缩是各向异性的。由退磁场引起的形状效应与铁磁体的形状有关。

3.6.3 磁弹性能

铁磁体在受到外应力作用时，晶体将产生相应的应变，会在晶体内部产生磁弹性能。这里说到的外应力包括外加应力和晶体内部由于制备工艺或者材料加工和热处理等工艺过程留下来的残余内应力。

当晶体受到应力作用时，磁弹性能可以表示为：

$$F_\sigma=-\frac{3}{2}\lambda_S\sigma\cos^2\theta$$

式中，θ 为应力和 $\boldsymbol{M}_S$ 磁化方向之间的夹角。根据这个公式可以定性地了解磁弹性能的物理意义。如图 3.28 所示。$\lambda_S>0$ 的材料受到应力为张力($\sigma>0$)的作用时，张力使得磁畴中的自发磁化强度矢量 $\boldsymbol{M}_S$ 的方向取平行或者反平行于应力的方向。这时 $\theta=0°$或者 180°，磁弹性能 F_σ 具有最小值。如果材料的 $\lambda_S<0$，应力为压力($\sigma<0$)时，则自发磁化矢量 $\boldsymbol{M}_S$ 应取平行或者反平行于应力的方向；若材料 $\lambda_S>0$，应力为压力($\sigma<0$)时，$\lambda_S\sigma<0$，压力使 $\boldsymbol{M}_S$ 取垂直于应力的方向($\theta=90°$或者 270°)；当材料 $\lambda_S<0$，应力为张力($\sigma>0$)时，$\lambda_S\sigma<0$，张应力使 $\boldsymbol{M}_S$ 取垂直于应力的方向。由此可以看出磁弹性能 F_σ 对自发磁化矢量 $\boldsymbol{M}_S$ 的取向是有影响的。

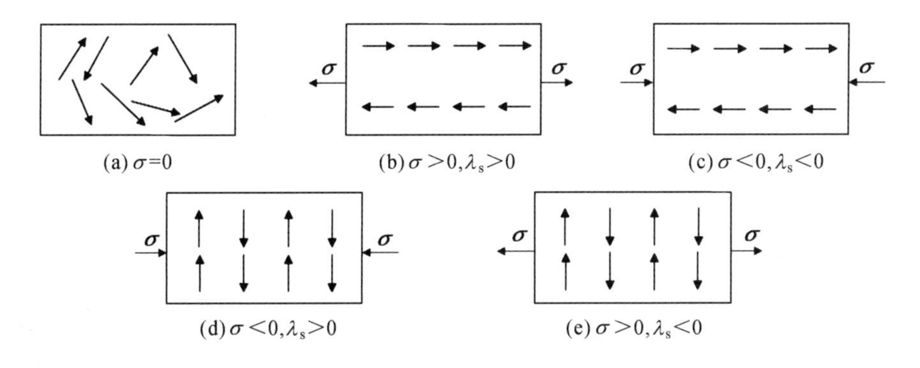

图 3.28 应力 σ 对 M_S 的影响

根据磁弹性能表达式，可以绘出磁弹性能 F_σ 与角的关系分布图，如图 3.29 所示。如果 $\lambda_S\sigma>0$，则在 $\theta=0°$或者 180°时，F_σ 最小，因此 $\theta=0°$或者 180°是磁弹性能所决定的易磁化方向，$\boldsymbol{M}_S$ 取这些方向时最稳定；如果 $\lambda_S\sigma<0$，则在 $\theta=90°$或者 270°时，F_σ 最小，因此 $\theta=90°$或者 270°为磁弹性能所决定的易磁化方向，$\boldsymbol{M}_S$ 取这些方向时最稳定。因此磁弹性能有各向异性的特点，且为单轴各向异性。

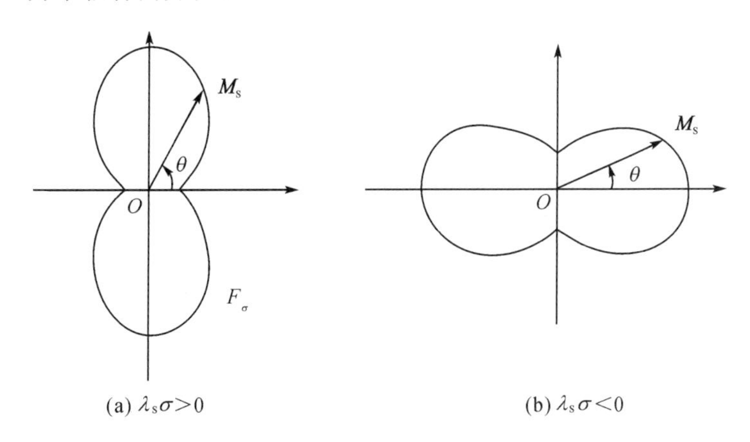

图 3.29 F_σ 的单轴各向异性分布

3.6.4 磁弹性耦合系数 K_c 和动态磁致伸缩系数 d_{33}

磁致伸缩材料最重要的应用是作为换能材料，其换能过程为将磁能转化为弹性能。用来表征这种特性的参数为磁弹性耦合系数 K_c，其定义为：

$$K_c^2=\frac{W_e}{W_m}$$

式中，W_m 为输入的总磁能，W_e 为转换为弹性能的磁能。通常用与材料形状有关的机电耦合系数 K_{33} 代表磁弹性耦合系数 K_c，K_{33} 与 K_c 的关系如下：

$$K_{33}=K_c \qquad \text{(对于环形试样)}$$

$$K_{33}=\frac{\pi}{\sqrt{3}}K_c \qquad \text{(对于细长的圆棒试样)}$$

一般采用共振法测定：

$$K_c=\left[1-\left(\frac{f_r}{f_a}\right)^2\right]^{0.5}$$

式中，f_r 为共振频率，f_a 为反共振频率。

磁致伸缩系数随磁场的变化称为动态磁致伸缩系数 d_{33}，它也是磁致伸缩材料的特性之一，定义为：

$$d_{33}=\frac{\mathrm{d}\lambda}{\mathrm{d}H}$$

习　　题

第 3 章拓展练习

3-1　试解释下列名词：

(1)磁晶各向异性；

(2)磁致伸缩。

3-2　已知 Co 的饱和磁化强度 $\mu_0 M_S=1.79\mathrm{T}$，$K_{U1}=4.1\times10^5\mathrm{J}\cdot\mathrm{m}^{-3}$，试计算 Co 中沿 c 轴的等效各向异性场。

3-3　用 λ_{100} 和 λ_{111} 表示立方晶体沿[110]方向的饱和磁致伸缩系数 λ_S。

3-4　简述各种磁各向异性的产生原因。

参考文献

[1] MEIKLEJOHN W H, BEAN C P. New magnetic anisontropy[J]. Physical Review, 1956, 102(5): 1413-1414.

[2] BUSCHOW K H J. Handbook of Magnetic Materials[M]. Amsterdam: Elsevier, 1980.

[3] BRUNO P. Tight-binding approach to the orbital magnetic-moment and magnetocrystalline anisotropy of transition-metal monolayers[J]. Physical Review B, 1989, 39(1): 865-868.

[4] SABLIK M J, JILES D C. Coupled magnetoelastic theory of magnetic and magnetostrictive hysteresis[J]. IEEE Transactions on Magnetics, 1993, 29(4): 2113-2123.

[5] SKOMSKI R, COEY J M D. Giant energy product in nanostructured 2-phase magnets[J]. Physical Review B, 1993, 48(21): 15812-15816.

[6] WERNSDORFER W, SESSOLI R. Quantum phase interference and parity effects in magnetic molecular clusters[J]. Science, 1999, 284(5411): 133-135.

[7] CALKINS F T, SMITH R C, FLATAU A B. Energy-based hysteresis model for magnetostrictive transducers[J]. IEEE Transactions on Magnetics, 2000, 36(2): 429-439.

[8] DIETL T, OHNO H, MATSUKURA F. Hole-mediated ferromagnetism in tetrahedrally coordinated semiconductors[J]. Physical Review B, 2001, 63(19): 21.

[9] SRINIVASAN G, RASMUSSEN E T, LEVIN B J, et al. Magnetoelectric effects in bilayers and multilayers of magnetostrictive and piezoelectric perovskite oxides[J]. Physical Review B, 2002, 65(13): 7.

[10] GAMBARDELLA P, RUSPONI S, VERONESE M, et al. Giant magnetic anisotropy of single cobalt atoms and nanoparticles[J]. Science, 2003, 300(5622): 1130-1133.

[11] KISELEV S I, SANKEY J C, KRIVOROTOV I N, et al. Microwave oscillations of a nanomagnet driven by a spin-polarized current[J]. Nature, 2003, 425(6956): 380-383.

[12] SKUMRYEV V, STOYANOV S, ZHANG Y, et al. Beating the superparamagnetic limit with exchange bias[J]. Nature, 2003, 423(6942): 850-853.

[13] DONG S X, LI J F, VIEHLAND D, et al. A strong magnetoelectric voltage gain effect in magnetostrictive-piezoelectric composite[J]. Applied Physics Letters, 2004, 85(16): 3534-3536.

[14] PAULSEN J A, RING A P, LO C C H, et al. Manganese-substituted cobalt ferrite magnetostrictive materials for magnetic stress sensor applications[J]. Journal of Applied Physics, 2005, 97(4): 3.

[15] MANGIN S, RAVELOSONA D, KATINE J A, et al. Current-induced magnetization reversal in nanopillars with perpendicular anisotropy[J]. Nature Materials, 2006, 5(3): 210-215.

[16] 严密,彭晓领.磁学基础与磁性材料[M].2版.杭州:浙江大学出版社,2019.

[17] NAN C W, BICHURIN M I, DONG S X, et al. Multiferroic magnetoelectric composites: Historical perspective, status, and future directions[J]. Journal of Applied Physics, 2008, 103(3): 35.

[18] OLABI A G, GRUNWALD A. Design and application of magnetostrictive materials[J]. Mater Design, 2008, 29(2): 469-483.

[19] 王博文,曹淑瑛,黄文美.磁致伸缩材料与器件[M].北京:冶金工业出版社,2008.

[20] COEY J M D, BOOKS24X I. Magnetism and Magnetic Materials[M]. Cambridge: Cambridge University Press, 2010.

[21] IKEDA S, MIURA K, YAMAMOTO H, et al. A perpendicular-anisotropy CoFeB-MgO magnetic tunnel junction[J]. Nature Materials, 2010, 9(9): 721-724.

[22] BUSCHOW K H J, BOER F R D. Physics of Magnetism and Magnetic Materials: 磁性物理学和磁性材料[M].北京:世界图书出版公司,2013.

[23] 金汉民.磁性物理[M].北京:科学出版社,2013.

[24] 周寿增,高学绪.磁致伸缩材料[M].北京:冶金工业出版社,2017.

[25] MEISENHEIMER P B, STEINHARDT R A, SUNG S H, et al. Engineering new limits to magnetostriction through metastability in iron-gallium alloys[J].

Nature Communications, 2021, 12(1): 2757.

[26] 姜寿亭,李卫. 凝聚态磁性物理[M]. 北京:科学出版社,2022.

[27] 周质光. Tb-Dy-Fe磁致伸缩材料的晶界组织重构与性能研究[D]. 北京:北京科技大学,2022.

[28] MIURA Y, OKABAYASHI J. Understanding magnetocrystalline anisotropy based on orbital and quadrupole moments[J]. Journal of Physics-Condensed Matter, 2022, 34(47): 473001.

第4章

磁畴理论

4.1　磁畴成因

铁磁性物质内不同原子间的电子自旋存在交换相互作用，当温度低于居里温度时，近邻原子的磁矩取向相同。理论和实践都证明，在居里温度以下大块铁磁晶体中会形成磁畴结构。每个磁畴内部自发磁化是均匀一致的，但不同磁畴之间自发磁化方向不同。因此在未受外磁场作用时，各磁畴磁矩相互抵消，宏观上铁磁体并不显示磁性。一个典型的磁畴宽度约为 10^{-3}cm，体积约为 10^{-9}cm^3，内部大约含有 10^{14}个磁性原子。

那么，铁磁晶体内为什么会存在磁畴？磁畴的大小、形状和分布与哪些因素有关呢？这是由系统的总自由能等于极小值决定的。铁磁体内存在着五种相互作用的能量，即外磁场能(E_H)、退磁场能(E_d)、交换能(E_{ex})、磁各向异性能(E_K)和磁弹性能(E_σ)。根据热力学原理，稳定的磁状态一定与铁磁体内总自由能的极小的状态相对应。即

$$E=E_{ex}+E_K+E_H+E_d+E_\sigma \tag{4.1}$$

铁磁体内产生磁畴实际上是自发磁化平衡分布要满足能量最低原理的必然结果。

在没有外磁场和外应力的作用下，铁磁体内的磁状态，应该由以交换能、磁晶各向异性能和退磁场能共同构成的总自由能为极小值来确定。交换能使近邻原子的自旋磁矩取向相同，造成自发磁化；磁晶各向异性能使晶体在易磁化轴方向磁化。当铁磁晶体沿易磁化轴方向磁化到饱和时，交换能和磁晶各向异性能同取最小值。也就是说，铁磁体内的交换能和磁晶各向异性能不会导致磁畴的产生。均匀的自发磁化必然在具有一定大小和形状的铁磁体表面上出现自由磁极，因而产生退磁场。这样就会因为退磁场能的存在而使铁磁体内的总能量增加，上述的自发磁化状态不再稳定。要降低表面退磁场能，只有改变自发磁化的分布状态。于是，在铁磁体内出现许多自发磁化区域，这样的每一个小区域称为磁畴。因此，退磁场能最小是形成磁畴的主要原因。

图4.1是单轴晶体内磁畴的形成示例。(a)图中整个晶体均匀磁化，退磁场能最大；于是，晶体内形成两个和四个磁化方向相反的磁畴，退磁场能稍降低，如(b)和(c)图所示；当晶体内含有 n 个磁畴时，如图(d)所示，晶体内的退磁场能仅为均匀磁化时的 $1/n$。

形成磁畴以后，两个相邻磁畴之间存在约为 10^3 原子数量级宽度的过渡层，其自发磁化强度由一个磁畴的方向改变到另一个磁畴的方向。这种相邻磁畴之间的过渡层称为磁畴壁，或畴壁。在畴壁内，磁矩遵循能量最低原理，按照一定的规律逐渐改变方向。畴壁内各个磁矩取向不一致，必然增加交换能和磁晶各向异性能而构成畴壁能。因此就不能单纯考虑降低退磁场能而在铁磁体内形成无限个磁畴，而要综合考虑退磁场能和畴壁能的作用，由

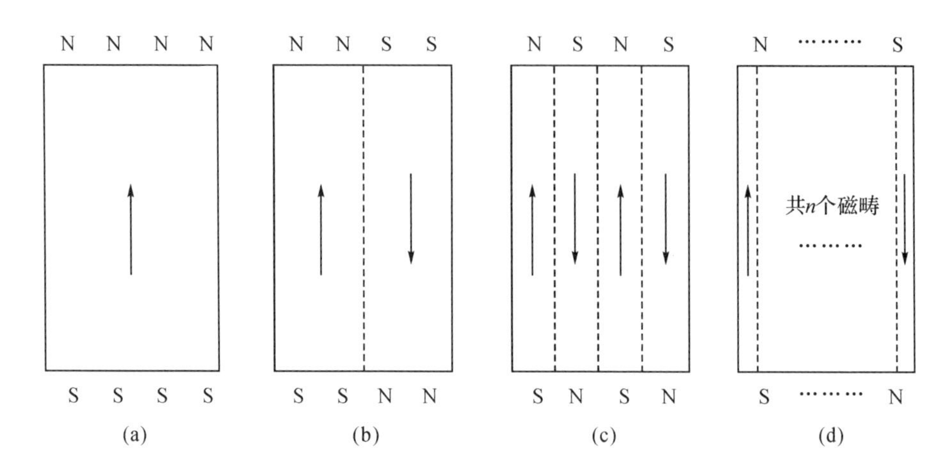

图 4.1 单轴晶体内磁畴的形成示例

它们共同决定的能量最小值来确定磁畴的数目。因此,在磁畴形成的过程中,磁畴的数目和磁畴结构等,应由退磁场能和畴壁能的平衡条件来决定。

磁畴的形成与磁畴结构除了退磁场这个重要的影响因素外,还存在其他一些影响因素。考虑一个圆盘形铁磁体的磁化情况。如图 4.2(a)中所示,圆盘沿一个直径方向均匀磁化到饱和,则在圆盘边缘出现自由磁极 N 和 S,产生退磁能。

一种能消除退磁能的可能的自旋分布是如图 4.2(b)所示的圆形分布。由于磁化强度不发散,所以不出现自由磁极,退磁场能为零。但相邻自旋夹角不为零,产生交换能。在一些非晶膜材中,已经观察到了这种圆形自旋结构。

当铁磁材料磁晶各向异性很大时,自旋被迫平行于易磁化轴取向。于是,具有立方晶体结构的圆盘出现了如图 4.2(c)所示的磁畴结构,具有单易磁化轴的六角晶结构的圆盘出现了如图 4.2(d)所示的磁畴结构。伴随着表面磁极和磁畴的出现,圆盘铁磁体中产生了退磁场能和畴壁能。

如果铁磁体具有大的磁致伸缩($\lambda>0$),则磁畴由于磁致伸缩效应而伸长,于是晶格在畴边界处断开,如图 4.2(e)所示。当然,这只是假想情况。实际上 λ 通常很小,磁致伸缩效应并不能使晶格断裂,而在晶体中产生弹性能。为了使晶体中弹性能降低,磁化方向平行于某个易磁化轴的主磁畴体积增大,而磁化强度沿其他轴的磁畴体积减小,如图 4.2(f)所示。

晶体中的总能量是由上述几种能量综合构成的,真实的磁畴结构由总能量的极小值来确定。

4.2 畴壁结构及性质

磁畴壁是相邻两磁畴之间磁矩按一定规律逐渐改变方向的过渡层。在过渡层中,相邻磁矩既不平行,又离开易磁化方向。磁矩的不平行分布增加了交换能,同时与易磁化轴方向的偏离又导致了磁晶各向异性能的增加。因此畴壁具有一定的畴壁能。

下面采用一个简化模型来计算畴壁能。如图 4.3 所示,自旋经过 N 个原子层,从 $\theta=0°$ 转到 $\theta=180°$。

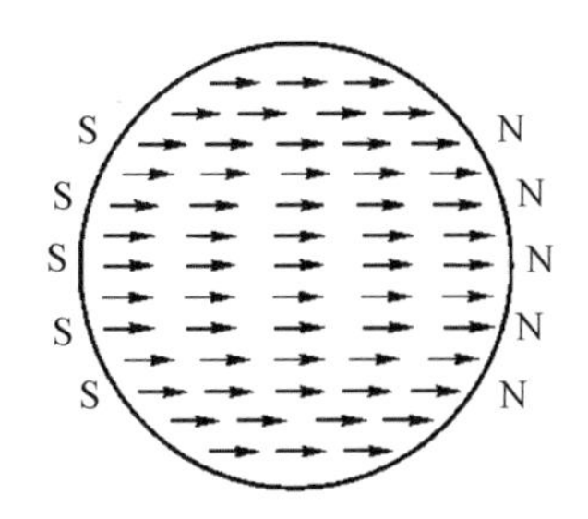

(a) 均匀磁化的单畴结构

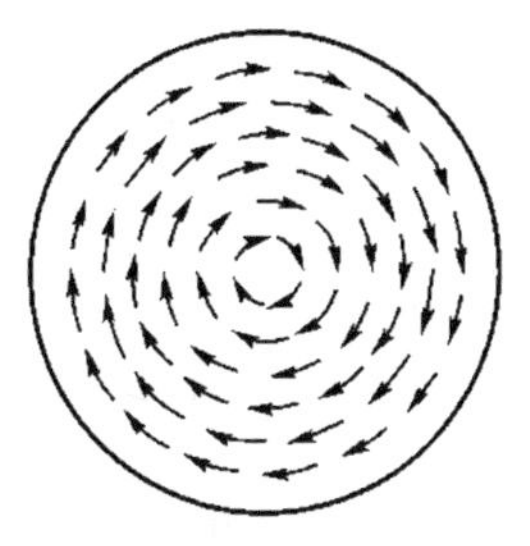

(b) 无自由磁极的圆形自旋结构

(c) 具有立方磁晶各向异性的磁畴结构

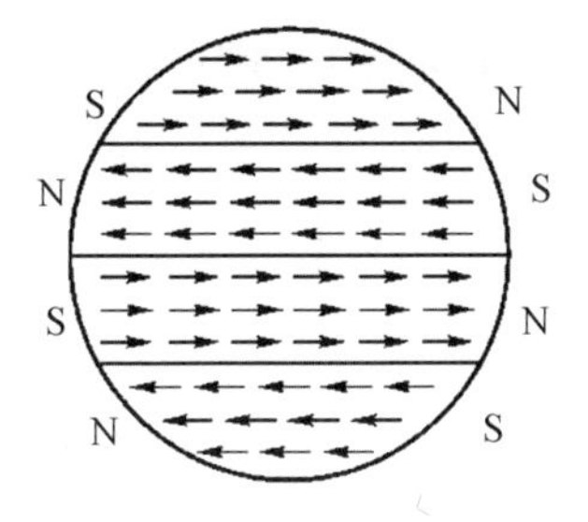

(d) 具有单轴各向异性的磁畴结构

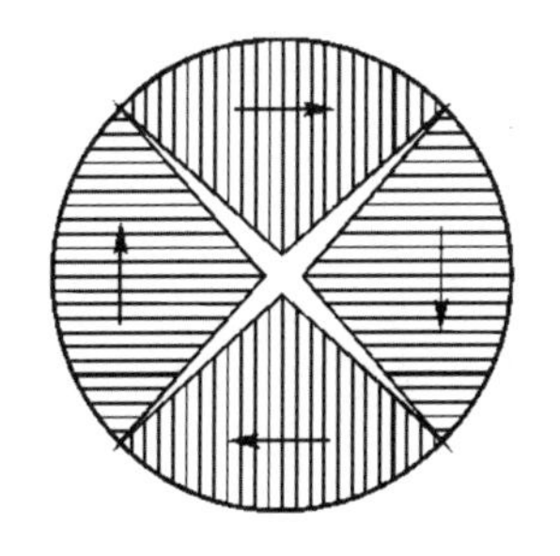

(e) 具有大的磁致伸缩的假想磁畴结构

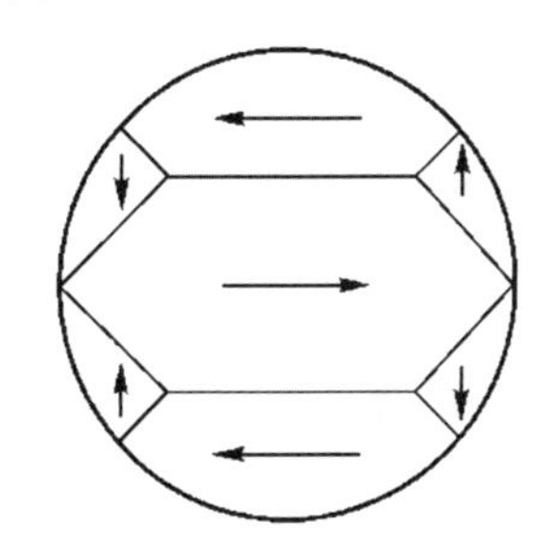

(f) 具有正常磁致伸缩的实际磁畴结构

图 4.2　各种因素影响的磁畴结构

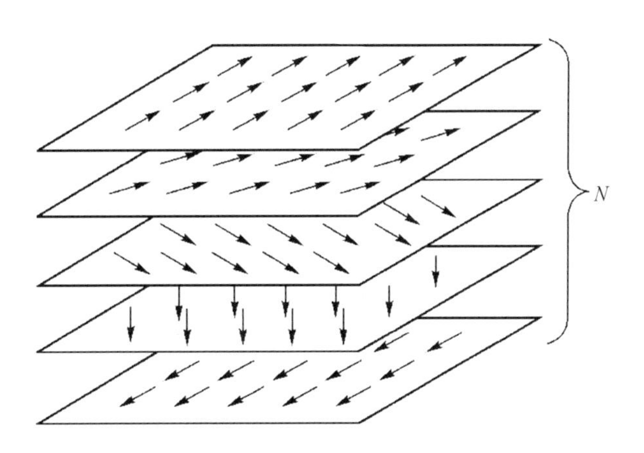

图 4.3　畴壁中自旋转动模型

相邻两原子之间的交换能可表示为：

$$E_{ex}=-2AS^2\cos\theta \tag{4.2}$$

在磁畴内部，相邻两原子的磁矩平行排列，$\theta=0°$，其交换能为 $E_{ex}=-2AS^2$。取磁畴内部交换能做参考基准，若畴壁中相邻两原子的磁矩间的夹角为 θ，则产生的交换能为：

$$E_{ex}=2AS^2(1-\cos\theta)=4AS^2\sin^2\frac{\theta}{2} \tag{4.3}$$

θ 很小时，取 $\sin\frac{\theta}{2}\approx\frac{\theta}{2}$，可简化为：

$$E_{ex}=AS^2\theta^2 \tag{4.4}$$

假设每层转过相同的角度，则相邻两层自旋间的夹角 θ 等于 π/N。对于点阵常数为 a 的简单立方晶格，每个原子层中单位面积上的原子数为 $1/a^2$，单位面积畴壁中最近邻自旋对的数目为 N/a^2，所以单位面积畴壁中贮存的交换能为：

$$\gamma_{ex}=\frac{N}{a^2}\cdot AS^2\left(\frac{\pi}{N}\right)^2=AS^2\frac{\pi^2}{Na^2} \tag{4.5}$$

式(4.5)说明，畴壁中包括的原子层数越多，则畴壁越厚，在畴壁中引起的交换能增量越小。所以，为了使畴壁中引起的交换能增量小一点，畴壁中磁矩方向的改变只能采取逐渐过渡的形式，而不能突变。

另外，畴壁中每个自旋都偏离了易磁化轴方向，所以在畴壁中将产生各向异性能。晶体的磁晶各向异性能密度为：

$$E_K=K_1\sin^2\theta=\frac{1-\cos 2\theta}{2}K_1 \tag{4.6}$$

同样，每层原子磁矩转过相等的角度 $\theta=\pi/N$，则第 i 层原子的磁晶各向异性能增量为：

$$E_K=\frac{1-\cos\left(\frac{2\pi}{N}i\right)}{2}K_1 \tag{4.7}$$

在这个简单模型中，每个原子层中单位面积畴壁体积为$(1/a^2)\cdot a^3=a$，则单位面积畴壁中磁晶各向异性能为：

$$\gamma_K=\sum_{i=1}^{N}a\Delta E_K=\frac{NK_1a}{2}-\frac{K_1a}{2}\sum_{i=1}^{N}\cos\left(\frac{2\pi}{N}i\right) \tag{4.8}$$

由于 N 很大，当 i 由 1 增大到 N 时，θ 由 0 增大到 2π，则式(4.8)中的第二项近似为零。于是单位面积畴壁中磁晶各向异性能增量可表示为：

$$\gamma_K=\frac{NK_1a}{2}=\frac{K_1\delta}{2} \tag{4.9}$$

可以看出，畴壁中的磁晶各向异性能随着畴壁厚度的增加而增加。畴壁越厚，畴壁中的磁晶各向异性能就越大。

由式(4.5)和式(4.9)可得，单位面积畴壁中的总能为：

$$\gamma_W=\gamma_{ex}+\gamma_K=AS^2\frac{\pi^2}{Na^2}+\frac{NK_1a}{2} \tag{4.10}$$

畴壁要具有一个稳定的结构必须满足畴壁中的交换能增量 γ_{ex} 和磁晶各向异性能增量 γ_K 的总和为极小值的条件，即$\frac{\partial\gamma_W}{\partial N}=0$，得到：

$$-A\frac{S^2\pi^2}{N^2a^2}+\frac{K_1a}{2}=0 \tag{4.11}$$

解得原子层数 N 为：

$$N=\frac{\pi S}{a}\sqrt{\frac{2A}{K_1a}}$$

则畴壁厚度为：

$$\delta=\pi S\sqrt{\frac{2A}{K_1a}} \tag{4.12}$$

将式(4.12)代入式(4.10)中，即可求出单位面积的畴壁能为：

$$\gamma_W=\frac{\sqrt{2}\pi S}{2}\sqrt{\frac{K_1A}{a}}+\frac{\sqrt{2}\pi S}{2}\sqrt{\frac{K_1A}{a}}=\sqrt{2}\pi S\sqrt{\frac{K_1A}{a}} \tag{4.13}$$

从式(4.13)可以看出，当 $\gamma_{ex}=\gamma_K$ 时，γ_W 取极小值。图4.4中给出了畴壁中的 γ_W、γ_{ex}、γ_K 与畴壁厚度 δ 的关系。

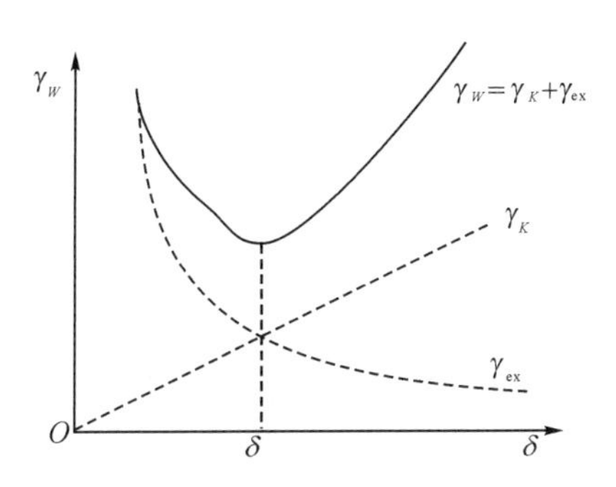

图4.4 畴壁中 γ_W、γ_{ex}、γ_K 与厚度 δ 的关系

对于铁，$A=2.16\times10^{-21}\,\text{J}$，$S=1$，$K_1=4.2\times10^4\,\text{J}\cdot\text{m}^{-3}$，$a=2.86\times10^{-10}$，由式(4.12)和式(4.13)可粗略估算出铁晶体内畴壁厚度和单位面积的畴壁能：

$$\delta=3.14\times\sqrt{\frac{2\times2.16\times10^{-21}}{4.2\times10^4\times2.86\times10^{-10}}}=5.95\times10^{-8}\,\text{m}$$

$$\gamma_W=\sqrt{2}\times3.14\times\sqrt{\frac{4.2\times10^4\times2.16\times10^{-21}}{2.86\times10^{-10}}}=2.50\times10^{-3}\,\text{J}\cdot\text{m}^{-1}$$

根据畴壁中磁矩的过渡方式，可将畴壁分为布洛赫壁和奈尔壁两种类型。

大块铁磁晶体内的畴壁属于布洛赫壁。在布洛赫壁中，磁化矢量从一个畴内的方向过渡到相邻磁畴内的方向时，磁化始终保持平行于畴壁平面，因而在畴壁面上无自由磁极出现，这样就保证了畴壁上不会产生退磁场，也能保持畴壁能为极小值。在晶体的上下表面上却会出现磁极，由于是大块晶体，表面上的磁极所产生的退磁场能比较小，对晶体内部产生的影响可以忽略不计。布洛赫壁结构如图4.5所示。

在极薄的磁性薄膜中，存在不同于布洛赫壁的畴壁模型。在这种畴壁中，磁矩围绕薄膜平面的法线改变方向，并且是平行于薄膜表面逐渐过渡的，而不是像布洛赫壁那样，磁化在畴壁平面内旋转。这种畴壁称为奈尔壁，如图4.6所示。这样在奈尔壁两侧表面上会出现磁极而产生退磁场。当奈尔壁的厚度 δ 比薄膜的厚度 L 大很多时，退磁场能会比较小。

布洛赫壁的畴壁能随着膜厚的减小而增加，奈尔壁的畴壁能随着膜厚的减小而减小。

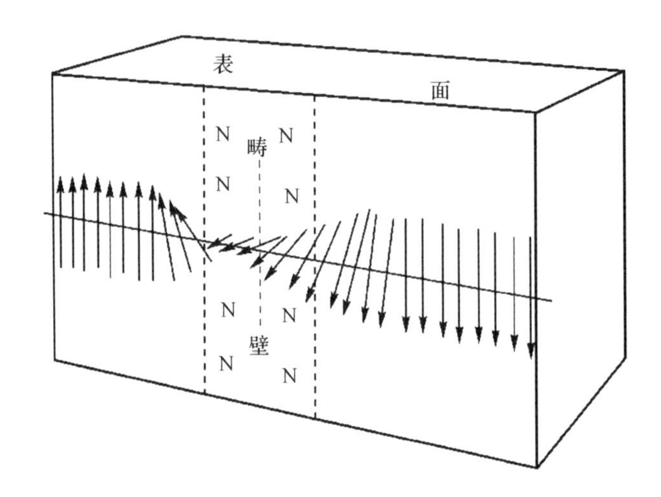

图 4.5 布洛赫壁结构

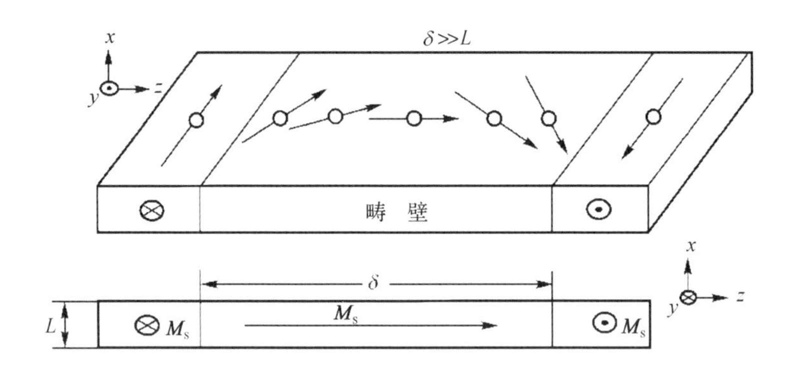

图 4.6 奈尔壁结构

因此，对于较厚的块体铁磁材料，布洛赫壁稳定；而对于较薄的膜材，奈尔壁稳定；对于中间厚度的膜，两种类型畴壁的能量不相上下，将出现如图 4.7 所示的交叉壁，又称十字壁。由于薄膜出现奈尔壁后，样品内部出现了体磁荷，它的散磁场影响到周围原子磁矩的取向，因此在薄膜内部出现了这种特殊的十字壁，可以减小奈尔壁上磁荷的影响，使畴壁能最低。

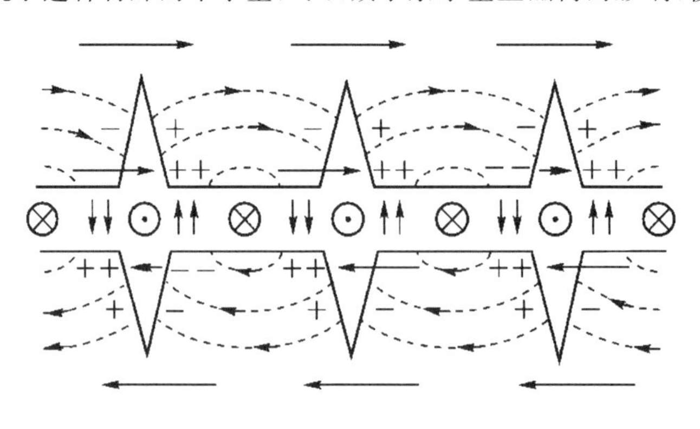

图 4.7 十字壁结构

在一些文献中，磁畴壁还有另外一种分类方法。根据畴壁两侧磁畴的自发磁化方向间的关系，将畴壁分为180°畴壁和90°畴壁。如果畴壁两侧磁畴的自发磁化强度的方向成180°，则称为180°畴壁；如果畴壁磁畴的自发磁化强度间的夹角不是180°，而是90°、109°或71°等，则统称为90°畴壁。

4.3　磁畴结构

在完整理想的铁磁性晶体内部，磁畴结构通常表现为排列整齐，而且均匀地分布在晶体内各个易磁化轴的方向上。均匀铁磁体内部的磁畴结构有开放型磁畴、闭合型磁畴以及表面树枝状磁畴结构等。另外还有两种特殊的磁畴结构，即单畴和磁泡畴。当铁磁性晶体内部存在空泡、掺杂物、内应力、晶粒边界以及合金中的成分起伏等因素的作用时，磁畴的结构将会变得比较复杂。下面对这几种磁畴结构分别加以介绍。

4.3.1　均匀铁磁体磁畴结构

1. 开放型磁畴结构

开放型磁畴结构又称片状磁畴结构，如图4.8所示。这种磁畴结构，会在磁体表面形成自由磁极，使磁体具有一定的退磁场能量。由畴壁能和退磁场能构成的总能量取极小值决定了磁体稳定状态下的磁畴结构。

2. 闭合型磁畴结构

在铁和镍这样易磁化轴个数多于1的立方晶体中，可通过产生磁化强度平行于晶体表面的闭合畴，来避免自由磁极的产生。常见的闭合型磁畴结构，如图4.9所示。它的主畴和闭合畴形成闭合磁路，使其上、下表面退磁场能为零。同时为了使主畴与闭合畴之间的畴壁面上不出现自由磁荷，畴壁与其两侧畴内的自发磁化强度 $\boldsymbol{M}_S$ 应成45°角，以保证畴壁面上无退磁场。

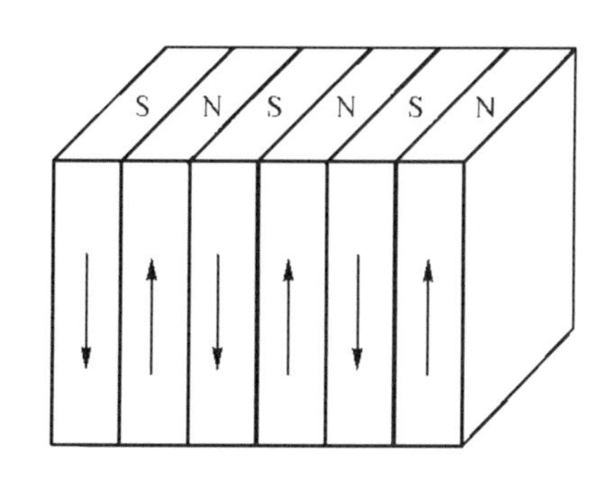

图4.8　开放型磁畴结构

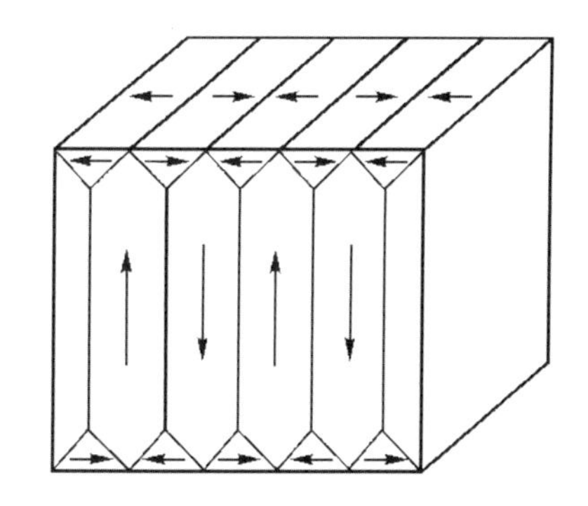
图4.9　闭合型磁畴结构

3. 表面树枝状磁畴结构

当易磁化轴偏离晶体表面的法线方向时，主畴的自发磁化强度方向与样品表面不平行，表面将出现自由磁极，于是闭合畴的形状大大改变。图4.10是在Fe-Si合金晶体倾斜的(001)表面上观察到的闭合畴结构，它呈冷杉树枝状图样。树枝状畴的作用是将晶体表面出现的部分自由磁极,从一个磁畴转移到相邻磁畴。图 4.11 为这种树枝状磁畴结构的图解。

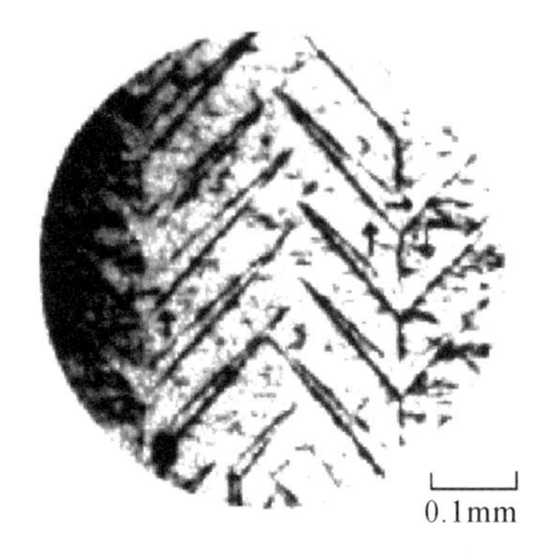

图 4.10 在 Fe-Si 合金晶体倾斜的(001)面上观察到的树枝状磁畴的粉纹

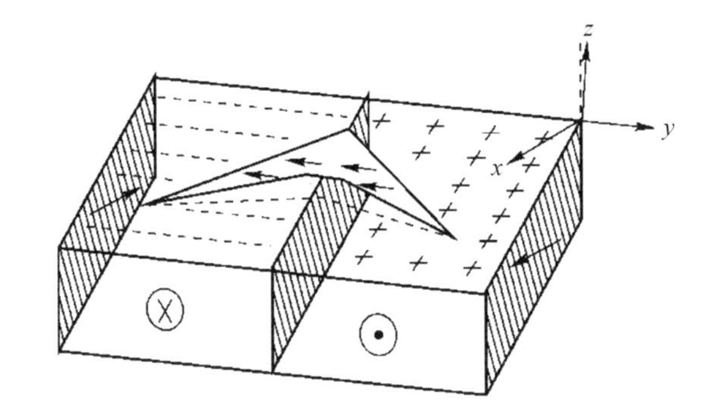

图 4.11 树枝状磁畴结构示意图

对于单易磁化轴晶体,如果形成闭合型磁畴结构,将会引入磁晶各向异性能,使其晶体内的总能量增加。如在单易磁化轴晶体表面出现圆锥形磁畴结构,则既可降低表面退磁场能,同时又可使畴壁能不会太大。图 4.12 为表面垂直于易磁化轴的单轴晶体的表面圆锥形磁畴结构。

还有一种情况就是减小闭合畴的体积,使其表面闭合畴发生分裂,并在晶体内部形成锥形或匕首封闭畴,这样就降低了闭合畴的磁晶各向异性能。这种情况不仅在单轴各向异性晶体中存在,而且在多易磁化轴晶体中同样会出现。图 4.13 为晶体表面匕首封闭畴结构示意图。

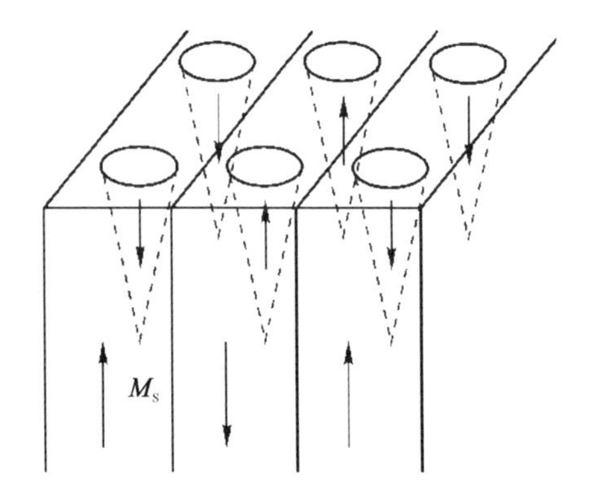

图 4.12 表面圆锥形磁畴结构示意图

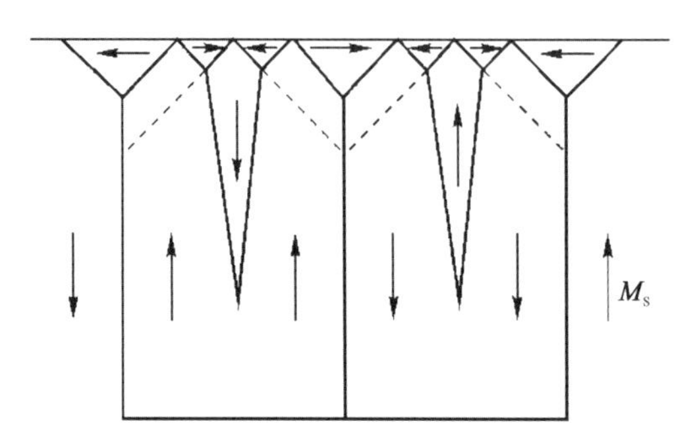

图 4.13 表面匕首封闭畴结构示意图

4.3.2 非均匀铁磁体磁畴结构

实际上,理想均匀的铁磁体是很少的。一般的磁性材料是多晶体,而且结构不均匀,有的内部存在杂质和空隙,有的存在一定的内应力,这样就会造成很复杂的磁畴结构。

在多晶体中晶粒的方向是杂乱无章的,而且每个晶粒都有自己的易磁化方向。一般情况下,由于晶界两侧晶粒的取向不同,在晶粒边界面上会出现自由磁极,引起退磁场能的增加。图 4.14 是多晶体中的磁畴结构。可以看到,通过晶粒边界时磁化方向虽然转了一个方向,但磁力线仍然是连续的。这样,晶粒边界上的自由磁极被抵消,退磁场能降低,结构

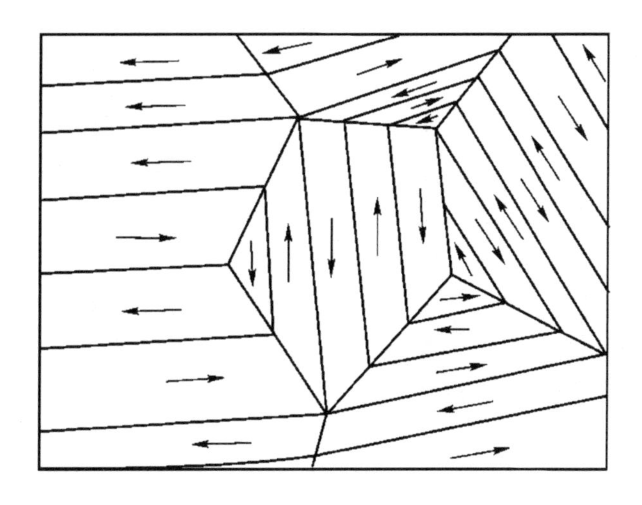

图 4.14 多晶体中的磁畴结构

稳定。

铁磁体内含有非磁性的掺杂物或空隙会使磁畴结构变得比较复杂。当磁性材料内包含杂物或空隙时，接触面上会有自由磁极出现[见图 4.15(a)]，产生退磁场[见图 4.15(b)]，磁极周围的退磁场同原来的磁化方向存在很大的差别，局部甚至相差 90°。于是退磁场在这些地方产生新的磁化，形成掺杂物或空隙上附着的次级畴，如图 4.15(c)所示。新磁畴的产生，一定程度上降低了掺杂物或空隙处产生的退磁场能。

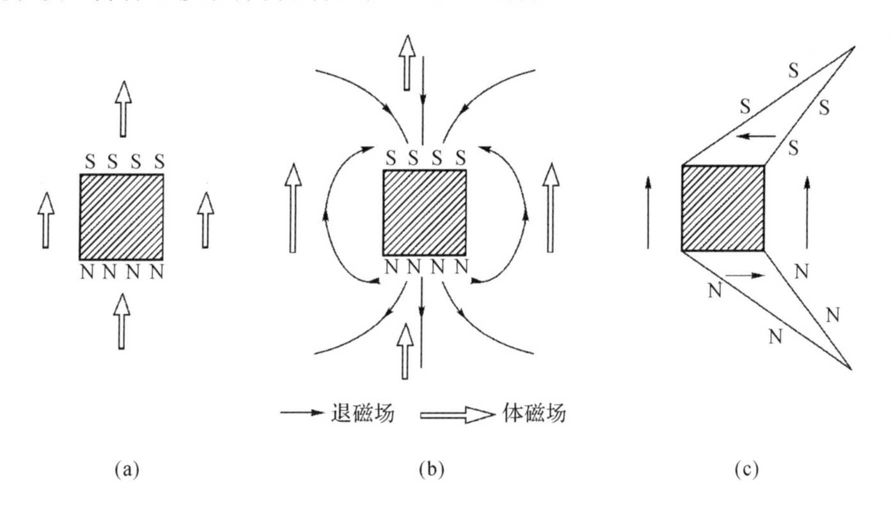

图 4.15 杂质或空隙的磁畴

杂质或空隙对畴壁位置也有很大影响。考察下面两种情况：一种是杂质或空隙位于一个磁畴中，畴壁位于杂质附近，如图 4.16(a)所示；另一种是畴壁位于杂质或空隙中心处，如图 4.16(b)所示。在图(a)中，杂质或空隙位于磁畴中，其附近退磁场能很大；在图(b)中，畴壁位于杂质中心处，一方面其退磁场能与(a)中情况相比，降低了约一半，另一方面由于畴壁面积减小，畴壁能降低。因此与(a)中的情况相比，当畴壁位于(b)中所示的杂质或空隙中心处时，总能量最低，结构最稳定。如果要使畴壁从杂质或空隙处离开，就需要外磁场提供一

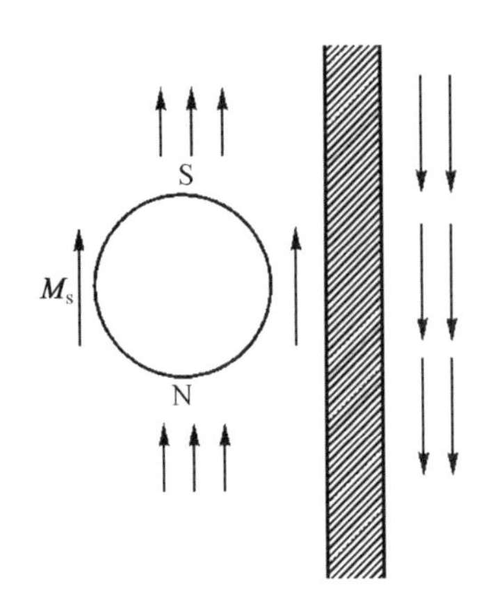

(a) 畴壁位于杂质附近

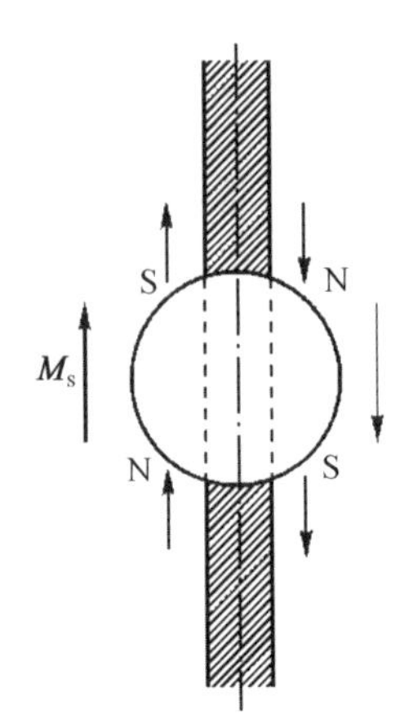

(b) 畴壁位于杂质中心处

图 4.16 杂质对畴壁位置的影响

定的能量，也就是说需要外力做功。通常材料中杂质和空隙越多，畴壁移动也就越困难。

磁畴自发磁化强度的取向取决于晶体内总自由能的极小值。当晶体内存在应力时，磁畴的自发磁化强度取向应取决于晶体内磁晶各向异性能 F_K 和磁弹性能 F_σ 的极小值。这里假设磁弹性能 F_σ 远大于磁晶各向异性能 F_K，故仅仅考虑磁弹性能 F_σ 的作用。当晶体内存在均匀作用的拉应力时，受磁弹性能 F_σ 的作用，晶体具有沿张力方向的单轴各向异性，因而在晶体内部 180°畴壁是稳定的；当晶体内存在均匀作用的压应力时，受磁弹性能 F_σ 的作用，晶体具有垂直压应力方向的单轴各向异性，此时 180°畴壁也是稳定的。

当晶体内的应力不均匀分布时，晶体内的磁弹性能 F_σ 存在各向异性分布，因而自发磁化强度方向随着磁弹性能 F_σ 变化。因此，当存在不均匀应力分布时，晶体内的磁畴结构变得比较复杂。图 4.17 为晶体中存在两种情况的应力分布时所分别对应的磁畴结构。图 4.17(a)中，应力的大小发生变化，磁畴内 $\boldsymbol{M}_S$ 方向与应力平行或反平行，因此在晶体内将形成 180°畴壁结构；(b)中，在应力大小变化的同时，应力的方向也发生变化，因此在应力性质变化处存在 90°畴壁。

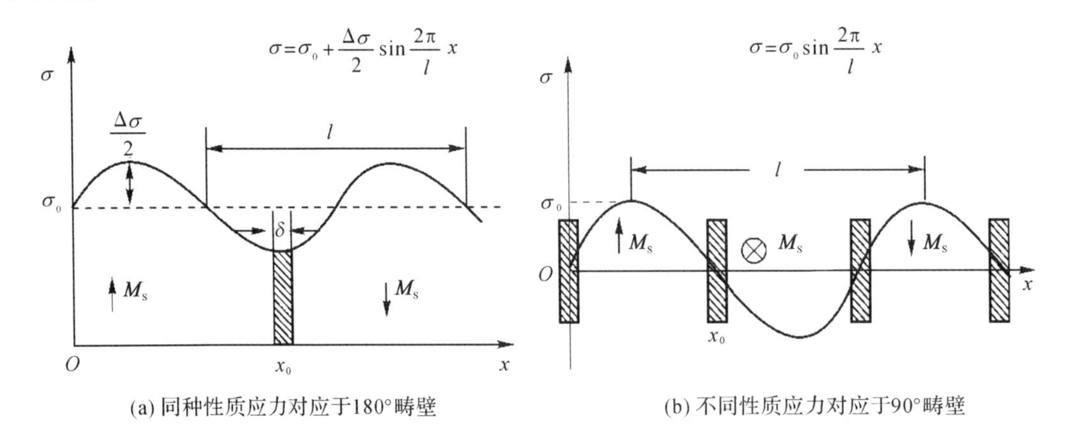

(a) 同种性质应力对应于180°畴壁

(b) 不同性质应力对应于90°畴壁

图 4.17 不同应力在晶体中对应不同的磁畴结构

4.3.3 单畴

之前已经提到，为了降低退磁场能，保持总能量最低，在大块材料中，以多畴结构最为稳定。多畴的大块材料，只有在很强的外磁场作用下，才会被磁化至饱和状态，整块材料内的自发磁化强度基本上取在一个磁化方向上，近似于一个单畴，此时磁体内的包含外磁场能在内的总能量最低。铁磁晶体材料的尺寸变小时，内部包含的磁畴会相应减少。当铁磁材料的晶体尺寸变得很小，不再是大块材料时，其成为多畴时的畴壁能比单畴的退磁场能还要高，这时材料将不再分畴，形成单畴结构，此时铁磁体具有最低的能量。这样的颗粒称为单畴颗粒。

铁磁体颗粒尺寸小于某一尺寸时，整个晶体成为一个单畴，能量最低，结构最稳定。这个尺寸称为单畴的临界尺寸。铁磁体大于临界尺寸时，具有多畴结构；小于临界尺寸时，则为单畴结构。临界尺寸为铁磁体成为单畴结构的最大尺寸。

现考虑半径为 r 的球形铁磁性粒子的情况。若这个球被分成多个磁畴，每个畴的宽度为 d，如图 4.18 所示，则总的畴壁能大体为：

$$E_{\gamma}=\gamma(\pi r^{2})\frac{2r}{d}=\frac{2\pi r^{3}\gamma}{d} \tag{4.14}$$

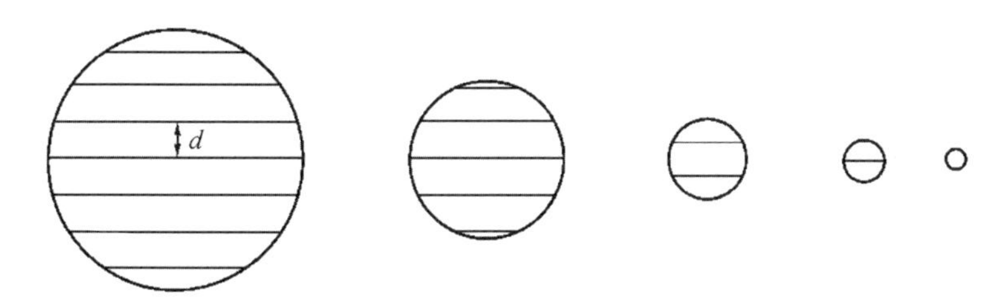

图 4.18 磁畴数目随铁磁性颗粒大小的变化关系

式中，γ 为单位面积的畴壁能。磁性粒子的退磁场能可粗略估计为单畴颗粒退磁场能的 $d/(2r)$ 倍，且对于球形颗粒，退磁因子 $N=1/3$，则粒子的退磁场能为：

$$E_{\mathrm{d}}=\frac{d}{2r}F_{\mathrm{d}}V=\frac{d}{2r}\frac{1}{2}\mu_{0}NM_{\mathrm{S}}^{2}\frac{4}{3}\pi r^{3}=\frac{1}{9}\pi\mu_{0}M_{\mathrm{S}}^{2}r^{2}d \tag{4.15}$$

式中，F_{d} 为单畴颗粒单位体积的退磁场能。则磁性粒子的总能量为：

$$E=E_{\mathrm{d}}+E_{\gamma} \tag{4.16}$$

粒子总能量取极小值时的磁畴结构最稳定，此时$\frac{\partial E}{\partial d}=0$，即：

$$-\frac{2\pi r^{3}\gamma}{d^{2}}+\frac{1}{9}\pi\mu_{0}M_{\mathrm{S}}^{2}r^{2}=0 \tag{4.17}$$

求出：

$$d=\sqrt{\frac{18r\gamma}{\mu_{0}M_{\mathrm{S}}^{2}}} \tag{4.18}$$

这时，磁畴结构最为稳定。由式(4.18)看出，随着粒子半径 r 减小，磁畴宽度也随$\sqrt{r}$成正比例减小，所以在球中的磁畴数目也减少，最后在临界半径 r_{c} 之下变为单畴结构。在临界半径时，$d=2r_{\mathrm{c}}$，求出：

$$r_c = \frac{9\gamma}{2\mu_0 M_S^2} \tag{4.19}$$

上面讨论的是单易磁化轴晶体材料的临界尺寸的求法。对于其他不同的晶体材料，单畴临界尺寸的估算方法是不同的，求出的临界尺寸也不相同。凡是颗粒小于这个临界尺寸的，将成为单畴。

单畴颗粒内不存在畴壁，不会有畴壁位移磁化过程，只有磁畴转动磁化过程，因此磁化和退磁都比较困难。若磁晶各向异性较强，则用这种颗粒做成永磁材料会具有高的矫顽力，在永磁材料的制备工艺中，通常采用粉末法来提高材料的矫顽力。软磁材料则刚好与永磁材料相反，在制备过程中应避免颗粒太小，以免成为单畴，降低磁导率。

4.4 磁畴观测技术

磁畴的观测方法根据其原理可以分为两类：

(1)通过显示磁畴壁的分布来观察磁畴结构，包括粉纹法、扫描探针法、洛伦兹电镜法等。在这几种方法中，单独的磁畴，不管其磁化矢量方向如何，都是难以分辨的，对磁畴的观察是通过对磁畴壁的观察来实现的。

(2)通过显示磁畴来观察磁畴结构，主要是一些光学分析方法，包括磁光克尔效应、法拉第效应、极化电子分析等。利用这些方法，可以区分具有不同磁化矢量方向的磁畴，从而显示出不同的衬度或者亮度。磁畴壁则是区分这些不同衬度区域的边界。

4.4.1 粉纹法

粉纹法是一种古老而又简单的磁畴观察方法。观察时，将极细的 Fe_3O_4 颗粒加入肥皂液或者其他分散剂中进行稀释，制备成磁性颗粒悬浮液。滴一滴悬浮液到晶体表面上，覆上一盖玻片，使悬浮液均匀分散在待测试样表面，在放大 150 倍以上的金相显微镜下就可以看出清晰的粉纹图案。粉纹法的原理如图 4.19 所示，假设有一个 180°磁畴壁垂直于样品表面，畴壁中的平均磁化矢量垂直于样品表面，自由磁荷会在样品表面形成梯度磁场，并且吸引悬浮液中的 Fe_3O_4 细颗粒，使其沿着磁畴壁边缘分布，在金相显微镜中就可以观察到这些细 Fe_3O_4 颗粒的分布。在“明场”模式下，磁畴壁两侧的磁畴将入射光垂直反射进显微镜中，从而表现为浅色的背景；而畴壁上方的 Fe_3O_4 颗粒必将对观察光进行散射，从而磁畴壁会表现为在浅色背景中的深色线条[见图 4.19(b)]。如果采用暗场模式，观察光是斜入射的，畴壁两侧的磁畴会将入射光反射出显微镜视野；而 Fe_3O_4 颗粒则会将观察光散射入显微镜，从而表现为在深色背景中的浅色线条，提高衬度[见图 4.19(c)]。

制备粉纹法样品时，首先用稀酸腐蚀金属样品表面以除去有机物等污染物，然后采用机械抛光到近于光学平面，最后采用电解抛光去除样品表面应力层，才能得到理想的真实的磁畴结构。如果是铁氧体，则在机械抛光以后需要进行回火处理来去除表面应力。

利用粉纹法还可以确定磁畴的磁化方向。在样品表面刻划极细的纹线，当刻痕和磁化矢量垂直时，在刻痕处会发生磁通量泄露，从而会使此行磁粉聚集于刻痕处；当刻痕和磁化矢量平行时，磁通量仍然在磁畴内部，不会泄露，也就不会有磁粉的聚集。因此可以利用这种方法来判定磁化矢量的方向。

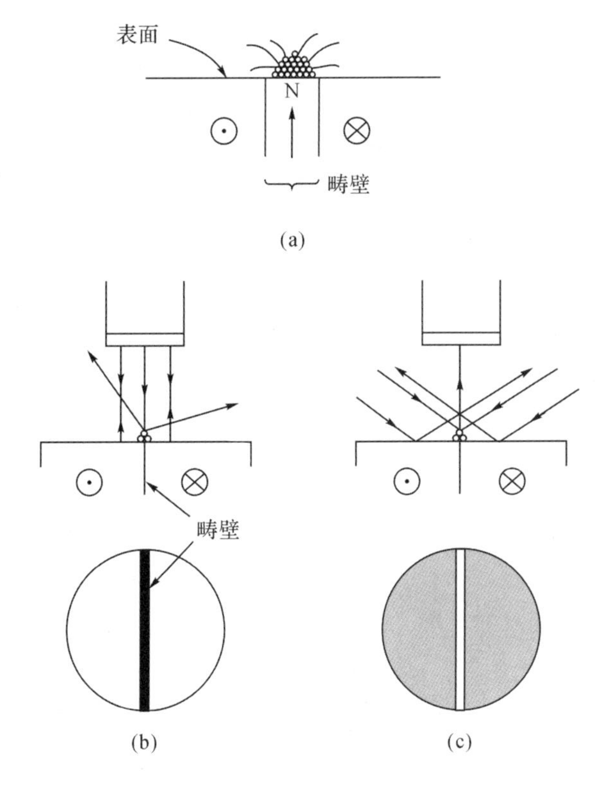

图 4.19　利用粉纹法观察磁畴

粉纹法虽然简单方便，但是也有一些缺陷：

(1)对于那些磁各向异性很小的材料，磁畴壁会变得很宽，磁畴壁对 Fe_3O_4 细颗粒的吸引将会大大减弱，从而得不到很好的衬度；

(2)该方法有使用温度的限制，超过一定温度，Fe_3O_4 颗粒热振动增加，不能得到稳定的磁畴像；

(3)由于 Fe_3O_4 悬浮液的分散剂会挥发，磁畴观测试验必须在很短的时间内展开，限制了观察的灵活性。

4.4.2　磁光效应法

有两种磁光效应可以用来观察磁畴结构，分别是克尔效应和法拉第效应。克尔效应是指平面偏振光照射到磁性物质表面而产生反射时，偏振面发生旋转的现象。旋转方向取决于磁畴中磁化矢量的方向，旋转角与磁化矢量的大小成比例，可以用来观察不透明磁性体的表面磁结构。法拉第效应是指平面偏振光透过磁性物质时，偏振面发生旋转的现象。旋转的大小和方向与磁畴中磁化矢量的大小和方向有关，可以用来观察半透明的磁性体内部的磁畴结构。两种方法观察磁畴时，需要的设备相似，区别在于一个检测反射光，一个检测透射光。下文将以克尔效应为例做主要说明。

图 4.20 是利用磁光克尔效应观察磁畴的示意图。光源发出的光线经起偏器后变成面偏振光，入射到样品上。相邻的两个磁畴具有相反的磁化矢量方向。分别入射到两个磁畴上的光束 1 和光束 2 由于磁畴具有相反的磁化矢量方向，偏正面会产生不同方向的旋转，经

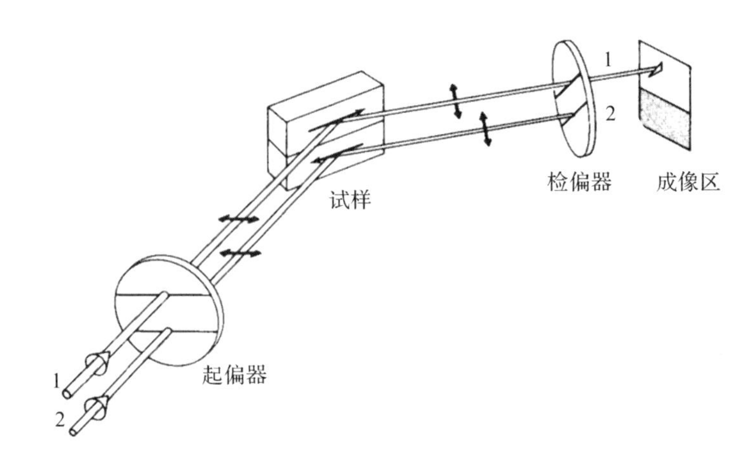

图 4.20　利用磁光克尔效应观察磁畴

过检偏器以后就可以在相机或者底片上对磁畴进行成像。图 4.21 是利用磁光克尔效应方法观察到的坡莫合金薄膜的磁畴结构，深色和浅色两个区域代表了不同磁化方向的两个磁畴。为了产生磁光转角，要求在入射光的偏振方向上有磁化矢量的分量，因此一般入射光线都是以一定角度斜入射到样品上的，从而限制了在高倍下的观测区域。由于产生的磁光转角通常比较小，相邻两个磁畴之间的衬度会很弱，因此需要采用高质量的起偏器和检偏器，并对光学系统进行精细调节。

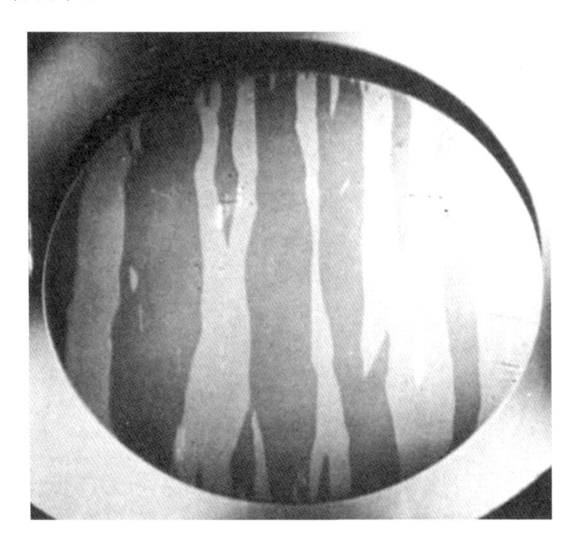

图 4.21　利用磁光克尔效应观察到的磁畴结构

通过磁光效应来观察磁畴有以下优点：

(1)由于磁光效应是一种非接触的测量方法，可以测量块体、薄膜等形式的样品，对样品没有任何危害，并且不受温度的限制，可以在任何温度下观察样品的磁畴结构；

(2)磁光效应对于那些各向异性比较小、畴壁较厚、畴壁间界限不明显、粉纹不集中的材料是一种很好的观察方法；

(3)磁光效应配以实时监测显示手段，可以观察磁畴的动态变化，研究材料的磁化以及反磁化过程,最先进的磁光克尔效应系统甚至可以对一个区域进行面扫,得到矫顽力或者磁化强度的面分布情况。

4.4.3　磁力显微镜法

磁力显微镜(magnetic force microscope, MFM)是扫描探针的一种。图 4.22 为磁力显微镜的工作原理示意图。测量悬臂一端装着探针,另外一端固定在移动机构上,可随移动机构实现空间位移。当针尖接近样品表面时,由于杂散磁场的存在,样品和针尖之间会发生相互作用。在扫描过程中,样品和针尖之间保持几十纳米的距离,相互作用力的大小有两种方法可以探测:一种是以悬臂和针尖的形变来测量磁力和磁力梯度,具体实现时,利用悬臂上反射的激光束和一个光电二极管通过检测反射角来确定;另外一种是让悬臂和探针处于简谐振动模式,磁力和磁力梯度则由其振动相位和频率的改变来确定。为了提高 MFM 磁力图的分辨率,要求针尖和样品表面距离尽可能小。但是针尖和样品表面距离减小时,会使静电力、范德瓦耳斯力、毛细管力等非磁性力的影响增加,而这些力和样品的表面形貌密切相关。为了克服这个问题,一般采用 Tapping/Lifting 模式,即在样品的同一个面积上进行两次扫描:第一次是接触扫描,记录表面形貌数据;第二次是非接触扫描,在第一次的轨迹上再次扫描,测出磁力数据。

磁针对磁力显微镜的分辨率和灵敏度至关重要。为了提高灵敏度,应该使针尖具有足够大的磁矩,从而有效地探测磁相互作用。但是针尖磁矩过大,会导致杂散场太大,从而会影响样品的磁结构,这也会对观测不利。理想的是一个单畴颗粒(10nm)作为针尖装在非磁性悬臂上。目前普遍使用的是镀有磁性薄膜的 Si 针,磁针的磁性质可以通过改变所镀的磁性薄膜材料来控制。

磁力显微镜可以有效地探测样品表面的磁场。其具有很高的空间分辨率,可以有效地探测到亚微米尺寸的磁畴,不需要特殊的样品制备,并且可以测量不透明和有非磁性覆盖层的样品,操作简单,可任意位置采图,相比传统方法有很大优势,但是也存在着对样品表面粗糙度要求高、磁力图解释复杂的问题。

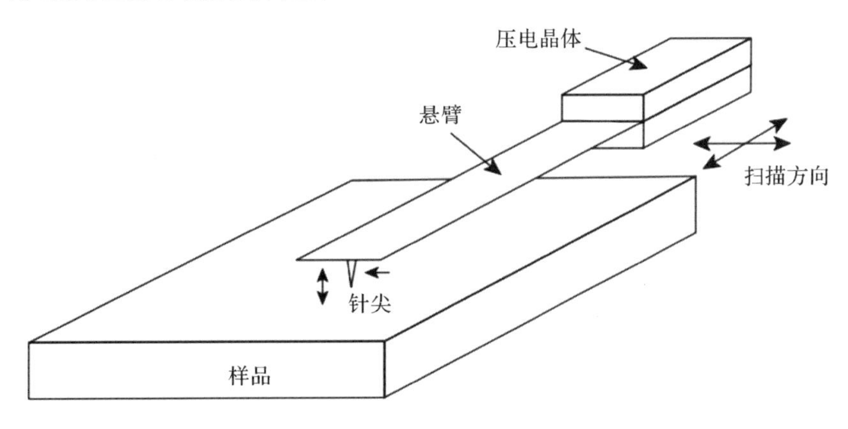

图 4.22　磁力显微镜工作原理示意图

4.4.4 透射电子显微镜法

对于那些电子束可以透过的薄膜样品，可以用透射电子显微镜来观察磁畴结构。由于移动的电荷在磁场中会受到洛伦兹力作用，因此当电子束穿过磁性材料时，会受到材料中磁场的洛伦兹力，发生偏移。偏移的方向和大小与材料局部磁化矢量有关。由于在磁畴壁中，磁化矢量在不同位置有不同的取向，在透射电子显微镜中观察的时候，磁畴壁在样品透射像中就会表现为一条线。为了使磁畴壁更加明显，经常适当过焦或者欠焦。因为电子在磁场受到的力称为洛伦兹力，因此这种显微观测方法也称为洛伦兹显微术，如图 4.23 所示。

洛伦兹显微镜具有很高的分辨率，可以观察到磁畴的精细结构，也可以直接观察到磁畴壁和晶体缺陷、晶界之间的相互作用力，特别适合于磁性薄膜材料和可以进行减薄的块体磁性材料。

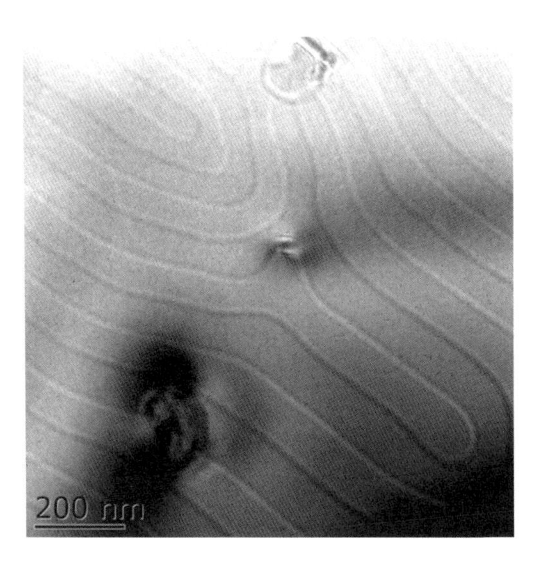

图 4.23 利用透射电镜观察到的磁畴结构

习 题

第 4 章拓展练习

4-1 简述磁畴产生的原因。

4-2 简述块体材料和薄膜材料磁畴结构的区别。

4-3 单畴是如何产生的？试阐述其特点。

4-4 简述几种磁畴观测方法的原理。

参考文献

[1] CULLITY B D. Introduction to Magnetic Materials [M]. Addison-Wesley Publishing Company, 1972.

[2] SCHRYER N L, WALKER L R. Motion of 180 degrees domain-walls in uniform

DC magnetic-fields[J]. Journal of Applied Physics, 1974, 45(12): 5406-5421.
[3] SESSOLI R, GATTESCHI D, CANESCHI A, et al. Maginetic bistability in a metal-log cluster[J]. Nature, 1993, 365(6442): 141-143.
[4] 宛德福,马兴隆.磁性物理学[M].成都:电子科技大学出版社,1994.
[5] SEUL M, ANDELMAN D. Domain shapes and patterns-the phenomenology of modulated phases[J]. Science, 1995, 267(5197): 476-483.
[6] BALBUS S A, HAWLEY J F. Instability, turbulence, and enhanced transport in accretion disks[J]. Reviews of Modern Physics, 1998, 70(1): 1-53.
[7] 廖绍彬.铁磁学[M].北京:科学出版社,1998.
[8] MYERS E B, RALPH D C, KATINE J A, et al. Current-induced switching of domains in magnetic multilayer devices[J]. Science, 1999, 285(5429): 867-870.
[9] UEHARA M, MORI S, CHEN C H, et al. Percolative phase separation underlies colossal magnetoresistance in mixed-valent manganites[J]. Nature, 1999, 399(6736): 560-563.
[10] ANGELL C A, NGAI K L, MCKENNA G B, et al. Relaxation in glassforming liquids and amorphous solids[J]. Journal of Applied Physics, 2000, 88(6): 3113-3157.
[11] FIEBIG M, LOTTERMOSER T, FROHLICH D, et al. Observation of coupled magnetic and electric domains[J]. Nature, 2002, 419(6909): 818-820.
[12] MARTIN J I, NOGUES J, LIU K, et al. Ordered magnetic nanostructures: fabrication and properties[J]. Journal of Magnetism and Magnetic Materials, 2003, 256(1-3): 449-501.
[13] ALLWOOD D A, XIONG G, FAULKNER C C, et al. Magnetic domain-wall logic[J]. Science, 2005, 309(5741): 1688-1692.
[14] PARKIN S S P, HAYASHI M, THOMAS L. Magnetic domain-wall racetrack memory[J]. Science, 2008, 320(5873): 190-194.
[15] SPALDIN N A. Magnetic Materials: Fundamentals and Applications[M]. 2nd ed. 北京: 世界图书出版公司, 2015.
[16] 戴道生.物质磁性基础[M].北京:北京大学出版社,2016.
[17] 左淑兰.磁畴结构的原位透射电镜研究[D].北京:中国科学院大学(中国科学院物理研究所),2019.
[18] ZHUKOVA V, CORTE-LEON P, GONZALEZ-LEGARRETA L, et al. Review of domain wall dynamics engineering in magnetic microwires[J]. Nanomaterials, 2020, 10(12): 2407.
[19] 刘佳.基于微观磁畴和宏观磁参数的材料应力检测与评估研究[D].成都:电子科技大学,2022.

第5章

技术磁化

磁性材料的基本特点是存在自发磁化和磁畴。材料处于磁中性状态时，不同磁化方向磁畴的杂乱无规排序，使得在比磁畴尺寸大得多的区域内，其宏观磁化强度为零。磁性材料在受外磁场作用时，向着外磁场方向发生磁畴转动或畴壁位移，原有的磁畴消失，新的磁畴产生。随着磁场的增大，最终所有磁畴都取外磁场方向，磁体被磁化到饱和。这种磁性材料由磁中性状态变到磁饱和状态的过程，称为磁化过程；如果所加磁场是一个准静态变化的磁场，则称为静态磁化过程；如果所加的是一个动态变化的磁场，则称为动态磁化过程。铁磁体在准静态外场作用下通过磁畴转动和畴壁位移实现宏观磁化的过程称为技术磁化。本章主要讨论技术磁化过程中的一些基本概念和理论。

5.1 起始磁化曲线

5.1.1 起始磁化曲线的特点

研究磁化过程的有效手段是测量起始磁化曲线（一般也简称磁化曲线）。对一个处于磁中性状态的磁体从零开始施加一个不断单调增加的磁场，研究其磁化强度 M 或者磁感应强度 B 随外磁场 H 的变化，可以得到 $M=f(H)$的起始磁化曲线。通过起始磁化曲线可以简单地判断磁性材料的种类。对于抗磁性，顺磁性和反铁磁性的材料，起始磁化曲线是一条直线，而对于铁磁性或者亚铁磁性材料，起始磁化曲线的函数关系就比较复杂，大致可以分为以下几个阶段（见图 5.1）。

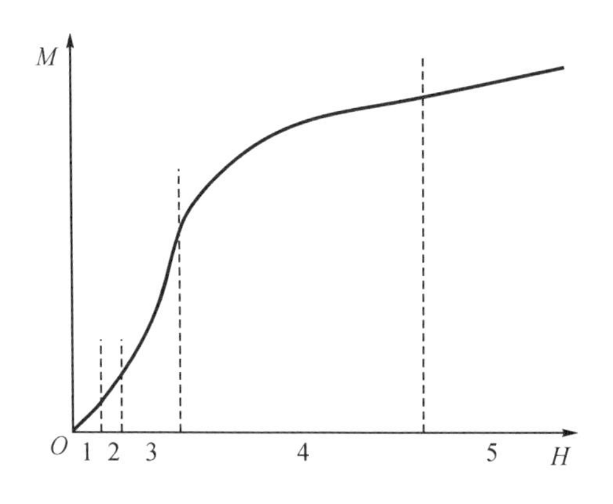

图 5.1 起始磁化曲线

1. 起始磁化阶段(1区)

此阶段为弱磁场下可逆磁化阶段，磁化强度 M(或磁感应强度 B)与外场 H 保持着线性关系：

$$M=\chi_i H \text{ 或 } B=\mu_i\mu_0 H$$

式中，χ_i 和 μ_i 分别为起始磁化率和起始磁导率，为磁性材料的特征参数。

2. 瑞利区(2区)

磁场继续增大，$M(B)$不再和 H 保持线性关系，开始出现不可逆磁化过程。$M(B)$与 H 的关系可以用如下关系式表述：

$$M=\chi_i H+bH^2 \text{ 或 } B=\mu_0(\mu_i H+bH^2)=\mu_0\mu H$$

其中 $\mu=\mu_i+bH$。

3. 最大磁导率区(3区)

在这个阶段，磁场处于中等大小，由于出现了不可逆磁畴壁位移过程，磁化强度 M 和磁感应强度 B 随着磁场 H 增大而急剧增加，出现最大磁导率或者磁化率 μ_{max} 和 χ_{max}。

4. 趋近饱和区(4区)

强磁场下磁化曲线表现为缓慢增大，最后逐渐趋近一条水平线，表示磁化强度 M 或者磁感应强度 B 趋近饱和。

5. 顺磁区域(5区)

磁体达到饱和以后，继续施加高强磁场，此时铁磁体内部的原子磁矩会进一步克服热扰动作用而趋向外磁场，类似于顺磁性物质的磁化过程，因此也称为顺磁磁化过程。但是由于顺磁区域材料的磁化强度 M_S 增加非常小，因此一般技术磁化也不讨论这个过程。

铁磁体的磁化曲线依赖于样品的起始磁化状态，因此一般的起始磁化曲线都是在样品磁中性的状态下得到的。为了得到磁体的磁中性状态，一般会采用两种方法：①交流退磁法，一般是在没有直流磁场的情况下，对磁体施加一个强交变磁场，然后将这个磁场振幅逐步减小到零。②热退磁法，即将磁体加热到居里温度以上，然后在无磁场的状态下冷却下来。

一个处于磁中性状态的磁体，内部各磁畴的总磁化强度应为：

$$\sum_i M_S V_i \cos\theta_i = 0 \tag{5.1}$$

式中，V_i 是第 i 个磁畴的体积，θ_i 是第 i 个磁畴的磁化强度矢量 $\boldsymbol{M}_S$ 与任一特定方向间的夹角。

磁性材料的磁化，实质上是材料受外磁场的作用，其内部的磁畴结构发生变化。沿外磁场强度 $\boldsymbol{H}$ 方向上的磁化强度大小可以表示为：

$$M_H = \frac{\sum_i M_S V_i \cos\varphi_i}{V_0} \tag{5.2}$$

式中，φ_i 为第 i 个磁畴的自发磁化强度 $\boldsymbol{M}_S$ 与外磁场强度 $\boldsymbol{H}$ 方向间的夹角；V_0 为块体材料的体积。

当外磁场强度 H 改变 ΔH 时，相应的磁化强度的改变为 ΔM_H。可得：

$$\Delta M_H = \sum_i\left[\frac{M_S(\cos\varphi_i)\Delta V_i}{V_0}+\frac{M_S V_i\Delta(\cos\varphi_i)}{V_0}+\frac{V_i(\cos\varphi_i)\Delta M_S}{V_0}\right] \tag{5.3}$$

式中，等式右边第一项表示各个磁畴内的 $\boldsymbol{M}_S$ 的大小和取向 φ_i 都不改变，仅仅磁畴体积发生了改变，从而导致的磁化。在这个过程中，接近于外磁场强度 $\boldsymbol{H}$ 方向的磁畴体增大，而与外磁场强度 $\boldsymbol{H}$ 反向的磁畴体积缩小。磁畴体积发生变化，相当于磁畴间的畴壁发生位移，所以被称为畴壁位移磁化过程。第二项表示各个磁畴内 $\boldsymbol{M}_S$ 的大小和磁畴体积 V_i 均不变，仅仅磁畴中 $\boldsymbol{M}_S$ 与 $\boldsymbol{H}$ 间的夹角 φ_i 发生了改变，即磁畴的 $\boldsymbol{M}_S$ 相对于 $\boldsymbol{H}$ 发生了转动，从而导致了磁化，称为磁畴的转动磁化过程。第三项表示 V_i 和 φ_i 均不变，只有磁畴内本身的自发磁化强度 $\boldsymbol{M}_S$ 的大小发生了改变，从而导致了磁化，称为顺磁磁化过程。顺磁磁化过程对磁化的贡献很小，只能在外磁场强度很强时才会显现出来。它实际上是强外磁场一定程度上克服原子磁矩的热扰动导致磁化强度的增加。于是得出，磁化过程的磁化机制有三种：①磁畴壁的位移磁化过程；②磁畴转动磁化过程；③顺磁磁化过程。上述三种磁化机制对铁磁体的磁化贡献可表示为：

$$\Delta M_H = \Delta M_{\text{位移}} + \Delta M_{\text{转动}} + \Delta M_{\text{顺磁}}$$

技术磁化过程只包括畴壁位移磁化过程和磁畴转动磁化过程，可表示为：

$$\Delta M_H = \Delta M_{\text{位移}} + \Delta M_{\text{转动}}$$

根据大多数铁磁体磁化曲线的变化规律，技术磁化过程通常可以分为四个阶段：①弱磁场范围内的可逆畴壁位移；②中等磁场范围内的不可逆畴壁位移；③较强磁场范围内的可逆磁畴转动；④强磁场下的不可逆磁畴转动。

对于一种磁性材料而言，其磁化过程以其中一种或几种磁化机制为主，不一定包括全部的四种磁化机制。对于一般软磁材料，在弱磁场下，其磁化过程以畴壁位移磁化为主，并且如果在畴壁位移磁化过程中已经发生了不可逆畴壁位移，则在材料中将不会出现不可逆磁畴转动。因此，在一般软磁材料中不会发生不可逆畴转磁化过程。但是在某些磁导率不高的软磁铁氧体中，由于严重的不均匀性分布，在弱磁场内由于畴壁位移被冻结，磁化机制以磁畴转动为主。对于单畴颗粒材料，仅存在单畴转磁化过程，才有条件发生不可逆畴转磁化。在大部分磁性材料中，由于制备工艺或者热处理工艺的原因，磁体中会存在缺陷、掺杂物或者内应力等，从而导致磁体内部的不均匀性。这种不均匀性导致畴壁位移有可逆和不可逆之分，但不会造成磁畴转动的不可逆。磁畴转动的不可逆是由各向异性的起伏变化导致的。

5.1.2 利用磁化曲线测量饱和磁化强度

饱和磁化强度是指在外加磁场作用下，磁性材料所能达到的最大磁化强度。测量材料的饱和磁化强度 M_S 需要进行强磁场下的测量，使其被磁化至饱和状态。根据所测的磁化曲线特性，利用拟合法和外推法可以求得材料的饱和磁化强度 M_S。

强磁场下铁磁性材料的磁化行为可以用趋近饱和定律描述：

$$M_H = M_S\left(1 - \frac{a}{H} - \frac{b}{H^2} - \cdots\right) + \chi_p H \tag{5.4}$$

式中，M_H 为磁化强度，a 和 b 分别为与技术磁化过程相关的常数，χ_p 为顺磁磁化率。由于顺磁磁化率非常小，除非在极强的磁场下，否则该项通常可以忽略不计。

根据所测得的磁化曲线，运用公式(5.4)进行拟合，可以求出参数 a、b 以及饱和磁化强度 M_S 值。

利用外推法,也可近似求解出材料的饱和磁化强度。在式(5.4)中,$\frac{b}{H^2}$和 $\chi_p H$ 项都非常小,因此可忽略不计。将上式进行简化处理后,得到

$$M_H = M_S\left(1-\frac{a}{H}\right) \tag{5.5}$$

可以看出,M_H 和$\frac{1}{H}$满足线性关系。采用所测得的磁化曲线数据,以$\frac{1}{H}$为横坐标,M_H为纵坐标,绘出M_H-$\frac{1}{H}$曲线,如图 5.2 所示。采用外推法找出该曲线与纵坐标的交点,即为饱和磁化强度 M_S 值。

拟合法和外推法均为根据磁化曲线获得饱和磁化强度的常用方法。如今,利用计算机软件进行拟合非常便捷,且拟合结果更接近真实值,因此一般情况下建议使用拟合法求解材料的饱和磁化强度。

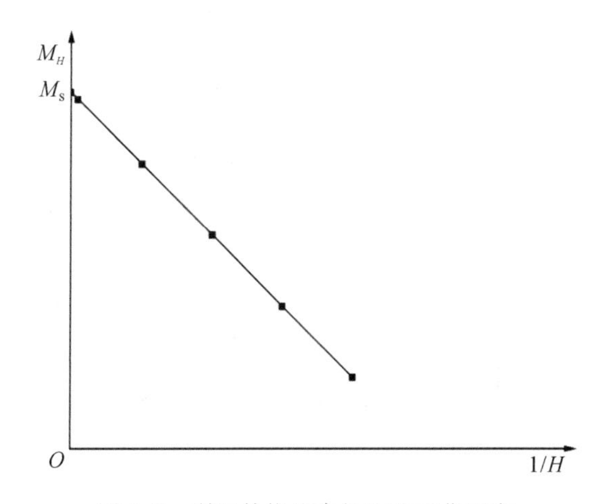

图 5.2　利用外推法求解饱和磁化强度

5.1.3　利用磁化曲线测量磁晶各向异性常数

利用磁化曲线,同样可以很便捷地求解出多晶材料的磁晶各向异性常数。

在式(5.4)中,b 是与磁化矢量转动过程有关的常数。在强磁场中,磁化过程是外磁场克服磁晶各向异性使磁化矢量转动的过程,因此常数 b 与磁晶各向异性直接相关。

对于立方各向异性材料,有

$$b=\frac{8}{105}\frac{K_1^2}{105\mu_0^2 M_S^2} \tag{5.6}$$

对于单轴各向异性材料,有

$$b=\frac{4}{15}\frac{K_{U1}^2}{\mu_0^2 M_S^2} \tag{5.7}$$

通过测量多晶材料的磁化曲线,采用拟合法求出常数 b 以及饱和磁化强度 M_S 值,可直接计算出多晶材料的磁晶各向异性常数 K_1 和 K_{U1} 值。

5.2 畴壁位移磁化过程

5.2.1 可逆畴壁位移磁化过程

设想由畴壁分开的两个磁畴，如图 5.3(a)所示，沿其中一个磁化强度方向施加一个磁场 $\boldsymbol{H}$，畴壁位移到图 5.3(b)所示的位置。磁化强度方向与 $\boldsymbol{H}$ 平行的磁畴的体积增加了，而磁化强度方向与磁场 $\boldsymbol{H}$ 反平行的磁畴体积减小相等的量。因此，外磁场方向上的磁化强度增加，这个过程就是畴壁位移磁化过程。

仍以图 5.3 为例说明畴壁位移磁化机制。图中 i 畴内自发磁化强度 $\boldsymbol{M}_S$ 与磁场强度 $\boldsymbol{H}$ 的方向一致，k 畴内 $\boldsymbol{M}_S$ 与 $\boldsymbol{H}$ 方向相反。在外磁场的作用下，i 畴的能量最低，k 畴的能量最高，根据能量最小原理的要求，k 畴内的磁矩将转变为 i 畴一样的取向。这种转变是通过畴壁来进行的，因为畴壁是一个原子磁矩方向逐渐改变的过渡层。假设畴壁厚度不变，那么 k 畴内靠近畴壁的一层磁矩由原来向下的方向开始转变，并进入畴壁过渡层中；在畴壁内靠近

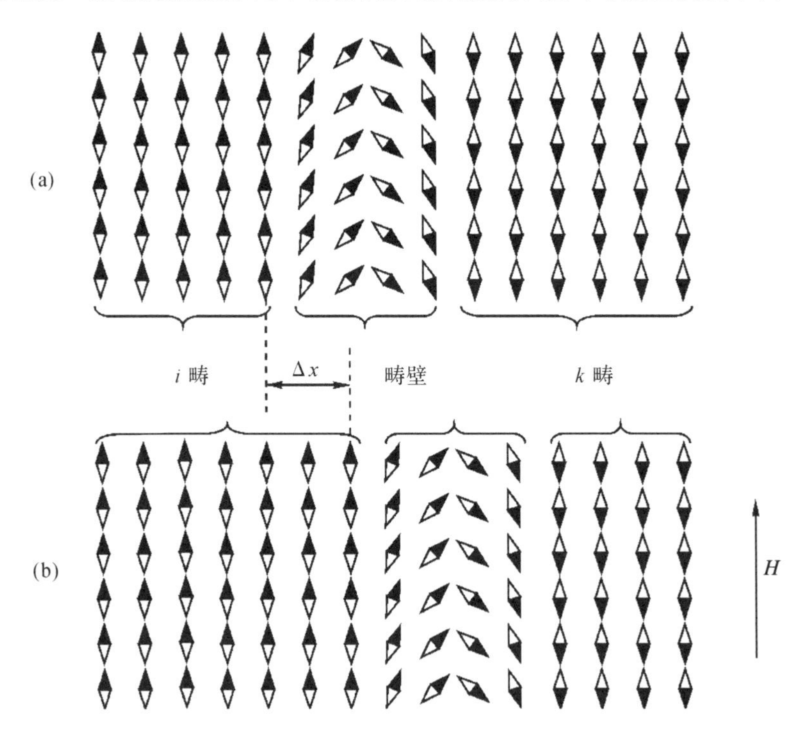

图 5.3 畴壁位移示意图

i 畴的一层磁矩则向上转动并逐渐地脱离畴壁过渡层进入 i 畴中。这样 i 畴内磁矩数目增多，畴的体积增大；k 畴内磁矩数目减少，畴的体积缩小。这就相当于在外磁场作用下，i 畴和 k 畴间的畴壁向 k 畴移动了一段距离。

在图 5.3 所示的 180°畴壁位移的一维模型中，i 畴和 k 畴的外磁场作用能可分别表示为：

$$\left.\begin{aligned}F_{Hi}&=-\mu_0 M_S H\cos 0^\circ=-\mu_0 M_S H\\F_{Hk}&=-\mu_0 M_S H\cos 180^\circ=\mu_0 M_S H\end{aligned}\right\}\tag{5.8}$$

显然，i 畴的磁位能低，而 k 畴磁位能高，因此，在外磁场的作用下，k 畴必然逐步向 i 畴过渡。设畴壁移动了一段距离 Δx，畴壁面积为 S，则伴随这一过程磁位能的变化为：

$$\Delta E_H=(F_{Hi}-F_{Hk})\cdot\Delta x\cdot S=-2\mu_0 M_S HS\Delta x\tag{5.9}$$

可以看出，当 180°畴壁移动 Δx 后，其磁位能降低，有利于磁矩向着外磁场方向取向，这意味着，在水平方向对 180°畴壁有力的作用。用压强 p 来表示单位面积的畴壁上所受的力，则该力所做的功应为 $pS\Delta x$，于是有：

$$\Delta E_H=-pS\Delta x\tag{5.10}$$

得出：

$$p=2\mu_0 M_S H\tag{5.11}$$

由此可见，外磁场作用是引起畴壁位移磁化的原因及动力。根据式(5.11)，那么只需较小的外磁场就可以提供畴壁位移磁化的动力，使磁畴取向一致，从而达到饱和磁化。但实际上并不是这样的，在一定的外磁场下，畴壁位移的距离是有限的。这是因为，在磁性材料内部存在着阻碍畴壁运动的阻力，阻力主要来源于铁磁体内部的不均匀性，这些不均匀性产生的原因主要是铁磁体内部存在内应力的起伏分布和组分的不均匀分布，如杂质、气孔和非磁性相等。畴壁移动时，这些不均匀性引起铁磁体内部能量大小的起伏变化，从而导致产生阻力。铁磁体内部的能量主要包括磁弹性能和畴壁能。

磁弹性能可简单表示为：

$$F_\sigma=-\frac{3}{2}\lambda_S\sigma\cos^2\theta\tag{5.12}$$

式中，θ 为内应力与磁畴 $\boldsymbol{M}_S$ 之间的夹角。

畴壁能可简单表示为：

$$E_w=\gamma_w S\tag{5.13}$$

式中，γ_w 为畴壁能密度，S 为畴壁面积。随着畴壁的移动，畴壁能的变化为：

$$\frac{\partial E_w}{\partial x}=S\frac{\partial\gamma_w}{\partial x}+\gamma_w\frac{\partial S}{\partial x}\tag{5.14}$$

将上式两边同除以畴壁面积 S，可以得到单位体积内的畴壁能变化：

$$\delta F_w=\frac{\partial\gamma_w}{\partial x}+\gamma_w\frac{\partial \ln S}{\partial x}\tag{5.15}$$

式中，$\frac{\partial\gamma_w}{\partial x}$表示畴壁能密度 γ_w 随畴壁位移 x 变化所引起的畴壁能的变化；$\frac{\partial S}{\partial x}$表示畴壁面积 S 随畴壁位移 x 变化而引起畴壁能的变化。

因此，单位体积铁磁体内的总能量为：

$$F=F_H+F_\sigma+F_w\tag{5.16}$$

式中，F 为铁磁体内总自由能，F_H 为外磁场能，F_σ 为磁弹性能，F_w 为畴壁能。在畴壁位移磁化过程中，必须满足自由能最小原理：

$$\delta F=\delta F_H+\delta F_\sigma+\delta F_w=0\tag{5.17}$$

或表示为：

$$-\delta F_H=\delta F_\sigma+\delta F_w\tag{5.18}$$

该式为畴壁位移磁化过程中的一般磁化方程式。它的物理意义为：畴壁位移磁化过程中磁位能的降低与铁磁体内能的增加相等。同时，该式还揭示了畴壁位移磁化过程中的平衡条件：动力（磁场作用力）＝阻力（铁磁体内部的不均匀性）。

根据铁磁体内畴壁位移阻力的不同来源，可以将畴壁位移磁化过程分为两种理论模型：内应力模型和含杂模型。下面分别加以讨论。

1. 内应力模型

在内应力模型中，主要考虑内应力的起伏分布对铁磁体内部能量变化的影响，忽略杂质的影响。一般的金属软磁材料和高磁导率软磁铁氧体适合采用这种模型。

在内应力模型中，畴壁能密度随着内应力分布不同而起伏变化，其变化关系可近似表示为：

$$\gamma_w \approx 2\delta\left(K_1+\frac{3}{2}\lambda_S\sigma\right) \tag{5.19}$$

同时，由于内应力 σ 随着位移 x 的变化而变化，所以畴壁能密度 γ_w 随着位移 x 的变化而变化，是位移 x 的函数。

由于不考虑杂质的穿孔作用，在畴壁位移磁化过程中，畴壁始终保持一平面而不变形。因此可以认为在畴壁移动过程中，畴壁面积保持不变。因此式(5.15)可以简化为：

$$\delta F_w=\frac{\partial \gamma_w}{\partial x} \tag{5.20}$$

铁磁体内存在180°畴壁和90°畴壁两种畴壁，因此畴壁位移的应力模型也要分为两种情况讨论。

1)180°畴壁位移

对于180°畴壁，铁磁体内存在沿畴壁位移方向的内应力分布：

$$\sigma=\sigma_0+\frac{\Delta\sigma}{2}\sin\frac{2\pi}{l}x \tag{5.21}$$

180°畴壁位移模型如图5.4所示。

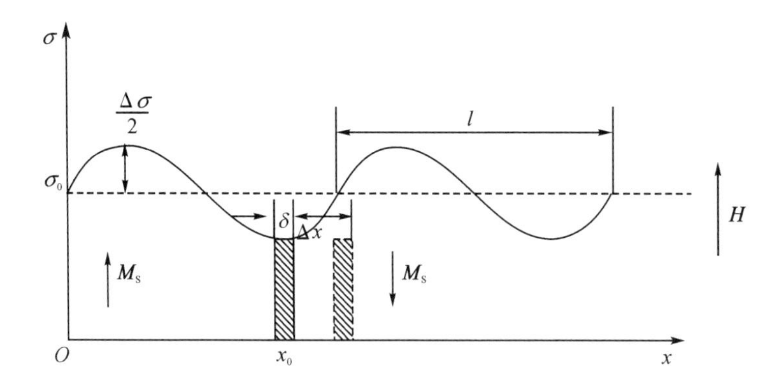

图5.4 180°畴壁位移模型

对于180°畴壁而言，在畴壁两侧磁弹性能没有变化，因此对畴壁位移并不构成阻力作用。因此，式(5.18)表示的磁化方程可简化为：

$$-\delta F_H=\delta F_w \tag{5.22}$$

即得出180°畴壁位移平衡方程：

$$2\mu_0 M_S H = \frac{\partial \gamma_w}{\partial x} \tag{5.23}$$

无外磁场时，180°畴壁的平衡位置应在畴壁能取极小值的位置 x_0 处，故有 $\left(\frac{\partial \gamma_w}{\partial x}\right)_{x=x_0}=0$ 和 $\left(\frac{\partial^2 \gamma_w}{\partial x^2}\right)_{x=x_0}>0$。施加外磁场后，畴壁发生位移。设磁场强度增加 ΔH 时，180°畴壁移动距离 Δx，于是有：

$$2\mu_0 M_S \Delta H = \left(\frac{\partial^2 \gamma_w}{\partial x^2}\right)_{x_0} \Delta x \tag{5.24}$$

在单位体积中，畴壁位移 Δx 所产生的磁化强度变化为：

$$\Delta M(180°) = 2M_S S_{180°} \Delta x \tag{5.25}$$

所以，起始磁化率为：

$$\chi_i(180°) = \frac{\Delta M(180°)}{\Delta H} = \frac{4\mu_0 M_S^2 S_{180°}}{\left(\frac{\partial^2 \gamma_w}{\partial x^2}\right)_{x_0}} \tag{5.26}$$

如前式(5.19)：

$$\gamma_w \approx 2\delta\left(K_1 + \frac{3}{2}\lambda_S \sigma\right) \tag{5.27}$$

则有：

$$\frac{\partial \gamma_w}{\partial x} = 3\delta\lambda_S \frac{\partial \sigma}{\partial x} = 3\delta\lambda_S \Delta\sigma \frac{\pi}{l}\cos\frac{2\pi}{l}x \tag{5.28}$$

$$\frac{\partial^2 \gamma_w}{\partial x^2} = 3\delta\lambda_S \frac{\partial^2 \sigma}{\partial x^2} = -6\delta\lambda_S \Delta\sigma \frac{\pi^2}{l^2}\sin\frac{2\pi}{l}x \tag{5.29}$$

由 $\left(\frac{\partial \gamma_w}{\partial x}\right)_{x=x_0}=0$ 和 $\left(\frac{\partial^2 \gamma_w}{\partial x^2}\right)_{x=x_0}>0$ 可求出 $x_0=\left(n+\frac{3}{4}\right)l$，其中 n 为整数。代入式(5.26)可得：

$$\chi_i(180°) = \frac{2\mu_0 M_S^2 l^2 S_{180°}}{3\pi^2 \delta\lambda_S \Delta\sigma} \tag{5.30}$$

在 180°畴壁位移模型中，磁畴的宽度为 l，单位体积包含 $1/l$ 个磁畴和畴壁，因此单位体积畴壁面积为 $1/l$。但并不是每个自由能极小的位置处都存在畴壁，引入充实系数 α，表示晶体中实际存在的 180°畴壁占据自由能极小位置的份数。于是单位体积包含 180°畴壁的面积实际为：

$$S_{180°} = \frac{\alpha}{l} \tag{5.31}$$

将式(5.31)代入式(5.30)中，可得：

$$\chi_i(180°) = \frac{2\mu_0 M_S^2 l\alpha}{3\pi^2 \delta\lambda_S \Delta\sigma} \tag{5.32}$$

2)90°畴壁位移

对于 90°畴壁，铁磁体内存在沿畴壁位移方向的内应力分布：

$$\sigma = \sigma_0 \sin\frac{2\pi}{l}x \tag{5.33}$$

90°畴壁位移模型如图 5.5 所示。由于内应力的起伏分布，在 90°畴壁位移磁化过程中，磁弹性能和畴壁能密度都发生变化。一般认为，内应力对磁弹性能的影响大于畴壁能密度的影响，因此为了简化计算，略去畴壁能密度的改变。这样，在90°畴壁位移磁化过程中存在的能量变化仅为磁位能和磁弹性能的变化，并且有：

$$-\delta F_H=\delta F_\sigma \tag{5.34}$$

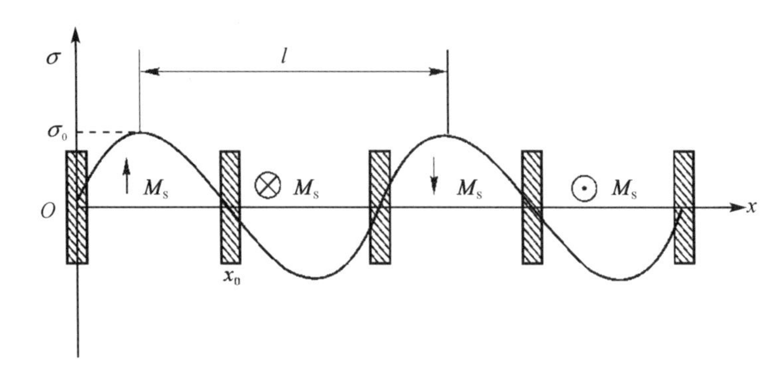

图5.5 90°畴壁位移模型

由式(5.12)得，磁弹性能的变化为：

$$\delta F_\sigma=\left(-\frac{3}{2}\lambda_S\sigma\cos^2 90^\circ\right)-\left(-\frac{3}{2}\lambda_S\sigma\cos^2 0^\circ\right)=\frac{3}{2}\lambda_S\sigma \tag{5.35}$$

90°畴壁位移磁化过程中，磁位能的变化为：

$$\delta F_H=(-\mu_0 M_S H\cos 90^\circ)-(-\mu_0 M_S H\cos 0^\circ)=\mu_0 M_S H \tag{5.36}$$

因此，90°畴壁位移磁化方程为：

$$\mu_0 M_S H=\frac{3}{2}\lambda_S\sigma \tag{5.37}$$

无外磁场时，畴壁处于内应力为零的位置 x_0 上，由式(5.29)得，$x_0=(n+1/2)l$，n 为整数。

施加如图5.5所示磁场时，由磁化方程可得：

$$\mu_0 M_S\Delta H=\frac{3}{2}\lambda_S\left(\frac{\partial\sigma}{\partial x}\right)_{x_0}\Delta x \tag{5.38}$$

当90°畴壁移动 Δx 距离后，沿外磁场方向单位体积磁化强度改变量为：

$$\Delta M(90^\circ)=M_S S_{90^\circ}\Delta x \tag{5.39}$$

所以，起始磁化率为：

$$\chi_i(90^\circ)=\frac{\Delta M(90^\circ)}{\Delta H}=\frac{2\mu_0 M_S^2 S_{90^\circ}}{3\lambda_S\left(\frac{\partial\sigma}{\partial x}\right)_{x_0}} \tag{5.40}$$

由式(5.40)得：

$$\left(\frac{\partial\sigma}{\partial x}\right)_{x_0}=\frac{2\pi}{l}\sigma_0\cos\frac{2\pi}{l}x\bigg|_{x=x_0}=-\frac{2\pi}{l}\sigma_0 \tag{5.41}$$

在90°畴壁位移模型中，畴壁宽度为 $l/2$，单位体积中包含 $2/l$ 个磁畴和畴壁，因此单位体积的畴壁面积为 $2/l$。于是由90°畴壁位移决定的起始磁化率可表示为：

$$\chi_i(90^\circ)=\frac{2\mu_0 M_S^2}{3\pi\lambda_S\sigma_0} \tag{5.42}$$

2. 含杂模型

含杂模型忽略内应力的影响，主要考虑因存在杂质而引起的铁磁体内能量的变化，从而对畴壁的移动形成阻力。如果铁磁晶体内包含许多非磁性或弱磁性的杂质、气孔等，而内应力的变化不大，则可以采用含杂模型进行分析。

含杂模型中，畴壁位移时，畴壁能密度的变化不大，主要是畴壁面积改变引起的畴壁能的变化：

$$\delta F_w = \gamma_w \frac{\partial \ln S}{\partial x} \tag{5.43}$$

根据自由能极小的原理，有：

$$\delta F = \delta F_H + \delta F_w = 0 \tag{5.44}$$

于是得出含杂模型畴壁位移过程的一般磁化方程：

$$-\delta F_H = \gamma_w \frac{\partial \ln S}{\partial x} \tag{5.45}$$

下面以180°畴壁为例，说明含杂模型中的起始磁导率。对于180°畴壁，其位移磁化方程为：

$$2\mu_0 M_S H = \gamma_w \frac{\partial \ln S}{\partial x} \tag{5.46}$$

当磁场增加 $\mathrm{d}H$ 时，有：

$$2\mu_0 M_S \mathrm{d}H = \gamma_w \left(\frac{\partial^2 \ln S}{\partial x^2}\right)\mathrm{d}x \tag{5.47}$$

畴壁移动 $\mathrm{d}x$ 后，沿外磁场方向磁化强度的改变量为：

$$\mathrm{d}M_{180^\circ} = 2M_S S_{180^\circ}\mathrm{d}x \tag{5.48}$$

所以畴壁位移决定的起始磁化率为：

$$\chi_i = \frac{4\mu_0 M_S^2 S_{180^\circ}}{\gamma_w\left(\dfrac{\partial^2 \ln S}{\partial x^2}\right)} \tag{5.49}$$

假设铁磁体内部杂质呈规则的简单立方点阵分布，如图5.6所示，杂质直径为 d，点阵常数为 a，畴壁厚度为 δ。

当外磁场强度大小 $H=0$ 时，畴壁应停留在杂质的中心处，因为此时畴壁被杂质穿孔的面积最大，畴壁有效面积最小。施加外磁场 $\boldsymbol{H}$，畴壁离开杂质中心位置，畴壁面积增大，畴壁能增加。设畴壁移动后的位置为 x，则在一个杂质点阵的单胞内，畴壁面积 S 应为：

$$S = a^2 - \pi\left(\frac{d^2}{4} - x^2\right) \tag{5.50}$$

当 $x=0$，$a \gg d$ 时，上式中 $S \approx a^2$。由上式可得：

$$\frac{\partial \ln S}{\partial x} \approx \frac{1}{a^2}2\pi x \tag{5.51}$$

$$\frac{\partial^2 \ln S}{\partial x^2} \approx \frac{2\pi}{a^2} \tag{5.52}$$

实际上，并不是所有的杂质处都有畴壁的出现，引入充实因子 α，则畴壁的宽度 l 应为 $l=a/\alpha$。单位体积中畴壁数为 $1/l$，所以单位体积的畴壁面积为：

$$S_{180^\circ} = 1 \times 1 \times \frac{1}{l} = \frac{\alpha}{a} \tag{5.53}$$

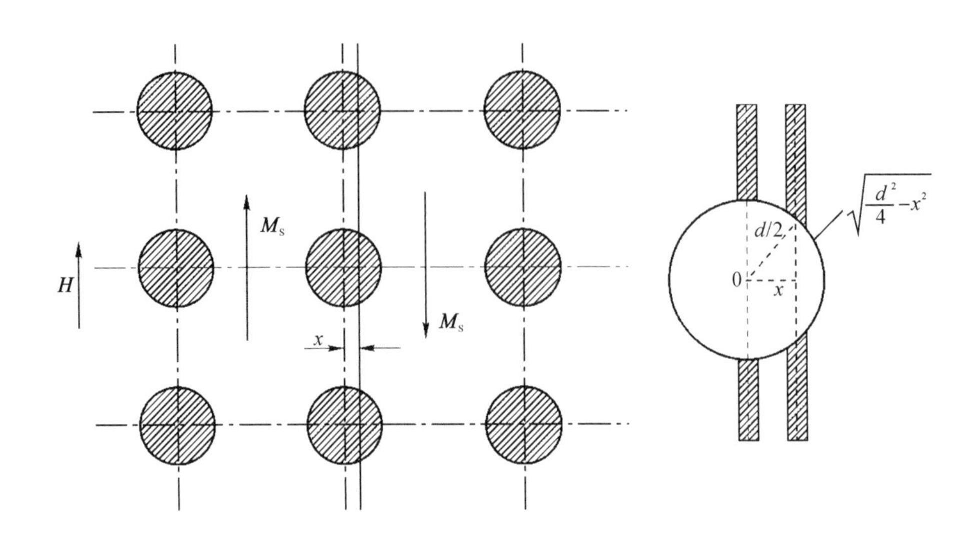

图 5.6 含杂立方点阵模型

通常采用杂质的体积浓度 β 来表示点阵常数 a，有：

$$\beta=\frac{\frac{1}{6}\pi d^3}{a^3}=\frac{1}{6}\pi\left(\frac{d}{a}\right)^3 \tag{5.54}$$

可以直接求出：

$$a=\frac{d}{\beta^{1/3}}\left(\frac{\pi}{6}\right)^{1/3} \tag{5.55}$$

在含杂模型中，忽略内应力的影响，因此畴壁能密度 $\gamma_w=2\delta\left(K_1+\frac{3}{2}\lambda_S\sigma\right)$ 可简单表示为：

$$\gamma_w\approx 2\delta K_1 \tag{5.56}$$

于是式(5.49)中的起始磁导率可以表示为：

$$\chi_i=\frac{d}{6^{1/3}\pi^{2/3}}\frac{\mu_0 M_S^2\alpha}{\delta K_1\beta^{1/3}}\sim\frac{M_S^2}{K_1\beta^{1/3}} \tag{5.57}$$

上述两种模型是在一定程度上对实际磁化过程的近似和假设。实际中材料内部往往同时存在杂质、气泡或内应力分布，这些因素都会对畴壁位移构成阻力。由式(5.32)、式(5.52)、式(5.57)可以发现，畴壁位移磁化过程中影响起始磁导率的因素有：

(1)材料的饱和磁化强度 M_S，M_S 越大，起始磁导率越高；

(2)材料的磁晶各向异性常数 K_1 和磁致伸缩系数 λ_S，K_1 和 λ_S 越小，起始磁导率越高；

(3)材料的内应力 σ，材料内部的晶体结构越完整均匀，产生的内应力越小，起始磁导率也越高；

(4)材料内的杂质浓度 β，杂质浓度 β 越低，畴壁位移磁化过程决定的起始磁导率越高。

5.2.2 不可逆畴壁位移磁化过程

在施加的磁场强度较低时，材料发生可逆畴壁位移磁化，即撤销外磁场后，材料能够按照原来的磁化路径回到起始磁化状态。材料的磁化场继续增大，如果撤销外磁场后，不能按照磁化路径回到起始磁化状态，即为不可逆磁化过程。

同可逆畴壁位移磁化过程一样，铁磁体内存在应力和杂质以及晶界等结构起伏变化是产生不可逆畴壁位移的根本原因。下面以存在应力起伏分布的180°畴壁为例，说明不可逆畴壁位移磁化的机理。

180°畴壁位移磁化方程为：

$$2\mu_0 M_S H = \frac{\partial \gamma_w}{\partial x}$$

图5.7给出畴壁能密度 $\gamma_w(x)$ 的分布规律，$\frac{\partial \gamma_w(x)}{\partial x}$ 则是180°畴壁移动时引起的畴壁能密度变化的规律。

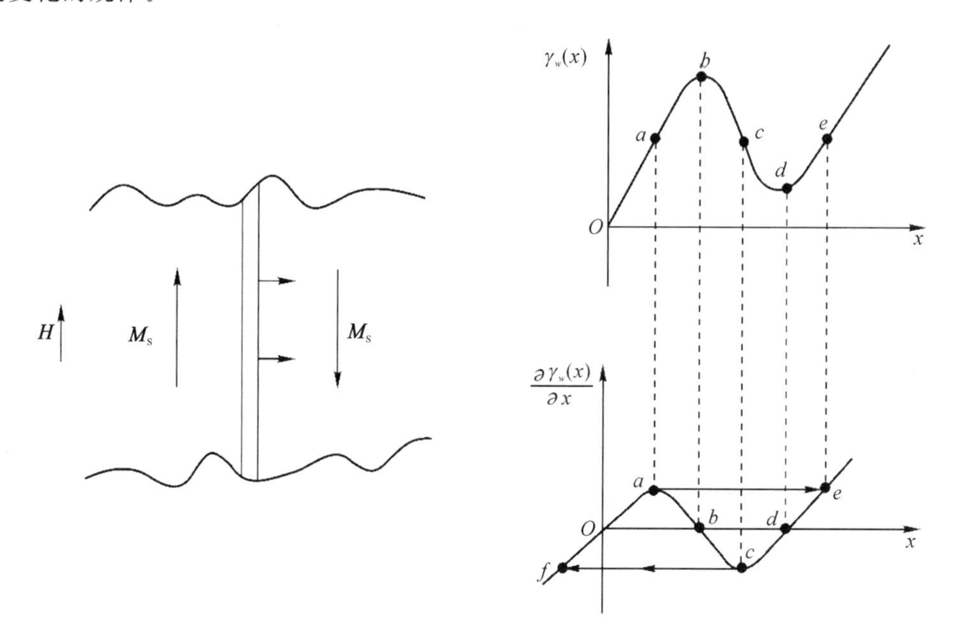

图5.7 不可逆畴壁位移模型

当外磁场强度大小 $H=0$ 时，180°畴壁移动在 $\gamma_w(x)$ 为最小值的 O 点。在这点上 $\left(\frac{\partial \gamma_w}{\partial x}\right)_0=0$，$\left(\frac{\partial^2 \gamma_w}{\partial x^2}\right)_0>0$，所以180°畴壁在 O 点处于稳定平衡状态。

当 $H>0$ 时，畴壁开始移动。设单位面积的畴壁移动了一段距离 Δx，磁场能下降，畴壁能增加，两者平衡：

$$2\mu_0 M_S \Delta H = \frac{\partial^2 \gamma_w}{\partial x^2}\Delta x \tag{5.58}$$

畴壁从 O 点沿 $\overrightarrow{Oa}$ 方向移动的过程中，$\frac{\partial^2 \gamma_w}{\partial x^2}>0$，畴壁移动到任一位置均处于平衡稳定磁化状态。此时若将外磁场减小到零，畴壁可以按照原来的 Oa 路径回到起始位置 O 点，所以 Oa 段的磁化被称为可逆畴壁位移磁化阶段。

畴壁位移到 a 点位置时，$\frac{\partial \gamma_w}{\partial x}$ 具有极大值。稍微加大外磁场，畴壁就通过 a 点。通过 a

点后$\frac{\partial^2 \gamma_w}{\partial x^2}<0$，畴壁处于不平衡状态，畴壁将继续移动，并越过$\frac{\partial \gamma_w}{\partial x}<\left(\frac{\partial \gamma_w}{\partial x}\right)_a$的整个$ae$段，一直移动到$\frac{\partial \gamma_w}{\partial x}=\left(\frac{\partial \gamma_w}{\partial x}\right)_a$的$e$点才达到平衡。若此时将外磁场$H$减小到零，畴壁不再按照原来的路径回到起始位置$O$点，而是停留在$\frac{\partial \gamma_w}{\partial x}=0$的$c$点。畴壁由$a$点移动到$e$点的过程称为不可逆畴壁移动过程。

畴壁从a点移动到e点的过程是个跳跃式的位移过程。这种跳跃式的畴壁位移称为巴克豪森跳跃。如果外磁场继续增大，畴壁就可能发生几次巴克豪森跳跃，而且跳跃的步长逐渐增大。图5.8给出了巴克豪森跳跃磁化的过程。伴随着巴克豪森跳跃的产生，材料在这一磁化阶段具有较大的磁导率，对应于磁化曲线上的陡峭部分，如图5.9所示。

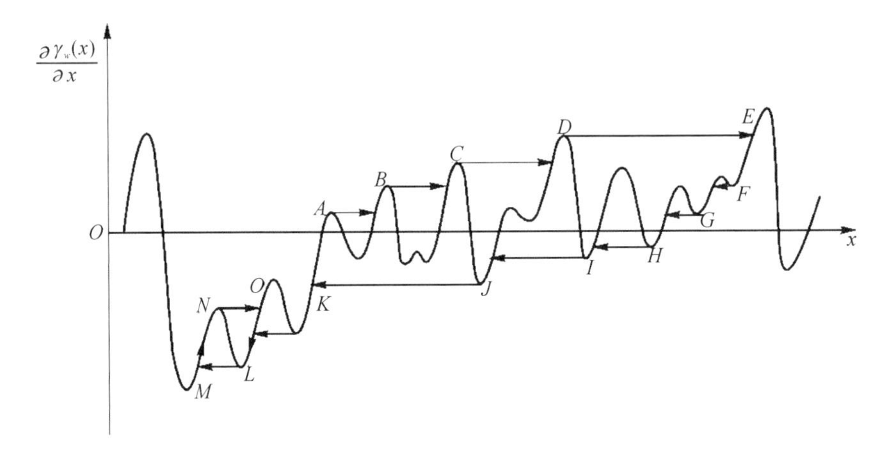

图5.8 巴克豪森跳跃磁化过程

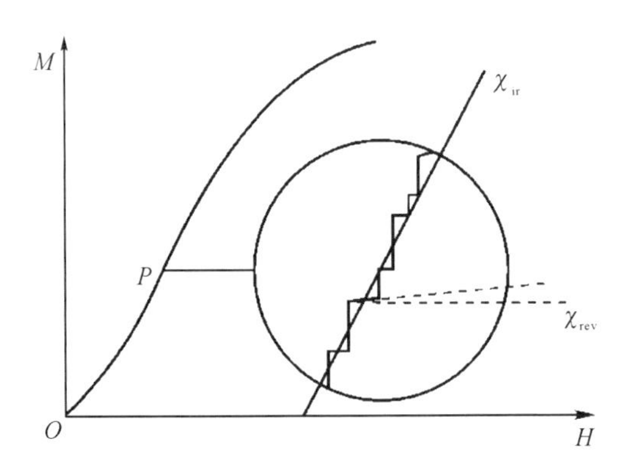

图5.9 磁化曲线上巴克豪森跳跃磁化部分

图5.7中a点和图5.8中A点对应的磁场称为不可逆磁化过程的临界磁场，用H_0表示。超过临界磁场H_0时，材料将发生不可逆磁化。由式(5.23)得：

$$2\mu_0 M_S H_0=\left(\frac{\partial \gamma_w}{\partial x}\right)_{\max} \tag{5.59}$$

对于180°畴壁的应力分布，由式(5.28)可得：

$$\left(\frac{\partial \gamma_w(x)}{\partial x}\right)_{\max}=3\pi\delta\lambda_S\frac{\Delta\sigma}{l} \tag{5.60}$$

于是可以得出：

$$H_0=\frac{3\pi\lambda_S\delta\Delta\sigma}{2\mu_0 M_S l} \tag{5.61}$$

式中，H_0 为磁化曲线上最大磁化率所对应的磁场。

下面估算不可逆畴壁位移的磁化率。当外磁场 H 增大到 H_0 数量级时，畴壁位移大约为内应力周期 l 的数量级。对于 180°畴壁位移，磁化强度的变化为：

$$M=2M_S l S_{180°} \tag{5.62}$$

发生不可逆位移的磁化强度即为临界磁场强度 H_0，并且有 $S_{180°}=\alpha/l$，于是不可逆畴壁位移磁化过程的磁化率χ_{ir}为：

$$\chi_{ir}=\frac{M}{H_0}=\frac{4\alpha\mu_0 M_S^2}{3\pi\lambda_S\Delta\sigma}\frac{l}{\delta} \tag{5.63}$$

与式(5.57)比较发现，由不可逆畴壁位移决定的磁化率χ_{ir}比由可逆畴壁位移决定的起始磁化率χ_i 大很多。并且通过式(5.63)，可以找出提高材料的磁化率χ_{ir}的途径。

对于杂质对不可逆位移磁化起主要阻碍作用的材料，可以采用类似的方法，讨论其不可逆畴壁位移决定的临界磁场强度 H_0 和不可逆磁化率χ_{ir}。

5.3 磁畴转动磁化过程

5.3.1 可逆磁畴转动磁化过程

磁畴转动磁化过程是铁磁体在外磁场作用下，磁畴内所有磁矩一致向着外磁场方向转动的过程，简称畴转过程。在铁磁体内，当无外磁场作用时，各个磁畴都自发取向在它们的各个易磁化轴方向上。这些易磁化轴方向取决于铁磁体内的广义各向异性能分布的最小值方向。当有外磁场作用时，铁磁体内总的自由能将会因外磁场能存在而发生变化，总自由能的最小值方向也将重新分布，因此磁畴的取向也将会由原来的方向转到新的能量最小方向上。这个过程就相当于在外磁场作用下，磁畴向着外磁场方向发生转动。

在外磁场作用下，铁磁体内存在磁晶各向异性能 F_K、磁应力能 F_σ、外磁场能 F_H 和退磁场能 F_d。磁畴转动过程中，总的自由能可以表示为：

$$F=F_K+F_\sigma+F_H+F_d \tag{5.64}$$

磁畴转动平衡时，满足能量极小值原理，即：

$$\frac{\partial F}{\partial \theta}=\frac{\partial F_K}{\partial \theta}+\frac{\partial F_\sigma}{\partial \theta}+\frac{\partial F_H}{\partial \theta}+\frac{\partial F_d}{\partial \theta}=0 \tag{5.65}$$

式中，θ 为转动角。上式又可表示为如下形式：

$$\frac{\partial F_K+\partial F_\sigma+\partial F_d}{\partial \theta}=-\frac{\partial F_H}{\partial \theta} \tag{5.66}$$

该式即为畴转磁化过程中的平衡方程式。它表明，在畴转过程中，当铁磁体内磁位能降低的数值与磁晶各向异性能、磁应力能和退磁场能增加的数值和相等时，畴转磁化处于平衡状态。

在外磁场作用下，磁畴发生偏转，如果撤销外加磁场后，磁畴又回到起始的磁化状态，则称这个过程为可逆磁畴转动磁化过程。为了进一步理解可逆畴转磁化过程，下面对磁晶各向异性和内应力作用的情况分别加以讨论。

1. 由磁晶各向异性控制的可逆畴转磁化

以单轴六角晶系为例进行说明。如图 5.10 所示，在垂直于易轴的磁场作用下，磁畴的磁化强度 $\boldsymbol{M}_S$ 偏离[0001]方向，表现为单纯的磁畴转动磁化过程。

图 5.10 单轴晶体的畴转过程

单轴晶体的磁晶各向异性能为：

$$F_K = K_{U1}\sin^2\theta \tag{5.67}$$

外磁场能为：

$$F_H = -\mu_0 M_S H\sin\theta \tag{5.68}$$

根据畴转磁化方程(5.66)得：

$$\frac{\partial F_K}{\partial \theta} = -\frac{\partial F_H}{\partial \theta} \tag{5.69}$$

于是有：

$$2K_{U1}\sin\theta\cos\theta = \mu_0 M_S H\cos\theta \tag{5.70}$$

得出：

$$H = \frac{2K_{U1}}{\mu_0 M_S}\sin\theta \tag{5.71}$$

$$\Delta H = \frac{2K_{U1}}{\mu_0 M_S}\cos\theta\Delta\theta \tag{5.72}$$

沿磁场方向的磁化强度为：

$$M_H = M_S\sin\theta \tag{5.73}$$

则：

$$\Delta M_H = M_S\cos\theta\Delta\theta \tag{5.74}$$

于是，畴转磁化过程的起始磁化率χ_i 为：

$$\chi_i = \frac{\Delta M_H}{\Delta H} = \frac{\mu_0 M_S^2}{2K_{U1}} \tag{5.75}$$

2. 由应力控制的可逆畴转磁化

在铁磁体内，应力分布存在各向异性。当材料的应力各向异性能很强，而磁晶各向异性能很弱时，就可以忽略磁晶各向异性能的作用，而只考虑磁弹性能对畴转过程的影响。

如图 5.11 所示，在外磁场强度大小 $H=0$ 时，磁畴磁化强度 $\boldsymbol{M}_S$ 在由磁弹性能决定的易磁化方向上。施加与应力方向垂直的外磁场，$\boldsymbol{M}_S$ 偏离应力方向 θ 角，表现为畴转磁化过程。

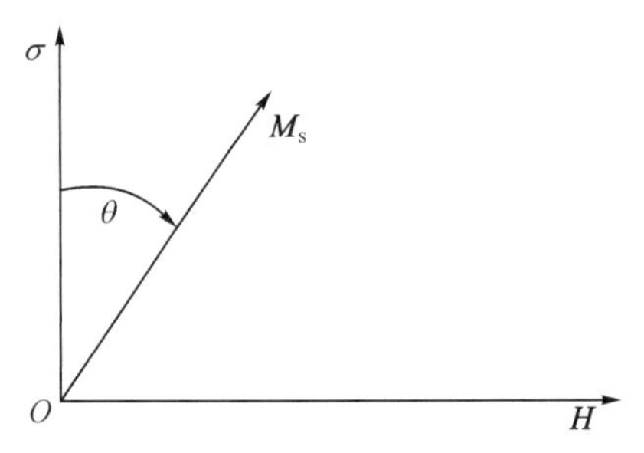

图 5.11 应力作用引起的畴转过程

铁磁体的磁弹性能为：

$$F_\sigma=-\frac{3}{2}\lambda_S\sigma\cos^2\theta \tag{5.76}$$

外磁场能为：

$$F_H=-\mu_0 M_S H\sin\theta \tag{5.77}$$

根据畴转磁化方程(5.64)得：

$$\frac{\partial F_\sigma}{\partial\theta}=-\frac{\partial F_H}{\partial\theta} \tag{5.78}$$

于是有：

$$3\lambda_S\sigma\cos\theta\sin\theta=\mu_0 M_S H\cos\theta \tag{5.79}$$

得出：

$$H=\frac{3\lambda_S\sigma\sin\theta}{\mu_0 M_S} \tag{5.80}$$

$$\Delta H=\frac{3\lambda_S\sigma}{\mu_0 M_S}\cos\theta\Delta\theta \tag{5.81}$$

沿磁场方向的磁化强度为：

$$M_H=M_S\sin\theta$$

则：

$$\Delta M_H=M_S\cos\theta\Delta\theta$$

于是，畴转磁化过程的起始磁化率χ_i为：

$$\chi_i=\frac{\Delta M_H}{\Delta H}=\frac{\mu_0 M_S^2}{3\lambda_S\sigma} \tag{5.82}$$

上述两种模型是在一定程度对实际畴转磁化过程的近似和假设。实际中材料内部往往同时存在磁晶各向异性能和磁弹性能，这些因素都会对磁畴转动构成阻力。由式(5.75)(5.82)可以发现，畴壁转动磁化过程中影响起始磁导率的因素有：

(1)材料的饱和磁化强度M_S，M_S越大，起始磁导率越高；

(2)材料的磁晶各向异性常数K_1和磁致伸缩系数λ_S，K_1和λ_S越小，起始磁导率越高；

(3)材料的内应力σ，材料内部的晶体结构越完整均匀，产生的内应力越小，起始磁导率也越高。

5.3.2　不可逆磁畴转动磁化过程

畴转磁化过程与畴壁位移磁化过程一样，也有可逆和不可逆之分。实现不可逆畴转磁化一般需要较强的磁场，因此通常铁磁体内的不可逆磁化主要是由畴壁位移引起的。但对于不存在畴壁的单畴颗粒来说，畴转磁化是唯一的磁化机制，包括可逆畴转磁化和不可逆畴转磁化。导致可逆畴转磁化和不可逆畴转磁化的原因是铁磁体内存在着广义的各向异性能的起伏变化。

下面以具有单轴各向异性的晶体为例说明不可逆畴转磁化过程产生的机制。如图5.12所示的单畴颗粒，外磁场强度$\boldsymbol{H}$与易磁化轴夹角为θ_0。当外磁场强度大小$H=0$时，自发磁化强度$\boldsymbol{M}_S$停留在易磁化轴方向上；$H>0$时，$\boldsymbol{M}_S$在外磁场作用下，偏离原来的易磁化方向而转向外磁场方向，$\boldsymbol{M}_S$与$\boldsymbol{H}$间的夹角为θ。

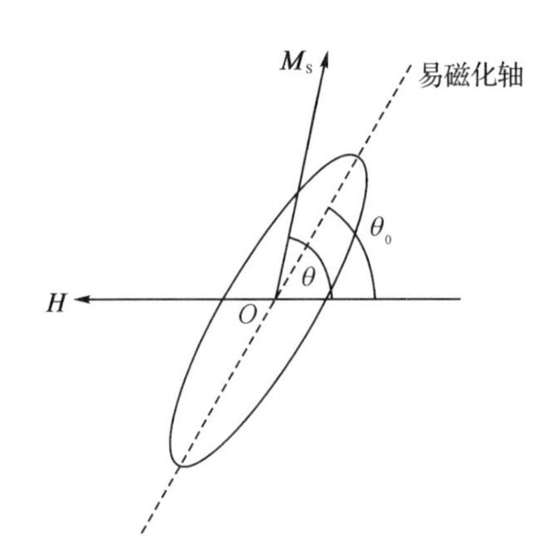

图 5.12 单畴颗粒的不可逆磁畴转动

在畴转过程中，需要考虑的能量有磁晶各向异性能 F_K 和外磁场能 F_H。单轴各向异性的磁晶各向异性能 F_K 可表示为：

$$F_K = K_{U1}\sin^2(\theta-\theta_0) \tag{5.83}$$

外磁场能可表示为：

$$F_H = \mu_0 M_S H\cos\theta \tag{5.84}$$

总的自由能为：

$$F = F_K + F_H = K_{U1}\sin^2(\theta-\theta_0) + \mu_0 M_S H\cos\theta \tag{5.85}$$

根据自由能极小的原理可得：

$$\frac{\partial F}{\partial\theta} = K_{U1}\sin 2(\theta-\theta_0) - \mu_0 M_S H\sin\theta = 0 \tag{5.86}$$

式(5.86)就是发生畴转磁化的磁化方程。式(5.86)中自由能的二阶导数为：

$$\frac{\partial^2 F}{\partial\theta^2} = 2K_{U1}\cos 2(\theta-\theta_0) - \mu_0 M_S H_0\cos\theta \tag{5.87}$$

如果畴转磁化过程处于稳定平衡状态，则必须满足条件$\frac{\partial^2 F}{\partial\theta^2}>0$；如果处于非稳定平衡状态，则有$\frac{\partial^2 F}{\partial\theta^2}<0$。磁场 H 由零逐渐增大时，磁化强度 $\boldsymbol{M}_S$ 转动，θ 角增大，然后突然转向 x 轴方向。所以，畴转过程中磁化强度 $\boldsymbol{M}_S$ 的取向由稳定平衡状态转为不稳定状态的分界点是$\frac{\partial^2 F}{\partial\theta^2}=0$，对应的磁场就是发生不可逆畴转的临界磁场强度的大小 $\boldsymbol{H}_0$。于是有：

$$2K_{U1}\cos 2(\theta-\theta_0) - \mu_0 M_S H_0\cos\theta = 0 \tag{5.88}$$

可以求出发生不可逆畴转磁化的临界磁场强度的大小 H_0，有：

$$\sin 2\theta_0 = \frac{1}{p^2}\left(\frac{4-p^2}{3}\right)^{3/2} \tag{5.89}$$

式中，$p=\frac{\mu_0 M_S H_0}{K_{U1}}$。$p$ 和 θ_0 之间的这种函数关系，示于图 5.13 中。从图中可以发现，$\boldsymbol{H}_0$ 的大小由 θ_0 的数值决定。当外加磁场与易磁化轴之间夹角 $\theta_0=45°$时，磁化强度 $\boldsymbol{M}_S$ 最容易反转，其临界磁场的大小 H_0 为：

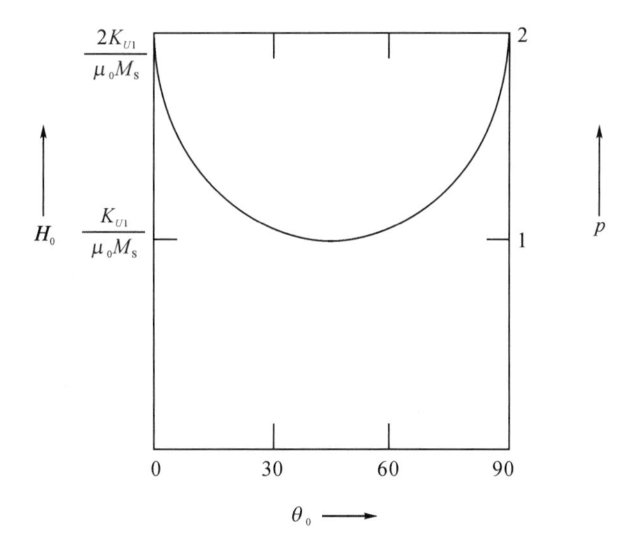

图 5.13 临界磁场 H_0 与外场取向 θ_0 间的关系

$$H_0 = \frac{K_{U1}}{\mu_0 M_S} \tag{5.90}$$

随着磁场与易轴间夹角 θ_0 偏离 45°，临界磁场 H_0 逐渐变大。当 θ_0 为 0°和 90°时，临界磁场大小为：

$$H_0 = \frac{2K_{U1}}{\mu_0 M_S} \tag{5.91}$$

下面简单估算不可逆畴转磁化过程决定的磁化率。考虑上述单轴各向异性晶体 $\theta_0 = 0°$ 时的情况。当外加磁场大小 $H = H_0$ 时，铁磁体将发生不可逆畴转磁化，磁化强度 $\boldsymbol{M}_S$ 将转向外磁场方向。则沿外磁场方向磁化强度的变化为：

$$\Delta M_H = 2M_S \tag{5.92}$$

于是不可逆畴转过程决定的磁化率 χ_i 为：

$$\chi_i = \frac{\Delta M_H}{H_0} = \frac{\mu_0 M_S^2}{K_{U1}} \tag{5.93}$$

可以发现，不可逆畴转磁化过程的磁化率也是与 M_S^2 成正比，与 K_{U1} 成反比。

具有单轴各向异性的铁磁体的可逆与不可逆畴转磁化过程可以用图 5.14 说明。图(a)中，易轴与磁场方向间夹角 θ_0 小于 90°。无外加磁场时，磁矩停留在易磁化轴 Oa 方向上。施加外磁场后，磁矩转动 θ 角。这时，将磁场强度减小到零，磁矩又会按照原路径回到易磁化方向上，即为可逆磁畴转动磁化。图(b)中，易轴与磁场方向间夹角 θ_0 大于 90°。如果 $H < H_0$，则磁矩旋转 θ 角。若 $H = 0$，则磁矩回到初始位置。因此，磁化过程同样也是可逆磁畴转动过程。如果 $H > H_0$，磁矩将跳跃到图(c)中所示的位置；外加磁场降为零，磁矩回转到 Ob 方向，而不能回到原来的 Oa 方向。这个过程为不可逆磁畴转动过程。

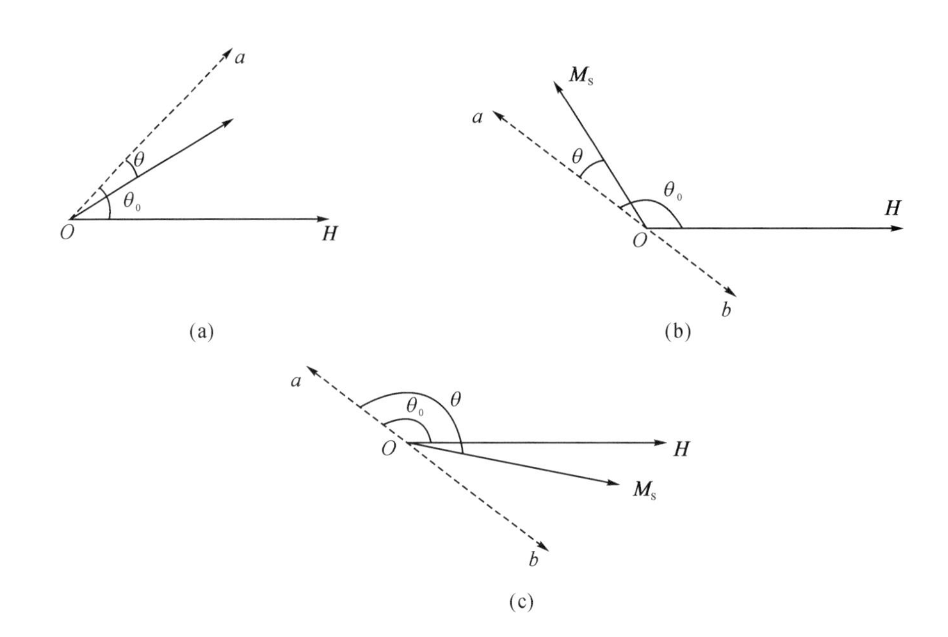

图 5.14 可逆与不可逆畴转磁化

5.4 反磁化过程

反磁化过程是指铁磁体从一个方向上的技术磁化饱和状态变为相反方向上的技术磁化饱和状态。这个过程涉及两个重要的物理量，即矫顽力和剩余磁化强度。矫顽力表示反磁化过程中使 $M=0$ 或者 $B=0$ 所需的外磁场。剩余磁化强度表示铁磁体饱和磁化以后，减小外磁场到零，而在原外磁场上所剩余的磁化强度。由于永磁材料的工作状态其实是在反磁化曲线上的，因此这两个物理量在永磁材料研究中具有重要的意义。

反磁化过程和磁化过程一样也存在可逆和不可逆磁化，从而导致磁滞现象出现。反磁化过程中磁滞形成的根本原因和铁磁体内存在的应力起伏、杂质以及广义磁各向异性引起的不可逆磁化过程有关。对反磁化过程形成阻碍的机制可以分为以下三种：①磁畴壁不可逆位移；②反磁化形核；③不可逆畴壁转动。三种机制决定了反磁化过程中的磁滞。对于反磁化畴容易形核且畴壁容易出现的铁磁体(例如软磁材料)，反磁化过程主要是通过畴壁位移实现的，不可逆畴壁位移则导致了磁滞。对于单畴材料，反磁化过程主要是磁畴转动过程，不可逆磁畴转动则导致了磁滞。有些材料则是由于反磁化核的形成和长大受到了抑制导致了反磁化过程中的磁滞。磁体的矫顽力则可以简单地理解为反磁化过程中，产生大量不可逆磁化的临界磁场。

5.4.1 畴壁位移阻碍机制

与磁化过程一样，反磁化过程中畴壁位移受到的阻力也是来自两个方面，一个是应力的起伏分布，另一个是杂质的起伏分布。

对于应力起伏导致的磁滞，若畴壁厚度 δ 远小于应力起伏周期 l，则可以得到：

$$H_c \simeq \frac{\delta \lambda_S \Delta\sigma}{l \mu_0 M_S} \tag{5.94}$$

若畴壁厚度 δ 远大于应力起伏周期 l,则可以得到:

$$H_c \simeq \frac{l \lambda_S \Delta\sigma}{\delta \mu_0 M_S} \tag{5.95}$$

由于材料内部的应力分布和磁畴壁厚度强烈依赖于材料结构,很难确定,上面两式只能对矫顽力 H_c 进行一个数量级的估计,但仍然可以得到一些定性规律:

(1)矫顽力 H_c 随内应力起伏 $\Delta\sigma$ 的增大而线性增大;

(2)内应力变化周期 l 和磁畴壁厚度 δ 相差太多量级时,应力分布不均匀对矫顽力的影响不大,只有当两者具有相同量级时,对矫顽力的影响才明显。

对于那些内应力不明显,但是含有从过饱和固溶体里脱溶出来杂质的磁体,应该采用含杂模型来分析,可以得到矫顽力 H_c 和掺杂球直径 d、磁畴壁厚度 δ、掺杂浓度 β 的定性关系式:

$$H_c \simeq \frac{\delta K_1}{d \mu_0 M_S} \beta^{\frac{2}{3}} \tag{5.96}$$

由上式可以得到一些定性规律:

(1)矫顽力 H_c 随掺杂浓度 β 的增加而增加;

(2)畴壁尺寸一般小于掺杂物尺寸,因此当掺杂物质的尺寸 $d \approx \delta$ 时,矫顽力达到最大;

(3)矫顽力为温度相关量,受 M_S、K_1 和温度变化的影响。

5.4.2 反磁化形核阻碍机制

反磁化过程中要发生畴壁位移,首先要存在磁畴壁。而在理想情况下,当铁磁体处于技术磁化饱和状态时,铁磁体内部一般不存在磁畴壁,反磁化过程将无法通过磁畴壁位移实现。但是在实际的铁磁体中发现,往往会在铁磁体的晶粒边界、掺杂物或者应力不均匀区域附近存在一些磁化方向与饱和磁化方向不一致的小区域,这些区域被称为反磁化核。在足够强的反磁化场作用下,这些反磁化核会长大成为反磁化畴,从而使得反磁化过程中的畴壁位移成为可能。因此反磁化核的生长过程对铁磁体的矫顽力机制起着重要的作用。这个过程涉及两个阶段:一个是在外磁场作用下,反磁化核发生和长大为反磁化畴的过程;另一个是反磁化核长成为反磁化畴后畴壁的可逆和不可逆位移。

1. 反磁化核的产生和形核场

铁磁体内部的不均匀存在,如内应力、杂质、晶粒边界或者缺陷等都可以作为反磁化核的形核中心。图 5.15 表示以掺杂颗粒和晶粒边界为反磁化形核中心的示意图。

古德诺夫对晶界作为反磁化核形核中心做了计算。在面积为 D^2 的晶界两侧晶粒的易磁化方向不同,在晶界面法线方向上的磁矩分量也不同,从而会在晶界界面上产生净磁极,导致退磁场的产生[见图 5.15(b)]。晶界面上的磁极密度可以表示为:

$$\sigma_m = -\nabla \cdot \boldsymbol{M}_S = M_S(\cos\theta_1 - \cos\theta_2) \tag{5.97}$$

假设晶粒平均尺寸为 L,晶界面上退磁场能密度为:

$$F_m \approx \frac{2}{3} \sigma_m^2 L \tag{5.98}$$

假设在晶粒边界 D^2 产生一个反磁化核,反磁化核为旋转椭球体,长轴半径为 l,短轴半

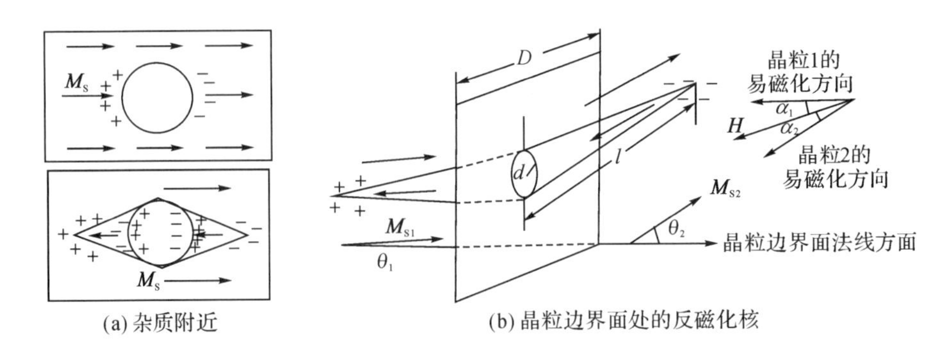

图 5.15 反磁化核的形成

径为 d,反磁化核体积 $V=\frac{4\pi}{3}d^2l$,表面积 $S=\pi d^2 l$,退磁因子 $N=\frac{4\pi}{k^2}(\ln 2k-1)$,其中 $k=l/d$。这个反磁化核的产生需一定的能量,但同时会使界面处的退磁场能降低,引起的能量变化可以表示为:

$$\Delta F=(F_m-F_n)A_s-n[\gamma_w S-2NM_S^2V-HM_S(\cos\alpha_1-\cos\alpha_2)+F_p+F_{np}] \quad (5.99)$$

等式右边第一项为反磁化核形成前后晶粒边界面上的能量变化,第二项为反磁化核长大引起的能量变化。式中,F_m 和 F_n 分别是反磁化核产生前后晶粒边界面面积 A_s 上的退磁场能密度,n 为单位体积内包含的反磁化核的数目,γ_w 为假设反磁化核为 180°畴壁的畴壁能密度,α_1、α_2 分别为外磁场和相邻晶粒(晶粒 1、晶粒 2)之间易磁化方向的夹角,V 为反磁化核体积,F_p 和 F_{np} 分别为畴壁面上磁极与晶粒边界面上磁极之间的相互作用能和近邻畴壁面上磁极之间的相互作用能。

如果 l 为常数,平衡时,可以由 $\frac{\partial(\Delta F)}{\partial d}=0$ 求出反磁化核的数目 n,再由反磁化核形成的临界条件 $\Delta F=0$ 求出反磁化核核场的值 H_n。得:

$$H_n=\frac{2b^2\left(\frac{3\pi\gamma_w}{2b^2c}-\frac{F_m}{\pi}\right)}{4M_S l(\cos\alpha_1-\cos\alpha_2)} \quad (5.100)$$

式中,$b=D/d>1$,$c=d/l$。

若 H_n 为正,则说明反磁化形核需要的能量比未形核时晶粒界面上的退磁场能大,因此当外磁场为零时,不会存在反磁化核;若 H_n 为负,则晶粒界面上的退磁场很大,这时生成反磁化核可以降低退磁场能,有利于反磁化核的形成。

进一步求解可以得到 $H_n>0$ 的条件:

$$M_S^2L(\cos\theta_1-\cos\theta_2)^2<240\left[A_1\left(K_1+\frac{3}{2}\lambda_S\sigma\right)\right]^{1/2} \quad (5.101)$$

式中,θ_1、θ_2 为晶粒易磁化轴和晶粒边界法线的夹角,λ_S 为饱和磁致伸缩系数,A_1 为有效交换常数,σ 为内应力,K_1 为磁晶各向异性常数。

从上式可以看出,为了抑制反磁化形核,可以采用以下手段:

(1)减小晶粒平均直径 L;

(2)c 尽可能小,即晶粒易磁化轴尽可能平行;

(3)适当提高材料磁晶各向异性常数 K_1,但是过大的 K_1 会阻碍磁畴壁移动,增大材料矫顽力。

同样，利用能量分析方法可以得到由反磁化形核所决定的矫顽力：

$$H_c \simeq \frac{1}{6}\pi M_S(\cos\theta_1 - \cos\theta_2) \tag{5.102}$$

2．反磁化核长大

反磁化核形成以后，需要满足一定的条件才能继续长大，长成为反磁化畴。假设反磁化畴为前文提到的旋转椭球体，如图 5.16 所示，椭球体长轴为 l，短轴为 d。假设反磁化核的起始磁化强度 $\boldsymbol{M}_{st}$ 沿着 x 轴反方向，即与周围的磁化强度方向相反，反磁化核长大 $\mathrm{d}V$ 过程中，考虑其内部能量变化为：

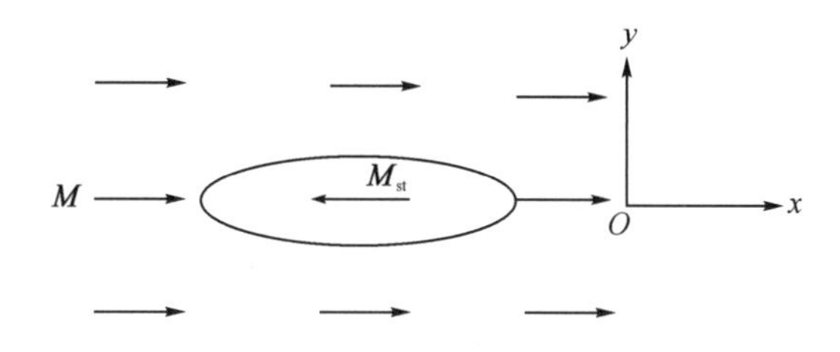

图 5.16　反磁化核长大

(1)磁场作用能降低为 $2\mu_0 M_{st} H \mathrm{d}V$；

(2)畴壁表面积增加，使得畴壁能增加 $\gamma_w \mathrm{d}S$；

(3)反磁化核长大，畴壁向外移动，克服阻力所做的功为 $2\mu_0 M_{st} H_0 \mathrm{d}V$，$H_0$ 为临界磁场；

(4)反磁化核长大，因形状改变而引起的退磁场能的改变为 $\mathrm{d}F_d$。

考虑到上述几种能量变化，反磁化核长大的条件为：

$$2\mu_0 M_{st} H \mathrm{d}V - \gamma_w \mathrm{d}S - \mathrm{d}F_\sigma \geqslant 2\mu_0 M_{st} H_0 \mathrm{d}V \tag{5.103}$$

因此，反磁化核长大过程中引起的能量变化必须克服畴壁位移的最大阻力，才能使得反磁化核继续长大。

从上式也可以得到，要让反磁化核继续长大，则外磁场应超过某一临界值。这个使反磁化核开始长大所需的临界外场可以表示为：

$$H_S = H_0 + C\frac{\pi\gamma_w}{\mu_0 M_{st}}\frac{1}{d_S} \tag{5.104}$$

式中，C 为常数，H_0 为畴壁位移临界磁场，d_S 为临界反磁化核尺寸。只有当 $H > H_S$ 时，反磁化核才能长大成为反磁化畴。另外，铁磁体内部并非所有磁化不均匀的区域都能形成反磁化核，只有那些尺寸满足 $d > d_S$ 的反磁化核在大于 H_S 的外磁场下才有可能长大为反磁化畴，并继续通过畴壁位移的方式完成反磁化过程。因此，H_S 也可以看成反磁化核长大过程中受到阻滞所导致的矫顽力。

5.4.3　磁畴转动阻碍机制

如果在铁磁材料内部没有反磁化核形成，则畴壁位移过程就很难发生，这种情况下，反磁化过程是通过磁化矢量的转动来实现的。具体可能存在以下几种情况：

(1)由单畴铁磁性粒子组成的磁性材料；

(2)单畴脱溶粒子组成的高矫顽力合金，如 Al-Ni-Co 合金。

对磁畴转动过程的阻碍主要是各种磁各向异性,包括磁晶各向异性、应力各向异性和形状各向异性。对于单畴粒子转动的反磁化过程来说,其对应的矫顽力为:

(1)磁晶各向异性决定的矫顽力:

$$H_c \sim \frac{K_1}{\mu_0 M_S} \tag{5.105}$$

(2)应力各向异性决定的矫顽力:

$$H_c \sim \frac{\sigma\lambda_S}{\mu_0 M_S} \tag{5.106}$$

(3)形状各向异性决定的矫顽力:

$$H_c \sim (N_1 - N_2) M_S \tag{5.107}$$

5.5 静态磁参数

软磁材料和永磁材料的实际应用和技术磁化过程密切相关,因此有必要详细介绍技术磁化过程中涉及的一些静态磁参数,包括剩余磁化强度、起始磁导率、矫顽力、最大磁能积$(BH)_{max}$和矩形比等参数。

5.5.1 剩余磁化强度

剩余磁化强度 $\boldsymbol{M}_r$ 的定义是当铁磁体磁化至饱和以后,在反磁化过程中,外场为零时所具有的磁化强度。铁磁体处于剩磁状态时,外磁场 $H=0$,但是 $M\neq0$。因为在从饱和磁化到 $H=0$ 的反磁化过程中,由可逆畴壁位移和可逆磁畴转动实现的磁化强度会回归到起始状态,而由不可逆畴壁位移和不可逆磁畴转动实现的磁化强度则无法回到初始状态。

图 5.17 给出了具有单轴各向异性的多晶铁磁体的磁畴在磁化和反磁化过程中的变化过程。图中,OBC 是起始磁化阶段,CDE 则是反磁化阶段。具有单轴各向异性的磁体只有互相反平行的两个方向是易磁化方向。在初始状态,多晶磁体的易磁化轴是统计学意义上的均匀分布,宏观上表现为磁化强度为零,即为磁中性;随着外加磁化场的增大,多晶体在外场方向逐渐磁化至饱和,此时磁体内部的原子磁矩都将沿着外场方向分布;此后将外场降为零,由于不可逆磁化的存在,各个晶粒内部的磁矩不会从饱和磁化方向回到初始位置,而是回到周围最靠近外场方向的易磁化轴方向,磁矩均匀分布在正半球内,宏观上表现为在原来

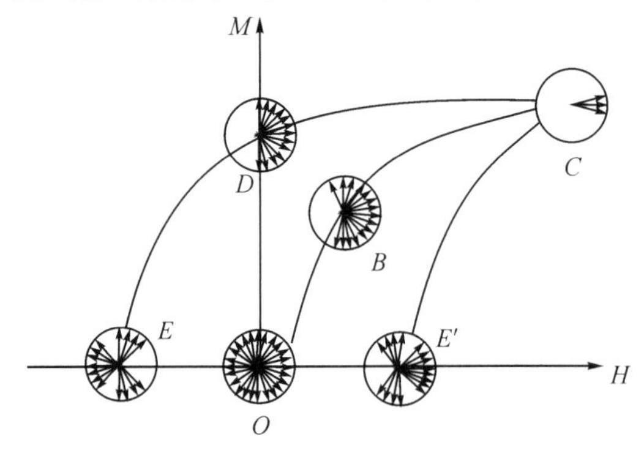

图 5.17 单轴晶系多晶体中的几种磁化状态对应的磁畴结构

的磁化方向上具有剩余磁化强度。

对于单轴单晶材料有：

$$\boldsymbol{M}_r = \boldsymbol{M}_S \cos\theta \tag{5.108}$$

式中，θ 为外磁场方向与易磁化轴之间的夹角。$\theta=0°$时，$\boldsymbol{M}_r=\boldsymbol{M}_S$；$\theta=90°$时，$\boldsymbol{M}_r=\boldsymbol{0}$。

剩磁状态下，在多晶材料中，各个晶粒的磁化矢量 $\boldsymbol{M}_S$ 是分布在最靠近外场的各个易磁化轴上的。每个晶粒的剩磁为 $\boldsymbol{M}_S\cos\theta$，对其取平均值则为多晶体的剩磁：

$$\boldsymbol{M}_r = \boldsymbol{M}_S \overline{\cos\theta} \tag{5.109}$$

对于单轴多晶体，假设易磁化轴均匀分布，剩磁状态下多晶体内磁化矢量均匀分布在与外场同向的正半球内，剩磁为：

$$\boldsymbol{M}_r = \boldsymbol{M}_S \overline{\cos\theta} = \boldsymbol{M}_S \frac{1}{2\pi}\int_0^{\frac{\pi}{2}} 2\pi \sin\theta\cos\theta \mathrm{d}\theta = \frac{1}{2}\boldsymbol{M}_S \tag{5.110}$$

对于多易磁化轴多晶体，以立方晶体为例，$K_1>0$ 的立方晶体有 6 个易磁化方向，$K_1<0$ 的立方晶体有 8 个易磁化方向。以 $K_1>0$ 的立方晶体为例，如果外磁场沿着立方晶体的任意方向磁化，则有：

$$\boldsymbol{M}_r = \frac{\boldsymbol{M}_S}{\beta_1+\beta_2+\beta_3} \tag{5.111}$$

式中，β_1、β_2、β_3 分别为外磁场和立方晶体中易磁化轴的方向余弦。

假设这些易磁化方向在多晶体中是均匀分布的，数学上可以证明不管 $K_1>0$ 还是 $K_1<0$，剩磁状态下的磁化矢量都分布在最大张角为 55°的空间锥中，如图 5.18 所示。进而可以得出：对于 $K_1>0$ 的立方晶体，$\boldsymbol{M}_r=0.834\boldsymbol{M}_S$；对于 $K_1<0$ 的立方晶体，$\boldsymbol{M}_r=0.866\boldsymbol{M}_S$。通过上述比较也可以发现，易磁化轴越多，在剩磁状态下磁化强度矢量越容易靠近外磁场方向，从而 $K_1<0$ 的立方晶体的剩磁比 $K_1>0$ 的立方晶体要大。

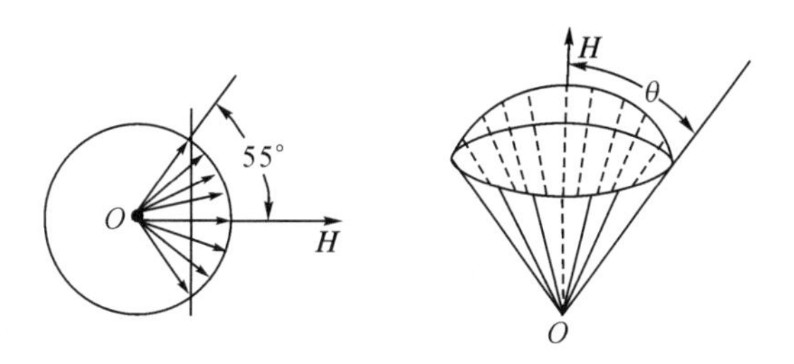

图 5.18　立方晶多晶剩磁分布模型

上述几种计算只是针对理想的铁磁体的，而一般情况下，材料内部都不可避免地存在杂散应力、杂质气孔、织构等缺陷，使材料在这些局部区域内磁场和外磁场方向不同，从而导致材料的剩磁状态偏离上述计算，甚至会产生重大偏差。

在多晶体中，应力对剩磁有着很大的影响。如果铁磁体其他种类的各向异性都很弱，剩磁将完全受应力的控制。材料中的应力主要受磁致伸缩系数 λ_S 和 σ 的影响，并通过 $\lambda_S\sigma$ 起作用的。由于应力产生的各向异性属于单轴各向异性，采用类似于上文中提到的单轴多晶体的计算方法，可以得到高剩磁 $\boldsymbol{M}_r=\boldsymbol{M}_S$ 或者 $\boldsymbol{M}_r=\boldsymbol{0}$。如果应力是完全均匀分布的，则 $\boldsymbol{M}_r=\frac{1}{2}\boldsymbol{M}_S$。

杂质和气孔会降低材料的剩磁，这主要通过两方面起作用：一方面是在杂质和气孔的周围存在着一定的退磁场,这些退磁场会导致材料内部磁化不均匀,从而导致剩磁的降低;另一方面,杂质和气孔往往是反磁化形核的区域,大量的反磁化核使得反磁化起始阶段就发生了很大的反磁化过程,从而降低了磁滞回线矩形度,导致剩磁减小。

另外,对材料中的晶粒进行定向,产生织构,使易磁化方向沿着饱和磁化方向排列一致,采用这种处理方法可以使得 $M_r \to M_S$。

材料在实际应用时,不同场合对剩余磁化强度有着不同的要求。对于永磁材料,作为储能元件对外界提供磁场,需要高的 M_r,从而能获得高的$(BH)_{max}$;对于磁记录材料,需要 $M_r/M_S \to 1$,提高矩形比,降低退磁效应,提高信息记录效率;对于磁头材料,电感材料等换能器材料则需要降低 M_r,从而降低剩磁引起的噪声和损耗。根据式(5.109)可以得出:要提高剩磁,则需要提高饱和磁化强度 M_S,并且使晶粒的易磁化轴定向排列,从而使$\overline{\cos\theta}$最大,具体可以采用结晶织构化磁场成型或者磁场热处理等工艺来实现。

5.5.2 起始磁化率

当铁磁体在弱磁场中工作时,起始磁化率χ_i 是一个重要的性能参数。

根据前文对磁化机制的讨论,不管是畴壁位移还是磁畴转动磁化机理,起始磁化率χ_i都与很多因素有关:都与材料的饱和磁化强度 M_S 的平方成正比;材料的 $\lambda_S\sigma$、K_1、杂质浓度 β 都会使起始磁化率降低。具体来说,提高材料起始磁化率可以从以下几个方面入手。

1. 提高材料的饱和磁化强度

从磁化理论可以得到,起始磁化率χ_i 和 M_S^2 成正比。因此,提高 M_S 有助于提高起始磁化率。在很多合金磁性材料或者磁性复合材料中,提高磁性组分的含量,或者选择具有高 M_S 的材料都可以提高χ_i。

但是在实际应用中,M_S 的提高一般不会很大,并且提高 M_S 以后可能会导致磁晶各向异性 K_1、磁致伸缩系数 λ_S 等其他参数的恶化。因此,通过提高 M_S 来达到提高起始磁化率 χ_i 的效果并不是很明显。

2. 降低磁晶各向异性常数 K_1 和磁致伸缩系数 λ_S

通过改变材料的成分和结构,可以在很大范围内改变其 K_1 和 λ_S 的大小和符号,甚至可以达到 $K_1 \to 0$,$\lambda_S \to 0$,从而有效地提高起始磁化率,这是提高材料χ_i 最有效的方法。

在金属软磁材料中,Fe-Ni 合金的 K_1 和 λ_S 值随成分和结构的不同而变化,而且其大小和符号在很大范围内发生变化。因此,选择适当合金成分和热处理条件可以控制 K_1 和 λ_S 在较低值,甚至可以使 $K_1 \to 0$,$\lambda_S \to 0$。例如:$\omega_{Ni} \approx 81\%$时,Fe-Ni 合金 $\lambda_S \approx 0$;$\omega_{Ni} \approx 76\%$时,Fe-Ni 合金 $K_1 \approx 0$;$\omega_{Ni} \approx 78.5\%$的 Fe-Ni 合金经过热处理后,起始磁化率$\chi_i$ 可达 10^4。

对于铁氧体软磁材料,首先从配方上选用 K_1 和 λ_S 很小的铁氧体作为基本成分,如 $MnFe_2O_4$、$MgFe_2O_4$、$CuFe_2O_4$ 和 $NiFe_2O_4$ 等。有些铁氧体具有正的 K_1 和 λ_S,有些铁氧体则具有负的 K_1 和 λ_S,可以通过控制两种铁氧体的含量来达到降低 K_1 和 λ_S 的目的,从而提高起始磁化率。

3. 控制内应力和杂质分布

为了提高起始磁化率,必须尽量降低材料中的杂质含量和内应力。若要满足这些要求,主要可通过选择原料、控制烧结温度以及热处理条件来实现。

对铁氧体材料来说，如果选择纯度高、活性好的原料，适当的烧结温度和时间以及合理的热处理工艺，可以使烧成的材料结构均匀，晶粒大小适当，杂质和空隙较少，因而材料中应力也就不容易产生。

对于金属软磁材料，可以通过控制合金成分、原料纯度、熔炼过程的温度和时间以及热处理条件等，得到单相、无气泡、杂质少以及残余应力低的磁性材料。

一般情况下，对于 λ_S 特别大的材料，需要特别注意降低内应力，而对于 K_1 特别大的材料，则要尽量降低杂质的含量。

4. 控制晶粒尺寸

对于传统材料而言，实验已证明，起始磁化率随晶粒尺寸的增大而升高。这主要因为随着晶粒增大，晶界对畴壁位移的阻滞变小，而且因晶粒尺寸的不同，对起始磁化率贡献的磁化机制也不同。以 MnZn 铁氧体为例，当其晶粒在 $5\mu m$ 以下时，晶粒近似为单畴，磁化机制以磁畴转动为主，μ_i 在 500 左右；当晶粒在 $5\mu m$ 以上时，晶粒内部为多畴结构，技术磁化过程中将会发生畴壁位移，μ_i 增大到 3000 以上。

晶粒的尺寸一般受到烧结和热处理过程的影响。提高铁氧体烧结温度，可以使晶粒长大，密度增大，有利于提高 μ_i。但是烧结温度过高，也会造成材料内部某些元素的挥发而产生空隙和应力，反而会恶化 μ_i。

另外，新型非晶纳米晶软磁材料与传统的磁性材料有所不同。在金属纳米晶软磁材料中，纳米晶粒弥散分布在非晶基底中，非晶相不存在磁晶各向异性，使得纳米晶相的磁晶各向异性被平分，从而大大降低 K_1，提高起始磁化率。在一定尺度范围内，随着纳米晶晶粒尺寸的降低，起始磁化率逐渐增大。

5. 材料的织构化

材料的织构化，是利用起始磁化率 χ_i 的各向异性来改进磁性材料磁特性的一种特殊方法。织构化通常有结晶织构和磁畴织构两种方法。结晶织构在工艺上是将各晶粒易磁化轴排列在一个方向，若沿着这个方向磁化，则可以获得高的 χ_i。磁畴织构是使磁畴沿磁场方向取向排列，从而提高 χ_i。

5.5.3　矫顽力

有两种方法定义矫顽力：在 B-H 磁滞回线上，使 $B=0$ 的磁场定义为磁感矫顽力，用 ${}_BH_c$ 表示；在 M-H 磁滞回线上，使 $M=0$ 的磁场定义为内禀矫顽力，用 ${}_MH_c$ 表示。在比较不同磁性材料的磁性能或设计磁路时不能混淆。根据退磁曲线特征和基本关系：

$$B=\mu_0(M+H)$$

可知，在磁滞回线的第二象限中，B-H 退磁曲线将位于 μ_0M-H 退磁曲线下方，即有：

$$|{}_MH_c|>|{}_BH_c|$$

两者之间的差别依赖于退磁曲线的特征。另外，当 $B=0$ 时，${}_BH_c=-M\leqslant M_r$，即 ${}_BH_c\leqslant M_r$，或 $\mu_{0\,B}H_c\leqslant B_r$。这就是说，${}_BH_c$ 的最高值不可能超过材料的剩磁值。

磁性材料的矫顽力机制较为复杂。考虑反磁化过程中的畴壁位移，由应力理论、含杂理论以及反磁化核生长阻滞理论决定的矫顽力分别为：

(1)应力理论：

$$H_c \sim \frac{\sigma\lambda_S}{\mu_0 M_S} \tag{5.112}$$

(2)含杂理论：

$$H_c \sim \frac{\beta^{\frac{2}{3}}}{\mu_0 M_S} \tag{5.113}$$

(3)反磁化核成长阻滞理论：

$$H_c \sim H_0 + C\frac{\pi\gamma_w}{\mu_0 M_S}\frac{1}{d_S} \tag{5.114}$$

考虑磁畴转动过程中各种各向异性对反磁化过程的阻力，而对应的矫顽力分别为：

(1)磁晶各向异性决定的矫顽力：

$$H_c \sim \frac{K_1}{\mu_0 M_S} \tag{5.115}$$

(2)应力各向异性决定的矫顽力：

$$H_c \sim \frac{\sigma\lambda_S}{\mu_0 M_S} \tag{5.116}$$

(3)形状各向异性决定的矫顽力：

$$H_c \sim (N_1 - N_2)M_S \tag{5.117}$$

在实际应用中，不同类型的磁性材料对矫顽力有不同的要求。软磁材料需要矫顽力尽可能小，永磁材料则需要矫顽力尽可能大。要有效地控制矫顽力，关键在于根据上述磁化理论，在工艺中控制相应的条件。

为了获得高矫顽力，可以通过提高对畴壁位移的阻力来实现。阻碍畴壁位移的因素主要是材料内应力和掺杂物等的不均匀分布。因此利用阻碍畴壁位移的方式来提高矫顽力，就要通过提高材料内部内应力的起伏分布和增加杂质的体积浓度来实现。同时，提高材料的磁致伸缩系数 λ_S 和磁晶各向异性常数 K_1 也是非常有效的手段。

对于大部分磁性材料来说，由磁畴壁位移决定的矫顽力只占了很小一部分。要更为有效地提高矫顽力，理想情况是材料内部没有畴壁存在。这就要求材料的最基本组元为单畴颗粒。在畴转过程中，主要的阻力是磁晶各向异性、应力各向异性以及形状各向异性，所以通过提高材料的各种磁各向异性来阻碍磁畴转动，可以有效提高矫顽力。

虽然在很长时间内，人们认为畴壁位移磁化过程所决定的矫顽力一般不高，要形成高的矫顽力，需要使材料以单畴形式存在。但是在 20 世纪 70 年代对高矫顽力的稀土永磁材料研究中发现，即使把材料研磨到微米量级的大小，也仍然无法制备出单畴颗粒，但是材料还是能获得很高的矫顽力。以稀土钴合金 $SmCo_5$ 为例，H_c 可以达到 4×10^6 A/m。通过研究发现，这些颗粒在被研磨时，表面发生塑性形变，导致材料的晶体结构不完整，这些缺陷的地方成为反磁化核的形核中心。这种情况下，反磁化是通过形核长大以及不可逆畴壁位移来实现的。因此，矫顽力由反磁化核的形核场决定。同时在材料中可发现畴壁被钉扎在缺陷处的现象。各种晶体内部的面缺陷、线缺陷以及点缺陷都可以使畴壁钉扎在缺陷处，尤其是晶粒边界、堆垛层错、反相边界和脱溶物等面缺陷。缺陷对磁畴壁的强钉扎作用使得畴壁需要很大的磁场才能移动，从而提高材料的矫顽力。特别对于高 K_1、窄畴壁的材料，矫顽力 H_c 即为钉扎场 H_p。当 $H<H_p$ 时，畴壁被钉扎；当 $H>H_p$ 时，畴壁发生不可逆位移。需要指出的是，这里反磁化形核和畴壁钉扎是一对矛盾的因素，为了防止材料中反磁化形核的发生，必须减少形核的缺陷中心，使其在颗粒表面或者内部难以形成，从而提高反磁化核的形核场，达到增大 H_c 的作用。但是提高畴壁钉扎场又要求增加这些作为钉扎中心的缺陷的数量。所以两者对缺陷中心的要求是互相矛盾的，需要综合考虑缺陷对材料矫顽力的影响。

如果要降低材料的矫顽力，则需要从相反的角度考虑。低的矫顽力要求材料的反磁化过程是通过畴壁移动进行的，而不是单畴颗粒的磁畴转动，因此可以从降低内应力起伏、杂质浓度和其他缺陷含量来入手。对于内应力不易消除的材料，则应该降低 λ_S。对于杂质浓度较高的材料，则应该注意降低 K_1。因此，降低矫顽力的方法和提高起始磁化率的方法是一致的。对于软磁材料来说，降低或者消除阻止反磁化过程的因素就可以降低矫顽力，也可以提高起始磁化率。

在纳米晶软磁材料中，纳米晶粒弥散分布在非晶基底中，非晶相不存在磁晶各向异性，使得纳米晶相的磁晶各向异性被平分，从而大大降低 K_1，降低了材料的矫顽力。在一定尺度范围内，随着纳米晶晶粒尺寸的降低，材料的矫顽力随之下降。

5.5.4 最大磁能积 $(BH)_{max}$

最大磁能积 $(BH)_{max}$ 是永磁材料最重要的参数之一。

理想的永磁材料的 M-H 内禀退磁曲线是矩形，如图 5.19(a)所示；而 B-H 磁感退磁曲线是直线，如图 5.19(b)所示。在 M-H 内禀退磁曲线上，$M_r = M_S$，${}_MH_c = M_S$；在 B-H 磁感退磁曲线上，$B_r = \mu_0 M_S$，而 ${}_HH_c = M_S$。

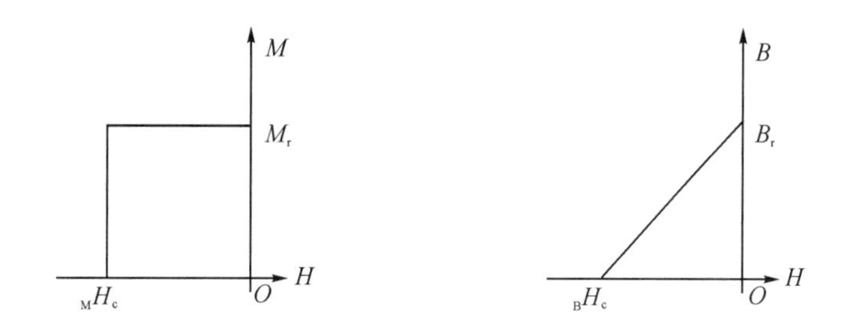

(a)内禀退磁曲线　　(b)磁感退磁曲线

图 5.19 理想永磁材料退磁曲线

由

$$B = \mu_0 (H + M_S) \tag{5.118}$$

得：

$$BH = \mu_0 (H + M_S) H \tag{5.119}$$

$(BH)_{max}$ 取得最大值时，可以由 $\frac{d(BH)}{dH} = 0$ 求得：

$$H = -\frac{M_S}{2}, B_1 = \frac{\mu_0 M_S}{2} \tag{5.120}$$

可得：

$$(BH)_{max} = \frac{\mu_0 M_S^2}{4} \tag{5.121}$$

可以用上式来理论上估算一种永磁材料的$(BH)_{max}$，判断其应用潜力。在实际应用中，永磁材料的退磁曲线往往并非图 5.19 所示的理想状态，而是如图 5.20 所示的状态，需采用不同的方法来确定实际永磁材料的$(BH)_{max}$。如果将退磁曲线上每一点对应的 BH 对应 B 作图，可以从图上得到$(BH)_{max}$，且有以下近似关系

$$\frac{B_1}{H_1}=\frac{B_S}{H_c} \tag{5.122}$$

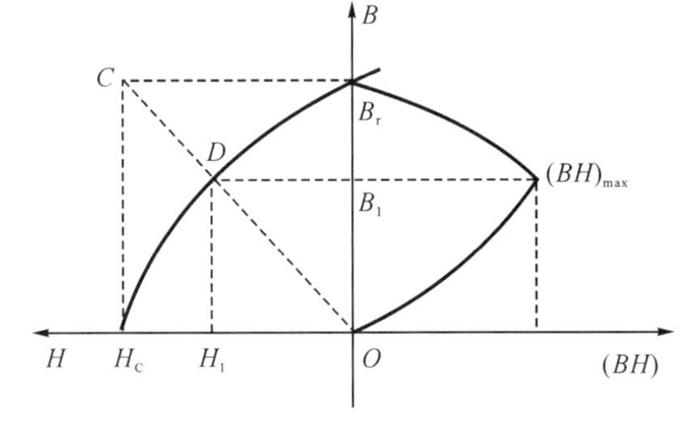

图 5.20 $(BH)_{max}$测定图解

因此过 B_r 和 H_c 作平行于 H 轴和 B 轴的两条线，相交于 C 点，连接 OC 与退磁曲线相交于 D 点，则 D 点对应的 H_1 和 B_1 即为该种永磁材料的工作点。

应当指出，永磁材料的三个重要参数 H_c、B_r 和$(BH)_{max}$是彼此联系的。提高材料 B_r 的方法同样可以提高 H_c，$(BH)_{max}$也同时得到提高，因此 B_r 对永磁材料至关重要。而这些参数则可以通过前文所述的各种工艺方法来提高。

5.5.5 矩形比

表征磁滞回线矩形程度的参数为矩形比 $R=B_r/B_S$，其值最高为 1。矩形比是用于开关元件、记忆元件等器件的矩磁材料的重要参数。为了使矩磁材料获得更优良的特性，除了要求$B_r/B_S \to 1$，还要求磁滞回线在第二、四象限内退磁曲线的转角接近 90°，为解决这个问题，需要从磁滞的三种机制入手。

(1)对于由畴转磁化决定的反磁化过程，要求材料具有高的单轴各向异性，并且沿着易磁化轴方向进行不可逆畴转磁化。要使磁滞回线在转角处为 90°，要求发生不可逆畴转的临界磁场比较集中，分散性小。

(2)对于由磁畴壁不可逆位移决定的反磁化过程，要求材料内部内应力和掺杂物的起伏分布比较集中，这样临界磁场分散性就小，使磁滞回线在转角处更接近 90°。通过冷变形加工再结晶工艺或者磁场热处理工艺产生感生各向异性，在材料内部形成与磁场平行的 180°畴壁，可以提高材料的矩形比。

(3)对于由反磁化核形核长大决定的反磁化过程，在磁滞回线的第一象限(即从 $B_S \to B_r$ 的过程中)就会有反磁化核出现。反磁化过程发生，就会导致矩形比降低。因此如何有效地避免反磁化核的形核长大是提高材料矩形比的关键。

习　题

第 5 章拓展练习

5-1　试解释下列名词：

(1)技术磁化；

(2)反磁化核；

(3)矩形比；

(4)最大磁能积。

5-2 试回答下列问题：

(1)材料的磁化机制有几种？各有什么特点？

(2)矫顽力的形成机制是什么？

(3)反磁化过程是怎么进行的？

参考文献

[1] BARAL D, LEE H. The effect of crystal-structure of very thin hcp co-ni films on the initial magnetization curves and hysteresis loops[J]. Journal of Applied Physics, 1987,61(8): 3828-3830.

[2] GRONEFELD M, KRONMULLER H. Initlal magnetization curve and hardening mechanism in rapidly quenched Nd-Fe-B magnets[J]. Journal of Magnetism and Magnetic Materials, 1990, 88(3): L267-L274.

[3] POLAK M, KREMPASKY L, MAJOROS M, et al. Anomalous magnetization behaviour in fine filamertary NbTi superconducting wires[J]. IEEE Transactions on Applied Superconductivity, 1993, 3(1): 150-152.

[4] VLASOV K B, ZAINULLINA R I, MILYAEV M A, et al. Magnetization processes in multiaxial antiferromagnets[J]. Journal of Magnetism and Magnetic Materials, 1995, 146(3): 305-314.

[5] POKHIL T G. Domain wall displacements in amorphous films and multilayers studied with a magnetic force microscope[J]. Journal Applied Physics, 1997, 81 (8): 5035-5037.

[6] KATINE J A, ALBERT F J, BUHRMAN R A, et al. Current-driven magnetization reversal and spin-wave excitations in Co/Cu/Co pillars[J]. Physical Review Letters, 2000, 84(14): 3149-3152.

[7] SUN S H, MURRAY C B, WELLER D, et al. Monodisperse FePt nanoparticles and ferromagnetic FePt nanocrystal superlattices[J]. Science, 2000, 287(5460): 1989-1992.

[8] HAMAYA K, TANIYAMA T, KITAMOTO Y, et al. Anistropic magnetotransport due to uniaxial magnetic anisotropy in (Ga,Mn)As wires[J]. IEEE Transactions on Magnetics, 2004, 40(4): 2682-2684.

[9] XI H W, SHI Y M, GAO K Z. Static, periodic, and chaotic magnetization behavior induced by spin-transfer torque in magnetic nanopillars[J]. Physical Review B, 2005, 71(14): 5.

[10] FLOHRER S, SCHAFER R, MCCORD J, et al. Dynamic magnetization process of nanocrystalline tape wound cores with transverse field-induced anisotropy[J]. Acta Materialia, 2006, 54(18): 4693-4698.

[11] CHOI B C, RUDGE J, FREEMAN M R, et al. Nonequilibrium magnetic domain structures as a function of speed of switching process in $Ni_{80}Fe_{20}$ thin-

film element[J]. IEEE Transactions on Magnetics, 2007, 43(1): 2-5.
[12] ELEFANT D, SCHAFER R, THOMAS J, et al. Competition of spin-flip and spin-flop dominated processes in magnetic multilayers: Magnetization reversal, magnetotransport, and domain structure in the NiFe/Cu system[J]. Physical Review B, 2008, 77(1): 11.
[13] QI X L, HUGHES T L, ZHANG S C. Topological field theory of time-reversal invariant insulators[J]. Physical Review B, 2008, 78(19): 43.
[14] ZHU Y G, ZHANG X H, LI T, et al. Ultrafast dynamics of four-state magnetization reversal in (Ga,Mn)As[J]. Applied Physics Letters, 2009, 95(5): 3.
[15] 钟文定. 技术磁学[M]. 北京:科学出版社,2009.
[16] CHENG T L, HUANG Y X Y, ROGERS C M, et al. Micromagnetic modeling of magnetization processes in FePt polytwin crystals[J]. Journal of Applied Physics, 2010, 107(11): 6.
[17] COEY J M D. Magnetism and Magnetic Materials[M]. Cambridge: Cambridge University Press, 2010.
[18] VALENCIA S, CRASSOUS A, BOCHER L, et al. Interface-induced room-temperature multiferroicity in $BaTiO_3$[J]. Nature Materials, 2011, 10(10): 753-758.
[19] CHIBA D, KAWAGUCHI M, FUKAMI S, et al. Electric-field control of magnetic domain-wall velocity in ultrathin cobalt with perpendicular magnetization[J]. Nature Communications, 2012, 3: 7.
[20] BUSCHOW K H J, BOER F R D. Physics of Magnetism and Magnetic Materials: 磁性物理学和磁性材料[M]. 北京: 世界图书出版公司, 2013.
[21] 金汉民. 磁性物理[M]. 北京:科学出版社,2013.
[22] HERON J T, BOSSE J L, HE Q, et al. Deterministic switching of ferromagnetism at room temperature using an electric field[J]. Nature, 2014, 516(7531): 370-373.
[23] 闫阿儒,张驰. 新型稀土永磁材料与永磁电机[M]. 北京:科学出版社,2014.
[24] FUZER J, DOBAK S, KOLLAR P. Magnetization dynamics of FeCuNbSiB soft magnetic ribbons and derived powder cores[J]. Journal of Alloys and Compounds, 2015, 628: 335-342.
[25] LIU J, CHEN Y C, LIU J L, et al. A stable pentagonal bipyramidal Dy(III) single-ion magnet with a record magnetization reversal barrier over 1000 K[J]. Journal of the American Chemical Society, 2016, 138(16): 5441-5450.
[26] PENG Q, HUANG J J, CHEN M X, et al. Phase-field simulation of magnetic hysteresis and mechanically induced remanent magnetization rotation in Ni-Mn-Ga ferromagnetic shape memory alloy[J]. Scripta Materialia, 2017, 127: 49-53.
[27] 刘梦丽. 基于多铁异质结的压控磁化翻转机理及其应用研究[D]. 成都:电子科

技大学,2022.

[28] LEE H, CHO Y J, HA E J, et al. Technical feasibility and efficacy of a standard needle magnetization system for ultrasound needle guidance in thyroid nodule-targeting punctures: a phantom study[J]. Ultrasonography, 2022, 41(3): 473-439.

第6章

动态磁化

6.1 动态磁化过程

前章讨论的磁化过程，是在磁场恒定的情况下，样品从一个稳定磁化状态转变到新的平衡状态。它不考虑建立新的平衡过程中的时间问题，因此可以称之为静态磁化过程。在静态磁化过程中也会因不可逆磁化出现磁滞现象，其每个磁化状态都处于亚稳定状态，并且磁化状态不随时间改变。而许多磁性材料，如硅钢片、坡莫合金、Ni-Zn铁氧体等，需要在交变磁场中使用，因此需要考虑磁化的时间问题。本节就从动态磁滞回线出发，考察铁磁体的动态磁化过程。

铁磁体在周期性变化的交变磁场中时，其磁化强度也周期性地反复变化，构成动态磁滞回线。动态磁滞回线和静态磁场中的磁滞回线有相似之处，也存在一定的差别。在相同的磁场强度范围内，动态磁滞回线的面积比静态磁滞回线要大一些。这是因为磁滞回线的面积等于磁化一周所损耗的能量。在静态磁场下，材料内的损耗仅为磁滞损耗；而在交变磁场下，材料内除了磁滞损耗以外，还存在涡流损耗和剩余损耗等。

在频率不变的情况下，改变交变磁场的磁化强度大小对磁性材料进行磁化，可以得到一系列不同的动态磁滞回线。这些动态磁滞回线的顶点（B_m，H_m）连线称为动态磁化曲线。根据定义，在动态磁化曲线上任一点的磁感应强度 B_m 和磁场强度 H_m 的比值，为振幅磁导率，即 $\mu_a=B_m/\mu_0 H_m$。

图6.1为在交变磁场下用铁磁示波器测得的铁磁体动态磁滞回线和动态磁化曲线。其中，最大的回线为动态饱和磁滞回线，B_S 和 H_S 则为饱和状态下饱和磁感应强度和相应的磁场强度，B_r 和 H_c 为剩余磁感应强度和矫顽力。

动态磁滞回线的形状与交变磁场的峰值 H_m 以及频率有关。实验表明，当交变磁场强度减小或增加交变磁场频率时，动态磁滞回线的形状将逐渐趋近于椭圆。图6.2是厚度为50μm的钼-坡莫合金片在三种不同频率下的动态磁滞回线。可以看出，随着频率的增大，动态磁滞回线逐渐变为椭圆形状。因此对于通常使用的弱场高频条件，可以采用椭圆形状来近似地表示铁磁材料的动态磁滞回线，如图6.3所示。假定交变磁场 H 呈正弦周期性变化，则相应的磁感应强度 B 也呈正弦周期性变化，但在时间上 B 要落后 H 一个相位角 δ。它们的数学表达式为：

$$H=H_m\sin\omega t \tag{6.1}$$

$$B=B_m\sin(\omega t-\delta) \tag{6.2}$$

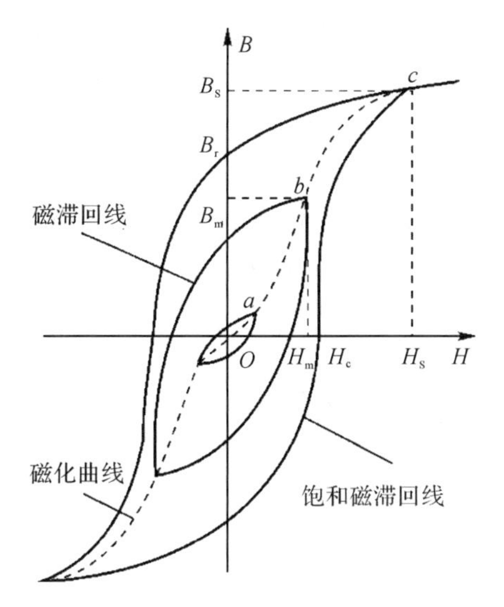

图 6.1　动态磁滞回线和动态磁化曲线

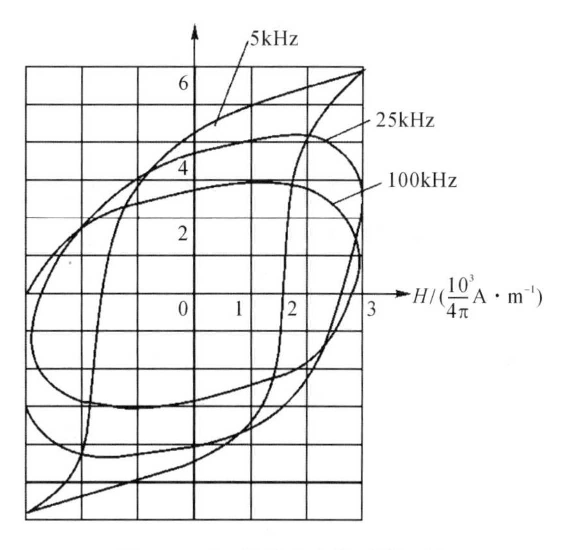

图 6.2　钼-坡莫合金的磁滞回线

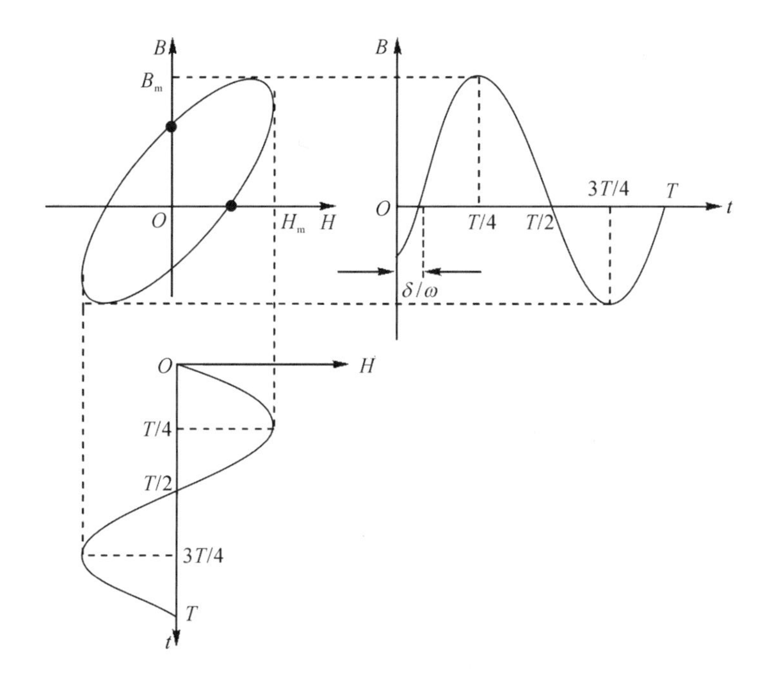

图 6.3　椭圆动态磁滞回线和铁磁体中相应 B-t、H-t 曲线

上述磁化落后磁场变化的现象称为磁化的时间效应。磁化的时间效应表现为以下几种不同的现象：

(1)磁滞现象。由于不可逆磁化，在静态磁化过程中也存在磁滞现象，但磁化不随时间变化。交变磁场中的磁化是动态过程，有时间效应。

(2)涡流效应。动态磁化过程中，铁磁材料内部会形成涡流。涡流的产生将抵抗磁感应强度的变化，从而使磁化产生时间滞后效应。

(3)磁导率的频散和吸收现象。在交变磁场中，铁磁材料内的畴壁位移或磁畴转动受到各种不同性质的阻尼作用，导致材料的复数磁导率随磁场频率变化，称为频散和吸收现象。

(4)磁后效。当外加磁场 $\boldsymbol{H}$ 发生突变时，相应的磁感应强度 $\boldsymbol{B}$ 的变化需经过一定的时间才能稳定下来。产生这种现象的原因是磁化过程本身或热起伏的影响，引起材料内部磁结构或晶体结构的变化，称为磁后效。

对铁磁性材料施加大小为 $H=H_1$ 的磁场，对应的材料的磁化强度大小为 $M=M_1$。在 $t=t_1$ 时刻，突然将磁场变化到 $H=H_2$，这时磁化强度也随即产生变化 M_2，并在一段时间内有个追加的变化 $M_i(t)$，如图 6.4 所示。$M_i(t)$ 可表示为：

$$M_i(t)=M_{i0}(1-e^{-t/\tau}) \tag{6.3}$$

式中，M_{i0} 表示从 $t=0$ 到 $t\rightarrow\infty$ 的磁化强度变化，τ 为单一弛豫时间。

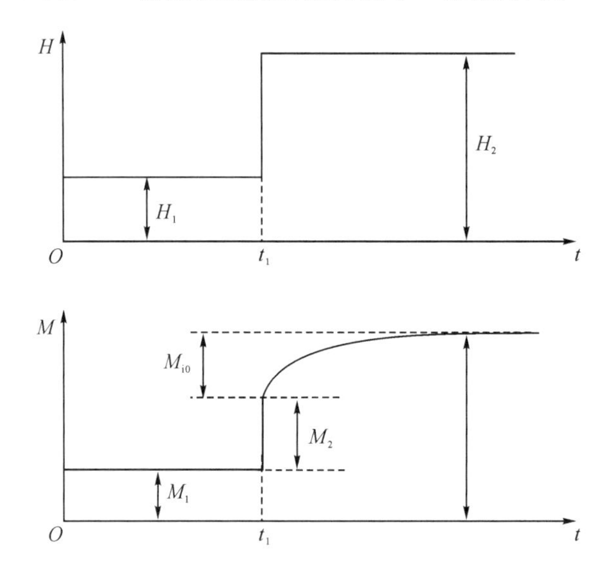

图 6.4 磁场随时间的变化及相应的磁化强度的变化

在交变磁场中，以上四种现象都将引起铁磁材料的能量损耗。

6.2 磁化强度矢量的运动方程

动态磁化过程中，磁化机制和技术磁化过程一样，也是磁畴壁移动和磁畴转动，但是需要考虑两者的动态过程和磁化时间效应，因此需要建立磁化强度矢量的运动方程。

在前章磁畴结构部分提到，铁磁体内存在着五种相互作用的能量，即外磁场能(E_H)、交换作用能(E_{ex})、磁晶各向异性能(E_K)、磁弹性能(E_σ)和退磁场能(E_d)。单位体积铁磁体所具有的能量为这五种能量之和，即

$$E=E_H+E_{ex}+E_\sigma+E_d+E_K \tag{6.4}$$

这五种能量对应的等效场分别为外磁场 $\boldsymbol{H}$、交换场 $\boldsymbol{H}_{ex}$、各向异性场 $\boldsymbol{H}_K$、引力场 $\boldsymbol{H}_\sigma$ 和退磁场 $\boldsymbol{H}_d$，由于五种能量是相互独立的，则磁化矢量受到的等效场可以表示成：

$$\boldsymbol{H}_{eff}=\boldsymbol{H}+\boldsymbol{H}_{ex}+\boldsymbol{H}_\sigma+\boldsymbol{H}_d+\boldsymbol{H}_K \tag{6.5}$$

即作用在磁化矢量上的等效场可以表示为上述五种有效场的矢量和。在平衡稳定的磁化状

态下，磁化矢量的方向应该和总的有效场的方向平行。

得到了磁化矢量 $\boldsymbol{M}_\mathrm{S}$ 所受的等效场，就可以写出其运动方程。假设有一个单轴铁磁体，在磁化平衡状态时，$\boldsymbol{M}_\mathrm{S}$ 总是平行于外磁场 $\boldsymbol{H}_\mathrm{eff}$。由于某种原因使得 $\boldsymbol{M}_\mathrm{S}$ 的方向发生改变而与 $\boldsymbol{H}_\mathrm{eff}$ 不再平行，将会受到一个力矩 $\boldsymbol{L}$ 的作用：

$$\boldsymbol{L}=\mu_0\boldsymbol{M}_\mathrm{S}\times\boldsymbol{H}_\mathrm{eff} \tag{6.6}$$

力矩引起的动量矩变化为：

$$\frac{\mathrm{d}\boldsymbol{P}}{\mathrm{d}t}=\boldsymbol{L} \tag{6.7}$$

考虑磁化矢量 $\boldsymbol{M}_\mathrm{S}$ 和动量矩 $\boldsymbol{P}$ 的关系为：

$$\mu_0\boldsymbol{M}_\mathrm{S}=-\gamma\boldsymbol{P} \tag{6.8}$$

γ 为磁力比，大小为：

$$\gamma=g\,\frac{\mu_0 e}{2m_\mathrm{e}} \tag{6.9}$$

则磁化矢量 $\boldsymbol{M}_\mathrm{S}$ 的运动方程为：

$$\frac{\mathrm{d}\boldsymbol{M}_\mathrm{S}}{\mathrm{d}t}=-\gamma\boldsymbol{M}_\mathrm{S}\times\boldsymbol{H}_\mathrm{eff} \tag{6.10}$$

这个运动磁化方程表示 $\boldsymbol{M}_\mathrm{S}$ 在力矩 $\boldsymbol{L}$ 的作用下，围绕 $\boldsymbol{H}_\mathrm{eff}$ 做进动，这种进动称为拉莫进动，如图 6.5 所示。在本书前章描述物质抗磁性时，也描述过外场中原子磁矩的拉莫进动，读者可以参考两处对拉莫进动的描述，加深外场对磁化矢量作用的理解。

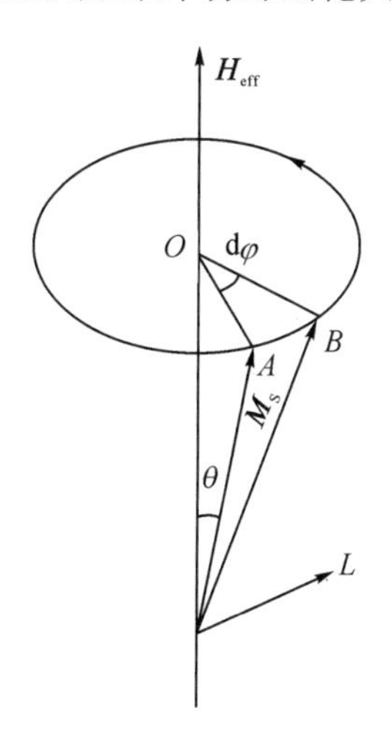

图 6.5　M_S 的进动示意图

从另外一个角度看，时间 $t=0$ 时，$\boldsymbol{M}_\mathrm{S}$ 位于 A 点，经过时间 Δt 以后，$\boldsymbol{M}_\mathrm{S}$ 位于 B 点，$\boldsymbol{M}_\mathrm{S}$ 的变化用 $\overrightarrow{AB}$ 来表示，则 $\Delta\boldsymbol{M}_\mathrm{S}=\overrightarrow{AB}$。由于 $\Delta\varphi$ 变化很小，则 $\overrightarrow{AB}=\overrightarrow{AO}\Delta\varphi$，而 $\overrightarrow{AO}=\boldsymbol{M}_\mathrm{S}\sin\theta$，则 $\Delta\boldsymbol{M}_\mathrm{S}=\overrightarrow{AB}=\overrightarrow{AO}\Delta\varphi=(\boldsymbol{M}_\mathrm{S}\sin\theta)\Delta\varphi$，同时除以 Δt，则有：

$$\frac{\Delta\boldsymbol{M}_\mathrm{S}}{\Delta t}=(\boldsymbol{M}_\mathrm{S}\sin\theta)\frac{\Delta\varphi}{\Delta t}=(\boldsymbol{M}_\mathrm{S}\sin\theta)\omega_0 \tag{6.11}$$

其中 $\omega_0=\dfrac{\Delta\varphi}{\Delta t}$ 为 $\boldsymbol{M}_\mathrm{S}$ 进动的角频率。

另 $\Delta t \to 0$,写成矢量形式为:

$$\frac{d\boldsymbol{M}_S}{dt} = \boldsymbol{M}_S \boldsymbol{\omega}_0 \tag{6.12}$$

对比前面两种表达形式,可以得到磁化矢量 $\boldsymbol{M}_S$ 进动的固有频率 $\omega_0 = \gamma H_{eff}$。

这里在描述磁化矢量 $\boldsymbol{M}_S$ 的进动时,没有考虑阻尼作用的影响。但是一般铁磁体中,磁化矢量在进动的时候都会受到阻尼作用,进动的动能越来越小,$\boldsymbol{M}_S$ 和 $\boldsymbol{H}_{eff}$ 的夹角会逐渐变小,最后 $\boldsymbol{M}_S$ 和 $\boldsymbol{H}_{eff}$ 将会方向平行,完成转动过程达到平衡状态。此时磁化矢量进动方程应当加入阻尼力矩 $\boldsymbol{T}_D$,即

$$\frac{d\boldsymbol{M}_S}{dt} = -\gamma \boldsymbol{M}_S \times \boldsymbol{H}_{eff} + \boldsymbol{T}_D \tag{6.13}$$

6.3 磁畴和畴壁的动态特性

从畴壁的成因和结构可以知道,畴壁是相邻的磁畴逐步从一个磁畴过渡到另外一个磁畴的过渡层,因此畴壁内的磁化矢量的方向必定和相邻磁畴内的磁化矢量方向不一样但又有联系。在技术磁化过程中,要考虑的主要是畴壁的位移;而在动态磁化过程中,则需要考虑磁畴和畴壁中不同方向的磁化矢量的动态响应。

6.3.1 畴壁动态特性

在没有外场作用的时候,磁畴壁法线方向没有磁极,从而不会产生退磁场,畴壁内磁矩在交换场和磁晶各向异性场的作用下处于稳定状态。当畴壁处于移动状态时,需要考虑外磁场能和退磁场能,下面以图 6.6 中 180°畴壁来说明畴壁的动态响应情况。

如图 6.6(a)所示,当没有施加外磁场的时候,相邻磁畴内的磁化矢量都处在 xOy 平面内,且通过磁畴壁内的磁化矢量以布洛赫畴壁的形式逐渐从 $+x$ 方向过渡到 $-x$ 的方向,因此在畴壁法线方向是不存在磁极的,无退磁场的存在。如果沿着 x 轴方向施加外磁场 $\boldsymbol{H}$ 后,磁畴内的磁化方向和外磁场方向平行,处于稳定或者亚稳定状态,而畴壁内的磁化矢量凡是与 x 轴不平行而具有 θ 角度的,如图 6.6(b)所示,都将围绕 $\boldsymbol{H}$ 发生进动,其进动方程为:

$$\frac{d\boldsymbol{M}_S}{dt} = -\gamma \boldsymbol{M}_S \times \boldsymbol{H}_{eff} \tag{6.14}$$

由于进动,磁矩 $\boldsymbol{M}_S$ 将离开 xOy 平面,从而在磁畴表面法线方向上出现自由磁极,产生退磁场 $\boldsymbol{H}_d$,且由于畴壁厚度 δ 很小,可以认为退磁因子为 1,退磁场大小为 $H_{dz} \approx M_{Sz}$,其中 M_{Sz} 是磁畴壁内的磁化强度在进动时沿着 z 方向分量的大小。由此产生的退磁场的方向与 $\boldsymbol{M}_{Sz}$ 相反,这个退磁场 $\boldsymbol{H}_{dz}$ 反过来又会使 $\boldsymbol{M}_S$ 在 z 轴方向进动,最终结果等效于施加了一个平行于 x 轴的外磁场 $\boldsymbol{H}$,却使得 180°的畴壁向着 z 轴方向移动。

运动的畴壁能密度 γ_w 和静止时不同。假设在动态磁化中,畴壁内交换作用能和磁晶各向异性能引起的畴壁能密度变化很小,可以忽略不计,则主要应该考虑畴壁面上的退磁场 $\boldsymbol{H}_{dz}$ 的出现导致的畴壁能的增加 $\Delta\gamma_w$。

可以得到畴壁面上退磁场 $\boldsymbol{H}_{dz}$ 的出现导致的畴壁能增加 $\Delta\gamma_w$ 为:

$$\Delta\gamma_w = \frac{\mu_0 v^2 \gamma_w}{A_1 \gamma^2} \tag{6.15}$$

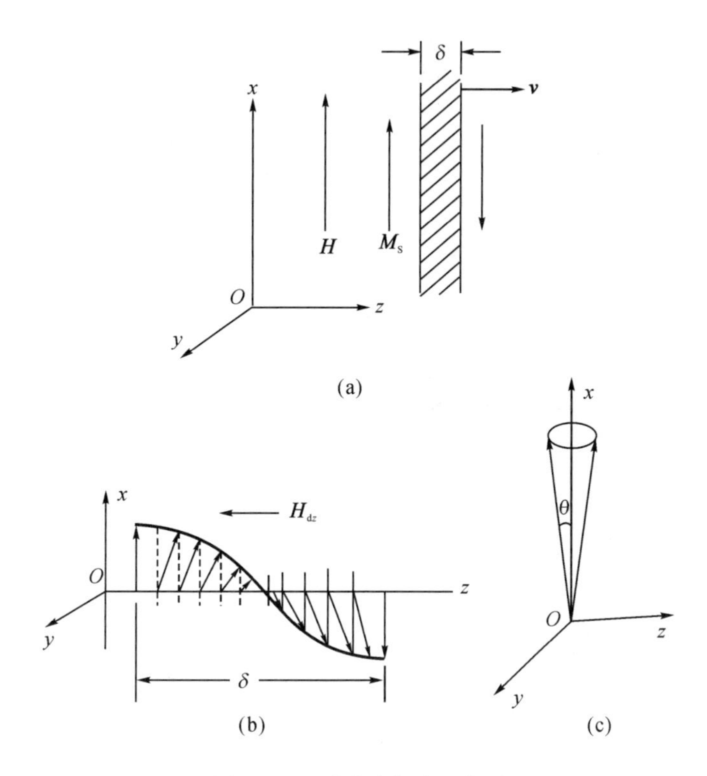

图 6.6 180°畴壁位移示意图

式中，A_1 为和交换积分 A 有关的常数，γ 为旋磁比，v 为畴壁位移速度。

由于 $\Delta\gamma_w$ 是运动的畴壁相对于稳定的畴壁的能量增量，可以看成畴壁此时的动能，从而可以求出畴壁的有效质量 m_w，有：

$$\Delta\gamma_w=\frac{1}{2}m_w v^2 \tag{6.16}$$

从而有：

$$m_w=\frac{\mu_0\gamma_w}{2A_1\gamma^2} \tag{6.17}$$

得出畴壁的有效质量以后，可以更进一步分析畴壁的受力情况和运动方程。

如图 6.7 所示，在讨论畴壁在交变磁场下的运动情况时，假设 180°畴壁在整个位移过程中不变形，畴壁面平行于 xOy 平面，畴壁厚度为 δ，畴的宽度为 l，沿着 x 轴方向施加大小为 $\widetilde{H}=H_m e^{i\omega t}$ 的交变磁场，畴壁位移动态磁化过程属于强迫振动过程，受到以下几种力的作用。

(1)外压力。在交变磁场作用下，畴壁受到大小为 $F=2\mu_0 M_S H$ 的外压力，为畴壁振动的动力。

(2)回复力。与准静态磁化一样，当畴壁离开能量最低的平衡位置时，会受到一些大小为 $f_1=-az$ 回复力的作用，企图使畴壁回到原来的平衡位置。其中 a 为弹性回复力系数，z 为畴壁位移的距离。

(3)阻尼力。畴壁在移动过程中会受到类似于摩擦力的阻尼力，消耗畴壁移动的能量，其大小可以表示为 $f_2=-\beta\frac{\mathrm{d}z}{\mathrm{d}t}=-\beta v$，其中 β 为阻尼系数。

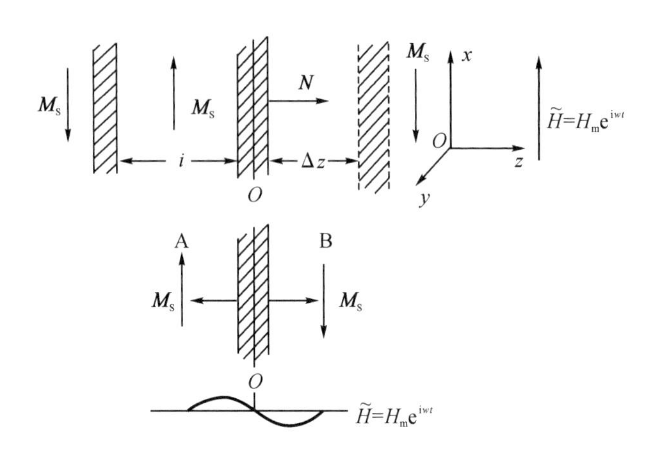

图 6.7 180°畴壁动态位移示意图

(4)惯性力。前文提到畴壁具有有效质量和运动惯性，对应的惯性力大小为 $f_3=m_w\dfrac{d^2z}{dt^2}$。

因此，单位面积畴壁的运动方程可以表示为：

$$f_3=F+f_1+f_2 \tag{6.18}$$

即

$$m_w\frac{d^2z}{dt^2}+\beta\frac{dz}{dt}+az=2\mu_0 M_S H \tag{6.19}$$

在大小为 $\widetilde{H}=H_m e^{i\omega t}$ 的交变磁场作用下，畴壁移动距离 z 也呈周期变化，将其表示成 $\tilde{z}=z_m e^{i\omega t}$，代入运动方程中可以得到：

$$z_m(-\omega^2 m_w+i\omega\beta+\alpha)=2\mu_0 M_S H_m \tag{6.20}$$

得：

$$z_m=\frac{2\mu_0 M_S H_m}{a\left(1-\dfrac{m_w}{a}\omega^2+i\omega\dfrac{\beta}{\alpha}\right)} \tag{6.21}$$

畴壁移动距离 z，导致在磁场方向磁矩增加 $2M_S z$，假设铁磁体为片状畴结构，畴宽为 D，单位体积磁矩值变化为：

$$M_H=2\frac{M_S z}{D} \tag{6.22}$$

则可以求出复数磁化率：

$$\tilde{\chi}=\frac{\widetilde{M}_H}{\widetilde{H}}=2\frac{M_S z}{DH_m}=\chi_i\frac{1-\left(\dfrac{\omega}{\omega_0}\right)^2-i\dfrac{\omega}{\omega_r}}{\left[1-\left(\dfrac{\omega}{\omega_0}\right)^2\right]^2+\left(\dfrac{\omega}{\omega_r}\right)^2}=\chi'-i\chi'' \tag{6.23}$$

其中

$$\chi_i=\frac{4\mu_0 M_S^2}{Da} \tag{6.24}$$

为畴壁位移静态起始磁化率，

$$\omega_0=\sqrt{\frac{a}{m_w}} \tag{6.25}$$

为磁畴振动本征频率，

$$\omega_r = \frac{\alpha}{\beta} \tag{6.26}$$

为畴壁振动弛豫频率。

通过复数磁化率，可以得到复数磁导率：

$$\mu' - 1 = \chi_i \frac{1 - \left(\frac{\omega}{\omega_0}\right)^2}{\left[1 - \left(\frac{\omega}{\omega_0}\right)^2\right]^2 + \left(\frac{\omega}{\omega_r}\right)^2} \tag{6.27}$$

$$\mu'' = \chi_i \frac{\frac{\omega}{\omega_r}}{\left[1 - \left(\frac{\omega}{\omega_0}\right)^2\right]^2 + \left(\frac{\omega}{\omega_r}\right)^2} \tag{6.28}$$

在交变磁中，畴壁移动是一个振荡过程，当交变磁场频率 ω 和畴壁本征频率 ω_0 相等时，发生畴壁共振，μ''出现极大值，从交变磁场中吸收能量最多，能量损耗大大增加。

上述公式说明了由畴壁位移决定的磁导率的频率响应（即磁谱），可以得到以下结论：

当 $\omega = 0$ 时，$\mu' - 1 = \chi_i$，回归到静态磁化过程；

当 $\omega = \omega_0$ 时，$\mu' - 1 = 0$，$\mu'' = \chi_i \frac{\omega_r}{\omega_0}$ 为最大值，此时畴壁共振，损耗最大；

当 $\omega \to \infty$ 时，$\mu' - 1 = 0$，$\mu'' = 0$，此时磁化矢量对交变磁场没有响应，磁性材料无法使用。

畴壁振动过程中受到的阻尼力对畴壁的响应情况有很大的影响。当阻尼系数 $\beta \approx 0$ 时，$\omega_r = \frac{\alpha}{\beta} \to \infty$，可以得到：

$$\mu' - 1 = \chi_i \frac{1}{1 - \left(\frac{\omega}{\omega_0}\right)^2} \tag{6.29}$$

$$\mu'' = 0 \tag{6.30}$$

此时畴壁具有无阻尼振动特征，如图 6.8 所示，当 $\omega \to \omega_0$ 时，畴壁发生共振，$\mu' - 1 \to \pm\infty$。

当阻尼系数 $\beta \neq 0$ 时，$\mu'' \neq 0$，畴壁共振会有能量损耗，若 β 很小，相应磁谱如图 6.9 所示。当 $\omega \to \omega_0$ 时，μ''出现极大值，$\mu' - 1 = 0$，依然表现为共振型磁谱。存在两个极值 ω_1、ω_2，分别满足：

$$\left(\frac{\omega_1}{\omega_0}\right)^2 = 1 - \frac{\omega_0}{\omega_r} \tag{6.31}$$

$$\left(\frac{\omega_2}{\omega_0}\right)^2 = 1 + \frac{\omega_0}{\omega_r} \tag{6.32}$$

对应的磁导率分别为：

$$(\mu' - 1)_{max} = \chi_i \frac{\left(\frac{\omega_r}{\omega_0}\right)^2}{2\frac{\omega_r}{\omega_0} - 1} \tag{6.33}$$

$$(\mu' - 1)_{max} = -\chi_i \frac{\left(\frac{\omega_r}{\omega_0}\right)^2}{2\frac{\omega_r}{\omega_0} - 1} \tag{6.34}$$

当阻尼系数 β 很大时，畴壁有效质量 m_w 很小，$\omega_0=\sqrt{\dfrac{a}{m_w}}\to\infty$。$\omega_r\ll\omega_0$ 时，如图 6.10 所示，畴壁运动是单纯的弛豫过程，失去了固有振动，不再发生畴壁共振。$\omega=\omega_r$ 时，μ'' 出现最大值，复数磁导率可以表示为：

$$\mu'-1=\frac{\chi_i}{1+\left(\dfrac{\omega}{\omega_r}\right)^2} \tag{6.35}$$

$$\mu''=\frac{\chi_i\dfrac{\omega}{\omega_r}}{1+\left(\dfrac{\omega}{\omega_r}\right)^2} \tag{6.36}$$

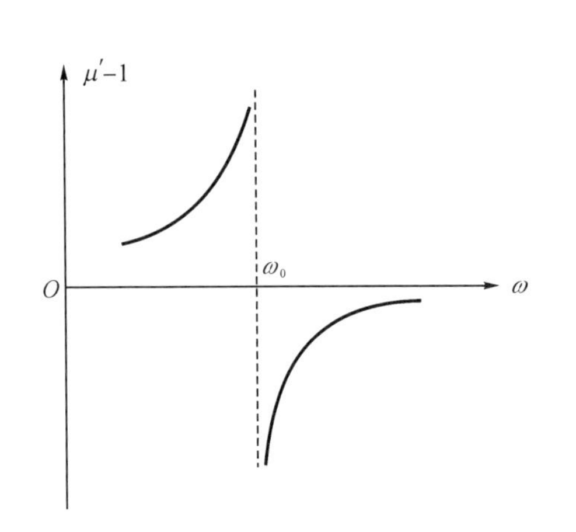

图 6.8 无阻尼共振型磁谱

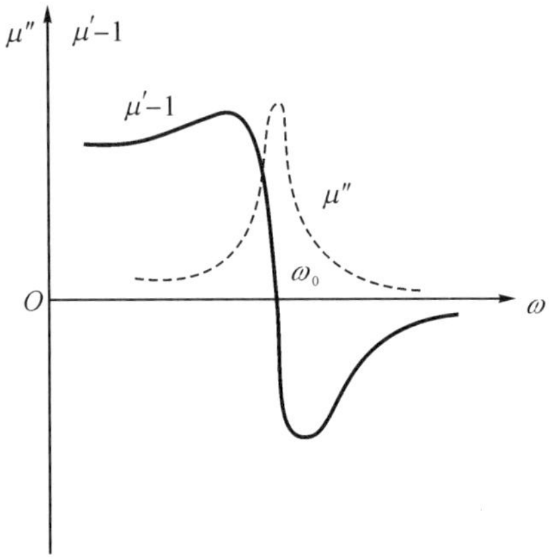

图 6.9 低阻尼共振型磁谱

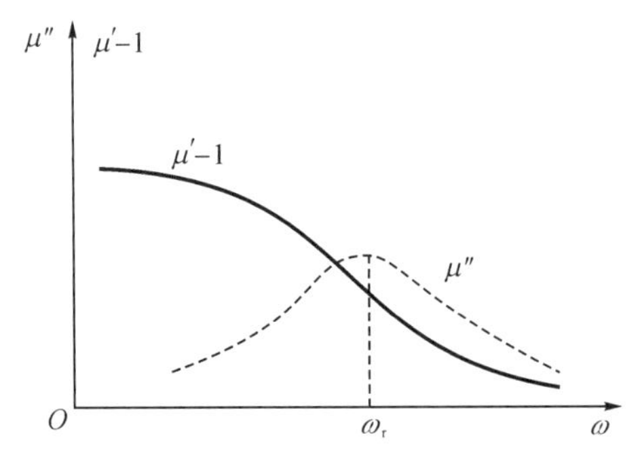

图 6.10 高阻尼弛豫型磁谱

考虑畴壁共振频率和起始磁导率的关系。由

$$\omega_0=\sqrt{\frac{a}{m_w}} \tag{6.37}$$

$$\chi_i=\frac{4\mu_0 M_S^2}{Da} \tag{6.38}$$

$$m_w=\frac{\mu_0\gamma_w}{2A_1\gamma^2} \tag{6.39}$$

$$\gamma_w = 4\pi \frac{A_1}{\delta} \tag{6.40}$$

$$\mu_i = 1 + \chi_i \tag{6.41}$$

$$\omega_0 = 2\pi f_0 \tag{6.42}$$

可以得到：

$$(\mu_i - 1) f_0^2 = \frac{\gamma^2 M_S}{2\pi^3} \cdot \frac{\delta}{D} \tag{6.43}$$

式中，f_0 为材料的截止频率，是材料使用频率的上限，在 f_0 处材料发生畴壁共振，损耗最大。上式表明 $(\mu_i - 1) f_0^2$ 只与材料中磁畴和畴壁材料有关，对于特定材料，不能同时提高材料的 μ_i 和 f_0，提高材料的截止频率，就必然会导致 μ_i 降低。

为了避免畴壁共振引起的损耗，提高材料截止频率，通常采用晶粒细化的方法，消除畴壁或者冻结畴壁，使材料发生畴转磁化，从而抑制畴壁位移磁化机制，达到降低损耗和提高截止频率的目的。

6.3.2 磁畴动态特性

上一节中讲到的畴壁共振是由于畴壁中的磁化矢量处于过渡状态，施加外磁场时，部分磁化矢量会偏离外磁场的方向，从而引起拉莫进动，导致畴壁的振动。对于铁磁体来说，在没有外磁场的作用时，不同磁畴内的磁化矢量方向虽然并不是平行的，却沿着材料内部各种各向异性能决定的能量最小的易磁化方向分布。磁化矢量的这种分布可以看成是在一个各向异性能等效的各向异性场 $\boldsymbol{H}_{\text{eff}}$ 的作用下实现的。如果材料内部的 $\boldsymbol{M}_S$ 相对于 $\boldsymbol{H}_{\text{eff}}$ 有一个很小的偏角，$\boldsymbol{M}_S$ 将围绕 $\boldsymbol{H}_{\text{eff}}$ 以固有频率 $\omega_0 = \gamma H_{\text{eff}}$ 进动。同时施加高频交变磁场，若其频率 $\omega = \omega_0$，则会发生共振。这种不需要外加恒定磁场，而由铁磁体内自然存在的各向异性能等效场引起的共振称为自然共振。自然共振也可以引发频散和损耗。

在铁磁体内，等效各向异性场 $\boldsymbol{H}_{\text{eff}}$ 一般由磁晶各向异性场 $\boldsymbol{H}_K$、应力各向异性场 $\boldsymbol{H}_\sigma$ 和形状各向异性场 $\boldsymbol{H}_d$ 来决定。在 $\boldsymbol{H}_{\text{eff}}$ 作用下，一个单畴内的 $\boldsymbol{M}_S$ 会以如下方程发生进动：

$$\frac{d\boldsymbol{M}_S}{dt} = -\gamma \boldsymbol{M}_S \times \boldsymbol{H}_{\text{eff}} + \boldsymbol{T}_D \tag{6.44}$$

假设材料中应力各向异性和形状各向异性不明显，由磁晶各向异性场 $\boldsymbol{H}_K$ 起主导作用，则 $H_{\text{eff}} \approx H_K$。以 $\boldsymbol{H}_K$ 为直角坐标轴的 z 轴，在 x 轴方向施加大小为 $\widetilde{H} = H_m e^{i\omega t}$ 的交变磁场，则 $H_m = iH_x$。由于交变磁场很弱，$\boldsymbol{M}_S$ 将沿着 $\boldsymbol{H}_K$ 做强迫振动，如图 6.11 所示。设 $\boldsymbol{M}_S$ 在 x、y、z 轴三个方向的投影分别为 m_x、m_y、m_z，则可以认为 m_x、m_y 很小，且两者远小于 m_z，从而 $m_z \approx M_S$，可以得出在 x、y、z 三个方向上磁化矢量的进动方程的投影为：

$$\frac{dm_x}{dt} = -\gamma m_y H_K + \lambda \left(H_x - \frac{H_K}{M_S} m_x \right) \tag{6.45}$$

$$\frac{dm_y}{dt} = -\gamma (M_S H_x - m_x H_K) - \lambda \frac{H_K}{M_S} m_y \tag{6.46}$$

$$\frac{dm_z}{dt} = 0 \tag{6.47}$$

可以求出 m_x：

$$m_x=\frac{\dfrac{\gamma^2 H_K^2 M_S}{H_K}+\lambda\left(\mathrm{i}\omega+\dfrac{\lambda H_K}{M_S}\right)}{\gamma^2 H_K^2+\left(\mathrm{i}\omega+\dfrac{\lambda H_K}{M_S}\right)}H_K \tag{6.48}$$

式中，λ 为阻尼因子。

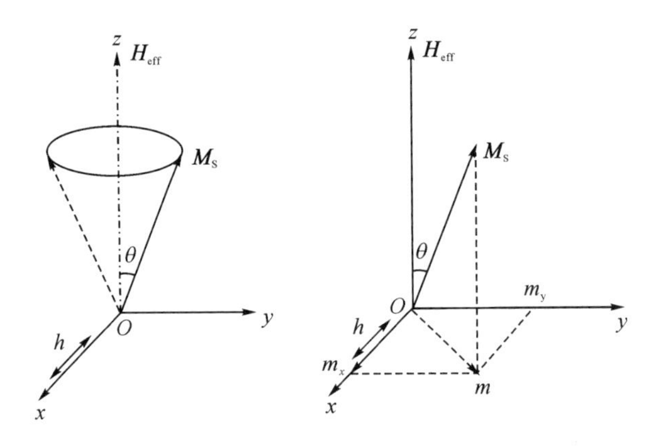

图 6.11 自然共振示意图

可以得到单畴粒子磁化率：

$$\bar{\chi}=\frac{m_x}{H_x}=\frac{M_S}{H_K}\frac{(\gamma H_K)^2+\lambda\dfrac{H_K}{M_S}\left(\mathrm{i}\omega+\dfrac{\lambda H_K}{M_S}\right)}{(\gamma H_K)^2+\left(\mathrm{i}\omega+\dfrac{\lambda H_K}{M_S}\right)^2} \tag{6.49}$$

由于铁磁体内单畴粒子是无规则分布的，对其取平均以后可以得到平均磁化率：

$$\chi(\omega)=\frac{2}{3}\bar{\chi}=\frac{2}{3}\frac{M_S}{H_K}\frac{(\gamma H_K)^2+\lambda\dfrac{H_K}{M_S}\left(\mathrm{i}\omega+\dfrac{\lambda H_K}{M_S}\right)}{(\gamma H_K)^2+\left(\mathrm{i}\omega+\dfrac{\lambda H_K}{M_S}\right)^2}=\chi_i\frac{\omega_0^2+\omega_r(\mathrm{i}\omega+\omega_r)}{\omega_0^2+(\mathrm{i}\omega+\omega_r)^2}=\chi'-\mathrm{i}\chi'' \tag{6.50}$$

式中，$\omega_0=\gamma H_K$，为自然共振频率；$\omega_r=\lambda H_K/M_S$，为弛豫频率；$\chi_i=\dfrac{2}{3}\dfrac{M_S}{H_K}$，为起始磁化率，针对不同的阻尼因子 λ，可以得到类似于畴壁振动过程中的磁谱形式，分别为共振型磁谱和弛豫型磁谱，如图 6.12 所示。

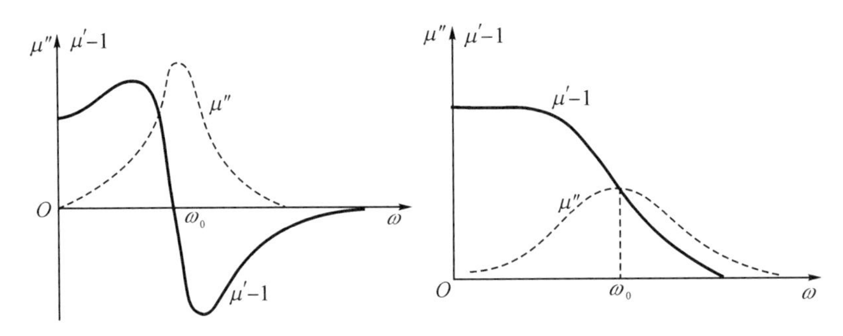

图 6.12 自然共振中的共振型磁谱和弛豫型磁谱

对于立方晶体 $K_1>0$，有 $H_K=2K_1/(\mu_0 M_S)$，可以得到：

$$\omega_0=\gamma H_K=\frac{2}{3}\frac{\gamma M_S}{\chi_i} \tag{6.51}$$

$$(\mu_i-1)f_0=\frac{\gamma M_S}{3\pi} \tag{6.52}$$

式中，$f_0=\omega/(2\pi)$为材料的截止频率，在此频率下材料损耗最大，为材料的使用频率上限。这个公式由斯诺克在 1947 年提出，称为斯诺克公式，表明了由畴转引起的高频磁化，起始磁导率和截止频率的乘积与材料的内禀性能有关系。μ_i 和 f_0 成反比，两者无法同时提高，称为斯诺克极限，这就是传统软磁材料使用频率极限。

后来在平面六角型铁氧体中发现了区别于立方晶系的磁晶各向异性，其易磁化轴处于垂直于六角晶轴的平面内，μ_i 和 f_0 存在以下关系：

$$(\mu_i-1)f_0=\frac{\gamma M_S}{4\pi}\sqrt{\frac{H_K^\theta}{H_K^\varphi}} \tag{6.53}$$

式中，θ 和 φ 是 $\boldsymbol{M}_S$ 在平面型六角晶系中的两个方位角，H_K^θ 和 H_K^φ 为 $\boldsymbol{M}_S$ 处于该角度时的磁晶各向异性场的大小，由于 H_K^θ 比 H_K^φ 大两个数量级，因此可以获得比立方晶系更高的共振频率、更大的使用频率范围。

6.4　动态磁参数

前文主要讨论了铁磁体动态磁化过程中的机理问题，并且已经涉及复数磁导率、磁谱、截止频率等动态磁性参数，接下来将具体讨论这些动态磁性参数。

6.4.1　复数磁导率 $\tilde{\mu}$

当铁磁体内存在磁场时，磁体被磁化。不同的材料，其磁化的难易程度不同，我们通常用磁导率 μ 来表示材料的这种性质。在稳恒磁场中，材料的磁导率是实数。在交变磁场中，由于磁感应强度 $\boldsymbol{B}$ 落后于磁场 $\boldsymbol{H}$ 的变化，即 $\boldsymbol{B}$ 与 $\boldsymbol{H}$ 存在相位差，所以磁导率要用复数来表示。引入复数磁导率的好处是：可以同时反映 $\boldsymbol{B}$ 和 $\boldsymbol{H}$ 间的振幅和相位关系。

磁场 $\boldsymbol{H}$ 和磁感应强度 $\boldsymbol{B}$ 的大小用复数表示为：

$$\widetilde{H}=H_m e^{i\omega t} \tag{6.54}$$

$$\widetilde{B}=B_m e^{i(\omega t-\delta)} \tag{6.55}$$

复数磁导率的大小可表示为：

$$\begin{aligned}\tilde{\mu}&=\frac{\widetilde{B}}{\mu_0\widetilde{H}}=\frac{B_m e^{i(\omega t-\delta)}}{\mu_0 H_m e^{i\omega t}}=\frac{B_m}{\mu_0 H_m}e^{-i\delta}=\frac{B_m}{\mu_0 H_m}\cos\delta-i\frac{B_m}{\mu_0 H_m}\sin\delta\\&=\mu_m\cos\delta-i\mu_m\sin\delta=\mu'-i\mu''\end{aligned} \tag{6.56}$$

其中，

$$\mu'=\frac{B_m}{\mu_0 H_m}\cos\delta=\mu_m\cos\delta \tag{6.57}$$

$$\mu''=\frac{B_m}{\mu_0 H_m}\sin\delta=\mu_m\sin\delta \tag{6.58}$$

式中，μ'是铁磁材料复数磁导率的实数部分，它代表单位体积铁磁材料中的磁能存储$\frac{1}{2}\mu_0\mu' H^2$；μ''是铁磁材料复数磁导率的虚数部分，它代表单位体积铁磁材料在交变磁场中每磁化一周的磁能损耗$\pi\mu_0\mu'' H_m^2$；δ为磁感应强度$\boldsymbol{B}$落后于$\boldsymbol{H}$的位相，称为损耗角。

复数磁导率的矢量图如图6.13所示。由复数磁导率大小$\tilde{\mu}=\mu'-\mathrm{i}\mu''$可得出相应的复数磁化率$\tilde{\chi}=\chi'-\mathrm{i}\chi''$。由大小关系$\mu=1+\chi$可推得：

$$\mu'=1+\chi' \tag{6.59}$$

$$\mu''=\chi'' \tag{6.60}$$

复数磁导率的μ'和μ''大小可以通过交流电桥法进行测量。

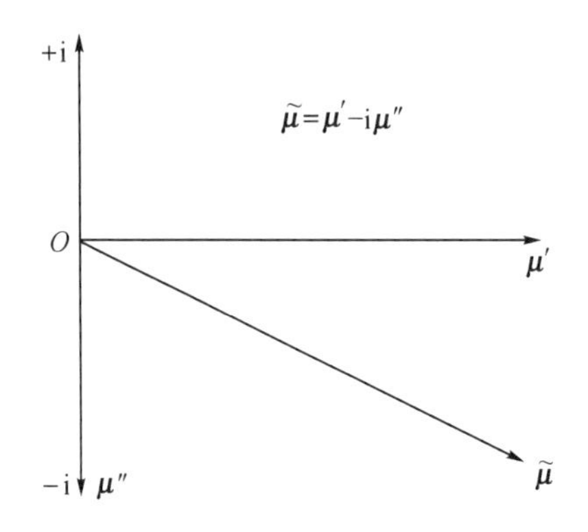

图6.13 复数磁导率矢量图

图6.14为绕有线圈的环状铁磁样品，样品截面积为S，平均周长为l，样品上绕有N匝线圈。它可以等效为由电阻R和电感L串联而形成的电路，如图6.15所示。

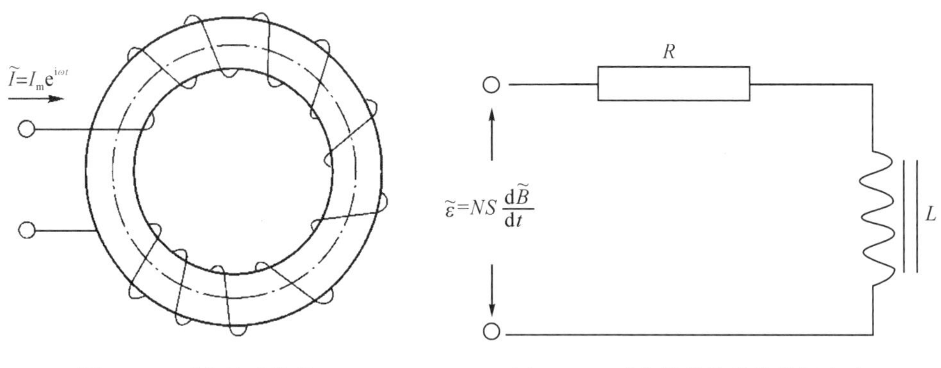

图6.14 环状铁磁样品

图6.15 环状样品的等效模拟电路

当有交变电流$\tilde{I}=I_m e^{\mathrm{i}\omega t}$通过环状样品绕组时，在样品内产生的磁场强度大小为：

$$\tilde{H}=\frac{N}{l}\tilde{I} \tag{6.61}$$

则

$$\tilde{B}=\mu_0\tilde{\mu}\tilde{H}=\mu_0\tilde{\mu}\frac{N}{l}\tilde{I} \tag{6.62}$$

$$\frac{\mathrm{d}\widetilde{B}}{\mathrm{d}t}=\mu_0\widetilde{\mu}\,\frac{N}{l}\frac{\mathrm{d}\widetilde{I}}{\mathrm{d}t}=\mu_0\widetilde{\mu}\,\frac{N}{l}\mathrm{i}\omega\widetilde{I} \tag{6.63}$$

交变电流将在线圈上产生感应电动势 $\widetilde{\varepsilon}$，有：

$$\widetilde{\varepsilon}=NS\frac{\mathrm{d}\widetilde{B}}{\mathrm{d}t}=\frac{N^2S\mu_0}{l}(\mu''+\mathrm{i}\mu')\omega\widetilde{I} \tag{6.64}$$

由欧姆定律知，在图 6.15 中的等效电路中 $\widetilde{\varepsilon}=(R+\mathrm{i}\omega L)\widetilde{I}$，即：

$$\frac{N^2S\mu_0}{l}(\mu''+\mathrm{i}\mu')\omega\widetilde{I}=(R+\mathrm{i}\omega L)\widetilde{I} \tag{6.65}$$

由上式可以得出：

$$\mu'=\frac{L}{L_0} \tag{6.66}$$

$$\mu''=\frac{R}{\omega L_0} \tag{6.67}$$

式中，$L_0=\dfrac{N^2S\mu_0}{l}$为环形线圈常数。于是，只要测出图 6.15 中等效电路的 R 和 L 值，计算出环形线圈常数 L_0，就可以得到复数磁导率 μ'和 μ''值。

6.4.2　磁谱和截止频率

磁谱是指铁磁体在交变磁场中的复数磁导率的实部 μ'和虚部 μ''随频率变化的关系曲线。在材料的磁谱中，μ'下降到初始值的一半或 μ''达到极大值时所对应的频率称为该材料的截止频率 f_r。图 6.16 给出了弛豫型磁谱的一般形状和相应的截止频率 f_r。

材料的截止频率 f_r 给出了磁性材料能够正常工作的频率范围。当 $f<f_r$ 时，μ'随 f 的增大而减小，μ''随 f 的增大而增大，即随着材料的使用频率的增大，其产生的损耗增加；当 $f=f_r$时，μ''达到最大值 μ''_{max}，损耗最大，此时材料无法使用，该材料做成的器件更是不能工作。所以一般软磁铁氧体的工作频率 f 应低于它的截止频率 f_r。

材料的截止频率 f_r 与起始磁导率 μ_i 有密切的关系。一般而言，材料的 μ_i 越低，其 f_r 越高，使用的工作频率 f 也相应提高。因此，要提高材料的高频应用范围，降低材料的起始磁导率 μ_i 是一个有效的手段。

表 6.1 列出了几种软磁材料的起始磁导率 μ_i、工作频率 f 和截止频率 f_r 值。

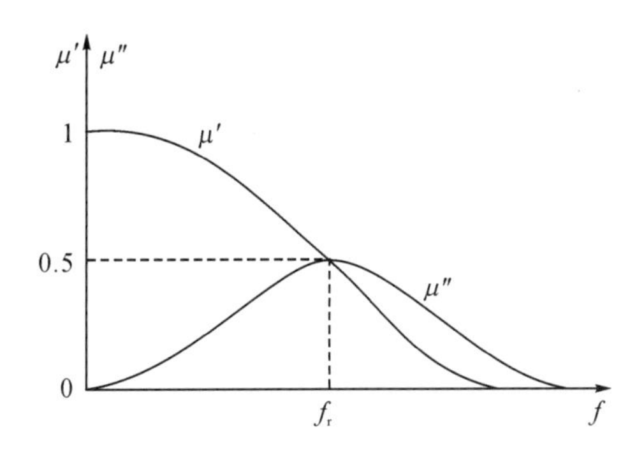

图 6.16　磁谱和截止频率 f_r

表 6.1 几种软磁材料的起始磁导率 μ_i、工作频率 f 和截止频率 f_r

特性参数	材料种类					
	MnZn-2000	MnZn-800	NiZn-400	NiZn-60	$NiFe_2O_4$	Co_2Zn
起始磁导率 μ_i	1500～2400	600～1000	300～500	48～72	11	12
工作频率 f/MHz	0.5	1	2	25	50	300
截止频率 f_r/MHz	2.5	6	8	150	200	1500

图 6.17 所示的磁谱为铁氧体材料的一般磁谱形状，在不同频率范围内具有不同的特征和磁谱机理，具体可以分为 5 个波段。

(1)低频区域($f<10^4$ Hz)。在低频区域，磁导率实部较高，虚部较低，而且随频率的变化较小，损耗机理主要是磁滞损耗和剩余损耗，两种损耗具体比例和材料有关。

(2)中频区域($f<10^6$ Hz)。在中频区域，磁导率依然实部较高，虚部较低，而且随频率的变化较小，但是由于尺寸共振、磁力共振等引起的损耗会突然增大，出现磁导率虚部的峰值。尺寸共振描述的是当交变磁场的电磁波的半波长与铁氧体的横向尺寸相近时产生驻波，从而产生共振的现象。磁力共振描述的是当交变磁场的频率和样品机械振动的固有频率一致时，由磁致伸缩引起机械振动的共振现象。

(3)高频区域($f<10^8$ Hz)。在高频区域，由于畴壁共振或者弛豫，磁导率实部快速下降，虚部快速增大，且出现共振峰。

(4)超高频区域($f<10^{10}$ Hz)。在超高频区域，由于出现自然共振，磁导率实部继续下降，且可能小于 1，且虚部出现共振。畴壁共振和自然共振两个区域不一定截然分开，可能会出现重叠。

(5)极高频区域($f>10^{10}$ Hz)。在极高频区域，主要为自然交换共振频率，实验观察尚不多。

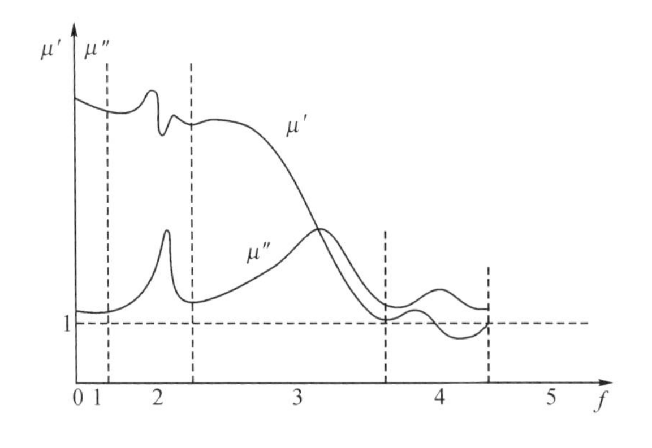

图 6.17 铁氧体磁谱

6.4.3 品质因数

Q 值是反映软磁材料在交变磁化时能量的贮存和损耗的性能。下面用图 6.15 中的等效电路来说明 Q 值所表示的物理意义。

忽略线圈自身的电阻，并设电感 L 为理想的电感元件。电阻 R 在样品交流磁化过程中产生磁损耗，电感 L 则具有能量存储的作用。当线圈中通过电流 $I=I_m e^{i\omega t}$ 时，便有能量的损耗和存储。单位时间在电感中贮存的能量为：

$$W_L=\frac{1}{2}fLI_m^2 \tag{6.68}$$

单位时间在电阻中能量的损耗为：

$$W_R=\frac{1}{2}RI_m^2 \tag{6.69}$$

Q 表示软磁材料在交变磁化时，能量的贮存和能量的损耗之比。因此有：

$$Q=2\pi\frac{W_L}{W_R}=\frac{\omega L}{R} \tag{6.70}$$

由式(6.66)和式(6.67)得：

$$\frac{\mu'}{\mu''}=\frac{\omega L}{R} \tag{6.71}$$

于是有：

$$Q=\frac{\mu'}{\mu''} \tag{6.72}$$

可以看出，软磁材料的 Q 值是复数磁导率的实部 μ' 和虚部 μ'' 之比。因此 Q 值是表征铁磁样品交变磁性的重要物理量。

软磁材料的 Q 值可以用交流电桥或 Q 表测量得到。

6.4.4 损耗因子

损耗角的正切称为材料的损耗因子。由式(6.57)和式(6.58)直接相除得到损耗因子 $\tan\delta$：

$$\tan\delta=\frac{\mu''}{\mu'} \tag{6.73}$$

因此，损耗因子可以定义为复数磁导率的虚部与实部的比值，其物理意义为铁磁材料在交变磁化过程中能量的损耗与贮存之比。

可以发现损耗因子 $\tan\delta$ 与 Q 值互为倒数关系，即

$$\tan\delta=\frac{1}{Q} \tag{6.74}$$

$\tan\delta$ 是表征材料交变磁性的物理量，可以通过交流电桥、Q 表、测量位相差 δ 或测量磁损耗的方法得到。

6.4.5 $\mu'Q$ 积

对于软磁材料来说，总是希望材料的 Q 值越高越好，μ' 值越大越好。因此，通常用 μ' 和 Q 的乘积 $\mu'Q$ 来表征软磁材料的技术指标。因为 $\tan\delta=\frac{1}{Q}$，因此常用比损耗系数 $\tan\delta/\mu'$ 来表征软磁材料相对损耗的大小，并且有：

$$\frac{\tan\delta}{\mu'}=\frac{1}{\mu'Q} \tag{6.75}$$

软磁材料 $\tan\delta/\mu'$ 的大小，随使用频率的不同而变化。

当材料作为器件使用时，通常采用开气隙的方法来提高器件的 Q 值。开气隙以后，器件的 Q 值增加，μ' 值却降低了，但 $\mu'Q$ 乘积与开气隙前相同，保持为一个常量，即

$$\mu'_{开}Q_{开}=\mu'_{材}Q_{材}=常数 \tag{6.76}$$

式(6.76)称为斯诺克公式。

6.5 动态磁化过程中的损耗

6.5.1 动态磁化损耗机理

由于材料发生动态磁化时，磁感应强度 $\boldsymbol{B}$ 滞后于交变磁场 $\boldsymbol{H}$ 的变化，使 $\boldsymbol{B}$ 和 $\boldsymbol{H}$ 之间存在相位差，产生损耗。磁性材料在交变磁场作用下产生的各种能量损耗总称为磁损耗，主要表现为磁滞损耗、涡流损耗以及剩余损耗。动态磁性损耗可以用动态磁滞回线包围的面积大小来表示，与交变磁场的幅值和频率有关。因此考虑材料的动态磁化损耗的时候，不仅要考虑材料种类，还应该考虑材料工作的频率和磁感应强度的大小。

在低频率、弱磁感应强度($B<10^{-2}$T)的交变磁场下，列格公式给出了磁损耗 W 分析的半经验公式：

$$W=\frac{R}{\mu_i fL}=\frac{2\pi\tan\delta}{\mu_i}=ef+aB_m+c \tag{6.77}$$

其中，右边第一项 ef 代表涡流损耗，和交变磁场频率成正比，e 为损耗系数；第二项为磁滞损耗，和磁感应强度 B_m 成正比，a 为磁滞损耗系数；第三项为剩余损耗系数，主要和磁后效相关，低频下对频率 f 依赖不大，可以认为是常数。

要求出列格公式中各个损耗系数，可以采用约旦损耗分离方法。对于环形磁芯样品，可以等效为电阻 R 和电感 L 的复合电路。样品绕线后，首先测量在不同频率 f 和不同磁感应强度 B_m 下的 R 和 L，可以得到$\frac{R}{L}$-f 曲线族，由曲线的斜率可以得到对应的涡流损耗系数 e 的大小，将各条曲线外推到 $f=0$ 可以得到纵截距 $aB_m+c=[R/(\mu_i fL)]_{f\to 0}$，再将$[R/(\mu_i fL)]_{f\to 0}$对 B_m 作线，根据斜率和截距就可以求出 a 和 c。

不同的磁性材料在不同的频率范围内，各类损耗占的比例是不同的，对于金属磁性材料来说，在工频或者 50Hz 以下时，磁损耗以磁滞损耗为主。在音频 20Hz～20kHz 时，以涡流损耗为主。提高频率，涡流损耗将急剧增大，在射频范围内，金属磁性材料将不再适用，必须使用具有高电阻率的铁氧体材料。铁氧体材料在射频弱磁场下，则以剩余损耗为主，以磁滞损耗和涡流损耗为辅。

在中强磁场下，特别是在变压器等大功率器件中，频率通常为 50～500Hz，工作磁感应强度一般为 1.5T 或者更高，此时列格公式不再适用。此时涡流损耗和 f^2 成正比，磁滞损耗和 $f\eta B_m^{1.6}$ 成正比磁化一周后磁损耗为：

$$W=eB_m^2 f+\eta B_m^{1.6} \tag{6.78}$$

同样可以采用类似于约旦损耗分离的方法来求出涡流损耗系数 e 和磁滞损耗系数 η。

需要指出的是，在高频和高磁导率材料中，损耗和频率之间不再是简单的线性关系，损耗分离将发生困难。

6.5.2 涡流损耗

涡流是导体材料在交变磁场下普遍存在的一种现象，磁性材料也不例外。磁性材料在交变磁场的作用下产生涡流，使磁芯发热产生的损耗称为涡流损耗。对于金属磁性材料来说，由于电阻率比铁氧体磁性材料低得多，因而金属磁性材料中的涡流损耗要比铁氧体中严重得多。理解和降低涡流损耗是磁性材料研究中十分关心的问题。

涡流是变化电磁场，同样可以在铁磁体内部产生磁场，这个磁场分布沿着表面向内部逐步增强，在中心处涡流产生的磁场最强，而在表面处最弱。铁磁体内部的实际磁场是外加磁场和涡流产生的磁场的叠加，考虑到此时施加均匀的外磁场，铁磁体内部实际磁场仍然是不均匀分布的，其幅值从表面向内部逐渐减弱，称为趋肤效应。

假设外加磁场大小为 $H=H_{\mathrm{m}}\mathrm{e}^{\mathrm{i}\omega t}$ 的交变磁场，考虑到涡流效应后，对于无限大铁磁体，可以证明铁磁体内部的叠加磁场也为正弦变化，其相位和幅值随着与表面的距离的变化而变化，铁磁体内部磁场强度和磁感应强度的分布规律为：

$$H(x,t)=H_{\mathrm{m}}\mathrm{e}^{-bx}\mathrm{e}^{\mathrm{i}\omega t-\mathrm{i}bx} \tag{6.79}$$

$$B(x,t)=\mu\mu_0 H_{\mathrm{m}}\mathrm{e}^{-bx}\mathrm{e}^{\mathrm{i}\omega t-\mathrm{i}bx} \tag{6.80}$$

式中，$b=\sqrt{\dfrac{\omega\mu\mu_0}{2\rho}}$。从中可以得到与样品表面 x 距离处叠加磁场的幅值为 $H(x)=H_{\mathrm{m}}\mathrm{e}^{-bx}$。铁磁体内部产生了涡流，导致磁感应强度 $\boldsymbol{B}$ 的变化滞后于外磁场 $\boldsymbol{H}$ 的变化，从而产生了损耗。

定义趋肤深度 $d_{\mathrm{s}}=\dfrac{1}{b}=\sqrt{\dfrac{2\rho}{\omega\mu\mu_0}}=503\sqrt{\dfrac{\rho}{\mu f}}$，其物理意义是：磁场从样品表面传到内部，幅值变为表面幅值的 e 分之一时，磁场到达的深度。d_{s} 与铁磁体的电阻率的平方根成正比，与磁导率和频率的平方根成反比。对于高磁导率材料或者在高频率下使用时，趋肤效应将特别严重。趋肤效应的存在相当于只有表面的材料可以利用，减小了铁磁体的有效截面积，降低了材料的利用率，因此也可以将材料做成空心器件以节约材料。

详细地计算某一种形状的铁磁体的涡流损耗比较复杂，下面给出一些具有特定形状的铁磁体的涡流损耗计算。

对于厚度为 $2d$ 的平板铁磁体，涡流损耗为：

$$W_{\mathrm{e}}=\frac{2\pi^2 d^2 f^2 B_{\mathrm{m}}^2}{3\rho} \tag{6.81}$$

对于半径为 R 的圆柱体，涡流损耗为：

$$W_{\mathrm{e}}=\frac{\pi^2 R^2 f^2 B_{\mathrm{m}}^2}{4\rho} \tag{6.82}$$

对于半径为 R 的球体，涡流损耗为：

$$W_{\mathrm{e}}=\frac{\pi^2 R^2 f^2 B_{\mathrm{m}}^2}{5\rho} \tag{6.83}$$

需要指出的是，由于磁导率只是在低频弱磁场下可以看成常数，而且磁损耗中还存在其他损耗，实验中测量得到的涡流损耗常常大于上述公式的计算值。

从上面公式中可以得到涡流损耗和频率的平方成正比，和电阻率成反比。因此降低涡流损耗也是从这两个角度出发的。

通过降低材料厚度来降低涡流损耗。通常采用冷轧或者热轧的方法将金属磁性材料轧成薄片，涂上绝缘层可以使涡流损耗大大降低。也可以采用蒸镀或者溅射等方法制备金属磁性薄膜，或者将磁性金属粉末绝缘包覆以后压制成磁粉芯使用，可以有效地减小涡流损耗，提高使用频率。

通过提高材料电阻率来降低涡流损耗。对于金属材料，在纯铁中加入少量 Si 可以将电阻率提高数倍，同时可以提高磁导率，降低矫顽力，有效降低损耗，但是在高频下使用时，涡流损耗仍然很大。铁氧体电阻率主要来自晶粒本身和晶粒边界，其中主要采用掺杂等方法，使杂质停留在晶粒边界层，提高晶粒边界电阻率。但是过多的掺杂可能使杂质进入晶粒内部，破坏晶体结构，使材料的磁导率降低，反而会使材料的损耗增大。

6.5.3 磁滞损耗

在高频弱交变磁场作用下，铁磁体进行的是可逆磁化。如果磁场不是很小，频率也不是很高，铁磁体内仍然存在不可逆磁化，使磁感应强度 $\boldsymbol{B}$ 的变化落后于磁场强度 $\boldsymbol{H}$ 的变化，从而产生磁滞损耗。在不可逆跃变的动态磁化过程中，因为存在各种阻尼作用需要消耗一部分外磁场提供的能量。磁化一周的能量损耗可以用磁滞回线的面积来表示，但是一般情况下，B 和 H 是非线性关系，无法通过积分来计算磁滞损耗。在高场高频率时，涡流损耗也会对磁滞损耗产生影响。因此只有在低频弱磁场下，磁滞损耗、涡流损耗、剩余损耗之间是线性不相关的，可以采用列格公式进行分离。高磁场下损耗将变得复杂，难以计算。

瑞利最早对弱磁场区域内的磁化曲线和磁滞回线进行了研究，并提出了关于 B 和 H 的基本方程。

弱磁场区域内的磁化曲线的基本方程为：

$$B=\mu_0(\mu_i H+bH^2) \tag{6.84}$$

满足此方程的弱磁场区域称为瑞利区域。

瑞利区域内材料的磁滞回线如图 6.18 所示。

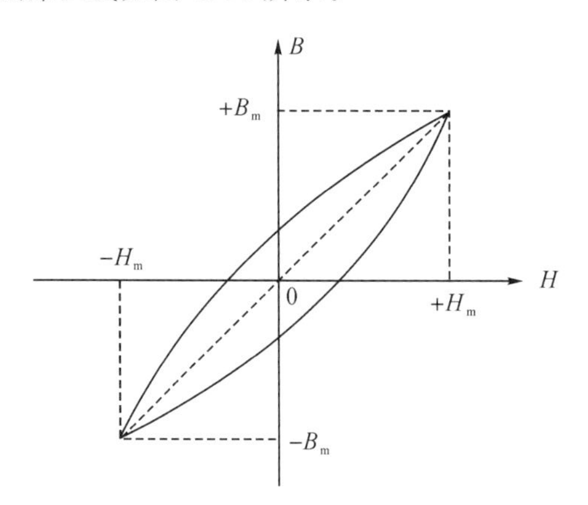

图 6.18 瑞利区域的磁滞回线

瑞利区域的磁滞回线可以用公式表示：

$$B=\mu_0(\mu_i+bH_m)H\pm\frac{b}{2}\mu_0(H_m^2-H^2) \tag{6.85}$$

其中"+"表示磁滞回线的上半部分,"−"表示磁滞回线的下半部分;μ_i 为起始磁化率;b 为瑞利常数,和材料有关。

由上述磁化曲线和磁滞回线的公式可以计算出静态磁化时磁化一周的能量损耗:

$$W_h = \frac{4\mu_0}{3} b H_m^3 \tag{6.86}$$

因此磁滞损耗的功率为:

$$P_h = W_h f = \frac{4\mu_0}{3} b H_m^3 f \tag{6.87}$$

动态磁化时,假设磁场 $H = H_m e^{i\omega t}$,可以得到低频弱磁场区域的磁滞损耗:

$$a B_m = \frac{2\pi \tan\delta}{\mu} = \frac{8b}{3\mu_0 \mu^3} B_m \tag{6.88}$$

在中强磁场工作时,μ 随磁场变化很快,上述计算将不再适用。

6.5.4 剩余损耗

铁磁体中除了涡流损耗、磁滞损耗以外的其他损耗统称为剩余损耗。材料的剩余损耗主要来自磁后效,与磁化过程中的畴壁位移和畴转的时间效应相关,也和样品的尺寸共振和磁力共振相关。所以剩余损耗与磁导率的频散和铁磁共振有关。

磁后效描述的是铁磁体磁化过程中的时间效应。假设铁磁体在大小为 H_m 的外磁场下被磁化到 B_m,某一时刻 H_m 突然变为零,此时磁感应强度并不是马上变为剩余磁感应强度 B_r,而是突然下降到中间某一磁化强度,然后经过一段时间才变为 B_r。这就意味着当外磁场发生突变时,新的磁化状态的建立需要经历复杂的过程及若干时间才能完成,相应的磁感应强度的变化落后于磁场的变化,存在相位差。这个磁化状态的转变过程为一个弛豫过程,以弛豫时间来描述弛豫过程的快慢。磁化的弛豫过程导致了动态磁化过程中的能量损耗,在6.3节讨论畴壁共振和磁畴自然共振时提到的弛豫型磁谱就是由磁后效导致的。目前较为认可的磁后效的主要机理是离子、空穴扩散弛豫机理。

原子、离子、电子以及空穴在铁磁体中都会存在一定的分布规律,满足体系自由能最小。施加外磁场时,磁化状态发生变化,这些粒子的自由能极小值也将发生变化,从而粒子必须重新分布以达到自由能极小状态。粒子的重新分布通常是通过粒子的扩散来实现的,在粒子新的平衡状态实现之前,这些粒子的分布概率阻碍磁化状态的改变,进而表现为磁性阻尼。粒子的扩散再分布相对于磁场变化会有延迟,必须经过一段时间以后才能达到重新分布平衡,这就是磁后效的来源,也称为扩散后效。

对于金属材料,磁后效主要是其中的碳、氮等杂质原子在晶格间隙中的扩散导致的。以羰基铁为例,斯诺克发现通过将铁经过高温真空退火除去其中所溶解的碳氮杂质原子可以消除样品的磁后效,如再引入0.01%的碳氮杂质原子,样品可以再次出现原来的磁后效,由此建立了杂质原子的扩散导致的磁后效理论。

在 α-Fe 的体心立方晶体晶格中,八面体的间隙位分别位于三个主晶轴 x、y、z 方向上的中点或者面的中心。碳原子处于这些多面体中心,会使晶格沿着这些方向伸长。当铁的晶格无畸变时,碳原子在几种位置间隙的概率相等。如果晶格沿着 x 方向拉长,x 位置变得较大,因而碳原子占据此位置的概率比其他两个位置的概率要大,因此碳原子会发生重新分布,较多的碳原子将占据 x 位置。这样由于晶体形变,从原来的均匀分布平衡状态经过一定弛豫时间后转变到占据 x 方向间隙的平衡状态，产生弹性后效。若晶体在某一方向磁化，则会引起磁致伸缩形变，如果材料磁致伸缩系数大于 0，晶格拉伸，磁化方向会有较多的碳原子。碳原子向磁化方向的扩散产生磁致伸缩后效，从而引起磁化的磁性后效。

对于铁氧体材料，磁后效主要是电子扩散弛豫过程。铁氧体八面体的位置上同时存在 Fe^{3+} 和 Fe^{2+}。当铁氧体被磁化时，为了达到能量最低，将产生价电子在不同离子之间扩散，即 $Fe^{3+}+e \rightleftharpoons Fe^{2+}$，其结果等效于 Fe^{3+} 和 Fe^{2+} 离子发生互换，在晶格中发生离子重排，导致各向异性能的局部变化，从而进一步使磁性发生变化。这种电子扩散引起的离子重排滞后于磁场的变化，需经过一段时间才能达到平衡状态。这种电子扩散弛豫过程就是铁氧体中磁后效的来源。

扩散后效在实验上的一种观察手段是磁导率减落现象。无论是电子、离子还是空位的扩散，在退磁后经过一定时间，通过扩散达到平衡分布，这时铁磁体内的磁矩处于更加稳定的状态，其自由能最低。如果要改变畴壁位置或者磁化矢量方向，则需要消耗更大的磁场能量，表现为材料的起始磁导率随着时间的变化逐渐下降到一个稳定值。

在金属或者铁氧体磁性材料中，由磁后效引起的剩余损耗和减落，都与微量的杂质原子以及离子、电子和空穴的扩散过程有关。要降低磁后效损耗和磁导率减落，可以通过减小扩散介质的浓度，以抑制扩散过程的产生，也可以通过工艺控制，使工作频率和工作温度避开损耗最大值的频率和温度等手段来实现。

除了扩散磁后效以外，另外一种磁后效机理为热起伏磁后效。静态磁化时，当磁场大于临界磁场时，会出现跳跃性的不可逆磁化。但是奈尔提出，由于存在热起伏，即使磁场小于临界磁场，在热起伏的帮助下，也存在发生越过最大阻滞位垒而产生不可逆磁化的概率。这种磁化也是通过一定的弛豫时间来完成的，是磁后效的一种组成部分。这种热起伏磁后效和温度、频率无关，普遍存在于各种磁性材料中。

6.6 微波磁化

6.6.1 微波磁性简介

技术磁化讨论的是铁磁体在直流磁场下的特性，动态磁化讨论的是铁磁体在交流磁化下的特性，微波磁化讨论的则是铁磁体同时受到外加恒磁场 H_0 和微波磁场 h 作用下的旋磁性和铁磁共振。

对于由畴壁共振引起的磁化矢量对交变磁场的响应，本质上是磁化矢量围绕退磁场做进动，同时受到交变磁场影响的磁化过程。对于磁畴自然共振，本质上是磁化矢量围绕各向异性场做进动，同时受到交变磁场影响的磁化过程。当铁磁体同时受到两个互相垂直的恒定磁场 $\boldsymbol{H}_0$ 和微波磁场 $\boldsymbol{h}$ 的作用时，一方面恒定磁场 $\boldsymbol{H}_0$ 使铁磁体被磁化到饱和状态，当磁矩 $\boldsymbol{M}_S$ 和 $\boldsymbol{H}_0$ 有夹角时，$\boldsymbol{M}_S$ 围绕 $\boldsymbol{H}_0$ 做进动，进动频率为 $\omega_H=\gamma H_0$；另一方面，微波磁场 $\boldsymbol{h}$ 强迫 $\boldsymbol{M}_S$ 随着 $\boldsymbol{h}$ 的作用而改变进动状态，从而 $\boldsymbol{M}_S$ 的进动状态发生改变，频率不再是 ω_H。在进动过程中，$\boldsymbol{M}_S$ 受到阻尼作用，进动振幅逐渐衰减，最后趋于和 $\boldsymbol{H}_0$ 平行。微波磁场可以对磁矩进动不断地提供能量补充。当微波磁场频率 ω 小于 ω_H 时，由微波提供的能量不能补充进动时由于阻尼所消耗的能量，磁矩进动就会很快地衰减并且与 $\boldsymbol{H}_0$ 平行而停止进动。当磁场频率 ω 等于 ω_H 时，由微波提供的能量刚好能补充进动时由于阻尼所消耗的能量，磁矩可以维持稳定的进动，此时磁体对微波能量的吸收达到最大值，产生铁磁共振。与微波磁场对应的磁导率在考虑损耗时为张量复数磁导率，称为铁磁体的旋磁性。当交变磁场的幅值超过一定限度时，需要考虑交变磁场强度的非线性效应。

6.6.2　旋磁性与张量磁导率

铁磁体在相互垂直的恒磁场和微波交变磁场同时作用下，某个方向上的交变磁感应强度不但与同方向的微波交变磁场有关，而且与垂直方向的微波交变磁场有关，交变磁感应强度与微波交变磁场强度之间的关系由张量磁导率实现。磁导率具有张量形式的性质称为旋磁性，是强磁性材料的共性。旋磁性的物理根源在于磁化强度 $\boldsymbol{M}_S$ 绕恒磁场的进动。

在恒磁场与微波磁场联合作用下的磁导率是一个反对称的二次张量。可以写为：

$$\boldsymbol{\mu}=\begin{Bmatrix} \mu & -\mathrm{i}\mu_a & 0 \\ -\mathrm{i}\mu_a & \mu & 0 \\ 0 & 0 & \mu_z \end{Bmatrix} \tag{6.89}$$

其中分量 μ 和 μ_a 是频率 ω 和恒磁场大小 H_0 的函数。

张量磁导率的物理意义为：$\boldsymbol{M}_S$ 绕 $\boldsymbol{H}_0$ 进动，在 $\boldsymbol{H}_0$ 和 $\boldsymbol{h}$ 作用下，沿 x 方向交变磁场 $\boldsymbol{h}$ 产生的磁感应不仅具有 x 轴的分量 μh_x，还具有横轴分量 $\mu_a h_z$，其中 μ_a 代表耦合作用，即将一种偏振方向的微波能量转变为另一种偏振方向的微波能量。

6.6.3　铁磁共振

从量子力学来讲，由于自旋交换作用，自旋彼此平行取向的状态为能量最低状态。在恒定外磁场 $\boldsymbol{H}_0$ 作用时，自旋平行或者反平行取向，两者能量相差 ΔE。在热平衡状态时，自旋平行于外磁场方向的数量必然大于反平行于外磁场方向的数量，使自旋从低能级跃迁到高能级，需要有微波磁场来提供能量 ΔE 使自旋在两个能级之间跃迁，即发生铁磁共振。

铁磁共振中，最重要的参数是铁磁共振线宽 ΔH，定义为：固定微波磁场频率，调节外加恒定磁场强度，使其发生铁磁共振。当旋磁张量磁导率的对角分量虚部为极大值的一半时，即 $\mu''=\frac{1}{2}\mu''_{\max}$，所对应的两个磁场之差 ΔH 称为铁磁共振线宽（见图 6.19）。

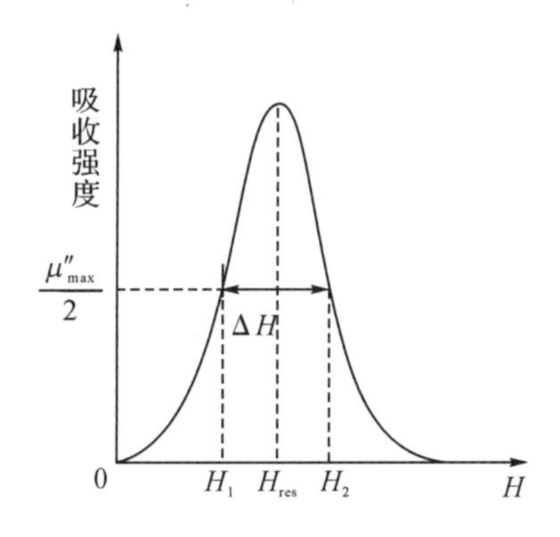

图 6.19　铁磁共振线宽

通过共振线宽 ΔH 可以得到材料的阻尼系数 λ 和弛豫时间 τ。

$$\Delta H=\frac{2\lambda}{\gamma\tau} \tag{6.90}$$

习　　题

第 6 章拓展练习

6-1 试解释下列名词：

(1)动态磁滞回线；

(2)截止频率；

(3)品质因数；

(4)自然共振；

(5)铁磁共振。

6-2 试回答下列问题：

(1)动态磁化过程和静态磁化过程的区别是什么？

(2)动态磁化过程中的损耗有哪几种？

(3)自然共振和铁磁共振的区别和共同点有哪些？

(4)剩余损耗的机理有哪些？

参考文献

[1] 梅文余. 动态磁性测量[M]. 北京：机械工业出版社，1985.

[2] OSEROFF S B, RAO D, WRIGHT F, et al. Complex magnetic-properties of the rare-earth copper oxides, R_2CuO_4, observed via measurements of the dc and ac magnetization, fpr, microwave magnetoabsorption, and specific-heat [J]. Physical Review B, 1990, 41(4): 1934-1948.

[3] HOHLFELD J, MATTHIAS E, KNORREN R, et al. Nonequilibrium magnetization dynamics of nickel[J]. Physical Review Letters, 1997, 78(25): 4861-4864.

[4] TRACHT U, WILHELM M, HEUER A, et al. Length scale of dynamic heterogeneities at the glass transition determined by multidimensional nuclear magnetic resonance[J]. Physical Review Letters, 1998, 81(13): 2727-2730.

[5] CHO H S, KIM S S. M-hexaferrites with planar magnetic anisotropy and their application to high-frequency microwave absorbers[J]. IEEE Transactions on Magnetics, 1999, 35(5): 3151-3153.

[6] SILVA T J, LEE C S, CRAWFORD T M, et al. Inductive measurement of ultrafast magnetization dynamics in thin-film Permalloy[J]. Journal Applied Physics, 1999, 85(11): 7849-7862.

[7] FRIEDMAN J R, PATEL V, CHEN W, et al. Quantum superposition of distinct macroscopic states[J]. Nature, 2000, 406(6791): 43-46.

[8] TSERKOVNYAK Y, BRATAAS A, BAUER G E W. Spin pumping and magnetization dynamics in metallic multilayers[J]. Physical Review B, 2002, 66(22): 10.

[9] GOYA G F, BERQUO T S, FONSECA F C, et al. Static and dynamic magnetic properties of spherical magnetite nanoparticles[J]. Journal of Applied Physics, 2003, 94(5): 3520-3528.

[10] LI Z, ZHANG S. Thermally assisted magnetization reversal in the presence of a spin-transfer torque[J]. Physical Review B, 2004, 69(13): 6.

[11] TSERKOVNYAK Y, BRATAAS A, BAUER G E W, et al. Nonlocal magnetization dynamics in ferromagnetic heterostructures [J]. Reviews of Modern Physics, 2005, 77(4): 1375-1421.

[12] CHE R C, ZHI C Y, LIANG C Y, et al. Fabrication and microwave absorption of carbon nanotubes/$CoFe_2O_4$ spinel nanocomposite [J]. Applied Physics Letters, 2006, 88(3): 3.

[13] MANGIN S, RAVELOSONA D, KATINE J A, et al. Current-induced magnetization reversal in nanopillars with perpendicular anisotropy[J]. Nature Materials, 2006, 5(3): 210-215.

[14] DEAC A M, FUKUSHIMA A, KUBOTA H, et al. Bias-driven high-power microwave emission from MgO-based tunnel magnetoresistance devices [J]. Nature Physics, 2008, 4(10): 803-809.

[15] NAN C W, BICHURIN M I, DONG S X, et al. Multiferroic magnetoelectric composites: Historical perspective, status, and future directions[J]. Journal of Applied Physics, 2008, 103(3): 35.

[16] HARRIS V G, GEILER A, CHEN Y J, et al. Recent advances in processing and applications of microwave ferrites[J]. Journal of Magnetism and Magnetic Materials, 2009, 321(14): 2035-2047.

[17] MANNINI M, PINEIDER F, DANIELI C, et al. Quantum tunnelling of the magnetization in a monolayer of oriented single-molecule magnets[J]. Nature, 2010, 468(7322): 417-421.

[18] CARREY J, MEHDAOUI B, RESPAUD M. Simple models for dynamic hysteresis loop calculations of magnetic single-domain nanoparticles: Application to magnetic hyperthermia optimization[J]. Journal of Applied Physics, 2011, 109(8): 17.

[19] SUN G B, DONG B X, CAO M H, et al. Hierarchical dendrite-like magnetic materials of Fe_3O_4, gamma-Fe_2O_3, and Fe with high performance of microwave absorption[J]. Chemistry Materials, 2011, 23(6): 1587-1593.

[20] 卡齐梅尔恰克.高频磁性器件[M].北京:电子工业出版社,2012.

[21] LIU J W, CHE R C, CHEN H J, et al. Microwave absorption enhancement of multifunctional composite microspheres with spinel Fe_3O_4 cores and anatase

TiO_2 shells[J]. Small, 2012, 8(8): 1214-1221.

[22] FU M, JIAO Q Z, ZHAO Y. Preparation of $NiFe_2O_4$ nanorod-graphene composites via an ionic liquid assisted one-step hydrothermal approach and their microwave absorbing properties[J]. Journal of Materials Chemistry A, 2013, 1 (18): 5577-5586.

[23] ZADROZNY J M, ATANASOV M, BRYAN A M, et al. Slow magnetization dynamics in a series of two-coordinate iron(II) complexes[J]. Chemical Science, 2013, 4(1): 125-138.

[24] 金汉民. 磁性物理[M]. 北京:科学出版社,2013.

[25] 韩秀峰. 自旋电子学导论[M]. 北京:科学出版社, 2014.

[26] 刘丹. 钸基高丰度稀土磁性材料动态磁化过程模拟与机制分析[D]. 北京:中国科学院大学(中国科学院物理研究所),2019.

[27] LENDINEZ S, JUNGFLEISCH M B. Magnetization dynamics in artificial spin ice[J]. Journal of Physics-Condensed Matter, 2020, 32(1): 013001.

[28] SCHEID P, REMY Q, LEBEGUE S, et al. Light induced ultrafast magnetization dynamics in metallic compounds[J]. Journal of Magnetism and Magnetic Materials, 2022, 560: 169596.

第二部分
软磁材料

软磁材料是指能够迅速响应外磁场的变化且能低损耗地获得高磁感应强度的材料。软磁材料具有低矫顽力和高磁导率,既容易受外加磁场磁化,又容易退磁,广泛应用于电力工业和电子设备中。在电力工业中,从电能的产生(发电机)、传输(变压器)到利用(电动机)的过程中,软磁材料起着能量转换的作用。在电子工业中,从通信(滤波器和电感器)、自动控制(继电器、磁放大器、变换器)、广播、电视和电源(声音和图像的录、放、抹磁头)、电子计算技术(磁芯存储器和磁带机的读写磁头)到微波技术(各种铁磁性微波器件),软磁材料起着信息的变换、传递及存储等作用。

软磁材料是种类最多的一类磁性材料,其发展最早可以追溯到一百多年前。在19世纪,随着电力工业及电信技术的兴起,低碳钢开始应用于制造电机和变压器,细小的铁粉、氧化铁、细铁丝等也在电话线路的电感线圈的磁芯中得到应用。20世纪初,硅钢片研制成功,逐渐替代低碳钢并被应用于变压器中。硅钢片提高了变压器的效率,降低了损耗,直到现在硅钢片在电力工业中对于软磁材料的应用仍居首位。20世纪20年代,无线电技术的兴起,促进了高导磁材料的发展,坡莫合金及软磁复合材料等开始出现。20世纪40年代到60年代,是科学技术飞速发展的时期,雷达、电视广播、集成电路等技术的发展对软磁材料的性能提出了更高的要求,软磁合金薄带及铁氧体软磁材料得到了开发应用。进入20世纪70年代,随着电信、自动控制、计算机等行业的发展,人们研制出了磁头用软磁合金,除了传统的晶态软磁合金外,非晶态软磁合金和纳米晶软磁合金的研究也逐渐兴起。

现在所应用的软磁材料主要有:金属软磁材料,如硅钢(Fe-Si合金)、坡莫合金(Fe-Ni合金)、仙台斯特合金(Fe-Si-Al合金),用于发电机、变压器、马达等;非晶态合金、纳米晶和薄膜也可制成软磁材料,而且可以根据需要制备有特殊用途的磁性材料,如超晶格;软磁铁氧体,这方面有锰锌(Mn-Zn)系、镍锌(Ni-Zn)系、镁锌(Mg-Zn)系等,多用于变压器、线圈、天线、磁头、开关等;软磁复合材料,如铁硅铝(Fe-Si-Al)合金、铁镍钼(Fe-Ni-M)合金、高磁通(Fe-Ni合金)等软磁复合材料,主要用于电感、变压器、扼流圈等。

第7章

软磁材料性能参数

软磁材料对外界磁信号反应灵敏，在相对较低的磁场下就可以磁化，去除外加磁场后，又容易恢复到低剩磁的状态。软磁材料的基本特点有：

(1)高的初始磁导率 μ_i 和最大磁导率 μ_{max}；

(2)小的矫顽力 H_c；

(3)高饱和磁感应强度 B_S；

(4)低功率损耗 P；

(5)高稳定性。

在电力电子工业应用中，以上几个性能参数也成了衡量软磁材料的重要指标。

7.1 起始磁导率

磁导率用来衡量材料本身支持内部磁场形成的能力，如同电流容易通过高电导率的物质，磁通也更易穿过高磁导率的材料。磁导率是软磁材料的重要性能参数，从使用要求看，主要是起始磁导率 μ_i，μ_i 是指磁场强度趋近于 0 时磁导率的极限值，μ_i 反映了软磁材料响应外界信号的灵敏度。其他磁导率如 μ_{max}、μ_{rev}、μ_{Δ} 等与 μ_i 存在着内在的联系，因此下面着重讨论起始磁导率 μ_i。

7-1 起始磁导率

在第 5 章的技术磁化部分，从内应力模型和含杂模型出发，分别讨论了畴壁位移磁化和磁畴转动磁化过程，得出了起始磁导率的数学关系式。实际磁化过程中，起始磁导率应是位移磁化和畴转磁化这两个过程的叠加，有：

$$\mu_i \approx \mu_{i位} + \mu_{i转}$$

由前面的讨论可知，不论是畴壁位移磁化机制还是磁畴转动磁化机制，起始磁导率 μ_i 都有一个共同的特点：与材料的饱和磁化强度 M_S 的平方成正比；与材料的各向异性常数 K_1 和磁致伸缩系数 λ_S 成反比；与材料中的内应力 σ 和杂质浓度 β 成反比。在以上几方面的影响因素中，M_S、K_1 和 λ_S 是材料的基本磁特性参数，是决定磁导率的主要因素，基本上不随加工条件和应用情况变化。σ 和 β 是决定磁导率的次要因素，但 σ 和 β 的大小会随加工条件和实际情况的不同而变化，所以磁导率也会随之改变。

高起始磁导率则是软磁材料的基本特性要求，而高频下的磁损耗则是软磁材料能否得以应用的关键。如何降低软磁材料的磁损耗，已经在第 6 章中有详细的讨论。因此，下面着重讨论提高软磁材料起始磁导率的途径。

理论和实践都证明：提高 M_S 并降低 K_1、λ_S 的值，是提高起始磁导率的必要条件；降低杂质浓度，提高密度，增大晶粒尺寸，使结构均匀化，消除内应力和气孔的影响，是提高起始磁导率的充分条件。这些都与配方的选择和工艺条件密切相关。

7.1.1 提高饱和磁化强度 M_S

由第5章讨论可知：$\mu_i \propto M_S^2$，即材料的起始磁导率 μ_i 与 M_S 的平方成正比。因此，提高 M_S 的大小有利于获得高 μ_i 值。

选择合适的配方可以提高材料的 M_S 值，但往往 μ_i 值变动不大。因为选择配方时不但要考虑 M_S 对 μ_i 的影响，更要考虑 K_1、λ_S 对 μ_i 的作用。例如，$CoFe_2O_4$、Fe_3O_4 的 M_S 虽然较高，但其 K_1 和 λ_S 值太大，因而不宜作为配方的基本成分。

7.1.2 降低磁晶各向异性常数 K_1 和磁致伸缩系数 λ_S

提高 M_S 不是提高 μ_i 最有效的方法。提高 M_i 最有效的方法是从配方和工艺上使 $K_1 \to 0$，$\lambda_S \to 0$。

在金属软磁材料中，Fe-Ni 合金的 K_1 和 λ_S 值随成分和结构的不同而变化，而且其大小和符号在很大范围内发生变化。因此，选择适当合金成分和热处理条件可以控制 K_1 和 λ_S 在较低值，甚至可以使 $K_1 \to 0$，$\lambda_S \to 0$。例如：$\omega_{Ni} \approx 81\%$时，Fe-Ni 合金 $\lambda_S \approx 0$；$\omega_{Ni} \approx 76\%$时，Fe-Ni 合金 $K_1 \approx 0$；$\omega_{Ni} \approx 78.5\%$的 Fe-Ni 合金经过热处理后，起始磁导率 μ_i 可达 10^4。此外，Fe-Si-Al 合金、Fe-Ni-Mo 合金和 Fe-Ni-Mo-Cu 合金的成分适当时，也可使 $K_1 \to 0$ 或 $\lambda_S \to 0$，甚至同时为零，从而使磁导率大大提高。

对于铁氧体软磁材料，首先从配方上选用 K_1 和 λ_S 很小的铁氧体作为基本成分，如 $MnFe_2O_4$、$MgFe_2O_4$、$CuFe_2O_4$ 和 $NiFe_2O_4$ 等，然后采用正负 K_1、λ_S 补偿或添加非磁性金属离子调节磁性离子间的耦合作用。

7.1.3 改善材料的显微结构

材料的显微结构是指结晶状态（晶粒大小、完整性、均匀性、织构等）、晶界状态、杂质和气孔的大小与分布等。由第4章中的讨论可知，磁畴结构与畴壁厚度取决于材料内部各种能量平衡时的最小值。显微结构影响着磁化中的动态平衡，从而影响到 μ_i。

对于高磁导率材料，杂质、气孔的含量与分布是影响 μ_i 的重要因素。可以通过选择合适的原材料、烧结温度、热处理条件等措施来降低杂质、气孔的含量。对于铁氧体软磁材料，选择纯度高、活性好的原料，选择适当的烧结温度和时间、适当的热处理条件，可以使烧成的材料结构均匀，杂质和气孔较少。对于金属软磁材料，通过选择成分、原料纯度、控制熔炼过程的温度和时间及热处理条件等，可以得到无气泡、杂质含量低的软磁材料。

平均晶粒尺寸对 μ_i 的影响很大。晶粒尺寸增大，晶界对畴壁位移的阻滞作用减小，起始磁导率 μ_i 升高。同时，随着晶粒尺寸的增大，对 μ_i 做贡献的磁化机制也会产生变化。以 Mn-Zn 铁氧体为例：当其晶粒尺寸在 $5\mu m$ 以下时，晶粒近似为单畴，对 μ_i 的贡献以畴转磁化为主，μ_i 在500左右；当其晶粒尺寸在 $5\mu m$ 以上时，晶粒不再为单畴，对 μ_i 的贡献转变为以位移磁化为主，μ_i 增大到3000以上。

铁氧体制备过程中，晶粒尺寸的大小，会受到烧结条件的影响。适当地提高烧结温度，可以使晶粒尺寸长大，密度提高，μ_i 增大。但如果烧结温度过高，便会在材料内部形成气孔，μ_i 反而降低。因此，要严格控制烧结过程的工艺条件。

材料的织构化，也是提高 μ_i 的一种方法。它主要是利用 μ_i 的各向异性来改善材料的磁特性，因为织构化会使材料感生磁各向异性。通常有结晶织构、磁畴织构和双重织构三种方法。结晶织构是将各晶粒易磁化轴排列在同一方向上，若沿该方向磁化，则可获得很高的 μ_i 值；磁畴织构是使磁畴沿磁场方向取向，从而提高 μ_i 值；双重织构是指同时具有结晶织构和磁畴织构。结晶织构一般通过反复冷轧热处理、定向结晶和磁场成型的方法得到，磁畴织构则一般通过磁场热处理和磁场成型形成。

7.1.4　降低内应力 σ

降低内应力，可以提高软磁材料的起始磁导率。根据不同的来源划分，内应力主要有以下几类：①由磁化过程的磁致伸缩引起的内应力，与 λ_S 成正比。此外，磁性材料由高温下降到居里点时，开始自发磁化，也会产生磁致伸缩应力。②烧结后冷却速度太快，会造成晶格畸变，产生内应力。③气孔、杂质、晶格缺陷、结晶不均匀等因素在材料内部产生应力。相界晶界是应力、杂质集中区，一些间隙式杂质如C、S、P等会使材料晶格膨胀，产生内应力。

因此，根据内应力的来源，可以知道降低内应力的主要方法有：①调整配方成分，不仅要满足高 M_S，更重要的是尽可能达到 $K_1\approx0$，$\lambda_S\approx0$；②采用慢冷及适当的低温热处理工艺，避免因为冷却速度过快而产生内应力；③原材料要纯度高、杂质少，特别是要避免一些半径较大、容易引起晶格畸变的杂质离子的混入。

磁性材料中，杂质直径增大，可使内应力降低，磁导率提高。在材料的制备过程中，不可避免地会带入杂质，因此，可以设法使杂质集中成另外的相，或者集中在晶界，减小材料晶体和杂质的交界面，缩小应力区，降低杂质的影响。例如，在Fe-Si合金中的Si可促使C石墨化，C以石墨形态集中起来；在Fe-Al合金中，杂质会和Al生成化合物，不进入Fe-Al合金的晶格中。

7.2　有效磁导率

7-2　有效磁导率

有效磁导率是指在一定频率和电信号下测得的磁导率，常用符号 μ 或 μ_{eff} 来表示。在金属软磁材料和软磁铁氧体中，起始磁导率和最大磁导率是常用的性能参数，而在软磁复合材料（也称磁粉芯）中，则一般用有效磁导率来表征其对外界信号的灵敏性，用磁导率随频率的衰减幅度来表征其性能的稳定性。

有效磁导率一般通过测试仪器直接测得或通过公式换算得到。如果仪器测试得到的是电感值，则通过公式(7.1)计算得到磁导率：

$$\mu=\frac{2.5Ll\times10^2}{\pi N^2 A} \tag{7.1}$$

式中，L 表示电感值，单位 μH；N 表示测试时所绕线圈的匝数；A 表示磁环的截面积，$A=\frac{h[\ln(D/d)]^2}{2(1/d-1/D)}$，单位 cm²；$l$ 表示平均磁路长度，$l=\frac{\pi\ln(D/d)}{1/d-1/D}$，单位 cm。

软磁复合材料的有效磁导率通常较低，一般几十到几百不等，如铁硅磁粉芯的磁导率一般不超过100，而铁镍钼磁粉芯的磁导率则可以达到500以上。有效磁导率的大小决定了软磁复合材料适用的频率范围。一般情况下，应用频率低于100kHz时，μ_{eff} 越高的软磁复合材料，适用功率越低，适用频率越高；应用频率高于 100kHz 时，μ_{eff}越高的软磁复合材料，适用的频率越低，因为在这种情况下，磁导率随频率的增加很快衰减。图 7.1 是典型的铁镍钼磁粉芯磁导率随频率变化的曲线，可以看到，磁粉芯的磁导率随频率的增加都会有一定程度的下降，而且磁导率越高下降越快。

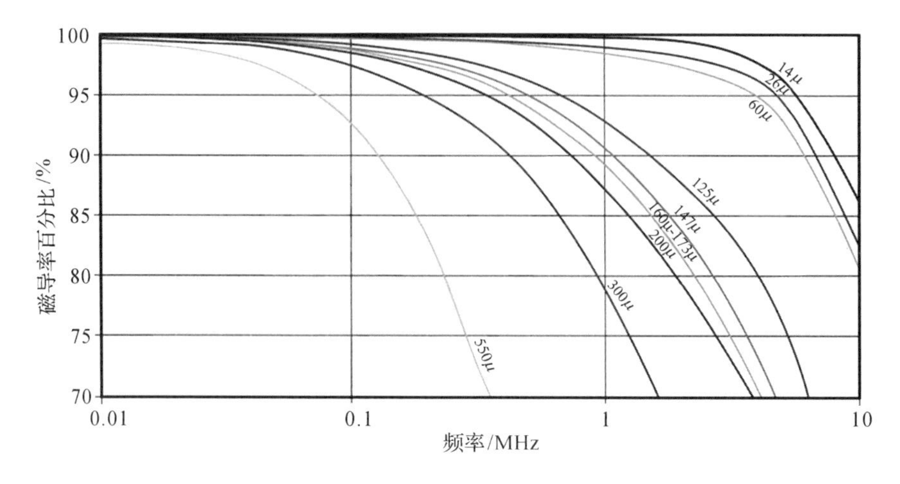

图 7.1 铁镍钼磁粉芯的磁导率随频率变化的曲线

不同体系的磁粉芯有效磁导率不同，这取决于磁粉本身的特性。而同一体系的磁粉芯，磁导率分布也会不同，如铁硅铝磁粉芯的磁导率就有 26、60、75、90、125 等。这是因为，磁粉芯的有效磁导率与非磁性相的含量和密度密切相关。非磁性相的含量越高，磁粉芯的磁导率越低。在相同条件下制得的磁粉芯，有效磁导率只与磁粉芯的密度有关，密度越大，磁粉芯的有效磁导率越高。而磁粉芯的密度又与磁粉的粒度分布有关，磁粉粒度越小，比表面积越大，界面越多，粉料间的空隙越多，磁粉芯的密度越低，磁导率相应较低；反之，粉料粒度越大，磁导率也越大。因此，工业生产中，常通过控制绝缘剂的添加量以及粒度配比来得到不同磁导率的磁粉芯，以适应不同的应用场合。

7.3 矫顽力

7-3 矫顽力

矫顽力是磁性材料的特性之一，是指在磁性材料已经磁化到磁饱和后，要使其磁化强度减到零所需要的磁场强度。矫顽力代表磁性材料抵抗退磁的能力，其大小是划分磁性材料的重要指标。

矫顽力一般用符号 H_c 表示，单位为 A/m（国际单位制）或 Oe（高斯单位制）。矫顽力可以用磁强计或 B-H 分析仪测量。软磁材料的基本性能要求是快速地响应外磁场变化，这就要求材料具有低矫顽力值。软磁材料的矫顽力通常为 $10^{-1}\sim10^{2}$ A·m^{-1}的数量级。图 7.2 为软磁材料典型的磁滞回线，图中所示材料的矫顽力 H_c 很低，在低磁场时就表现

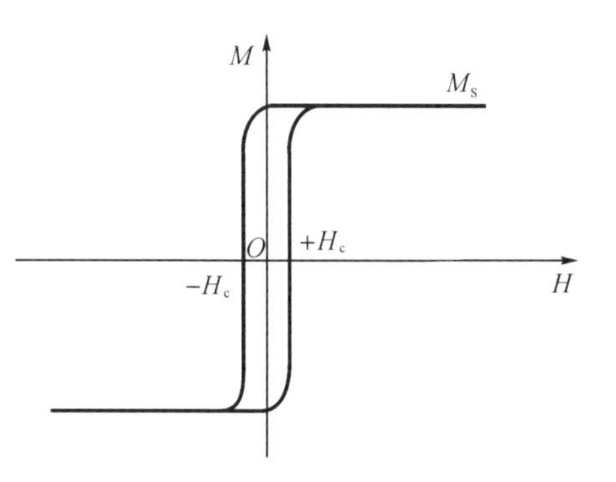

图 7.2 软磁材料磁滞回线示意图

出灵敏的响应。

磁性材料的磁化可以分为可逆畴壁位移、不可逆畴壁位移、可逆磁畴转动和不可逆磁畴转动四个磁化过程,不可逆的畴壁位移和磁畴转动是反磁化过程中产生磁滞现象的原因。而软磁材料的反磁化过程主要是通过畴壁位移来实现的,所以不可逆畴壁位移是产生矫顽力的主要原因。铁磁体中应力、杂质以及晶界等结构起伏变化是产生不可逆畴壁位移的根本原因,因此,去除内应力、降低杂质含量是减小矫顽力的有效途径。

降低内应力、减少杂质、改善材料显微结构的途径在 7.1 中已有提及,对于内应力不易消除的材料,应着重考虑降低 λ_S,对于杂质含量较高的材料,则应着重考虑降低 K_1 值。可以发现,软磁材料降低 H_c 的方法与提高 μ_i 的方法相一致。因此,对于软磁材料,在提高 μ_i 的同时可以实现降低 H_c 的目的。

7.4　饱和磁感应强度

7-4　饱和磁感应强度

饱和磁感应强度 B_S 是软磁材料的又一重要磁性参量。软磁材料通常要求其具有高的饱和磁感应强度 B_S 值,这样不仅可以获得高的 μ_i 值,还可以节省资源,实现磁性器件的小型化。

对于软磁材料,可以通过选择适当的配方成分,来提高材料的 B_S 值。例如,铁中加入钴,可以提高饱和磁感应强度,当钴含量在 20%～40%时,B_S 可达 23600Gs。但是,其他软磁合金体系中,材料的 B_S 值一般不可能有很大的变动,甚至会随着合金元素的添加逐渐降低。图 7.3 给出了铁镍合金的饱和磁感应强度 B_S 随镍含量变化的曲线,由于镍原子的玻尔磁子数比铁小,Ni 含量在 0～20%范围内时,B_S 随镍含量的增加而逐渐下降,Ni 含量在 20%～35%范围内时,由于出现了非磁性相,B_S 发生突变而迅速下降。

实际中,虽然添加合金元素可能会导致 B_S 的下降,但是因为其他性能的改善,此类合金也可能会得到推广应用,例如铁镍钼合金。从图 7.4 和图 7.5 中可以看出,铁镍合金中添加钼元素,B_S 是逐渐下降的,但是合金的电阻率却得到了提高,涡流损耗会相应降低。同时,加钼还可以降低合金对应力的敏感性,提高起始磁导率。所以,铁镍钼合金也得到了广泛应用。

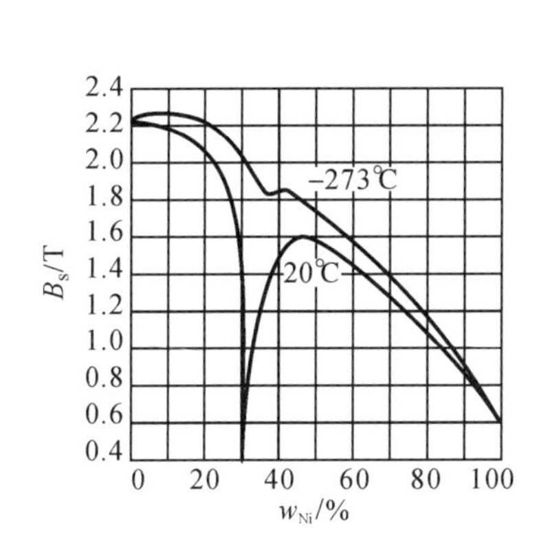

图 7.3　铁镍合金 B_S 随镍含量变化的曲线

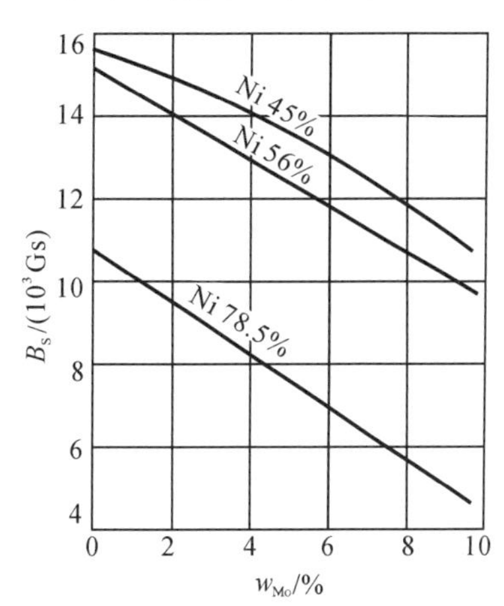

图 7.4　铁镍钼合金 B_S 随钼含量变化的曲线

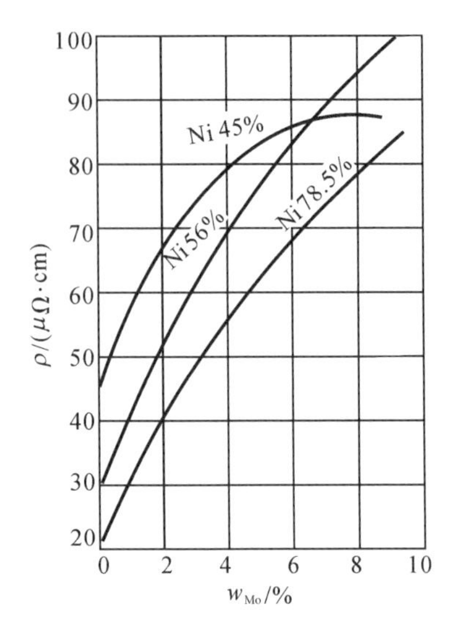

图 7.5 铁镍钼合金电阻率随钼含量变化的曲线

7.5 直流偏置特性

7-5 直流偏置特性

直流偏置是指交流电力系统中存在直流电流或电压成分的现象。磁粉芯的直流偏置特性是指磁导率随直流叠加衰减的现象，叠加直流磁场后用磁导率的数值和原始磁导率的比值来衡量。数值越大，说明磁粉芯的直流偏置特性越好，抵挡外界直流信号干扰的能力越强。图 7.6 为铁硅磁粉芯的直流偏置特性曲线，由图可见，低磁导率的铁硅磁粉芯直流偏置特性要优于高磁导率的。不同磁粉芯之间，常用直流叠加磁场为 100Oe 时的直流偏置特性进行对比。

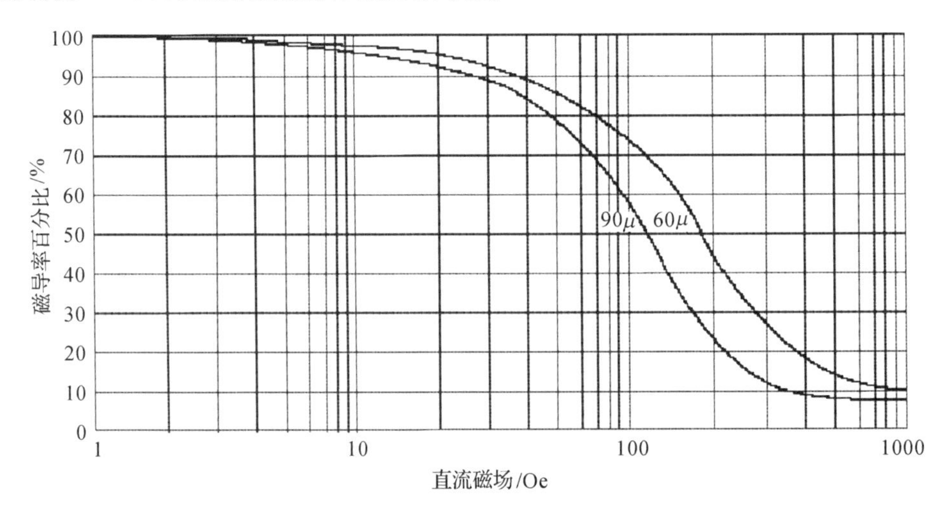

图 7.6 铁硅磁粉芯的直流偏置特性曲线

7.6　磁损耗

7-6　磁损耗

软磁材料多用于交流磁场，因此动态磁化造成的磁损耗不可忽视。磁损耗不但浪费能源，还会导致材料发热，影响材料和器件的性能，使材料磁导率出现频散现象，使用频率上限受到限制。

在工程技术中，损耗有两种表示方法：

1. 损耗角 $\tan\delta$

损耗角是一种相对表示法：

$$\tan\delta=\frac{\text{损耗能量}}{\text{储存能量}}=\frac{R}{\omega L}=\frac{1}{Q} \tag{7.2}$$

式中，R 表示等效损耗电阻，ωL 表示环形试样或磁性器件的感抗，Q 表示品质因数，δ 表示损耗角。$\tan\delta$ 的意义是单位体积材料储存单位能量所带来的损耗，称为损耗角或损耗系数。$\tan\delta$ 与材料体积、重量、形状无关，仅与材料性能、使用条件有关。工业中一般不常用。

2. 功率损耗 P

功率损耗是一种绝对表示法，如磁滞损耗 P_h、涡流损耗 P_e、总损耗 P 等，单位一般为 W、kW 等。功率损耗的大小和材料性能、体积（重量）、工作条件（f、H、T 等）、磁路的形状（开路或闭路、块、片、膜状）等有关，是在一定条件下损耗能量的大小。功率损耗的表示方法不常用，工业中一般用比损耗功率 P 来表示软磁材料的损耗值。比损耗功率是指单位体积或单位重量的损耗，单位为 W/m^3、mW/cm^3、W/kg、mW/g 等。一般提到的损耗或铁损就是指比损耗功率。

如第6章中所述，动态磁化所造成的磁损耗包括三个部分：涡流损耗 P_e、磁滞损耗 P_h 和剩余损耗 P_n。

$$P=P_e+P_h+P_n \tag{7.3}$$

磁损耗 P 决定于材料本身的性能及材料所在交变场中的工作频率和磁感应强度。使用频率越高，磁感应强度越大，软磁材料动态磁化所造成的磁损耗越大。

在磁损耗计算中，通常只考虑涡流损耗和磁滞损耗，不考虑剩余损耗。

降低涡流的途径是减小材料的厚度 δ 和提高材料的电阻率 ρ。

（1）提高电阻率 ρ：选择多元合金配方，一般情况下，$\rho_{\text{多元}}>\rho_{\text{二元}}>\rho_{\text{纯}}$；掺入对磁性有帮助或无害的杂质细化晶粒。

（2）降低材料的厚度 δ：可使磁芯材料薄片化、粉粒化、薄膜化。

磁滞损耗是材料磁化过程中，畴壁克服应力、杂质所造成的障碍，发生不可逆位移所消耗的能量，大致与材料磁滞回线的面积呈正比。在不同交变磁场中，磁滞回线是不同的，所带来的磁滞损耗也不同。

要降低磁滞损耗，就必须减小应力和杂质对壁移的障碍。可以采取的措施有：

（1）高温退火：可恢复畸变晶格，实现再结晶，以消除应力，降低内应力；

（2）降低磁致伸缩系数 λ_S：适当控制配方成分、处理工艺；

（3）去除杂质：采用真空熔炼，氢气热处理，真空热处理，尽量去除杂质；

（4）培养单相、大晶粒；

(5)选用适当厚度材料，降低加工畸变层所占比例，降低 H_c。

7.7 稳定性

高科技，特别是高可靠工程技术的发展，要求软磁材料不但 μ_i 高、损耗低等，更重要的是稳定性高。影响软磁材料稳定工作的因素有温度、潮湿度、电磁场、机械负荷、电离辐射等，在这些因素的影响下，软磁材料的基本性能参数会发生改变，性能也会随之变化。

温度是影响软磁材料稳定性的主要因素之一。软磁材料的应用一般都要控制在一定温度范围内，如软磁复合材料的最大工作温度是 200℃，而且要求温度稳定性高。软磁材料的温度高稳定性一般是指磁导率的温度稳定性要高，减落要小，随工作时间的延长产生的老化小，以保证其以稳定的性能长时间工作于太空、海底、地下和其他恶劣环境。

软磁材料的温度稳定性一般用温度系数 α 表示。α 的定义为由温度改变引起的被测量参数的相对变化与温度变化之比。α 越小，表明温度稳定性越高。例如磁导率的温度系数可以表示为：

$$\alpha_\mu=\frac{\mu_{T_2}-\mu_{T_1}}{\mu_{T_1}(T_2-T_2)}\quad(1/℃) \tag{7.4}$$

式中，μ_{T_2} 表示 T_2 温度时的磁导率；μ_{T_1} 表示 T_1 温度时的磁导率。

μ_i 随温度的变化是一个变量，而且并非简单的函数关系。例如软磁铁氧体材料的 μ_i 随温度的变化可能出现多个峰值而非单调函数，所以 α_μ 一般是某一温度范围内的平均值。此外，因为 μ_i 随温度的变化会引起电感量的改变进而影响电感器件工作的稳定性，因此，在应用中，对温度范围和 α_μ 均有严格的要求。

在有些场合下，也可以采用比温度系数 α_μ/μ_i 表示材料的温度特性。已经得到证明，对于同一种软磁材料的磁芯，不管是否开有气隙，其磁芯的 α_μ/μ_i 值是一个常数，所以使用 α_μ/μ_i 来表示材料的温度稳定性更为合理。对于软磁材料，温度稳定性越高越好，即 α_μ/μ_i 值越小越好。高温度稳定性的软磁材料，可以做到 −20～+80℃ 范围内，α_μ/μ_i 只有 $(0.4\pm0.1)\times10^{-6}$ 的微小变化。

习　　题

第 7 章拓展练习

7-1　对软磁材料基本性能的要求有哪些？

7-2　提高软磁材料的起始磁导率的途径有哪些？

参考文献

[1] CULLITY B D. Introduction to Magnetic Materials[M]. London: Addison-Wesley Publishing Company, 1972.

[2] GREER A L. Metallic glasses[J]. Science, 1995, 267(5206): 1947-1953.

[3] 龙毅，张正义，李守卫. 新功能磁性材料及其应用[M]. 北京：机械工业出版

社,1997.

[4] KASTNER M A, BIRGENEAU R J, SHIRANE G, et al. Magnetic, transport, and optical properties of monolayer copper oxides[J]. Reviews Modern Physics, 1998, 70(3): 897-928.

[5] MCHENRY M E, WILLARD M A, LAUGHLIN D E. Amorphous and nanocrystalline materials for applications as soft magnets[J]. Progress Materials Science, 1999, 44(4): 291-433.

[6] INOUE A. Stabilization of metallic supercooled liquid and bulk amorphous alloys [J]. Acta Materialia, 2000, 48(1): 279-306.

[7] 田民波. 磁性材料[M]. 北京:清华大学出版社,2001.

[8] PILENI M P. The role of soft colloidal templates in controlling the size and shape of inorganic nanocrystals[J]. Nature Materials, 2003, 2(3): 145-150.

[9] 严密,彭晓领. 磁学基础与磁性材料[M]. 杭州:浙江大学出版社,2006.

[10] GUO L J. Nanoimprint lithography: Methods and material requirements[J]. Advanced Materials, 2007, 19(4): 495-513.

[11] 孙光飞,强文江. 磁功能材料[M]. 北京:化学工业出版社, 2007.

[12] GUTFLEISCH O, WILLARD M A, BRUCK E, et al. Magnetic materials and devices for the 21st century: Stronger, lighter, and more energy efficient[J]. Advanced Materials, 2011, 23(7): 821-842.

[13] 张希蔚. 软磁材料高频磁特性测量与模拟方法研究[D]. 北京:华北电力大学,2022.

[14] KIM Y, ZHAO X. Magnetic soft materials and robots[J]. Chemical Reviews, 2022, 122(5): 5317-64.

[15] 彭晓领,李静,葛洪良. 磁性材料基础与应用[M]. 北京:化学工业出版社,2022.

第8章

金属软磁材料

金属软磁材料是磁性材料中应用很广的一类。在实际应用中，对软磁材料最基本的要求，是在磁化或退磁时只需很小的磁场，即要求磁滞回线较窄，矫顽力小，磁导率高。常用的金属软磁材料有电工纯铁、硅钢、坡莫合金、非晶纳米晶薄带等。

金属软磁材料在工业中的应用有一百多年的历史，依据时间可以把金属软磁材料的发展划分为四个阶段。

19 世纪末，随着电力工业和电信技术的兴起，开始使用低碳钢制造电机和变压器。20 世纪初，研制出硅钢片代替低碳钢，提高了效率，降低了损耗，至今硅钢片在电力工业中对于软磁材料的使用仍居首位。同时，随着电话技术的发展，在弱电工程中提出了材料要具有高磁导率的要求，铁镍系等各类软磁合金就应运而生了。到 20 世纪 20 年代，无线电技术的兴起，则更促进了高磁导率合金的发展，坡莫合金(78Ni-Fe)、Mumetal(77Ni-5Cu-Fe)、Perminvar(43Ni-23Co-Fe)、Permendur(50Co-2V-Fe)及坡莫合金磁粉芯等相继出现。大体上可以把 20 世纪 30 年代以前的时期看作是金属软磁材料发展的第一阶段。

20 世纪 30 年代到 40 年代，金属软磁材料在品种、性能和应用等方面都有了迅速的发展。这期间研制出了多元坡莫合金、铁硅铝粉状高磁导率合金和单取向硅钢。同时，发现通过磁场热处理或轧制可以在坡莫合金中建立感生各向异性，并研究了坡莫合金和铁钴合金的有序晶格结构(超晶格)，建立了在铁镍和铁钴中添加第三组元(如钼、铬、钒等)的三元系相图。与此同时，磁性物理学也有了重要的进展，广泛地研究和解释了材料的许多基本物理现象，提出了铁磁性的自旋波理论和能带理论、磁畴和畴壁结构理论、矫顽力理论和技术磁化理论，进行了磁损耗机理研究，并采用粉纹图法观察磁畴等。这一时期可看作金属软磁材料发展的第二阶段。

20 世纪 40 年代到 70 年代，这 30 年是科学技术飞速发展的时期，也是金属软磁材料发展的第三阶段。这期间出现了雷达技术、原子能技术、火箭和超声速飞机、激光技术、第二代电子计算机、人造地球卫星、集成电路等。新兴技术的出现和发展，对金属软磁材料的磁电性能提出了更高的要求，尤其是在电子技术和仪器仪表应用方面。在这期间，研制出了高矩形回线合金、高磁感应强度增量和扁斜回线合金、高磁导率合金、磁性薄膜、软磁合金薄带、双取向硅钢等。同时，磁性物理学也有重要进展，测定了各类软磁合金的磁晶各向异性常数值和饱和磁致伸缩系数值，研究了高磁导率的起因，提出了方向有序理论来阐明磁场热处理效应的机理，建立了亚铁磁性理论、旋磁性理论和非线性理论。

从 20 世纪 70 年代到现在，可以看作是金属软磁材料发展的第四阶段。随着电信、磁记录、自动控制、电子计算机等电子技术的发展以及电子产品的推广应用，金属软磁材料不仅仅是科学技术和工业生产的重要基础，也是人们日常生活用品的重要部件。因此，对金属软磁材料提出了更高的要求，除了要具有高效率、高稳定性和耐用性，还要价格低廉。在这个时期，人们进一步研究了超高磁导率多元坡莫合金，研制出了多种适于磁头用的高电阻、高硬度软磁合金。同时，研究了软磁材料的性能与冶金学中各因素的关系，材料性能随各种外界条件（如温度、外力、振动、辐照、腐蚀介质等）作用的变化规律，设法提高材料性能的稳定性等。这一时期，出现了金属软磁材料发展史上的一大科技创新。20 世纪 70 年代，在传统晶态软磁合金的基础上，兴起了非晶态软磁合金的开发应用。非晶态合金具有优于晶态合金的磁性能，例如高电阻率、高磁导率、低矫顽力、低损耗等，满足国家现在节能减排的发展要求，具有很好的应用前景。其中，以 Fe-Si-B 材料为代表的非晶软磁薄带已经进入市场，在变压器应用上，Fe-Si-B 非晶薄带损耗低，尤其是空载能耗，远远低于硅钢。

一个多世纪以来，人们对金属软磁材料进行的基础研究和应用研究，成为现在应用软磁材料的依据，也成了现在在广泛的范围内选择软磁合金的基础。在不同的应用场合，人们根据不同的性能要求来选择合适的软磁材料，例如，弱磁场中使用的软磁材料应当具有很大的起始磁导率 μ_i 及最大磁导率 μ_{max}，恒稳磁场中使用的磁导体则要求有高的饱和磁感应强度 B_S 和最大磁导率 μ_{max}，在交变场应用时要求饱和磁感应强度 B_S 高、矫顽力 H_c 小、电阻率 ρ 高、磁损耗小。

8.1 电工纯铁

8-1 电工纯铁

电工纯铁是人们最早和最常用的纯金属软磁材料。这里所说的电工纯铁是指纯度在 99.8%以上的铁，其中不含任何故意添加的合金化元素。它在平炉中进行冶炼时，首先用氧化渣除去碳、硅、锰等元素，再用还原渣除去磷和硫，并在出钢时在钢包中添加脱氧剂获得。用这种方法获得的电工纯铁，经过退火热处理，起始磁导率 μ_i 为 300～500，最大磁导率 μ_{max} 为 6000～12000，矫顽力为 39.8～95.5A/m。

电工纯铁的含碳量是影响磁性能的主要因素。图 8.1 中给出了铁中含有碳时，最大磁

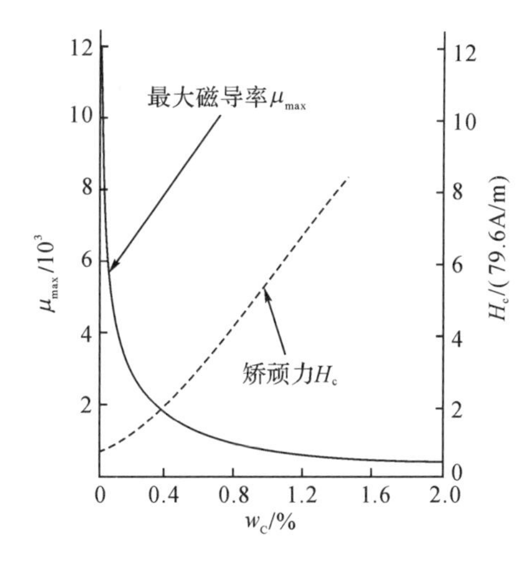

图 8.1 铁的最大磁导率 μ_{max} 和矫顽力 H_c 与碳的质量分数 w_C 之间的关系

导率 μ_{max} 和矫顽力 H_c 与碳的质量分数 w_C 之间的关系。随 w_C 增加，μ_{max} 减小，H_c 上升。因此，为了提高铁的磁导率，要在高温下用 H_2 处理去除碳，以消除铁中碳对畴壁移动的阻碍作用。除 C 之外，Cu、Mn 等金属杂质以及 Si、N、O、S 等非金属杂质都会对软磁性能产生有害影响。

磁性元件在使用过程中，要求其磁性能长期保持不变。但电工纯铁存在时效现象，高温时铁固溶体内溶解了较多的碳或氮，产品快速冷却到室温时，溶解度减小，Fe_3C 或 Fe_4N 由 α 固溶体中以细微弥散形式析出，从而 H_c 增加，μ_i 降低。为了消除时效现象，一般在保温后，采用缓慢冷却到 100～300℃ 的退火措施，这样在 300～650℃ 下 Fe_3C 有足够的时间析出、长大为对磁性能影响不大的大颗粒夹杂物。有的磁性元件要求更高，需采用人工时效方法，在 100℃ 下，保温 100h。

电工纯铁主要用于制造电磁铁的铁芯和磁极，继电器的磁路和各种零件，感应式和电磁式测量仪表的各种零件，制造扬声器的各种磁路，电话中的振动膜、磁屏蔽，电机中用以导引直流磁通的磁极，冶金原料等。表 8.1 列出了电工纯铁各种典型牌号的性能与用途。

表 8.1 我国电工纯铁的磁性和用途

系列	牌号	H_c/(A·m^{-1}) 不大于	μ_{max} 不小于	磁感应强度 B/T				用途
				B_{500}	B_{1000}	B_{2500}	B_{5000}	
原料纯铁	DT1	—	—					重熔合金炉料
	DT2							粉末冶金原料、高纯炉料
电子管纯铁	DT7	—	—					电子管阳极和代镍材料
	DT8							要求气密性的电子管零件用材料
	DT8A							
电磁纯铁	DT3	96	6000	1.4	1.5	1.62	1.71	不保证磁时效的一般电磁元件
	DT3A	72	7000					
	DT4	96	6000					保证无时效的电磁元件
	DT4A	72	7000					
	DT4E	48	9000					
	DT4C	32	12000					
	DT5	同 DT3 系列						不保证磁时效的一般电磁元件
	DT5A							
	DT6	同 DT4 系列						保证无时效、磁性范围稳定的电磁元件
	DT6A							
	DT6E							
	DT6C							

注：①“DT”表示电工纯铁，“DT”后的数字为序号，序号后面的字母表示电磁性能的等级，“A”为高级，“E”为特级，“C”为超级。

② B_{500}、B_{1000}、B_{2500}、B_{5000} 分别表示在磁场强度为 500A/m、1000A/m、2500A/m、5000A/m 时的磁感应强度。

8.2 硅钢

8-2 硅钢

电工纯铁只能在直流磁场下工作，在交变磁场下工作，涡流损耗大。为了克服这一缺点，在纯铁中加入少量硅，形成固溶体，这样提高了合金电阻率，减少了材料的涡流损耗。并且随着纯铁中含硅量的增加，磁滞损耗降低，而在弱磁场和中等磁场下，磁导率增加。

硅钢通常也称电工钢，是指碳的质量分数在0.02%以下，硅的质量分数为1.5%～4.5%的Fe合金。常温下，Si在Fe中的固溶度大约为15%，但Fe-Si系合金随着Si含量的增加加工性能变差，因此硅的质量分数6.5%为一般硅钢制品的上限。

图8.2给出了硅钢的一些基本性能随硅含量的变化关系。从图中可以看出，硅钢的饱和磁化强度 B_S 和居里温度 T_C 均随着硅含量的增加而降低，这是添加硅的不足之处。但是，相较于缺点，添加硅所带来的益处却大得多。首先，添加硅可以降低硅钢的磁晶各向异性常数 K_1，同时随着硅含量的增加，饱和磁致伸缩系数降低。这些对于提高磁导率和降低矫顽力是有利的，因此硅钢是非常优秀的软磁材料。其次，添加硅可以显著提高合金的电阻率，降低铁损，因此硅钢也是交流电器中比较理想的材料。

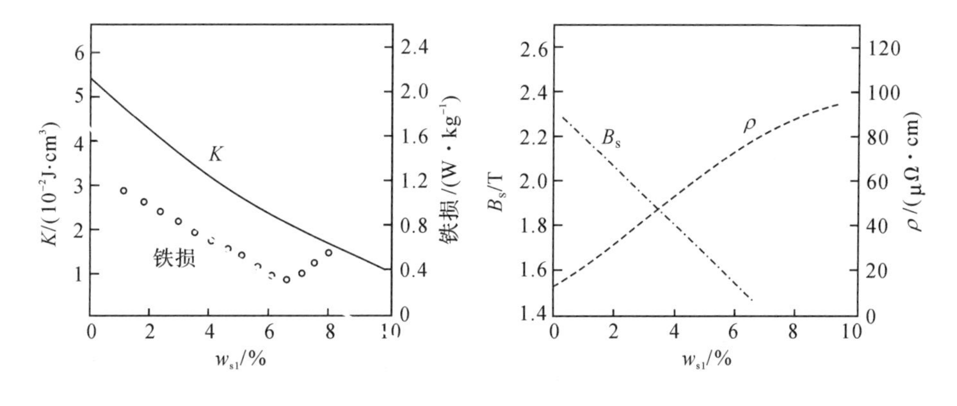

图8.2 硅钢的磁特性与成分之间的关系

8.2.1 无取向硅钢

1. 冷轧无取向硅钢

冷轧无取向硅钢在变形和退火后晶粒呈无规则取向分布，主要分为中低牌号和高牌号。中低牌号冷轧无取向硅钢是指硅含量小于或等于1.7%的硅钢，铁损值一般高于4.7W/kg(1.5T、50Hz测试条件下)，产量占电工钢产量的80%以上，主要用于制造微电机和中小型电机。中低牌号冷轧无取向硅钢制造工艺流程如图8.3所示。连铸时可不经过电磁搅拌。在热轧过程中产生α-γ相变，一般采用不经过常化的一次冷轧法生产。

高牌号冷轧无取向硅钢是指硅含量为1.7%～4.0%的硅钢，铁损值一般低于4.7W/kg(1.5T、50Hz测试条件下)，主要用于制作容量较大的大中型电机、发电机和小型变压器。

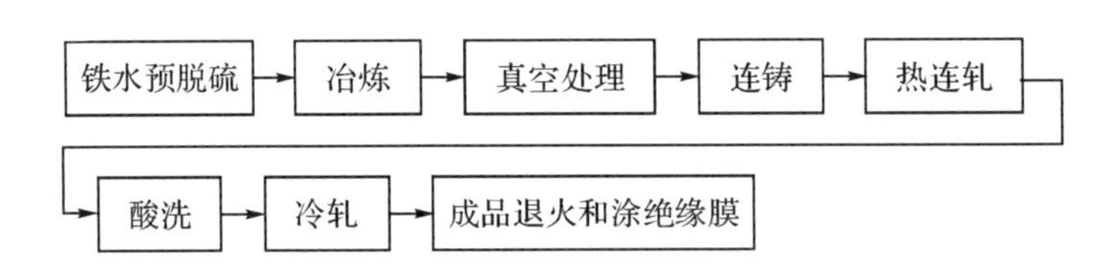

图 8.3 中低牌号冷轧无取向硅钢制造工艺流程

高牌号冷轧无取向硅钢由于硅含量高，钢水流动性差，表面缺陷多，而且硅含量高，碳含量低，连铸坯容易形成粗大的柱状晶，因此连铸时必须经过电磁搅拌以增加铸坯中等轴晶比例，减少内部缺陷。在高牌号冷轧无取向硅钢中，还有一种特殊用途的无取向硅钢，即冷轧无取向电工钢薄带，含硅 3%、厚度为 0.15～0.20mm，主要用于制造中高频电机、变压器、电抗器和磁屏蔽元件。

我国冷轧硅钢的牌号表示方法如图 8.4 所示。冷轧无取向硅钢的成品磁性能及工艺特性要求如表 8.2 所示。

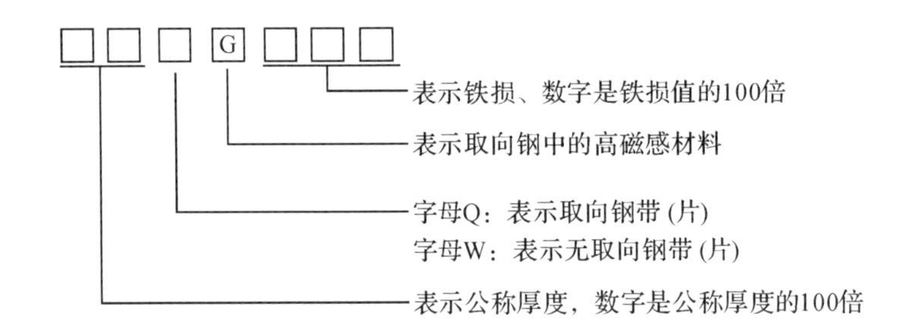

图 8.4 冷轧硅钢的牌号表示方法

表 8.2 冷轧无取向硅钢磁性能及工艺特性

牌号	公称厚度/mm	理论密度/$(kg\cdot dm^{-3})$	50Hz		最小弯曲次数	最小叠装系数/%
			最大铁损 $P_{1.5,5/50}/(W\cdot kg^{-1})$	最小磁感 B_{5000}/T		
35W230	0.35	7.60	2.30	1.60	2	95
35W250		7.60	2.50	1.60	2	
35W270		7.65	2.70	1.60	2	
35W300		7.65	3.00	1.60	3	
35W330		7.65	3.30	1.60	3	
35W360		7.65	3.60	1.61	5	
35W400		7.65	4.00	1.62	5	
35W440		7.65	4.40	1.64	5	

续表

牌号	公称厚度/mm	理论密度/(kg·dm^{-3})	50Hz		最小弯曲次数	最小叠装系数/%
			最大铁损 $P_{1.5,5/50}$/(W·kg^{-1})	最小磁感 B_{5000}/T		
50W230	0.50	7.60	2.30	1.60	2	97
50W250		7.60	2.50	1.60	2	
50W270		7.60	2.70	1.60	2	
50W290		7.60	2.90	1.60	2	
50W310		7.65	3.10	1.60	3	
50W330		7.65	3.30	1.60	3	
50W350		7.65	3.50	1.60	5	
50W400		7.65	4.00	1.61	5	
50W470		7.70	4.70	1.62	10	
50W540		7.70	5.40	1.65	10	
50W600		7.75	6.00	1.65	10	
50W700		7.80	7.00	1.68	10	
50W800		7.80	8.00	1.68	10	
50W1000		7.85	10.00	1.69	10	
50W1300		7.85	13.00	1.69	10	
65W600	0.65	7.75	6.00	1.64	10	97
65W700		7.75	7.00	1.65	10	
65W800		7.80	8.00	1.68	10	
65W1000		7.80	10.00	1.68	10	
65W1300		7.85	13.00	1.69	10	
65W1600		7.85	16.00	1.69	10	

注：①表中 $P_{1.5,5/50}$ 表示频率为 50Hz、波形为正弦、磁感峰值为 1.5T 的单位重量铁损值(W/kg)。

②B_{5000} 表示磁场强度为 5000A/m 时的磁感峰值(T)。

2. 热轧硅钢

热轧硅钢片主要用于制造微小型电机、部分中型电机及低压电器等。自英国发明硅钢专利迄今已有 100 多年历史，国际上热轧硅钢片生产最兴旺时期为 20 世纪 30—50 年代，发达国家从 20 世纪下半叶开始停产。随着我国“以冷代热”政策出台，许多钢厂也已退出热轧硅钢生产，但仍有部分厂家在生产热轧硅钢，工艺水平相当于当时国外最高牌号。

热轧硅钢按硅含量多少分为低硅钢(硅含量≤2.8%)和高硅钢(硅含量>2.8%)，目前热轧高硅钢已经全部被冷轧取向硅钢所代替。表 8.3 是热轧低硅钢的冶炼化学成分。

表 8.3 热轧低硅钢冶炼化学成分

成分	C	Si	Mn	P	S
范围/%	0.04～0.06	2.20～2.80	0.30～0.50	≤0.05	≤0.025

热轧硅钢生产工艺相对简单，价格较低，一直在硅钢市场占据一定的份额。但是，与冷轧无取向电工钢相比，热轧硅钢片在生产工艺方法和设备上存在诸多差距，其主要缺点为：磁性能低，磁性波动大，钢板厚度、平整度不均，表面氧化、不光滑。

热轧硅钢一般在正常生产条件下，从板坯入炉到产品入库的生产周期为 12～15 天。成品要求如表 8.4 所示。牌号中“DR”表示电工用热轧硅钢板，字母“DR”后横线以前的数字为铁损值(单位：W/kg)的 100 倍，横线以后的数字为厚度值(单位：mm)的 100 倍。

表 8.4 热轧硅钢的电磁性能

牌号	厚度/mm	最小磁感应强度/T			最大铁损/($W \cdot kg^{-1}$)		最低弯曲次数不小于	理论密度 D_2/($g \cdot cm^{-3}$)	
		B_{2500}	B_{5000}	B_{10000}	$B_{1.0/50}$	$B_{1.5/50}$		酸洗钢板	未酸洗钢板
DR530-50	0.50	1.51	1.61	1.74	2.20	5.30		7.75	7.79
DR510-50	0.50	1.54	1.64	1.76	2.10	5.10			
DR490-50	0.50	1.66	1.66	2.00	2.00	4.90			
DR450-50	0.50	1.66	1.64	2.00	1.85	4.50			
DR420-50	0.50	1.66	1.64	2.00	1.80	4.20			
DR400-50	0.50	1.54	1.64	2.00	1.65	4.00			
DR440-50	0.50	1.46	1.57	1.71	2.20	4.40	4.9	7.65	—
DR405-50	0.50	1.50	1.61	1.74	1.80	4.06			
DR360-50	0.50	1.45	1.56	1.68	1.60	3.60	1.0	7.55	—
DR315-50	0.50	1.45	1.56	1.68	1.35	3.15			
DR290-50	0.50	1.44	1.55	1.67	1.20	2.90			
DR265-50	0.50	1.44	1.55	1.67	1.10	2.65			
DR360-35	0.35	1.46	1.57	1.71	1.60	3.60	5.0	7.65	—
DR325-35	0.35	1.50	1.61	1.74	1.40	3.25			
DR320-35	0.35	1.45	1.56	1.68	1.35	3.20	1.0	7.55	—
DR280-35	0.35	1.45	1.56	1.68	1.15	2.80			
DR255-35	0.35	1.44	1.54	1.66	1.05	2.55			
DR225-35	0.35	1.44	1.54	1.66	0.90	2.55			

8.2.2 冷轧取向硅钢

取向硅钢是通过形变和再结晶退火产生晶粒择优取向的硅铁合金，硅含量约为 3%，碳含量很低。取向硅钢分为普通取向硅钢(CGO 钢)和高磁感取向硅钢(Hi-B 钢)两类，均利用了 3%Si-Fe 多晶体中{110}⟨001⟩织构(高斯织构)的取向形核和择优长大机理。

取向硅钢产品为冷轧板或带材，公称厚度为 0.18mm、0.23mm、0.28mm、0.30mm 和

0.35mm，主要用于制造电力变压器、配电变压器及大型发电机定子。在输电和配电系统中消耗6%～10%电能，其中约40%消耗在变压器中。变压器总损耗中铁损和铜损各占约50%，而铁损与用于制造铁芯的硅钢质量直接相关。取向硅钢片晶粒越大、厚度越薄，损耗越低。另外，为满足军工和电子工业的需求，开发出冷轧取向硅钢薄带产品，其厚度不大于0.1mm，主要用于高频变压器、脉冲变压器、脉冲发电机以及通信用的扼流线圈、开关和控制元件、磁屏蔽元件。

1. 普通取向硅钢(CGO钢)

1934年美国戈斯(Goss)采用冷轧和退火方法探索发现3%硅钢沿轧制方向磁性更好，后经X射线检测证实这种材料具有{110}〈001〉织构，易磁化方向〈001〉晶向平行于轧制方向，称为Goss取向硅钢或普通取向硅钢。CGO钢平均位向偏离角约为7°，晶粒直径为3～5mm，磁感B_{800}约为1.82T。

取向硅钢化学成分要求极其严格，规定的成分范围很窄，成分略有波动对产品性能就有很大影响，冶炼化学成分见表8.5。Si含量规定为3.1%～3.4%，Si在α相中的固溶度比在γ相中大，每增加0.1%Si，$P_{1.7}$降低0.019W/kg。C元素有利于硅钢在热轧之后析出细小弥散Fe_3C，它们可以阻碍初次晶粒长大；但是C含量过高则后期脱碳困难，并使抑制剂固溶温度提高，使铸坯加热温度提高。MnS是取向硅钢的重要抑制剂。Mn与S的含量非常重要，它们浓度的乘积对二次再结晶和磁性能有很大影响，乘积过低则硅钢不发生二次再结晶，乘积过高则铸坯中MnS过于粗大、热轧加工性差。一般Mn与S含量比控制在3左右热加工性和磁性达到最优。

表8.5　普通取向硅钢冶炼化学成分

成分	C	Si	Mn	P	S	Als	N
范围/%	0.03～0.05	3.1～3.4	0.05～0.40	≤0.03	0.015～0.03	<0.015	<0.006

注：Als表示酸溶铝，是总铝量与Al_2O_3中铝量之差。

冷轧CGO钢制造工艺流程如图8.5所示。取向硅钢通过高温退火阶段的二次再结晶形成{110}〈001〉单一织构，发展完善的二次再结晶组织必须具备以下三个条件：

(1)钢中存在抑制剂阻碍初次再结晶晶粒正常长大，促进二次晶粒反常长大。

(2)初次再结晶晶粒细小均匀，有利于二次晶粒吞并初次晶粒而长大。

(3)具有合适的初次再结晶织构组织，在{110}〈001〉二次晶核周围存在许多{111}[112]位相的初次晶核，有利于二次晶核长大。

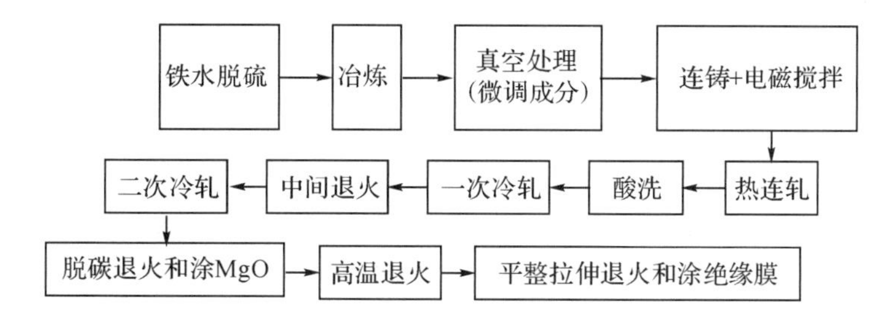

图8.5　冷轧CGO钢制造工艺流程

获得单一 Goss 织构，弥散析出的相质点或晶界偏聚元素（称为抑制剂）发挥了关键作用。CGO 钢以 MnS 为抑制剂时，必须把铸坯加热到 1350～1370℃，保证浇铸冷凝时析出的粗大 MnS 颗粒完全固溶，以细小弥散状态析出。CGO 钢退火后合适的初次晶粒尺寸为 15～25μm，这样可以保证二次再结晶完全。

高温铸坯加热技术是取向硅钢生产过程的一个重要组成部分，它可以使抑制剂充分发挥作用获得高磁性能。但是，随着能源供应的日益紧张和降低成本的要求，降低铸坯加热温度已成为取向硅钢生产商关注的技术开发热点。为实现低温铸坯加热，必须弱化或消除 MnS 抑制剂的作用，而以固溶温度更低的 AlN、Cu_2S 等取而代之。将 Cu_2S 作为主要抑制剂能够将铸坯加热温度降低至 1250～1300℃。

典型冷轧取向硅钢薄带的电磁性能如表 8.6 所示。

表 8.6 冷轧取向硅钢薄带的电磁性能

牌号	厚度	铁损/(W·kg^{-1})				磁感应强度/T		矫顽力/(A·m^{-1})
		$P_{1.0,400}$	$P_{1.5,400}$	$P_{1.0,1000}$	$P_{0.5,3000}$	B_{50}	B_{1000}	H_c
		不大于				不小于		不大于
DG3	0.025	—	—	—	35	—	1.60	60
DG3	0.03	—	—	—	35	—	1.65	45
DG4	0.03				30		1.70	40
DG3	0.05	—	17.0	24.0	—	0.85	1.66	32
DG4			16.0	22.0		0.90	1.70	32
DG5			15.0	20.0		1.05	1.75	32
DG6			14.5	19.0		1.10	1.75	32
DG3	0.08,0.10	—	17.0	—	—	0.90	1.66	28
DG4			16.0			1.00	1.70	26
DG5			15.0			1.05	1.75	26
DG6			14.5			1.20	1.80	26
DG3	0.15	—	19.0	—	—	0.90	1.65	26
DG4			18.0			1.00	1.75	26
DG5			17.0			1.10	1.75	26
DG6			16.5			1.13	1.75	26
DG3	0.20	10.0	—	—	—	—	1.65	—
DG4		9.0					1.70	
DG5		8.2					1.74	

2. 高磁感取向硅钢（Hi-B 钢）

1953 年日本新日铁公司，以 AlN 为主要抑制剂，经过一次大压下率冷轧和退火工艺，研制出更高磁性的取向硅钢。以 AlN＋MnS 为综合抑制剂的取向硅钢于 1964 年试生产并命名为高磁感取向硅钢（Hi-B 钢）。为使磁性更加稳定，1965 年后确定采用热轧带高温常化工艺，而改进 MgO 隔离剂、发展应力绝缘涂层等措施使 Hi-B 钢工艺更加完善。Hi-B 钢偏离角约为 3°，晶粒直径为 10～20mm，B_{800} 约为 1.92T。

表8.7列出了高磁感取向硅钢冶炼化学成分。Hi-B钢碳含量为0.04%～0.08%，比CGO钢高，目的是在热轧板高温常化时保证有一定数量的γ相，快冷时可获得大量细小AlN，因为氮在γ相中固溶度比在α相中大10倍；而且碳以固溶碳和细小ε碳化物形态存在，冷轧时钉扎位错，位错密度提高，加工硬化更快，退火时再结晶形核位置增多，初次晶粒细小均匀，促进二次再结晶发展。AlN是Hi-B钢的主要抑制剂，酸溶铝(Als)规定为0.02%～0.03%，它对磁性的影响最明显。此外，Mn和S含量比CGO钢略高，目的是适当提高加热温度和MnS析出温度，保证常化时析出更多细小的AlN来加强抑制能力。

表8.7 高磁感取向硅钢冶炼化学成分

成分	C	Si	Mn	P	S	Als	N
范围/%	0.04～0.08	3.1～3.4	0.06～0.12	≤0.03	0.02～0.03	0.02～0.03	0.006～0.01

Hi-B钢的工艺流程如图8.6所示，它与CGO钢的本质区别是其采用常化工艺与一次冷轧工艺。细小弥散的AlN质点主要是在热轧板常化过程中析出的。以MnS+AlN为抑制剂的Hi-B钢由于锰和碳含量高于CGO钢，加热温度规定为1380～1400℃。Hi-B脱碳退火后合适的初次晶粒尺寸为10～15μm。另外，生产Hi-B钢时以Cu_2S+AlN为抑制剂，热轧板经常化处理析出细小AlN质点并在脱碳退火后采用渗氮处理，进一步加强抑制能力，该项技术可将铸坯加热温度降低至1250～1300℃。

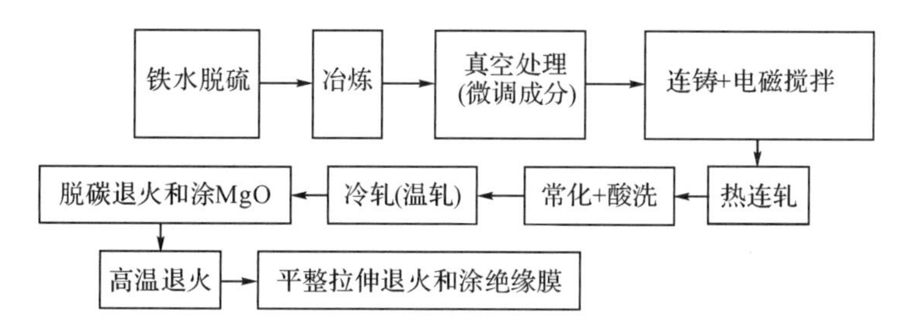

图8.6 冷轧Hi-B钢制造工艺流程

表8.8是我国冷轧取向硅钢电磁性能。

表8.8 冷轧取向硅钢电磁性能

类别	牌号	厚度/mm	密度/(kg·dm^{-3})	铁损$P_{1.7,50}$/(W·kg^{-1})	磁感B_{800}/T	叠装系数/%
一般取向硅钢Q系列	23Q110	0.23	7.65	1.10	1.81	94.5
	27Q120	0.27	7.65	1.20	1.82	95.0
	27Q130			1.30	1.81	
	30Q120	0.30	7.65	1.20	1.82	95.5
	30Q130			1.30	1.81	
	35Q135	0.35	7.65	1.35	1.82	96.0
	35Q145			1.45	1.81	
	35Q155			1.55	1.80	

续表

类别	牌号	厚度/mm	密度/(kg·dm^{-3})	铁损 $P_{1.7,50}$/(W·kg^{-1})	磁感 B_{800}/T	叠装系数/%
Hi-B钢G系列（高磁感取向硅钢）	23QG090	0.23	7.65	0.90	1.88	94.5
	23QG095			0.95	1.88	
	23QG100			1.00	1.88	
	27QG095	0.27	7.65	0.95	1.89	95.0
	27QG100			1.00	1.89	
	27QG120			1.20	1.89	
	30QG105	0.30	7.65	1.05	1.89	95.5
	30QG120			1.20	1.89	

8.3 坡莫合金

8-3 坡莫合金

坡莫合金是英文Permalloy字头的音译，意为导磁合金，现已成为磁学的专用名词，专指含镍34%～84%的二元或多元镍铁基软磁合金。坡莫合金具有很高的磁导率，成分范围宽，而且磁性能可以通过改变成分和热处理工艺等进行调节，因此既可以用作弱磁场下具有很高磁导率的铁芯材料和磁屏蔽材料，也可用作要求低剩磁和恒磁导率的脉冲变压器材料，还可用作各种矩磁合金、热磁合金和磁致伸缩合金等。

除上述特点外，铁镍合金还有一些不足之处：①含镍等昂贵元素较多，成本高；②合金的磁性能对工艺因素的变动十分敏感，生产设备复杂，工艺要求严格；③合金的饱和磁感应强度 B_S 值较低。

图8.7为铁镍二元合金相图，镍在固态只有一种形态，即面心立方 γ 相，铁在912℃处有同素异构转变，镍加入铁后扩大了铁的 γ 相区。镍低于20%～30%时，在铁镍合金中有 α-γ 相变，(α+γ)两相区的界限因热滞现象的影响而在加热或冷却时不同；当镍大于30%时，铁镍合金呈单相 γ 固溶体状态。常用的两类成分区为含镍46%～68%（中镍合金）和含镍72%～84%（高镍合金）。面心立方晶格纯镍的易磁化方向是[111]，难磁化方向是[100]，其磁晶各向异性常数 $K_1 \approx -0.548\times10^4\,J/m^3$；体心立方纯铁的易磁化方向是[100]，难磁化方向是[111]，其 $K_1 \approx +4.81\times10^4\,J/m^3$。镍加入铁中使 K_1 从正值向负值方向变化，同时易磁化方向也从[100]晶向($K_1>0$)转向[111]晶向($K_1<0$)。

Fe-Ni系合金磁性能随成分变化的关系如图8.8所示。可以发现，w_{Ni} 在81%附近，坡莫合金的磁致伸缩系数 $\lambda_s=0$；w_{Ni} 在76%附近，坡莫合金的磁各向异性常数 $K=0$。坡莫合金在 Ni_3Fe 成分附近，在490℃发生有序-无序转变，缓冷时会形成 Ni_3Fe 有序相结构，致使晶体磁各向异性常数 K 增大，磁导率 μ 下降。因此必须从600℃左右急冷以抑制有序相的出现，增加无序相结构。急冷的坡莫合金磁导率在 w_{Ni} 为80%附近出现极大值。同时，通过添加第三元素也可有效地抑制上述有序结构相的形成。所以，w_{Ni} 在75%～83%范围内，坡莫合金具有最佳的综合软磁性能。

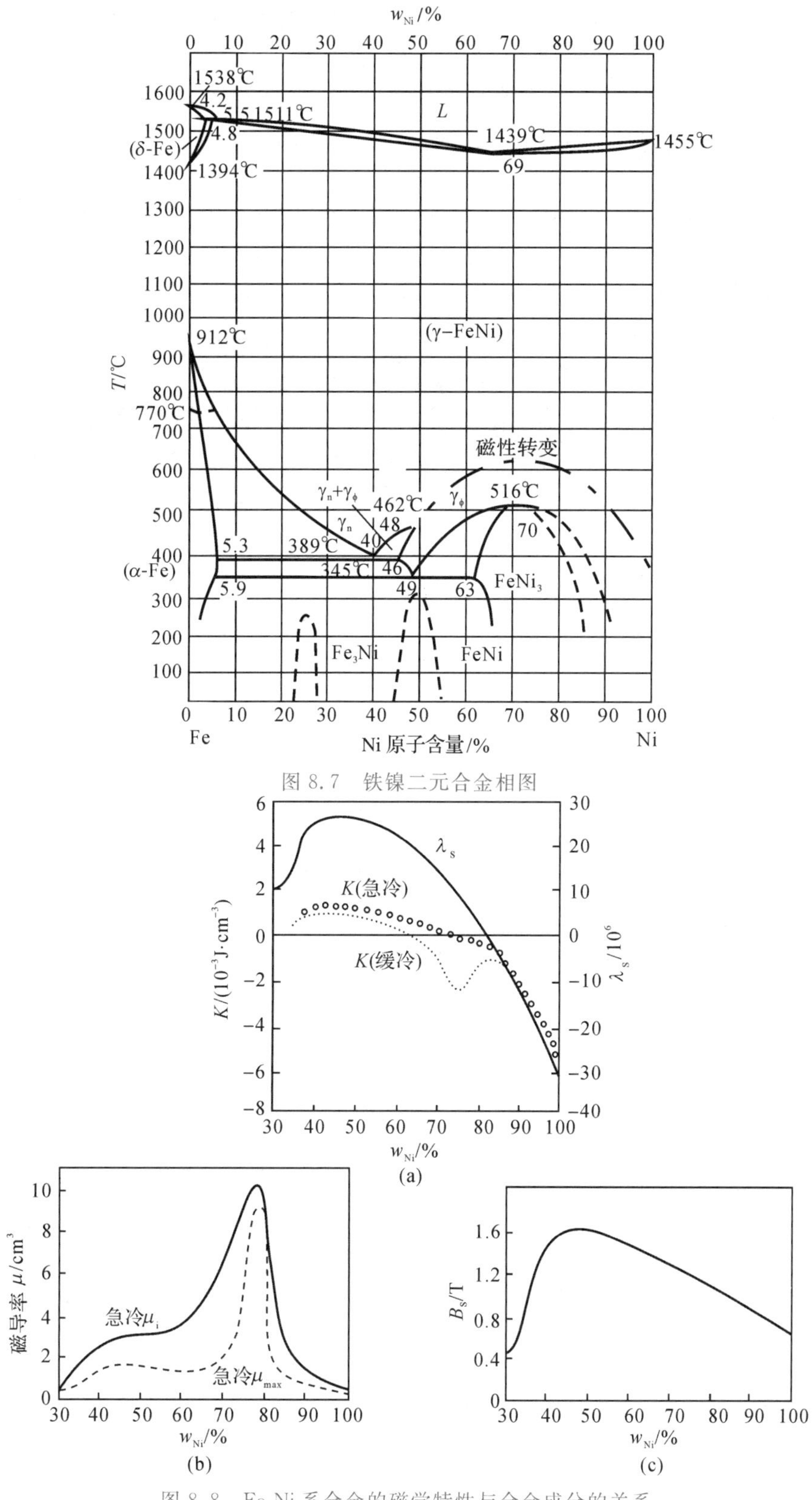

图 8.7　铁镍二元合金相图

图 8.8　Fe-Ni 系合金的磁学特性与合金成分的关系

由图 8.8 可以看出，w_{Ni}在 75%～83%范围时，合金饱和磁感应强度较低，同时 Ni 又是高价金属，所以对于要求高饱和磁感应强度的应用，可采用 w_{Ni}为 40%～50%的坡莫合金。

根据坡莫合金的不同特性，大致可将它们分为以下几类。

8.3.1 高初始磁导率合金

这类合金的特点是在弱磁场中具有高的初始磁导率，一般用作高灵敏导磁元件、探头、各类电子变压器、磁屏蔽、磁放大器、互感器、磁调制器、变换器、继电器、微电机及录音录像磁头等铁芯材料。部分牌号直流磁性能见表 8.9，如 1J76、1J79、1J80、1J85，牌号中“J”后面的数字表示镍的质量分数。

表 8.9 高初始磁导率合金的电磁性能

合金牌号	成品形状	厚度/mm	最小 μ_i	最小 μ_{max}	最大 H_c/(A·m^{-1})	最小 B_S/T
1J76 (Ni76Cu5Cr2)	冷轧带材	0.02～0.04	15000	60000	4.8	0.75
		0.05～0.09	18000	100000	3.2	0.75
		0.10～0.19	20000	140000	2.8	0.75
		0.20～0.50	25000	180000	1.4	0.75
1J79 (Ni79Mo4)	冷轧带材	0.01	12000	70000	4.8	0.75
		0.02～0.04	15000	90000	3.6	0.75
		0.05～0.09	18000	110000	2.4	0.75
		0.10～0.19	20000	150000	1.6	0.75
1J80 (Ni80Cr3Si)	冷轧带材	0.005～0.01	14000	60000	4.8	0.65
		0.02～0.04	18000	75000	4.0	0.65
		0.05～0.09	20000	90000	3.2	0.65
		0.10～0.19	22000	120000	2.4	0.65
1J85 (Ni80Mo5)	冷轧带材	0.005～0.01	16000	70000	4.8	0.70
		0.02～0.04	18000	80000	3.6	0.70
		0.05～0.09	28000	110000	2.4	0.70
		0.10～0.19	30000	150000	1.6	0.70

8.3.2 硬坡莫合金

一般的高磁导率铁镍合金的硬度不大于 120HV，电阻率 ρ 不大于 0.60$\mu\Omega\cdot$m。添加一些元素，能够使合金耐磨性大大提高，电阻率也增大，并且磁性的应力敏感性大大降低。硬坡莫合金适宜在应力状态和高频下应用，如用作录音磁头芯片、磁卡磁头芯片、接触式运动导磁元件及微特电机铁芯等。表 8.10 列出了一些硬坡莫合金的直流磁性能。

表 8.10　硬坡莫合金的直流磁性能

合金牌号	合金带厚度/mm	直流磁性能					硬度 HV (0.1kg 负荷)
		μ_0	μ_{max}	H_c/(A·m^{-1})	B_S/T	电阻率 ρ/($\mu\Omega\cdot$cm)	
		不小于		不大于	不小于	不小于	
1J87 (Ni80Nb7Mo2)	0.02～0.04	30000	100000	2.0	0.5	75	180
	0.05～0.09	35000	120000	1.2			
	0.10～0.29	40000	200000	0.8			
	0.29～0.50	35000	180000	1.2			
1J88 (Ni80Nb8)	0.02～0.04	30000	100000	2.0	0.55	70	180
	0.05～0.09	35000	120000	1.6			
	0.10～0.29	40000	150000	1.2			
1J88 (Ni79Mo4Nb63Ti2)	0.03～0.04	15000	70000	2.4	0.45	85	200
	0.05～0.09	20000	90000	1.6			
	0.10～0.29	25000	100000	1.2			
1J90 (Ni79Mo2Nb6Al0.5)	0.02～0.04	30000	100000	2.0		85	200
	0.05～0.09	35000	150000	1.6			
	0.10～0.29	40000	180000	0.8			
1J91 (Ni79Nb8Al1)	0.02～0.04	5000	40000	3.2		80	300
	0.05～0.09	8000	60000	2.0			
	0.10～0.29	10000	80000	1.6			

8.3.3　矩磁合金

衡量磁滞回线矩形性的指标是剩磁比 B_r/B_S，一般把 $B_r/B_S \geqslant 0.85$ 的软磁合金称为高矩形比合金或矩磁合金。图 8.9 给出了三种牌号矩磁合金的磁滞回线。矩磁合金的特点是具有强的磁性宏观单轴各向异性，这是获得高矩形比的物理基础。沿着具有单轴磁各向异性的材料的易磁化方向磁化即可获得矩形比极高的磁滞回线。矩磁合金主要用于制造大、中、小功率的双极脉冲变压器、磁放大器、磁调制器、方波变压器的铁芯，也可制作计算机系统的记忆和存储器、尖峰抑制器等。部分牌号矩磁合金（如 1J51 和 1J65）的性能见表 8.11。

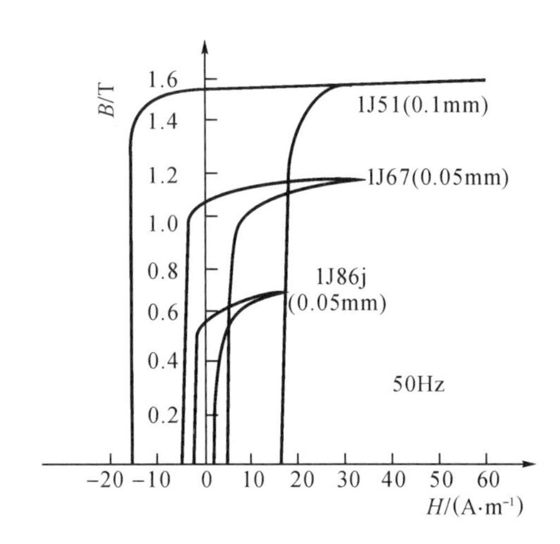

图 8.9 不同镍含量的矩磁合金的磁滞回线

表 8.11 矩磁合金的磁性能

合金牌号	成品形状	厚度/mm	最小 μ_{max}	最大 H_c /(A·m^{-1})	最小 B_S /T	B_r/B_S
1J51 (Ni50)	冷轧带材	0.005～0.01	25000	23.9	1.5	0.90
		0.02～0.04	35000	19.9	1.5	0.90
		0.05～0.09	50000	15.9	1.5	0.90
		0.10	60000	14.3	1.5	0.90
1J65 (Ni65)	冷轧带材	0.005～0.01	80000	8.0	1.5	0.90
		0.02～0.04	100000	6.4	1.5	0.90
		0.05～0.09	150000	4.8	1.5	0.90
		0.1～0.5	220000	3.2	1.5	0.90

8.3.4 高 ΔB 和恒磁导率合金

ΔB 是指磁感应强度 B_S 与剩磁 B_r 之差，一般 B_S 为定值，故要 ΔB 高，B_r 就必须低。高 ΔB 合金的特点是初始磁导率和最大磁导率的差别很小，一般小于 30%，矩形比一般小于 0.2。

高 ΔB 和恒磁导率合金的共同特点是具有低剩磁 B_r，其磁滞回线形状为扁平型。形成扁平回线的先决条件是合金应具有强的单轴各向异性，如果磁化在这种单轴各向异性的易磁化轴的垂直方向进行，磁化过程基本上靠磁畴转动来完成，这样就获得低 B_r 的扁平回线。若其他干扰因素很小，则可获得恒磁导率特性。在坡莫合金中，可以利用横向磁场处理获得磁感生各向异性或者冷变形产生滑移感生各向异性。

常用的高 ΔB 合金有两类：一类是高镍坡莫合金，另一类是中镍坡莫合金。前者磁导率高，后者 ΔB 值大。立方织构的存在对中镍坡莫合金有利，如图 8.10 所示，左右两边分别为无取向和立方织构 Ni 65Mo2 合金的磁滞回线，立方织构的存在在保持高 ΔB 的情况下提高了 μ 值。高 ΔB 合金主要用于各种单极性脉冲变压器、晶体管防护扼流圈、电感元件、滤波元件、充电电感、漏电断路器用互感器及电子线路中的输出、反馈、耦合变压器铁芯等。表8.12列出了一些中镍高 ΔB 坡莫合金的性能。

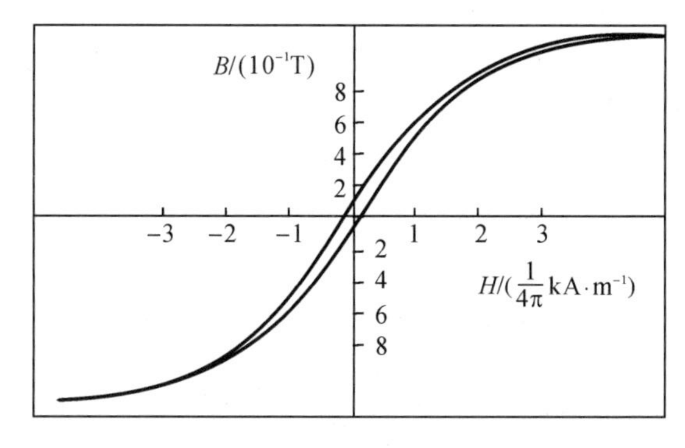

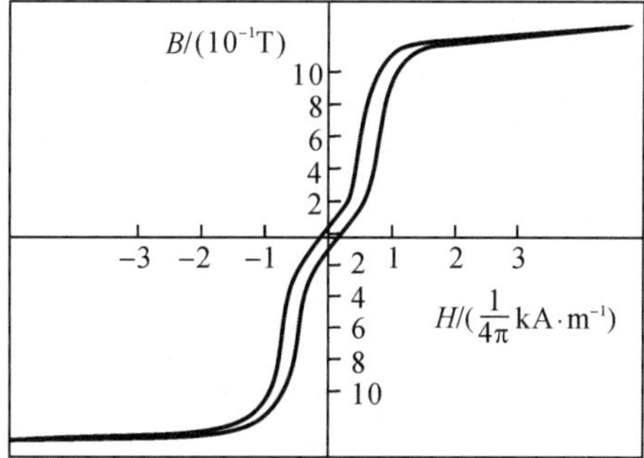

图8.10 立方织构对高 ΔB 合金磁滞回线的影响

表8.12 中镍高ΔB坡莫合金的磁性能

牌号	主要成分	μ_i	B_r/B_S	$\Delta B=B_S-B_r$ 不小于	B_S/T	ρ /(μΩ·cm)
俄 47HK	Ni47Co23	900～1100	0.05	—	—	20
俄 47HKX	Ni47Co23Cr2	1500～2000	≤0.05	1.1	1.35	48
俄 64H	Ni47	2000	0.07	1.3	1.35	30
中 1J34H	Ni34Co29Mo	1000	≤0.1	1.2	1.50	40
中 1J40H	Ni40Co25Mo	2000～4000	≤0.1	1.2	1.40	55
中 1J34KH	Ni34Co29Nb	600	≤0.1	1.3	1.60	28
中 1J50H	Ni50	100	≤0.1	1.3	1.50	45
中 1J66	Ni65Mn1	3000	≤0.05	1.3	1.35	27
中 1J67H、1J672	Ni65Mo2	4000	≤0.2	1.2	1.25	60
中 1J6721	Ni65Mo2(立方织构)	8000	≤0.2	1.2	1.25	60
中 1J512	Ni50(立方织构)	12000	≤0.2	1.3	1.50	45
德 PermaxF	Ni54～58	4000	0.1	0.8	1.25	45
德 Permenorm5050F	Ni45～58	6000	≤0.1	1.1	1.52	45
德 Hyperm54	Ni54	5000	≤0.1	1.2	1.30	45

恒磁导率合金是指在一定的磁场范围内磁导率相对恒定的材料。理想的恒磁导率合金的 B_r 和 H_c 应趋于零,但是由于各种因素的影响,磁导率并不都恒定,定义磁导率的恒定系数 α 为 $(\mu_{max}-\mu_{min})/\mu_{min}$,一般把 $\alpha\leqslant 10\%$ 的低 B_r 合金叫作恒磁导率合金。我国发明的1J66(Ni65Mn1)合金的磁化曲线最接近于理想的恒磁导率合金,不仅磁导率高(约3000),而且在交流(0～240A/m)、交直流叠加、温度(−60～+90℃)、频率(0～10kHz)等变化条件下仍有良好的稳定性。恒磁导率合金可作为交流电感元件、恒电感元件和电子线路中的输出、反馈元件,以及耦合变压器和单极性脉冲变压器的铁芯。

8.3.5 高 B_S 坡莫合金

镍的饱和磁感应强度 B_S 约为 0.57T，铁的饱和磁感应强度 B_S 约为 2.15T。所以中镍(46%～68%)合金的 B_S 较大，比高镍合金高约一倍，典型牌号有 1J46、1J50 等，性能见表 8.13。由于其磁导率较低，故使用受到一定的限制。人们一直在改进这类高 B_S 中镍合金的磁性，主要途径有：①提高合金的纯度；②加适量的合金元素；③在居里点以下进行等温纵向磁场处理。中镍高 μ 合金已在部分应用领域替代高镍高 μ 合金。表 8.14 是一些改进的高磁导率高 B_S 坡莫合金的磁性能。

表 8.13　高 B_S 坡莫合金的磁性能

合金牌号	成品形状	厚度/mm	最小 μ_i	最小 μ_{max}	最大 H_c/(A·m^{-1})	最小 B_S/T
1J46(Ni46)	冷轧带材	0.02～0.04	2000	18000	31.8	1.5
		0.05～0.09	2300	22000	23.9	1.5
		0.10～0.19	2800	25000	19.9	1.5
		0.20～0.34	3200	30000	15.9	1.5
		0.35～2.50	3600	36000	11.9	1.5
1J50(Ni50)	冷轧带材	0.02～0.04	2200	2000	23.9	1.5
		0.05～0.09	2800	28000	19.9	1.5
		0.10～0.19	3200	32000	14.3	1.5
		0.20～0.34	3600	40000	11.1	1.5
		0.35～1.00	4500	50000	9.5	1.5

表 8.14　改进的高磁导率高 B_S 坡莫合金的磁性能

国别	牌号	成分(余为 Fe)	厚度/mm	直流磁性					50Hz 交流磁性				
				$\mu_{0.16}$①/10^4	$\mu_{0.4}$①/10^4	μ_m/10^4	H_c/10^4	B_S/T	$\mu_{0.16}$①/10^4	$\mu_{0.4}$①/10^4	μ_m/10^4	H_c/(A·m^{-1})	$P_{1.0}$/(W·kg^{-1})
中国	1J50cd	Ni50	0.05	2.5	6.65	18.1	1.8	1.5					
			0.1	3.5	6	24.3	2.4	1.5					
	1J55	Ni55	0.1	11.15	37.9	55.6	0.6	1.53					
		Ni58Mo2	0.05	3.25	35.6	35.6	1.3	1.37					
		Ni60	0.1	13.5	80	88	0.48	1.32					
英国	Satmumetal	Ni50	0.1	3.5	6.5	24	2.0	1.5					0.11
	Super Radiometal				1.1	10	8	1.6					0.1～0.16

续表

国别	牌号	成分 (余为 Fe)	厚度 /mm	直流磁性					50Hz 交流磁性				
				$\mu_{0.16}$① $/10^4$	$\mu_{0.4}$① $/10^4$	μ_m $/10^4$	H_c $/10^4$	B_S /T	$\mu_{0.16}$① $/10^4$	$\mu_{0.4}$① $/10^4$	μ_m $/10^4$	H_c $/(A \cdot m^{-1})$	$P_{1.0}$ $/(W \cdot kg^{-1})$
德国	Permax M	Ni50～55	0.1		5	12.5	1.2	1.5		4			
		Ni57	0.15		10		1.2			7		8	
		Ni60		7.8	10	28			2.8	4	7		
		Ni63	0.15		9	40	1.6			6	11		
	Hypermte (VS37)	Ni55	0.1		5	12	0.8	1.45	3.5	5.5	15	8	
			0.15					1.45	4.9	6.7	12	14	0.12
			0.2		11	40	1.3	1.45	3.2	4.2	9.4	22	
	VS125	Ni65Mo3	0.2	14	21	40	0.64	1.15	7.5	10.4	15	5.6	
	VS36	Ni50Mo									3.6	8.3	
美国		Ni58	0.1	3.2		38							
		Ni55	0.08							10.0	18.0		

注：①$\mu_{0.16}$、$\mu_{0.4}$分别为 H 等于 0.16A/m、0.4A/m 时的起始磁导率。

8.3.6　高频高磁导率合金

随着电子器件向高频化、平面化、集成化方向发展，在高频下应用的高导磁合金，其铁芯损耗必须很小，因此应选用高电阻率材料，细化磁畴结构，采用最佳的带厚等。表 8.15 为某些高磁导率合金的高频性能。高频高磁导率合金大量用于通信、电话、计算机等的开关和存储元件，还可用于测控系统的失真扼流圈和磁放大器等。

表 8.15　高频高磁导率合金的磁性能

材　料	厚度 /mm	铁损/$(W \cdot kg^{-1})$			B_{800}/T
		$P_{0.2,20k}$	$P_{0.5,10k}$	$P_{0.5,20k}$	
Ni72～83+CrMoCu	0.03 0.015	7～8 3～4	17 10	50 15	0.78
Ni79Mo4(1J79)	0.02	—	15	—	0.75
Ni83V4	0.02	—	15	—	0.75
Ni80Mo4.3Cr0.6	0.02	4～6	8.7	23～27	0.66
Ni81Mo6(1J86)	0.02	7～8	8～10	20～28	0.68
Ni80Nb8(1J88)	0.02	2～3	7～9	23～30	0.65
Ni79～81+MoCrNb(1J851)	0.02	<6	<10	<30	0.66

8.4 其他传统软磁合金

在软磁材料的研究过程中，开发出了许多优秀的合金软磁材料。除上述应用广泛的几种合金材料外，还有一些重要的合金软磁材料，如铁铝合金、铁硅铝合金以及铁钴合金等。

8.4.1 铁铝合金

8-4 铁铝合金

铁铝合金是以铁和铝为主要成分的软磁材料。与铁镍合金相比，它在性能上具有独特的优势，价格较低，所以一直受到人们的重视。研究表明，当铝含量在16%以下时，可热轧成板材或带材；当铝含量在5%～6%以上时，合金冷轧是非常困难的。

同其他金属软磁材料相比，铁铝合金具有独特的优点：通过调整铝的含量，可以获得满足不同要求的软磁材料，例如1J16合金有较高的磁导率，1J13合金具有较高的饱和磁致伸缩系数；具有较高的电阻率，例如1J16合金的电阻率可达150$\mu\Omega\cdot$cm，约为1J79铁镍合金电阻率的2～3倍，是目前所有金属材料中最高的一种；具有较高的硬度、强度和耐磨性；密度低，可以减轻磁性元件的铁芯重量；对应力不敏感，适合在冲击、振动等环境下工作；具有较好的温度稳定性和抗核辐射性能等。

铁铝合金由于价格上的优势，常用来作为铁镍合金的替代品。其主要用于磁屏蔽，小功率变压器、继电器、微电机、信号放大铁芯、超声波换能器元件、磁头。此外，还用于中等磁场工作的元件，如微电机、音频变压器、脉冲变压器、电感元件等。

8.4.2 铁硅铝合金

8-5 铁硅铝合金

铁硅铝合金是1932年在日本仙台被开发出来的，又称为仙台斯特(Sendust)合金，是成分为Fe9.6Si5.4Al的软磁合金。在该成分时，合金的磁致伸缩系数λ_s和磁各向异性常数K_1几乎同时趋于零，如图8.11所示，并且具有高磁导率和低矫顽力。同时，不需要高价格的Co和Ni，而且电阻率高、耐磨性好。但是这种合金既硬又脆，不能进行冷加工，很难得到薄板和薄带，限制了它的推广应用。不过近年来，由于高密度磁记录和视频磁记录技术的发展，铁硅铝合金成了理想的磁头磁芯材料。

这类合金的磁性对成分和热处理工艺十分敏感，成分略有变化，热处理工艺就大不相同。如图8.12所示，(a)和(b)分别列出了两种成分略有不同的铁硅铝合金的磁性和淬火温度关系(μ_4指$H=0.4$A/m时的磁导率)。可以看出，不仅在不同的合金成分下磁导率有很大的差别，而且在不同的淬火温度下磁导率也有显著不同。这是因为铁硅铝合金与高Ni坡莫合金一样，在退火过程中也有有序-无序转变[形成Fe_3(SiAl)有序结构]，对K_1和λ_S有很大影响，因此会出现图中的变化。

为了进一步改善铁硅铝合金的磁性能和加工性能，可以在合金中添加2%～4%的Ni。成分为4%～8%Si、3%～5%Al、2%～4%Ni，其余为铁的合金称为超铁硅铝合金。这种合金可用温轧方法获得0.2mm厚薄带，其高频特性与含钼的高镍坡莫合金相当，用它装配的磁头磨耗几乎接近于零。

表8.16中列出了典型的铁硅铝合金的磁性能。

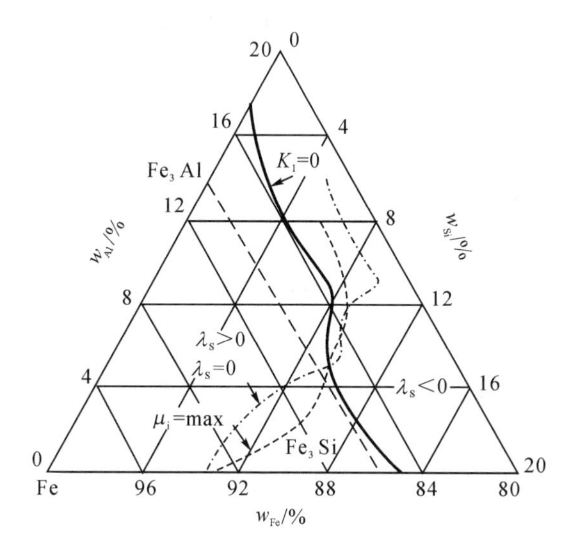

图 8.11　铁硅铝合金 K_1 和 λ_S 随成分的变化

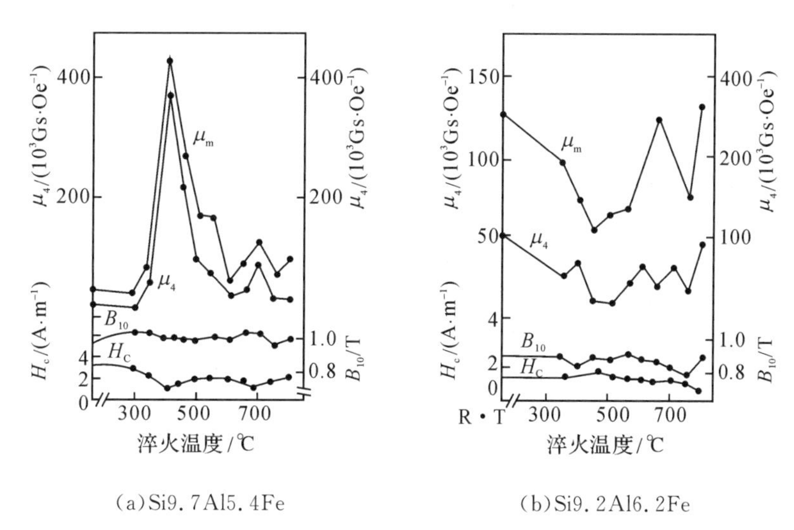

(a)Si9.7Al5.4Fe　　(b)Si9.2Al6.2Fe

图 8.12　两种不同成分的铁硅铝合金的磁性和淬火温度关系曲线

表 8.16　铁硅铝合金的磁性能

产品名称	合金成分	μ_i	μ_{max}	H_c/(A・m^{-1})	B_S/T	T_C/℃	ρ/($\mu\Omega$・cm)
铁硅铝合金	Si9.5Al5.5	30000	120000	1.6	1.0	500	80
超铁硅铝合金	Si8Al4Ni3.2	10000	300000	1.6	1.6	670	100

8.4.3　铁钴合金

8-6　铁钴合金

铁钴合金具有高的饱和磁化强度，在 w_{Co} 为 35%时，最大饱和磁化强度达到 2.45T；w_{Co} 为 50%左右的铁钴合金，具有高的饱和磁化强度、高的初始磁导率和最大磁导率，通常称为 Permendur 合金。但铁钴合金的加工性能较差，为了改善其加工性能，通常加入 V、Cr、Mo、W 和 Ti 等元素。典型的铁钴合金的磁性能见表 8.17。

铁钴合金通常用作直流电磁铁铁芯、极头材料、航空发电机定子材料以及电话受话器的振动膜片等。此外，由于铁钴合金具有较高的饱和磁致伸缩系数，也是一种很好的磁致伸缩合金。但由于合金电阻率较低，不适合于高频场合的应用。而且由于合金中含有战略资源钴，因此价格高昂。

表 8.17 铁钴合金的磁性能

国内外牌号	主要成分	μ_i	μ_{max}	H_c /(A·m^{-1})	B_S /T	ρ /($\mu\Omega$·cm)	T_C /℃
Hiperco27	Co27Cr0.6		2800	200	2.36	20	940
Hiperco35	Co35Cr1.5	650	10000	80	2.42	40	
Pemendur(1J20)	Co50	800	5000	160	2.40	7	
2V-Pemendur (1J22·Hiperco80)	Co50V2	1250	11000	64	2.36	25	980
Supermendur [1J22(超)]	Co50V2 (磁场处理)	80～1000	9000～70000	16～18.4	2.36	25	980
	Co34.8Nb0.25			150	2.45		
	Co51.4Nb0.32			102	2.44		
K-MP11	Co50V1		12000	45	2.35	26	
K-MP13	Co50V2.2		9800	57	2.32	39	
K-MP15	Co50V3		3500	164	2.05	50	

注：Supermendur 与 2V-permendur 的区别在于纯度的控制和最后的磁场处理。

8.4.4 耐蚀软磁合金

耐蚀软磁合金是能耐某种介质腐蚀的软磁材料，又称不锈软磁合金。主要用于制作在湿热、盐雾、氨气或各种酸、海水、污水等腐蚀性介质中工作的电磁元件的铁芯。

Fe-Cr 系合金作为耐蚀和抗氧化的材料已在工业中广泛应用。Cr 的加入提高了合金的电极电位，同时在表面形成一层致密的钝化膜。Fe 和 Cr 形成体心立方晶格的连续置换固溶体，其软磁性能大约在 Cr 含量为 16%～17%时最好。由于磁晶各向异性常数以及磁致伸缩系数较大，故其磁导率较低、矫顽力较高。但由于其价格便宜，B_S 值较高，耐蚀性好，电阻率高，温度稳定性好，成为目前应用最广的耐蚀软磁材料。

Fe-Al 合金也可作为具有一定耐蚀性的材料，并且经济性好。在 Fe-Al 合金中再加入少量的 Cr(约 4%)，可获得更佳的耐蚀性。在某些条件下，除了要求合金有较好的耐蚀性能外，还要求具有比较高的磁性能，可以采用 Fe-Ni 系合金，Ni 含量在 35%～50%，也可以再加入适量的 Cr、Cu，但是成本很高，作少量特殊之用是可行的。

8.5　非晶软磁材料

非晶态磁性材料是磁性材料发展史上重要的里程碑，它超越了传统晶态磁性材料的范畴。从晶态磁性材料到非晶和纳米晶磁性材料，大大拓宽了磁性材料研究、生产与应用的领域。

8.5.1　非晶态软磁材料的结构与性能

8-7　非晶软磁材料

非晶材料是不具有晶态特性的固体。从原子排列上来看，非晶材料为长程无序、短程有序结构。

材料中原子分布通常用径向分布函数 RDF 来描述。原子的径向分布函数 $RDF=4\pi r^2\rho(r)$，$\rho(r)$为原子的密度分布，是指以其中任一原子为原点，$\rho(r)dr$ 给出在相距为 r 到$r+dr$的球壳内出现一近邻原子的概率，它是表征非晶态与晶态结构间差别的最主要标志。图 8.13 中给出了晶态与非晶态材料的径向分布函数（RDF）示意图。从图中可以看出，晶体与非晶体在第一峰宽上非常接近，因为晶体和非晶体在本质上是同样确定的。晶体与非晶体的差别在第二峰与第二峰以后的信息。对晶体而言，晶体的 RDF 可以看到十多个配位层的十分确定的峰，而再往后，配位层靠得太近，难以分辨；对非晶体而言，其 RDF 中第二峰存在分裂，而在第三近邻以后几乎没有可分辨的峰。

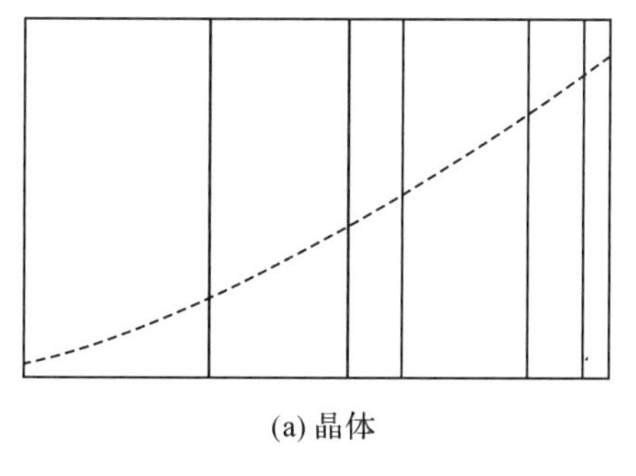

(a) 晶体

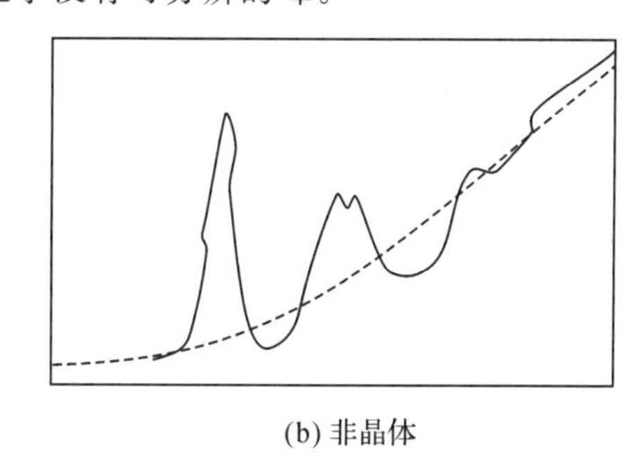

(b) 非晶体

图 8.13　径向分布函数（RDF）示意图

非晶态材料除具有上述长程无序、短程有序结构外，还具有以下特征：

（1）不存在位错和晶界，因而作为磁性材料，具有高磁导率和低矫顽力；

（2）电阻率比同种晶态材料高，因此在高频场合使用时材料涡流损耗小；

（3）体系的自由能较高，因而其结构是热力学不稳定的，加热时具有结晶化倾向；

（4）机械强度较高且硬度较高；

（5）抗化学腐蚀能力强，抗 γ 射线及中子等辐射能力强。

由于非晶态不具有晶粒结构，所以在磁学性能上属于各向同性。而且不存在阻碍畴壁移动的晶界、位错等障碍物，因此其磁导率高，矫顽力较小。所以非晶态磁性材料具有优良的综合软磁性能。

目前已达到实用化的非晶态软磁材料主要有以下三类：

（1）3d 过渡金属（T）-非金属系。其中 T 为 Fe、Co、Ni 等；非金属为 B、C、Si、P 等，这类非金属的加入更有利于生成非晶态合金。铁基非晶态合金，如 $Fe_{80}B_{20}$、$Fe_{78}B_{13}Si_9$ 等，具有较高的饱和磁感应强度 B_S(1.56～1.80T);铁镍基非晶态合金,如 $Fe_{40}Ni_{40}P_{14}B_6$、$Fe_{48}Ni_{38}Mo_4B_8$ 等,具有较高的磁导率;钴基非晶态合金,如 $Co_{70}Fe_5(Si,B)_{25}$、$Co_{58}Ni_{10}Fe_5(Si,B)_{27}$ 等适宜作为高频开关电源变压器。

(2)3d 过渡金属(T)-金属系。其中 T 为 Fe、Co、Ni 等,金属为 Ti、Zr、Nb、Ta 等。例如,Co-Nb-Zr 系溅射薄膜、Co-Ta-Zr 系溅射薄膜[录像机(video tape recorder, VTR)磁头、薄膜磁头]。

(3)过渡金属(T)-稀土类金属(RE)系。其中 T 为 Fe、Co;RE 为 Gd、Tb、Dy、Nd 等。例如,Gd-Tb-Fe、Tb-Fe-Co 等可用作磁光薄膜材料。

8.5.2 非晶态软磁材料的制备与应用

8-8 非晶软磁的制备与应用

非晶态软磁材料的成分设计有两个基本原则:①形成元素之间要有负的混合焓,这样液相会更加稳定并且在冷却过程中原子扩散缓慢,使结晶减缓;②至少要有三种形成元素,且它们的原子半径相差超过 12%,不同原子间半径差越大,晶格失配越严重,引入微应力越大,结晶越困难,这使得玻璃相得以稳定。

非晶态材料是处于结晶化前的中间状态,这种亚稳态结构在一定条件下可以制得并长久存在。只要冷却速度足够快并且冷至足够低的温度,那么原子来不及形核结晶就凝固下来,因而几乎所有的材料都能制成非晶固体。制备非晶材料的方法通常有三种,即气相沉积法、液相急冷法和高能粒子注入法,如图 8.14 所示。

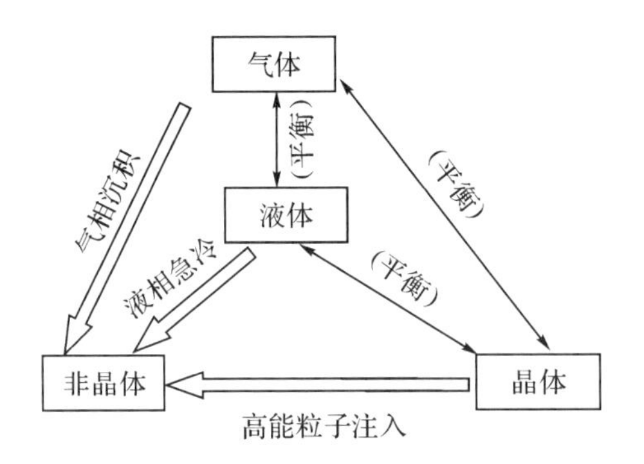

图 8.14 非晶材料的制备

注:获得非晶态的途径用空心箭头标出。

1. 气相沉积法

采用不同工艺使晶态材料的原子离解出来成为气相,再使气相无规则地沉积到低温冷却基体上,从而形成非晶态。属于此类的技术主要有真空蒸发、溅射、辉光放电和化学沉积等。其中蒸发和溅射可达到很高的冷却速度,因此许多用液相急冷无法实现非晶化的材料,如纯金属等,可采用这两种方法。

2. 液相急冷法

采用加压惰性气体(如氩气)将液态熔融合金从直径为 0.2～0.5μm 的石英喷嘴中喷出,形成均匀的熔融金属细流,连续喷射到高速旋转(2000～10000r/min)的冷却辊表面,液态合金以 10^6～10^8K/s 的速度高速冷却,形成非晶态。非晶态材料的制备大多采用此类方法。工业上批量生产非晶薄带的方法主要有单辊法和双辊法,如图 8.15 所示。单辊法为单面冷却，适用于制备宽而薄的带材；双辊法为双面冷却，适用于制备厚度较大、均匀性较好、硬度较低、尺寸精度较好的带材。

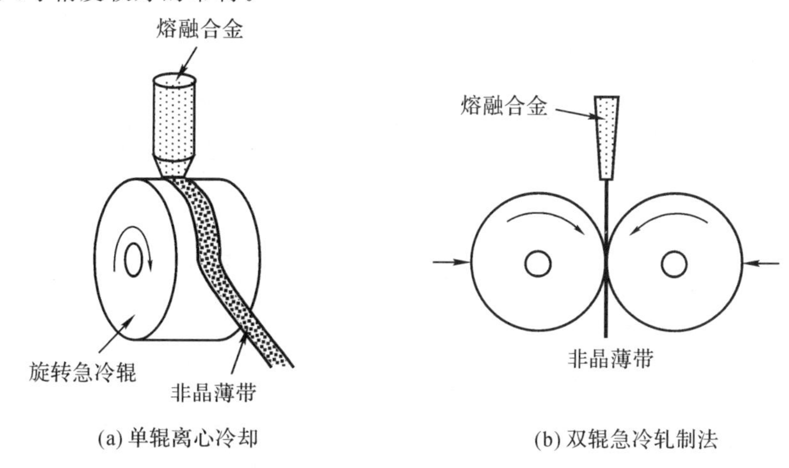

(a) 单辊离心冷却　　(b) 双辊急冷轧制法

图 8.15　制备非晶材料的液相急冷法

3. 高能粒子注入法

高能粒子注入法，将大功率高能粒子注入加热晶态材料表面，引起局部熔化并迅速固化成非晶态。高能注入粒子在与被注入材料中的原子核及电子碰撞时，能量损失，因此，注入粒子有一定的射程。所以，高能粒子注入法只能得到一薄层非晶材料，常用于改善表面特性。例如，采用能量密度较高（约 $100kW/cm^2$）的激光或电子束来辐照金属表面时，可使表面局部熔化，并利用自身基体冷却产生 $4\times10^4\sim5\times10^6K/s$ 的冷却速度，从而得到约 $400\mu m$ 厚度的非晶层。

铁基非晶带的空载损耗仅为传统 Fe-Si 合金的 1/4～1/3，在电力工业中应用可以显著降低损耗，在城郊、农村电网中已获得大量推广使用，在高功率脉冲变压器、航空变压器、开关电源等方面也已获得应用。另外，钴基和铁镍基非晶作为防盗标签在图书馆和超级市场中也获得了大量的应用。

8.6　纳米晶软磁材料

1988 年，日本日立金属公司的 Yashizawa 等人在非晶合金基础上通过晶化处理开发出纳米晶软磁合金（Finemet）。图 8.16 为各类软磁材料性能比较。从图中可以看出，此类合金的突出优点在于兼备了铁基非晶合金的高磁感应强度和钴基非晶合金的高磁导率、低损耗，并且是成本低廉的铁基材料。纳米晶合金的发明是软磁材料的一个突破性进展，把非晶态合金研究开发又推向一个新高潮。

8-9　纳米晶软磁材料

根据传统的磁畴理论，对软磁材料除了磁晶各向异性常数和磁致伸缩系数必须尽可能降低外，因矫顽力与晶粒尺寸成反比，因此以往追求的材料的显微结构是结晶均匀，晶粒尺寸尽可能大。纳米晶软磁材料出现以后，人们发现其矫顽力并没有升高，而是降低了。后来在实验的基础上，才全面地认识到软磁材料的矫顽力与晶粒尺寸的关系，如图 8.17 所示。于是软磁材料的研制又进入另一个极端，要求晶粒尺寸尽可能小，直至纳米量级。

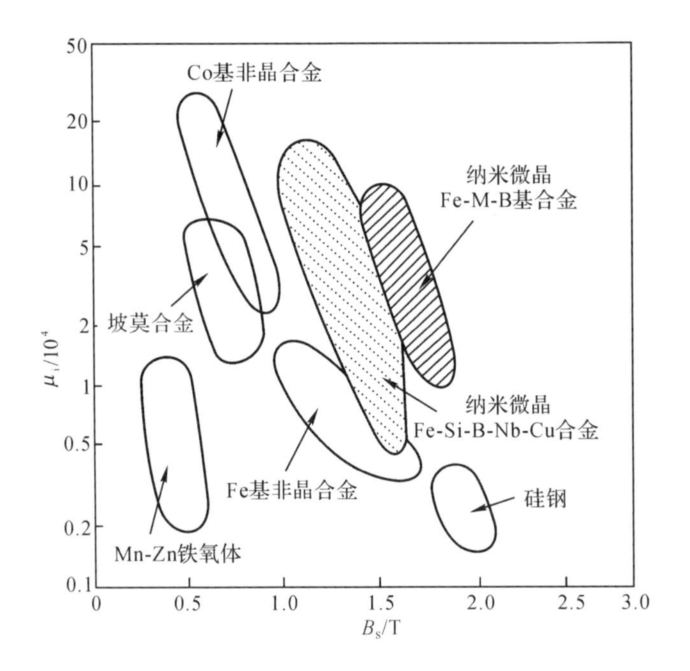

图 8.16 各类软磁材料性能比较

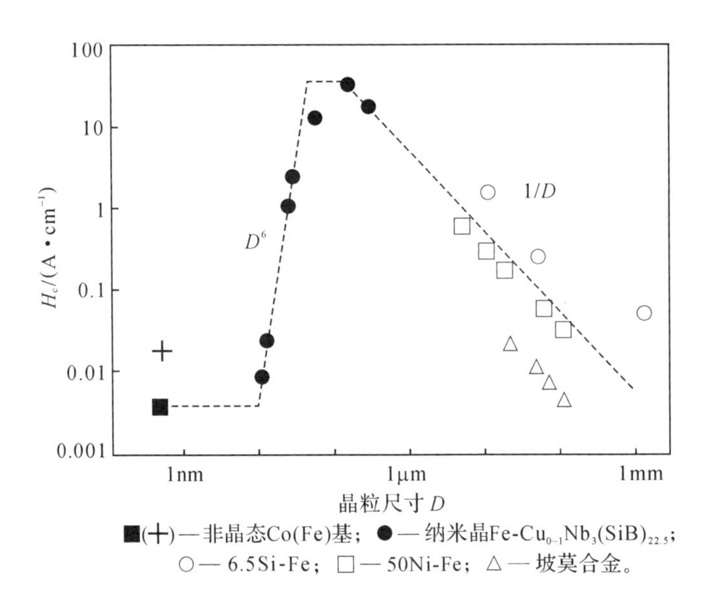

图 8.17 软磁材料矫顽力与晶粒尺寸的关系

目前已经开发或正在开发研究的有 Finemet($Fe_{73.5}Cu_1Nb_3Si_{13.5}B_9$)、Nanoperm($Fe_{86}Zr_7B_6Cu_1$)、Hitperm($Fe_{44}Co_{44}Zr_7B_4Cu_1$)、Nanomet($Fe_{83.3}Si_4B_8P_4Cu_{0.7}$)等纳米晶软磁材料。其中最著名的为 Finemet 纳米微晶软磁材料，其组成为 $Fe_{73.5}Cu_1Nb_3Si_{13.5}B_9$，晶粒尺寸约为 10nm，具有优异的软磁性能。

以 Finemet 为例，根据形成元素在合金中的作用，可以分为 3 类：①铁磁性元素 Fe、Co、

Ni。其中 Fe 具有较高的 B_S 且通过调整合金成分可以实现 K 和 λ_S 同时为零。②非晶形成元素 Si、B、P、C 等。因为纳米晶软磁合金带材大多利用非晶晶化法制备，故非晶形成元素必不可少。B 元素已成为几乎所有纳米晶软磁合金的构成元素，含量(原子分数)为 5%～15%。Si 也是重要的非晶化元素，通常含量(原子分数)在 6%以上。③纳米晶形成元素：主要包括两类，一类是 Cu、Ag、Au 及其替代元素，如 ⅠB族元素和 Pt 系贵金属元素。这些金属在 Fe 中的固溶度小或基本不固溶于 Fe，起到促进纳米晶形核的作用。另一类是 Nb、Mo、W 及其替代元素，如ⅣB、ⅤB、ⅥB 族元素等。这类元素扩散缓慢，起到阻止纳米晶长大的作用。表 8.18列出了几种典型的纳米晶软磁材料的性能。

表 8.18　几种典型的纳米晶软磁材料的性能

合金体系	B_S /T	H_c /(A·m^{-1})	μ_e/10^3kHz)	P/(W·kg^{-1}) (0.2T,100Hz)	T_C/K	λ_S/10^{-6}
$Fe_{73.5}Cu_1Nb_3Si_{13.5}B_9$	1.24	0.5	100	38	843	2.1
$Fe_{89}Zr_7B_3Cu_1$	1.64	4.5	34	85.4	970	−1.1
$(Fe_{0.5}Co_{0.5})_{88}Zr_7B_4Cu_1$	2	20	20		1253	
$Fe_{83.3}Si_4B_8P_4Cu_{0.7}$	1.88	7	25	0.1(1T,50Hz)		2
$Fe_{83.25}P_{10}C_6Cu_{0.75}$	1.65	3.3	21	0.32(1T,50Hz)		
$Fe_{78}Si_9B_{13}$	1.56	3.5	10	166	688	27
硅钢	2	50	10	0.6(1T,50Hz)	1000	

制备纳米晶软磁材料主要利用非晶晶化法。先利用熔体急冷法(rapid spin, RS)获得非晶条带，而后在略高于非晶晶化温度(500～600℃)下退火一定时间，使之纳米晶化。退火温度太高(>580℃)会导致铁硼化物硬磁相 Fe_2B($K_1=430kJ/m^3$)析出，导致软磁性能下降。图 8.18 为典型的 $Fe_{73.5}Cu_1Nb_3Si_{13.5}B_9$ 非晶合金晶化过程。从图中可以看出 $Fe_{73.5}Cu_1Nb_3Si_{13.5}B_9$纳米晶材料基体为富 Nb、B 非晶相，其中分布着 bcc 结构的 Fe-Si 纳米晶(晶粒尺寸 5～15nm)以及 fcc 结构的富 Cu 原子团簇，晶粒间的非晶层厚度约为 1nm。

为什么纳米晶软磁材料具有如此优良的软磁性能呢？Herzer 采用 Alben 的随机各向异性模型对此做出了比较满意的解释。

在普通晶态材料中，铁磁交换作用长度为：

$$L_0=(A/K_1)^{1/2}$$

交换作用长度意味着在此长度范围内磁矩通过交换作用平行排列。以 bcc 结构的 $Fe_{80}Si_{20}$为例，$K_1=8kJ/m^3$，$A=10^{-11}J/m$，$L_0\approx35nm$。对于晶粒尺寸处于微米量级的材料，晶粒和晶粒之间交换作用很小。

而在纳米晶软磁材料中，多个小晶粒间存在铁磁相互作用，材料的磁晶各向异性取决于有效交换作用长度 L_{ex}范围内多个小晶粒磁晶各向异性的平均涨落$\langle K\rangle$，即平均各向异性。L_{ex}与$\langle K\rangle$自洽，表示为：

$$L_{ex}=(A/\langle K\rangle)^{1/2}$$

在晶粒尺寸 $D\ll L_{ex}$时，$\langle K\rangle=K_1(D/L_{ex})^{3/2}$，可以得出$\langle K\rangle=K_1^4D^6/A^3$。假定纳米晶磁化过程是磁畴转动过程，则矫顽力和起始磁导率可以表示为：

$$H_c = P_C \langle K \rangle / J_S \approx P_C K_1^4 D^6 / (J_S A^3)$$
$$\mu_i = P_\mu J_S^2 / (\mu_0 \langle K \rangle) \approx P_\mu J_S^2 A^3 / (\mu_0 K_1^4 D^6)$$

式中，P_C、P_μ 为常数，J_S 为饱和磁极化强度。可以看出 $H_c \propto D^6$，$\mu_i \propto D^{-6}$，因此晶粒尺寸减小，矫顽力将明显降低，磁导率增大。考虑到纳米晶软磁材料内还存在非晶相，设 v 为晶相体积分数，则：

$$H_c = v^2 P_C K_1^4 D^6 / (J_S A^3)$$
$$\mu_i = v^2 P_\mu J_S^2 A^3 / (\mu_0 K_1^4 D^6)$$

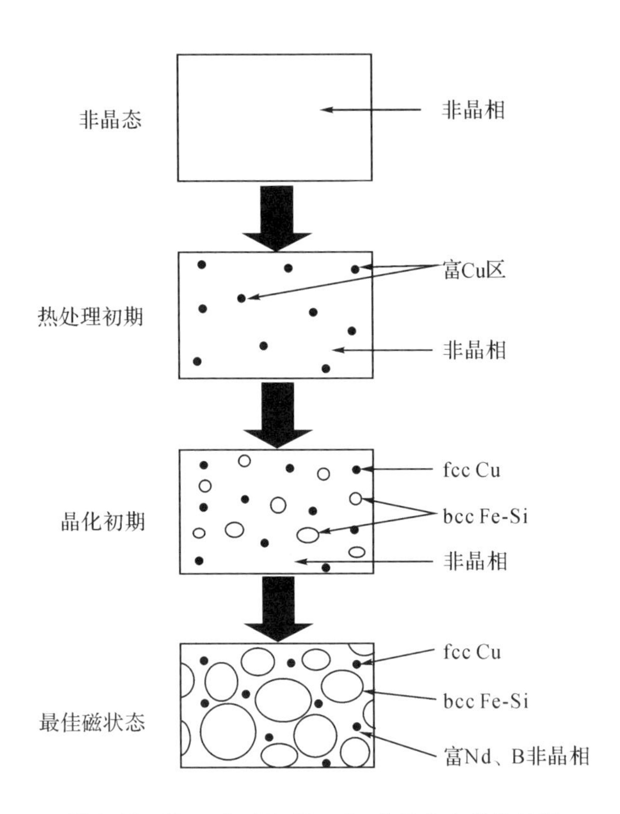

图 8.18 $Fe_{73.5}Cu_1Nb_3Si_{13.5}B_9$ 非晶合金晶化过程

表 8.19 列出了典型的纳米晶、非晶、铁氧体材料的磁性能。从表中可以看出，除具有高磁导率、低矫顽力等特点外，纳米晶软磁材料还有很低的铁芯损耗，表中所列的几种材料中纳米晶软磁材料的综合磁性能最佳。Finemet 居里温度为 570℃，远高于 Mn-Zn 铁氧体和 Co 基非晶材料，其饱和磁化强度接近 Fe 基非晶材料，为 Mn-Zn 铁氧体的 3 倍，饱和磁致伸缩系数仅为 Fe 基非晶材料的 1/10，因此在高频段应用优于 Fe 基非晶态合金。

纳米晶合金可以替代钴基非晶合金、晶态坡莫合金和铁氧体，在高频电力电子和电子信息领域中获得广泛应用，可达到减小体积、降低成本等目的。其典型应用有功率变压器、脉冲变压器、高频变压器、可饱和电抗器、互感器、磁感器、磁头、磁开关及传感器等。

表8.19　铁氧体、非晶材料与纳米微晶材料的特性对比

性能		铁氧体	非晶		纳米晶
		Mn-Zn	Fe基 (Fe-M-Si-B)	Co基 (Co-Fe-M-Si-B)	Finemet FT-1KM Fe-Cu-Nb-Si-B
μ	10kHz	5300	4500	90000	≥50000
	100kHz	5300	4500	18000	16000±30%
B_S/T		0.44	1.56	0.53	1.35
$H_c/(A \cdot m^{-1})$		8.0	5.0	0.32	1.3
B_r/B_S		0.23	0.65	0.50	0.60
$P_C/(kW \cdot m^{-3})$		1200	2200	300	350
$\lambda_S/10^{-6}$			27	~0	2.3
T_C/℃		150	415	180	570
$\rho/(\Omega \cdot m)$		0.20	1.4×10^{-6}	1.3×10^{-6}	1.1×10^{-6}
$d_S/(10^3 kg \cdot m^{-3})$		4.85	7.18	7.7	7.4

8.7　软磁复合材料

软磁复合材料是指由绝缘介质包覆的磁粉压制而成的软磁材料，在国内又称磁粉芯。相比于金属软磁材料和铁氧体，软磁复合材料在中国发展起步较晚，但是目前已经占据了很大的市场份额。

软磁复合材料的磁性能，结合了金属软磁材料和软磁铁氧体的优势。金属软磁材料饱和磁感应强度高、磁导率高，可以满足小型化的需求，但是电阻率低，只有$10^{-9}\sim10^{-6}\Omega \cdot cm$，在高频条件下使用时，随着频率的升高涡流损耗会急剧增加；铁氧体电阻率高，高频下应用损耗低，但铁氧体是亚铁磁性材料，饱和磁感应强度低，应用时体积大；软磁复合材料，因为有绝缘层的存在，电阻率较高，同时，由于其粉末采用的是铁磁性颗粒，饱和磁感应强度高，所以，软磁复合材料可以同时满足高频（kHz级至MHz级）使用和体积小型化的需求。此外，软磁复合材料可以加工成环形、E形、U形等，满足不同的应用场合。

8.7.1　软磁复合材料的分类

软磁复合材料是根据所采用的金属软磁粉末命名的，也将此作为分类的依据。随着金属软磁材料的发展，软磁复合材料（磁粉芯）的类型也越来越多。目前磁粉芯主要有以下几类：铁粉芯、羰基铁粉芯、铁硅铝磁粉芯（Sendust）、铁硅磁粉芯、Fe-Ni高磁通磁粉芯（high flux，HF）、铁镍钼磁粉芯（molypermalloy powder，MPP）、非晶纳米晶磁粉芯。磁粉芯的性能如表8.20所示。

表 8.20 磁粉芯性能

参数	类型						
	铁粉芯	羰基铁粉芯	铁硅铝磁粉芯	铁硅磁粉芯	高磁通磁粉芯	铁镍钼磁粉芯	非晶纳米晶磁粉芯
成分	100%铁粉	超细纯铁粉	85%铁、9%硅、6%铝	6.5%硅	50%镍、50%铁	81%镍、17%铁、2%钼	铁基
有效磁导率	10~100	9	26~160	26~90	14~160	14~550	26~90
损耗/($mW\cdot cm^{-3}$)@50kHz，100mT	800~1000	—	200~300	300~500	260~300	120~200	200~310
损耗/($mW\cdot cm^{-3}$)@100kHz，100mT	1300~1800	—	700~800	800~1000	800~1100	500~650	550~650
直流偏置特性@100Oe(60μ)	40%	99% (9μ)	45%	74%	67%	54%	70%
居里温度/℃	750	—	500	700	500	460	400
饱和磁感应强度/T	0.5~1.4	0.5	1.05	1.5	1.5	0.75	1.05
密度/($g\cdot cm^{-3}$)	3.3~7.2	5.1	6.15	7.5	7.6	8	6

铁粉芯是最早开发的磁粉芯。铁粉芯以纯铁粉为原料，表面经绝缘包覆后，采用有机粘合剂混合压制而成。铁粉芯是磁粉芯中最便宜的一种材料，被广泛应用于储能电感器、调光抗流器、电磁干扰(electromagnetic interference, EMI)噪声滤波器、直流输出/输入滤波器等。由于铁粉电阻率较低，铁粉芯损耗偏高，所以适用频率相对较低。此外，铁粉芯也常被用于基础研究，尤其是在研究磁粉芯的绝缘包覆剂时，常以铁粉为研究对象。纯的铁粉中不含有或只有微量其他元素，有利于对绝缘剂的分析。

羰基铁粉芯由超细纯铁粉制成，具有优异的偏磁特性和很好的高频适应性，从表 8.21 也可以看出，羰基铁粉芯的直流偏置特性远优于其他磁粉芯。此外，羰基铁粉芯还具有较低的高频涡流损耗，可以应用在 100kHz 到 100MHz 很宽的频率范围内，是制造高频开关电路输出扼流圈、谐振电感及高频调谐磁芯芯体较为理想的材料。

铁硅铝磁粉芯是由 85%Fe、9%Si、6%Al 的合金粉末生产出来的一种软磁复合材料，最早是在 20 世纪 30 年代由日本人发明的，称为仙台斯特(Sendust)。Sendust 最大的特点便是其磁致伸缩系数接近零。铁硅铝磁粉芯的磁导率分布在 26~160 范围，损耗较低，饱和磁感应强度(1.05T)也相对较高。而且，铁硅铝磁粉芯也是性价比较高的一种材料，是目前应用较多的磁粉芯。铁硅铝磁粉芯适用于功率因数校正电感器[PFC(power factor correction)电感器]、脉冲回扫变压器和储能滤波电感器，也特别适用于消除在线噪声的滤波器。铁硅铝磁粉芯的不足之处，在于其直流偏置特性较差，磁导率在直流叠加磁场为 100Oe 时已衰减至 45%。

铁硅磁粉芯是一类开发相对较晚的磁粉芯，由铁硅合金粉末制成。美国美磁

(Magnetics)公司称其为XFlux，韩国昌星公司(Chang Sung Corporation，CSC)称其为Mega Flux。铁硅磁粉芯具有高达1.5T的饱和磁感应强度，有效磁导率范围为26～90，直流偏置特性优异，磁芯损耗也比铁粉芯要低。铁硅磁粉芯适合用于大电流下的抗流器、高储能的功率电感器、PFC电感器等，在太阳能、风能、混合动力汽车等新能源领域中被广泛使用。

高磁通磁粉芯是磁通密度最高的磁粉芯，饱和磁通密度可达1.5T。高磁通磁粉芯是由50%Fe和50%Ni的合金粉末制成的，具有优异的直流偏置特性、低损耗和高储能特性。高磁通磁粉芯非常适用于大功率、大直流偏置场合的应用，如调光电感器、回扫变压器、消除在线噪声的滤波器、脉冲变压器和功率回数校正电感器等。

铁镍钼磁粉芯是由17%Fe、81%Ni和2%Mo的合金粉末制成的一种粉芯材料，也称钼坡莫合金磁粉芯。它具有高磁导率、高电阻率、低磁滞和低涡流损耗的特性。在磁粉芯领域中，铁镍钼磁粉芯的损耗是最低的，同时也具有最佳的温度稳定性。适合用于回扫变压器、高Q滤波器、升压降压电感器、功率因数校正电感器(PFC电感器)、滤波器等。铁镍钼磁粉芯和高磁通磁粉芯中都添加大量的Ni元素，成本较高。

非晶纳米晶磁粉芯是近几年才研究开发的磁粉芯产品。随着非晶纳米晶带材的发展应用，低损耗、高直流偏置特性的非晶纳米晶磁粉芯也逐渐问世。目前部分厂家已有产品问世，如浙江科达磁电已经有纳米晶磁粉芯的产品。非晶纳米晶磁粉芯一般采用非晶纳米晶带材作为原料，将其破碎成粉末来制备磁粉芯。非晶纳米晶带材的电阻率相对较高，而且直流偏置特性较好，所以，制成的磁粉芯也具有低损耗、高直流偏置的性能。

8.7.2　软磁复合材料的制备

软磁复合材料的制备一般采用粉末冶金的方法，在磁粉表面包覆绝缘层后压制成型，退火后喷漆制成软磁复合材料产品。图8.19是软磁复合材料的制备流程，主要包括粉末制备、粒度调配、绝缘包覆、压型、退火处理和喷漆等流程。

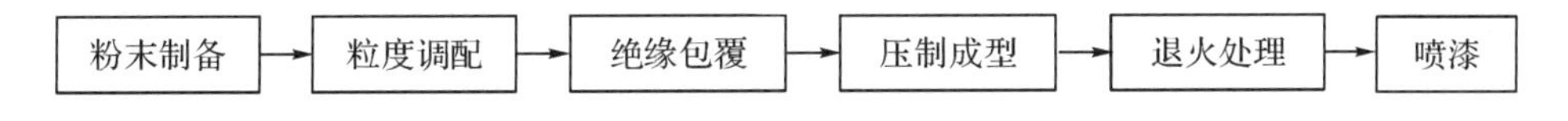

图8.19　软磁复合材料的制备流程

1. 粉末制备

软磁复合材料所用的磁粉，粉末粒径一般要小于150μm甚至更小。磁粉的制备主要有两种方法：机械破碎法、雾化法。

机械破碎法又可以分为两种：机械球磨和气流磨。球磨是利用磨球和磁粉之间的碰撞以降低磁粉的粒度，而气流磨则是利用粉末之间的碰撞达到破碎粉末的目的。机械球磨法是软磁复合材料制备中最常采用的粉末方法。球磨制得的粉末，一般呈不规则的多边形，如图8.20所示。这种形貌利于粉末的压制成型，磁粉之间有啮合作用，可以提高软磁复合材料的强度。

球磨希望得到高的出粉率，即低于150μm的粉末越多越好。其中，球料比(磨球和粉料的质量比)、球磨转速和时间是影响球磨出粉率的主要因素。球料比越高，磨球和磁粉之间撞击的次数越多，出粉率就越高；球磨转速越大，磨球对磁粉的撞击力也越大，利于粉末的破碎;球磨的时间越长,粉末的粒度越小。

粉末制备的另一种方法便是雾化法,雾化法有气雾法和水雾法,一般磁粉的制备采用气雾法。图 8.21 是使用气雾化法得到的 Fe-Ni-Mo 磁粉的形貌,可见,雾化法得到的磁粉接近球状,表面光滑,利于形成均匀的绝缘包覆。但是采用雾化法制备粉末效率较低,使其利用受限。

图 8.20 Fe-Si-Al 磁粉的表面形貌

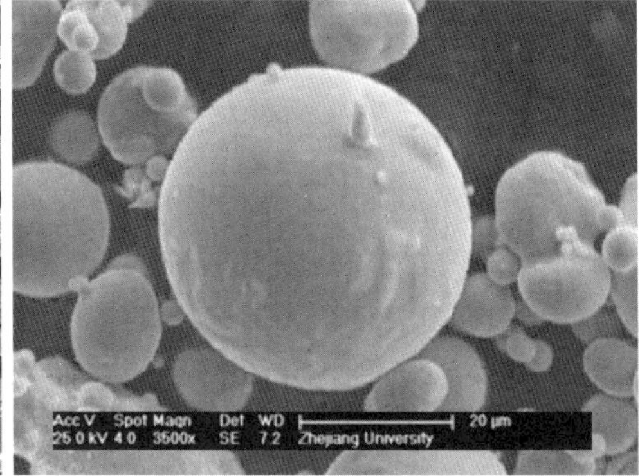

图 8.21 Fe-Ni-Mo 磁粉的形貌

2. 粒度调配

粒度调配是指在制备软磁复合材料时,调整不同粒径磁粉所占的比例。

粒度配比和软磁复合材料的致密度密切相关。在压制成型时,磁粉之间互相接触,空隙减少,粒度调配后,小颗粒的磁粉就会填充到大颗粒之间的空隙,提高致密度,从而提高软磁复合材料的有效磁导率。因此,合理的粒度配比可以减少磁粉之间的空隙,提高致密度,从而有效提高磁导率。

此外,粒度配比还会影响到软磁复合材料的损耗。软磁复合材料的涡流损耗包括颗粒内和颗粒间两种。在磁粉本身电阻率较低的体系中,如铁粉芯,如果颗粒大的铁粉较多,势必会增加颗粒内部的涡流损耗,从而导致软磁复合材料整体的损耗较高。因此,合理选择粒度配比,也是制备软磁复合材料的关键。

3. 绝缘包覆

绝缘包覆是指在磁粉表面包覆绝缘层,以阻隔磁粉之间的接触,提高软磁复合材料的电阻率,降低软磁复合材料的涡流损耗。按照作用的不同,可以将包覆层分为两种:绝缘剂和粘结剂。

1)绝缘剂

对磁粉的包覆首先就是要在其表面形成绝缘剂,绝缘剂本身应是绝缘或电阻率较高的物质。绝缘剂的种类很多,包括磷化液、铬酸、MgO、Al_2O_3、Fe_2O_3、有机高分子聚合物等,工业中应用较多的是磷化液。

绝缘剂可以通过化学的方法原位生成,一般无机盐的包覆便是采用原位生成的方法。如采用铬酸包覆制备铁镍钼软磁复合材料,便可利用铬酸与磁粉之间反应生成的铬酸盐作为绝缘剂。磷化液的包覆也是如此。原位生成绝缘剂的方法不仅简单,而且绝缘剂与磁粉之间结合牢固,不易在之后的压制成型中剥落,是比较常用的方法。

绝缘剂也可以通过与磁粉混合直接包覆在磁粉表面,无机氧化物的包覆常采用直接包覆的方法。如中国计量大学采用铁氧体包覆制备软磁复合材料时,绝缘剂铁氧体便是通过溶剂热法制备后,直接与磁粉混合进行包覆。直接包覆的方法中,绝缘剂预先制备好,再与软磁复合材料混合,绝缘剂与磁粉之间的结合性虽然没有原位生成的好,但是绝缘剂的类型不受限,种类较多。

2)粘结剂

粘结剂主要是用来增加磁粉之间的粘合性能,便于磁粉压制成型。但是,粘结剂也有绝缘包覆的效果,有些情况下,软磁复合材料制备时甚至可以不使用其他绝缘剂,只采用粘结剂包覆。如采用 SiO_2 作为粘结剂时,SiO_2 同时可以作为绝缘剂,即可以不添加其他绝缘剂。

粘结剂大致分为三种:无机粘结剂、有机粘结剂、有机无机复合粘结剂。其中,有机粘结剂的应用最广。

常见的有机粘结剂一般是树脂类,如环氧树脂、酚醛树脂等。有机粘结剂粘合性强,压制成的磁环强度高,但是不耐高温。树脂类物质一般在 300℃就会发生分解,而磁环的退火温度则会达到将近 1000℃。因此在退火处理时,有机粘结剂会分解挥发,软磁复合材料的强度便会降低,而且会污染环境。

无机粘结剂有玻璃粉、二氧化硅、水玻璃、氧化硼等。无机粘结剂化学性质稳定,在高温处理时不会发生分解。浙江大学在研究铁硅铝软磁复合材料时发现,采用玻璃粉作为粘结剂时,软磁复合材料的抗拉强度大大提高,而且无须进行固化处理。

有机无机复合粘结剂是最新开发的一种粘结剂。复合粘结剂结合了有机粘结剂和无机粘结剂两者的优点,既具有较强的粘合性,也耐高温。现在应用较多的复合粘结剂有改性硅树脂等。

4. 压制成型

压制成型是将绝缘处理后的磁粉压成磁环的过程。一般采用压机在空气中冷压即可。

在压型前,一般还需要加入少量的润滑剂,便于磁环脱模,同时可以减小对磨具的损耗。常用的润滑剂有硬脂酸锌和硬脂酸钡。

磁粉压制成型的过程,是磁粉互相填充达到密实的过程,与之前述及的粒度配比密切相关。在压制软磁复合材料时,不同的体系所需的压强不同,压强的选择与磁粉的形状、硬度等有关。一般而言,片状的磁粉较难成型,需要较高的压制压强。磁粉的硬度越高,越难成型,所需的压制压强也越高。例如,压制铁粉芯的压强一般不超过 1000MPa,而铁硅铝、铁硅硼软磁复合材料成型所需要的压强则接近 2000MPa。

压制成型时,压制压强对软磁复合材料的性能影响很大。压制压强太小,磁粉之间并没有压实,软磁复合材料的强度不高,而且软磁复合材料的密度相对较低,磁导率也会偏低;压制压强太大,磁粉之间的绝缘层会被戳破甚至开裂,导致磁粉与磁粉直接接触,涡流损耗会大大增加。此外,压强越大,软磁复合材料的内应力也越高,磁滞损耗也会有所增加。因此,在压制软磁复合材料时,选择合适的压强至关重要。

近几年中,也有一些企业把热压的技术引入了软磁复合材料的制备中。冷压之后必须进行高温热处理,而对于采取有机粘结剂的体系,高温退火会导致有机物的分解,使软磁复合材料的密度和性能都有所下降。温压采用的温度一般较低,而且不需要再进行热处理,非常有益于采用有机粘结剂的软磁复合材料的制备,可以有效提高软磁复合材料的密度。

5. 退火处理

软磁复合材料在压制成型后，需要进行进一步的退火处理以去除内应力，降低磁滞损耗。一般情况下，软磁复合材料的退火温度在400～1000℃，退火时间约为1h。

软磁复合材料压型过程中，磁粉发生变形，产生一定的内应力。软磁材料中，内应力与矫顽力关系密切，而矫顽力又决定了软磁复合材料的磁滞损耗。因此，有效地去除内应力，可以降低矫顽力和磁滞损耗，从而降低软磁复合材料总的损耗。此外，在使用无机粘结剂如低熔点玻璃粉时，退火处理也是粘结剂发生熔化均匀分布的过程。因此，软磁复合材料的退火温度一般较高，在600℃以上，如铁硅铝软磁复合材料的退火温度在700℃左右。但是，软磁复合材料的退火温度也不是越高越好，虽然高温有利于去除内应力，但是高温下粘结剂容易分解挥发，会导致软磁复合材料的强度下降。另外，对于有些体系而言，高温退火还可能导致性能恶化。如非晶纳米晶软磁复合材料，高温退火时，会发生非晶晶化、纳米晶晶粒长大而使得磁粉的性能急剧下降，所以，非晶纳米晶软磁复合材料的退火温度一般不超过600℃甚至更低。

对于部分体系而言，压型后的退火处理不足以去除所有的内应力，还需在粉末绝缘处理之前先进行一次预退火，以去除球磨过程中磁粉发生变形产生的内应力。如铁硅软磁复合材料在绝缘包覆前，一般要将磁粉进行900℃左右的退火。

6. 喷漆

软磁复合材料在退火处理后就可以喷漆制成产品使用。有时，为了提高软磁复合材料的强度，在喷漆之前，还会进行固化处理。特别是使用有机粘结剂时，由于有机物分解挥发，软磁复合材料强度会有所下降，固化处理尤为重要。固化处理就是将软磁复合材料放入粘结剂溶液中加热一定时间，使粘结剂再次渗入软磁复合材料中，然后烘干，磁粉之间的结合强度便会有所提高。

8.7.3 研究及应用现状

软磁复合材料生产有一百多年的历史，但真正形成产业化是从20世纪80年代开始，随着逆变技术的快速发展和广泛应用，伴随着电磁兼容性（electromagnetic compatibility，EMC）的需求，软磁复合材料得到了广泛的应用。进入21世纪后，随着逆变电路的高频、高功率密度化和EMC的更高要求，加上人们对软磁复合材料认识的进一步加深，软磁复合材料的产业化发展速度超过了其他任何软磁材料。

随着软磁复合材料的推广应用以及需求的增加，人们对软磁复合材料的性能要求也越来越高。浙江大学、南京大学和中国计量大学等科研单位先后加入了软磁复合材料的研究行列，对铁硅铝、铁硅镍、纳米晶等软磁复合材料体系都做了详细的研究，研究内容涵盖成分设计、开发新的绝缘剂和粘结剂、探究加工工艺对软磁复合材料性能的影响等。

目前，软磁复合材料研究的重点主要有两个，一是磁粉成分的设计，二是绝缘剂的开发。软磁复合材料的磁性能与磁粉本身的性能有着直接的联系，对磁粉的基本要求是饱和磁感应强度高、矫顽力小、电阻率高，磁粉的成分设计目的是达到以上要求。高磁通、铁镍钼等软磁复合材料的成分是固定的，因此，磁粉方面的研究主要针对非晶纳米晶的成分设计。而绝缘剂的开发，是研究者们比较关注的研究方向。软磁复合材料的低损耗特性与绝缘包覆息息相关，绝缘剂及其包覆效果决定了软磁复合材料损耗的大小。

目前，软磁复合材料的生产厂家主要集中在中国、韩国和美国等。表 8.21 列出了目前软磁复合材料的主要制造商及其主要产品。从表 8.21 中可以看出，国内生产软磁复合材料的厂家较多，产品种类也比较丰富，而且在不断地开发新的体系。

表 8.21　软磁复合材料的主要制造商及其主要产品

制造商	主要产品
浙江东睦科达磁电有限公司	铁粉芯、Sendust、MPP、HF、铁硅镍、铁硅、纳米晶
天通控股股份有限公司	Sendust、铁硅
横店东磁股份有限公司	铁粉芯、Sendust、MPP、HF、铁硅镍、铁硅
北京七星飞行电子有限公司	铁粉芯、羰基铁粉芯、Sendust、MPP、HF、铁硅
阿莫泰克(Amogreentech)公司(韩国)	非晶磁粉芯
昌星公司(CSC)(韩国)	Sendust、MPP、HF、铁硅
东部精密化学有限公司 (Dongbu Fine Chemicals Co. ltd)(韩国)	Sendust、MPP、HF、铁硅
美磁(Magnetics)公司(美国)	Sendust、MPP、HF、铁硅、非晶磁粉芯
美克顿微金属(Micrometals)(美国)	铁粉芯

习　　题

第 8 章拓展练习

8-1　常用的金属软磁材料有哪些？它们各有什么特点？分别有哪些应用？

8-2　与传统晶态材料相比，非晶态软磁材料有哪些优势？如何制备非晶态磁性材料？

8-3　为什么说纳米晶合金的发明是软磁材料的一个突破性进展？如何制备纳米晶软磁合金？

8-4　软磁复合材料有何特点？如何提高软磁复合材料的磁性能？

参考文献

[1] SUZUKI K, MAKINO A, INOUE A, et al. Low core losses of nanocrystalline Fe-M-B (M=Zr, Hf, Or Nb) ALLOYS[J]. Journal of Applied Physics, 1993, 74(5):3316-3322.

[2] GREER A L. Metallic Glasses[J]. Science, 1995, 267(5206): 1947-1953.

[3] ZHANG Y, HONO K, INOUE A, et al. Nanocrystalline structural evolution In $Fe_{90}Zr_7B_3$ soft magnetic material[J]. Acta Materialia, 1996, 44(4): 1497-1510.

[4] HAYAKAWA Y, SZPUNAR J A. The role of grain boundary character distribution in secondary recrystallization of electrical steels[J]. Acta Materialia, 1997, 45(3): 1285-1295.

[5] SUZUKI K, CADOGAN J M. Random magnetocrystalline anisotropy in two-

phase nanocrystalline systems[J]. Physical Review B, 1998, 58(5): 2730-2739.

[6] SHINJO T, OKUNO T, HASSDORF R, et al. Magnetic vortex core observation in circular dots of permalloy[J]. Science, 2000, 289(5481): 930-932.

[7] JEDEMA F J, FILIP A T, VAN WEES B J. Electrical spin injection and accumulation at room temperature in an all-metal mesoscopic spin valve[J]. Nature, 2001, 410(6826): 345-348.

[8] PING D H, WU Y Q, HONO K, et al. Microstructural characterization of $(Fe_{0.5}Co_{0.5})(88)Zr_7B_4Cu_1$ nanocrystalline alloys[J]. Scripta Mater, 2001, 45(7): 781-786.

[9] STEELE B C H, HEINZEL A. Materials for fuel-cell technologies[J]. Nature, 2001, 414(6861): 345-352.

[10] TSERKOVNYAK Y, BRATAAS A, BAUER G E W. Enhanced Gilber damping in thin ferromagnetic films[J]. Physical Review Letters, 2002, 88(11): 4.

[11] WALSH D, ARCELLI L, IKOMA T, et al. Dextran templating for the synthesis of metallic and metal oxide sponges[J]. Nature Materials, 2003, 2(6):386-390.

[12] GILBERT T L. A phenomenological theory of damping in ferromagnetic materials[J]. IEEE Transactions on Magnetics, 2004, 40(6): 3443-3449.

[13] SHEN T D, SCHWARZ R B, THOMPSON J D. Soft magnetism in mechanically alloyed nanocrystalline materials[J]. Physical Review B, 2005, 72(1): 8.

[14] VAN WAEYENBERGE B, PUZIC A, STOLL H, et al. Magnetic vortex core reversal by excitation with short bursts of an alternating field[J]. Nature, 2006, 444(7118): 461-464.

[15] SUN Y G, ROGERS J A. Inorganic semiconductors for flexible electronics[J]. Advanced Materials, 2007, 19(15): 1897-1916.

[16] 王伟. 抗 EMI Fe-Si-Al 软磁合金的扁平化、微结构与电磁性能研究[D]. 杭州:浙江大学, 2007.

[17] CUI L F, RUFFO R, CHAN C K, et al. Crystalline-amorphous core-shell silicon nanowires for high capacity and high current battery electrodes[J]. Nano Letters, 2009, 9(1): 491-495.

[18] SHI D L, CHO H S, CHEN Y, et al. Fluorescent polystyrene-Fe_3O_4 composite nanospheres for in vivo imaging and hyperthermia[J]. Advanced Materials, 2009, 21(21): 2170-2173.

[19] 刘海顺,卢爱红,杨卫明. 非晶纳米晶合金及其软磁性能研究[M]. 徐州:中国矿业大学出版社,2009.

[20] 王秋萍. 纳米晶 CoNiFe 软磁薄膜的电化学制备及其结构、性能的研究[D]. 杭州:浙江大学,2010.

[21] 赵浩峰. 物理功能复合材料及其性能[M]. 北京:冶金工业出版社,2010.

[22] LI J, JIANG Y Z, MA T Y, et al. Structure and magnetic properties of gamma′-Fe4N films grown on MgO-buffered Si (001)[J]. Physica B, 2012, 407 (24): 4783-4786.
[23] 张正贵,王大鹏.无取向硅钢的织构与磁性[M].北京:冶金工业出版社,2012.
[24] HERZER G. Modern soft magnets: Amorphous and nanocrystalline materials [J]. Acta Materialia, 2013, 61(3): 718-734.
[25] 熊亚东. FeCuNbSiB 纳米晶软磁粉芯的制备和磁性能研究[D].杭州:浙江大学,2013.
[26] ZHANG Z M, XU W, GUO T, et al. Effect of processing parameters on the magnetic properties and microstructures of molybdenum permalloy compacts made by powder metallurgy[J]. Journal Alloys and Compounds, 2014, 594: 153-157.
[27] 周琳.铁氧体/FeSiAl复合磁粉芯的制备与表征[D].杭州:中国计量大学,2014.
[28] HUANG M Q, WU C, JIANG Y Z, et al. Evolution of phosphate coatings during high-temperature annealing and its influence on the Fe and FeSiAl soft magnetic composites [J]. Journal of Alloys and Compounds, 2015, 644: 124-130.
[29] 胡怀谷.软磁材料的交流阻抗和微波特性[D].天津:天津科技大学,2015.
[30] BAI G H, WU C, JIN J Y, et al. Structural, electron transportation and magnetic behavior transition of metastable FeAlO granular films[J]. Scientific Reports, 2016, 6: 7.
[31] ZHAO G L, WU C, YAN M. Evolution of the insulation matrix and influences on the magnetic performance of Fe soft magnetic composites during annealing [J]. Journal of Alloys and Compounds, 2016, 685: 231-236.
[32] ZHAO G L, WU C, YAN M. Enhanced magnetic properties of Fe soft magnetic composites by surface oxidation [J]. Journal of Magnetism and Magnetic Matericals, 2016, 399: 51-57.
[33] 高鑫伟. FeSiAl 软磁复合材料的绝缘包覆及磁性能研究[D].杭州:浙江大学,2016.
[34] 夏坤. Sendust 合金薄膜的制备及其磁学性质研究[D].深圳:深圳大学,2016.
[35] 赵国梁.高 B_s 低功耗铁基软磁复合材料的制备及性能研究[D].杭州:浙江大学,2016.
[36] LI J, PENG X L, YANG Y T, et al. Preparation and characterization of MnZn/FeSiAl soft magnetic composites [J]. Journal of Magnetism and Magnetic Matericals, 2017, 426: 132-136.
[37] LI J, PENG X L, YANG Y T, et al. FeSiAl soft magnetic composites with NiZn ferrite coating produced via solvothermal method [J]. AIP Advances, 2017, 7(5): 6.
[38] ZHAO G L, WU C, YAN M. Fabrication and growth mechanism of iron oxide

insulation matrix for Fe soft magnetic composites with high permeability and low core loss[J]. Journal of Alloys and Compounds, 2017, 710: 138-143.

[39] PENG X, ZHANG A, LI J, et al. Design and fabrication of Fe-Si-Al soft magnetic composites by controlling orientation of particles in a magnetic field: anisotropy of structures, electrical and magnetic properties[J]. Journal of Materials Science, 2019, 54(11): 8719-8726.

[40] PENG X, YU S, CHANG J, et al. Preparation and magnetic properties of Fe4N/Fe soft magnetic composites fabricated by gas nitridation[J]. Journal of Magnetism and Magnetic Materials, 2020, 500: 166407.

[41] LIU J, PENG X, LI J, et al. Highly improved middle to higher frequency magnetic performance of Fe-based soft magnetic composites with insulating Co(2)Z hexaferrites[J]. Journal of Magnetism and Magnetic Materials, 2021, 538: 168297.

[42] CHANG J, ZHAN T, PENG X, et al. Improved permeability and core loss of amorphous FeSiB/Ni-Zn ferrite soft magnetic composites prepared in an external magnetic field[J]. Journal of Alloys and Compounds, 2021, 886: 161335.

[43] 吴鹏.易面型金属软磁复合材料高频损耗的研究[D].兰州:兰州交通大学,2021.

[44] TALAAT A, SURAJ M V, BYERLY K, et al. Review on soft magnetic metal and inorganic oxide nanocomposites for power applications[J]. Journal of Alloys and Compounds, 2021, 870: 159500.

[45] ZHANG Z, CHANG J, PENG X, et al. Structural and magnetic properties of flaky FeSiB/Al_2O_3 soft magnetic composites with orientation of a magnetic field[J]. Journal of Materials Research and Technology-Jmr&T, 2022, 18: 1381-1390.

[46] GE M, PENG X, LI J, et al. Effects of gas nitridation on microstructures and magnetic properties of Fe_3N/Fe soft magnetic composites[J]. Journal of Materials Science-Materials in Electronics, 2022, 33(13): 10287-10296.

[47] 孙可为,金丹,任小虎.磁性材料器件与应用[M].北京:冶金工业出版社,2023.

[48] ZHANG C, PENG X, LI J, et al. Design, preparation, and magnetic properties of Fe4N/Fe3N soft magnetic composites fabricated by gas nitridation[J]. Journal of Superconductivity and Novel Magnetism, 2023, 36(3): 923-929.

[49] LI W, LI J, PENG X, et al. Improved permeability and decreased core loss of iron-based soft magnetic composites with YIG ferrite insulating layer[J]. Journal of Alloys and Compounds, 2023, 937: 168285.

[50] LI W, LI J, LI H, et al. FeSiCr soft magnetic composites with significant improvement of high-frequency magnetic properties by compositing nano-YIG ferrite insulating layer[J]. Ceramics International, 2023, 49: 27247-27254.

第9章

铁氧体软磁材料

铁氧体软磁材料是指在弱磁场下，既易磁化又易退磁的铁氧体材料。它是由 Fe_2O_3 和二价金属氧化物组成的化合物。和金属软磁材料相比，软磁铁氧体最大的优势就是电阻率高。一般金属软磁材料的电阻率为 $10^{-6}\Omega\cdot cm$，而铁氧体的电阻率为 $10\sim10^{8}\Omega\cdot cm$，达到金属磁性材料的 $10^{7}\sim10^{14}$ 倍，因此铁氧体具有良好的高频特性。铁氧体的另外一个特点就是成本低廉，其原材料可以很廉价地获得，并能用不同成分和不同制造方法制备各种性能的材料，特别是可以用粉末冶金工艺制造形状复杂的元件。与金属软磁相比，铁氧体软磁材料的不足之处在于：饱和磁化强度偏低，一般只有纯铁的 1/5～1/3；居里温度较低，磁特性的温度稳定性一般也不及金属软磁材料。

对软磁铁氧体材料最基本的性能要求有：高起始磁导率 μ_i、高品质因数 Q、高(时间、温度)稳定性、高截止频率 f_r。除上述基本要求外，不同的应用场合还有不同的特殊要求。例如，开关电源及低频、脉冲功率变压器要求高 B_S；磁记录器件要求材料高密度；电波吸收材料则希望在其工作频率范围内，损耗越大越好。

铁氧体最早是从 20 世纪 30 年代开始被研究的。随着高频无线电技术的发展，生产中迫切需要一种同时具有铁磁性和高电阻率的材料。1935 年，荷兰飞利浦(Philips)实验室斯诺克(Snoek)成功研制出了适合在高频下应用的铁氧体，实现了尖晶石型锌铁氧体的工业化，拉开了软磁铁氧体材料在工业中应用的序幕。

20 世纪 40 年代人们借助反铁磁性理论建立了亚铁磁性理论，实现了对铁氧体磁性从感性认识到理性认识的突破。20 世纪 50 年代。铁氧体工业蓬勃发展，人们开发出了石榴石型铁氧体、平面型超高频铁氧体等多种型号的铁氧体，形成了与粉末冶金和陶瓷工业工序基本相同的铁氧体制备工艺，其中的锰锌铁氧体是目前应用最广泛的铁氧体，为铁氧体奠定了坚实的工业基础。

20 世纪 60 年代，软磁铁氧体迎来了其发展历程中的重要阶段。人们在实验室中详细研究铁氧体烧结的气氛、制备工艺、添加剂、成分等因素对各向异性常数 K_1、磁致伸缩系数 λ_S 等的影响。1966 年德国研究出磁导率 $\mu=40000$(H/m)的高磁导率材料，但是由于居里温度过低而没有使用价值。

20 世纪 70 年代铁氧体的生产依靠 60 年代的基础研究取得了重大突破。20 世纪 70 年代生产的铁氧体磁导率显著增大、损耗降低、频带变宽。但是由于电子产品的调整发展，对软磁铁氧体提出了更高的要求，例如磁记录材料、彩色电视机大型偏转磁芯。集成电路需要的微型电感也给传统工艺带来了困难。湿法制备铁氧体粉料的方法出现并得到了较快发展。工业上开始采用化学共沉淀、喷雾焙烧和喷雾造粒等新工艺制备综合性能更高的软磁铁氧体材料。

20 世纪 80 年代以后，软磁铁氧体向着高性能、生产自动化、规模化的方向继续发展。人们通过改造传统工艺中的球磨、造粒和成型等工艺设备，实现自动化、管道化的工艺流程等方式来保证质量、提高产量、降低劳动强度。现在软磁铁氧体朝着电子产品的小、轻、薄，高频、宽带、高功率低损耗的方向发展。

9-1 铁氧体软磁概述

本章主要介绍锰锌、镍锌以及平面六角晶系三类软磁铁氧体，表 9.1 给出了它们的基本信息。

表 9.1 软磁铁氧体的使用频率范围和应用举例

类别	晶系	结构	频率范围	应用举例
锰锌铁氧体系列（$MnO-ZnO-Fe_2O_3$）	立方	尖晶石型	1kHz～5MHz	多路通信及电视用的各种磁芯和录音、录像等各种记录磁头等
镍锌铁氧体系列（$NiO-ZnO-Fe_2O_3$）			1kHz～300MHz	多路通信电感器、滤波器、磁性天线和记录磁头等
甚高频铁氧化系列（$MeO-ZnO-Fe_2O_3$）	六角	磁铅石型	300MHz～1000MHz	多路通信及电视用的各种磁芯等

9.1 锰锌铁氧体

9-2 锰锌铁氧体

锰锌铁氧体是应用最广、生产量最大的软磁铁氧体材料，也是低频性能最好的软磁铁氧体材料。Mn-Zn 铁氧体是具有尖晶石结构的 $m\mathrm{MnFe_2O_4} \cdot n\mathrm{ZnFe_2O_4}$ 与少量 Fe_2O_3 组成的单相固溶体。$ZnFe_2O_4$ 是由 Fe_2O_3 和 ZnO 组成的铁氧体，为正型尖晶石结构。Zn^{2+} 离子为非磁性离子，$ZnFe_2O_4$ 的磁矩为零。但是，$ZnFe_2O_4$ 与 $MnFe_2O_4$、$NiFe_2O_4$ 和 $MgFe_2O_4$ 等复合时，Zn^{2+} 离子倾向占据 A 位，使其总磁矩增大，因此，$ZnFe_2O_4$ 被广泛地应用于制备复合铁氧体中。

在低频段 Mn-Zn 铁氧体应用极广，因其在 1MHz 频率以下较其他铁氧体具有更多的优点，如磁滞损耗低，在相同高磁导率的情况下居里温度较 Ni-Zn 铁氧体高，起始磁导率 μ_i 高，最高可达 10^5，且价格低廉。根据使用要求，Mn-Zn 铁氧体可以分为很多类，其中最主要的是高磁导率铁氧体和高频低损耗功率铁氧体等。

9.1.1 高磁导率铁氧体

高磁导率铁氧体在电子工业和电子技术中是一种应用广泛的功能材料，可以用于通信设备、测控仪器、家用电器及新型节能灯具中的宽频带变压器、微型低频变压器、小型环形脉冲变压器和微型电感元件等更新换代的电子产品。

高磁导率铁氧体最关键的参数是起始磁导率。提高铁氧体的磁导率主要依靠减小畴壁位移和磁畴转动的阻力。这首先需要采用高饱和磁感应强度、低磁晶各向异性和低磁致伸缩系数的配方，保持低的杂质含量，并且保证烧结过程内应力得到释放，保持低的气孔率和缺陷密度。铁氧体晶粒尺寸应尽可能大，以降低晶界对畴壁位移的阻碍作用。一些低熔点

的添加剂如 Bi_2O_3 和 V_2O_5 能够促进液相烧结，使得晶粒更容易长大。铁氧体成分要均匀，无论是从宏观上还是微观上，每个晶粒内部成分都应保持一致，否则不同晶粒之间会产生内应力以及磁晶各向异性常数的偏离。对 Mn-Zn 铁氧体来说，采用富铁配方能够使铁氧体磁晶各向异性被富余的 Fe^{2+} 所抵消。

高磁导率 Mn-Zn 铁氧体的组成大体上与 λ_S 和 K_1 值趋近于零的配比相符合，图 9.1 是 Mn-Zn 铁氧体的 λ_S 和 K_1 值随组成的变化。高磁导率 Mn-Zn 铁氧体的典型组成为：52mol%的 Fe_2O_3、26mol%的 MnO、22mol%的 ZnO。

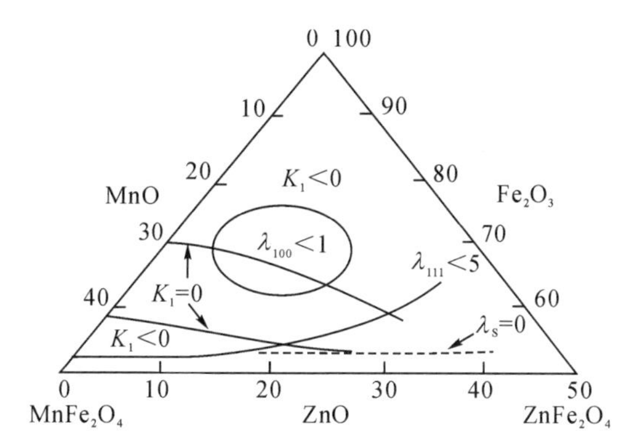

图 9.1　Mn-Zn 铁氧体 K_1、λ_S 与组成的关系

除了基本配方外，还需对铁氧体添加一些元素，来控制显微结构、晶界组成和离子价态，而且烧结条件和气氛也会改变铁氧体的显微结构和离子价态。

1. 添加物的影响

1) Ca^{2+}、Si^{4+}

Ca^{2+} 在尖晶石晶格中固溶度有限，富集于晶界处，生成非晶态中间相，可以增加晶界电阻率，降低损耗，提高 Q 值。然而，过量的 Ca^{2+} 则会使 μ_i 值下降，减落增加，如图 9.2 所示。

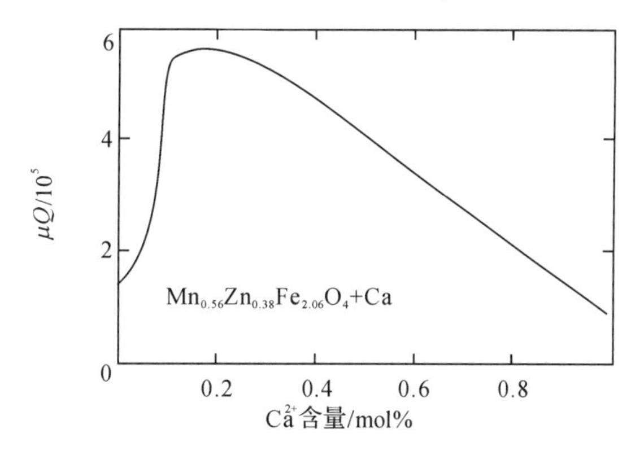

图 9.2　Ca^{2+} 含量对 $Mn_{0.56}Zn_{0.38}Fe_{2.06}O_4$ 的 μQ 值的影响(f=40kHz)

为了避免产生较高的减落，常将 CaO 与 SiO_2 等高价离子化合物一起添加到铁氧体中，CaO 与 SiO_2 可以形成高电阻率的 $CaSiO_3$ 而渗透到晶粒内一定的深度，从而增加 Mn-Zn 铁氧体的电阻率，但 SiO_2 的量不宜超过 0.1wt%，以免使晶粒粗化，产生空洞。

2）Ti^{4+}、Sn^{4+}、Ge^{4+}、V^{5+} 等高价离子

为了满足电中性条件，高价离子的引入使得部分 Fe^{3+} 转化为 Fe^{2+}，对磁晶各向异性常数有弱的正的贡献，从而可能在居里温度以下存在 $K_1=0$ 的温度，对应于 μ-T 曲线的第二峰。随着 Fe^{2+} 浓度的增加，$K_1=0$ 的抵消点移向低温。因此，通过添加高价离子可以控制 Fe^{2+} 的含量，从而对铁氧体的温度稳定性产生影响。并且，高价离子如 Ti^{4+} 和 V^{5+} 能够部分取代 Fe^{3+}，在晶格内通过库仑作用与 Fe^{2+} 成对，阻碍 Fe^{2+} 的电子迁移，提高晶粒内部电阻率。

3）Co^{2+}

在尖晶石铁氧体中，Co^{2+} 有着大的正磁晶各向异性常数，因此 Co^{2+} 的添加也有可能在低于居里温度时存在 $K_1=0$ 的抵消点，产生 μ-T 曲线的第二峰。但 Co^{2+} 的添加同样会增加 K_2 的值，所以高磁导率铁氧体中往往不添加 Co^{2+}，Co^{2+} 的添加通常适用于功率铁氧体。Co^{2+} 除了控制温度稳定性外，它的强磁晶各向异性使畴壁稳定在一定位置。在弱磁场作用下，畴壁将产生可逆位移，因此磁导率为常数，磁滞损耗很低，磁滞回线呈蜂腰形，即叵明伐型磁滞回线。

4）Bi_2O_3、V_2O_5

Bi_2O_3 和 V_2O_5 熔点较低，能够作为助熔剂，有利于液相烧结，能在较低温度下获得高密度铁氧体。

2. 烧结气氛

Mn-Zn 铁氧体中铁与锰均可变价，烧结过程中的气氛对离子价态的影响不容忽视，要严格控制 Fe^{2+} 的浓度并防止非磁性相 α-Fe_2O_3、Mn_2O_3 的脱溶析出。

生产中常以 $MnCO_3$、MnO_2 为原料，$MnCO_3$ 加热分解后生成 MnO，与 Fe_2O_3 在空气环境下的固相反应如下：

在理想环境下：$MnO+Fe_2O_3 \xrightarrow{约\ 1300℃} MnFe_2O_4$ 铁氧体；

在缺氧环境下：$MnO+Fe_2O_3-a[O] \rightarrow (1-a)MnFe_2O_4+a(MnO,2FeO)$，有部分铁还原为二价；

在多氧环境下：冷却时将有一部分 α-Mn_2O_3 脱溶析出，对磁性影响甚大：

$$2MnFe_2O_4+\frac{1}{2}O_2 \underset{1000℃}{\overset{600℃}{\rightleftharpoons}} Mn_2O_3+2Fe_2O_3$$

在 1050℃左右氧化最为严重，如果在空气中烧结并冷却，应设法避免此温度区域。生产中常采用真空烧结和氮气烧结的工艺。

Mn-Zn 铁氧体的显微结构对磁性的影响也十分重要。对高磁导率铁氧体，晶粒尺寸要求较大；对功率铁氧体，因为截止频率较高，磁导率较低，晶粒尺寸要求较小。平均晶粒尺寸与烧结时间的关系近似服从 $t^{1/3}$ 规律，即 $d=Kt^{1/3}$。表 9.2 给出了高磁导率 Mn-Zn 铁氧体部分产品的性能。

表 9.2 高磁导率铁氧体部分产品的性能

特性参数	单位	测试条件		公司									
				TDK		FDK		Epcos			Ferroxcube		
				H5C3	H5C5	2H15	2H15B	T46	T56	T66	3E7	3E8	3E9
μ_i		25℃		15000 ±30%	30000 ±30%	15000 ±20%	10000 ±20%	15000 ±30%	30000 ±30%	13000 ±30%	15000 ±20%	18000 ±20%	20000 ±20%
$\tan\delta/\mu_i$	10^{-6}		10kHz	<7	<15	<10	<10	<8	<10	<1	<10	<10	<10
B_S	mT		1194A/m	360	380	370	370	400	350	360	390	380	380
B_r	mT			105	120	50	50	—	—	—	—	—	—
H_c	A/m			4.4	4.2	2	2	7	6	8	—	—	—
T_C	℃			>105	>110	>100	>100	>130	>90	>100	>130	>100	>100
ρ_v	Ω·m	25℃		0.15	0.15	0.01	0.01	0.01	0.1	0.8	0.1	0.1	0.1

9.1.2 高频低损耗功率铁氧体

锰锌功率铁氧体的主要特征是在高频(几百千赫兹)高磁感应强度的条件下,仍旧保持很低的功耗,而且其功耗随磁芯温度的升高而下降,在80℃左右达到最低点,从而形成良性循环。这类功率铁氧体满足了现今开关电源轻、小、薄,同时开关频率高的要求,发展迅速。功率铁氧体主要用于以各种开关电源变压器和彩色回扫变压器为代表的功率型电感器件,用途十分广泛。

我国发布的《软磁铁氧体材料分类》(SJ/T 1755—2013)行业标准,把功率铁氧体材料分为PW1~PW5五类,其适用工作频率逐步提高。PW1材料适用频率为15kHz~100kHz;PW2材料适用频率为25kHz~200kHz;PW3材料适用频率为100kHz~300kHz;PW4材料适用频率为300kHz~1MHz;PW5材料适用频率为1MHz~3MHz。

功率铁氧体相对于金属软磁材料,居里温度较低,而且工作在较高温度(80~100℃)环境中,因此温度稳定性非常重要。

引入温度系数 α_μ 来表征铁氧体起始磁导率随温度的变化:

$$\alpha_\mu=\frac{1}{\mu}\cdot\frac{\partial\mu}{\partial T}$$

实际测量时,也常用以下公式代替:

$$\alpha_\mu=\frac{\mu_{T2}-\mu_{T1}}{\mu_{T1}(T_2-T_1)}=\frac{\Delta\mu}{\mu\Delta T}$$

为方便比较不同磁导率值的铁氧体材料的温度系数,常用起始磁导率的相对温度系数 β 来表征温度稳定性:

$$\beta=\frac{\alpha}{\mu}=\frac{1}{\mu^2}\frac{\Delta\mu}{\Delta T}$$

表9.3列出了一些典型软磁材料的温度系数。

通常,由于霍普金森效应的存在,当温度从较低点升高到居里温度时,因 K_1 更迅速地趋于零而导致磁导率在居里点附近有极大值。但是,某些含 Fe^{2+} 离子的Mn-Zn铁氧体的

μ_i 对 T 有复杂的依赖性，在低于 T_C 时会出现第二个极大值，如图 9.3 所示。这意味着在居里温度和第二极大值之间存在一个 μ_i 值变化不大的平台，温度稳定性很好。此外，含 Co 的一些铁氧体也会出现这样的温度平台。这是因为 Fe^{2+} 离子和含 Co 的一些铁氧体 K_1 为正，抵消了原铁氧体负的 K_1 值，使磁导率升高，出现第二峰。

表 9.3 典型软磁材料的温度系数

材　料	μ_i	α_μ	β/℃$^{-1}$
Mn-Zn 铁氧体	1000	4.5×10^{-3}	4.5×10^{-6}
Ni-Zn 铁氧体	800～12000	2.0×10^{-3}	2.0×10^{-6}
Li-Zn 铁氧体	80～120	2.5×10^{-3}	2.5×10^{-6}
羰基铁磁芯	50	0.3×10^{-3}	6×10^{-6}
羰基铁磁芯	22	-0.025×10^{-3}	-11×10^{-6}
Fe-Ni 薄带 D_1	2000	2.0×10^{-3}	1×10^{-6}
Fe-Ni 薄带 E_3	1000	2.0×10^{-3}	0.2×10^{-6}

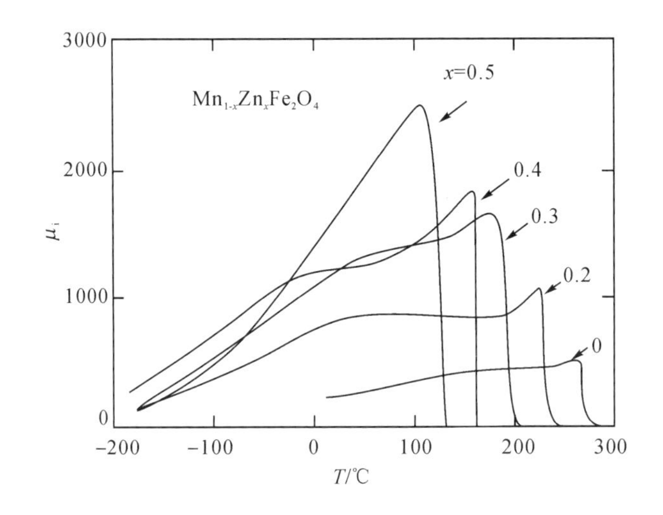

图 9.3 Mn-Zn 铁氧体的 μ_i-T 曲线(含少量 Fe^{2+})

所以我们可以通过以下途径来提高铁氧体的温度稳定性。

1. 利用正负磁晶各向异性抵消产生第二峰

1)控制二价铁离子浓度

可以通过控制气氛氧分压以达到一定浓度的二价铁离子，来控制 μ_i-T 曲线第二峰的位置 T_0。对于 Mn-Zn 铁氧体，有：

$$T_0/T_C \approx 0.88-2.9y, 0<y<0.2$$

因此通过改变二价铁离子的含量就可以改变 T_0，掺入三价、四价离子可使 Fe^{2+} 量增加，T_0 移向较低温度；掺入一价、二价离子，可使 Fe^{2+} 量减少，T_0 移向较高温度。并且，当二价铁离子在材料中存在一定浓度梯度时，μ_i-T 曲线在一定区间内可以非常平坦，温度稳定性很高。

2)控制钴含量

一定的钴含量可以产生第二峰,但是钴太多会导致磁导率降低。

2. 非磁性离子置换

如采用 Al^{3+} 来置换 Fe^{3+}、Mn^{2+} 离子,可以使各向异性常数减小,从而改善温度特性。

3. 改善晶粒形态

球形晶粒的退磁场最小,有利于提高起始磁导率和温度稳定性。另外,烧结过程中晶粒细化也能提高温度稳定性。

表 9.4 中列出了锰锌功率铁氧体部分产品的性能。

表 9.4 锰锌功率铁氧体部分产品的性能

指标			材料名称和所属公司						
			PC50	R1.4kF	3F4	3F5	7H10	7H20	N59
			TDK	UESTC	Philips	Philips	FDK	FDK	EPCOS
起始磁导率 μ_i			1400 ±20%	1400 ±20%	900 ±20%	650 ±20%	1500 ±20%	1000 ±20%	850 ±20%
功率损耗 $P_L/(kW \cdot m^{-3})$	500kHz 50mT	25℃	130	130					
		60℃	80	80			100	50	
		80℃					80	40	
		100℃	80	80			100	50	110
	1MHz 30mT (100℃)				200				
	1MHz 50mT (100℃)		450				500	250	510
	3MHz 10mT (100℃)				320	100			
	4MHz 30mT (100℃)					900			
饱和磁感应强度 B_S/mT (H=1194A/m)		25℃	510	480	350	380	480	480	460
剩磁 B_T/mT		25℃	190	190	150			150	
矫顽力 $H_c/(A \cdot m^{-1})$		25℃	35	35	40			30	
居里温度 T_C/℃			230	230	220	300	200	200	240
表观密度 $d/(g \cdot cm^{-3})$			4.80	4.80	4.70	4.75	4.80	4.80	4.75
电阻率 $\rho/(\Omega \cdot m)$			10		10	10	5	5	26

9.2 镍锌铁氧体

9-3 镍锌铁氧体

Ni-Zn 铁氧体软磁材料具有多孔性的尖晶石型晶体结构，是另外一类产量大、应用广泛的高频软磁材料。Ni-Zn 铁氧体的主要特性为：

(1)优良的高频特性。Ni-Zn 铁氧体材料的电阻率高，一般可达 $10^8\Omega\cdot m$。易于生成细小的晶粒，呈多孔结构。因此，材料的应用频率高，高频损耗低。Ni-Zn 铁氧体在 1MHz～300MHz 范围内应用最广。使用频率在 1MHz 以下时，其性能不如 Mn-Zn 铁氧体，而在 1MHz 以上时，由于它具有多孔性及高电阻率，其性能大大优于 Mn-Zn 铁氧体，非常适合在高频中使用。用 Ni-Zn 铁氧体软磁材料做成的铁氧体宽频带器件，使用频率可以达到很宽，其下限频率可做到几千赫兹，上限频率可达几千兆赫兹，大大扩展了软磁材料的使用频率范围，其主要功能是在宽频带范围内实现射频信号的能量传输和阻抗变换。

(2)良好的温度稳定性。Ni-Zn 铁氧体的饱和磁感应强度可达 0.5T，居里温度 T_C 比 Mn-Zn 铁氧体高，温度系数低，因此温度稳定性好。

(3)配方多样。Ni-Zn 铁氧体需使用大量的 NiO，因此生产成本高。为降低成本，可以采用廉价的原材料，如 MnO、CuO 和 MgO 等替代部分 NiO。现在已经开发出多种低成本的材料体系，如 Ni-Cu-Zn 系、Ni-Mn-Zn 系和 Ni-Mg-Zn 系，并得到广泛应用。

(4)大的非线性。Ni-Zn 铁氧体具有较大的非线性特性，可用于制备非线性器件。

(5)工艺简单。Ni-Zn 铁氧体的原材料在制备过程中没有粒子氧化问题，不需要特殊的气氛保护，可直接在空气中烧结，因此生产设备简单，工艺稳定。

由于 Ni-Zn 铁氧体具有电阻率高、高频损耗低、频带宽、配方多样、工艺简单等特点而被广泛应用在电视、通信、仪器仪表、自动控制、电子对抗等领域。

9.2.1 镍锌铁氧体

Ni-Zn 铁氧体的典型配方为：50mol%～70mol% Fe_2O_3、5mol%～40mol% ZnO 以及 5mol%～40mol% NiO。Ni-Zn 铁氧体按照用途和特性可分为高频、高饱和磁感应强度和高起始磁导率三大类。

高频 Ni-Zn 铁氧体要求材料具有高的电阻率，因此必须提高 NiO 的用量，降低 Fe_2O_3 和 ZnO 的用量，严格控制氧的含量，尽量不出现过量的 Fe^{2+}。典型配方为：50mol% Fe_2O_3、15mol%～20mol% ZnO 以及 25mol%～35mol% NiO。一般使用频率越高，NiO 的含量应越高，ZnO 的含量应越低，而 Fe_2O_3 的含量基本保持在 50mol%。ZnO 含量与比饱和磁化强度 σ、居里温度 T_C 和点阵常数 a 的关系如图 9.4 所示。ZnO 的含量与使用频率相关，频率越高，要求 ZnO 含量越低，一般通信用 Ni-Zn 铁氧体的配方和性能的关系见表 9.5。

高饱和磁感应强度 Ni-Zn 铁氧体要求材料具有较高的比饱和磁化强度、较高的密度和一定的 ZnO 含量。同时，由于高饱和磁感应强度 Ni-Zn 铁氧体主要用于大功率的高频磁场，因此也必须具有较高的 NiO 含量。典型配方为：50mol% Fe_2O_3、20mol% ZnO 以及 30mol% NiO。

高起始磁导率 Ni-Zn 铁氧体要求提高材料 Ms，同时降低磁晶各向异性常数 K_1、磁致伸

缩系数 λ_S 和内应力 σ 至最小值。提高配方中 ZnO 的含量，材料的 M_s 升高，同时 K_1 和 λ_S 降低。Ni-Zn 铁氧体的磁致伸缩系数和各向异性常数与组成的关系如图 9.5 所示。从图中可以看出 λ_S 和 K_1 无法同时为零。起始磁导率 μ_i 与组成的关系如图 9.6 所示，随着 Ni 含量减小 μ_i 增加，并且起始磁导率 μ_i 在 Fe_2O_3 含量为 50mol%时最高。当 Fe_2O_3 含量大于 50mol%时，密度下降，μ_i 下降；当 Fe_2O_3 含量小于 50mol%时，产生非磁性相，μ_i 下降。典型配方为：50mol% Fe_2O_3、35mol% ZnO 以及 15mol% NiO。

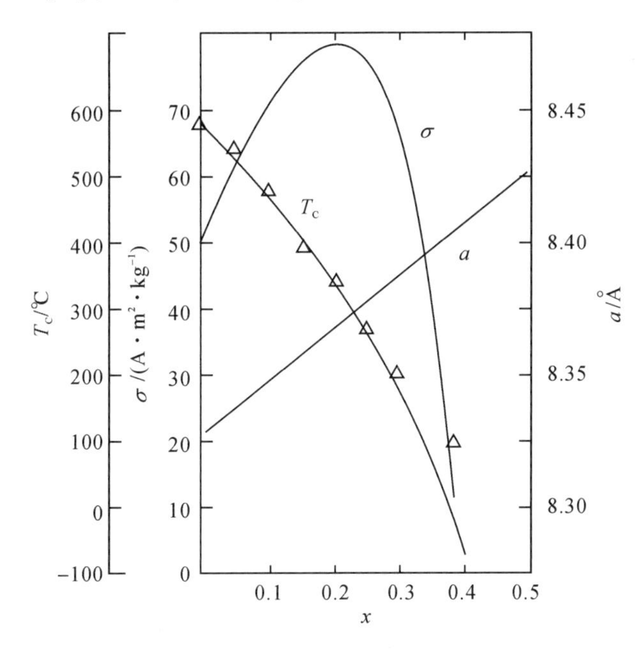

图 9.4　$(NiO)_{0.5-x}(ZnO)_x(Fe_2O_3)_{0.5}$ 铁氧体的 σ、T_C、a 与锌含量 x 的关系

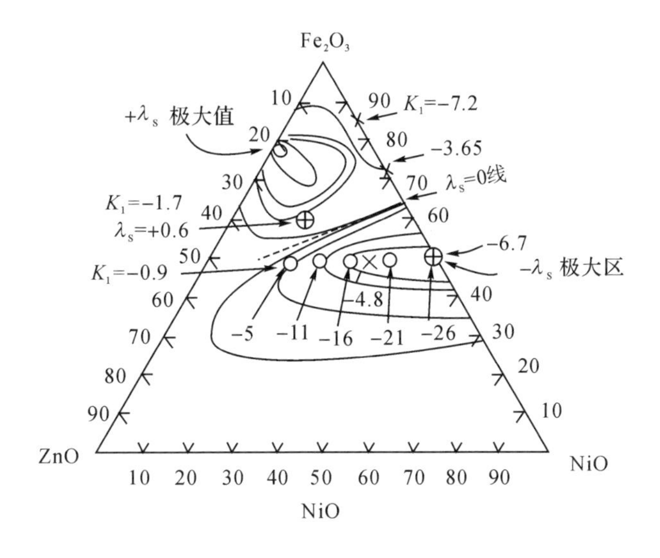

×—K_1；○—λ_S。

图 9.5　NiO-ZnO-Fe_2O_3 系 K_1、λ_S 与组成的关系

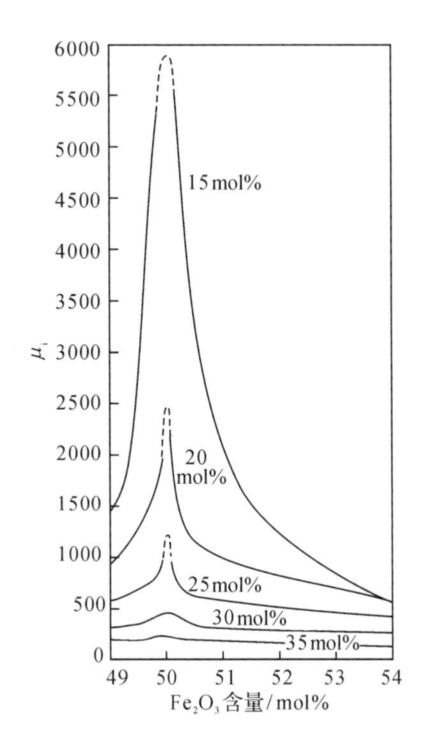

图 9.6　Ni-Zn 铁氧体的初始磁导率与组成的关系

注：图中的曲线从上到下依次表示 NiO 含量为 15mol%、20mol%、25mol%、30mol%、35mol%。

表 9.5　通信用镍锌铁氧体配方与截止频率的关系

参数	配方(mol%)：Fe_2O_3 ∶ NiO ∶ ZnO			
	50.3 ∶ 17.5 ∶ 33.2	50.2 ∶ 24.9 ∶ 24.9	50.8 ∶ 31.7 ∶ 16.5	51.6 ∶ 39.0 ∶ 9.4
μ_i	640	240	85	44
截止频率/MHz		30	75	140

在 Ni-Zn 铁氧体中，常采用一些添加剂调节铁氧体性能。

1. Co_2Y

与 Mn-Zn 铁氧体类似，Co^{2+} 的添加产生感生各向异性，出现叵明伐效应，有利于提高截止频率；并且在 μ-T 曲线上呈现第二峰，改善温度特性。因此，添加平面六角 $Co_2Y(Ba_2Co_2Fe_{12}O_{22})$ 铁氧体对频率特性和温度系数都有改善。除了 Co^{2+} 的作用外，Ba^{2+} 离子半径大，可以起到钉扎畴壁的作用，使磁化过程转为畴转过程，以避免在高频产生畴壁位移导致的弛豫与共振损耗。

2. SnO_2

Ni-Zn 铁氧体烧结过程中 Zn^{2+} 易挥发，引入高价阳离子以保持电中性，并束缚 Fe^{2+} 而提高电阻率，降低涡流损耗。

3. SiO_2、Bi_2O_3

在滤波线圈中，一般高频电容器的温度系数为正，为了补偿温度系数，添加 SiO_2 和

Bi_2O_3 使铁氧体具有负的温度系数。Si^{4+} 离子进入晶格产生 Fe^{2+}，改变磁晶各向异性常数，从而导致负的温度系数；而 Bi_2O_3 能够降低铁氧体的熔点，让 Si^{4+} 在较低温度进入晶格，避免了晶粒粗化。

4. V_2O_5

V_2O_5 熔点为 700℃，能够作为助熔剂，有利于液相烧结，在较低温度下获得高密度铁氧体。

近几年随着军需物资氧化镍价格的不断大幅上涨，许多生产镍锌铁氧体磁芯的厂家，为了降低材料成本，纷纷从镍锌铁氧体材料转向了镁锌铁氧体材料的生产，有一些 Mg-Zn 铁氧体材料已经部分替代 Ni-Zn 铁氧体用于磁性电子元件，尤其是抗电磁干扰类 RH 型磁芯、T 型磁芯和普通的固定电感磁芯，几乎全部使用 Mg-Zn 材料。近年来一些研究发现 Mg-Cu-Zn 铁氧体具有较低的磁致伸缩系数、良好的电磁性能和烧结特性，相继出现了共沉淀法、溶胶-凝胶法、自蔓延高温合成法等合成工艺，同时使用了低温烧结技术，还研究了掺杂对 Mg-Cu-Zn 铁氧体磁性能与显微结构的影响。但对于要求高性能的应用，Mg-Zn 铁氧体还难以取代 Ni-Zn 铁氧体，主要原因是其部分指标还未能达到 Ni-Zn 铁氧体的水平，它的饱和磁矩太低，室温时仅有 0.1～0.2T，而且高频特性不佳，只适用于 25MHz 以下的范围，在更高频率工作环境下 Mg-Zn 铁氧体难以胜任。

表 9.6 中列出了部分 Ni-Zn 铁氧体产品的性能。

表 9.6 Ni-Zn 铁氧体部分产品的性能

公司	材料牌号	μ_i	B_S/mT	B_r/mT	T_C/℃	ρ/(Ω·m)
美国 Steward	29	850	330	226	≥175	10^5
	27	1250	323	161	≥120	10^8
日本 TDK	L7H	800	390	220	≥180	10^5
	L8F	1200	320	130	≥130	10^5
	L6	1500	280	105	≥100	10^5
日本 FDK	NF	900	320	200	≥180	10^8
	BL	1000	310	150	≥130	10^8
美国 Ceramic Magnetics	CN20	700	380	200	≥180	10^4
	CMD5005	1300	320	170	≥130	10^7
美国 National Magnetics	H1	700	320	170	≥190	10^7
	H2	850	320	130	≥155	10^7
	N16	1600	300	180	≥110	10^7
韩国 Samwha Electronics	SN-065	650	300	160	≥150	10^7
	T-314	1000	280	100	≥120	10^6
	SN-20	2000	260	100	≥100	10^6
韩国 Young Hwa	YN202	1300	360	170	≥160	10^6
荷兰 Philips	4S2	850	340	230	≥125	10^5
	8C11	1200	310	210	≥125	10^5
	4A15	1200	350	230	≥125	10^5

续表

公司	材料牌号	μ_i	B_s/mT	B_r/mT	T_C/℃	ρ/(Ω·m)
横店东磁	DN50H	500	350	145	≥160	10^5
	DN120	1200	280	110	≥110	10^5
	DN150	1500	280	100	≥105	10^5

9.2.2 镍铜锌铁氧体

为满足片式电感低温烧结的要求，在镍锌铁氧体配方中加入 CuO，使得铁氧体在烧结初始阶段形成液相，促进扩散和传质，从而降低烧结温度，阻碍银电极扩散到铁氧体晶格中，保证磁性能。铜部分取代的镍锌铁氧体的致密度有一定程度提高，气孔减少，磁体内部退磁场降低，从而提高了起始磁导率，但是继续增加铜含量会导致晶粒异常长大，密度反而会降低。在$(Ni_{0.38}Cu_{0.12}Zn_{0.50})Fe_2O_4$ 铁氧体中加入合适的烧结助剂（如 Bi_2O_3）能够进一步降低烧结温度。表 9.7 反映了镍铜锌铁氧体的组分和性能。

表 9.7 镍铜锌铁氧体的组分和性能

组分/mol%				磁导率 μ_i
Fe_2O_3	NiO	CuO	ZnO	
48.8	21.4	9.3	17.5	71
49.2	20.8	10	20	300
49.4	7.3	12.9	30.4	435

但是铜离子取代镍离子会造成铁氧体饱和磁化强度的降低。铜离子的电子排布为 $3d^9$，原子磁矩为 $1\mu_B$，镍离子的电子排布为 $3d^8$，原子磁矩为 $2\mu_B$，它们同时占据八面体间隙位，所以铜离子取代镍离子会造成总磁矩的减小。然而，研究人员发现在 $Ni_{0.8-x}Zn_{0.2}Cu_xFe_2O_4$ 中，当铜离子取代原子比在 0.4 附近时会出现磁矩的少许回升，之后随着铜离子含量增加又逐渐下降。这是因为在一定量 Cu^{2+} 取代的情况下，B 位次晶格 B′ 和 B″之间的磁性相互作用发生改变，两者磁矩不再相互平行，从而与 A 位磁矩方向呈不完全反平行，总磁矩会有少许回升，如图 9.7 所示。

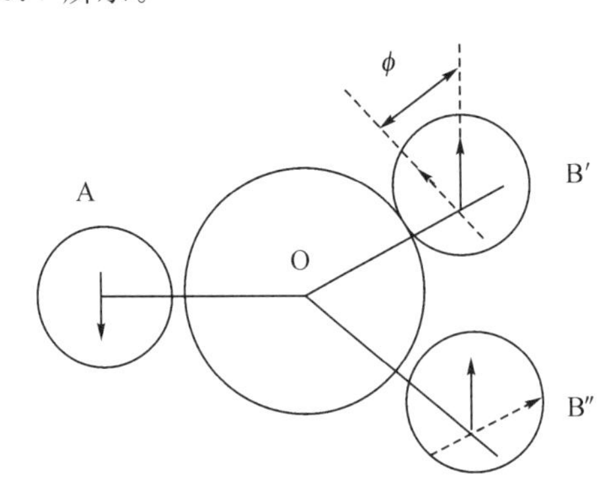

图 9.7 Cu^{2+} 对铁氧体晶格磁矩的影响

9.3 平面六角晶系铁氧体

9-4 平面六角晶系铁氧体

Mn-Zn、Ni-Zn系铁氧体由于其最高使用频率受到立方晶体结构的限制，只能工作在300MHz以下的频段，从而限制了该类铁氧体材料在高频段的应用，在数百兆赫以上应用的铁氧体主要是平面六角晶系铁氧体。六角晶系铁氧体主要有两大类型，一类是易磁化方向为六角晶系晶轴方向的主轴型，另一类即为易磁化方向处于垂直于晶轴方向的平面型。平面六角晶系的对称性低于立方尖晶石晶系，其磁晶各向异性常数远大于立方晶系，所以其截止频率在相同μ_i值的情况下较立方晶系高5～10倍。

六角晶系材料的磁晶各向异性要远大于尖晶石和石榴石的磁晶各向异性，这是由于六角晶系铁氧体材料的对称性低于立方晶系。通常认为，对称性越低，磁晶各向异性越大。立方晶系尖晶石铁氧体存在Snock极限，起始磁导率μ_i和自然共振频率f_0的乘积为一定值：

$$(\mu_i - 1) f_0 = \frac{1}{3\pi}\gamma M_S$$

由Snock极限可知，μ_i和f_0的乘积决定于材料的内禀属性，对于饱和磁化强度确定的铁磁体来说，不能同时提高材料的磁导率和共振频率，所以尖晶石型铁氧体的使用频率范围被限制在300MHz以下。

而对于平面型六角晶系的铁氧体材料，其各向异性与立方晶系有很大的不同。对于单轴平面型铁氧体，把面外各向异性场大小记为H_θ，把面内各向异性场大小记为H_φ，如图9.8所示。平面六角晶系铁氧体的易磁化轴处于c面，在c平面内的各向异性很小，所以H_φ远小于H_θ，其自然共振频率f_0可证明为：

$$f_0 = \frac{\gamma}{2\pi}\sqrt{H_\theta H_\varphi}$$

其共振频率f_0与磁导率μ_i乘积的表达式如下：

$$f_0(\mu_i - 1) = \frac{\gamma M_S}{4\pi}\sqrt{\frac{H_\theta}{H_\varphi}}$$

由于$H_\theta \gg H_\varphi$，所以单轴平面型六角铁氧体与立方系尖晶石铁氧体相比，其共振频率f_0与磁导率μ_i的乘积要大得多。图9.9示出了Co_2Z和$NiFe_2O_4$多晶的磁谱，显然Co_2Z具有更优秀的高频磁性。

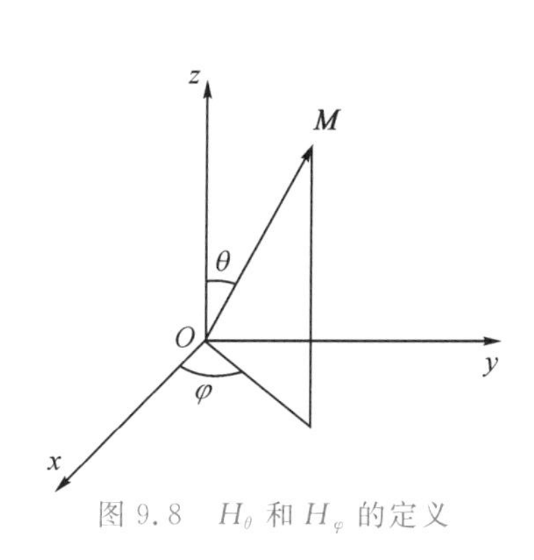

图9.8 H_θ和H_φ的定义

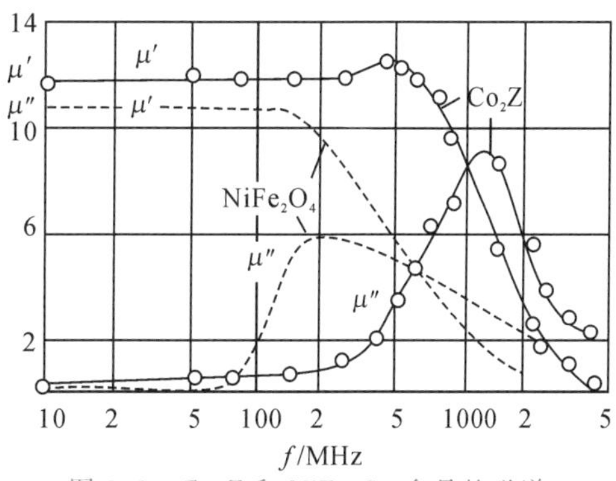

图9.9 Co_2Z和$NiFe_2O_4$多晶的磁谱

平面六角铁氧体材料中，Y 型、Z 型是甚高频用软磁材料。其中 Co_2Y 和 Co_2Z 是近年来高频用软磁铁氧体材料研究中的热点，具有高居里温度、高品质因数、良好的化学稳定性、高的截止频率以及高频下高起始磁导率等优良的软磁性能，其在高频片式电感和超高频段抗电磁干扰等应用场合极具潜力。但其合成与烧结温度高、结构与组成复杂，所以目前对 Co_2Y 和 Co_2Z 的研究主要集中在低温烧结和掺杂改性这两个方面。

9.3.1 低温烧结

为了降低六角铁氧体烧结温度，从促进低温致密化的角度来考虑，可行的措施有：添加助烧剂、超细粉粒法、离子代换。添加助烧剂主要用在固相反应法中，通过加入低熔点助烧剂，借助液相烧结可使 Co_2Y 型和 Co_2Z 型六角铁氧体的烧结温度降低至 900℃；由软化学法制得的超细粉粒活性高，只需加入少量甚至不加入助烧剂就能使六角铁氧体在较低烧结温度下快速致密。离子代换要在一定条件下进行，要求代换离子与被代换离子的离子半径相差不大，且降温幅度不大，该措施常与前两种方法配合使用。

1. 添加助烧剂

对于 Co_2Y 型六角铁氧体 $Ba_2Co_2Fe_{12}O_{22}$，可以用适量 Cu^{2+} 取代 Co^{2+} 来降低烧结温度，同时用适量 Zn^{2+} 取代 Co^{2+} 增加起始磁导率和饱和磁化强度，当 Cu^{2+} 取代量为 0.8，Zn^{2+} 取代量为 0.6 时，在 950℃ 低温烧结可获得纯 Y 相，同时有较好的微观形貌和磁性能。添加少量的低熔点氧化物 Bi_2O_3 也能够使烧结温度下降，对于 $Co_{2-x}(CuZn)_xY$，当 $x=1.0$ 时，可在 1000℃ 生成纯 Y 相铁氧体，在此配方中添加 5.0wt% Bi_2O_3 可把烧结温度降低到 900℃ 以下。对 $Co_{1-x}Zn_xCu_1Y$ 进行低温烧结，当 $x=1.0$ 时可获得最大的磁导率 9.7，截止频率为 1GHz，调整 x 的值可使磁导率在 2.3～9.7 范围内变化。

在 Co_2Z 铁氧体中引入 Bi_2O_3 能够把 Co_2Z 的烧结温度降低到 950℃ 以下，并且随着 Bi_2O_3 含量的增加，Co_2Z 的体积密度也随之增大。使用 $PbO\text{-}B_2O_3$ 等低熔点玻璃作为烧结助剂也能降低 Co_2Z 铁氧体的烧结温度，研究发现在固相反应法合成的 Co_2Z 粉体中，加入 8wt% 的 $PbO\text{-}B_2O_3$ 玻璃作为烧结助剂的样品在 800℃ 时就开始收缩，并在 890℃ 时体积密度达到最大，结果表明 $PbO\text{-}B_2O_3$ 玻璃可有效地将 Co_2Z 的烧结温度从 1300℃ 降至 890℃。

2. 超细粉粒法

超细粉粒法同样能够降低烧结温度。普通陶瓷粉体较难烧结，重要原因之一就在于它们有较大的晶格能和较稳定的结构状态，质点迁移需要较高的活化能，即活性较低。采用颗粒小、比表面积大、表面活性高的单分散超细陶瓷粉体，初期烧结基本是在一次颗粒间进行，由于颗粒间扩散距离短，因而仅需要较低的烧结温度和烧结活化能。采用软化学方法可以制备出粒径小于 100nm 的铁氧体粉料，这仅为机械方法制备粉料粒度的 1/10 甚至更小。合成的粉末具有较低的成相温度和高的烧结活性，通过引入少量的低烧添加剂，可以成功实现 900℃ 以下烧结，且烧结后的材料性能优于固相反应法得到的材料。

3. 离子代换

通过离子取代也可以降低烧结温度，用 Bi^{3+} 离子取代 Ba^{2+}，同时为了保持价电平衡用 Co^{2+} 取代 Fe^{3+}，对于 $Ba_{2-x}Bi_xZn_{0.8}Co_{0.8+x}Cu_{0.4}Fe_{12-x}O_{22}$，不需要任何其他添加剂，合适范围（$0.04<x<0.3$）的 Bi^{3+} 取代就可以把烧结温度降低到 900℃ 以下，获得纯 Y 相致密性好的六角铁氧体材料。

9.3.2　掺杂改性

通过掺杂改性，可以进一步改善和提高材料的电磁性能。研究主要集中在探讨掺杂离子对 Co_2Z 组分中 3 种金属阳离子（Ba^{2+}、Co^{2+}、Fe^{3+}）的分别取代与 Co_2Z 铁氧体材料电磁性能的关系。

1. Ba^{2+} 的取代

Ba^{2+} 的离子半径为 0.143nm，与 O^{2-} 的离子半径接近（O^{2-} 的半径为 0.132nm），Ba^{2+} 在 Co_2Z 的晶格中不能进入 O^{2-} 的空隙位置中，而是占据 O^{2-} 位置，与 O^{2-} 一起参与晶格的构成，从而造成了 Co_2Z 晶体结构的复杂性。Ba^{2+} 可被离子半径较小的 Sr^{2+}（离子半径为 0.116nm）取代，在一定的取代范围内（材料组分为 $2CoO \cdot 3Ba_{1-x}Sr_xO \cdot 12Fe_2O_3$，$x \leqslant 0.5$ 时），Co_2Z 的磁导率随 Sr^{2+} 取代量的增加而增大，当 $x=0.5$ 时，磁导率达到最大。1GHz 时的品质因数为 3.9，是无取代材料品质因数的 3 倍，但进一步的取代将导致其磁导率下降。研究表明，以一定量的 Sr^{2+} 取代 Ba^{2+} 是提高 Co_2Z 铁氧体磁性能的有效途径。在 Co_2Y 中，适量 Sr^{2+} 取代 Ba^{2+} 可以加强超交换作用，增加起始磁导率。

2. Co^{2+} 的取代

Co^{2+} 是强磁性离子，在 Co_2Z 晶体中的存在是造成 Co_2Z 铁氧体具有复杂磁性能的原因。用 Zn^{2+}、Cu^{2+}、Fe^{2+}、Mn^{2+} 等弱磁性离子取代具有强磁性的 Co^{2+}，不仅可以增加 Co_2Z 的分子磁矩，促进低温下 Co_2Z 相的形成，改善和提高 Co_2Z 铁氧体的软磁性能，同时还可以节约稀缺的战略储备资源钴，降低 Co_2Z 铁氧体材料的使用成本。

在 Co_2Z 型六角晶系铁氧体材料 $Ba_3Co_{2-x}Zn_xFe_{24}O_{41}$（$0 \leqslant x \leqslant 2.0$）中，随着 Zn^{2+} 取代量的增加，Co_2Z 铁氧体的磁导率显著增大，$x=0$ 时磁导率为 4.0，$x=1.2$ 时，磁导率增大至 9.8，但进一步的取代将导致磁导率的显著下降。Co_2Y 型六角晶系铁氧体材料 $BaCo_{1.2-x}Zn_xCu_{0.8}Fe_{12}O_{22}$ 在 950℃烧结时，起始磁导率随 Zn^{2+} 含量增加而提高，同时截止频率降低；在 $x=0.9$ 时获得最佳电磁性能，起始磁导率为 6～7，截止频率为 2GHz。

在 Mn^{2+} 取代 Co^{2+} 对 Co_2Z 磁性能的影响的研究中发现，在一定的取代范围内，Mn^{2+} 取代 Co^{2+} 可促进晶粒的生长，较大的晶粒减小了磁畴转动和畴壁移动中的阻力，使材料呈现出较小矫顽力，从而使材料的磁损耗减小。同时由于 Mn^{2+} 的磁性比 Co^{2+} 小，Mn^{2+} 取代 Co^{2+} 后，减小了 Co_2Z 晶体的磁晶各向异性常数，提高了 Co_2Z 的饱和磁化强度，增大了材料的起始磁导率。在 Co_2Y 中发现微量的 Mn^{2+} 取代能够抑制 Fe^{3+}，改善介电性能。

3. Fe^{3+} 的取代

Fe^{3+} 是 Co_2Z 分子中数量最多的磁性离子，在取代 Ba^{2+}、Co^{2+} 等的同时，许多学者研究用 Mn^{2+}、Cr^{3+} 等取代 Fe^{3+} 对 Co_2Z 铁氧体电磁性能的影响。

在 $Ba_3Co_2Fe_{24-x}Mn_xO_{41}$（$0 \leqslant x < 0.1$）材料体系中，用 Mn^{2+} 取代 Fe^{3+}，在一定的取代范围内，Co_2Z 的起始磁导率随取代量 x 的增大而增大，介电常数随 x 的增大呈减小趋势，$x=0.02$、烧结温度为 1160℃、保温 6h 的 Co_2Z 材料，其起始磁导率达到最大，同时介电常数最小，随后更大量的取代将导致材料的介电常数增大，起始磁导率下降。

用 Cr^{3+} 取代 Fe^{3+} 可使材料的截止频率向高频方向移动，而且能提高取代后材料的起始磁导率。通过调节氧分压，可使材料在 400MHz 以前保持大约为 21 的相对起始磁导率。研究显示，Cr^{3+} 对 Fe^{3+} 的取代提高了材料的综合磁性能，展宽了 Co_2Z 铁氧体材料的使用频率。

9.4 铁氧体软磁材料的制备

目前工业上铁氧体软磁材料最常采用氧化物法制备。氧化物法又叫烧结法或陶瓷法，是在陶瓷的制备工艺上演变而来的，是应用最早、发展最成熟的铁氧体软磁材料的制备方法。

氧化物法是以氧化物为原料，经过图9.10所示的工艺流程制成铁氧体。首先将原材料按照一定的化学计量比混合球磨，然后对球磨后的粉末进行预烧（900～1100℃）。预烧的目的是初步形成铁氧体的晶格，这个过程伴随着浓度梯度导致的氧化物的互扩散，铁氧体晶格开始在颗粒表面形成。但是由于浓度梯度的减小和扩散距离的增加，新相阻碍了氧化物之间的继续扩散，需要对这些颗粒重新破碎，使颗粒内部的氧化物重新暴露。预烧还有一个作用是能够减少最终烧结过程的缩孔。之后，对预烧过的粉末进行二次球磨，球磨之后的颗粒大小会影响最终烧结的均匀性和微观结构，最优的颗粒尺寸通常在1μm或者更小。把二次球磨后的粉末与粘结剂混合压型，然后在相应的气氛和温度下烧结就可得到铁氧体。

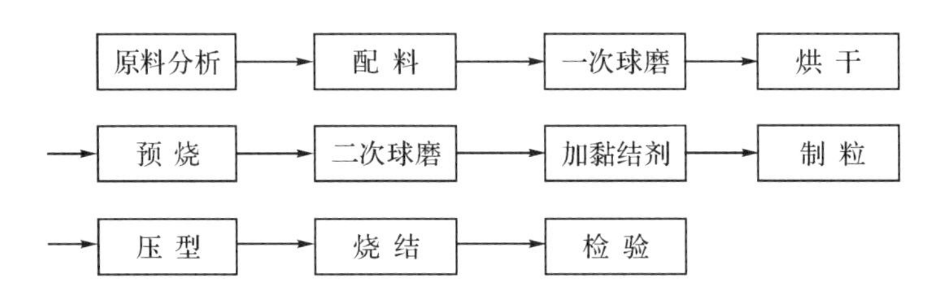

图9.10 软磁铁氧体制备的工艺流程

氧化物法原料便宜、工艺简单，是目前工业生产中的主要方法。但是由于原料活性差，会导致反应不完全，产率不够高。为了改善烧结工艺，添加烧结助剂如低熔点氧化物 Bi_2O_3 来实现低温液相烧结是常用的方法。

化学共沉淀法也常用来制备铁氧体软磁材料。化学共沉淀法是一种湿法生产铁氧体的制备方法，它与干法生产的主要区别在于粉料的制备，它通常的做法是将铁及其他金属盐按比例配好，在溶液状态中均匀混合，再用碱（如 NaOH、NH_4OH 等）或 $(NH_4)_2C_2O_4$、$(NH_4)_2CO_3$ 等盐类作沉淀剂，将所需要的多种金属离子共沉淀下来。沉淀剂的选择非常重要，早期采用 NaOH 作为沉淀剂，但由于沉淀物呈胶体状，Na^+ 很难除去，而残留的 Na^+ 对磁性影响又很大，导致密度、磁导率等降低。因此，目前大多采用铵盐，如 NH_4OH、$(NH_4)_2CO_3$ 等。

化学共沉淀法优点是：原料在粒子状态下进行混合，比机械混合更均匀；成分可以精确控制，计算成分较易；颗粒度可以根据反应条件进行控制，粒度分布较窄；化学活性好，可以在较低的烧结温度下进行充分的固相反应，得到较佳的显微结构。化学共沉淀法的缺点是：易出现分层沉淀，导致沉淀物的组成常偏离原始配方；粉料活性太大，烧结工艺难以控制；颗粒较细，成型困难；生产成本较氧化物工艺高。

此外，水热法、溶胶凝胶法和热分解法等也可以用来少量制备铁氧体软磁材料。尤其是在制备纳米颗粒铁氧体方面,具有独特的优势。

习　题

第9章拓展练习

9-1　常用铁氧体软磁材料有哪些？它们各有什么特点？分别有哪些应用？

9-2　如何提高铁氧体软磁材料综合磁性能？

参考文献

[1] KULIKOWSKI J. Soft magnetic ferrites-development or stagnation[J]. Journal of Magnetism and Magnetic Materials, 1984, 41(1-3): 56-62.

[2] 都有为.铁氧体[M].南京:江苏科学技术出版社,1996.

[3] KUMAR P S A, SHROTRI J J, DESHPANDE C E, et al. Systematic study of magnetic parameters of Ni-Zn ferrite synthesized by soft chemical approaches[J]. Journal of Applied Physics, 1997, 81(8): 4788-4790.

[4] RATH C, SAHU K K, ANAND S, et al. Preparation and characterization of nanosize Mn-Zn ferrite[J]. Journal of Magnetism and Magnetic Materials, 1999, 202(1): 77-84.

[5] WANG S F, WANG Y R, YANG T C K, et al. Densification and properties of fluxed sintered NiCuZn ferrites [J]. Journal of Magnetism and Magnetic Materials, 2000, 217(1-3):35-43.

[6] YU S H, YOSHIMURA M. Ferrite/metal composites fabricated by soft solution processing[J]. Advanced Functional Materials, 2002, 12(1): 9-15.

[7] MAEDA T, SUGIMOTO S, KAGOTANI T, et al. Effect of the soft/hard exchange interaction on natural resonance frequency and electromagnetic wave absorption of the rare earth-iron-boron compounds[J]. Journal of Magnetism and Magnetic Materials, 2004, 281(2-3): 195-205.

[8] QI X W, ZHOU J, YUE Z X, et al. A ferroelectric ferromagnetic composite material with significant permeability and permittivity[J]. Advanced Functional Materials, 2004, 14(9): 920-926.

[9] HAUMONT R, KREISEL J, BOUVIER P, et al. Phonon anomalies and the ferroelectric phase transition in multiferroic $BiFeO_3$ [J]. Physical Review B, 2006, 73(13): 4.

[10] 胡军.高磁导率 NiZn 铁氧体的低温烧结研究[D].杭州:浙江大学,2006.

[11] 赵娣.CuO 对 NiZn 铁氧体磁性能的影响[D].杭州:浙江大学,2006.

[12] JIANG J, YANG Y M. Facile synthesis of nanocrystalline spinel Ni Fe_2O_4 via a novel soft chemistry route[J]. Materials Letters, 2007, 61(21): 4276-4279.

[13] 王永明.锰锌铁氧体纳米粉体的烧结及掺杂性能研究[D].天津:河北工业大学,2007.

[14] KANG J S, KIM G, LEE H J, et al. Soft X-ray absorption spectroscopy and magnetic circular dichroism study of the valence and spin states in spinel MnFe (2)O(4)[J]. Physical Review B, 2008, 77(3): 5.

[15] SHOKROLLAHI H. Magnetic properties and densification of Manganese-Zinc soft ferrites ($Mn_{1-x}Zn_x Fe_2O_4$) doped with low melting point oxides[J]. Journal of Magnetism and Magnetic Materials, 2008, 320(3-4): 463-474.

[16] 贾利军.高频Z型六角铁氧体材料研究[D].成都:电子科技大学,2008.

[17] ROY D, KUMAR P S A. Enhancement of (BH)(max) in a hard-soft-ferrite nanocomposite using exchange spring mechanism [J]. Journal of Applied Physics, 2009, 106(7): 4.

[18] 孙科.两种高频功率转换用软磁铁氧体材料研究[D].成都:电子科技大学,2009.

[19] 王克强.Ni-Zn铁氧体粉的自蔓延高温合成及烧结研究[D].哈尔滨:哈尔滨工业大学,2010.

[20] 朱巍.高磁导率锰锌铁氧体的研发[D].杭州:杭州电子科技大学,2011.

[21] SHARIFI I, SHOKROLLAHI H. Nanostructural, magnetic and Mossbauer studies of nanosized $Co_{1-x}Zn_x Fe_2O_4$ synthesized by co-precipitation[J]. Journal of Magnetism and Magnetic Materials, 2012, 324(15): 2397-2403.

[22] 柴国志.异质结构软磁材料的高频磁特性研究[D].兰州:兰州大学,2012.

[23] 李国福.锰锌铁氧体的制备及其表征[D].昆明:昆明理工大学,2013.

[24] 王自敏.铁氧体生产工艺技术[M].重庆:重庆大学出版社,2013.

[25] 苏桦,唐晓莉,张怀武.软磁铁氧体器件设计及应用[M].北京:科学出版社,2014.

[26] 周琳.铁氧体/FeSiAl复合磁粉芯的制备与表征[D].杭州:中国计量大学,2014.

[27] ZHANG T, PENG X L, LI J, et al. Platelet-like hexagonal $SrFe_{12}O_{19}$ particles: Hydrothermal synthesis and their orientation in a magnetic field[J]. Journal of Magnetism and Magnetic Materials, 2016, 412: 102-106.

[28] LI J, PENG X L, YANG Y T, et al. Preparation and characterization of MnZn/FeSiAl soft magnetic composites[J]. Journal of Magnetism and Magnetic Materials, 2017, 426: 132-136.

[29] ZHANG T, PENG X L, LI J, et al. Structural, magnetic and electromagnetic properties of $SrFe_{12}O_{19}$ ferrite with particles aligned in a magnetic field[J]. Journal of Alloys Compounds, 2017, 690: 936-941.

[30] 杨潇斐.低损耗MnZn软磁铁氧体材料直流叠加特性研究[D].成都:电子科技大学,2018.

[31] 左洋.软磁铁氧体增强性能的共面式无线电能传输系统研究[D].南昌:南昌大学,2020.

[32] DOBAK S, BEATRICE C, TSAKALOUDI V, et al. Magnetic losses in soft

ferrites[J]. Magnetochemistry, 2022, 8(6): 60.
[33] DASTJERDI O D, SHOKROLLAHI H, MIRSHEKARI S. A review of synthesis, characterization, and magnetic properties of soft spinel ferrites[J]. Inorganic Chemistry Communications, 2023, 153: 110197.

第三部分

永磁材料

永磁材料是指被外加磁场磁化以后，除去外磁场，仍能保留较强磁性的一类材料。对永磁材料的基本要求有：

(1)剩余磁感应强度 B_r 要高；

(2)矫顽力 H_c 要高；

(3)最大磁能积 $(BH)_{max}$ 要高；

(4)从实用角度考虑，材料稳定性要高。

永磁材料种类多、用途广。现在所应用的永磁材料主要有：金属永磁材料，主要包括铝镍钴(Al-Ni-Co)系和铁铬钴(Fe-Cr-Co)系两类永磁合金；铁氧体永磁材料，这是一类以 Fe_2O_3 为主要组元的复合氧化物强磁材料，其电阻率高，特别适合在高频和微波领域应用；稀土系永磁材料，这是一类以稀土族元素和铁族元素为主要成分的金属间化合物，包括 $SmCo_5$ 系、Sm_2Co_{17} 系以及 Nd-Fe-B 系永磁材料，其磁能积高，应用领域广阔。

1880 年左右，人们首先采用碳钢制成了永磁材料，其最大磁能积 $(BH)_{max}$ 约为 1.6kJ/m^3。紧接着，人们又发现了钨钢、钴钢等金属永磁材料。1931 年以来，相继开发出铝镍铁(MK 钢)和铝镍钴(Al-Ni-Co)系磁钢。最初铝镍钴磁钢的最大磁能积 $(BH)_{max}$ 仅为 14.3kJ/m^3，人们对合金成分和工艺进行调整后，$(BH)_{max}$ 跃升到 39.8kJ/m^3。从此，铝镍钴磁钢在永磁材料中占据了主导地位，一直到 20 世纪 60 年代。

20 世纪 30 年代发现了铁氧体永磁材料，其原材料便宜，工艺简单，磁性能居中，$(BH)_{max}$ 可达 31.8kJ/m^3，价格低廉，因此在 70 年代得到迅速发展，其产量跃居第一位。与此同时，Fe-Cr-Co 永磁合金问世，改善了 Al-Ni-Co 合金机械性能差的问题，受到广泛重视。

20 世纪 60 年代 Sm-Co 系稀土永磁材料问世，80 年代 Nd-Fe-B 系稀土永磁材料问世，这是永磁材料领域一次革命性的变革。Nd-Fe-B 永磁体磁能积高达 460kJ/m^3，因此有“磁王”的美誉。

20 世纪 80 年代至今，稀土永磁材料又出现一些新的发展，交换耦合作用机制的纳米双相永磁材料和 RE-Fe-N 系永磁体的开发成为磁性材料领域的热门研究课题。

第10章 永磁材料性能参数

对永磁体最基本的要求是：一旦被磁化，其磁化应该具有难以失去的特性。永磁体被磁化到饱和以后，如果撤去外加磁场，在磁铁两个磁极之间的空隙中便产生恒定磁场，对外界提供有用的磁能。永磁体由外界储存的静磁能 U 可以表示为：

10-1 永磁材料概述

$$U=-\frac{1}{2}\int_{\text{永磁体}}\boldsymbol{B}\cdot\boldsymbol{H}\mathrm{d}V \tag{10.1}$$

式中，$\mathrm{d}V$ 为永磁体的体积元。显然，U 越大越好。然而，与此同时，磁铁本身将受到一退磁作用场的影响，退磁方向和原来外加磁化场的方向是相反的，因此永磁体的工作点将从剩磁点 B_r 移到磁滞回线的第二象限，即退磁曲线上的某一点上，如图10.1所示。图中，永磁体的实际工作点用 D 表示。由此可知，永磁材料性能的好坏，应该用退磁曲线上的有关物理量来表征，它们是剩磁 B_r、矫顽力 H_c、最大磁能积 $(BH)_{max}$ 等。此外，永磁材料在使用过程中其性能的稳定性，往往也是实际应用中所要考察的重要指标。

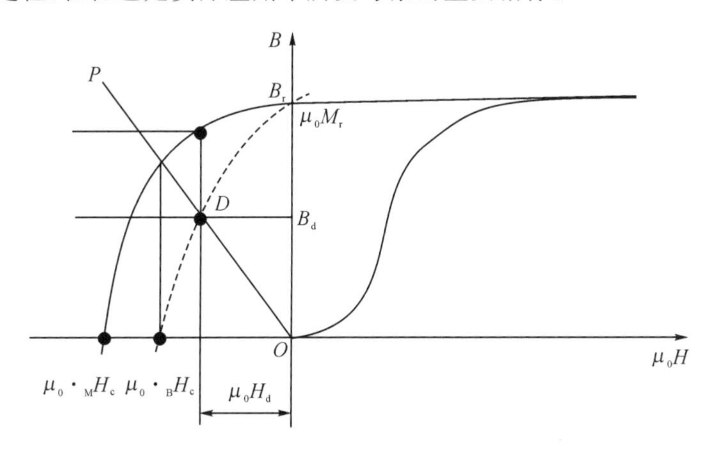

图10.1 永磁材料的磁化曲线和退磁曲线

10.1 剩磁

10-2 剩磁

磁性材料被磁化到饱和以后，当外磁场降为零时所剩的磁感应强度称为剩余磁感应强度，简称剩磁，用 B_r 表示。但是永磁体由于磁路中存在空隙，因此处于开路应用状态。在这种工作状态下，永磁体的工作点在退磁场作用下由 B_r 点移到 D 点时，永磁体所具有的剩磁已不再等于 B_r，而是应该等于 B_d。一般情况下，B_d 称为表观剩磁。

退磁曲线上，连接永磁体的工作点 D 和坐标原点 O 的连线 OP 称为开路磁导线，OP 的斜率称为磁导系数，表示为：

$$P=\frac{B_d}{\mu_0 H_d}=1-\frac{1}{N} \tag{10.2}$$

式中，N 为退磁因子。由于 N 与永磁体的形状有关，因此 P 值也是一个由永磁体形状所决定的量。例如，对于薄板磁体，即使被沿厚度方向磁化，由于 $N\approx1$，则 $P\approx0$，B_d 也几乎等于零，尽管是磁体，却难以发挥永磁体的功能；但是，对于部分的微小面积磁化，只要保证磁化方向在相对较长的方向，由于 N 较小，该微小部分依然可以发挥永磁体的功能。

对于提高永磁材料的剩磁 B_r，要求材料有高的饱和磁化强度 M_S，同时矩形比 B_r/B_S 应接近于 1。然而，饱和磁化强度是物质的固有属性，由材料的成分决定，要想通过改变成分来大幅度地提高材料的 M_S 是不可能的。因此对于成分基本给定的永磁材料，如何提高矩形比 B_r/B_S 是提高 B_r 的关键。根据目前永磁体生产的实践来看，提高 B_r/B_S 的基本途径有：

1. 定向结晶

在永磁合金经熔炼进行铸造时，设法控制铸件的冷却条件，冷却后可以得到不同的晶粒结构。冷却效果由冷却条件和材料双方决定，一般来说，快冷时会沿热流相反的方向生长出柱状晶，缓冷时形成等轴晶。如果控制热流向某一方向流动，则可以获得沿该方向相反方向结晶长大的柱状晶组织。柱状晶的磁性能往往介于单晶材料和普通等轴晶材料之间。这是由于，柱状晶晶粒长大方向往往就是它的易磁化方向。

例如，铝镍钴永磁合金可以通过采用这种方法使合金剩磁提高。

2. 塑性变形

多晶体金属材料经拔丝、轧板、挤压、压缩等产生塑性变形，由于晶粒转动等，晶粒的晶体学方位会发生一定程度的定向排列，称其为择优取向、织构等。这种由加工产生的定向排列组织称为加工组织或加工织构，加工织构由加工方法和材料双方决定。

例如，Fe-Cr-Co 系永磁合金在制作成薄板及细丝状永磁体时，可以通过塑性加工，使析出物产生变形织构而诱导磁各向异性。

3. 磁场成型

在永磁体加工成型过程中，通过施加外部磁场，使磁性颗粒的易磁化轴沿磁场方向取向，经高温烧结及回火以后，可以改善永磁体的矩形比特性，得到较高的剩磁 B_r。

4. 磁场处理

将材料放在外部磁场中进行热处理，可以控制热处理过程中铁磁性相颗粒的析出形态，并使磁矩沿磁场方向择优取向。

10.2 矫顽力

10-3 矫顽力

永磁材料的矫顽力 H_c 有两种定义：一种是使磁感应强度 $B=0$ 所需的磁场值，常用 ${}_BH_c$ 表示；另一种是使磁化强度 $M=0$ 所需的磁场值，常用 ${}_MH_c$ 表示。在比较不同永磁材料的磁性能或设计永磁磁路时不能混淆。根据退磁曲线特征和基本关系：

$$B=\mu_0(M+H) \tag{10.3}$$

可知，在磁滞回线的第二象限中，B-H 退磁曲线将位于 $\mu_0 M$-H 退磁曲线下方，即有：

$$|{}_{M}H_c| > |{}_{B}H_c| \tag{10.4}$$

两者之间的差别依赖于退磁曲线的特征。如果 $B_r \gg \mu_0 H_c$，两者将极为接近；如果 $B_r \approx \mu_0 H_c$，则两者可以相差很大。另外，由式(10.3)可知，当 $B=0$ 时，${}_{B}H_c = -M \leqslant M_r$，即 ${}_{B}H_c \leqslant M_r$，或 $\mu_0 \cdot {}_{B}H_c \leqslant B_r$。这就是说，${}_{B}H_c$ 的最高值不可能超过材料的剩磁值。

永磁体在磁化过程中，经历可逆的畴壁移动、不可逆的畴壁移动，经磁化转动最后达到饱和。材料的矫顽力主要由畴壁的不可逆移动和不可逆磁畴转动形成。永磁材料矫顽力的大小主要由各种因素(如磁各向异性掺杂、晶界等)对畴壁不可逆位移和磁畴不可逆转动的阻滞作用的大小决定。那么，提高材料的矫顽力 H_c，就应该从这两个方面着手。

10.2.1　磁畴的不可逆转动

有一些永磁材料是由许多铁磁性的微细颗粒和将这些颗粒彼此分隔开的非磁性或弱磁性基体组成的，这些铁磁性颗粒是如此之细小，以至于每一颗粒内部只包含一个磁畴，这种可以称为单畴颗粒。单畴颗粒得以存在的条件是其半径必须小于某一临界半径 r_c，对于单一磁化轴晶体，其临界半径 r_c 为：

$$r_c = \frac{9\gamma}{2\mu_0 M_S^2} \tag{10.5}$$

式中，γ 为材料内的畴壁能密度。

由于单畴颗粒不具有畴壁，因此磁化机制仅考虑磁畴旋转即可。磁畴内的磁化矢量要从一种取向转动到另一种取向，必须克服来自各种磁各向异性对转动的阻滞。在永磁合金中，常见的磁各向异性主要有三种，即磁晶各向异性、形状各向异性和应力各向异性。如果在由单畴颗粒所组成的大块永磁合金材料中，各单畴颗粒之间没有任何相互作用，而且磁畴内磁化矢量的转动属于一致转动，则材料的总矫顽力可以表示为：

$$H_c \approx a\frac{K_1}{\mu_0 M_S} + b(N_\perp - N_{/\!/})M_S + c\frac{\lambda_S \sigma}{\mu_0 M_S} \tag{10.6}$$

式中，右边的三项依次分别为磁晶各向异性、形状各向异性和应力各向异性的贡献，$N_\perp$ 和 $N_{/\!/}$ 是具有形状各向异性的颗粒沿短轴和长轴所对应的退磁因子，a、b、c 是和晶体结构颗粒取向分布有关的系数。从该式可以看出，对于高 M_S 的单畴材料，最好是通过形状各向异性来提高矫顽力，这时希望离子的细长比越大越好，以增大 $N_\perp - N_{/\!/}$ 值。对于具有高 K_1 和 λ_S 的材料，应该利用磁晶各向异性和应力各向异性来提高矫顽力。在单畴材料中，各单畴颗粒取向是否一致直接影响着 H_c 的大小，这一因素反映在系数 a、b、c 中。例如，当单畴颗粒取向完全一致时，$a=2$，$c=1$；而当单畴颗粒的取向呈混乱分布时，$a=0.64$(对于立方晶体，$K_1>1$)或 $a=0.96$(单轴晶体)，$c=0.48$。由此可知，在大块单畴材料中，当所有单畴颗粒的易磁化方向(长轴)完全平行排列时，材料永磁性能最高。

基于单磁畴微粒子的磁各向异性产生高矫顽力的重要永磁材料中，属于形状磁各向异性机制的有 Al-Ni-Co 合金、Fe-Cr-Co 合金(析出型)；属于晶体磁晶各向异性机制的有 $Nd_2Fe_{14}B$、钡铁氧体等。

10.2.2　畴壁的不可逆位移

永磁材料的反磁化过程如果由畴壁的不可逆位移所控制，则一般有两种情况：一种是反磁化时材料内部存在着磁化在反方向的磁畴，另一种是不存在这种反向畴。在永磁材料中，不可避免地会有各种晶体缺陷、杂质、晶界等，在这些区域内由于内应力或内退磁场的作用，磁化矢量很难改变取向，以至于当晶体中其他部分在外磁场饱和磁化以后，这部分的磁化方向仍沿着相反方向取向，因此，在反磁化时，它们就构成反磁化核。这些反磁化核在反磁场作用下将长大成反磁化畴，为畴壁移动准备了条件。在此情况下，要想得到高矫顽力，关键在于反向磁场必须大于大多数畴壁出现不可逆位移的临界磁场，而临界磁场的大小则依赖于各种因素对畴壁移动的阻滞。如果永磁体在反磁化开始时，根本不存在反磁化核，那么千方百计地阻止反磁化核的出现也是提高矫顽力的重要途径。

在早期发展起来的传统永磁材料中，对畴壁的不可逆位移产生阻滞的因素主要有内应力起伏、颗粒状或片状掺杂以及晶界等。为了提高矫顽力，最好是适当增大非磁性掺杂含量并控制其形状(最好是片状掺杂)和弥散度(使掺杂尺寸和畴壁宽度相近)，同时应选择高磁晶各向异性的材料；或是增加材料中内应力的起伏，同时选择高磁致伸缩材料。

在新近发展起来的一些高矫顽力永磁合金，如钕铁硼合金中，强烈的畴壁钉扎效应是造成高矫顽力的重要原因之一。所谓畴壁钉扎，是指在材料反磁化过程中，当反向磁场低于某一钉扎场时，畴壁基本上固定不动，只有当反向磁场超过钉扎场时，畴壁才能挣脱束缚，开始发生不可逆位移。因此，钉扎场就是畴壁突然离开钉扎位置而发生不可逆位移的反向磁场。晶体中各种点缺陷、位错、晶界、堆垛层错、相界等有关的局域性交换作用和局域各向异性起伏都可以是畴壁钉扎点的重要来源。因此，设法使材料中出现有效的钉扎中心，即形成合适的晶体缺陷，是在由畴壁钉扎控制矫顽力的材料中提高矫顽力的重要方向。

10.3 最大磁能积

10-4 最大磁能积

图 10.2 表示退磁曲线和该曲线对应的 B_d 和 H_d 的乘积曲线。当 $H_d=0$ 时，$B_dH_d=0$；同样，在曲线与 H 轴的交点处，$B_d=0$，也有 $B_dH_d=0$。在这两点之间

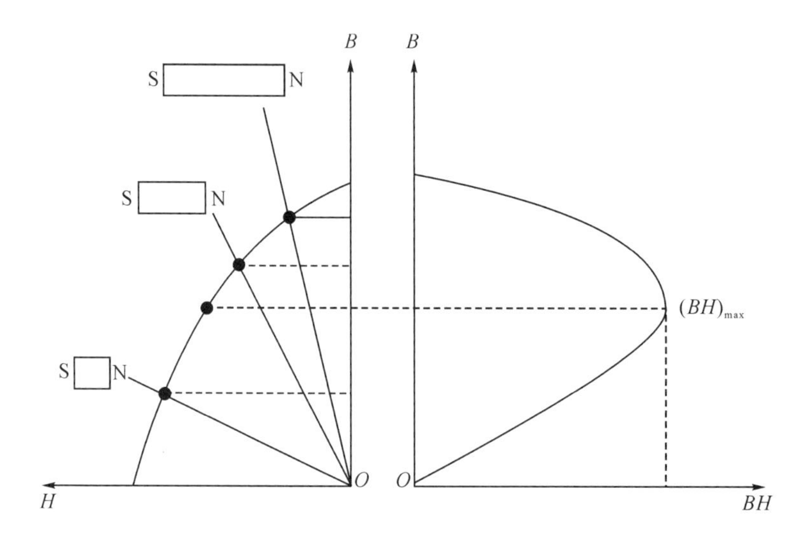

图 10.2 退磁曲线与最大磁能积 $(BH)_{max}$

$B_d H_d$ 存在最大值，称为最大磁能积$(BH)_{max}$。如果永磁体的尺寸比取$(BH)_{max}$的形状，则能保证该永磁体单位体积的磁场能最大。这样，就可以根据$(BH)_{max}$确定各种永磁体的最佳形状。在最佳形状下，再根据能获得磁场的大小来比较不同永磁体的强度。$(BH)_{max}$越高的永磁体，产生同样的磁场所需的体积越小；在相同体积下，$(BH)_{max}$越高的永磁体获得的磁场越强。因此，$(BH)_{max}$是评价永磁体强度的最主要指标。

在矩形磁滞回线中，若矫顽力${}_{M}H_c$充分大，则$(BH)_{max}$在数值上等于 $\mu_0 M_S$ 的1/2与其对应的磁场强度的乘积，即

$$(BH)_{max}=\frac{\mu_0 M_S}{2}\cdot\frac{M_S}{2}=\frac{\mu_0 M_S^2}{4} \tag{10.7}$$

式(10.7)描述的是理想条件下的永磁体，必须满足下面两个条件：

(1)剩余磁化强度 $M_r=M_S$，也就是说在永磁体内不能有空洞和其他非磁性相存在，而且永磁体的易磁化轴与所加外磁场方向完全一致；

(2)内禀矫顽力${}_{M}H_c \geqslant M_S/2$。

由(10.7)式可知，一种永磁材料只有具备足够高的内禀矫顽力${}_{M}H_c$和尽可能高的饱和磁化强度 M_S，才能使$(BH)_{max}$最大限度地接近其理论值。同时提高材料的内禀矫顽力和饱和磁化强度是提高永磁材料最大磁能积的最有效途径。

10.4　稳定性

10-5　稳定性

永磁体的稳定性是指它的有关磁性能在长时间使用过程中，受到温度、外磁场、冲击、振动等外界因素影响时保持不变的能力。材料稳定性的好坏直接关系到永磁体工作的可靠性，永磁材料的稳定性主要包括时间稳定性和温度稳定性。

永磁材料的时间稳定性是指在室温下放置引起的长期时效，它和永磁体材料自身的矫顽力和外形尺寸密切相关。一般来说，永磁材料的矫顽力越大，尺寸比越大，时间稳定性就越高。

永磁材料的温度稳定性是用来描述材料在外界温度变化下，仍能保持磁性能的能力。永磁材料的应用温度区间较宽，在某些特殊的环境条件下，永磁材料往往需要在－20～400℃温度范围内工作。所以在设计磁路时，必须考虑到磁铁磁性能随着温度的变化量。

材料的稳定性主要受材料的成分、外形尺寸、所处工作环境等多种因素的共同影响，其中最主要的是材料本身的物理化学性质。寻找化学成分稳定、物理性能优良的永磁材料对设计和制备高性能、高稳定性的永磁材料至关重要。

习　题

第10章拓展练习

10-1　永磁材料基本的性能要求有哪些？

10-3　如何提高永磁材料的剩磁 M_r？

10-3　简要概述两种不同的反磁化过程及其对矫顽力的贡献。

参考文献

[1] CULLITY B D. Introduction to Magnetic Materials[M]. London: Addison-Wesley Publishing Company, 1972.

[2] HERBST J F. $R_2Fe_{14}B$ materials-intrinsic-properties and technological aspects [J]. Reviews of Modern Physics, 1991, 63(4): 819-898.

[3] LESLIEPELECKY D L, RIEKE R D. Magnetic properties of nanostructured materials[J]. Chemistry of Materials, 1996, 8(8): 1770-1783.

[4] 田民波.磁性材料[M].北京:清华大学出版社,2001.

[5] TOMITA M, MURAKAMI M. High-temperature superconductor bulk magnets that can trap magnetic fields of over 17 tesla at 29K[J]. Nature, 2003, 421 (6922): 517-520.

[6] HUR N, PARK S, SHARMA P A, et al. Electric polarization reversal and memory in a multiferroic material induced by magnetic fields[J]. Nature, 2004, 429(6990): 392-395.

[7] ROSI N L, KIM J, EDDAOUDI M, et al. Rod packings and metal-organic frameworks constructed from rod-shaped secondary building units[J]. Journal of the American Chemical Society, 2005, 127(5): 1504-1518.

[8] SUN S H. Recent advances in chemical synthesis, self-assembly, and applications of FePt nanoparticles[J]. Advanced Materials, 2006, 18(4): 393-403.

[9] 严密,彭晓领.磁学基础与磁性材料[M].2版.杭州:浙江大学出版社,2019.

[10] FREY N A, PENG S, CHENG K, et al. Magnetic nanoparticles: synthesis, functionalization, and applications in bioimaging and magnetic energy storage [J]. Chemical Society Reviews, 2009, 38(9): 2532-2542.

[11] XIE T. Tunable polymer multi-shape memory effect[J]. Nature, 2010, 464 (7286): 267-270.

[12] GUTFLEISCH O, WILLARD M A, BRUCK E, et al. Magnetic materials and devices for the 21st century: Stronger, lighter, and more energy efficient[J]. Advanced Materials, 2011, 23(7): 821-842.

[13] 彭晓领,葛洪良,王新庆.磁性材料与磁测量[M].北京:化学工业出版社,2019.

[14] LI D, LI Y, PAN D, et al. Prospect and status of iron-based rare-earth-free permanent magnetic materials[J]. Journal of Magnetism and Magnetic Materials, 2019, 469: 535-44.

第11章

金属永磁材料

金属永磁材料是一大类发展和应用都较早的以铁和铁族元素为重要组元的合金型永磁材料，又称永磁合金。这一类合金发展始于20世纪初，并得到了广泛的应用和研究，在环保节能的新时代，永磁合金在机械能与电磁能量转换中发挥了重要的作用，利用其能量的转换功能和各种磁的物理效应，如磁共振效应、磁力效应、磁制冷效应、磁致伸缩效应、磁阻尼效应以及霍尔效应等，可将其制作成各种功能器件，并广泛应用于生活日常、工业生产、航空航天等领域。

金属永磁材料有很多，分类也多种多样：根据材料的成分不同，可以分为碳钢、铝镍钴系合金、稀土永磁合金等；按照制备工艺，可分为铸造型永磁、烧结型永磁和可加工型永磁；根据矫顽力机理的不同，又可以分为高应力型永磁、单畴型永磁、成核型永磁、钉扎型永磁；等等。永磁材料区别于其他磁性材料的一个重要特征是矫顽力相对较高。因此，根据形成高矫顽力的机理，可将永磁材料分为以下几类：淬火硬化型磁钢、析出硬化型磁钢、时效硬化型永磁合金、有序硬化型永磁合金和单畴微粉型永磁合金。

1. 淬火硬化型磁钢

这一类磁钢主要包括碳钢、钨钢、铬钢、钴钢和铝钢等。该类磁钢的矫顽力主要是通过高温淬火手段，把已经加工过的零件中的原始奥氏体组织转变为马氏体组织。淬火硬化型磁钢矫顽力和磁能积都比较低。现在，这类永磁体已很少使用。

11-1　淬火硬化型磁钢

2. 析出硬化型磁钢

这类永磁合金大致有以下三类：Fe-Cu系合金，主要用于铁簧继电器等方面；Fe-Co系合金，主要用于半固定装置的存储元件；还有一类就是Al-Ni-Co系合金。这其中又以铝镍钴永磁合金最为著名，它是金属永磁材料中最主要、应用最广泛的一类。

3. 时效硬化型永磁合金

时效硬化型永磁合金的矫顽力通过淬火、塑性变形和时效硬化的工艺获得。该类合金机械性能较好，可以通过冲压、轧制、车削等手段加工成各种带材、片材和板材等。

时效硬化型永磁合金可以分为以下几种：

(1)α-铁基合金，包括钴钼、铁钨钴和铁钼钴合金，其磁能积较低，一般用在电话接收机上。

(2)铁锰钛和铁钴钒合金。铁锰钛合金的磁性能相当于低钴钢，但不需要战略资源钴，经冷轧、回火处理后可进行切削、弯曲和冲压等加工，主要用于指南针和仪表零件等。

铁钴钒硬磁合金的成分范围为：50%～52%Co，10%～15%V，剩余为Fe。它是时效硬化永磁合金中性能较高的一种，磁能积大约在24～33kJ/m³。铁钴钒永磁合金可用于制造微型电机和录音机磁性零件。

(3)铜基合金,主要有铜镍铁(60%Cu-20%Ni-Fe)和铜镍钴(50%Cu-20%Ni-2.5%Co-Fe)两种。其磁能积约为6～15kJ/m^3,可用于测速仪和转速计。

(4)Fe-Cr-Co系永磁合金,是20世纪70年代发展起来的一种永磁材料,是当今主要应用的另一类金属硬磁合金。其基本成分为:20%～33%Cr,3%～25%Co,其余为Fe。通过改变组分含量,特别是Co含量,或添加其他元素如Ti等,可改善其永磁性能。通常添加的元素有Mo、Si、V、Nb、Ti、W和Cu等。

铁铬钴合金的永磁性能类似于中等性能的Al-Ni-Co永磁合金,但它可以进行锻造、轧制、拉拔、冲压等变形加工,还可以进行车削、钻孔、套扣等机械加工,从而制成管材、片材或线材等供特殊应用,这是铸造铝镍钴、永磁铁氧体和稀土永磁合金所不可比拟的。目前,铁铬钴合金已部分取代铝镍钴、铁镍铜、铁钴钒等合金用于扬声器、电度表、转速表、陀螺仪、空气滤波器和磁显示器等方面。

4. 有序硬化型永磁合金

这类永磁合金包括银锰铝、钴铂、铁铂、锰铝和锰铝碳合金。这类合金的显著特点是在高温下处于无序状态,经过适当的淬火和回火后,由无序相中析出弥散分布的有序相,从而提高合金矫顽力。

这类合金一般用来制造磁性弹簧、小型仪表元件和小型磁力马达的磁系统等。另外,铁铂合金具有强烈的耐腐蚀性,因而可用于化学工业的测量和调解腐蚀性液体的仪表中。

5. 单畴微粉型永磁合金

这类永磁主要是尺寸细小的铁粉或者铁钴粉、锰铋合金粉以及锰铝合金粉等。微粉一般是球状或者针状,尺寸大概在0.01～1μm。其高的矫顽力主要是由单畴颗粒磁矩的转动决定的。

不同金属永磁各自有不同的特点,如磁性能、机械加工性能、稳定性等,得到充分发展和研究的主要包括性能优异的Al-Ni-Co系铸造合金、易于加工的Fe-Cr-Co系合金、耐蚀的Fe-Pt系合金以及Mn-Bi系合金等。下面将分别介绍这几类主要的金属永磁材料。

11.1 Al-Ni-Co永磁合金

11-2 Al-Ni-Co永磁

Al-Ni-Co系金属永磁是在Al-Ni-Fe系合金的基础上发展起来的。1931年,日本的三岛德七发现了有着比淬火马氏体磁钢更优异磁性能的Fe_2AlNi合金。其主要成分为Fe、Ni和Al,另外还有Co、Cu或Mo、Ti等元素,有的经适当的热处理可得到各向同性的永磁合金,有的经磁场热处理或定向结晶处理可得到各向异性永磁合金。Fe_2AlNi合金经过长期的成分和工艺的改善,磁性能得到了大幅度的提高,逐渐形成了Al-Ni-Co系永磁合金。在很长的一段时间里(20世纪70年代),它几乎成了永磁体的代名词。即使在今日,面对廉价的铁氧体永磁材料,高性能的稀土永磁材料(如钴基稀土永磁和钕铁硼永磁)的强大挑战,Al-Ni-Co系永磁合金凭借着自身高的温度稳定性,仍然有着很重要的应用领域。

11.1.1 Al-Ni-Co合金相图

Al-Ni-Co合金相图与Fe-Ni-Al合金相图类似,但是各相存在的温度范围有所不同。

图 11.1为 Fe-Ni-Al 合金的三元合金室温相图。它是从 1300℃将合金以 10℃/h 的速度缓慢冷却到室温测得的。图中是结构为体心立方的固溶体,是富铁的强磁相,是以 Ni-Al 为基的面心立方固溶体,呈现弱磁性。此外,图中各个相区的大小和合金的冷却速度有关。

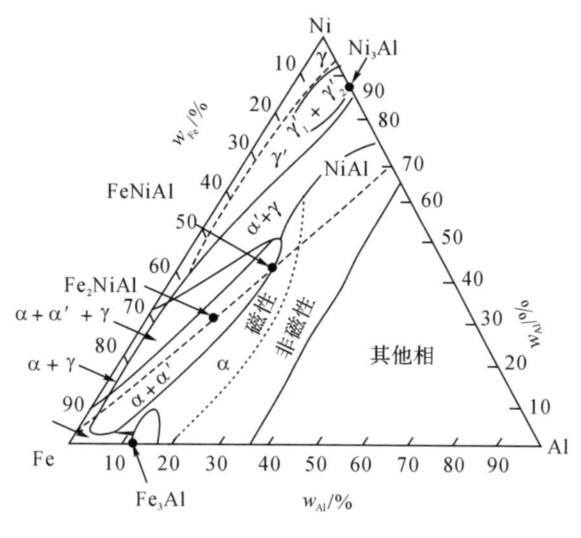

图 11.1 Fe-Ni-Al 合金相图

Al-Ni-Co 合金相图可以参考上图。由于钴的影响,高温 α 相转变 $\alpha_1+\alpha_2$ 的分解温度有所不同。在 Al-Ni-Co 合金中会添加少量的其他金属元素,α_1 相的主要成分是 Fe 和 Co,只含有少量的 Cu、Al、Ti 等元素,α_2 相则主要由 Ni、Al、Ti 组成,因此,前者是铁磁性相,后者是弱磁性相或者非磁性相。

高性能的 Al-Ni-Co 合金主要由上述的 α_1 和 α_2 两个晶格常数和成分不同的体心立方相组成。这种显微组织是通过热处理过程中,斯皮诺达(Spinodal)分解形成的。

$$(\text{Al-Ni-Co}) \rightleftharpoons \alpha_1(\text{Fe-Co}) + \alpha_2(\text{Ni-Al}) \tag{11.1}$$

其中 α_1(Fe-Co)为富集 Fe、Co 的强磁性相,而 α_2(Ni-Al)为富集 Ni、Al、Ti 的非磁性相。

Spinodal 分解的产物是细微而又分布均匀的两相,它们在空间成周期性排列。如果在分解过程中外加磁场,则可以改变磁性相的析出形态,有利于形成细长的单畴颗粒,这种具有形状各向异性的单畴颗粒对于提高永磁的磁性能,尤其是矫顽力具有重要作用。

铝镍钴合金虽然是多元合金,但是,我们从相关系来看,一般可以简单认为它是固态下具有可混间隙的伪二元合金。图 11.2 为这种伪二元合金的相关系,左侧是 FeCo 侧,右侧是 NiAl 侧。图中同时表明了合金居里温度 T_C 随成分变化的趋势,此外,图中实线为溶解度曲线,虚线为 Spinodal 曲线。高温 α 相冷却到实线以下时,开始析出 α_1 和 α_2 两相。合金在溶解度曲线和 Spinodal 曲线之间的区域退火时,新相的析出是通过形核长大过程进行的;合金在 Spinodal 曲线以下区域退火时,新相是经过 Spinodal 分解实现的。由形核长大过程形成的 α_1 相是一些大小不一和随机分布的微小颗粒,而由 Spinodal 分解形成得到的 α_1 相则是规则分布的棒状析出物。

11.1.2 Al-Ni-Co 合金的制备

根据生产工艺不同分为烧结铝镍钴和铸造铝镍钴。铸造工艺可以加工生产不同尺寸和

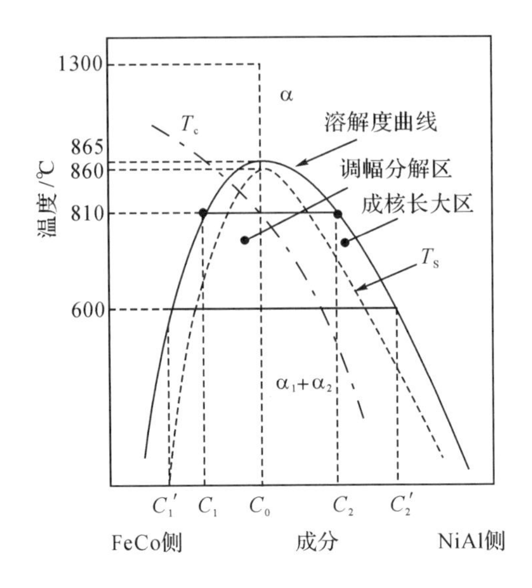

图 11.2 铝镍钴(Al-Ni-Co8)合金相图

形状的产品;与铸造工艺相比,烧结产品局限于小的尺寸,其生产出来的毛坯尺寸公差比铸造产品毛坯要好,磁性能要略低于铸造产品,但可加工性要好。

1. 铸造铝镍钴合金制备

铝镍钴合金的硬度高,很难加工,因此多以铸造磁钢制品的形式出现。铝镍钴合金制品基本上都由熔化铸造工艺制取,熔化采用高频感应炉。在铝镍钴的铸造工艺中采用热流控制的定向凝固技术,可以得到晶粒轴沿[100]方向的柱状晶,而该方向正好与立方点阵金属的易磁化轴相一致。对铸造后的铝镍钴系磁钢,在1000~1300℃温度,经数十分钟固溶处理,可使合金元素均匀化。经固溶处理后,形成单相固溶体(α)相。再经过适当的磁场热处理,如式(11.1)所示,单相α固溶体会分解出α_1(体心立方铁磁性相)和α_2(体心立方非磁性相)。外加磁场的存在,使具有形状各向异性的铁磁性单畴粒子沿磁场方向在非磁性α_2相中整齐排列。若再经600℃、10h的时效处理,两相间的化学成分浓度差会进一步增加。图11.3为各向异性铝镍钴合金制备工艺流程。

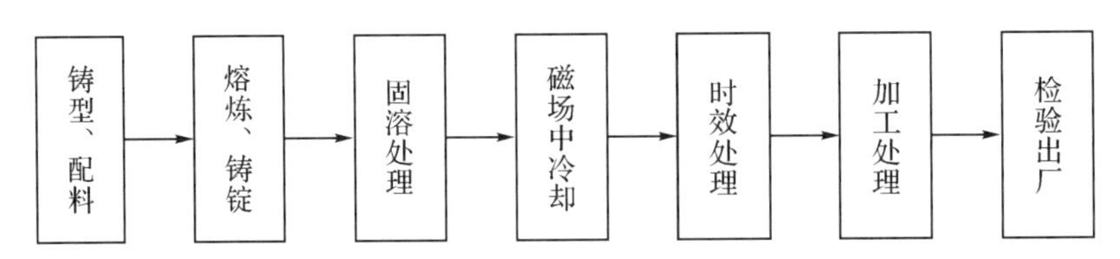

图 11.3 各向异性铝镍钴永磁体的制备工艺流程

Al-Ni-Co系合金性能优良,但也存在以下缺点:

(1)合金硬脆,不宜制造尺寸精确、形状复杂的磁体;

(2)含Al多,易氧化,成分不准,且流动性差,易出现气孔,使密度降低,存在内部局域的退磁场;

(3)原材料的利用率不是接近100%。

2. 烧结铝镍钴合金

运用粉末冶金的方法制备 Al-Ni-Co 合金，即烧结型 Al-Ni-Co 合金。工艺流程如图 11.4 所示。

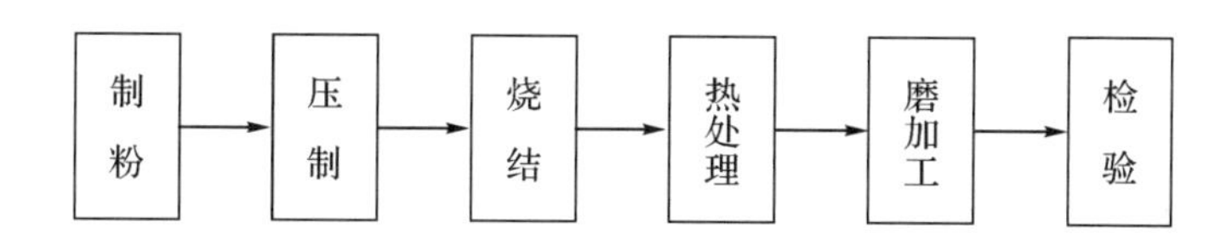

图 11.4　烧结型 Al-Ni-Co 合金工艺流程

1）制粉

制粉主要有以下三种方式：

（1）采用铸造型 Al-Ni-Co 合金粉碎制粉；

（2）利用纯金属粉 Al、Ni、Co、Fe、Cu 等，但是纯金属粉末易氧化，且合金易偏析变形；

（3）先制备中间合金 Fe-Al、Fe-Ni，成粉后再加其他金属粉末。中间合金粉末占 10％～30％。

2）压制

采用双向模压。

3）烧结

将粉末烧结成单相固溶体。烧结程度常用合金的电阻率和密度来衡量。一般在 1250℃左右烧结，这时合金密度最高，电阻率最低。

4）热处理

和铸造铝镍钴合金一样，进行磁场热处理。烧结铝镍钴磁体特性如下：

（1）矫顽力 H_c 和铸造型差不多，密度较低，剩磁也较低；

（2）可以制成复合磁体，如将磁体和纯铁烧在一起，构成按设计要求的磁路；

（3）可以加工，通常是先预烧到 700℃冷却后，进行加工处理，加工好后再继续烧结。

11.1.3　Al-Ni-Co 合金的磁性能

铝镍钴系磁铁的优点是剩磁高、温度系数低。在剩磁温度系数为－0.02％/℃时，最高使用温度可达 550℃左右。缺点是矫顽力非常低（通常小于 160kA/m），退磁曲线为非线性。因此铝镍钴磁铁虽然容易被磁化，但也容易退磁。

铝镍钴合金发展至今，已有几十年的历史，合金的磁性能也得到了不断提高和改善，主要原因可以归结为以下三个方面：

（1）改变合金成分，主要是指调整合金中钴的含量，添加少量其他元素，如钛、铜、铌等。

（2）优化热处理工艺，主要是指磁场冷却和等温磁场热处理的应用。

（3）控制结晶方向，制造柱状晶合金。

下面分别从以上三个方面进行详细说明。

1. 合金成分的影响

对于任何材料来说，首先就是保证原料的纯度。同样对于铝镍钴合金来说，应尽量避免对磁性能有害的元素，如碳、磷、硫、锰等。

(1)Co 对合金的影响。Co 是铝镍钴永磁合金中最重要的组分之一。在铁镍铝合金中添加钴,可以调高合金的饱和磁化强度和居里温度,同时还可以大大降低临界冷却速率。使合金具有最佳磁性能的临界冷却速率降低,这不仅对制造大块永磁体十分有利,而且使铝镍钴合金通过磁场热处理以产生更好的永磁性能有了可能。

(2)Ti 对合金的影响。合金中加入钛,可以细化晶粒,消除碳等杂质的危害,改善合金各向异性,提高矫顽力,但是钛的添加会引起一定程度的剩磁下降,如图 11.5 所示。研究指出,钛是扩大 α 相区的元素,在高温区,钛能抑制和延缓 $\alpha \to \alpha + \gamma$ 的转变,同时有利于 $\alpha \to \alpha_1 + \alpha_2$ 的分解,使合金矫顽力提高。

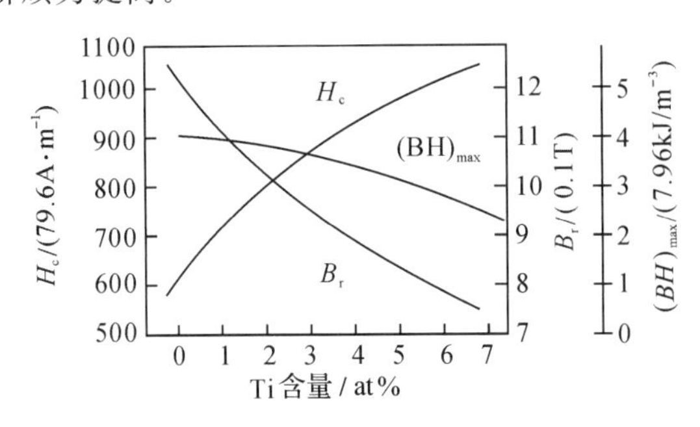

图 11.5 Ti 含量对 Al-Ni-Co5 合金磁性能的影响

(3)S 对合金的影响。在 Al-Ni-Co 合金中加入 0.5at%以下的 S,有利于产生可塑性较大的硫化物,可降低合金的脆性,提高强度和磨加工性能。在合金中加 0.1at%~0.2at%的 S 可以促进柱状晶长大。S 超过 0.2at%则磁性能下降。

(4)Nb 对合金的影响。在合金中添加 0.3at%~0.8at%Nb 时,矫顽力提高,剩磁稍微有些下降,磁能积增加。而当 Nb 的含量过高时,磁性能下降,如图 11.6 所示。

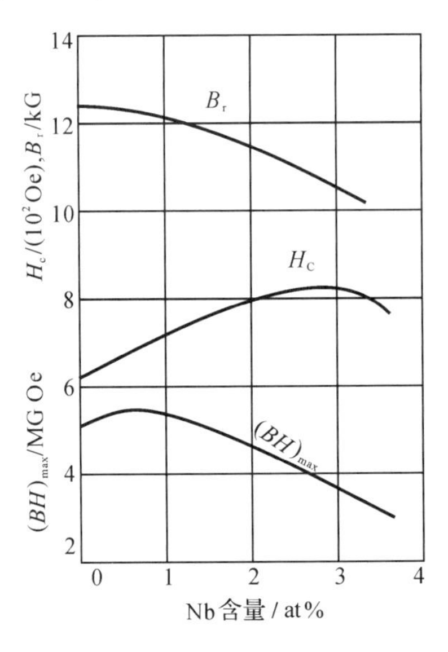

图 11.6 Nb 含量对 Al-Ni-Co5 合金磁性能的影响

(5)Si 对合金的影响。在 Al-Ni-Co5 合金中加入少于 1at%的 Si 时,可以抑制相的析出,延缓相分解,降低临界冷速,改善淬透性。在 Al-Ni-Co5 合金的生产中,加入适量硅,可以有效降低凝固温度，有利于柱状晶的生长，提高磁性能。

(6)B对合金的影响。Al-Ni-Co5合金中加入0.05at%B时，可以使合金中的氧化物(Al_2O_3、FeO、NiO、CoO及CuO)等部分脱氧，与B结合生成B_2O_3而挥发掉，抑制Al_2O_3的形成，使得合金的密度和磁性能提高。

(7)Te对合金的影响。在柱状晶Al-Ni-Co8合金中加入0.5at%～3.0at%Te可以促进柱状晶长大。

(8)Hf对合金的影响。在Al-Ni-Co8合金中加入0.5 at%Hf，可以消除钛使合金晶粒细化带来的不利影响。

(9)Bi对合金的影响。在Al-Ni-Co8合金中加入0.13 at%Bi，可以促进柱状晶的形成。

2. 热处理工艺的影响

铝镍钴经熔炼、铸造后，必须进行热处理才能发展永磁性能。热处理通常包括三个阶段，即固溶处理、磁场冷却或等温磁场处理和回火处理。

1)固溶处理

在合金铸造过程中，由于冷却速率一般不可能得到严格控制，在室温组织中不可避免地会包含对磁性能有害的γ相，因此固溶处理的目的是重新将永磁体加热到高温，使其成为均匀的单相组织α相。固溶处理的温度视合金的成分而定，处理时间视磁体的尺寸而定，一般为15～30分钟。

2)磁场冷却或等温磁场处理

铝镍钴合金在固溶处理后必须控制好冷却速率。对于磁晶各向异性的永磁体，需要根据Co、Ti的含量来分别采用磁场冷却或者等温磁场处理，此外在相可能出现的相区内，需提高冷却速率以抑制γ相的出现。

3)回火处理

铝镍钴合金在经过固溶处理和磁场处理后，还必须在较低的温度(约600℃)下进行回火处理，一般根据实际情况选择回火温度和回火时间。生产中常采用多级回火制度，如对于Al-Ni-Co5合金，可以采用620℃ 2h、580℃ 3h、550℃ 6h的三级回火方式，进一步提高矫顽力和磁能积。

3. 定向结晶工艺的影响

铝镍钴合金的组织由富铁、钴的强磁性α相和弱磁性的基体相α'组成。由于α相的易磁化方向是[100]，沿该方向的磁性能比其他方向高，如果合金中绝大多数晶粒的[100]取向统一朝着某一方向，则合金的剩磁将会大大提高。此外，铝镍钴合金在[100]方向上有着最好的热传导性能，因此，可以采用一些比较特殊的铸造方法，如高温铸型法、区域融化法等，使得材料沿着[100]方向结晶，这样就可以获得具有择优取向的柱状晶材料。

图11.7是生产中最常用的高温铸型法热模示意图。其底部为通冷却水的铁板或者铜板，上面放置一个由高铝质耐火材料制成的铸型。铸型需要在铸造前加热到1300℃或者更高，铸造时将其从加热炉中取出放在冷却水金属板上，同时，其四周需要采取一定的保温措施，随后将高于合金熔点200℃以上的合金溶液注入铸型中，铸型顶部有一个较大的冒口，盛有多余的溶液。在这种客观条件下，溶液的结晶只能是由下而上有规律地进行，最后便形成晶粒沿着[100]方向择优取向的柱状晶。

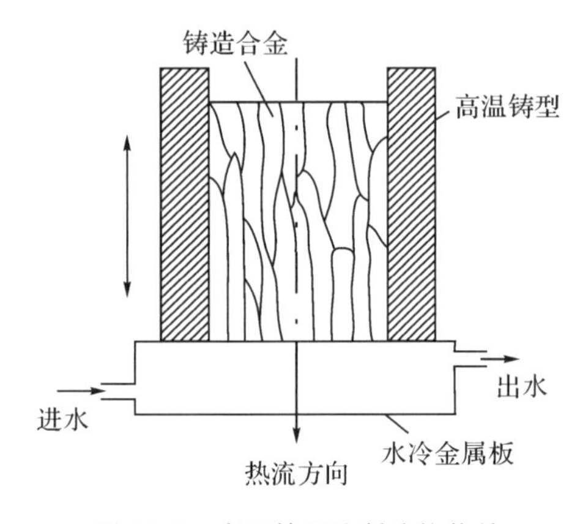

图 11.7　高温铸型法制造柱状晶

表 11.1 和表 11.2 给出了典型铸造 Al-Ni-Co 永磁合金和烧结 Al-Ni-Co 永磁合金的主要性能。

表 11.1　铸造 Al-Ni-Co 铝镍钴永磁合金的磁性能

MMPA 分类	剩磁 B_r	矫顽力 H_c	最大磁能积 $(BH)_{max}$	居里温度 T_C	工作温度 T_w	剩磁温度系数 $\alpha(B_r)$
	$mT \cdot Gs^{-1}$	$kA \cdot m^{-1} \cdot Oe^{-1}$	$kJ \cdot m^{-3} \cdot MGOe^{-1}$	℃	℃	$\% \cdot ℃^{-1}$
	典型值	典型值	典型值	典型值	典型值	典型值
Al-Ni-Co3	600/6000	40/500	10/1.25	750	550	−0.02
	600/6000	44/550	10/1.25	750	550	−0.02
Al-Ni-Co2	700/7000	44/550	12/1.50	800～850	550	−0.02
	680/6800	48/600	13/1.63	800～850	550	−0.02
Al-Ni-Co4	800/8000	48/600	16/2.00	800～850	550	−0.02
	900/9000	48/600	18/2.25	800～850	550	−0.02
Al-Ni-Co5	1200/12000	48/600	37/4.63	800～850	550	−0.02
	1230/12300	48/600	40/5.00	800～850	550	−0.02
	1250/12500	52/650	44/5.50	800～850	550	−0.02
Al-Ni-Co5DG	1280/12800	56/700	48/6.00	800～850	550	−0.02
	1300/13000	56/700	52/6.50	800～850	550	−0.02
Al-Ni-Co 5～7	1300/13000	58/720	56/7.00	800～850	550	−0.02
	1330/13300	60/750	60/7.50	800～850	550	−0.02
Al-Ni-Co6	1000/10000	56/700	28/3.50	800～850	550	−0.02
	1100/11000	56/700	30/3.75	800～850	550	−0.02
Al-Ni-Co8	580/5800	80/1000	18/2.25	800～850	550	−0.02
	800/8000	100/1250	32/4.00	800～850	550	−0.02
	800/8000	110/1380	38/4.75	800～850	550	−0.02
	850/8500	115/1450	44/5.50	800～850	550	−0.02

续表

MMPA 分类	剩磁 B_r	矫顽力 H_c	最大磁能积 $(BH)_{max}$	居里温度 T_C	工作温度 T_w	剩磁温度系数 $\alpha(B_r)$
	$mT \cdot Gs^{-1}$	$kA \cdot m^{-1} \cdot Oe^{-1}$	$kJ \cdot m^{-3} \cdot MGOe^{-1}$	℃	℃	$\% \cdot ℃^{-1}$
	典型值	典型值	典型值	典型值	典型值	典型值
Al-Ni-Co8HE	900/9000	120/1500	48/6.00	800～850	550	−0.02
Al-Ni-Co9	900/9000	110/1380	60/7.50	800～850	550	−0.02
	1050/10500	112/1400	72/9.00	800～850	550	−0.02
	1080/10800	120/1500	80/10.00	800～850	550	−0.02
	1100/11000	115/1450	88/11.00	800～850	550	−0.02
	1150/11500	118/1480	96/12.00	800～850	550	−0.02
Al-Ni-Co8HC	700/7000	140/1750	36/4.50	800～850	550	−0.02
	800/8000	145/1820	48/6.00	800～850	550	−0.02
	850/8500	140/1750	52/6.50	800～850	550	−0.02

表 11.2　烧结 Al-Ni-Co 永磁合金的磁性能

MMPA 分类	剩磁 B_r	矫顽力 H_c	最大磁能积 $(BH)_{max}$	居里温度 T_C	工作温度 T_w	剩磁温度系数 $\alpha(B_r)$
	$mT \cdot Gs^{-1}$	$kA \cdot m^{-1} \cdot Oe^{-1}$	$kJ \cdot m^{-3} \cdot MGOe^{-1}$	℃	℃	$\% \cdot ℃^{-1}$
	典型值	典型值	典型值	典型值	典型值	典型值
S. Al-Ni-Co3	500/5000	40/500	8/1.00	760	450	−0.022
S. Al-Ni-Co2	700/7000	48/600	12/1.50	810	450	−0.014
S. Al-Ni-Co7	600/6000	90/1130	18/2.20	860	450	−0.02
S. Al-Ni-Co5	1200/12000	48/600	34/4.25	890	450	−0.016
S. Al-Ni-Co6	1050/10500	56/700	28/3.50	850	450	−0.02
S. Al-Ni-Co8	800/8000	120/1500	38/4.75	850	450	−0.02
S. Al-Ni-Co8	880/8800	120/1500	42/5.25	820	450	−0.02
S. Al-Ni-Co8HC	700/7000	140/1750	33/4.13	850	450	−0.025

11.2　Fe-Cr-Co 永磁合金

11-3　Fe-Cr-Co 永磁

Fe-Cr-Co 合金是根据 Spinodal 分解理论在 Fe-Cr 二元合金的基础上加 Co 发展起来的。其永磁性能相当于中等性能的 Al-Ni-Co 系合金，但是机械性能较好，易于加工，在一些特定的应用场合，Fe-Cr-Co 永磁合金具有其他磁性材料不可替代的地位。一般来说，Fe-Cr-Co 合金的基本成分为 3～25%Co、20～33%Cr、Fe，并添加 Mo、Si、V、Nb、Ti、W、Cu 等元素。

11.2.1 Fe-Cr-Co 合金相图

铁铬钴三元合金靠 Fe-Cr 的一侧的成分在高温下有一均匀的 α 单相区(α 为体心立方相)。当合金从高温 α 相区淬火到室温时,便可以形成均匀的过饱和固溶体 α。和铝镍钴永磁合金一样,如果将这种合金进行适当的热处理,便可以通过 Spinodal 分解使得 α 相转变为周期性排列的 α_1 相和 α_2 相。其中 α_1 是富 Fe、Co 相,是强磁性相;而 α_2 是富 Cr 相,是非磁性或者弱磁性相。在磁场作用下,也可以使 α 相成为细长形状的颗粒。Fe-Cr-Co 合金的矫顽力正是来源于这些单畴颗粒的形状各向异性,以及畴壁的钉扎作用。

图 11.8 为含钴量为 15%的 Fe-Cr-Co 合金相图的垂直截面,可以看出,如果合金热处理不当,将会在合金的室温组织中出现 γ 相和 σ 相。

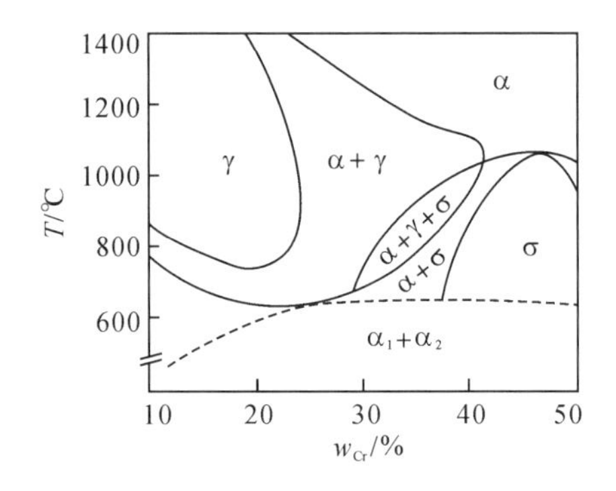

图 11.8 含 15% Co 的 Fe-Cr-Co 合金相图的垂直截面

实践证明,这两相的存在将会严重影响合金磁性的提高,特别是 σ 相,它的存在不仅会影响合金的磁性能,更会使得合金的加工性能恶化。为此,人们在制造含钴量为 23%左右的铁铬钴合金时,为了避免合金中出现 σ 相而影响加工,热轧必须在 1050～1300℃ 的温度范围内进行,冷轧后必须将合金加热到 1300℃ 以上进行固溶处理,随后淬入冰水中。此外,发现 Fe-Cr-Co 合金的相图对少量添加元素,如 V、Ti、Mo、Zr、Nb 等十分敏感,并可以通过调整成分来避免 γ 相和 σ 相的出现。

11.2.2 Fe-Cr-Co 合金的制备

Fe-Cr-Co 合金发展至今已有几十年历史,其生产工艺已经比较成熟而且相对固定。制备 Fe-Cr-Co 合金的一般过程如下:合金感应或者电弧熔炼并浇注成铸锭,随后冷轧或者热轧成需要的形状,然后在 900～1300℃ 温度下固溶处理,固溶处理的温度要根据合金的成分确定,特别是当 Co 含量较高时,固溶温度要相应提高。固溶处理后,淬火到室温。最后通过形变时效或者磁场时效制备各向异性的磁体。

具体工艺流程如图 11.9 所示。

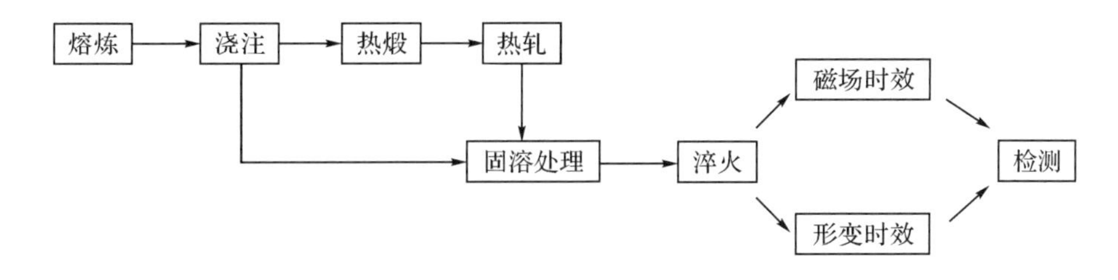

图 11.9　Fe-Cr-Co 合金制备工艺流程

11.2.3　Fe-Cr-Co 合金的磁性能

铁铬钴有永磁中的变形金刚之称，这是该磁性材料的优点所在，容易金属加工，拉丝和拉管是其他永磁材料所不能与之相比的优势。虽然铁铬钴磁性能仅与中等性能的 Al-Ni-Co 系合金相当，但其居里温度较高（$T_C \approx 680℃$），使用温度较高（可达 400℃），可逆温度系数很小。同时，磁体可平面八极充磁、平面多极充磁，特别适宜制作形状复杂尺寸要求细小、微薄的永磁元件，可用于电话机、转速仪、微电机、微型继电器、扬声器等。

表 11.3 列举了一些不同成分 Fe-Cr-Co 合金的磁性能。

表 11.3　不同成分 Fe-Cr-Co 合金的磁性能

成分(余为 Fe)/%					B_r/T	H_c/(10^4 A · m^{-1})	$(BH)_{max}$/(kJ · m^{-3})	工艺特点
Cr	Co	Mo	Ti	Cu				
32	3	—	—	—	1.29	3.57	32	磁场处理，回火处理
30	5	—	—	—	1.34	4.20	42	磁场处理，回火处理
26	10	—	1.5	—	1.44	4.70	54	磁场处理，回火处理
33	11.5	—	—	2	1.15	6.05	50	形变时效
22	15	—	1.5	—	1.56	5.09	66	磁场处理，回火处理
33	16	—	—	2	1.29	7.00	65	形变时效
24	15	3	1.0	—	1.54	6.68	76	柱状晶，磁场处理，回火处理
33	23	—	—	2	1.30	8.60	78	形变时效

Fe-Cr-Co 永磁合金作为可加工型磁钢，在其特定的领域有着重要的应用，很长时间以来，人们对其的研究也比较透彻，影响其磁性能的主要因素可以简单归结如下。

1. 添加元素的影响

Fe-Cr-Co 合金对于少量元素非常敏感，图 11.10 给出了含有 15%Co 的 Fe-Cr-Co-V 和 Fe-Cr-Co-V-Ti 合金在不同 V 和 Ti 含量时相图的变化。从图(a)可以看出，由于合金含有 3%V 的缘故，γ 相区已经左移了（<17%Cr）；图(b)是再添加 2%Ti 的情况，这时 α+γ 和 α+σ 两个相区不再相连。因此，对于含 Cr 量大致为 22%～23.5%的合金来说，从高温冷却到室温的过程中不可能再出现 σ 相和 γ 相，这样就可以大大简化合金热处理工艺；图(c)是添加 5%V 的情况，由于 α+γ 相区的左移，高温 α 单相区大大扩展了。

2. 热处理工艺的影响

磁场热处理是获得各向异性 Fe-Cr-Co 合金的重要手段，方法和铝镍钴合金中采用的一

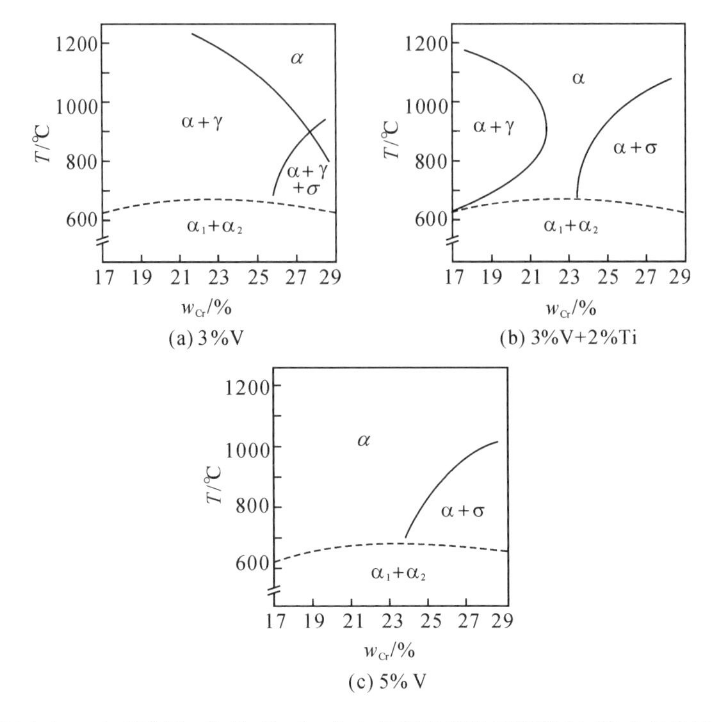

图 11.10 含 15%Co 的 Fe-Cr-Co 合金相图垂直截面随着 V、Ti 含量的变化

样。固溶处理温度的选择应该视合金的成分而定。例如，对 24%Cr-10%Co-1%Si-Fe 合金，可以取 900～1000℃；对于 24%Cr-12%Co-1%Si-Fe 合金，则需要提高温度到 1100～1200℃；当含 Co 量达到 23～25%时，则需要进一步提高温度到 1300℃以上才能保证通过固溶处理使合金具有均匀的相单相组织。等温磁场处理温度一般在 610～650℃，时间约为 0.5～1.5h，磁场为 2000～3000Oe，应根据合金成分不同而稍做调整。对于 α_1 相从高温一直延伸到 600℃左右的合金，也可以采用磁场冷却的方法，不过得调整冷却速度，最后的回火处理大多采用多级回火制度，温度一般在磁场热处理温度以下至 540℃。

3. 塑性变形工艺的影响

通过形变时效处理工艺使得铁铬钴合金成为各向异性永磁体。但是，这种特殊的工艺仅适用于 Co 含量较低(5%～11%)的合金。它首先将合金从高于 α 分解为 $\alpha_1+\alpha_2$ 相的温度，以一定的速率冷却，这个时候合金中富 Fe、Co 的 α_1 相颗粒成球状析出，然后在某一温度使合金单畴变形(如拉拔)，结果在合金塑性变形过程中，球状的 α_1 相颗粒也随之变形延伸，最后将材料以一定的冷却速率冷却到室温。以上的单畴变形过程同样也可以在室温下进行，但是最后要进行退火处理。

11.3 Fe-Pt 永磁合金

11-4 有序硬化型永磁合金

Fe-Pt 永磁合金由于其良好的应用前景受到人们的广泛关注。在块体材料方面，Fe-Pt 合金具有良好的永磁性能、非常优良的耐磨性以及耐腐蚀性，使得其在微电机械和医疗器械领域具有良好的应用前景。在薄膜方面，Fe-Pt 合金

饱和磁矩高,磁晶各向异性强,并且抗氧化性强,因此是一种极具发展前景的永磁薄膜材料。此外,将 Fe-Pt 合金与氧化物或氢化物等进行纳米复合改性可以获得矫顽力高、磁绝缘好的纳米晶结构,这使得它在未来的超高密度磁记录领域具有良好的应用前景。目前的 Fe-Pt 合金的研究工作主要集中在纳米晶材料的微细结构,软、硬磁双相的交换耦合作用机理,以及不同的制备工艺和各种元素的添加对合金磁性能的影响。

11.3.1 Fe-Pt 合金相图

图 11.11 是 Fe-Pt 二元合金的平衡相图。从图中可以看出,Fe、Pt 能够形成 Fe_3Pt、FePt 和 $FePt_3$ 三种化合物。当 Fe 与 Pt 原子比在 1∶3 左右时,形成的 $FePt_3$ 在有序状态时有反铁磁性,无序状态时有铁磁性。当 Fe 与 Pt 原子比在 1∶1 左右时,形成的 FePt 在高温下呈无序的 A_1-FePt 相(面心立方结构, fcc),Fe 原子和 Pt 原子随机占据 fcc 晶格格点,晶格参数为 a=0.3877nm;低温下呈有序的 $L1_0$-FePt 相(面心四方结构,fct),Fe 原子和 Pt 原子依次占据(001)面的晶格格点,晶格参数为 a=0.3905nm,c=0.3735nm。当 Fe 与 Pt 原子比在 3∶1左右时,形成有序 $L1_2$-Fe_3Pt 相,该相表现出铁磁性,具有高饱和磁化强度。

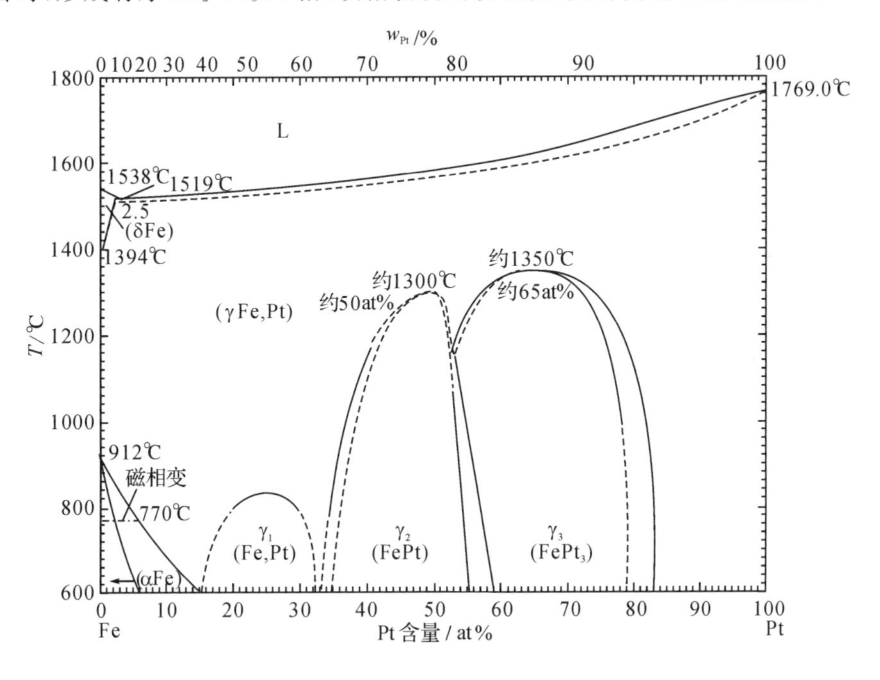

图 11.11 Fe-Pt 合金平衡相图

无序、有序 Fe-Pt 晶体结构如图 11.12 所示。$L1_0$-FePt 相磁晶各向异性常数非常大,为单轴易磁化,其易磁化方向为 c 轴[001]方向。在这种有序结构中,Pt 原子中的 5d 电子轨道和 Fe 原子中处于高极化态的 3d 电子轨道发生很强的杂化,晶格场的对称性和自旋-轨道耦合作用决定了其具有大的磁晶各向异性能($K_U \approx 7\times10^7$ erg/cm^3)。此外,$L1_0$-FePt 相还具有高饱和磁化强度、高矫顽力、极小的超顺磁极限颗粒尺寸(它允许的最小晶粒尺寸为 3nm 左右,约为 Co 基合金的三分之一)、较高的居里温度(T_C=480℃)以及优异的化学稳定性等优点。综合上述优点,Fe-Pt 纳米颗粒可能成为最理想的超高密度的信息存储材料。

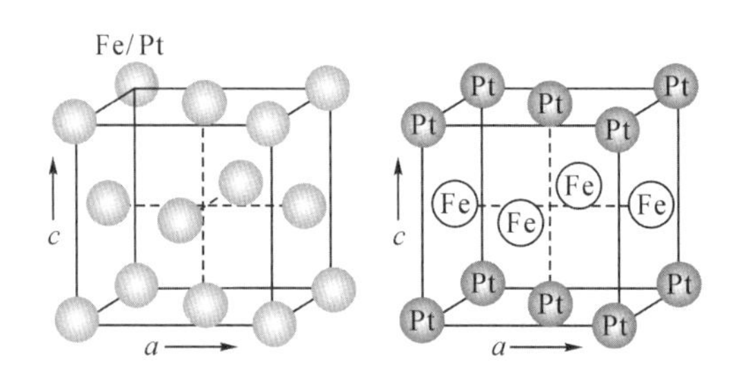

(a)无序 A_1-FePt (b)有序 $L1_0$-FePt

图 11.12 Fe-Pt 合金的晶体结构

11.3.2 Fe-Pt 合金的制备

对 Fe-Pt 合金永磁材料制备的研究目前主要集中在对块体和薄膜材料的研究上，以下对这两方面的制备工艺分别予以介绍。

块体 Fe-Pt 合金采用高纯度的铁和铂(纯度不低于 99.9%)作为原料，为了防止被氧化，将氩气作为保护气体在真空电弧炉内进行熔炼，然后将熔炼所得的液态合金浇铸成适当形状的块体合金。浇铸合金在氩气保护下再进行高温均匀化处理，其温度一般为 1373～1598K，之后以水为介质淬火。最后试样在一定温度下低温退火，退火温度根据不同需要选定，一般为 773～1073K。

目前 Fe/Pt 薄膜的主要制备方法有磁控溅射法、真空电弧离子法、机械冷变形法和化学合成法等。

采用磁控溅射法制备纳米结构的 Fe/Pt 薄膜，然后利用退火获得各向同性的纳米晶 Fe/Pt 永磁薄膜。其具体工艺及典型的参数为：溅射用的 Fe 靶和 Pt 靶的纯度高于 99.9at%，基片为表面抛光的钛片。然后放入真空室，达到本底真空。溅射时样品室中通入高纯氩气，其氩气压约为 0.16Pa。在溅射过程中，粘附基片的水冷板始终通水冷却。用高能离子轰击清洗试样表面，然后沉积 Fe，再沉积 Pt，以 1nm/s 的速度间隔溅射一层 Fe，一层 Pt。每层膜的厚度由溅射时间控制，以调整 Fe/Pt 薄膜的成分。最后溅射的 Fe/Pt 多层膜在氩气气氛中进行 350～650℃、5～30min 的退火处理。

采用真空电弧离子镀技术，在玻璃基片上沉积 Fe/Pt 薄膜。其具体工艺及典型参数为：制备 Fe/Pt 磁性薄膜用的是纯 Fe 靶和纯 Pt 靶，它们的纯度均高于 99.99at%，靶基距为 90mm。基片经金属清洗液清洗后，再用乙醇进行超声波清洗，然后用水冲洗，烘干后置于基片架上。溅射室本底真空度为 1.9×10^{-2}Pa，加热至 160℃后停止，通入纯度为 99.99%的高纯氩气，溅射室内气压保持在 2.5～5Pa，偏压为 550V，先对试样辉光清洗 5～10min，然后将偏压转到镀膜档(220V)，引弧 3min，停 5min(让弧源冷却)。如此反复 3～5 次，即可得到沉积态薄膜。Fe 靶和 Pt 靶电弧蒸发源交替进行沉积 Fe 膜与 Pt 膜。通过控制沉积时间来控制膜层厚度。对沉积态薄膜在氩气气氛下进行热处理，氩气流量为 500mL/min。热处理后，所制得的薄膜表面均匀无裂缝。

机械冷变形法一般可以用来制备高质量的纳米金属。将传统的机械变形技术(如冷拉、挤压等)经过工艺改进，可用于制备新型纳米材料。其具体工艺和典型参数为：初始 Fe/Pt

金属薄片通过循环碾轧形成多层的复合膜层。为了使Fe和Pt中的应力释放，将多层复合膜层置于密闭的真空石英管内，然后在真空炉中退火。退火温度为500℃，高于Fe和Pt在多层膜结构中的互扩散起始温度。

用化学合成方法制备Fe/Pt薄膜，其具体工艺及典型参数为：首先将197mg的乙酰丙酮合铂、390mg的1,2-十六烷二醇和20mL的二辛醚放入100mL的三口烧瓶中，加热到100℃，充分溶解后向其中加入0.16mL的油酸、0.17mL的油胺和0.13mL的羰基铁，再加热到回流温度297℃，并在此温度保持30min，然后冷却。为了避免铁被氧化，在整个制备过程中，需用氮气保护。将得到的产物经过多次离心分离，把最后制得的产物溶于己烷中。向产物中加入一定量的油酸和油胺，将处于自由状态的纳米粒子表面改性，嫁接具有功能团的有机分子，制成一定浓度的有机溶液，再均匀分散在反极性液体表面，在液面上形成均匀分散的混合单分子层，经挤压、排列和完成分子振动取向后，使纳米粒子在混合单分子层内达到规则排列。随后将液面上的混合单分子层转移到经过处理的玻璃基底上，这样就制备出高密度有序排列的磁性纳米粒子单层膜和多层膜。

11.3.3 Fe-Pt合金的磁性能

$L1_0$-FePt永磁合金的磁性能特点是：高磁晶各向异性常数（约7×10^7 erg/cm^3）、高磁晶各向异性场（约116kOe）、高饱和磁化强度（约1140emu/cm^3）和较高的居里温度（约480℃）。通过添加元素和适当的热处理工艺可以对Fe-Pt永磁合金的性能进行调节。

1. 添加元素的影响

在Fe-Pt合金中添加其他的合金化元素，制成新成分的永磁合金，也可有效改善Fe-Pt永磁合金的磁性能，目前这方面的研究主要集中在添加Nb、Ti、Ag、Al、W、Ta、Zr、Ir、Cu、Sn、Pb、Sb、Bi、Si等元素上。

添加元素对磁性能的影响在块体材料和薄膜材料中有所不同。在制备用于高密度磁记录材料的Fe-Pt合金薄膜时添加第三元素，主要是想获得一定晶体学取向的$L1_0$有序结构，调整和控制平均晶粒尺寸，以提高合金的磁晶各向异性和磁记录密度，减小磁记录过程中的噪声；在制备Fe-Pt永磁合金薄膜时添加第三元素，主要是为了增强交换耦合作用，提高其永磁性能；在制备Fe-Pt合金块体材料时添加第三元素，主要是为了细化晶粒，增强交换耦合作用和提高矫顽力，同时使磁体具备较高的抗氧化性能，以满足制造高性能的永磁合金材料的需要。

不同的添加元素在合金中所起到的作用也不同。加入W、Ti和Ag的主要作用是减小退火合金薄膜的晶粒尺寸，同时降低薄膜的矫顽力，从而有利于提高薄膜的磁记录密度。Nb、Ti、Zr和Al元素在有序的FePt相中的固溶度很低，它们大多聚集成尺寸为微米量级以下的球状颗粒，这些颗粒阻碍了磁畴壁的移动，导致磁畴壁钉扎，而且能够控制晶粒的生长尺寸，提高有序γ_1相的形核率，从而提高合金的硬磁性能。这些添加元素中，原子半径越小，所形成的合金的硬磁性能也越好。Ag、Ir的加入对晶粒的定向生长有很大影响。添加Ag和Ir并结合适当温度的退火处理可以增强$L1_0$-FePt相沿[001]方向生长，从而获得垂直的磁晶各向异性和较高的矫顽力795kA/m(10kOe)。Cu、Ag、Sn、Pb、Sb和Bi的加入则可置换Fe-Pt合金中的Fe原子，有利于晶粒的生长和合金熔点的降低。这些添加元素本身具有低的表面自由能和固溶度，从而使得合金中原子的扩散能力得到很大提高，增强了有序化转变的动力，使合金的无序-有序相转变的起始温度降低。

2. 热处理工艺的影响

热处理工艺对合金的磁性能有很大的影响，通过对退火温度和时间等工艺参数的控制和改进，可以有效控制合金的微结构，从而改善合金的综合磁性能。退火温度对 Fe-Pt 合金硬磁相析出、晶粒生长大小和晶粒的无序-有序相变有很大影响。退火温度过低，合金硬磁相析出不充分，无序-有序相转变没有完成，交换耦合作用弱，合金主要表现出软磁特征；退火温度过高，虽然合金硬磁相已经完全析出，无序-有序相转变完成，但是会造成晶粒过度长大，减弱交换耦合作用，影响合金的磁性能。

退火时间的选择一方面要保证合金硬磁相充分析出，得到最佳永磁性能，另一方面要防止晶粒过度长大，降低交换耦合作用。对 Fe-Pt 永磁合金，硬磁相的磁晶各向异性常数 K 和退火时间有密切联系，各向异性常数 K 随着退火时间的增加而增大。退火时间很短时，硬磁性 γ_1 相虽然形成，但不完善，Fe、Pt 原子有序化程度比较低，K 很小；随着退火时间的增加，晶粒长大，γ_1 相中原子有序化程度增加，K 也增大，硬磁相的各向异性显著增强。Fe-Pt 合金的这种特性与其他永磁体有很大的不同。对其他永磁体，如 $Nd_2Fe_{14}B$ 等一系列交换耦合磁体，磁晶各向异性常数 K 被认为是硬磁相的固有特性，一般为常量，不随退火时间的变化而变化。

11.4 Mn-Bi 永磁合金

金属间化合物 MnBi 的铁磁性首先被 Heusler 在 1904 年预言，在 1905 年被确认。它是非磁性元素合成的铁磁性物质，并且具有很好的磁性能，因此吸引了许多科研人员对其进行研究。由锰和铋按一定比例化合而成的锰铋合金具有优良的磁性。Mn-Bi 合金的低温相具有良好的单轴磁晶各向异性，而高温淬火相具有优异的磁光特性，在永磁材料和磁记录材料方面具有很好的应用前景。一般情况下，Mn-Bi 合金包含 Bi 相和 Mn-Bi 低温相，其中 Mn-Bi 低温相是铁磁性的，是 Mn-Bi 合金磁特性的来源。Nd-Fe-B 和 Sm-Fe-N 都具有较大的负矫顽力温度系数，限制了磁体在较高温度的应用。而 Mn-Bi 低温相具有正的矫顽力温度系数以及较好的磁性能，尤其在高温领域其磁性能超过了 Nd-Fe-B。

11.4.1 Mn-Bi 合金相图

Mn-Bi 合金的相图如图 11.13 所示。由图可见，Mn-Bi 合金共晶成分为 Bi-0.72%Mn，共晶点温度为 262℃。Mn-Bi 合金反应过程中，若反应温度在 355℃以下，固态的 Mn 元素和 Bi 熔体直接反应生成低温相(low temperature phase, LTP)，liq. +(Mn)s ⟶ MnBi；若反应温度在 355℃以上，固态 Mn 和 Bi 金属熔体通过包晶反应形成 $Mn_{1.08}Bi$，称为高温相(high temperature phase, HTP)，liq. +(Mn)s ⟶ $Mn_{1.08}Bi$；合金冷却到 340℃时，$Mn_{1.08}Bi$ 相发生顺磁-铁磁转变，同时成分发生微小变化，形成热力学稳定的金属间化合物 Mn-Bi 低温相，$Mn_{1.08}Bi$ ⟶ MnBi+Mn；如果 $Mn_{1.08}Bi$ 相淬火，则不形成铁磁性 Mn-Bi 低温相，而是形成一种亚稳态的高温淬火相(quenched high temperature phase, QHTP)经过适当的热处理可以转变为稳定的 Mn-Bi 低温相；当合金由室温加热至 355℃时，Mn-Bi 低温相发生铁

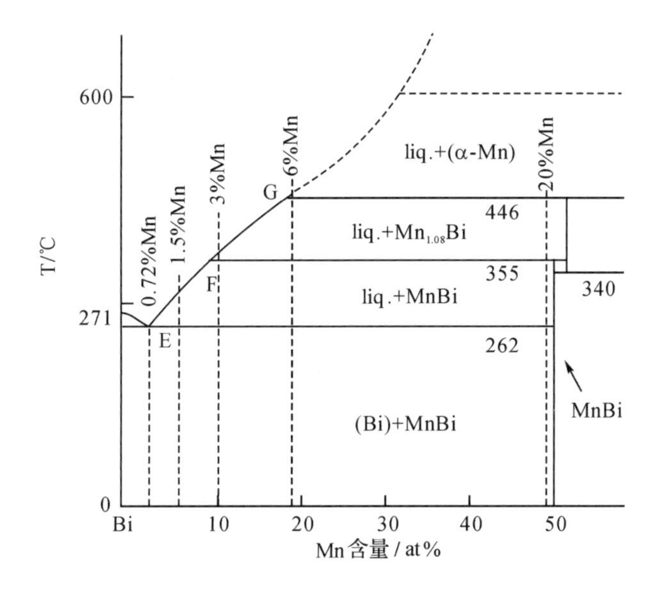

图 11.13 Mn-Bi 合金的部分相图

磁-顺磁转变，同时成分发生微小变化，形成 $Mn_{1.08}Bi$ 高温相，$MnBi \longrightarrow Mn_{1.08}Bi + Bi$。

Mn-Bi 合金可以呈现不同的相结构，不同相的晶体结构和性能参数如表 11.4 所示。从表中可看出，在室温下只有低温相(LTP)和高温淬火相(QHTP)具有铁磁性，因此，这两相长期以来备受关注。

表 11.4 Mn-Bi 合金中不同相的晶体结构和性能参数

晶体相	晶体结构	晶格常数/(10^{-10} m)			T_C，K
		a	*b*	*c*	
LTP	hex. P63/mmc	4.29		6.126	628(355℃) 铁磁
HTP	hex. P63/mmc	4.28		6.00	460(187℃) 顺磁
QHTP	ortho. P2221 或 P63/mmc	4.344 4.34	7.505	5.959 5.97	440(167℃) 铁磁
NP 或 HC	hex. P63/mmc	4.32		5.83	240(−33℃) 铁磁
Mn_3Bi	hex. $R\bar{3}m$	4.49		19.97	—

11.4.2 Mn-Bi 合金的制备

制备 Mn-Bi 永磁体的方法有很多，但直到目前仍没有获得纯低温相的单相合金的简单又有效的办法。由 Mn-Bi 二元合金相结构可知，低温相(LTP)与高温相(HTP)和新相(NP)十分接近，这使形成单相合金的难度增加。制备低温相 Mn-Bi 永磁合金难度大还因为该相是经包晶反应而形成的，总有其他相的存在，极难制备单相合金。Mn、Bi 的熔点分别是 1519K 和 544K，两者熔点差别大。另外，Mn-Bi 合金的包晶反应温度为 719K，在此温度下 Mn 容易偏析出来。Mn-Bi 永磁合金的制备方法主要包括混合烧结法、定向凝固法、磁场取向凝固法和机械合金化法等。

混合烧结法是 Mn-Bi 合金的传统制备方法。该方法将 Mn、Bi 单质颗粒混合(一般是按分子式 Mn-Bi 配料，原子比为 1∶1)，在低于包晶反应的某个温度下进行烧结，以获得永磁 Mn-Bi 合金。该方法最后得到的合金中低温相的含量很低，而且其中含有许多的起始原料 Mn 和 Bi 相，因此样品磁性能不佳。这主要是因为在 Mn-Bi 合金中 Mn 的扩散很慢，致使一开始反应时在 Mn-Bi 界面最先形成的 Mn-Bi 合金阻碍了此反应的继续进行。

20 世纪 70 年代后期，国外开始应用定向凝固技术制备共晶 Bi/Mn-Bi 磁性功能复合材料。通过采用定向凝固技术并控制 Bi/Mn-Bi 共晶合金的凝固过程，使磁性相呈纤维状定向均匀分布于 Bi 基体中，且高度弥散的 Mn-Bi 纤维的生长方向与其易磁化轴方向一致，满足了各向异性永磁材料中磁性相的晶体学从优生长方向必须与易磁化轴方向一致的基本条件，从而使该材料具有较好的各向异性和磁性。

近年来利用磁场取向凝固技术来制备 Mn-Bi 合金的研究越来越多。磁场对材料结晶凝固组织有影响，利用磁场可控制材料的结晶凝固过程，形成结构和性能具有各向异性的材料。Mn-Bi 化合物在 355℃发生铁磁-顺磁转变，在 446℃完全分解。为提高 Mn-Bi 低温相的含量，相关研究多采用过共晶成分的 Mn-Bi 合金。将 Mn-Bi 过共晶合金加热至液固两相区内低于 Mn-Bi 的居里温度，此时铁磁性的 Mn-Bi 晶体被已熔化的 Bi/MnBi 共晶合金液体包围，很容易在磁场中取向，获得具有织构的 Mn-Bi 合金，从而提高合金的永磁性能。

机械合金化高能球磨技术可用来制备常规条件下难于合成的许多新型亚稳态材料，如非晶、准晶、纳米晶和过饱和固溶体等。高能球磨过程中在合金粉末中引入大量的应变、缺陷等，使得合金化过程不同于普通的固态反应过程，有望提高低温相的含量。将 Mn 粉和 Bi 粉按照 MnBi 配料并且在氩气保护条件下球磨，球磨一定时间后，混合粉末的饱和磁化强度会很快增大并达到最大值。

另外，近期研究结果表明，利用快淬及热处理工艺也有望提高具有铁磁性的低温相的含量。

11.4.3 Mn-Bi 合金磁体的性能

通过不同制备方法及工艺获得的 Mn-Bi 合金的磁性能不尽相同。

采用传统粉末烧结法，将纯度高于 99.99%的 Mn 和 Bi 金属(粉末)以 55∶45 的比例混合，以 392MPa($4000kg/cm^2$)的压力在模具中成型为柱状混合金属粉末坯体。将坯体在氩气气氛中烧结 1～10h，烧结温度为 1000℃，之后冷却到室温。烧结后获得的合金中含有高于 60%的 Mn-Bi 低温相。经研磨、分离后，低温相的含量在 90%左右。用树脂作粘结剂，经过磁场成型制成各向异性粘结磁体。该粘结磁体在室温和 400K 时的磁能积分别高达 $61.3kJ/m^3$(7.7MGOe)和 $37kJ/m^3$(4.6MGOe)。

采用球磨技术制备出室温下矫顽力最高的样品，室温下内禀矫顽力高达 $1345kJ/m^3$(16.9kOe)，饱和磁化强度为 0.155T(1.55kGs)。

对经快淬、热处理后的合金再进行球磨，当球磨时间为 10h 时合金的矫顽力达到最大值，并且合金的矫顽力随温度的上升而增高，280℃时达到最大值 2054kA/m(25.8kOe)。

对于同一种制备方法，不同的工艺参数或合金成分也会对磁体的最终性能造成重要的影响。除了热处理温度和时间是影响 Mn-Bi 合金磁体性能的关键因素外，合金成分也是影响磁体性能的一个重要因素。因为在 Mn-Bi 合金中只有特定的成分相才是具有铁磁性的。在实际生产过程中，还需要考虑到 Mn 在 Mn-Bi 合金中的扩散很慢以及偏析等问题。要想提高具有铁磁性的低温相 Mn-Bi 的含量以提高合金的磁性能，就应该合理设计 Mn-Bi 合金的合金成分。

当采用定向凝固技术制备 Mn-Bi 合金时，凝固生长速度和温度梯度等主要凝固参数也会对材料的组织和性能产生影响。而对于磁场取向凝固技术，磁场的大小也是一个影响因素。另外，采用先进的工艺手段是提高 Mn-Bi 合金性能的关键，如快淬及热处理工艺。应用快淬法可有效降低或消除接近 Mn-Bi 低温相成分的合金在冷却时发生 Mn 的偏析，从而提高磁体性能。

MnBi 在 Bi 基体中的排列情况对 Mn-Bi 合金磁特性有重大影响。在 Bi 基体中控制 Mn-Bi 低温相的微观结构从而改善 Mn-Bi 合金的磁特性是科研工作者十分关注的课题。利用 Bridgeman-Stockbarger 法，通过改善制备工艺和控制适当的凝固条件已经实现 Mn-Bi 合金的定向凝固；随着强磁场技术的发展，可通过磁场影响 Mn-Bi 合金的微观组织。另外，在 Mn-Bi 磁特性研究上，Mn-Bi 低温相在低温区的磁行为也一直是科研工作者感兴趣的课题。

习　　题

第 11 章拓展练习

11-1　常用的金属永磁材料有几种类型？它们各有什么特点？

11-2　概述 Al-Ni-Co 合金永磁性能的来源。

11-3　如何提高 Al-Ni-Co 永磁合金的矫顽力？

11-4　简述 Fe-Cr-Co 永磁合金的磁性能特点。

11-5　概述 Mn-Bi 合金不同相的磁性能。

11-6　简述 Fe-Pt 合金永磁性能的来源。

参考文献

[1] HUTTEN A, HANDSTEIN A, ECKERT D, et al. Giant magnetoresistance in pseudo-binary bulk alloys[J]. IEEE Transactions on Magnetics, 1996, 32(5): 4695-4697.

[2] ROTENBERG E, THEIS W, HORN K, et al. Quasicrystalline valence bands in decagonal AlNiCo[J]. Nature, 2000, 406(6796): 602-605.

[3] GENG D Y, ZHANG Z D, ZHANG W S, et al. Al_2O_3 coated alpha-Fe solid solution nanocapsules prepared by arc discharge[J]. Scripta Materialia, 2003, 48(5): 593-598.

[4] TONEY M F, LEE W Y, HEDSTROM J A, et al. Thickness and growth

temperature dependence of structure and magnetism in FePt thin films[J]. Journal of Applied Physics, 2003, 93(12): 9902-9907.

[5] STAUNTON J B, OSTANIN S, RAZEE S S A, et al. Temperature dependent magnetic anisotropy in metallic magnets from an ab initio electronic structure theory: L1(0)-ordered FePt[J]. Physical Review Letters, 2004, 93(25): 4.

[6] SUI Y C, SKOMSKI R, SORGE K D, et al. Nanotube magnetism[J]. Applied Physics Letters, 2004, 84(9): 1525-1527.

[7] SELLMYER D J, LIU Y, SHINDO D. Handbook of advanced magnetic materials: 先进磁性材料手册[M]. Beijing: Tsinghua University Press, 2005.

[8] YAMAMOTO S, MORIMOTO Y, ONO T, et al. Magnetically superior and easy to handle L1(0)-FePt nanocrystals[J]. Applied Physics Letters, 2005, 87(3): 3.

[9] 刘永生. 磁场诱导 MnBi 体系的磁各向异性与自旋重取向相变研究[D]. 上海:上海大学, 2005.

[10] ANTONIAK C, LINDNER J, SPASOVA M, et al. Enhanced orbital magnetism in $Fe_{50}Pt_{50}$ nanoparticles[J]. Physical Review Letters, 2006, 97(11): 4.

[11] ZHANG B H, LU G, FENG Y, et al. Electromagnetic and microwave absorption properties of Alnico powder composites[J]. Journal of Magnetism and Magnetic Materials, 2006, 299(1): 205-210.

[12] WEISHEIT M, FAHLER S, MARTY A, et al. Electric field-induced modification of magnetism in thin-film ferromagnets[J]. Science, 2007, 315(5810): 349-351.

[13] 张桂彬. FeCrCo 和 NdFeB 永磁材料辐照效应研究[D]. 哈尔滨:哈尔滨工业大学,2007.

[14] KANG K, YOON W S, PARK S, et al. Unusual Lattice-Magnetism Connections in MnBi Nanorods[J]. Advanced Functional Materials, 2009, 19(7): 1100-1105.

[15] KAHAL L, FERHAT M. Theoretical study of the structural stability, electronic, and magnetic properties of MBi (M=V, Cr, and Mn) compounds[J]. Journal of Applied Physics, 2010, 107(4): 7.

[16] LI J, JIANG Y Z, MA T Y, et al. Structure and magnetic properties of gamma'-Fe_4N films grown on MgO-buffered Si (001)[J]. Physica B, 2012, 407(24): 4783-4786.

[17] SHANAVAS K V, PARKER D, SINGH D J. Theoretical study on the role of dynamics on the unusual magnetic properties in MnBi[J]. Scientific Reports, 2014, 4(6).

[18] 廖雅琴. 铝镍钴合金的磁稳定性研究[D]. 哈尔滨:哈尔滨工业大学,2014.

[19] 周宏儒. FePt 磁性薄膜及纳米线的可控离子液体电沉积[D]. 杭州:中国计量大

学,2014.

[20] 吴圆. MnBi永磁合金的制备、组织及其性能调控[D]. 南昌:南昌航空大学,2015.

[21] CHOI Y S, JIANG X J, BI W L, et al. Element-resolved magnetism across the temperature-and pressure-induced spin reorientation in MnBi [J]. Physical Review B, 2016, 94(18): 7.

[22] 魏娟. 垂直取向硬磁/软磁 FePt 交换弹簧的制备与性质[D]. 重庆:西南大学,2017.

[23] 邸兰欣. 无稀土永磁材料 MnBi 薄膜的制备与性能研究[D]. 临汾:山西师范大学,2021.

[24] 张家滕. 新型铁钴基高温度稳定性永磁材料的研究[D]. 北京:钢铁研究总院,2022.

[25] 孙可为,金丹,任小虎. 磁性材料器件与应用[M]. 北京:冶金工业出版社,2023.

第12章

铁氧体永磁材料

铁氧体永磁材料是一类具有亚铁磁性的金属氧化物，被磁化后不容易退磁，能较长时间保留磁性，同时也不容易被腐蚀。在铁氧体磁性材料中，磁铅石型的钡(锶)铁氧体($BaO \cdot 6Fe_2O_3$，$SrO \cdot 6Fe_2O_3$)，称为M型钡铁氧体材料，是铁氧体永磁材料的典型代表。钡铁氧体最早于1952年成功制备，由于它不含镍、钴等战略物资，且具有较高的磁能积，因而获得广泛应用。此外，具有尖晶石结构类型的钴铁氧体($CoFe_2O_4$)由于含有钴，成本高，且磁能积也不是很大，因此目前它的应用不如钡(锶)铁氧体广泛。如无特殊说明，人们通常所说的铁氧体永磁就是指钡(锶)铁氧体。

永磁铁氧体按模压成型时是否需要磁场取向，可分为各向异性和各向同性永磁铁氧体；按成品是否进行烧结处理，永磁铁氧体可分为烧结永磁铁氧体和粘结永磁铁氧体。粘结永磁铁氧体按其成型方法的不同，可分为挤出成型、压延成型和注射成型永磁铁氧体；按成型所用料的含水率的多少，将永磁铁氧体分为干压成型和湿压成型永磁铁氧体。

与金属永磁材料相比，铁氧体永磁材料的优点在于：

(1)矫顽力 H_c 大；

(2)质量轻，密度为$(4.6\sim5.1)\times10^3\,kg/m^3$；

(3)原材料来源丰富，成本低，耐氧化，耐腐蚀；

(4)磁晶各向异性常数大；

(5)退磁曲线近似为直线。

而它的缺点则是剩余磁化强度较低，温度系数大，脆而易碎。

铁氧体永磁材料，主要用作各种扬声器和助听器等电声电信器件、各种电子仪表控制器件、微型电机的永磁体，以及微波铁氧体器件、压磁铁氧体器件的永磁体。

12.1 铁氧体永磁材料的晶体结构

磁铅石型钡铁氧体和尖晶石型钴铁氧体都属于亚铁磁性物质，它们晶体中的磁性离子之间的交换作用是通过隔在中间的非磁性离子氧离子作为媒介来实现的。

钡铁氧体为六角晶系的磁铅石型铁氧体，晶体结构如图2.24所示。一个晶胞内含有2个$BaFe_{12}O_{19}$分子。一个晶胞中共有10个氧离子密堆积层，其中有两个密堆积层中各有一个占据氧位置的Ba^{2+}离子。除这两个密堆积层外，还有两个各含四个氧密堆积层的尖晶石块。通常将Ba层称为B_1，尖晶石块称为S_4。$BaFe_{12}O_{19}$晶胞就是按照$B_1S_4B_1S_4$的顺序堆拓而成的。其中S_4中有9个Fe^{3+}离子，7个占据氧八面体间隙，2个占据氧四面体间隙。B_1中有3个Fe^{3+}离子，2个占据氧八面体间隙，1个占据三角形双锥间隙。Fe^{3+}离子总共有

5种不同的晶格位分布，分别是2a、2b、12k、$4f_1$、$4f_2$。其中$4f_2$、2a、12k是八面体间隙位置，$4f_1$是四面体间隙位置，2b是三角型双锥间隙位置。并且2a、2b、12k的磁矩方向相同，$4f_1$、$4f_2$磁矩的方向与2a、2b、12k的磁矩方向相反。

钴铁氧体具有尖晶石型结构，属于立方晶系，它的一个晶胞拥有56个离子，相当于8个$CoFe_2O_4$，其中金属离子为24个，氧离子为32个，晶体结构如图2.20所示。钴铁氧体的一个晶胞拥有64个四面体间隙，32个八面体间隙。而能够被金属离子填充的只有8个A位，16个B位。因此，样品的磁性能与A位和B位上离子的数量和种类密切相关。$CoFe_2O_4$可以表示成$(Co_x^{2+}Fe_{1-x}^{3+})[Co_{1-x}^{2+}Fe_{1+x}^{3+}]O_4$，( )和[ ]分别表示晶体中四面体的A位和八面体的B位。它的磁性质主要由两个晶格之间的阳离子分布和磁相互作用决定。理论上，磁矩可以用公式$M_{cal}=M_B-M_A$来计算，M_A和M_B分别代表A位和B位的总磁矩。在实验中，$CoFe_2O_4$的磁化强度变化范围很大，这通常归因于晶粒大小、颗粒大小和形貌的变化。

12.2 铁氧体永磁材料的制备

铁氧体永磁材料的制备过程可分为铁氧体粉料制造阶段、成型阶段、烧结阶段和加工分析阶段，并且每个阶段都有若干过程和方法。其工艺流程如图12.1所示。

12.2.1 永磁铁氧体粉料的制造

铁氧体永磁粉料的制造方法有多种，比如氧化物固相反应法、溶胶凝胶法、共沉淀法、溶盐合成法等。其中氧化物固相反应法是大规模工业生产的方法，而其他方法是为了制造特殊要求的铁氧体，或是为了得到具有特定颗粒形状铁氧体粉料所采用的手段。

1. 氧化物固相反应法制备铁氧体永磁粉料

用氧化物固相反应法制备铁氧体粉料的工艺流程(以钡/锶铁氧体为例)为：铁的氧化物和钡或锶的氧化物按一定比例混合→预烧→破碎→二次球磨→烘干→生成钡/锶铁氧体粉料。

其中混合就是将各种原材料混合成均匀的混合粉料。原料的混合通常是通过把称量好的各种原材料放在一起并加入液体、钢球到球磨机来实现的。目的是使各原料互相混合均匀，以增大不同原料颗粒间的接触面。

预烧的目的是使原材料颗粒之间发生固相反应，使原材料大部分变为铁氧体。预烧的作用主要包括：降低化学不均匀性；使烧成产品的收缩率变小，降低产品变形的可能性；使铁氧体粉料更容易造粒和成型；提高产品密度；提供产品性能的一致性。

破碎一方面可将包在反应层内部的原料暴露出来，并且让不同原料颗粒间接触，以利于固相反应的进行；另一方面，由于破碎可使晶粒变细，细颗粒粉料具有高的烧结活性，可有利于产品的致密化和晶粒生长。

2. 其他方法制备铁氧体永磁粉料

制备铁氧体永磁粉料的其他方法包括溶胶凝胶法、共沉淀法、水热合成法和熔盐合成法等。制备的铁氧体颗粒，既可以用作原料制备永磁体，也可以单独作为纳微米磁性颗粒在磁流体、生物医药和磁性功能载体等领域使用。目前，这些方法主要用于实验室制备，还未大

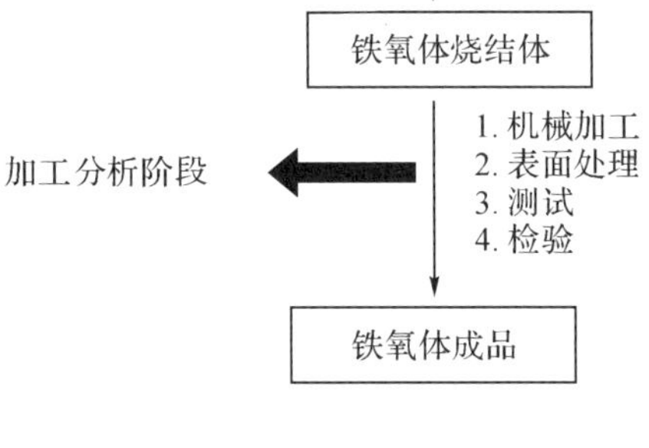

图 12.1 永磁铁氧体制备的工艺过程

量应用于生产中。

溶胶凝胶法是近年来发展起来的一种制备铁氧体永磁粉料的方法。它与氧化物固相反应法相比，具有烧结温度较低、均匀性好、产品纯度高等优点。溶胶凝胶法制备铁氧体永磁粉料的工艺流程（以钡/锶铁氧体为例）为：原材料（硝酸铁、硝酸钡/锶、柠檬酸等）$\xrightarrow{\text{水解}}$溶胶$\xrightarrow{100\sim120\ ℃}$干凝胶$\xrightarrow{\text{煅烧}}$钡/锶铁氧体粉料。

共沉淀法是指用化学反应将溶液中金属离子共同沉淀下来，以制备铁氧体粉料。它的优点在于可降低烧结温度，对原材料纯度要求不高。而缺点是，用于大规模生产时需要大量的水。以纳米 $CoFe_2O_4$ 粒子的制备为例，将一定量一定浓度的 $FeCl_3$ 和 $CoCl_2$ 的混合溶液与一定量一定浓度的 NaOH 溶液分别加热至某一温度后，在快速搅拌的同时加入 NaOH 溶液，高速搅拌保温一定的时间，然后用无水乙醇进行反复洗涤，最后干燥研磨即得纳米 $CoFe_2O_4$ 颗粒，即 $2Fe^{3+}+Co^{2+}+8OH^{-}=CoFe_2O_4\downarrow+4H_2O$。另外，在制备过程中在加入 NaOH 的同时尝试加入油酸，使油酸包覆于纳米磁性颗粒的表面，实现纳米磁性颗粒的表面改性。

水热合成是指在临界或超临界的温度和压力条件下，利用溶液中物质化学反应所进行的合成。近年来，水热合成法已逐步扩展到无机功能材料的合成。与其他方法相比，水热合成法具有以下特点：晶粒发育完整，粒度小且分布均匀，颗粒团聚轻，易得到合适的化学剂量和晶形；水热合成法制备陶瓷粉体不需要高温煅烧处理，可避免煅烧过程造成的晶粒长大、杂质引入和缺陷形成；制得的粉体有较高的活性。因此，水热合成法对于生成晶粒的控制力更强。制备 $CoFe_2O_4$ 粉体的化学反应如下：$Co(NO_3)_2+2Fe(NO_3)_3+8NH_3\cdot H_2O = CoFe_2O_4\downarrow+8NH_4\cdot NO_3+4H_2O$。典型工艺为：将配制成0.1mol/L的 $Fe(NO_3)_3\cdot 9H_2O$ 和0.1mol/L的 $Co(NO_3)_3\cdot 6H_2O$ 溶液以Fe与Co摩尔比为2∶1混合，调节溶液pH值为8～12，用磁力搅拌机搅拌30min后，把前驱液移至内衬聚四氟乙烯的反应釜内。调节釜内物料的填充度为40%～80%，反应温度为150～210℃，反应时间为6～36h。反应完成后，自然冷却至室温，收集产物，过滤，用去离子水和无水乙醇多次洗涤后，于40℃温度下干燥得到黑色的 $CoFe_2O_4$ 粉体。

熔盐合成法通常采用一种或数种低熔点的盐类作为反应介质，反应物在熔盐中有一定的溶解度，使得反应在原子级进行。反应结束后，采用合适的溶剂将盐类溶解，经过滤洗涤后即可得到合成产物。由于低熔点盐作为反应介质，合成过程中有液相出现，反应物在其中有一定的溶解度，大大提高了离子的扩散速率，使反应物在液相中实现原子尺度混合，反应就由固固反应转化为固液反应。该法相对于常规固相法而言，具有工艺简单、合成温度低、保温时间短、合成的粉体化学成分均匀、晶体形貌好、物相纯度高等优点。另外，盐易分离，也可重复使用。

12.2.2 永磁铁氧体的成型

永磁铁氧体的成型方法有很多种，如干压成型、磁场成型、热压铸成型、冲压成型、强挤压成型、浇铸成型和均衡压制等。

1. 干压成型

干压成型又叫粉压成型，就是用内腔具有一定形状的模具盛入粉料加足够的压力，把粉料压制成所需要的坯件。干压成型的优点是，由于用干压成型制得的坯件含水量低，坯件组成中可塑性原料较少，因而在烧结时收缩率小。缺点是，干压成型不易将坯件压得紧密而均匀，坯件的机械强度较低。

2. 磁场成型

磁场成型是制造各向异性铁氧体的一种方法。在实际应用中，有时要求铁氧体元件在某一方向上磁性特别强，而在其他方向上可以稍低些，如用于扬声器上的永磁铁氧体，这时候就需要用到磁场成型。如目前应用最广的钡铁氧体和锶铁氧体，它的易磁化方向为 c 轴。对于一个单晶体来说，其 c 轴方向上磁性最强。但对于多晶材料来讲，如果各个单晶体杂乱无章地排列，则整个铁氧体元件就是各向同性的。若能够使铁氧体元件内的各个单晶体取向排列起来，则元件将是各向异性的。磁性成型就是将元件内各个单晶体的 c 轴沿一定方向整齐排列。各向异性永磁铁氧体的成型方法，通常是湿压磁场成型，因为用湿压磁场成型制出的产品取向程度高，性能好。但是湿压成型的成型速度慢，模具和设备复杂，从而导致生产效率低。而干压成型由于不用排除水分，可简化设备，利于生产自动化。

3. 热压铸成型

热压铸成型是在铁氧体粉料中加入一定量的热塑化剂，依靠热塑化剂随温度的升高而从固态变成液态，使铁氧体粉料变成流动性大的料浆。然后用压缩空气把料浆注入具有产品形状的模子，热塑化剂经冷却凝固，就得到较坚固的铁氧体坯件。热压铸成型的优点在于可制造形状复杂、密度均匀的铁氧体坯件,且尺寸精度高,模具耐用程度高,生产效率高等。而缺点在于所制备的坯件密度低,工艺上较难控制,易出现起泡、缩孔和裂纹等废品。

4. 其他成型方法

其他成型方法包括冲压成型、浇铸成型和强挤压成型等。

冲压成型是在粉碎球磨后的铁氧体粉料中加入较大数量的粘结剂,经轧膜机轧成适当厚度的薄带,而后在自动冲床上冲压成小磁芯的坯件,其生产效率高,适于生产尺寸小的磁芯。

浇铸成型是先把铁氧体粉料制成料浆,然后将料浆注入石膏模中经凝固而制成指定形状和尺寸的铁氧体坯件。其特点在于可以制得任意形状的铁氧体坯件。

强挤压成型是在经过粉碎之后的铁氧体粉料中加上粘结剂,经均匀搅拌后用真空炼泥机制成铁氧体坯泥,然后以强力挤入定型的嘴子,从而获得一定形状的圆管、圆柱等铁氧体坯件。

12.2.3 永磁铁氧体的烧结

铁氧体的烧结过程是指在铁氧体制造过程中,将成型后的铁氧体坯件经过一定的处理后置于高温烧结炉中加热烧结,并在烧结温度下保温一段时间,然后冷却下来的过程。铁氧体烧结的目的在于:使铁氧体反应完全;控制铁氧体的内部组织结构以达到所要求的电、磁和其他物理性质;满足技术条件上所规定的产品形状、尺寸和外观等要求。

永磁铁氧体的烧结方法主要有空气烧结、气氛烧结和热压烧结。空气烧结是指不通其他任何气体,在空气条件下进行烧结。而对于永磁钡铁氧体来说,在烧结过程中,如果缺氧,则钡铁氧体会被还原,体系中形成 Fe^{2+},最终可能使其磁性能和机械性能变坏,甚至一敲即碎。因此为获得磁性能优异的永磁钡铁氧体,通常采用氧气烧结。这样,即使在高温烧结过程中形成 Fe^{2+},在降温冷却过程中,向炉膛内通氧气,使周围气氛中的氧分压增大,又会使 Fe^{2+} 氧化成 Fe^{3+},从而可保证钡铁氧体优异的磁性能。热压烧结是指将铁氧体粉料或坯件装在热压模具内置于热压高温烧结炉内加热,当温度升到预定温度时,对铁氧体粉料或坯件施以一定的压力烧结。采用热压烧结的意义在于:降低气孔率,提高铁氧体密度;降低烧结温度,缩短烧结时间;控制铁氧体的显微结构。但是热压烧结的生产率低,制品形状和尺寸有一定限制,设备复杂,只适用于制备有特殊要求的永磁铁氧体。

12.2.4 永磁铁氧体的机械加工

烧成后的铁氧体产品,需根据技术条件的要求进行机械加工。铁氧体是由许多晶粒和气孔组成的,其硬而脆,因此它不适于像金属材料那些用车、铣、刨等方法进行机械加工,而主要通过磨削、切割、研磨抛光,有时还利用超声波钻孔等方法,以满足尺寸精度、形位公差和粗糙度的要求。铁氧体机械加工的目的主要是满足尺寸要求和满足装配需要。

12.3 铁氧体永磁材料的性能

12.3.1 典型磁性能

磁铅石型铁氧体是目前应用最广的铁氧体永磁材料。它具有以下特性：晶体结构为磁铅石型，呈六角状，易磁化轴为 c 轴；其组分为 $MO \cdot 6Fe_2O_3$，M 为 Ba、Sr、Pb、Ca、La 等；磁化强度来源为非补偿的亚铁磁性；矫顽力主要起因是磁晶各向异性；饱和磁化强度为 320～380kA/m，居里温度为 450～460℃，使用温度范围在 −40～85℃。实际最大磁能积 $(BH)_{max}$ 一般都小于 40kJ/m³，典型铁氧体永磁材料在室温下的基本性能如表 12.1 所示。

表 12.1　典型铁氧体永磁材料在室温下的基本性能

基本特性参数	BaM	PbM	SrM
$M_S/(kA \cdot m^{-1})$	380	320	370
$K/(J \cdot m^{-3})$，20 ℃	3.3×10^5	3.2×10^5	3.7×10^5
$d/(g \cdot cm^{-3})$	5.3	5.6	5.1
T_C/ ℃	450	452	460
$(BH)_{max}/(kJ \cdot m^{-3})$	43	35.8	41.4
$H_{cJ}/(kA \cdot m^{-1})$（理论）	549	429	644
$\sigma_s/(A \cdot m^2 \cdot kg^{-1})$	71.7	58.2	72.5

钴铁氧体 $CoFe_2O_4$ 也是目前应用较为广泛的永磁铁氧体。它具有尖晶石型结构，属于立方晶系。由于钴铁氧体具有高的居里温度(523℃)、大的磁晶各向异性常数($2.7 \times 10^5 J \cdot m^{-3}$)、高矫顽力、大的硬度、稳定的化学性质、适中的饱和磁化强度和高频下的低能损耗等独特性能，使得 $CoFe_2O_4$ 拥有广阔的应用前景，如高密度磁存储领域、电磁微波吸收、磁流体、催化剂、药物靶向、磁选、磁共振和气体传感器等。

12.3.2 改善磁性能的途径

永磁铁氧体材料的磁特性参数有很多。饱和磁化强度 M_S、磁晶各向异性常数 K 和居里温度 T_C 等和材料的成分和晶体结构有关，这些是材料的本征特性参数；而剩余磁化强度 M_r、矫顽力 H_c 等和材料的加工工艺、材料的状态（如缺陷、杂质分布，应力状态等）有关，这些是结构敏感型参数。

离子取代技术是获得高性能铁氧体的简单有效的方法。利用镧系元素取代钡/锶铁氧体中的钡和锶，可获得更加稳定的六角铁氧体晶体，取代后获得更大的磁晶各向异性。另外，由于钡/锶铁氧体中的五种铁的位置，$4f_1$、$4f_2$ 磁矩的方向与 2a、2b、12k 的磁矩方向相反，且与净磁矩方向相反，因此若能用其他金属离子取代 $4f_1$、$4f_2$ 上的 Fe^{3+} 离子，可获得更大的分子磁矩，从而增加饱和磁化强度。TDK 公司公开了一种 La-Co 离子取代的 M 型永磁铁氧体，其具有优异的磁性能。这主要是因为，Co 离子含量较低的情况下，Co^{2+} 进入 Fe^{3+} $4f_1$ 晶位的离子多于进入 2a 晶位的离子数，从而导致自旋向上的磁矩和自旋向下的磁矩之差增大,可提高饱和磁化强度;而 La^{3+} 离子取代 M 型永磁铁氧体中的 Ba^{2+} 或 Sr^{2+},一方面可补偿体系中的价位差,另一方面 La^{3+} 的部分取代有利于稳定磁铅石型晶体结构和改善其磁性。

BaO 和 Fe_2O_3 的比例对 M 型铁氧体最终的性能也有一定的影响。$BaFe_{12}O_{19}$ 按摩尔比计算,原料 BaO 和 Fe_2O_3 的比例应为 1∶6,但是实际上 Fe_2O_3 和 BaO 之比小于 6,反而能使钡铁氧体具有更好的磁性能,这是因为烧结铁氧体的晶粒生长好坏取决于原料内金属离子的扩散程度。一般晶格结构有缺陷,且存在阴离子或阳离子空穴,金属离子都能很好地通过晶格进行扩散。因此,当 BaO 的含量稍高时,晶格似乎不能容纳多余的 Ba^{2+} 离子(即缺少 Fe^{2+} 和 O^{2-} 离子),反而为 Ba^{2+} 离子充分而有效地扩散创造了条件。当然 BaO 的含量过高,未反应充分,留下杂相,最终也会损害铁氧体永磁材料的磁性能。因此,原料 BaO 和 Fe_2O_3 的比例,是影响 M 型铁氧体的磁性能的关键因素之一。

结构敏感型参数,如剩磁 B_r、矫顽力 H_c 等,可以通过提高晶粒取向度或者显微结构的方式进行改善。铁氧体永磁材料的剩磁可以表示为:$B_r=4\pi\sigma_s\rho f$,其中 σ_s 为比饱和磁化强度,ρ 为磁体密度,f 为取向度。由此可见,铁氧体的磁性能与比饱和磁化强度、磁体密度以及取向度密切相关。提高材料的比饱和磁化强度 σ_s 目前主要通过提高材料预烧时主配方参与固相反应的比例来实现。提高产品密度的方法则主要有:控制成型前颗粒的粒度及均匀性;通过控制添加剂和工艺参数降低磁体的孔隙率;控制成型压力。实践证明,若将铁氧体的密度从 $4.9g/cm^3$ 提高到 $5.2g/cm^3$,铁氧体永磁材料的剩磁可提高 4%左右。提高取向度的方法主要有:优化模具设计和成型工艺;增大取向磁场。实验结果表明,锶铁氧体的取向度若从 75%增加到 85%时,磁体的剩磁可从 390mT 提高到 430mT,若取向度提高到 95%,剩磁可高达 455mT。

烧结温度是控制 M 型铁氧体永磁材料性能的关键因素。提高烧结温度可以提高 M 型铁氧体的密度,虽可提高剩磁,但伴随着烧结温度的升高,晶粒尺寸会逐渐增大,当晶粒大小超过临界尺寸时,就可能出现多畴结构而使矫顽力下降。

永磁材料的矫顽力主要由磁各向异性决定。磁各向异性通常包括磁晶各向异性、形状各向异性、感生各向异性。在永磁铁氧体中,主要是单轴的磁晶各向异性起作用。实际研究发现,铁氧体的实际矫顽力较理论值小很多。这主要是因为经烧结工艺后实际磁体中的晶粒较大,单畴颗粒所占的比例很小。在超过单畴临界尺寸的大晶粒中,有可能产生反磁化畴,降低磁体矫顽力。掺杂添加剂是提高永磁体矫顽力的有效方式。最早是添加高岭土(主要成分是 SiO_2 和 Al_2O_3),后改为加 Al_2O_3、Cr_2O_3 等。但是,这类添加剂的引入会导致磁体剩磁 B_r 降低。

习　题

第 12 章拓展练习

12-1　铁氧体永磁材料有什么特点?

12-2　铁氧体永磁材料的主要应用有哪些?试举例说明。

12-3　简要叙述工业生产中铁氧体永磁材料的制备过程。

12-4　永磁铁氧体的磁性能如何?

参考文献

[1] COCHARDT A. Modified strontium ferrite, a new permanent magnet material [J]. Journal of Applied Physics, 1963, 34(4): 1273-1274.

[2] RAM S. Crystallization of $BaFe_{12}O_{19}$ hexagonal ferrite with an aid of B_2O_3 and the effects on microstructure and magnetic-properties useful for permanent-magnets and magnetic recording devices[J]. Journal of Magnetism and Magnetic Materials, 1989, 82(1): 129-150.

[3] 都有为.铁氧体[M].南京:江苏科学技术出版社,1996.

[4] GUO Z B, DING W P, ZHONG W, et al. Preparation and magnetic properties of $SrFe_{12}O_{19}$ particles prepared by the salt-melt method[J]. Journal of Magnetism and Magnetic Materials, 1997, 175(3): 333-336.

[5] SHAFI K, KOLTYPIN Y, GEDANKEN A, et al. Sonochemical preparation of nanosized amorphous $NiFe_2O_4$ particles[J]. Journal of Physical Chemistry B, 1997, 101(33): 6409-6414.

[6] FOLKS L, WOODWARD R C. The use of MFM for investigating domain structures in modern permanent magnet materials[J]. Journal of Magnetism and Magnetic Materials, 1998, 190(1-2): 28-41.

[7] JANASI S R, RODRIGUES D, LANDGRAF F J G, et al. Magnetic properties of coprecipitated barium ferrite powders as a function of synthesis conditions[J]. IEEE Transactions on Magnetics, 2000, 36(5): 3327-3329.

[8] LIU X S, ZHONG W, GU B X, et al. Exchange-coupling interaction in nanocomposite $SrFe_9O_{19}$/gamma-Fe_2O_3 permanent ferrites[J]. Journal of Applied Physics, 2002, 92(2): 1028-1032.

[9] SHARMA P, VERMA A, SIDHU R K, et al. Influence of Nd^{3+} and SM^{3+} substitution on the magnetic properties of strontium ferrite sintered magnets[J]. Journal of Alloys and Compounds, 2003, 361(1-2): 257-264.

[10] MAEDA T, SUGIMOTO S, KAGOTANI T, et al. Effect of the soft/hard exchange interaction on natural resonance frequency and electromagnetic wave absorption of the rare earth-iron-boron compounds[J]. Journal of Magnetism and Magnetic Materials, 2004, 281(2-3): 195-205.

[11] MALI A, ATAIE A. Influence of Fe/Ba molar ratio on the characteristics of Ba-hexaferrite particles prepared by sol-gel combustion method[J]. Journal of Alloys and Compounds, 2005, 399(1-2): 245-250.

[12] LIU B H, DING J, DONG Z L, et al. Microstructural evolution and its influence on the magnetic properties of $CoFe_2O_4$ powders during mechanical milling[J]. Physical Review B, 2006, 74(18): 10.

[13] TOPAL U, OZKAN H, DOROSINSKII L. Finding optimal Fe/Ba ratio to

obtain single phase $BaFe_{12}O_{19}$ prepared by ammonium nitrate melt technique[J]. Journal of Alloys and Compounds, 2007, 428(1-2): 17-21.

[14] LV W Z, LIU B, LUO Z K, et al. XRD studies on the nanosized copper ferrite powders synthesized by sonochemical method[J]. Journal of Alloys and Compounds, 2008, 465(1-2): 261-264.

[15] ROY D, KUMAR P S A. Enhancement of (BH)(max) in a hard-soft-ferrite nanocomposite using exchange spring mechanism[J]. Journal of Applied Physics, 2009, 106(7): 4.

[16] ZHAO D L, LV Q, SHEN Z M. Fabrication and microwave absorbing properties of Ni-Zn spinel ferrites[J]. Journal of Alloys and Compounds, 2009, 480(2): 634-638.

[17] 王志强. M型永磁铁氧体微粉形态结构及磁性能[D]. 兰州:兰州大学,2009.

[18] JACOBO S E, HERME C, BERCOFF P G. Influence of the iron content on the formation process of substituted Co-Nd strontium hexaferrite prepared by the citrate precursor method[J]. Journal of Alloys and Compounds, 2010, 495(2): 513-515.

[19] 包立夫. 高性能M型永磁铁氧体的制备与研究[D]. 沈阳:沈阳工业大学,2010.

[20] 刘浏. LaCoZn掺杂和常用添加剂对锶铁氧体永磁性能的影响[D]. 武汉:华中科技大学,2012.

[21] ZAN F L, MA Y Q, MA Q, et al. One-step hydro thermal synthesis and characterization of high magnetization $CoFe_2O_4/Co_{0.7}Fe_{0.3}$ nanocomposite permanent magnets[J]. Journal of Alloys and Compounds, 2013, 553: 79-85.

[22] 王自敏. 铁氧体生产工艺技术[M]. 重庆:重庆大学出版社,2013.

[23] BOLDEA I, TUTELEA L N, PARSA L, et al. Automotive Electric Propulsion Systems With Reduced or No Permanent Magnets: An Overview[J]. IEEE Transactions on Industrial Electronics, 2014, 61(10): 5696-5711.

[24] 崔俊刚. M型永磁铁氧体磁粉及烧结体的制备、结构、形貌及磁性的研究[D]. 兰州:兰州大学,2015.

[25] ZHANG T, PENG X L, LI J, et al. Platelet-like hexagonal $SrFe_{12}O_{19}$ particles: Hydrothermal synthesis and their orientation in a magnetic field[J]. Journal of Magnetism and Magnetic Materials, 2016, 412: 102-106.

[26] XU J C, LIU F, PENG X L, et al. Hydrothermal Synthesis of $NiCo_2O_4$/Activated Carbon Composites for Supercapacitor with Enhanced Cycle Performance[J]. Chemistryselect, 2017, 2(18): 5189-5195.

[27] ZHANG T, PENG X L, LI J, et al. Structural, magnetic and electromagnetic properties of $SrFe_{12}O_{19}$ ferrite with particles aligned in a magnetic field[J]. Journal of Alloys and Compounds, 2017, 690: 936-941.

[28] 刘超成. 稀土掺杂M型锶永磁铁氧体的制备、微观结构和磁性能的研究[D]. 合肥:安徽大学,2018.

[29] 彭晓领,葛洪良,王新庆. 磁性材料与磁测量[M]. 北京:化学工业出版社,2019.
[30] 赵伟. 高性能 SrM 永磁铁氧体关键制备技术研究[D]. 成都:电子科技大学,2020.
[31] HUANG C-C, WANG C-N, MO C-C, et al. An investigation into magnetic properties, sintering shrinkage characteristics, and formability of isotropic barium ferrite permanent magnets[J]. IEEE Transactions on Magnetics, 2022, 58(4):1-9.

第13章

稀土永磁材料

13.1 稀土永磁材料概述

13-1 稀土永磁概述

稀土永磁材料是一种有重要影响力的功能材料，已广泛应用于交通、能源、机械、计算机、家用电器、微波通信、仪表技术、电机工程、自动化技术、汽车工业、石油化工、生物工程等领域，其用量已成为衡量一个国家综合国力和国民经济发展的重要标志之一，是现代信息产业的基础之一。中国稀土资源十分丰富，其储量居世界第一，近几十年来，尤其是稀土铁基永磁材料的问世，中国稀土永磁材料的科研、生产和应用得到了迅速的发展。

稀土系永磁材料是稀土元素RE(Sm、Nd、Pr等)与过渡金属TM(Fe、Co等)所形成的一类高性能永磁材料。在元素周期表里，稀土元素是15个镧系元素的总称，它们依次是镧(La)、铈(Ce)、镨(Pr)、钕(Nd)、钷(Pm)、钐(Sm)、铕(Eu)、钆(Gd)、铽(Tb)、镝(Dy)、钬(Ho)、铒(Er)、铥(Tm)、镱(Yb)和镥(Lu)。其中，排列次序位于钆之前的7个元素称为轻稀土元素，其他则称为重稀土元素。需要指出的是，人们常把第Ⅲ副族元素钪(Sc，原子序数21)和钇(Y，原子序数39)也列为稀土元素。

稀土元素未满电子壳层为4f，由于受到5s、5p、6s电子层的屏蔽，受晶体电场的影响小，其轨道磁矩未被"冻结"，因而原子磁矩大。由于轨道磁矩的存在，自旋磁矩与轨道磁矩间的耦合作用很强，表现为稀土永磁合金的磁晶各向异性能和磁弹性能很大，即K和λ_S很大。同时，稀土永磁合金的晶体结构为六角晶系和四方晶系，因此具有强烈的单轴各向异性，这是稀土永磁获得高矫顽力的基础。

对于纯稀土合金，4f电子层受到屏蔽，因此稀土原子间4f-4f电子云交换作用较弱，交换积分常数A较小，故合金居里温度低。纯稀土合金的居里温度大部分在室温以下，因此很难获得实用的永磁材料。铁钴镍一类过渡族金属在室温下具有很强的铁磁性，同时具有高居里温度。那么，稀土族金属和铁、钴等过渡族金属能否组成合金，从而提高稀土族金属的居里温度，获得性能优良的磁性材料呢？于是，从20世纪50年代起人们开始对稀土-过渡族合金的磁性能进行了一系列深入的研究，并很快获得了突破性进展。

20世纪60年代开发的以$SmCo_5$为代表的第一代稀土永磁材料和20世纪70年代开发的以Sm_2Co_{17}为代表的第二代稀土永磁材料都具有良好的永磁性能，其最大磁能积$(BH)_{max}$分别达到147.3kJ/m^{3}和238.8kJ/m^3，但是Sm-Co永磁含有战略物资金属钴和储量较少的稀土元素钐，存在原材料价格和供应问题，发展受到很大影响和制约。1983年佐川真人等在对RE-Fe-X三元合金进行了广泛的实验研究基础上，采用粉末冶金法制备出具有单轴各向异性的金属间化合物 $Nd_2Fe_{14}B$(四方晶结构)，并制成了$(BH)_{max}$达 446.4kJ/m^3 的高磁能积 Nd-Fe-B 磁体，开创了第三代稀土永磁材料。钕铁硼磁体兼具高剩磁、高矫顽力、高磁能积、低膨胀系数等诸多优点，最大磁能积理论值高达 512kJ/m^3(64MGOe)。与前两代稀土永磁不同，Nd-Fe-B 磁体为铁基稀土永磁，不用昂贵和稀缺的金属钴，而且钕在稀土中含量也比钐高 5～10 倍，因而原料丰富，价格相对低廉，更重要的是，它以创纪录的磁能积为一系列技术创新开辟了道路。随后，人们一直在努力探索，试图发现性能更加优异的第四代稀土永磁材料。以 Sm-Fe-N 为代表的新型结构稀土永磁材料和双相纳米晶复合永磁材料是比较有开发潜力的稀土永磁材料，但目前综合磁性能仍然不如第三代 Nd-Fe-B 磁体。

图 13.1 中列出了不同种类永磁材料最大磁能积随年代的发展情况。可以看出稀土系永磁材料具有优异的磁性能，而稀土永磁材料中又以 Nd-Fe-B 系永磁体的磁性能为最优。与其他永磁材料相比，产生相同磁场，需要烧结钕铁硼磁体的体积是马氏体磁钢的 1/60、Al-Ni-Co 磁体的 1/5、$SmCo_5$ 磁体的 1/3～2/3。Nd-Fe-B 永磁材料具有如下特点：①磁性能高；②价格属中下水平；③力学性能好；④居里点低，温度稳定性较差，化学稳定性也欠佳。第四个特点可以通过调整化学成分和采取其他措施来改善。总之，Nd-Fe-B 是一种性能优异的永磁材料，特别有利于仪器仪表的小型化、轻量化和薄型化发展。40 多年来，人们对 Nd-Fe-B 永磁材料的基础研究、产品开发都取得了很大的进展。钕铁硼材料已在计算机、航空航天、核磁共振、磁悬浮等高新技术领域得到了广泛应用，随着科技的进步和社会的发展，钕铁硼磁体的社会需求逐年增加。我国稀土资源十分丰富，稀土储量占世界总储量的 80%，大力开发及应用 Nd-Fe-B 永磁材料具有广阔的前景。

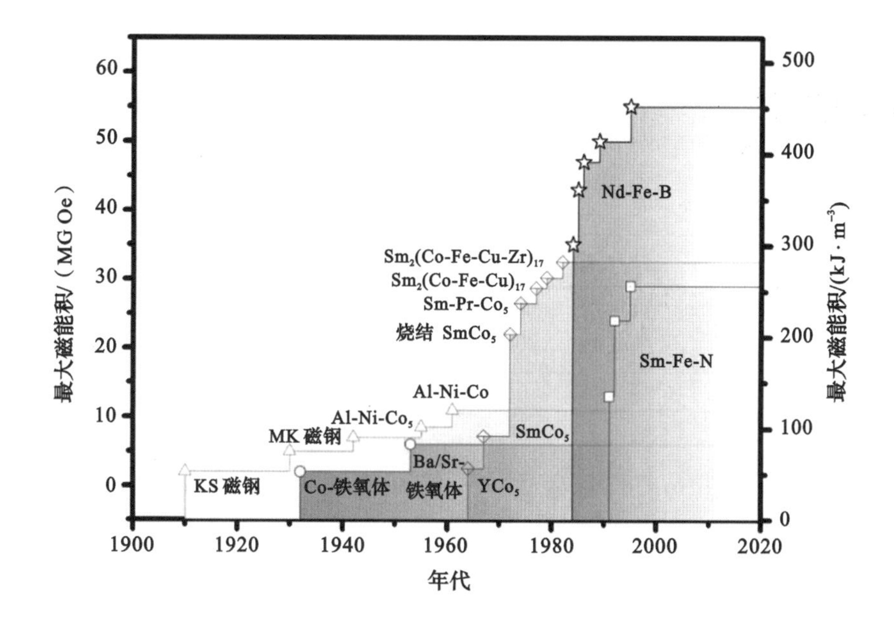

图 13.1　稀土永磁材料的磁能积随年代的发展情况

13.2 稀土钴系永磁材料

13-2 钴基稀土永磁

钴基稀土永磁材料包括 Sm-Co 系、Pr-Co 系和 Ce-Co 系等几种永磁系列。不同的稀土元素构成的钴基化合物永磁材料具有不同的磁性能。其中 Sm-Co 系稀土永磁材料最具有代表意义，它是永磁材料发展史上的里程碑。

图 13.2 为 Sm-Co 二元合金相图。从相图中可以看出，Sm-Co 可形成一系列金属间化合物。在这一系列稀土钴金属间化合物中，以 $SmCo_5$ 和 Sm_2Co_{17} 的饱和磁化强度和居里温度为最高。下面分别介绍作为第一代稀土永磁材料的 $SmCo_5$ 和第二代稀土永磁材料的 Sm_2Co_{17}。

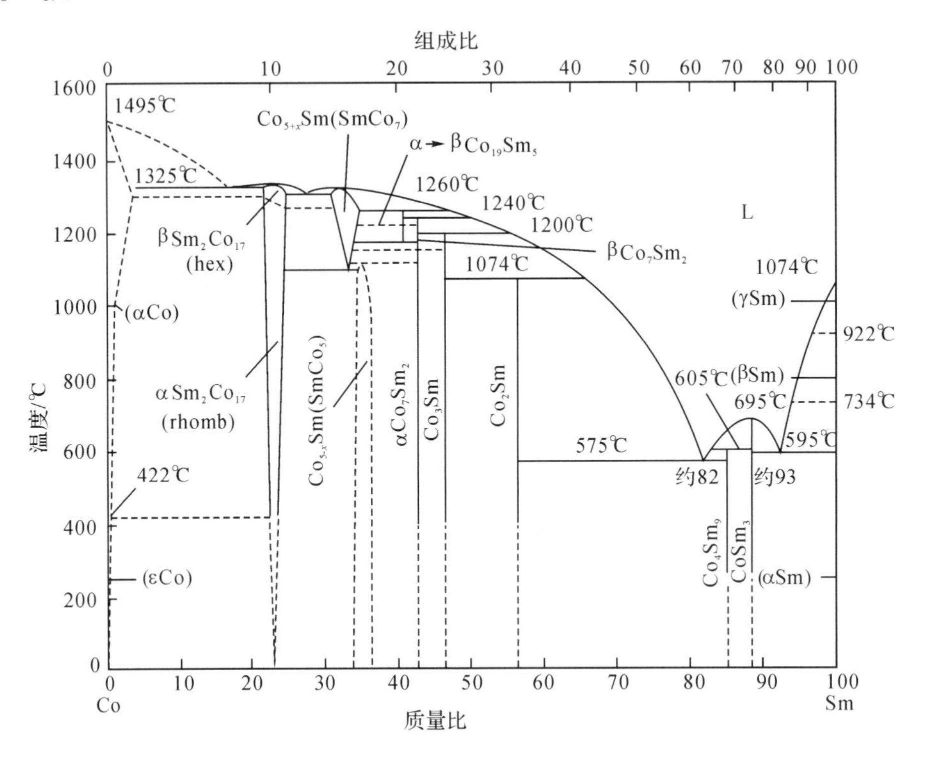

图 13.2 Sm-Co 二元合金相图

13.2.1 1∶5 型 $SmCo_5$ 永磁体——第一代稀土永磁材料

1. $SmCo_5$ 磁体的结构

$SmCo_5$ 合金具有 $CaCu_5$ 型晶体结构，这是一种六角结构，如图 13.3 所示。它由两种不同的原子层所组成，一层是呈六角形排列的钴原子，另一层由稀土原子和钴原子以 1∶2 的比例排列而成。晶格常数 $a=5.004Å$，$c=3.971Å$。这种低对称性的六角结构使 $SmCo_5$ 化合物有较高的磁晶各向异性，沿 c 轴是易磁化方向。

$SmCo_5$ 永磁体的发现，标志着稀土永磁时代的到来。$SmCo_5$ 磁体理论磁能积达 $244.9kJ/m^3$，是一种较为理想的永磁体，已在现代科学技术与工业中得到广泛的应用。它

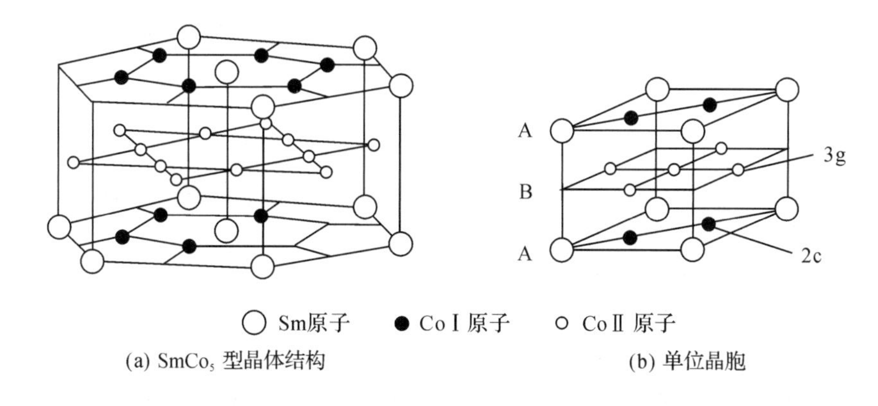

(a) $SmCo_5$ 型晶体结构　　(b) 单位晶胞

图13.3　结构

的缺点是含有较多的战略金属钴和储藏较少的稀土金属钐。原材料价格高，其发展前景受到资源和价格的限制。

2. $SmCo_5$ 磁体的制备

$SmCo_5$ 稀土永磁材料的制备一般采用粉末冶金法和还原扩散法。

粉末冶金有以下几个步骤：熔炼→制粉→磁场下成型→烧结。$SmCo_5$ 合金熔炼采用真空感应电炉，由于稀土元素化学活性较强，易于氧化且熔炼中高温下易挥发，所以需要在惰性气体（如氩气）氛围中加热熔炼。抽真空后升温到1300～1400℃保温1～2h，降温时在900℃保温1h，目的是使熔炼产品均匀化，提高合金的矫顽力。制粉阶段主要经过粗破碎、中破碎和细磨得到3～5μm的粉末，送至磁场下成型。粗破碎在氮气保护下颚式破碎机中完成，中破碎在氮气氛围中的研磨机中完成，细碎一般在气流磨或球磨机中完成，筛选出所需颗粒大小的磁粉。磁场成型所需的磁场强度≥12000Gs，磁力线方向和加压力方向有垂直和平行两种方式，垂直则磁性能提高，因为粉末颗粒得到了良好的取向，并且在提高合金的磁体密度时颗粒的取向也不会降低。$SmCo_5$ 采用液相烧结，过程是将两种不同稀土含量的合金按照一定比例混合后在氩气中于1120～1140℃烧结1～1.5h，再缓冷到1095～1100℃保温15～40min，在充足氩气的保护下，缓冷到840～920℃保温0.5～1h后急冷到室温。

还原扩散法制备稀土永磁材料的工艺过程为：原材料准备→配比按配方称料→混料→还原扩散→除去Ca和CaO→磨粉→粉末干燥→磁场中取向成型→高温烧结→热处理→磨加工→检测→产品。用还原扩散法制备稀土永磁材料基本原理是用金属钙还原稀土氧化物，使之变成纯稀土金属，再通过稀土金属与Co或Fe等过渡性金属原子的相互扩散，直接得到稀土永磁材料粉末。和粉末冶金工艺相比，简化了工艺流程，去掉了纯稀土金属的制取，同时降低了材料生产成本。还原扩散法的优点是：①粉末很细，可直接细磨，免去预破碎工艺；②合金组元的类型和数目、合金成分可任意变动；③使用比稀土金属廉价的稀土氧化物，可降低成本。

3. $SmCo_5$ 磁体的磁性能

$SmCo_5$ 的内禀矫顽力 ${}_MH_c$ 高达1200～2000kA/m，磁晶各向异性强能 $K_U=(15\sim19)\times10^3\,kJ/m^3$，饱和磁化强度 $M_S=890kA/m$，其理论磁能积达 $244.9kJ/m^3$，居里温度 $T_C=740℃$。

成分对 $SmCo_5$ 永磁性能有重要的影响。按化合物分子式计算，$SmCo_5$ 的成分为

16.66at%Sm、83.33at%Co，或 33.79wt%Sm、66.21wt%Co。Sm 含量低于 16.33at%（欠计量）时，$SmCo_5$ 磁体的磁性能很低，例如当 Sm 含量为 16.24at%时，$_BH_c$ 只有 191.0kA/m，$(BH)_{max}$只有 21.49kJ/m³。Sm 含量在 16.72at%～16.94at%左右时，可获得最佳的磁性能。此时，$_BH_c$ 介于 660.6kA/m 至 676.6kA/m 之间，$(BH)_{max}$ 介于 148.9kJ/m³ 至 174.3kJ/m³之间。说明按化学计量来配制成分，不可能获得优异的磁性能。Sm 含量为过计量时，才可能获得优异的磁性能。

当 Sm 含量为 37.4wt%（过计量）时，在(1105±5)℃温度下烧结后，$SmCo_5$ 的相对密度可达到 97%。当 Sm 含量为 33.25wt%（欠计量）时，烧结磁体的收缩量很小，密度很低。说明只有 Sm 含量为过计量时，才可能获得致密的 $SmCo_5$ 磁体。

$SmCo_5$ 永磁体的室温矫顽力$_MH_c$随回火温度的变化而变化，如图 13.4 所示。从图中可以看出，在 750℃回火后，H_c 出现最低值。这一现象称为“750℃回火效应”。经 700～750℃回火处理的样品再在 900～950℃温度下加热并快冷时，$SmCo_5$ 合金的矫顽力又可部分或全部恢复。在 750℃以上，H_c 随回火温度升高而升高。图 13.4 中成分为 63wt%Co、37wt%Sm 的合金和成分为 64wt%Co、36wt%Sm 的合金的矫顽力随回火温度的变化关系曲线形状是相同的。在 700℃附近出现矫顽力的最低值，在 1080℃和 1190℃回火出现两个矫顽力的峰值。根据 Sm-Co 二元合金相图可知，$SmCo_3$ 和 Sm_2Co_7 的包晶反应温度分别为 1074℃和 1200℃，这与 $SmCo_5$ 获得最佳矫顽力的回火温度是一致的。显微组织观察表明，成分为 63wt%Co、37wt%Sm 的合金，分别从 1080℃和 1190℃淬火的样品有沉淀相。而 1150℃回火随后淬火的合金则没有沉淀相。经 X 射线分析也发现经 1080℃和 1190℃回火的样品有 $SmCo_3$ 相和 Sm_2Co_7 相。这些沉淀相十分分散地沿晶界分布。它们起到阻碍晶粒长大和钉扎畴壁的作用，因而得到了高矫顽力。

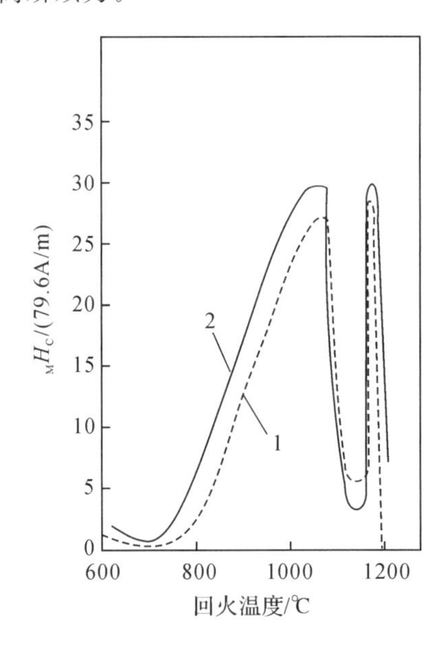

1—63wt%Co+37wt%Sm 合金；2—64wt%Co+36wt%Sm 合金。

图 13.4 烧结 $SmCo_5$ 合金的$_MH_c$随回火温度的变化关系

微米尺寸的 $SmCo_5$ 颗粒，在热退磁状态下包含若干个磁畴，$SmCo_5$ 永磁体的磁化和反磁化是由畴壁位移来实现的。而在烧结过程中由于第二相的析出和原子富集区的产生，形成了反磁化核，导致了矫顽力的下降。

温度系数是影响 $SmCo_5$ 永磁体工作范围的一个重要参数。不同的温度下，$SmCo_5$ 永磁材料的磁性能存在一定差异，温度越高，磁性能越低。主要磁性能指标随着温度的升高都有所降低，但降低速度有所不同，其中内禀矫顽力降低最快。此外，在不同的温度段，材料磁性能的降低速度也有所不同。一般情况下，钐钴的最高使用温度可以达到 400℃。

13.2.2 2∶17 型 Sm_2Co_{17} 永磁体——第二代稀土永磁材料

1. Sm_2Co_{17} 磁体的结构

Sm_2Co_{17} 合金在高温下是稳定的 Th_2Ni_{17} 型六角结构，在低温下为 Th_2Zn_{17} 型的菱方结构，这是在三个 $SmCo_5$ 型晶胞基础上用两个钴原子取代一个稀土原子，并在基面上经滑移而成的。室温下结构的晶格常数为 $a=8.395$Å，$c=12.216$Å。图 13.5 给出了 Sm_2Co_{17} 合金高温六角结构与低温菱方结构。

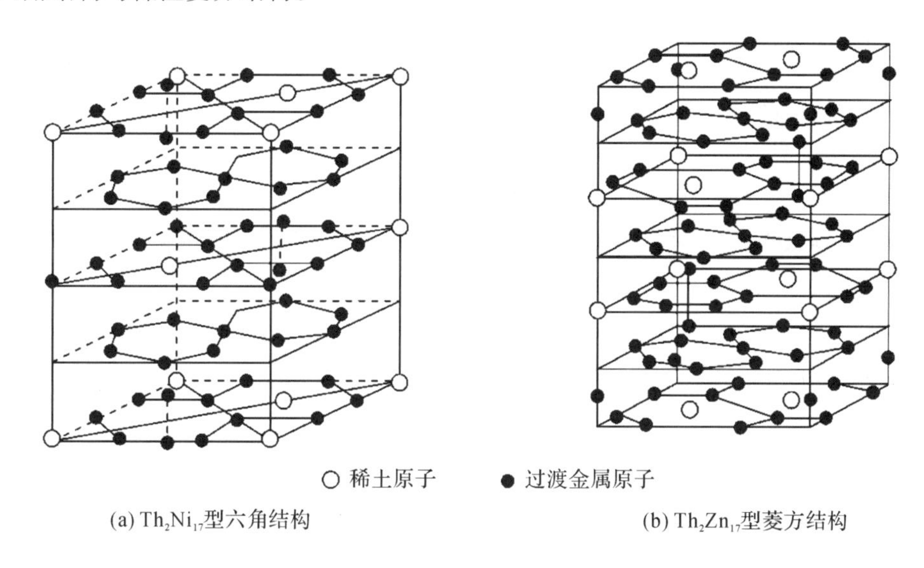

图 13.5 Sm_2Co_{17} 合金高温六角结构和低温菱方结构

2. Sm_2Co_{17} 磁体的制备

目前生产 2∶17 型 SmCo 磁体的主要方法是烧结法，同时此方法生产的烧结磁体的综合性能也最好。

其工艺流程如下：原料准备→合金熔炼→破碎→磁场取向与成型→高温烧结→热处理→磨加工→检测。

工艺过程中的关键技术是热处理，这是提高磁体矫顽力的关键。以 $Sm_2(Co,Cu,Fe,M)_{17}$ 型稀土永磁材料为例，高温烧结温度一般为 1220～1185℃，保温 1～2h；后续的热处理采用多级等温时效的制度：700～750℃，1～1.5h；550～650℃，1.5～2h；450～550℃，3.5～4.5h。

3. Sm_2Co_{17} 磁体的磁性能

Sm_2Co_{17} 具有高的内禀饱和磁化强度 $\mu_0 M_S=1.2T$，而且是易 c 轴的，居里温度 T_C 也很高，$T_C=926$℃，所以是很理想的永磁材料。用 Fe 部分取代 Sm_2Co_{17} 化合物中的 Co，所形成的 $Sm_2(Co_{1-x}Fe_x)_{17}$ 合金的内禀饱和磁化强度可进一步提高。当 $x=0.7$ 时，$Sm_2(Co_{0.3}Fe_{0.7})_{17}$ 合金的 $\mu_0 M_S$ 可高达 1.63T，其理论最大磁能积可高到 525.4kJ/m^3。

虽然 Sm_2Co_{17} 二元合金是易 c 轴的，但它的矫顽力仍然偏低，很难成为实用的永磁材料。于是，人们通常采用多元素添加的方式来发展 2∶17 型稀土钴永磁材料。目前实用性较好的有三个系列：①Sm-Co-Cu 系；②Sm-Co-Cu-Fe 系；③Sm-Co-Cu-Fe-M 系（M 为 Zr、Ti、Hf、Ni 等）。目前在工业上广泛应用的是 Sm-Co-Cu-Fe-M 系 2∶17 型永磁体，即第二代稀土永磁体。在稀土永磁材料中，2∶17 型 $Sm_2(Co,Cu,Fe,M)_{17}$ 永磁材料是磁性稳定性最好的一类。该类永磁体抗氧化能力强，磁性能随温度变化较小。例如，$Sm_2(Co、Fe、Cu、Zr)_{17}$ 合金在 25～400℃很宽的温度范围内，磁感可逆温度系数也仅有－0.034%/℃，矫顽力可逆温度系数也相当低，约为－0.148%/℃。

$Sm_2(Co,Cu,Fe,M)_{17}$ 型稀土永磁材料，经固溶处理，并在 850℃以下时效处理后，磁体内形成微细菱形胞状组织，胞内为具有菱方结构的 2∶17 相，胞壁为具有六方结构的 1∶5 相。这两相是共格的，2∶17 相中由于 Co 和 Fe 富集而具有铁磁性，1∶5 相中由于 Cu 的富集而成为弱磁性或非磁性。目前普遍认为，$Sm_2(Co,Cu,Fe,M)_{17}$ 型稀土永磁材料的矫顽力是由沉淀相对畴壁的钉扎决定的。

$Sm_2(Co,Cu,Fe,M)_{17}$ 型稀土永磁材料和 $SmCo_5$ 永磁材料相比有下述优点：①配方中的 Co 含量与 Sm 的含量比 $SmCo_5$ 永磁材料低；②磁感温度系数低约－0.01%/℃，可以在更宽的温度范围工作；③居里点高。但 2∶17 型稀土永磁材料，制造工艺复杂，要提高矫顽力必须进行多段时效处理，因此工艺费用比 $SmCo_5$ 要高。

13.3 Nd-Fe-B 稀土永磁材料

13-3 Nd-Fe-B 永磁

Nd-Fe-B 合金一经面世，便以其创纪录的磁能积，获得“磁王”的美誉，被称为第三代稀土永磁材料。Nd-Fe-B 稀土永磁材料诞生后，迅速地发展出一系列稀土铁基永磁材料的品种。按照材料组成大致包括 Nd-Fe-B 三元系、Pr-Fe-B 三元系、其他 RE-Fe-B 三元系、Nd-FeM-B 四元系、Nd-FeM_1M_2-B 五元系等（M、M_1、M_2 代表其他金属元素，特别是过渡族金属元素）。在这一系列稀土铁基永磁材料中 Nd-Fe-B 合金最具有代表性，因此本节重点介绍 Nd-Fe-B 稀土永磁材料。

13.3.1 Nd-Fe-B 合金的相组成

Nd-Fe-B 合金一般具有三个相：$Nd_2Fe_{14}B$ 相、富 Nd 相和富 B 相。$Nd_2Fe_{14}B$ 相为磁性相，Nd-Fe-B 合金的磁性由该相提供，因其为合金的最主要组成部分，又称为主相。富 Nd 相和富 B 相均为非磁性相，但要想得到优异的磁性能，合金中必须含有适量的富 Nd 相和少量的富 B 相。下面重点介绍 $Nd_2Fe_{14}B$ 主相的晶体结构与磁性能。

$Nd_2Fe_{14}B$ 相属于四角晶体（或简称四方相），空间群 P42/mnm，晶格常数 $a=0.882$nm，$c=1.224$nm，具有单轴各向异性，单胞结构如图 13.6 所示。每个单胞由 4 个 $Nd_2Fe_{14}B$ 分子组成，共 68 个原子，其中有 8 个 Nd 原子，56 个 Fe 原子，4 个 B 原子。这些原子分布在 9

个晶位上：Nd 原子占据 4f、4g 两个晶位，B 原子占据 4g 晶位，Fe 原子占据 6 个不同的晶位，即 $16k_1$、$16k_2$、$8j_1$、$8j_2$、4e 和 4c 晶位。其中 $8j_2$ 晶位上的 Fe 原子处于其他 Fe 原子组成的六棱锥的顶点，其最近邻 Fe 原子数最多，对磁性有很大影响。4e 和 $16k_1$ 晶位上的 Fe 原子组成三棱柱，B 原子正好处于棱柱的中央，通过棱柱的 3 个侧面与最近邻的 3 个 Nd 原子相连，这个三棱柱使 Nd、Fe、B 这 3 种原子组成晶格的框架，具有连接 Nd-B 原子层上下方 Fe 原子的作用。

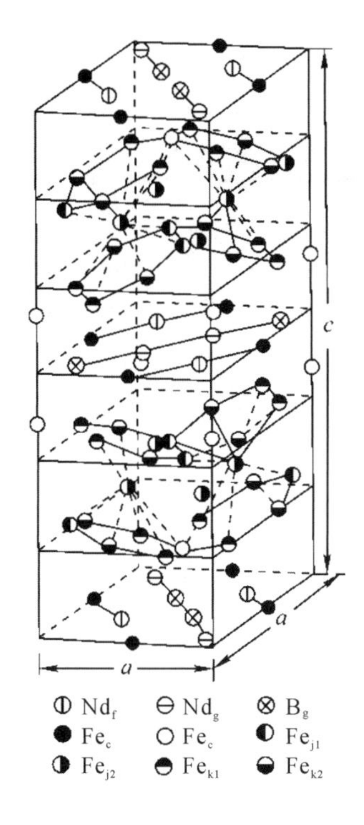

图 13.6　$Nd_2Fe_{14}B$ 单胞结构

$Nd_2Fe_{14}B$ 相结构决定了其内禀磁特性：居里温度 T_C、各向异性场 H_a 和饱和磁化强度 M_S。

$Nd_2Fe_{14}B$ 相的居里温度 T_C 由不同晶位上的 Fe-Fe 原子对、Fe-Nd 原子对和 Nd-Nd 原子对间的交换作用确定。Nd 原子的磁矩起源于 4f 态电子。4f 态电子壳层的半径约为 0.03nm，而在 $Nd_2Fe_{14}B$ 相中，Nd-Nd 或 Nd-Fe 原子间距（0.3nm）比 4f 半径大一个数量级，因此 Nd-Nd 间的相互作用较弱，可以忽略。Fe 原子的磁矩起源于 3d 电子。3d 电子半径约 0.125nm，当 Fe 原子间距大于0.25nm时，存在正的交换作用；当 Fe 原子间距小于0.25nm时，3d 电子云有重叠，存在负的交换作用。所以 $Nd_2Fe_{14}B$ 相中，Fe-Fe 原子对之间的相互作用是最主要的。不同晶位上的 Fe-Fe 原子对的间距变化范围为 0.239nm（$8j_1$-$16j_2$）至 0.282nm（4e-4e），它们之间的交换作用有些为正，有些为负。正负相互作用部分抵消，使 $Nd_2Fe_{14}B$ 硬磁性的居里温度较低。

$Nd_2Fe_{14}B$ 相在室温条件下具有单轴各向异性，c 轴为易磁化轴。$Nd_2Fe_{14}B$ 相的各向异性是由 Nd 亚点阵和 Fe 亚点阵贡献的，两者分别由 4f 和 3d 电子轨道磁矩与晶格场相互作用引起，其中 4f 电子轨道与晶格场相互作用是主要的。在 $Nd_2Fe_{14}B$ 晶体中，Nd 原子所在晶位处的晶格场是不对称的，晶格场的不对称性使 4f 电子云的形状发生不对称性变化，从而产生各向异性。3d 和 4f 电子存在很强的交换作用，因此在较宽的温度区间，3d 和 4f 的各向异性具有相同的方向。所以说晶体结构的不对称性分布致使 $Nd_2Fe_{14}B$ 具有很强的单轴磁晶各向异性。

$Nd_2Fe_{14}B$ 晶粒的饱和磁化强度主要由 Fe 原子磁矩决定。Nd 原子是轻稀土原子，其磁矩与 Fe 原子磁矩平行取向，属于铁磁性耦合，对饱和磁极化强度也有一定的贡献。$Nd_2Fe_{14}B$ 晶粒中，不同晶位的 Fe 原子磁矩是不同的，这与不同晶位 Fe 原子所处的局域环境有关。从总体上看 $8j_2$ 晶位上的 Fe 原子磁矩最高，为 $2.80\mu_B$；4c 晶位上的 Fe 原子磁矩较低，为 $1.95\mu_B$，平均为 $2.10\mu_B$。

综合以上，$Nd_2Fe_{14}B$ 硬磁性相的内禀磁性参数是：居里温度 $T_C \approx 585K$；室温各向异性常数 $K_1 = 4.2MJ/m^3$，$K_2 = 0.7MJ/m^3$，各向异性场 $\mu_0 H_a = 6.7T$；室温饱和磁极化强度 $J_S = 1.61T$。$Nd_2Fe_{14}B$ 硬磁性晶粒的基本磁畴结构参数为：畴壁能量密度 $\gamma \approx 3.5 \times 10^{-2} J/m^2$，畴壁厚度 $\delta_B \approx 5nm$，单畴粒子临界尺寸为 $d \approx 0.3\mu m$。

各类 Nd-Fe-B 磁体主要成分都是硬磁性的 $Nd_2Fe_{14}B$ 相，其体积分数为 98%左右。除此之外，Nd-Fe-B 磁体还包括富 Nd 相和富 B 相，还有一些 Nd 氧化物和 α-Fe、FeB、FeNd 等软磁性相。Nd-Fe-B 磁体的磁性主要由硬磁性相 $Nd_2Fe_{14}B$ 决定。弱磁性相和非磁性相的存在具有隔离或减弱主相磁性耦合的作用，可提高磁体的矫顽力，但降低了饱和磁化强度和剩磁。

富 Nd 相是非磁性相，沿 $Nd_2Fe_{14}B$ 晶粒边界分布或者呈块状存在于晶界接隅处，也可能呈颗粒状分布在主相晶粒内，如图 13.7 所示。富 Nd 相成分复杂，晶界和晶界连接处的富 Nd 相通常为面心立方(fcc)结构，$a=0.56nm$，Nd 和 Fe 的含量分别为 75at%～80at%和 20at%～25at%；晶内富 Nd 相多为双六方(dhcp)结构，$a=0.365nm$，$c=1.180nm$，Nd 与 Fe 原子比约为 95/5。富 Nd 相通常含有一定量的氧，因为氧在制备中是不能完全排除的。

富 Nd 相的形态和分布显著地影响着磁体的磁性能。富 Nd 相的存在，有两个重要的作用：第一是少量的富 Nd 相沿晶粒边界均匀分布，并包围每一个 2∶14∶1 相晶粒，其厚度为 2～3nm，便可把相邻 2∶14∶1 相晶粒的磁绝缘起来，起到去交换耦合的作用，实现磁硬化。如果 Nd-Fe-B 永磁材料中没有少量的富 Nd 相，就不可能有高矫顽力；第二是起烧结助剂的作用。因为富 Nd 相在 650℃左右就熔化。当 Nd-Fe-B 永磁材料在烧结时，富 Nd 相已熔化成液体，起到助液相烧结的作用，以便为制造致密的 Nd-Fe-B 永磁材料打下基础。富 Nd 相在平衡状态时，当稀土金属含量大于 95%，Fe 含量小于 5%时，它具有双六方结构。在非平衡状态，富 Nd 相中的 Fe 和 Nd 的比例存在很大的变化范围，形成 Fe 和稀土金属 Nd 的二元系合金，很容易吸氧，形成 Nd-Fe-O 三元系，此时它具有面心立方的晶体结构。面心立方的 Nd-Fe-O 三元系富 Nd 相与 2∶14∶1 主相的润湿性较好，便于它沿 2∶14∶1 相晶界分布，起到磁硬化与助液相烧结的作用。

富 Nd 相有多种形态，主要有三种。第一种是在主相晶粒边界以薄层的形式存在，这是最佳存在形式。第二种是在晶界耦合处或其他地方以团块状存在，这会降低磁性能，稀磁作用明显。第三种是在晶粒内部以颗粒沉淀的形态存在，这也不是好的形态。富 Nd 相的含量就要控制到薄层 2～3nm，把所有主相晶粒包围起来即可。过多的富 Nd 相会导致两个结果：主相晶粒的富 Nd 相包覆层的厚度过大；富 Nd 相以孤立的团块状存在，这些都会恶化磁性能。表 13.1 给出了烧结 Nd-Fe-B 组成相的成分与特征。

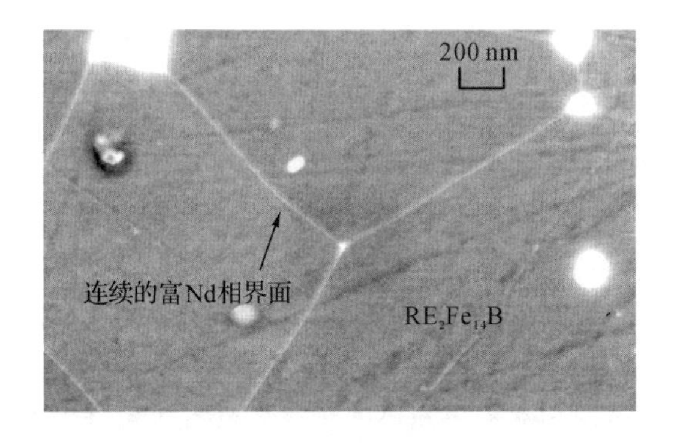

图 13.7　富 Nd 相在烧结 Nd-Fe-B 磁体中的分布

表 13.1　Nd-Fe-B 磁体中各组成相的成分与特征

组成相	成分	各相形貌、分布与取向特征
$Nd_2Fe_{14}B$	2∶14∶1	多边形，尺寸不同(一般 5～20μm) 取向不同
富 B 相	1∶4∶4	大块或细小颗粒沉淀，存在于晶界 或交隅处或晶粒内
富 Nd 相	Fe 与 Nd 比例为 1∶1.2～1.4 Fe 与 Nd 比例为 1∶2～2.3 Fe 与 Nd 比例为 1∶3.5～4.4 Fe 与 Nd 比例大于 1∶7	薄层状或颗粒状，沿晶界分布或 处于晶界交隅处或镶嵌在 晶粒内部
Nd 的氧化物	Nd_2O_3	大颗粒或小颗粒沉淀，存在于晶界
富 Fe 相	Nd-Fe 化合物或 α-Fe	沉淀，存在于晶粒或晶界
其他外来相	氯化物[(NdCl、Nd(OH)Cl]或 Fe-P-S 相	颗粒状

为了增大剩磁 B_r，Nd-Fe-B 永磁材料的成分应与 $Nd_2Fe_{14}B$ 分子式相近。实验结果表明，若按 $Nd_2Fe_{14}B$ 成分配比，虽然可以得到单相的 $Nd_2Fe_{14}B$ 化合物，但磁体的永磁性能很低。这是因为，此时液相(富 Nd 相)减少或消失，对磁体产生了两个不利的影响：一是液相烧结不充分，烧结体密度下降，不利于提高 B_r；二是液相不足就不能形成足够的晶界相，不利于提高 H_c。实际上只有永磁合金的 Nd 和 B 的含量分别比 $Nd_2Fe_{14}B$ 化合物的 Nd 和 B 的含量高，才能获得较好的永磁性能。保持 B 的含量不变逐步增加 Nd 的含量时，发现在 Nd 的含量为 13%～15%时，磁体获得最高的 B_r 值；继续增大 Nd 含量可以提高磁体的矫顽力，但会导致材料 B_r 下降。保持 Nd 含量不变逐步增加 B 含量时，发现 B 是促进 $Nd_2Fe_{14}B$ 四方相形成的关键因素，增加 B 的含量有助于 $Nd_2Fe_{14}B$ 相的形成。在 B 的含量为 6at%～8at%时，磁体的 B_r 和 H_c 都达到最佳值。所以，在 Nd-Fe-B 永磁材料的成分设计时应考虑如下原则：①为获得高矫顽力的 Nd-Fe-B 永磁体，除 B 含量应适当外，可适当提高 Nd 含量。②为获得高磁能积的合金，应尽可能使 B 和 Nd 的含量向 $Nd_2Fe_{14}B$ 四方相的成分靠近，尽

可能地提高合金的 Fe 含量。③控制稀土金属总量和氧含量,降低磁体中非磁性相掺杂物的体积分数,提高主相的量。

Nd-Fe-B 磁体的矫顽力远低于 $Nd_2Fe_{14}B$ 硬磁性相各向异性场的理论值,仅为理论值的 1/5～1/3,这是由材料的微观结构和缺陷造成的。磁体的微观结构,包括晶粒尺寸、取向及其分布、晶粒界面缺陷及耦合状况等。根据理论计算,晶粒间的长程静磁相互作用会使理想取向的晶粒的矫顽力比孤立粒子的矫顽力低 20%;而偏离取向的晶粒间的短程交换作用会使矫顽力降低到理想成核场的 30%～40%。因此,在理想状况下,主相晶粒应被非磁性的晶界相完全分隔开,隔断晶粒间的磁相互作用。这就要求磁体中含有足够的富 Nd 相。磁体中晶粒边界层和表面结构缺陷既是晶粒内部反磁化的成核区域,又是阻碍畴壁运动的钉扎部位,所以磁体的微观结构和缺陷对磁体的矫顽力有着决定性的影响。

另外,晶粒之间的耦合程度,晶粒形状、大小及其取向分布状态影响晶粒之间的相互作用,从而影响磁体的宏观磁性。理想的 Nd-Fe-B 磁体应当由具有单畴粒子尺寸(约0.26μm)且大小均匀的椭球状晶粒构成,硬磁性晶粒结构完整,没有缺陷,磁矩完全平行取向,晶粒之间被非磁性相隔离,彼此之间无相互作用。这种磁体的磁性能够达到理想化的理论值。实际上,对于采用各种工艺制备的不同成分的所有磁体,其晶粒的大小、形状及其取向各不相同。对于烧结磁体,各向异性晶粒的取向程度随磁粉压型时的取向磁场强度而变化,晶粒尺寸一般为 5～10μm,在热处理状态下一般呈多畴结构。对于采用快淬工艺制成的粘结磁体,晶粒一般为各向同性,各晶粒磁矩混乱分布,晶粒尺寸一般为 10～500nm,其小晶粒为单畴粒子,大晶粒可能为多畴结构。晶粒形状随工艺过程而变化,并且远非椭球状,可能有突出的棱和尖角。硬磁性晶粒之间部分被非磁性层间隔,有的晶粒界面直接耦合。这些都会直接影响到磁体的宏观磁性能。

13.3.2 Nd-Fe-B 磁体的制备技术

按制造方法不同,Nd-Fe-B 永磁体主要分为两类:一类是粘结永磁体,主要用于电子、电气设备的小型化领域;另一类是烧结永磁体,多为块体状,主要满足高矫顽力、高磁能积的要求。另外,热压/热变形工艺在电机用辐向磁环制备中具有独特的优势,因此也得到了一定的发展和应用。

1. 粘结 Nd-Fe-B 磁体的制备技术

1) 磁粉的制备

磁粉的制备是加工 Nd-Fe-B 磁体的关键工序,磁粉磁性能的好坏直接影响磁体的磁性能。制备 Nd-Fe-B 磁粉的方法有机械破碎法、熔体快淬法、HDDR 法、气体喷雾法以及机械合金化法等。

(1)熔体快淬法。

生产快淬磁粉的熔体快淬(rapidly quenched,RQ)法首先由美国 GM 公司研制开发。这种方法的核心技术是熔体快淬制造快淬薄带,薄带破碎成磁粉后便可以用于磁体的制备。首先采用真空感应熔炼母合金,然后在真空快淬设备中,用惰性气体保护,于石英管中将母合金熔化,在氩气压力的作用下,母合金经石英管底部的喷嘴喷射到高速旋转的铜辊的表面上,以约 10^5～10^6 K/s 的冷却速度快速凝固,如图 13.8 所示。通过调节旋转辊的表面线速度,可以调节甩带产物的晶体结构,使其在非晶到数微米的晶粒尺寸范围内变化。熔体快淬法存在一个最佳快淬速度，在该速度下制备的永磁体具有最佳的磁性能，如图13.8所示。在最佳快淬速度条件下的薄带由很细的、随机取向的 $Nd_2Fe_{14}B$ 晶粒组成，平均直径为30nm，它被平均宽度为2nm的 $Nd_{0.70}Fe_{0.30}$ 共晶相包围，这种薄带的磁性能最好。但实际上最佳淬火的工艺窗口很窄，因此一般是在过快淬速度条件下得到非晶态的合金薄带，然后通过热处理（晶化处理）提高磁粉的矫顽力。这种方法制备的薄带较脆，将其粉末化以后可到磁粉。由于其原始晶粒较小，粉末化过程中造成的磁性能劣化并不明显。

（2）HDDR法。

HDDR法是近些年发展起来的，通过氢化（hydrogenation）—分解（decomposition）—脱氢（desorption）—再结合（recombination）的过程制备高性能稀土永磁粉的一种工艺。首先把合金破碎成粗粉，装入真空炉内，在一定温度下晶化处理，合金吸氢并发生氢化反应，然后将氢气抽出，使之再化合成具有细小晶粒的稀土永磁粉末。这种方法可以得到平均粒径为0.3μm的细小晶粒，从而得到具有高矫顽力的磁粉。HDDR流程中所发生的反应如图13.9所示。

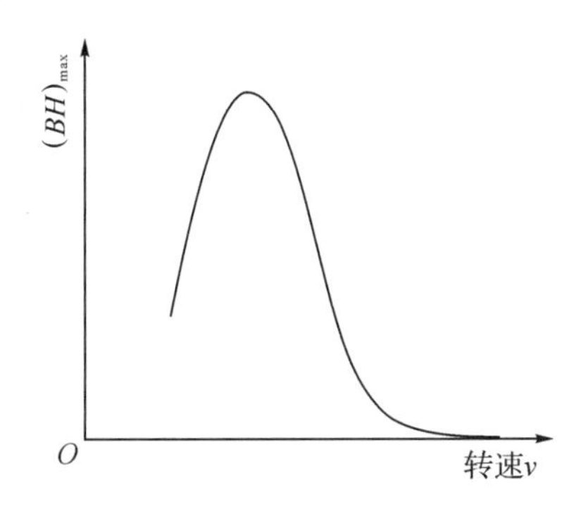

图13.8 Nd-Fe-B磁体性能与转速的关系

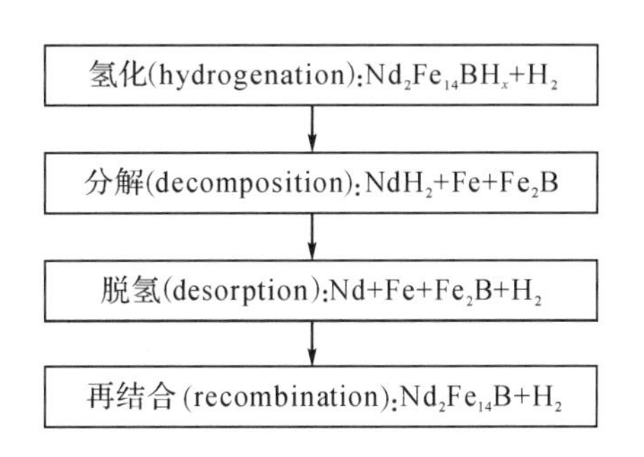

图13.9 HDDR流程中所发生的反应

HDDR磁粉的主相晶粒尺寸与脱氢温度和时间有关，正常条件下得到的晶粒尺寸约为0.3μm，矫顽力为800kA/m。在接近化学计量成分的HDDR磁粉中，几乎观察不到晶界第二相的存在。在Nd含量较高的情况下，则出现富Nd相，并且均匀地分布在数十个主相晶粒组成的晶团周围以及晶团内的一些晶粒交界处。如果脱氢重组不完全，磁粉中还会存在一些残留的歧化产物，如α-Fe。

采用合适的工艺设计，还可以通过HDDR法制备出具有各向异性的Nd-Fe-B磁粉。某些合金元素可使磁粉微弱的各向异性增强，将这些元素如Zr、Nb、Zr等加入合金中也可以使磁粉形成各向异性。

（3）气体喷雾法。

气体喷雾法的工作过程是，当Nd-Fe-B溶液流经一个高速喷嘴时，被高压氩气气流雾化成为细小的金属液滴，射向粉碎盘，最终获得极细的非晶和微晶粉末。气体雾化法是一种快速凝固法，它可直接生产出晶粒细小、成分均匀的粉末。在保护气氛中生产出来的粉末，含氧量低，颗粒外形为球形，粉末流动性较好，填充密度高，采用注射成形时，可获得填充率较高的粘结Nd-Fe-B磁体。雾化法可以用来制取多种金属粉末，也可以制取各种合金粉末。从能量消耗来说，雾化法是一种简便经济的粉末生产方法。雾化Nd-Fe-B粉末的磁性能随粒度的减小而增加，因此细化粉末是改善磁性能的一条重要途径。雾化粉是一种快速凝固粉，其冷却速率在铸锭-破碎粉和快淬粉之间，粉越细，晶粒也越细。晶粒小于单畴粒子的临界尺寸 0.26μm 的细粉，是理想的粘结各向同性磁体的原料。

(4)机械合金化法。

机械合金化(machanical alloying，MA)法是先将 Nd-Fe-B 合金铸锭破碎成粗粉，然后对粗粉进行长时间的高能球磨，再将产物在适当条件下进行退火处理，这样也可以得到与快淬法相同的微观组织。它分为以下几个阶段：

①活化阶段：初始原料粉末形成新鲜的洁净表面。

②冷焊阶段：颗粒的新鲜表面接触、复合、折叠、扁平化，形成层状结构。

③等轴化阶段：层状结构粉末颗粒互相穿插和焊合，形成等轴层状结构粉末颗粒。

④细化阶段：等轴层状颗粒的结构层进一步薄化，达到纳米级，形成具有超精细层状结构的粉末颗粒，此粉末为非晶态，回火后形成 Nd_2Fe_4B。

机械合金化法和快淬法有异曲同工之妙，但其成本较低，也是一种有前途的制备方法。

2) 磁体的制备

粘结磁体是由永磁体粉末与可挠性好的橡胶或质硬量轻的塑料、橡胶等粘结材料相混合，按用户需求直接成型为各种形状的永磁部件。但同时由于粘结剂的加入，永磁体的最大磁能积和磁化强度等出现一定程度的下降。图 13.10 给出了粘结磁体的制备工艺流程。粘结磁体的磁粉通常通过熔体快淬的方法制备。

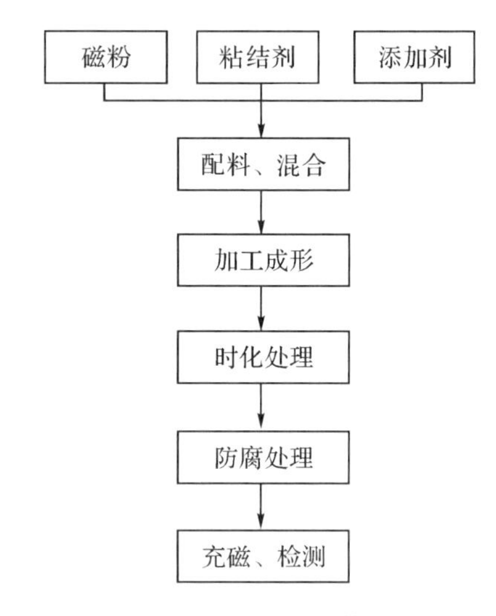

图 13.10 粘结 Nd-Fe-B 磁体的制备工艺

磁粉粒度、粘结剂的添加量、成形型压力和固化温度等，都是影响磁体最终性能的重要因素。由于粘结剂是无磁性的，因此粘结磁体的磁性能主要取决于永磁粉的磁性能，但粘结剂的性能(包括粘结剂的粘结强度、固化温度、软化温度等)对粘结磁体的性能亦有不可忽视的影响。粘结剂的基本作用是增加磁性粉末颗粒的流动性和它们之间的结合强度。粘结剂的种类很多，选择粘结剂的原则是：结合力大，粘结强度高，吸水性低，尺寸稳定性好，固化时尺寸收缩小，使得粘结磁体的产品尺寸精度高，热稳定性好。粘结磁体可采用压延成型、挤出成型、注射成型和模压成型四种方法来制造，目前用得最多的方法是最后两种。

2. 烧结 Nd-Fe-B 磁体的制备技术

1) 单合金工艺

制备烧结磁体磁粉的传统方法是“合金熔铸→粗破碎→细破碎→烧结和热处理”单合金工艺。图 13.11 给出了烧结磁体的单合金制备工艺流程。近些年，稀土永磁体的强劲需求促进磁体的制造工艺技术和生产设备获得了极大的改进和创新，发展出了一系列新工艺。现今烧结磁体磁粉的制备多采用“熔炼甩带→氢爆→气流磨→烧结和热处理”工艺。这些新工艺的采用对提高磁体的性能有很重要的作用。其中，利用熔炼甩带工艺可以有效抑制α-Fe的产生，并且可以细化合金晶粒，更有利于磁粉粒度的细化和均匀性；而氢爆工艺可以有效防止破碎过程的氧化并提高破碎效率;气流磨工艺替代传统的机械破碎制粉技术,可以使粉末颗粒的尺寸分布更加集中。

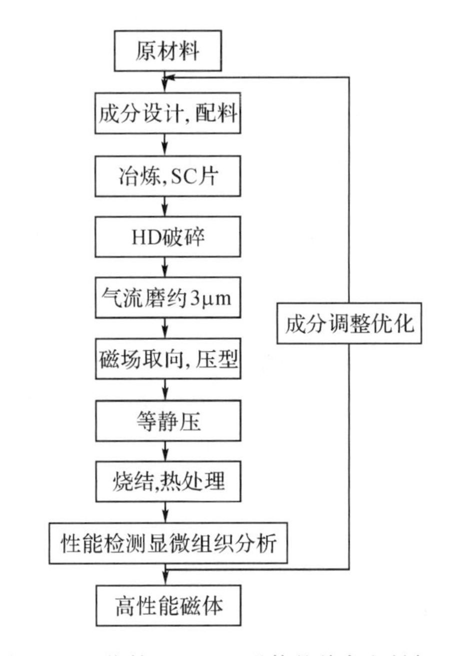

图 13.11　烧结 Nd-Fe-B 磁体的单合金制备工艺

(1)熔炼甩带。

合金铸造组织中尽可能避免 α-Fe 相的产生,因为 α-Fe 的强韧性会给后续气流磨工艺带来困难,同时会导致主相和富稀土相的比例不均匀,进而恶化微观结构和磁性能。熔炼甩带工艺可以有效消除合金中的 α-Fe 相,优化合金的微观结构,保障磁体具有高矫顽力。

合金的浇铸温度直接影响铸片的组织结构。当浇铸温度较低时,温度梯度较低,铸片组织生长速率较低,得到的铸片组织中的晶粒粗大,取向杂乱,类似于传统熔铸法获得的铸锭组织。随着温度的升高,晶粒开始以枝晶方式生长,枝晶间距非常小,导致后续制粉时很多富 Nd 相被包在颗粒内部,这些被包在颗粒内部的富 Nd 相在烧结时就起不到液相烧结和增强矫顽力的作用。进一步升高温度,结晶过程的形核率与生长速率都进一步增大,在贴辊面形成的晶核沿冷却方向迅速生长,最终获得细小均匀的,贯穿整个厚度方向的理想柱状晶结构。如果再进一步升高温度,铸片的贴辊面依然可以形成良好的柱状晶,但自由面的合金由于温度过高无法及时冷却,因此晶粒杂乱分布。此外,在浇铸温度过高的情况下,自由面和贴辊面的结晶速率差异较大,由于富 Nd 相的结晶温度较低,因此一部分稀土元素随液固界面的推进而向自由面移动,并伴随冷却过程逐渐析出。因此在铸片厚度方向上成分和组织分布不均匀。因此通过合理地控制浇铸温度,可以获得合适的温度梯度和生长速率,使固液界面在铜辊上以较快的速度推进,进而获得贯穿整个铸片的尺寸均匀的柱状晶结构。

调节辊速可以调节铸片的冷却速度,进而影响铸片组织形态。铸片在铜辊上快速冷却,脱离铜辊后缓慢冷却。不同的辊速意味着铸片的贴辊时间不同,铸片脱离铜辊时的温度不同。辊速较低时,铸片冷却到较低温度(300～500℃)才脱离铜辊,铸片都成长为细长的柱状晶,部分 Nd 原子来不及扩散至主相晶粒边界,而在主相晶粒内部以富 Nd 相形式析出,而这些富 Nd 相在烧结过程中就无法起到液相烧结和增加矫顽力的作用。辊速合适时,铸片脱辊的温度应为 650～700℃。该温度已在合金共晶温度以下,主相晶粒不会继续生长,也不会有 α-Fe 相的析出。在脱辊后的缓慢冷却过程中,富 Nd 相有充分的时间扩散和析出。辊速较快时,铸片在较高的温度脱离铜辊,主相晶粒尚没完全发育,导致柱状晶取向度差,并且在后续长大过程中可能形成点状偏析。

(2)氢爆工艺。

氢爆工艺对 Nd-Fe-B 磁体的性能至关重要。合金铸片的氢化程度可以通过铸片的吸氢量来控制。研究表明,完全氢化铸片的断裂方式基本上都是沿晶断裂,而氢化程度低的铸片只有少部分为沿晶断裂。由于氢化程度高的铸片倾向于沿晶断裂,因此后续气流磨过程中获得的磁粉粒度分布较窄，并且断面处均匀分布着富 Nd 相。而氢化程度低的铸片会产生大量的穿晶断裂，磁粉粒度不均，分布范围较宽，导致部分磁粉表面无富 Nd 相包覆，在后续的烧结过程中主相颗粒之间互相直接接触，损害矫顽力和综合磁性能。

在脱氢阶段要严格控制磁粉中的氢含量。研究表明，当磁粉中氢含量过高时，在中温烧结阶段，部分晶粒会有类似 HDDR 的分解再复合成微细晶粒的过程。这种分解再复合过程破坏了晶粒的取向度，同时这些微细晶粒也会在烧结过程中被周围晶粒吞噬造成晶粒长大，进而降低了磁体的磁性能。

(3)气流磨工艺。

气流磨的原理是高脆性的氢爆后的粉末在超声速高纯氮气流吹动下，磁粉之间反复多次高速碰撞破碎，再经高速旋转的分级轮进行筛选，最终获得平均粒度在 2～10μm 的磁粉。随着 Nd-Fe-B 制备工艺的改进，“熔炼甩带＋氢爆＋气流磨”技术得到了广泛的应用。甩带、氢爆与气流磨工艺相结合更有利于获得 3～5μm 的单晶粉末颗粒，非常适合制备高性能烧结 Nd-Fe-B 磁体。

(4)烧结和热处理工艺。

压制后的生坯需经过烧结处理才能获得致密化的磁体。烧结过程主要分为 3 个阶段：低温段(室温～500℃)、中温段(500～800℃)和致密化高温段(800～1080℃)。低温段主要发生气体的脱附，水分、油脂的蒸发或挥发等。在中温段，生坯内的有机物杂质和气体得到有效排除，颗粒表面得到净化，相互之间接触面积逐渐增大，为致密化烧结提供了条件。在致密化高温段，富 Nd 相熔化为液态，通过毛细作用将相邻的两个主相晶粒烧结在一起，磁体密度得到大幅提高(98%～100%)。与此同时，细小的主相颗粒或者大颗粒的凸起和棱角部分会溶解于液相中，并在大颗粒表面析出，使颗粒长大并球化。

烧结后的 Nd-Fe-B 磁体通常矫顽力相对较低。回火热处理可以通过消除主相晶粒表面缺陷、改变富 Nd 相分布等方法有效提高磁体矫顽力。根据不同的成分，热处理一般包括一级回火热处理和二级回火热处理。一级回火热处理使晶界交界处的富 Nd 相重新转变为液相，从而在主相晶粒间分布更充分、更均匀，更好地隔断主相晶粒间的磁交换耦合作用。二级回火热处理时，晶界处发生三元共晶反应，析出固溶在富 Nd 相中的 $Nd_2Fe_{14}B$ 主相。

烧结和回火热处理工艺在 Nd-Fe-B 磁体制备过程中起着重要的作用。但具体的烧结和热处理工艺参数却不是一成不变的，而是受合金成分、磁粉粒径、含氧量和含氢量等影响。因此，实际的烧结和热处理工艺需要同合金成分和微结构等相匹配。

2) 双合金工艺

目前，高性能烧结 Nd-Fe-B 磁体采用新型双合金工艺制备，这是在 20 世纪 90 年代后期逐渐发展起来的新的制备技术。相比于单合金工艺，双合金工艺需要熔炼两种合金，进而获得高矫顽力和高磁能积磁体，这种磁体具有改善晶界润湿性和优化磁体微观结构的优点。双合金工艺的关键在于合理选择两种合金的成分，一般把使用量较高的合金粉末称为主合金，而使用量较低的称为辅合金。有些科研工作者采用多合金工艺制备烧结 Nd-Fe-B 磁体的工艺，多合金工艺中可以存在多个主合金或者多个辅合金，根据具体材料的性能和结构要求来选择，其机理与双合金工艺类似。这里主要对双合金工艺进行阐述。

实践证明，为了获得高性能磁体，双合金工艺应符合以下原则：①主合金成分通常接近 2∶14∶1 主相，在磁体中主要起到提供高剩磁的作用，因此稀土元素的含量要低，同时尽可能减少重稀土、Zr、Co、Cu 和 Al 等元素的添加；②辅合金成分通常为富稀土相，在磁体中主要起到优化晶界结构、增强晶粒间去磁耦合、提高矫顽力的作用；同时，尽可能地细化合金粉末，改善辅合金在磁体晶界处的分布状态；③控制磁体中主合金和辅合金的相对含量，一般而言，随着辅合金含量的增加，磁体剩磁降低，但矫顽力增大；通过控制主合金与辅合金的复合比例，可以连续调整磁体的成分与磁性能。

针对导致烧结 Nd-Fe-B 磁体抗蚀性差、矫顽力低和重稀土用量大等问题的组织结构根源，浙江大学在双合金工艺的基础上，进一步开发了晶界组织重构技术，制备高性能烧结磁体。晶界组织重构技术的核心在于设计和合成晶界相：①设计富重稀土晶界相，通过磁硬化主相晶粒边界研发高矫顽力钕铁硼，同时显著降低主相重稀土用量。例如，在晶界相中添加 Dy、Tb 等元素，Dy 在烧结和热处理过程中从晶界相向主相中进行扩散，在主相晶粒边界层形成具有较大磁晶各向异性场的$(Nd,Dy)_2Fe_{14}B$，这可以有效提高反磁化畴的形核场，提高矫顽力。②设计与主相电极电位相当的高电位晶界相，抑制主相与晶界相的电化学反应，提高钕铁硼本征抗蚀性。例如，在晶界相中加入 Cu、Ni 等标准电极电位较高的元素，可有效提高晶界相电位和化学稳定性，大幅提高磁体的抗腐蚀性能；此外，与 Nd 相比，Dy 也具有更高的电极电位。③设计低熔点结晶相，改善烧结工艺。例如，在晶界相中加入 Ho、Cu 等低熔点元素，可有效降低晶界相熔点，改善液态晶界相与主相的浸润性，有效促进液相烧结。

3）高丰度稀土永磁

稀土永磁材料将近消耗了稀土应用总量的一半，特别是资源紧缺的 Pr、Nd、Dy、Tb 等稀土元素，因而磁体成本高、价格高。La、Ce、Y 等高丰度稀土元素，在地壳中存量高，总量超过总稀土量的 70%，因性质相近，通常与 Nd、Pr 等元素共生在一起，但因很少应用在稀土永磁领域，应用范围小、价格低。稀土资源的高效与平衡利用成为产业可持续发展亟须解决的问题。在此背景下，我国钢铁研究总院、浙江大学、中国科学院等单位开展了多主相技术制备富高丰度稀土的(La,Ce,Nd)-Fe-B 永磁材料研究。在$(BH)_{max}$为 40MGOe 的 Nd-Fe-B 合金基础上，通过多主相设计，在 La、Ce 替代比例达 RE 总量 10wt%～18wt%的情况下，$(BH)_{max}$仍能保持 36～38MGOe，仅下降 5%～10%，同时H_{cJ}保持在 8.0～11.0kOe，磁体抗蚀性能也没有明显下降，如图 13.12 所示。随 La、Ce 替代量增加，虽然(La,Ce,Nd)-Fe-B 磁体磁性能总体上相应降低，但 La、Ce 替代量为 18wt%的多主相磁体，剩磁和矫顽力甚至显著超过 La、Ce 替代量 9wt%的单主相磁体。对温度系数的研究结果表明，多主相磁体温度稳定性显著优于单主相磁体，La、Ce 替代量 18wt%的多主相磁体矫顽力温度系数β为－0.72%/℃，明显优于 La、Ce 替代量 9wt%的单主相磁体（－0.83%/℃）。内禀磁性研究发现，La、Ce 替代量 18wt%的多主相磁体的居里温度为 299.30℃，高于 La、Ce 替代量 9wt%的单主相磁体（293.88℃），这表明多主相 RE-Fe-B 磁体主相间存在着显著的磁耦合作用。显微组织研究也表明，不同成分主相的晶粒尺寸存在明显的差异，不同稀土元素在主相和晶界区域高度都是不均匀分布的。上述结果证明，不同成分设计的多主相之间存在磁耦合作用，导致多主相(La,Ce,Nd)-Fe-B 磁体的磁性能，尤其是居里温度和矫顽力，远远超过简单直接添加 La、Ce 的单主相磁体。

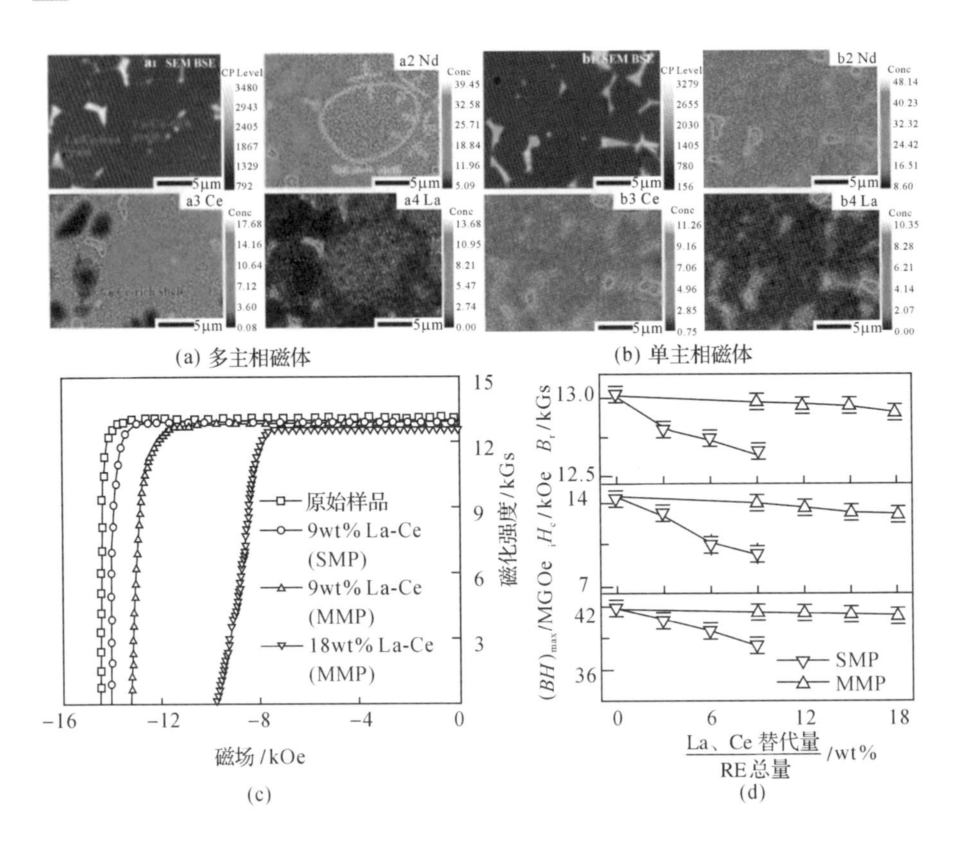

图 13.12 多主相和单主相 RE-Fe-B 磁体的显微组织、成分分布与磁性能

3. 热压/热变形 Nd-Fe-B 磁体的制备技术

热压/热变形技术是制备全密度各向异性 Nd-Fe-B 磁体的重要技术手段之一。该方法通常以纳米晶 Nd-Fe-B 永磁粉末为原料，首先利用热压技术将磁粉在一定条件下致密化，得到全密度的纳米晶磁体，其磁性能表现为各向同性，磁体沿压力方向与垂直压力方向的退磁曲线几乎相同；然后在此基础上，进行二次热压变形处理，得到具有强磁各向异性的全密度 Nd-Fe-B 磁体。图 13.13 给出了各向同性热压磁体和各向异性热变形磁体的典型结构。

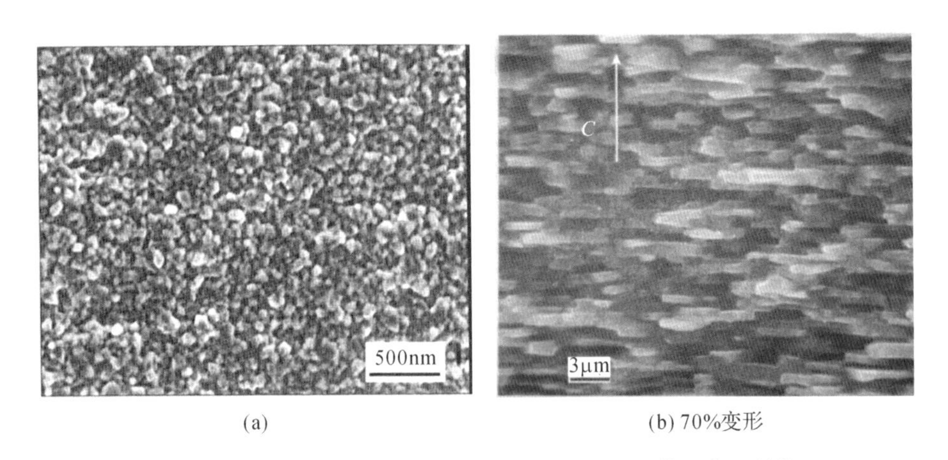

图 13.13 各向同性热压磁体和各向异性热变形磁体的典型结构

从制备工艺看，热压/热变形磁体的最大特点是不需要磁场取向就可以获得各向异性晶体结构与磁各向异性，这与传统的粉末冶金工艺制备各向异性烧结永磁体完全不同。热压/热变形制备纳米晶 Nd-Fe-B 磁体的工艺特点也决定了该方法特别适合于制备相对较复杂的辐射取向环形永磁体，这种辐向永磁体环恰恰是传统的烧结和充磁工艺难以实现的。一般认为，热压/热变形技术的优势在于：①工艺流程简短；②是净尺寸成形技术或近净尺寸成形技术，最终产品不需要加工或仅需要很少量的磨削加工；③非常适合于径向取向磁体，如瓦形磁体和环形磁体。

Nd-Fe-B 磁体的主相 $Nd_2Fe_{14}B$ 具有四方晶体结构，而四方结构的 $Nd_2Fe_{14}B$ 具有力学各向异性，沿 c 轴（易磁化轴）方向的弹性模量要小于 a、b 轴。因此，各向同性的纳米晶 Nd-Fe-B 磁体在高温高压的热变形过程中，$Nd_2Fe_{14}B$ 四方相可通过晶面滑移和晶粒转动实现择优生长，形成 c 轴平行压力方向的织构，这是纳米晶 Nd-Fe-B 磁体热变形取向的基本原理，也是 Nd-Fe-B 磁体磁各向异性的来源。

一般认为，热变形过程中的晶粒择优生长和晶界滑移是磁体获得晶体学织构和磁取向的主要机制，而晶粒尺寸越小，在技术上就越容易实现有效的热变形取向，因此，热压/热变形工艺所采用的磁粉原料通常晶粒细小，一般晶粒尺寸为 30～80nm。这种均匀的纳米晶结构使热压/热变形磁体的耐腐蚀性能远优于烧结磁体。

与烧结 Nd-Fe-B 磁体类似，热压/热变形 Nd-Fe-B 磁体也需要过量的 B 和 Nd 元素。一般来说，过量的 B 元素可以避免磁体中单质 Fe 的存在，而过量的 Nd 元素则是富稀土晶界相产生的必要条件。在热压/热变形工艺中，富稀土晶界相的关键作用主要表现在以下几个方面：①高温下富稀土相为液态，有利于磁体的致密化，类似于烧结永磁体的高温液相烧结过程；②富稀土液相促使晶粒在压力作用下产生择优生长或转动，进而获得良好的织构；③富稀土相为非磁性相，可以实现主相晶粒的磁隔离，进而获得较高的矫顽力。但总体上，热压/热变形 Nd-Fe-B 磁体的稀土含量较烧结 Nd-Fe-B 磁体低，这对降低稀土用量、节约稀土资源十分有利。

影响热压/热变形 Nd-Fe-B 磁体性能的因素有很多。磁体性能既受到快淬磁粉的影响，也受热压温度、热变形温度、变形量、保温时间等工艺参数的影响。

热压/热变形 Nd-Fe-B 磁体的微观结构和磁性能与初始快淬磁粉微观结构存在直接相关性。高性能磁体要求快淬磁粉具备纳米晶与非晶共存的组织结构。研究表明，过淬状态的合金磁粉由于具有非晶与纳米晶共存的组织结构，获得的热变形磁体具有更高的取向度以及更大的剩磁。磁粉的粒度对热压/热变形 Nd-Fe-B 磁体的磁性能也有重要影响。李卫等发现随着快淬磁粉粒度的增加，磁粉的比表面积降低，因此快淬过程中的被氧化的表面减少，有利于磁体剩磁和矫顽力的提高，并且在粒度分布为 200～350μm 时，磁性能最佳。另外，在热压快淬粉中加入适量的低熔点元素纳米颗粒，如 Zn、Cu 等，可以显著增强热变形磁体的矫顽力。这主要是因为这些低熔点元素有效地改善了热变形过程中液相的物理性质，降低了晶界相的熔点，提高了 2∶14∶1 主相的流变性，进而形成了优异的织构，改善了磁性能。

热压/热变形 Nd-Fe-B 磁体的热压过程是一个致密化过程。在热压温度较低时，磁粉之间的堆叠方式主要是简单的机械堆叠压缩过程。随着热压温度升高，快淬磁粉逐渐软化，并产生塑性变形，致使孔隙率降低，磁体致密度增大。当热压温度升高到一定程度后，晶界处产生液相，粉末形成一个有机整体，磁体致密度接近理论密度。此时，再进一步升高温度，磁体致密度基本保持不变。

热压/热变形 Nd-Fe-B 磁体的热变形过程中会遭遇变形抗力。在相对较低温度下对磁体的快速变形，可以抑制晶粒长大，得到较小的纳米晶，提高磁体矫顽力。但低温快速变形，液相的流动性差，会引起较大的变形抗力，这不利于热变形过程的进行，甚至可能导致磁体产生裂纹。为了热变形过程的顺利进行，为了得到磁性能优良的无裂纹磁体，应降低热变形抗力，这就需要较高的变形温度和较低的变形速率。但过高的热变形温度，磁体晶粒会出现异常长大，破坏磁体织构，因此会降低磁体性能。

热变形磁体的变形量直接影响着磁体的结构与磁性能。一般而言，在变形量较小时，磁体中的织构不明显，此时剩磁和磁能积较低；随着变形量的增大，磁体内部的织构程度逐渐增加，磁体的剩磁和磁能积随之增大，但矫顽力有所降低；达到最佳变形量时，磁体的剩磁和磁能积都达到最大值；如果变形量再进一步增大，片状晶就会出现明显长大，磁体矫顽力显著降低。

热变形过程中的保温时间对磁体结构和性能也有重要的影响。若热变形温度的保温时间不足，磁体各处受热不均匀，变形后的磁体或产生严重开裂。在保温时间足够时，热变形磁体表面较光滑，一般不会有裂纹出现。

13.3.3 Nd-Fe-B 永磁体磁性能

近邻原子之间的交换相互作用是物质磁性的来源。因此，物质结构各层次之间的相互作用与材料磁性能密切相关。稀土(RE)-过渡金属(TM)化合物中，RE 亚晶格与 TM 亚晶格之间的交换相互作用影响各向异性和磁化行为。此外，晶粒之间的相互作用影响磁体的矫顽力、剩磁和磁能积等宏观磁性。因此，凡是影响 Nd-Fe-B 中各晶粒之间的相互作用以及 $Nd_2Fe_{14}B$ 晶粒中 RE 和 TM 两种亚晶格之间的相互作用的因素都会对 Nd-Fe-B 磁体的性能产生影响。

1. 添加元素的影响

添加元素既可以影响主相的内禀特性，又可以影响磁体的微结构，因此可望改善磁体的 B_r、H_{cJ}、T_C 等指标。一般来说，添加元素可分为两类。

1)置换元素

其主要作用是改善主相的内禀特性，又包括以下两种。

(1)置换主相中的 Fe。

Fe 的近邻元素 Co、Cr、Ni、Mn 能够进入 $Nd_2Fe_{14}B$ 主相置换 Fe。Co 可以全部替代 Fe，Cr、Ni、Mn 部分置换 Fe。Co 优先占据 $16k_1$ 和 $8j_2$ 晶位；Ni 优先占据 $16k_2$ 和 $8j_2$ 晶位；Cr、Mn 优先占据 $8j_2$ 晶位。这些元素置换 Fe，会减小晶格中 $16k_2$-$8j_1$ 和 $16k_1$-$8j_2$ 之间负的交换作用，增强 3d-3d 原子交换作用，提高磁体的居里温度 T_C，降低剩磁的温度系数；同时也对磁体的其他磁性能产生影响。合金化设计置换 Fe 的主要目的是：提高磁体的居里温度，提高磁体的工作温度和温度稳定性。Fe 的替代元素中 Co 的作用效果最明显，Co 最常用。

Co 元素影响烧结 Nd-Fe-B 磁体的磁性能和居里温度。研究表明：$Nd_2(Fe_{1-x}Co_x)_{14}B$ 的居里温度 T_C 随 Co 含量增加而增大；磁晶各向异性场 H_a 却一直减小；饱和磁化强度 M_S 先增大后减小，在 $x=0.1$ 时达最大值。Co 不仅改变了磁体的内禀性能，还影响其微观结构。Co替代Fe对磁性能的影响，与Co含量和其分布状况有关。含量低时，Co分布在$Nd_2Fe_{14}B$主相中；含量多时，部分Co进入晶界区域。例如，在掺Co的$Nd_{15}Fe_{77}B_8$烧结磁体中，Co含量高于10at%时，在磁体的晶界区域可以发现Co的存在。在晶界区域Co可与Nd、Fe反应形成$NdCo_2$、$Nd(Fe,Co)_2$、$Nd(Co,Fe)_3$、$Nd(Fe,Co)_4B$等软磁相，并引起主相晶粒粗化。大量的Co会恶化磁体的磁性能，一般情况下，Co含量应控制在10at%以内。

熔炼合金化时，少量或微量的Al、Ga、Mg、Sn、Si也可能进入主相替代Fe，对磁体的内禀性能产生影响。Ga、Mg、Si能提高磁晶各向异性场H_a，Ga、Sn、Si有利于改善居里温度T_C，但降低了$Nd_2Fe_{14}B$主相的饱和磁化强度M_S，有磁稀释作用，不利于磁性能的改善，因此应尽量避免或减少Al、Ga、Mg、Sn、Si向主相中扩散。

(2)重稀土元素Dy和Tb置换主相中的Nd。

Nd之外的其他稀土元素RE(La、Ce、Pr、Sm……)都可以与Fe和B形成$RE_2Fe_{14}B$化合物。向烧结Nd-Fe-B磁体中添加其他稀土元素，可以形成含多元稀土元素的磁体。其他稀土元素的作用取决于$RE_2Fe_{14}B$的内禀磁性能(见表13.2)。$RE_2Fe_{14}B$化合物中$Nd_2Fe_{14}B$的饱和磁极化强度J_S最大；除Pr、Sm、Tb、Dy、Ho外，其他稀土元素与Fe和B形成$RE_2Fe_{14}B$的磁晶各向异性场小于$Nd_2Fe_{14}B$的磁晶各向异性场H_a；$RE_2Fe_{14}B$(RE为Sm、Gd、Tb、Dy)的居里温度大于$Nd_2Fe_{14}B$的T_C。这表明置换Nd不能提高磁体B_r；Pr、Sm、Tb、Dy、Ho取代Nd可以提高主相的磁晶各向异性场H_a，能提高磁体矫顽力；Sm、Gd、Tb、Dy置换Nd能提高磁体的居里温度T_C。可见，合金化设计时用其他稀土元素置换Nd的主要目的是提高磁体的矫顽力。

表13.2 $R_2Fe_{14}B$化合物在295K的内禀性能

成分	J_S/T	H_A/(kA·m^{-1})	T_C/K
$La_2Fe_{14}B$	1.38	1592	530
$Ce_2Fe_{14}B$	1.17	2070	424
$Pr_2Fe_{14}B$	1.56	5970	565
$Nd_2Fe_{14}B$	1.60	5810	585
$Sm_2Fe_{14}B$	1.52	12000	616
$Gd_2Fe_{14}B$	0.89	1910	661
$Tb_2Fe_{14}B$	0.70	17512	620
$Dy_2Fe_{14}B$	0.71	11940	598
$Ho_2Fe_{14}B$	0.81	5970	573
$Er_2Fe_{14}B$	0.90	637	554
$Tm_2Fe_{14}B$	1.15	637	541
$Yb_2Fe_{14}B$	1.20	—	524
$Lu_2Fe_{14}B$	1.17	2070	535
$Y_2Fe_{14}B$	1.41	2070	565
$Th_2Fe_{14}B$	1.41	2070	481

2）掺杂元素

其主要作用是调整磁体内部的微观结构，也包括两种。

（1）低熔点元素 M1（Cu、Al、Ga、Sn、Mg、Zn）；

Al、Ga、Cu、Zn、Mg、Sn 是低熔点元素，高温时在主相中有一定的溶解度，对烧结 Nd-Fe-B 磁性能有害。但是它们也分存于晶界区域，烧结时有利于提高富 Nd 液相沿主相颗粒的润湿性，回火时改善磁体晶界的显微结构，使富 Nd 相沿晶界分布更均匀，晶界变得更平直；它们还可与 Nd、Fe 反应，形成 MI-Nd、MI-Fe-Nd（MI 为 Al、Ga、Cu、Zn、Mg、Sn）晶界相，改变晶界相的物化性质。研究表明，适量添加低熔点元素能提高磁体的内禀矫顽力、最大磁能积和稳定性，其中 Al 和 Cu 是工业磁体中最常用的掺杂元素。

Cu 在主相 $Nd_2Fe_{14}B$ 中的溶解度为 5%，少量添加时 Cu 不进入 $Nd_2Fe_{14}B$ 主相内，分布在晶界富 Nd 相内，有利于提高富 Nd 晶界液相在烧结过程中的流动性，促进磁体致密化，也有利于富 Nd 相沿晶界分布。另外，Cu 与晶界区域的 Nd、Fe 反应，可能形成 Nd_3Cu、NdCu、$NdCu_2$、$Nd_6Fe_{13}Cu$ 低熔点相。在高于含 Cu 相熔点以上温度进行回火扩散处理时，有 Nd-Cu 液相生成。晶界交隅处的 Nd-Cu 液相通过吸管张力作用，向主相颗粒间的晶界区域扩散，增加了晶界区域 Nd 的数量，使晶界变得清晰。同时 Nd-Cu 液相能够溶解主相颗粒边界的凸起，使晶界变得光滑、平直。上述优化的晶界结构能够减弱相邻主相晶粒间的磁交换耦合作用，减小退磁场，提高反磁化畴的形核场，因此适量掺 Cu 能够有效提高磁体的矫顽力。Cu 对磁体性能的影响与其含量和热处理工艺密切相关。一般情况下，Cu 含量控制在 1wt%以内，回火处理温度控制在 500℃附近。

与 Cu 相比，Al 易于向主相中扩散，会降低饱和磁化强度、居里温度等内禀性能，但也能促进磁体烧结致密化过程，有效地优化磁体的晶界结构，尤其是改善富 Nd 晶界相的分布状况。综合 Al 对烧结 Nd-Fe-B 磁性内禀性能和结构的作用，Al 的有益影响主要与其改善磁体显微结构有关，适量掺 Al 能提高磁体的磁性能。Ga、Zn、Mg、Sn 改善 Nd-Fe-B 磁性能的机制，与 Cu、Al 影响机理类似，适量添加也能改善磁体晶界微结构，提高磁性能。

多元素共同掺杂可以提高烧结 Nd-Fe-B 磁体磁性能。结果表明，对于 Cu、Co 共掺的烧结（Nd，Dy）-Fe-B 磁体，Cu 含量仅为 0.005%时，磁体 B_r 未降反升，H_{cJ} 显著地增大，Cu 和 Co 共掺避免了 Co 单元掺杂对矫顽力的不利影响；同时，Co 有益于提高磁体温度稳定性的作用也得到了充分发挥。同样，（Co、Al）、（W、Al）、（Ti、Al）、（Ti、Cu）、（Dy、Co、Nb）、（Dy、Co、Mo）、（Dy、Al、Ga、Nb、Zr）等多元共掺与单元添加相比，更有利于磁体性能指标的全面提高。随着人们对合金化机理认识的深化，为获得优良的磁性能，现在工业生产中烧结 Nd-Fe-B 基本上采用多元合金化方法。一般情况下，烧结 Nd-Fe-B 磁体由七种或更多种组元构成。

（2）高熔点元素 M2（Nb、Mo、V、W、Cr、Zr、Ti）。

Nb、Zr、Ti、Mo、V、W 是高熔点掺杂元素，它们与 B、Fe 反应，可形成 MⅡ-B、MⅡ-Fe-B（MⅡ 为 Cr、Nb、Zr、Ti、Mo、V、W）相，分布在烧结磁体晶内或晶界区域，起到细化晶粒和钉扎畴壁的作用，提高磁体的磁性能。其中 Nb 和 Zr 在 Nd-Fe-B 磁体的生产中较为常用。

微量掺 Nb 和 Zr 能有效细化 $Nd_2Fe_{14}B$ 主相晶粒，使其更加规整，有利于提高磁体的矫顽力和温度稳定性，改善磁体的退磁曲线方形度，也有利于提高磁体的最大磁能积。晶粒细化机制与晶界区域形成 ZrB_2、FeNbB、Fe_2Nb 相有关，析出相能钉扎晶界，抑制晶界迁移，阻止了烧结时主相晶粒长大。这些析出相为非磁性相，在晶界区域与富 Nd 相一起，还能起到磁隔离作用，有利于提高磁体矫顽力。掺 Nb(Zr)磁体矫顽力的提高，可能与主相颗粒内部析出富 Nb(Zr)共格沉淀相有关，沉淀相尺寸约为 20～50nm，与畴壁宽度相尺寸相当，能钉扎畴壁，阻止畴壁运动，因此适量掺 Nb、Zr 能提高磁体的 H_{cJ}。但过量添加会导致 Nd_2Fe_{17} 软磁相析出，使磁体的${}_iH_c$ 急剧下降。Ti、Mo、V、W 与 Nb、Zr 对烧结 Nd-Fe-B 磁性能的影响机理相似，掺杂时也要控制其含量。

表 13.3 中总结了添加元素所起的作用及作用机理。表 13.4 给出了添加元素对 Nd-Fe-B 磁体内禀磁性的影响。

表 13.3 添加元素所起的作用及作用机理

添加元素	正面效果	机理	负面效果	机理
Co 置换 Fe	T_C ↑ α_{B_r} ↓ 抗蚀性 ↑	Co 的 T_C 比 Fe 的高；新的 Nd_3Co 晶界相替代了原来易腐蚀的富 Nd 相	B_r ↓ ${}_MH_c$ ↓	Co 的 M_S 比 Fe 的低；新的晶界相 Nd_3Co 是软磁性相，不起磁去耦作用
Dy、Tb 置换 Nd	${}_MH_c$ ↑	Dy 起主相晶粒细化作用；$Dy_2Fe_{14}B$ 的 Ha 比 $Nd_2Fe_{14}B$ 的高	B_r ↓ $(BH)_{max}$ ↓	Dy 与 Fe 的原子磁矩呈亚铁磁性耦合，使主相的 M_S 下降
晶界改进元素 M1	${}_MH_c$ ↑ 抗蚀性 ↑	形成非磁性晶界相，使主相磁去耦，同时还抑制主相晶粒长大；替代原来易腐蚀的富 Nd 相	B_r ↓ $(BH)_{max}$ ↓	非磁性元素 M1 局部替代 Fe，使主相 M_S 下降
难溶元素 M2	${}_MH_c$ ↑ 抗蚀性 ↑	抑制软磁性 α-Fe、$Nd(Fe,Co)_2$ 相生成，从而增强磁去耦，同时抑制主相晶粒长大	B_r ↓ $(BH)_{max}$ ↓	在晶界或晶粒内生成非磁性硼化物相，使主相体积分数下降

表 13.4 添加元素对 T_C、M_S 和 H_a 的影响

元素	择优晶位	ΔT_C	ΔM_S	ΔH_a
Ti		−	−	−
V		−	−	−
Cr	$8j_2$	−	−	−
Mn	$8j_2$	−	−	−
Co	$16k_2$，$8j_1$	+	−	−
Ni	$16k_2$，$8j_2$	+	−	−
Cu		+	−	−
Zr		−	−	−
Nb		−	−	+
Mo			−	−
Ru		−		−
W		−		
Al	$8j_2$，$16k_2$	−	−	+
Ga	$8j_1$，4c，$16k_2$	+	−	+
Si	$4c(16k_2)$	+	−	+

2. 磁粉和晶粒度的影响

提高 Nd-Fe-B 磁体矫顽力的一个途径就是:采用细而且均匀的磁粉,在烧结后得到细而且均匀的晶粒。

在反磁化畴形核矫顽力机制中,主相晶粒尺寸直接影响磁体矫顽力。假定晶粒边界层单位表面积内的引起反磁化畴形核的缺陷数目是一定的,那么晶粒尺寸越大,表面积越大,则表面的缺陷数量越多,引起反磁化畴形核的可能性也越大,因此,矫顽力越低。

一般说来,用气流磨可获得粒度分布较窄的磁粉,其中 3μm 的磁粉占多数,这种粒径是公认的最佳磁粉粒径。用这种磁粉制作的烧结磁体的平均晶粒直径细化为约 6μm,粒度分布也较窄,位于最佳粒径范围(3～10μm)内。而采用平均粒径同为 3μm,但粒度分布较宽的球磨磁粉制作的烧结磁体,平均晶粒直径为 12μm,粒度分布也宽(5～18μm)。用这两种粒度分布的同一成分的磁粉制作的磁体,前者的矫顽力 H_{cJ} 比后者的高约 160kJ/m。

2010 年以来,日本 Sagawa 课题组陆续报道通过细化晶粒可制备出矫顽力达到～19kOe 的不含 Dy 磁体。不同于晶粒尺寸大于 3μm 的传统烧结 Nd-Fe-B 磁体,他们采用新型氦气气流磨和无压烧结工艺控制磁体初始粉末的粒度及磁体制备过程中的氧含量,将磁体主相晶粒尺寸控制在 1μm 左右,通过有效降低主相晶粒尺寸,可以减少晶粒周围的杂散磁场,提高反磁化畴的形核场;另外,因为超细主相晶粒仅为 Nd-Fe-B 单畴尺寸的 3 倍左右,磁畴在晶粒内部形核后,畴壁的运动会受到晶界的钉扎。因此,超细晶磁体的矫顽力机制不是单纯的反磁化形核机制,而是形核、钉扎机制共同控制。

控制磁粉的含氧量也可以在一定程度上控制烧结磁体晶粒尺寸。研究发现,用含氧量(质量分数)分别为 0.0012、0.0040、0.0053 和 0.0065 的 3μm 磁粉制作的磁体,其平均晶粒尺寸分别为 7.5μm、7.1μm、6.9μm、6.2μm,呈下降趋势。由此说明,氧可能在烧结过程中起抑制晶粒长大的作用。

3. 取向度的影响

在主相饱和磁化强度 M_S 和体积分数一定的情况下,取向度是影响磁体 B_r 的重要因素。如果取向度达到 96%以上,Nd-Fe-B 磁体的最大磁能积 $(BH)_{max}$ 可达到 $422kA/m^3$ 以上。

取向度受多种因素的影响:成分、磁粉粒径分布、模具内定向磁场强度、成型压力和由烧结引起的晶粒长大。磁粉不能完全定向的原因是磁粉间的磁凝集妨碍了磁粉的转动。采用适当品种和数量的润滑剂可得到接近完全的定向。但是,如果磁粉间的磁凝集太小,磁粉间没有了摩擦就不能成型。因此,应将磁凝集控制在能进行成型的程度。定向磁场是磁定向的动力,取向度随定向场强度提高而提高。但当定向场达 796kA/m 以上时,取向度已很难再提高,因此,没有必要将定向场提得很高。成型压力是磁粉定向的阻力,成型压力在 4.9×10^7Pa 以下时,取向度有大的变化,压力越大,取向度越低。因此,为了提高取向度,应在能得到成型体的最低限度压力下进行成型。在烧结过程中有两个相反的倾向,即由晶粒长大造成的取向度提高和由烧结收缩产生的取向度下降。在低压力(1.67×10^7Pa)成型的海绵状生坯中,烧结收缩大,因此取向度下降。但由于其生坯初始取向度高,因此,烧结后的最终取向度仍然比高压力(19.6×10^7Pa)下成型的取向度高。

4. 含氧量的影响

磁体制作过程中不可避免地要带入氧。有报道说,氧会使 Nd-Fe-B 磁体的 H_{cJ} 降低;也有报道说，适度的氧含量对提高磁体性能是有利的。Kim 研究了含 Co 的 Nd-Fe-B 磁体的 H_{cJ} 与含氧量的关系。对于 0.29Nd-0.04Dy-0.05Co-0.0115(B,Nb)-Fe_{bal}(质量分数，下同)磁体，当含氧量在 0.0040(质量分数，下同)以下时，H_{cJ} 随含氧量增加而急剧地从 796kA/m 增大到 1417kA/m，随后缓慢下降。含氧量为 0.0050 的 0.28Nd-0.06Dy-0.011B-0.025Co-0.0015Cu-Fe_{bal} 磁体的矫顽力温度系数为 -0.444×10^{-2}/℃；而含氧量为 0.0020 的同种磁体的为 -0.511×10^{-2}/℃。前者的不可逆退磁在 200℃仍为零，后者在 150℃仍为零。由此可知，适度的氧对提高含 Co 磁体的 H_{cJ} 和温度稳定性有利。含氧量为 0.0050 的烧结磁体中，晶粒变细，晶界相局限于晶界交汇处；富 Nd 晶界相尺寸较小，比较分散，晶界非常平滑，缺陷少，有利于提高矫顽力。对于固定尺寸的磁粉(3μm)，含氧量高(0.0040)的 $Nd_{14.5}Fe_{80.5}B_6$ 磁体腐蚀失重比含氧量低(0.0010)的磁体小很多，即抗蚀性好。含氧量为 0.0065 时腐蚀失重已降为零。Kim 还研究了含氧量对不含 Co 的 Nd-Dy-Fe-Al-B 磁体 H_{cJ} 的影响。结果与上述含 Co 磁体的相反，H_{cJ} 随含氧量增大而减小。但不同成分的磁体有差别：0.305Nd-0.030Dy-0.647Fe-0.005Al-0.013B 磁体的 H_{cJ} 随含氧量增大(0.0033→0.0042)而线性下降较少(1536→1496kA/m)；0.289Nd-0.025Dy-0.671Fe-0.004Al-0.012B磁体的 H_{cJ} 随含氧量增大(0.0015→0.0044)而线性下降较多(1337→740kA/m)。

5. 磁体的热稳定性

提高 Nd-Fe-B 磁体工作温度有两条途径：提高居里温度 T_C 和提高室温(25℃)下的矫顽力。可分别用添加 Co 和 Dy 来实现，但都有各自的负面效果(见表 13.3)。实验发现，在高温(175℃)下较高的 H_{cJ} 对降低不可逆退磁是必要的；而较高的 T_C 则有利于降低可逆温度系数 α_{B_r}。由于 Nd-Fe-B 磁体的 $\beta_{_MH_c}$ 高达 $-(0.5\sim0.6)\times10^{-2}$/℃，而且必须满足 ${}_MH_c\geqslant B_r/2$ 才能得到最高磁能积。因此，不论磁体成分，为了确保高温下的磁性能，室温矫顽力必须足够大。为了在高温下得到高 H_{cJ}，虽体微结构的改进可使 H_{cJ} 增大一些，但添加 0.03(摩尔分数)以上的 Dy 要比添加 Co-V 或 Co-Mo 更有效。表 13.5 给出了不同成分磁体的磁性能和温度相关特性。可以看出，磁体 $Nd_{12}Dy_3Fe_{70}Co_5Nb_2B_8$ 具有优良的高温特性。

表 13.5 不同成分磁体的磁性能和温度相关特性

成分	T_C /℃	B_r/T		${}_MH_c$/(kA·m^{-1})		不可逆退磁/10^{-2}	α_{B_r}	$\beta_{_MH_c}$
		25℃	175℃	25℃	175℃		10^{-2}/℃	
$Nd_{12}Dy_3Fe_{77.3}Nb_{0.7}B_7$	312	1.11	0.93	2093	605	5	−0.130	−0.47
$Nd_{13}Dy_2Fe_{72}Co_5Nb_2B_6$	363	1.04	0.91	>2387	844	2	−0.100	−0.50
$Nd_{12}Dy_3Fe_{70}Co_5Nb_2B_8$	364	1.03	0.85	>2387	1027	5	−0.100	−0.40
$Nd_{13}Dy_2Fe_{69}Co_5V_4B_7$	348	1.04	0.93	1926	525	8	−0.100	−0.48
$Nd_{12}Dy_3Fe_{70}Co_5Mo_2B_8$	355	1.05	0.88	1988	700	3	−0.110	−0.43
$Nd_{14}Dy_{1.5}Fe_{69}Co_6Ta_2B_{7.5}$		1.10	0.93*	1170	223*			
$Nd_{14}Dy_{1.5}Fe_{70}Co_6Ti_1B_{7.5}$		1.17	0.99*	1019	135*			

注：* 表示为 150℃下的值。

另有一种观点认为，只要温度系数 $\beta_{H_{cJ}}$ 不降低，仅提高室温矫顽力还不足以明显地提高工作温度。降低 $\beta_{H_{cJ}}$ 也是提高工作温度的一个有效途径。这在 Sm-Co 系磁体中已得到证实。

综上所述，制作高性能 Nd-Fe-B 磁体需综合考虑各种因素的影响，按使用要求，在磁性、抗蚀性和高温稳定性三者间取舍。现阶段还不能获得各种性能都很好的磁体，对具体应用来说也似乎无此必要。

6. 磁体的抗蚀性

由于 Nd-Fe-B 永磁材料中具有两相结构，主相与晶界相的电位差较大，所以 Nd-Fe-B 永磁材料的抗腐蚀性能很差。低抗蚀性是 Nd-Fe-B 磁体的缺点，已成为制约其广泛应用的因素之一。Nd-Fe-B 永磁材料的腐蚀机理主要分为电化学机理和化学机理，一般情况下，这两种腐蚀机理很难截然分开，都对磁体的腐蚀破坏起作用，但在特定的环境条件下，可能以某种腐蚀机制为主。其腐蚀过程如图 13.14 所示。

烧结 Nd-Fe-B 中富 Nd 晶界活泼、电极电位低的特点，决定了磁体易晶间腐蚀，因此只有提高晶界相的化学稳定性，改善晶界相的分布，才能提高磁体的抗蚀性。根据合金腐蚀理论，向烧结 Nd-Fe-B 中掺合金元素能降低晶界相的活性，提高富 Nd 相的腐蚀电位，缩小晶界相与主相间的电位差，减小磁体腐蚀的动力。合金化是提高烧结钕铁硼抗蚀性的重要途径，其中元素掺杂有两种方式：一种是磁体组元熔炼时添加（熔炼添加）；另一种是混粉添加合金元素（晶界添加）。

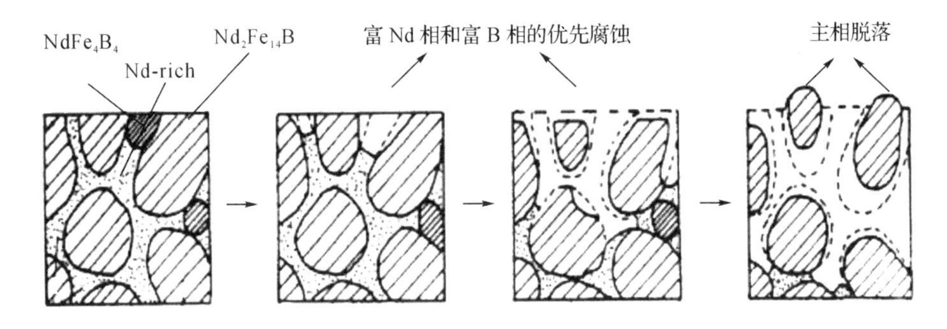

图 13.14 烧结 Nd-Fe-B 磁体腐蚀过程

1）熔炼添加

Bala 研究了 $Nd_{15}Fe_{76}MB_8$（M 为 Fe、P、Cr、Ti、Zr、Pb、Sn）磁体在不同介质环境中的腐蚀行为。结果表明：P、Cr、Ti、Zr、Pb、Sn 降低了磁体在 3mg/L SO_2 或 0.5 M H_2SO_4 环境中的腐蚀速度，其中掺 Cr 磁体的腐蚀速度降低至原来的 1/3，其余磁体的腐蚀速度降低至原来的 1/4～1/3。掺 Cr 还能提高磁体在盐雾环境中的抗蚀能力。Cr 的影响效果与其在磁体中的含量有关，掺杂 1at%～4at%时，磁体腐蚀抗力最佳，进一步增加 Cr 含量，磁体抗腐蚀性没有提高，磁性能却明显降低。后来 Kim 发现，1at% Cr 能有效提高烧结 Nd-Fe-B 的抗蚀性能。

实验表明，向磁体中掺 Al、Cu、Nb、Co、Ga、V、Ti、Mo、(Co，Cu)、(Co，Al)、(V，Co)、(Ga，Co，Dy)、(Dy，Co，Al，Nb)后，合金元素与晶界区域的 Nd 和 Fe 反应形成比富 Nd 相稳定的 MI-Nd、MI-Fe-Nd 相，减少了晶界区域中的富 Nd 相，提高了晶界相的化学稳定性；这些元素还能起到隔离作用，阻止氢在晶界中的扩散。因此，掺杂一种或多种比 Nd 稳定的合金元素能够增强烧结 Nd-Fe-B 的抗蚀性能。研究表明，熔炼添加合金元素能在一定程度上提高磁体抗蚀性。但是该方法往往因部分合金元素溶解在主相中，会损害磁体的磁性能。

2）晶界添加

晶界添加能充分发挥合金元素改善晶界相化学稳定性的作用，又可以减少或避免它们进入主相，减少对磁性能的不利影响。晶界添加优于熔炼添加。近年来，浙江大学通过晶界添加的方式，系统研究了 Cu、Zn、MgO、SiO_2、ZnO、AlN、$Zn_{60}Cu_{40}$、Mg_7Zn_3 纳（微）米粉对烧结 Nd-Fe-B 抗蚀性能和磁性能的影响。实验表明：上述金属或化合物的适量晶界添加，能够同时提高磁体的抗蚀性能和磁性能，因为晶界添加能提高晶界相化学稳定性，优化显微结构（细化晶粒，改善晶界相的分布，提高磁体密度）。另有研究表明，适量晶界添加 Si_3N_4、MgO、ZnO 和 WC 纳米粉也可在不降低磁性能前提下，提高烧结 Nd-Fe-B 的抗蚀性能。因此，晶界添加是提高烧结 Nd-Fe-B 抗蚀性的途径之一。

3）合金改性

合金改性是通过设计合适的晶界改性合金并将其制粉和 Nd-Fe-B 磁粉混合后制备磁体的一种晶界添加方法。常用的晶界合金添加剂主要分为两类：一类是低熔点的合金化合物，如 Al-Cu、Nd-Cu、Cu-Zn、Fe-Ga、Dy-Co、Nd-Cu、Nd-Co-Cu 等，这些合金的熔点一般在烧结温度以下，甚至在富 Nd 相的熔化温度以下，在烧结和热处理的过程中，这些合金添加物能够形成液相，配合富 Nd 相完成磁体的致密化，并能够优化晶界相分布。另一类是高熔点的合金化合物如 MgO、Dy_2O_3、SiO_2、AlN、Si_3N_4 等，这些添加剂具有稳定的化学性质和较高的电极电位，少量添加能够有效地稳定晶界相的化学性质和电化学性质。

晶界改性技术能够在一定程度上提高晶界相的电极电位，改善磁体晶界富 Nd 相的分布，但是为了保证磁体较高的致密度和磁性能，一般选取稀土含量较高的商用磁体作为初始磁体，因此，磁体中的富 Nd 晶界相的体积分数较高，抗腐蚀性能提高有限，仍不能满足使用要求。因此需要找到一种新的方法来大幅度降低磁体中富 Nd 晶界相的体积分数并同时提高晶界相的电极电位，提高烧结 Nd-Fe-B 磁体的本征抗腐蚀性能。

4）表面处理防护

表面处理防护也是保护磁体免受腐蚀的重要途径。表面处理防护是在磁体表面涂层阻止腐蚀介质与材料直接接触，表面涂层分为金属或合金涂层、聚合物涂层和复合涂层三类，可根据不同应用环境加以选择。

在磁体表面涂覆不同种类的涂层，需采用不同表面处理工艺。金属或合金涂层主要包括 Ni、Zn、Cu、Al、Ni-P 镀层，其中 Ni、Zn 涂层主要通过电镀工艺制备，Cu、Ni-P 涂层主要通过化学镀得到，Al 涂层主要通过真空离子镀得到。各种表面处理工艺及涂层特点不同。电镀法是传统、成熟的表面处理方法，已在实际生产中得到广泛应用；其缺点是镀层存在边角效应，镀层厚度不均、缺陷多、孔隙率大，不适合有深孔、复杂的零件。化学镀层致密，抗蚀性好，适用于不同形状的磁体，涂覆效果好；但是化学镀与电镀相似，镀层与基体结合力较差，易起皮脱落。真空离子镀虽然可以提高镀层与基体的结合力，但是这种工艺方法存在设备投资大、生成效率低、对形状复杂零件难施镀的缺点。另外，有机涂层和复合涂层也存在耐磨性、耐热性较差、工艺复杂、成本较高等缺点。

研究表明：镀液中适当添加稀土钕和镱离子可以有效提高磁体与镀层的结合力；镀液中添加氟化铵，镀液的缓冲性能明显提高；应用超声波预镀工艺获得的镀层均匀致密，进一步提高了与烧结 Nd-Fe-B 磁体的结合力，并显著提高了磁体的抗腐蚀性。从图 13.15 可以看出，采用常规化学预镀工艺得到的镀层与磁体结合疏松，存在较大的缝隙[见图 13.15(a)]，镀层与磁体间结合力很差；而采用超声波预镀工艺得到的镀层与磁体结合紧密，镀层截面完整无孔隙和缺陷[见图 13.15(b)]，镀层与磁体间结合力高。

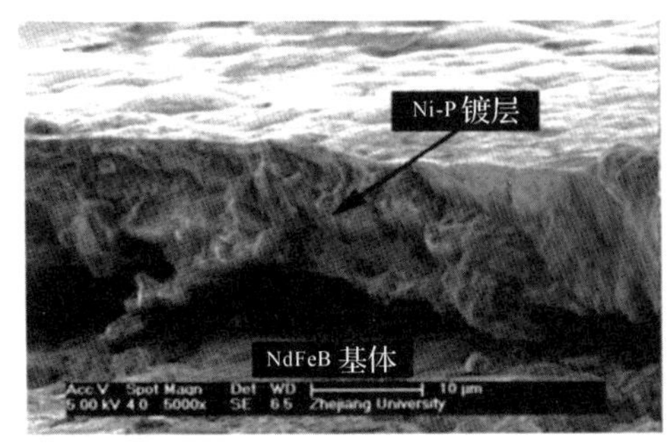

(a) 常规预镀工艺

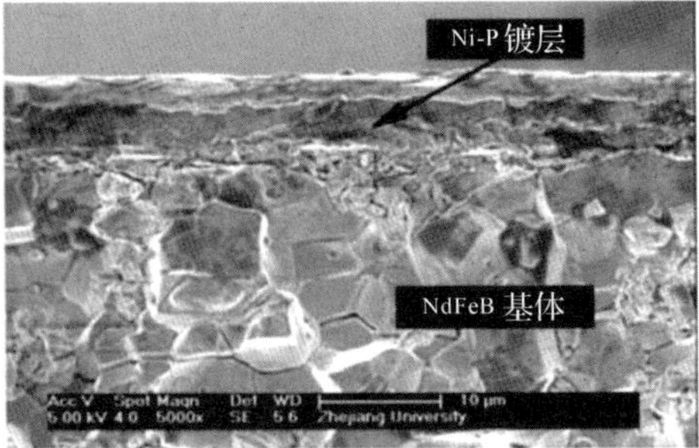

(b) 超声波预镀工艺

图 13.15 Ni-P 镀层与 Nd-Fe-B 磁体的截面形貌

13.4 双相纳米晶复合永磁材料

13-4 双相纳米晶复合永磁

硬磁性相 $Nd_2Fe_{14}B$ 的高磁晶各向异性使得各种烧结 Nd-Fe-B 磁体和单相粘结 Nd-Fe-B 磁体在高退磁场环境中得到了广泛的应用。而 α-Fe的低磁晶各向异性、高饱和磁极化强度使其成为一种性能超群的软磁材料。人们自然会想到，能否得到一种磁体，其既具有硬磁性相的高内禀矫顽力，又具有软磁性相的饱和磁化强度高、易充磁的优点。

由第 10 章可知，一种永磁材料只有具备足够高的内禀矫顽力 $_MH_c$ 和尽可能高的饱和磁化强度 M_S，才能使 $(BH)_{max}$ 最大限度地接近其理论值。表 13.6 是几种常见的硬磁相和软磁相的各项磁性能。由表可见，硬磁相和软磁相在磁晶各向异性和饱和磁学性质两方面各有所长。硬磁相的 M_S 小于软磁相，但其 K_1 却具有 2～3 个数量级的明显优势。另外，综合性能较好的硬磁相均含有相当数量的稀土元素，如在 $Nd_2Fe_{14}B$ 相中，Nd 含量为26.7wt%，$SmCo_5$ 相中 Sm 达到了 33.7wt%。这使得材料的成本上升，化学稳定性不好，易腐蚀。

表 13.6 几种常见的硬磁相和软磁相的磁性能

磁性相		居里温度 T_C /℃	磁晶各向异性 K_1 /(10^6 A · m^{-1})	饱和磁极化强度 $\mu_0 M_S$/T
软磁相	α-Fe	760	0.047	2.13
	Fe_3B	425	0.01	1.70
硬磁相	$BaO \cdot 6Fe_2O_3$	450	0.32	0.47
	$Nd_2Fe_{14}B$	310	9.4	1.57
	$SmCo_5$	730	11.9	1.05

对于硬磁相和软磁相性能的综合考虑，导致了制备“多相复合磁体”思路的产生。如果在硬磁相基体中均匀分布软磁相颗粒，则这种“多相复合磁体”就会集硬磁相和软磁相的优

点于一身，硬磁相提供足够高的磁晶各向异性，软磁相提供尽可能高的饱和磁化强度。正是在这一思路的指引下，双相纳米晶复合永磁材料蓬勃发展起来。

双相纳米晶复合永磁材料应具备以下基本特征：硬磁性相和软磁性相颗粒尺寸都在纳米级尺度，双相高度弥散均匀分布，彼此在纳米级范围内复合；为了获得更好的永磁性能，硬磁性相应具有尽可能高的磁晶各向异性，软磁性相应具有尽可能高的饱和磁化强度；两相界面存在磁交换耦合作用，虽然软硬磁性相的磁晶各向异性常数差异巨大，但受磁交换耦合机制影响，在外场作用下软磁性相的磁矩随着硬磁性相的磁矩同步转动，因此磁体的磁滞回线呈现铁磁性特征。

因此，双相纳米晶复合永磁材料是通过相邻原子磁矩交换耦合作用，将具有高磁晶各向异性的稀土永磁相与具有高饱和磁化强度的软磁相复合而形成的一类新型永磁材料。与传统 Nd-Fe-B 永磁材料相比，双相纳米晶复合永磁材料具有以下优势：

(1)兼具硬磁性相的高矫顽力和软磁性相的高饱和磁化强度，可望获得更好的磁性能；

(2)稀土元素含量低、成本低；

(3)温度稳定性、耐热性以及抗氧化性都有所提高。

目前，双相纳米晶复合永磁材料的研究主要集中在 $Nd_2Fe_{14}B/Fe_3B$、$Nd_2Fe_{14}B/\alpha$-Fe、$Pr_2Fe_{14}B/\alpha$-Fe、$Pr_2Fe_{14}C/\alpha$-Fe、$Sm_2Fe_{17}N_x/\alpha$-Fe、$Sm_2Fe_{17}C_x/\alpha$-Fe 等体系。多年的研究表明，虽然双相纳米晶复合永磁材料的剩磁有很大提升，但矫顽力有所下降，从而限制了磁能积的进一步提高。因此，如何在保证高剩磁的前提下提高磁体矫顽力成为该领域的研究热点。

13.4.1　双相纳米晶复合永磁材料的理论基础——交换耦合作用

如果复合磁体仅仅是硬磁相颗粒和软磁相颗粒的简单堆积组合，则剩余磁化强度 M_r 和饱和磁化强度 M_S 的关系应满足 Stoner-Wohlfarth 理论。该理论描述了单轴晶系多晶永磁体的磁学性质。假设多晶永磁体内各个晶粒都具有单易磁化轴，且未经过特殊的织构化处理，整个永磁体并不显示出单轴各向异性的特点。各个晶粒的易磁化轴在空间随机均匀分布，如图13.16所示。当外加磁场 H 沿磁体的任一方向磁化至饱和状态后，在剩磁状态下，多晶体内的磁极化强度分布在外磁场方向的正半球内，从0°到180°均匀分布，则剩余磁化强度 M_r 的大小为：

$$M_r = M_S \overline{\cos\theta} = M_S \frac{1}{2\pi}\int_0^{2\pi} 2\pi \sin\theta \cos\theta \mathrm{d}\theta = \frac{M_S}{2} \tag{13.1}$$

Clemette 在 Nd-Fe-B-Si 系合金中得到了与上述理论不符的结果。成分为 $Nd_{12.2}Fe_{81.9}B_{5.4}Si_{0.5}$ 的非晶态薄带，在最佳条件下进行晶化处理，其磁性能为 $(BH)_{max}=18.8$MGOe，$B_r=9.25$kGs，$B_S=15.3$kGs，${}_MH_c=11.69$kOe，$Nd_2Fe_{14}B$ 相晶粒大小为19nm，$B_r/B_S=0.6$，超过了 Stoner-Wohlfarth 理论所预言的0.5。这显然不能用 Stoner-Wohlfarth 理论来解释。这一结果虽然是在单相 Nd-Fe-B 永磁材料中得到的，但对多相复合磁体的发展有着重要的影响。Clemette 以此结果为基础，提出了一个重要的概念“交换耦合作用”。所谓交换耦合作用，是指在 $Nd_2Fe_{14}B$ 晶粒内部，磁极化强度受各向异性能的影响平行于易磁化轴，而在晶粒的边界处有一层“交换耦合区域”，在该区域内磁极化强度受到周围晶粒的影响偏离了易磁化轴，呈现磁紊乱状态。在剩磁状态下，必然会有一些晶粒的易磁化轴与原外加磁场方向

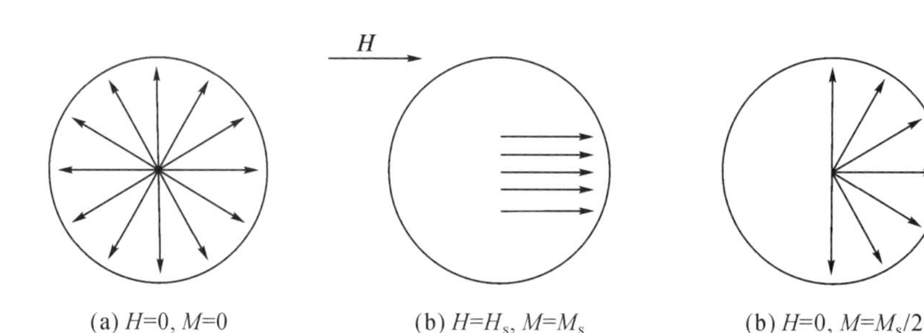

图 13.16 单轴晶系多晶体的剩磁

一致，这些晶粒中的磁极化强度会使得周围晶粒中交换耦合区域内的磁极化强度也大致停留在剩磁方向上，从而使得剩余磁极化强度有了明显的提高。

如果永磁体中晶粒尺寸过大，则交换耦合区域所占的体积分数太小，交换耦合作用不甚明显。只有在纳米尺度内，一般认为小于 30nm，这种交换耦合作用才能真正起作用。另外，晶粒边界处不能有过多的界面相，否则这些界面相会削弱交换耦合作用。

在双相复合磁体中，有三种交换耦合作用，即硬磁相与硬磁相之间的作用、硬磁相与软磁相之间的作用和软磁相与软磁相之间的作用。其中，以硬磁相与软磁相之间的作用最为重要。以 $Nd_2Fe_{14}B$ 和 α-Fe 为例，这种交换耦合作用在 $Nd_2Fe_{14}B$ 相中的有效范围 l 与 180°布洛赫壁厚度 δ 相当。而交换耦合作用在 α-Fe 中的有效范围约是在 $Nd_2Fe_{14}B$ 相中的两倍，即 8.4nm。在晶界两侧的交换耦合区域内，两相的磁极化强度会逐渐趋于一致。当α-Fe 晶粒尺寸在 10nm 以下时，几乎整个晶粒都受交换耦合作用的影响，这时就会形成交换磁硬化，α-Fe 晶粒中的磁极化强度处于周围 $Nd_2Fe_{14}B$ 晶粒的平均磁极化强度方向上。在外磁场作用下，α-Fe 相中的磁极化强度随 $Nd_2Fe_{14}B$ 相中的磁极化强度一起转动，在退磁过程中也表现出与单一硬磁相一样的性质。因为 α-Fe 的饱和磁极化强度远高于 $Nd_2Fe_{14}B$ 相，所以可以推测，由 α-Fe 和 $Nd_2Fe_{14}B$ 相所组成的复合磁体，其剩磁会达到前所未有的高水平，这一点在实验上也得到了充分的验证。剩磁增强效应光滑的退磁曲线既是双相复合磁体的两个基本特征，也是判断交换耦合作用强弱的重要依据。

很多学者运用微磁学理论结合有限元方法分别研究了这种纳米双相复合磁体的一维模型、二维各向同性模型、三维各向同性和各向异性模型。高性能的纳米双相磁体必须是高取向的各向异性磁体，下面简单介绍基于交换耦合的各向异性三维模型。

Skomski 和 Coey 建立了取向的各向异性模型，如图 13.17 所示。球形的软磁相高度弥散分布在理想取向的硬磁相内。假定复合体系磁化与反磁化由形核场 H_N 控制。当以球坐标表示时，在特定的边界条件下，可以得到形核场 H_N 与球状软磁性颗粒直径 d 之间的依赖关系。软磁相存在一个临界尺寸 d_C，其大小与 180°布洛赫壁厚度 δ 相当；当 $d<d_C$ 时，软磁相与硬磁相为完全的磁交换耦合，复合永磁体具有最大的矫顽力，其大小等于硬磁相的各向异性场；当 $d>d_C$ 时，其矫顽力按照$\frac{1}{d^2}$的规律下降。

在完全磁耦合状态下，双相复合磁体的剩磁可以表示为：

$$M_r = f_h M_h + f_s M_s$$

式中，f_h 和 f_s 分别为磁体中硬磁相和软磁相所占的体积分数，且满足 $f_h + f_s = 1$；M_h 和 M_s

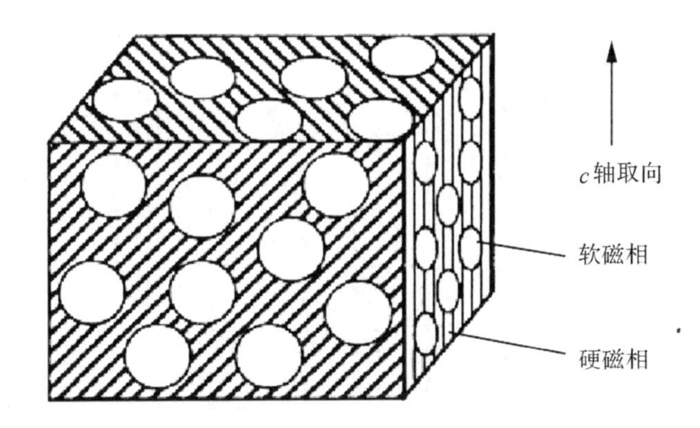

图 13.17　取向的硬磁相与球状弥散软磁相纳米晶复合磁体交换耦合模型

分别为硬磁相和软磁相的饱和磁化强度，$M_s > M_h$。此时的形核场可以表示为：

$$H_N = 2\frac{f_s K_s + f_h K_h}{\mu_0(f_s M_s + f_h M_h)}$$

式中，K_h 和 K_s 分别为硬磁相和软磁相的磁晶各向异性常数，由于软磁相的磁晶各向异性常数远小于硬磁相，可以近似认为 $K_s = 0$。

于是，在形核场足够大的情况下，双相复合永磁体的最大磁能积为：

$$(BH)_{max} = \frac{1}{4}\mu_0 M_s^2\left[1 - \frac{\mu_0(M_s - M_h)M_s}{2K_h}\right]$$

由于 K_h 值很大，因此上式中括号内的第二项数值相当小，可以忽略不计，于是该体系的最大磁能积约为$\frac{1}{4}\mu_0 M_s^2$。与此相对应，硬磁相的体积分数近似为：

$$f_h = \frac{\mu_0 M_s^2}{4K_h}$$

如果选取 $Sm_2Fe_{17}N_3/\alpha$-Fe 双相纳米晶复合永磁材料体系，取 $\mu_0 M_s = 2.15T$，$\mu_0 M_h = 1.55T$，$K_h = 12MJ/m^3$，则在 $f_h = 7\%$时，该复合永磁体的理论磁能积可以达到$(BH)_{max} = 880kJ/m^3$。

如果选取 $Sm_2Fe_{17}N_3/Fe_{65}Co_{35}$ 双相纳米晶复合永磁材料体系，取 $\mu_0 M_s = 2.43T$，$\mu_0 M_h = 1.55T$，$K_h = 12MJ/m^3$，则在 $f_h = 9\%$ 时，该复合永磁体的理论磁能积可以达到 $(BH)_{max} = 1090kJ/m^3$。

虽然该模型可以在较低的硬磁相含量的情况下获得超高的磁能积，但要实现本模型的结构却非常困难，主要有两个方面的难点：如何获得纳米硬磁相沿易磁化轴的完全取向的一致排列；如何获得如此微细的软磁相尺寸分布，进而使体系获得足够大的矫顽力。因此，在此基础上发展出了纳米晶双相复合永磁材料的多层膜结构模型，如图 13.18 所示。这种双相纳米晶复合永磁体系中，软磁相的厚度若小于等于硬磁相的畴壁宽度，则两相完全磁交换耦合。同样考察 $Sm_2Fe_{17}N_3/Fe_{65}Co_{35}$ 双相纳米晶复合永磁材料体系，选取适当薄膜厚度，这种纳米相复合多层膜的$(BH)_{max}$可以高达兆焦耳($10^6J/m^3$)，这就是所谓的“兆焦耳磁体”。

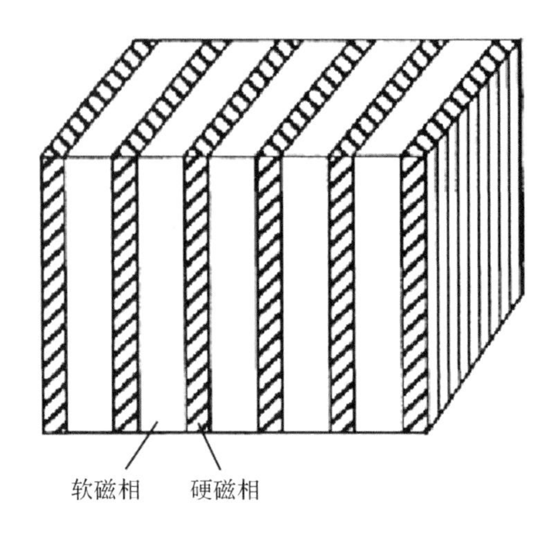

图 13.18 双相纳米晶复合多层膜磁交换耦合模型

13.4.2 双相纳米晶复合永磁材料的制备和磁性能

1. 各向同性双相纳米晶复合磁体的制备

各向同性双相纳米晶复合磁体通常采用类粉末冶金的方式来制备，包括磁粉的制备、粘结或高温烧结。

为了使双相纳米晶复合永磁粉末具有优异的磁性能，要求磁粉内两相界面处共格，两相要从同一母相中产生。因此双相纳米晶复合永磁粉末可用熔体快淬法、HDDR 法、机械合金化法或薄膜技术来制造。其中熔体快淬法、HDDR 法和机械合金化法已经在 13.3.2 节中介绍过，这里简要介绍用于薄膜制备的磁控溅射法。磁控溅射是制备交换耦合 $Nd_2Fe_{14}B/\alpha\text{-}Fe$ 多层膜所通常采用的一种方法。近年来，交换耦合 $Nd_2Fe_{14}B/\alpha\text{-}Fe$ 多层膜技术受到广泛重视，它可以人为控制软硬磁相膜层的厚度，如通过调整工艺参数使磁体内相呈取向生长，则有可能制备出性能极高的各向异性纳米晶复合永磁材料。采用磁控溅射法制备交换耦合多层膜的工艺如下：分别用纯 Fe 靶和化学计量的 $Nd_2Fe_{14}B$ 合金靶作阴极，用玻璃等材料作基底，在高压下，使磁控溅射室内的氩气发生电离，形成氩离子和电子组成的等离子体，其中氩离子在高压电场的作用下，高速轰击 Fe 靶或 $Nd_2Fe_{14}B$ 合金靶，使靶材溅射到基体上，形成纳米晶薄膜或非晶薄膜，然后晶化成纳米晶薄膜。

双相纳米晶复合永磁粉末在制成块状磁体时，却遇到了新的困难。传统的稀土合金磁体，通常含有少量低熔点的富稀土相。富稀土相在烧结过程中形成液相烧结，促进磁体的致密化。而在双相纳米晶复合永磁粉末中，如 $Nd_2Fe_{14}B/\alpha\text{-}Fe$，并不存在富稀土相，这就导致难以采用传统的致密化技术来制备接近全密度的磁体。用传统方法的高温烧结时会造成晶粒异常长大，从而破坏磁交换耦合所需的纳米晶结构。因此双相纳米晶块状复合磁体的制备通常采用一些新型热处理工艺，如快速感应热压技术、高压晶化技术、温压成型工艺、放电等离子烧结工艺、微波烧结工艺、激光退火工艺以及磁场退火工艺等。这些制备工艺的相似之处在于在成型过程中采用快速或者低温热处理，避免了热处理过程中的晶粒异常长大，同时在热处理过程中辅以其他手段加速磁体致密化。

上述由双相纳米晶复合永磁粉末辅以新型热处理工艺制备块状磁体的方法虽然可以制

备块状磁体，但工艺复杂，对设备要求较高。因此，双相纳米晶复合永磁粉末经常用来制备粘结磁体。将双相纳米晶复合永磁的快淬薄带与粘结剂混合压制固化，制备成粘结磁体，是最简单最经济的方法。这种方法有许多优点，如磁体尺寸精度高，表面粗糙度低，磁体尺寸与质量不受限制，可制造形状复杂的磁体，有足够高的强度、刚性和韧性。但粘结磁体存在明显的缺点，即粘结剂是非磁性材料，因此会使制备出的磁体损失一部分磁性能，大约降低20%～50%，因此不适合制备高性能永磁体。目前，以麦格昆磁（Magnequench，MQ）公司生产的 $Nd_2Fe_{14}B/\alpha\text{-}Fe$ 快淬磁粉为代表的纳米复合磁体已经广泛应用于粘结磁体中。但由于其为各向同性的多晶磁粉，商业磁粉的最大磁能积通常在16MGOe以下，添加非磁性粘结剂以后制成的粘结磁体性能更低。

相比于采用磁粉为原材料通过粘结或烧结手段制备磁体的工艺，如果可以改变制造工艺，直接将合金熔液铸造成型且又能维持良好的磁性能，便可大幅简化制作过程并且降低制造成本，使其更具有商业价值。近年来，国内外不少学者尝试在Nd-Fe-B基、Pr-Fe-B基等多种体系中用铜模铸造法制备块状纳米复合永磁体的研究。采用铜模铸造法可以将熔融合金直接喷铸或吸铸成块状纳米复合磁体，或是通过非晶前驱体结合后续热处理获得块状纳米复合磁体。这为双相纳米晶复合永磁材料的制备提供了一种新方法。这种制备工艺对于获得微型磁器件，包括磁传感器、磁阀等都非常有优势。表13.7给出了采用铜模喷铸法制备的块体纳米复合磁体的临界尺寸及磁性能。

表13.7　采用铜模喷铸法制备的块体纳米复合磁体的临界尺寸及磁性能

年份	合金成分	尺寸	磁性能		
			B_r /T	${}_iH_c$ /(kA·m^{-1})	$(BH)_{max}$ /(kJ·m^{-3})
2012	$Nd_9Fe_{65}B_{22}Mo_4$	1×5×40(mm^3)	0.56	921	50.2
2013	$Nd_5Fe_{64}B_{23}Mo_4Y_4$	2mm	0.6	764	57.3
2014	$Nd_7Fe_{67}B_{22}Mo_3Zr_1$	≈3mm	0.53	1110	49.5
2015	$Fe_{67}B_{19}Nd_7Gd_2Nb_4Si_1$	1.2mm	0.57	1115	65.7
2017	$Nd_7Y_6Fe_{61}B_{22}Mo_4$	1×5×50(mm^3)	0.51	1289	46.2
2017	$Nd_7Fe_{67}B_{22}Mo_3Zr_{0.5}Ti_{0.5}$	2mm	0.55	965	47.6
2018	$Nd_{6.8}Fe_{63.3}Nb_{4.0}Co_{1.3}Cr_{1.1}Zr_{0.9}B_{22.6}$	≈2mm	0.68	861	81.9
2018	$Nd_{7.5}Y_{2.7}Fe_{62}B_{22.3}Nb_{3.1}Cu_{2.4}$	1×8×68(mm^3)	0.45	1315	56.7
2021	$Nd_3Pr_3Fe_{65}Co_3Nb_3Ti_1B_{20}$	1mm	0.83	630	84.3

2. 各向异性双相纳米晶复合磁体的制备

传统的各向异性永磁体通常是采用强磁场取向磁粉工艺来制备的。但是同样的方法并不能用来制备各向异性双相纳米晶复合磁体。与传统的磁粉不同，纳米复合磁粉虽然在宏观尺寸上为微米级，但每个磁粉中都含有大量的纳米晶粒。这些纳米晶粒无规则随机分布，所以不可能在磁场中被取向。而宏观磁各向异性是获得高性能永磁体的必要条件，因此如何制备高性能各向异性双相纳米晶复合磁体成了新的挑战。

热压/热变形技术被认为是制备块体全密度各向异性双相纳米晶复合磁体的有效手段。

通常来说，四方结构 $Nd_2Fe_{14}B$ 晶粒弹性模量和应变能的各向异性，使其在热压/热变形工艺下的各向异性晶体结构成为可能。

根据上节的介绍，富稀土相是热压/热变形工艺制备各向异性永磁体的重要条件。研究发现，$Nd_2Fe_{14}B$、Fe_3B、$Nd_2Fe_{14}B/\alpha$-Fe 这类双相纳米晶磁粉中根本不存在富稀土相，难以在热变形过程中形成各向异性磁体所需要的晶粒取向，或者取向度较低，导致永磁性能偏低。为了改善这种状况，研究人员采用富稀土快淬粉和贫稀土快淬粉相混合的方式制备纳米晶复合磁体。例如，富稀土快淬粉是含有少量富 Nd 相的 Nd-Fe-B 粉，而贫稀土快淬粉为贫 Nd 而含有 α-Fe 相的 Nd-Fe-B 粉。混合以后，整体上 Nd 含量仍低于化学当量的 $Nd_2Fe_{14}B$。采用该方法制备的双相纳米晶复合磁体的磁性能比之前单一贫稀土磁粉制备的磁体性能有很大改善，最大磁能积可高达 45MGOe。如果将这种制备技术中的贫稀土快淬磁粉替换为 α-Fe 或 Fe-Co 粉，磁体中将不再含有各向同性的组分，晶粒取向将得到显著改善，磁性能将进一步提高，磁能积可提升至 50MGOe。在此基础上进一步衍生出了在富稀土磁粉表面镀 α-Fe 或 Fe-Co 软磁层，再进行热压/热变形制备双相纳米晶复合磁体的技术。

虽然热压/热变形技术制备各向异性富稀土磁粉/α-Fe 或 Fe-Co 复合磁体已经获得不错的磁性能，但富稀土磁粉的存在限制了软磁相含量的提升，永磁性能的进一步提升必然受到限制。近年来，研究人员尝试采用传统稀土永磁的双合金工艺，在贫稀土的纳米晶复相磁体中引入适量的低熔点富稀土液相，这种工艺技术可以实现软硬磁相与液相共存，满足热压/热变形工艺所需要的变形取向条件。同时，该制备技术可以通过合理设计对富稀土液相成分和性质进行调控，研究富稀土液相在热压过程中的作用机制，为全密度各向异性双相纳米晶复合磁体的制备提供新的思路。

13.5 Sm-Fe-N 系永磁材料

13-5 Sm-Fe-N 永磁

稀土-铁-硼系永磁材料由于其磁性能好、价格低廉和资源丰富而受到各国重视并得到了广泛的应用。目前，Nd-Fe-B 永磁已推出各种商品牌号。但是 Nd-Fe-B 永磁有两大缺点：一是磁性温度稳定性差，二是抗腐蚀性能差。前者主要是由于作为主相的 $Nd_2Fe_{14}B$ 相的居里温度低(312℃)，各向异性场也较低($H_a=8T$)，虽然以部分金属钴取代可提高化合物 $Nd_2Fe_{14}B$ 相的居里温度，或以重稀土金属 Dy 和 Tb 取代部分铁可提高 $Nd_2Fe_{14}B$ 的各向异性场，同时也可改善稳定性，但增加了磁体的成本，且消耗了战略资源金属钴；而腐蚀性则是该三元多相合金的相间电极电位不同的必然结果。因此，人们在改进它的磁性能及抗腐蚀性能的同时，也在继续探索性能更好的富铁稀土永磁材料。

1990 年 Coey 等报道了利用气-固相反应合成 $RE_2Fe_{17}N_x$ 间隙原子金属间化合物，引起了磁学界的大量关注，并迅速掀起了世界范围内的研究热潮。北京大学杨应昌等迅速跟进，系统开展了 RE-Fe-N 系金属间化合物的研究。研究发现虽然 Th_2Zn_{17} 晶体结构的 Sm_2Fe_{17} 的居里温度只有 116℃，而且是基面各向异性，但其经氮化所得的 $Sm_2Fe_{17}N_x$ 却变成了单轴各向异性，其居里温度 T_C 和饱和磁化强度 M_S 都得到了相当大的改善。饱和磁化强度达 1.54T，这可与 Nd-Fe-B 的 1.6T 相媲美，而居里温度 470℃(Nd-Fe-B 为 312℃)、各向异性场 14T(Nd-Fe-B 为 8T)都比 Nd-Fe-B 的值高得多。此外，其热稳定性、抗氧化性和耐腐蚀性均优于 Nd-Fe-B 磁体。

但是Sm-Fe-N永磁材料在产业化道路上并不成功，研究领域也呈现时冷时热的局面。近几年来，随着汽车工业以及电子电器小型化、轻量化的快速发展，人们对永磁体提出了更高的环境使用温度和磁性能要求，$Sm_2Fe_{17}N_x$系稀土永磁材料作为一种兼有良好温度稳定性和优异磁性能的永磁材料，其潜在应用价值再度引起人们的重视，$Sm_2Fe_{17}N_x$系永磁材料也迎来了新的研究和开发热潮。近年来，稀土大量开发使用引起价格上涨，Nd的价格上涨导致生产Nd-Fe-B的成本增加，而稀土Sm则处于相对过剩状态，开发Sm-Fe-N有利于降低成本和加强稀土资源的全面利用。所以说，Sm-Fe-N不管从磁性能方面来说，还是从生产成本上来说，都很有可能取代Nd-Fe-B，成为人们期待的第四代稀土永磁材料。然而，经过二十多年的研究探索，工业化大规模生产Sm-Fe-N的难题还未完全破解，Nd-Fe-B仍是使用最广泛的稀土永磁材料。另外，由于Sm-Fe-N在高于873K的温度下分解成SmN和Fe而失去永磁性能，这在很大程度上限制了它在烧结磁体方面的应用，因此Sm-Fe-N目前只能制备粘结磁体。

13.5.1 $Sm_2Fe_{17}N_x$合金的晶体结构

$Sm_2Fe_{17}N_x$合金具有与其母合金Sm_2Fe_{17}相同的菱形的Th_2Zn_{17}型结构，其晶体结构如图13.19所示。其中，Sm原子占据6c晶位，N原子占据9e晶位，其他晶位被铁原子占据。在Th_2Zn_{17}型结构中存在两个间隙位置，一个是八面体间隙位置，即9e晶位；另一个间隙位置位于沿c轴的两个稀土原子间，即3d晶位。H原子可能占据两个间隙位置，C、N原子仅占据9e晶位。在Th_2Zn_{17}型单胞中存在3个八面体晶位，因此，一个Sm_2Fe_{17}晶胞中最多可引入3个氮原子。但通常情况下，由于氮化过程进行得不完全，这3个八面体晶位并没有完全被N原子占据，因此，一般用$Sm_2Fe_{17}N_x(0<x\leqslant3)$来表示氮化后的产物。氮化后的产物具有与母合金对称的晶体结构，所不同的是它们的点阵常数a、c和晶胞体积V发生了变化。这种点阵常数和晶胞体积的变化对$Sm_2Fe_{17}N_x$磁体的磁性能有很大影响。Sm_2Fe_{17}氮化后点阵常数、晶胞体积和磁性能的变化如表13.8所示。

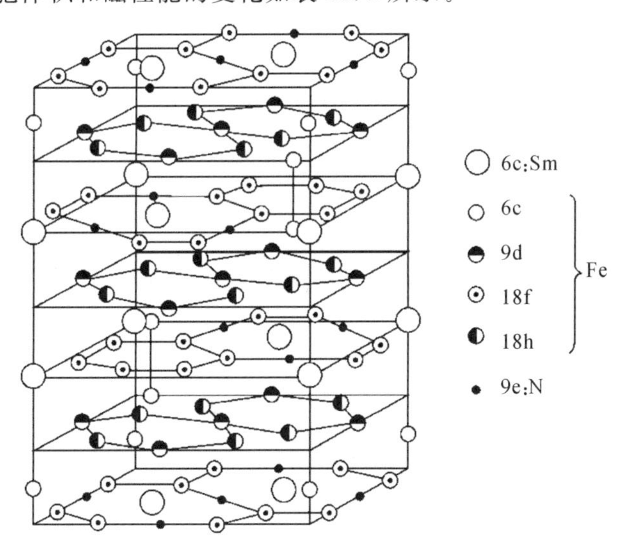

图13.19 $Sm_2Fe_{17}N_x$的晶体结构

表 13.8 Sm_2Fe_{17} 氮化后点阵常数、晶胞体积和磁性能的变化

化合物	a/Å	c/Å	V/Å^3	T_C/K	J_s/T	易轴	$\mu_0 H_a$/T	d/(g·cm^{-3})
Sm_2Fe_{17}	8.543	12.433	785.84	413	1.20	ab 面	—	7.98
$Sm_2Fe_{17}N_2$	8.732	12.631	834.10	745	1.47	c 轴	14	7.69

13.5.2 $Sm_2Fe_{17}N_x$ 磁体的制备工艺

1. Sm_2Fe_{17} 化合物的氮化过程

Coey 等人发现，$Sm_2Fe_{17}N_x$ 化合物是 Sm_2Fe_{17} 与含氮气体发生气相-固相反应而生成的，含氮气体可以是 N_2、N_2+H_2、NH_3 或 NH_3+H_2。以 Sm_2Fe_{17} 在 N_2 和 NH_3 中氮化为例，其反应方程式如下：

$$\frac{x}{2}N_2+Sm_2Fe_{17}\longrightarrow Sm_2Fe_{17}N_x \tag{13.2}$$

$$NH_3+\frac{1}{x}Sm_2Fe_{17}\longrightarrow \frac{1}{x}Sm_2Fe_{17}N_x+\frac{3}{2}H_2 \tag{13.3}$$

在这个气-固反应中一般可认为发生了以下几个过程：

(1) N_2 或 NH_3 在气相中扩散并且在金属表面产生物理吸附。

(2) N_2 或 NH_3 分解出 N 原子和 H 原子，N 原子和 H 原子在金属表面产生化学吸附。

(3) N 原子和 H 原子进入金属内部。

(4) N 原子和 H 原子在金属内部扩散。

(5) 形成氮化相。如果 N 原子的含量处于非平衡状态，第六个过程就会发生。

(6) N 原子从氮化相中向 N 原子含量低的相中扩散。

在上述的反应步骤中有两步是最关键的，它们决定了整个反应的反应速率，第一个决定反应速率的步骤是(2)，N_2 或 NH_3 分解出 N 原子和 H 原子；第二个决定反应速率的步骤是(6)，N 原子从氮化相中向 N 原子含量低的相中扩散。共价气体分子的分解过程就是气体分子和金属表面发生反应的过程，在这个过程中气体分子与金属表面的电子交换起决定性作用。因此在氮化前保持金属表面洁净就显得十分重要。

随反应温度的升高，氮化反应的扩散系数随之扩大。但是反应温度的升高会导致氮化产物的分解，当反应温度升至 600℃时，氮化产物开始部分分解，当反应温度升至 800℃时，氮化产物已经完全分解。为了兼顾反应速度及抑制氮化产物分解，氮化温度一般选择 500℃左右。在 500℃时反应的扩散系数 $D=8\times10^{-16}\ m^2/s$，氮化非常缓慢，因此为了缩短氮化时间，选择合适的颗粒尺寸非常重要，或者通过提高氮气的压力来促进氮原子的分解和加快氮原子的扩散。

2. $Sm_2Fe_{17}N_x$ 磁体的制造工艺

前面已经提到 $Sm_2Fe_{17}N_x$ 磁体在高于 600℃时会发生分解：

$$Sm_2Fe_{17}N_3\longrightarrow 2SmN+17Fe+\frac{1}{2}N_2 \tag{13.4}$$

因此，$Sm_2Fe_{17}N_x$ 磁粉只能用于制造粘结永磁体。按照制粉过程的不同，$Sm_2Fe_{17}N_x$ 磁体的制造方法大致可以分为四种：熔体快淬(RQ)法、机械合金化(MA)法、HDDR 法和粉末冶金(powder metallurgy，PM)法。各种方法的具体过程如图 13.20 所示。

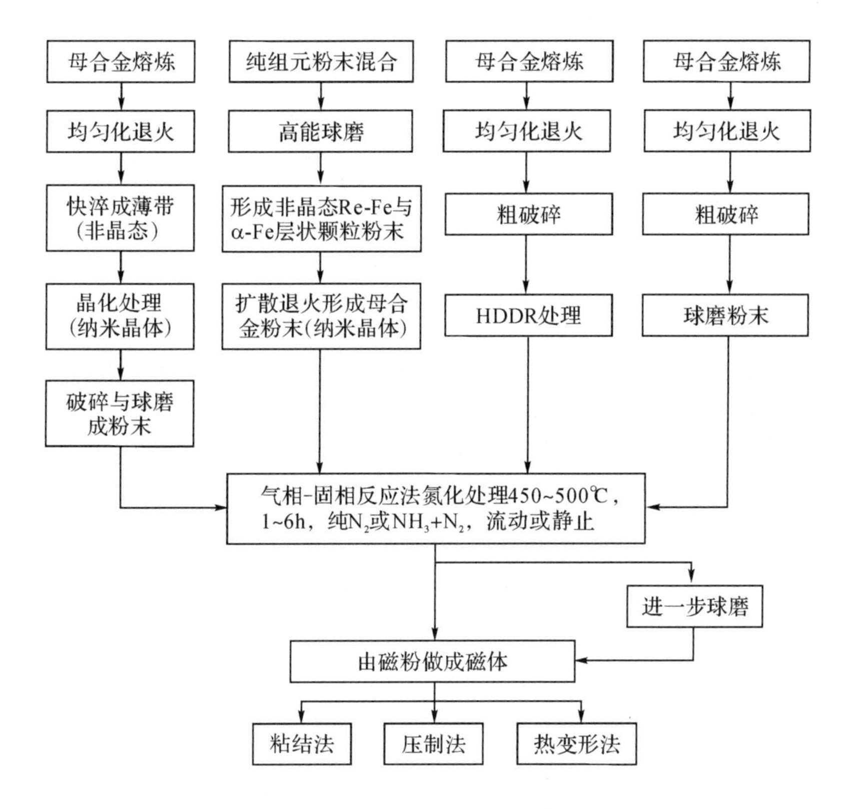

图 13.20　$Sm_2(Fe,M)_{17}N_x$ 磁粉与磁体的制造方法

13.5.3　$Sm_2Fe_{17}N_x$ 磁体的性能与应用

$Sm_2Fe_{17}N_x$ 稀土永磁材料由于具有优异的内禀赋磁性能，它的饱和磁化强度达 1.54T，可与 Nd-Fe-B 的 1.6T 相媲美；居里温度为 470℃（Nd-Fe-B 为 312℃），各向异性场为 14T(Nd-Fe-B为 8T)，均比 Nd-Fe-B 材料高，并且其耐腐蚀性、热稳定性、抗氧化性也更优于 Nd-Fe-B 永磁材料，有望成为新一代的稀土永磁材料。

但是 Sm-Fe-N 在高于 873K 的温度下发生分解而失去永磁特性，这也限制了它在烧结磁体方面的应用。但是，至少在粘结磁体的市场上，Sm-Fe-N 还是可以大有作为的。目前，世界上生产 Sm-Fe-N 磁性材料的企业主要在日本，包括住友金属矿山公司、TDK 公司、日立金属公司、东芝公司、日亚化学工业公司。国内方面，北京恒源谷、宁夏君磁新材料、广州新莱福磁材、有研稀土新材料等公司具备规模生成能力，产品包括杉铁氮磁粉、杉铁氮粘结磁体(包括注射磁体、模压磁体、柔性磁体、3D 打印磁体等)，国内其他头部磁性材料企业也抓紧在杉铁氮磁体领域布局。

习　题

第 13 章拓展练习

13-1　简述稀土永磁材料的发展历程。你认为哪种材料最有可能成为继 Nd-Fe-B 磁体后的新一代稀土永磁材料，并说明理由。

13-2 简述 Nd-Fe-B 磁体提高矫顽力的方法及其机理。

13-3 简述复相纳米永磁体高性能的理论机制。

13-4 概述几种典型稀土永磁材料的优缺点。

参考文献

[1] NESBITT E A. New permanent magnet materials containing rare-earth metals [J]. Journal of Applied Physics, 1969, 40(3): 1259-1265.

[2] BECKER J J. Rare-earth-compound permanent magnets[J]. Journal of Applied Physics, 1970, 41(3): 1055-1064.

[3] CROAT J J. Permanent-magnet properties of rapidly quenched rare earth-iron alloys[J]. IEEE Transactions on Magnetics, 1982, 18(6): 1442-1447.

[4] FIDLER J. Coercivity of precipitation hardened cobalt rare-earth 17-2 permanent-magnets[J]. Journal of Magnetism and Magnetic Materials, 1982, 30(1): 58-70.

[5] HADJIPANAYIS G C, HAZELTON R C, LAWLESS K R. New iron-rare-earth based permanent-magnet materials[J]. Applied Physics Letters, 1983, 43(8): 797-799.

[6] SAGAWA M, FUJIMURA S, YAMAMOTO H, et al. Permanent-magnet materials based on the rare earth-iron-boron tetragonal compounds[J]. IEEE Transactions on Magnetics, 1984, 20(5): 1584-1589.

[7] SAGAWA M, FUJIMURA S, YAMAMOTO H, et al. Mamamoto-properties of rare-earth-iron-boron permanent-magnet materials[J]. Journal of Applied Physics, 1985, 57(8): 4094-4096.

[8] COEHOORN R. 1st principles band structure calculations for rare earth transition metal compounds magnetization, hyperfine parameters and magnetocrystalline anisotropy[J]. Journal of Magnetism and Magnetic Matericals, 1991, 99(1-3): 55-70.

[9] STRNAT K J, STRNAT R M W. Rare earth cobalt permanent magnets[J]. Journal of Magnetism and Magnetic Matericas, 1991, 100(1-3): 38-56.

[10] SKOMSKI R, COEY J M D. Giant energy product in nanostructured 2 phase magnets[J]. Physical Review B, 1993, 48(21): 15812-15816.

[11] COEY J M D. Permanent magnetism[J]. Solid State Communications, 1997, 102(2-3): 101-105.

[12] 龙毅,张正义,李守卫. 新功能磁性材料及其应用[M]. 北京:机械工业出版社,1997.

[13] COEY J M D, SMITH P A I. Magnetic nitrides[J]. Journal of Magnetism and Magnetic Matericals, 1999, 200(1-3): 405-424.

[14] 田民波. 磁性材料[M]. 北京:清华大学出版社,2001.

[15] COEY J M D. Permanent magnet applications[J]. Journal of Magnetism and

Magnetic Matericals, 2002, 248(3): 441-456.

[16] TOMITA M, MURAKAMI M. High-temperature superconductor bulk magnets that can trap magnetic fields of over 17 tesla at 29K[J]. Nature, 2003, 421(6922): 517-520.

[17] 周寿增,董清飞.超强永磁体稀土铁系永磁材料[M].2版.北京:冶金工业出版社,2004.

[18] BABU N H, SHI Y H, IIDA K, et al. A practical route for the fabrication of large single-crystal (RE)-Ba-Cu-O superconductors[J]. Nature Materials, 2005, 4(6): 476-480.

[19] 潘树明.稀土永磁合金高温相变及其应用[M].北京:冶金工业出版社,2019.

[20] 王晨.纳米复合 $Nd_2Fe_{(14)}B/\alpha$-Fe 永磁材料微结构和磁性能研究[D].杭州:浙江大学,2006.

[21] 严密,彭晓领.磁学基础与磁性材料[M].杭州:浙江大学出版社,2006.

[22] 钟文定.技术磁学[M].北京:科学出版社,2009.

[23] HUANG W Y, BETTAYEB A, KACZMAREK R, et al. Optimization of magnet segmentation for reduction of eddy-current losses in permanent magnet synchronous machine[J]. IEEE Transations Energy Conversion, 2010, 25(2): 381-387.

[24] GUTFLEISCH O, WILLARD M A, BRUCK E, et al. Magnetic materials and devices for the 21st century: Stronger, lighter, and more energy efficient[J]. Advanced Materials, 2011, 23(7): 821-842.

[25] 潘树明.强磁体稀土永磁材料原理、制造与应用[M].北京:化学工业出版社,2011.

[26] 周寿增,董清飞,高学绪.烧结钕铁硼稀土永磁材料与技术[M].北京:冶金工业出版社,2011.

[27] COEY J M D. Permanent magnets: Plugging the gap[J]. Scripta Materialia, 2012, 67(6): 524-529.

[28] TAO S, AHMAD Z, MA T Y, et al. $Fe_{65}B_{22}Nd_9Mo_4$ bulk nanocomposite permanent magnets produced by crystallizing amorphous precursors[J]. Journal of Magnetism and Magnetic Matericals, 2012, 324(8): 1613-1616.

[29] 刘荣明.纳米永磁材料的制备、结构及磁性能研究[D].北京:北京工业大学,2012.

[30] 车如心.纳米复合磁性材料 制备、组织与性能[M].北京:化学工业出版社,2013.

[31] LIANG L P, MA T Y, ZHANG P, et al. Coercivity enhancement of NdFeB sintered magnets by low melting point $Dy_{32.5}Fe_{62}Cu_{5.5}$ alloy modification[J]. Journal of Magnetism and Magnetic Matericals, 2014, 355: 131-135.

[32] LIU X L, WANG X J, LIANG L P, et al. Rapid coercivity increment of Nd-Fe-B sintered magnets by $Dy_{69}Ni_{31}$ grain boundary restructuring[J]. Journal of Magnetism and Magnetic Matericas, 2014, 370: 76-80.

[33] MA T Y, LIU X L, PAN X W, et al. Local rhombohedral symmetry in $Tb_{0.3}Dy_{0.7}Fe2$ near the morphotropic phase boundary[J]. Applied Physics Letters, 2014, 105(19): 5.

[34] TAO S, AHMAD Z, MA T Y, et al. Rapidly solidified $Nd_7Fe_{67}B_{22}Mo_3Zr_1$ nanocomposite permanent magnets[J]. Journal of Magnetic and Magnetic Matericals, 2014, 355: 164-168.

[35] ZHANG P, LIANG L P, JIN J Y, et al. Magnetic properties and corrosion resistance of Nd-Fe-B magnets with $Nd_{64}Co_{36}$ intergranular addition[J]. Journal of Alloys and Compounds, 2014, 616: 345-349.

[36] 白书欣,李顺,张虹. 粘结 Nd-Fe-B 永磁材料制造原理与技术[M]. 北京:科学出版社,2014.

[37] 闫阿儒,张驰. 新型稀土永磁材料与永磁电机[M]. 北京:科学出版社,2014.

[38] ANDERSON C. Handbook of Advanced Magnetic Materials[M]. New York: Ny Research Press, 2015.

[39] NI J J, YAN M, MA T Y, et al. Magnetic and anticorrosion properties of two-powder $(Pr, Nd)_{12.6}Fe_{81.3}B_{6.1}$-type sintered magnets with additions of $(Pr, Nd)_{32.5}Fe_{62.0}Cu_{5.5}$[J]. Materials Chemistry and Physics, 2015, 151: 126-132.

[40] ZHAO G L, WU C, TAO S, et al. Thermal, magnetic and mechanical properties of $(Fe_{1-x}Co_x)_{68}Dy_6B_{22}Nb_4$ bulk metallic glasses[J]. Journal of Non-Crystalline Solids, 2015, 425: 110-113.

[41] 梁丽萍. 基于晶界重构的高矫顽力烧结钕铁硼磁体研究[D]. 杭州:浙江大学,2015.

[42] 张胤,李霞,许剑轶. 稀土功能材料[M]. 北京:化学工业出版社,2015.

[43] JIN J Y, MA T Y, ZHANG Y J, et al. Chemically inhomogeneous RE-Fe-B permanent magnets with high figure of merit: Solution to global rare earth criticality[J]. Scientific Reports, 2016, 6: 8.

[44] JIN J Y, ZHANG Y J, BAI G H, et al. Manipulating Ce Valence in $RE_2Fe_{14}B$ Tetragonal Compounds by La-Ce Co-doping: Resultant Crystallographic and Magnetic Anomaly[J]. Scientific Reports, 2016, 6: 9.

[45] MA T Y, WANG X J, GAO C, et al. Effect of Dy_2O_3 intergranular addition on microstructure and magnetic properties of (Nd, Dy)-Fe-B sintered magnets[J]. Materials Express, 2016, 6(1): 93-99.

[46] 金佳莹. 富 La/Ce 多主相稀土永磁材料的结构和性能研究[D]. 杭州:浙江大学, 2016.

[47] 胡伯平,饶晓雷,王亦忠. 稀土永磁材料[M]. 北京:冶金工业出版社,2017.

[48] 张玉晶. 资源节约型稀土永磁材料的高性能化研究[D]. 杭州:浙江大学,2017.

[49] JIN J Y, MA T Y, YAN M, et al. Crucial role of the $REFe_2$ intergranular phase on corrosion resistance of Nd-La-Ce-Fe-B sintered magnets[J]. Journal of Alloys and Compounds, 2018, 735: 2225-2235.

[50] MA T Y, YAN M, WU K Y, et al. Grain boundary restructuring of multi-main-phase Nd-Ce-Fe-B sintered magnets with Nd hydrides[J]. Acta Materialia, 2018, 142: 18-28.

[51] NI J, LUO W, HU C, et al. Relations of the structure and thermal stability of NdFeB magnet with the magnetic alignment[J]. Journal of Magnetism and Magnetic Materials, 2018, 468: 105-8.

[52] WU X, JIN J, TAO Y, et al. High synergy of coercivity and thermal stability in resource-saving Nd-Ce-Y-Fe-B melt-spun ribbons[J]. Journal of Alloys and Compounds, 2021, 882.

[53] 孙明汉. 全球稀土永磁电机专利态势及我国发展对策研究[D]. 成都:华中科技大学,2021.

[54] GOHDA Y. First-principles determination of intergranular atomic arrangements and magnetic properties in rare-earth permanent magnets[J]. Science and Technology of Advanced Materials, 2021, 22(1): 113-23.

[55] 王亮. 高矫顽力低成本稀土永磁材料的研究[D]. 包头:内蒙古科技大学,2022.

[56] 廖雪峰. 基于高丰度稀土 Ce、La 和 Y 的纳米晶 RE-Fe-B 永磁材料的制备和性能研究[D]. 广州:华南理工大学,2022.

[57] 都有为,张世远. 磁性材料[M]. 南京:南京大学出版社,2022.

第四部分 其他功能磁性材料

磁性材料是利用物质的磁性、各种磁效应以及它的声、光、电、热特性来满足各方面技术要求的材料。本书第二部分介绍了软磁材料,其能够迅速响应外部磁场变化,因其能量转换特性而获得广泛应用;第三部分介绍了永磁材料,其磁性一旦获得便不易失去,因其可对外界提供磁能而获得应用。

将材料的磁性和其他特性相结合,便产生了一些新型功能磁性材料。当磁性材料的尺寸降低到纳米尺度时,表现出典型的尺寸效应,具有与块体材料截然不同的奇异特性,因此磁性纳米材料在生物医药等诸多领域获得广泛应用。磁记录材料是利用材料的磁特性与信号的存储和输出相结合,包括磁记录介质材料和磁头材料,前者实现信息的记录和存储功能,后者实现信息的写入和读出功能。将材料的磁性和介质流动性相结合,可以制得磁性液体,目前这种功能磁性材料已经在磁密封等许多领域得到广泛的应用。利用材料在磁化状态改变时材料长度和体积发生改变的特性,可以得到磁致伸缩材料,这种材料在伺服机构领域有着良好的应用前景。利用材料在磁化和退磁时吸放热的特性,可以得到磁热效应材料,目前这类材料在低温领域已获得广泛应用。将材料的磁性与电子自旋属性相结合,开发出了新型的自旋电子学材料,其中的磁电阻材料已广泛用于磁头和传感器领域。

相比于传统的软磁材料和永磁材料,这些新型功能磁性材料的发现和发展都比较晚,但因其特殊的功能,在特定领域发挥着重要作用,也是磁性材料发展的热点。

第 14 章

磁性纳米材料

众所周知,材料的物理和化学性质与样品的尺寸有关,也就是材料的尺寸效应。磁性材料也会表现出尺寸效应,与传统的块状材料相比,磁性纳米材料有许多新奇异常的性能。磁性纳米材料的矫顽力和磁滞回线与块体材料有显著的不同,随着材料尺寸的减小,矫顽力会增大几个数量级,例如:直径 15nm 的铁粉的矫顽力是大块铁的 10^4 倍;但当颗粒尺寸继续减小,矫顽力又会迅速减小甚至消失,表现出超顺磁性的磁滞回线。磁性纳米材料已在磁性液体、磁记录材料、生物医药、微波吸收材料等领域获得了广泛应用。这章重点介绍磁性纳米材料的磁学性质随尺寸的变化以及它们的应用概况。

14.1 磁性纳米材料的矫顽力

在对磁性纳米材料的研究中最引人关注的就是它的矫顽力,因为材料的矫顽力显著地依赖于它的尺寸。当颗粒尺寸减小时,通常情况下材料的矫顽力会先上升达到最大值,然后下降直至趋近于零。图 14.1 为几种典型材料颗粒尺寸(球形)与矫顽力的关系。从图中可以看出颗粒尺寸变化了五个数量级,同时矫顽力也随之变化了三个数量级;这说明颗粒尺寸对矫顽力的影响是巨大的。

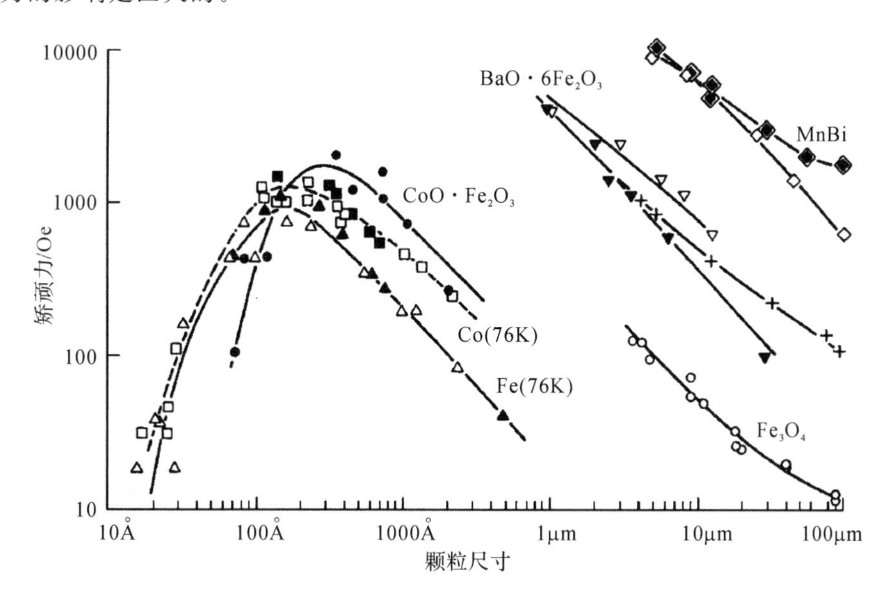

图 14.1 不同材料颗粒尺寸(球形)与矫顽力的关系

图 14.1 中曲线的不同位置处颗粒的反磁化机制是不同的。图 14.2 中按照颗粒尺寸从大到小的顺序将材料矫顽力变化大致分为四个阶段。

(1)颗粒尺寸大,磁畴结构为多畴。磁化方向随畴壁位移而改变。根据实验结果,对大部分材料,矫顽力和尺寸有如下关系:

$$H_{ci}=a+\frac{b}{D}$$

式中,a、b 为常数,D 为颗粒直径。

(2)颗粒尺寸在单畴临界尺寸 D_s 附近,磁畴结构为单畴,矫顽力达到最大值。单畴颗粒的磁化方向随着自旋磁矩转动而变化。

(3)颗粒尺寸低于单畴临界尺寸 D_s 时,由于热扰动,矫顽力和尺寸有如下关系:

$$H_{ci}=g-\frac{h}{D^{3/2}}$$

式中,g、h 为常数。

(4)颗粒尺寸进一步减小至超顺磁临界尺寸 D_p,热扰动更加强烈,足以改变颗粒的磁化状态,颗粒表现出超顺磁性,此时矫顽力为零。

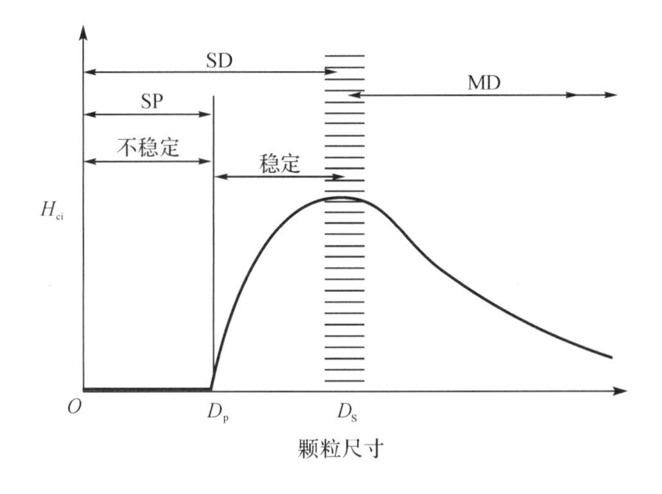

MD—多畴;SD—单畴;SP—超顺磁性。

图 14.2 矫顽力 H_{ci} 与颗粒尺寸 D 的关系

永磁材料的矫顽力通常受磁晶各向异性或者形状各向异性的影响。为了单独研究这两种因素的影响规律,可以用球形颗粒以消除形状各向异性的影响,或者采用磁晶各向异性较小的细长颗粒。实际制备磁体时,磁性颗粒必须被压制成各种形状的块体材料,同时压制过程中常常加入一定比例的粘结剂。磁性颗粒所占的体积分数为填充率,用 p 表示。块体材料的矫顽力会随着填充率 p 的变化而发生改变,并且与颗粒的各向异性相关。

当形状各向异性因素占主导时,随着填充率 p 增大,磁性颗粒间的磁相互作用增强,由退磁场因素导致的矫顽力变弱:

$$H_{ci}(p)=H_{ci}(0)(1-p)$$

式中,$H_{ci}(0)$是单个颗粒的矫顽力。这个关系式是一个经验公式,适用于部分颗粒体系。当

$p=1$ 时，所有的磁性颗粒都被致密压缩，颗粒形状各向异性消失，由形状各向异性产生的矫顽力消失，其他矫顽力机制起主要作用。图 14.3 给出了椭球状 Fe-Co 合金颗粒（长径比为 10，直径为 30.5nm）的例子。

当磁晶各向异性因素起主导作用时，则磁体矫顽力与填充率 p 无关。因为不管填充率是多少，磁体的各向异性特性都不受影响。磁体矫顽力主要受材料本征的电子自旋轨道耦合作用影响。

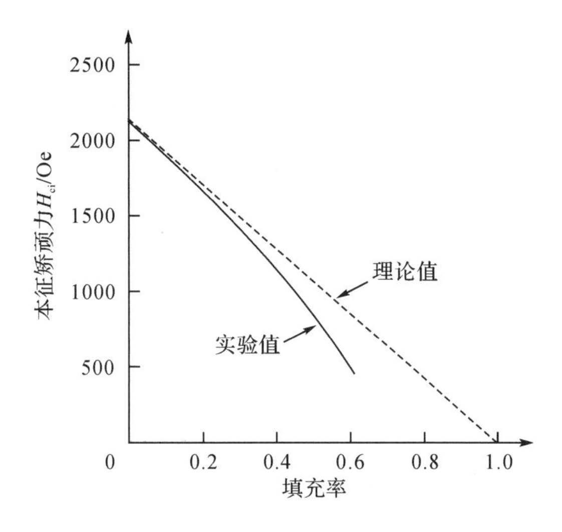

图 14.3　Fe-Co 椭球颗粒矫顽力随填充率的变化

14.2　磁畴转动主导的反磁化过程

单畴颗粒反磁化过程是通过磁畴转动完成的。如果在转动过程中颗粒中所有原子的磁矩都是互相平行的，则这种反转模式叫作一致转动（coherent rotation）模式。在一致转动模式下，单畴球状铁颗粒由于磁晶各向异性而产生的矫顽力为 $H_{ci}=\dfrac{2K}{\mu_0 M_S}=0.56\text{kOe}$；当颗粒尺寸变成椭球状时，会由于形状各向异性产生额外的矫顽力 $H_{ci}=(N_a-N_c)M_S$，其中 N_a 是短轴的退磁因子，N_c 是长轴的退磁因子。对于长径比 c/a 非常大的铁颗粒来说，N_a-N_c 的最大值为 0.5，因此理论计算得出的矫顽力大小为 10.8kOe。但实验测得的矫顽力比理论值低很多，颗粒的矫顽力与一致转动方式计算得出的结果矛盾，因此人们对一致转动模型进行修正，提出了两种磁矩不一致转动的模式，它们分别是扇动（fanning）模式和旋绕（curling）模式。

14.2.1　扇动模式

磁畴转动扇动模式最早是为了解释电沉积的铁颗粒的矫顽力而提出的。如图 14.4(a) 所示，这些铁颗粒首尾相连，呈“花生”状，我们可以把它们近似看作长链。如图 14.4(b) 所示：A 为对称扇动模式，相连颗粒的磁矩方向在一个平面内分别沿不同方向旋转；B 为长球链的一致转动模式，颗粒的磁矩始终保持平行；C 为单个细长椭球体的一致转动模式，椭球

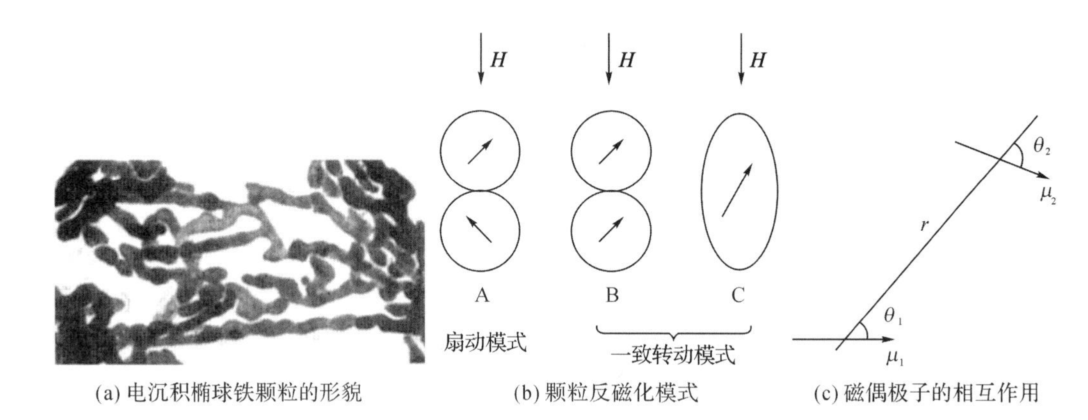

(a) 电沉积椭球铁颗粒的形貌　(b) 颗粒反磁化模式　(c) 磁偶极子的相互作用

图 14.4　电沉积椭球铁颗粒的形貌、颗粒反磁化模式和磁偶极子的相互作用

体与 A、B 中的长链具有相同的长径比。把长球链中的每个颗粒都看作直径为 a、磁矩为 μ 的磁偶极子，如图 14.4(c)所示，则两个偶极子之间的势能为：

$$E_{\mathrm{ms}}=\frac{\mu_0\mu_1\mu_2}{4\pi r^3}[\cos(\theta_1-\theta_2)-3\cos\theta_1\cos\theta_2]$$

式中，r 是偶极子间距，θ_1 和 θ_2 分别是磁矩与位置连线的夹角。

对于 A 中的扇动模式，则有 $\mu_1=\mu_2=\mu$，$r=a$，$\theta_1=\theta$，$\theta_2=-\theta$，此时上式简变为：

$$E_{\mathrm{ms}}=\frac{\mu_0\mu^2}{4\pi a^3}(1+\cos^2\theta)$$

可以看出，当 $\theta=0$ 时，势能 E_{ms} 具有最小值。也就是说，磁偶极子对间的势能具有单轴各向异性，并且易轴是在磁偶极子对的连线方向。

为了进一步研究体系的矫顽力，沿颗粒连线方向施加外磁场，并且磁场方向与磁矩方向相反。此时，颗粒体系在磁场中的总势能为：

$$E=E_{\mathrm{ms}}+E_{\mathrm{p}}=-\frac{\mu_0\mu^2}{4\pi a^3}(1+\cos^2\theta)+2\mu_0\mu H\cos\theta$$

如果外磁场不断增大，这个能量不断增加，达到某个临界磁场 H_{ci} 时，颗粒磁矩就会迅速从 $\theta=0$ 翻转到 $\theta=180°$。令 $\mathrm{d}^2E/\mathrm{d}\theta^2=0$，求解出对应的临界磁场 H_{ci}：

$$H_{\mathrm{ci}}=\frac{\mu}{4\pi a^3}$$

因为

$$\mu=M_{\mathrm{S}}V=M_{\mathrm{S}}\ \frac{4\pi}{3}\left(\frac{a}{2}\right)^3$$

因此

$$H_{\mathrm{ci}}=\frac{M_{\mathrm{S}}}{24}$$

对于一致转动模式 B 来说，$\theta_1=\theta_2=\theta$，所以：

$$E_{\mathrm{ms}}=\frac{\mu_0\mu^2}{4\pi a^3}(1-3\cos^2\theta)$$

用同样的方法，求出翻转体系所需要的矫顽力 H_{ci} 为：

$$H_{ci}=\frac{3\mu}{4\pi a^3}=\frac{M_S}{8}$$

可以看出，扇动模式 A 的矫顽力仅仅是一致转动模式 B 的 1/3，说明扇动模式需要克服的能垒相比一致转动模式要低得多，这主要是因为扇动模式中颗粒的磁极靠得更近，从而降低了静磁能，如图 14.5 所示。

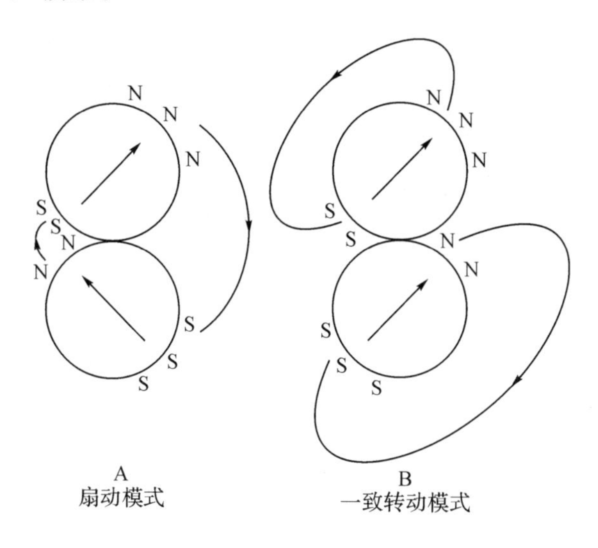

图 14.5　扇动模式和一致转动模式下颗粒外磁场的分布

对于模式 C，长径比为 2，则：

$$H_{ci}=(N_a-N_c)M_S=(0.4133-0.1735)M_S=0.2398M_S$$

可以看出模式 C 的矫顽力为一致转动模式 B 的近 2 倍，说明模式 C 需要克服的能垒更大。

如果进一步考虑多个粒子体系（$n>2$）的情况，或者是更大长径比的情况，如图 14.4(a) 所示，则情况更加复杂。通过类似的方式，可以求出相应模式 A、B、C 所对应的矫顽力，如图 14.6所示。图中为相对矫顽力，定义为：

$$h_{ci}=\frac{H_{ci}}{0.5M_S}$$

式中，$0.5M_S$ 为模式 C 中细长颗粒的矫顽力所能达到的最大值。可以看出，扇动模式的理论值与实验结果最符合，说明扇动模式是最接近实际情况的。不过，上述理论是在相邻颗粒间接触为点接触的前提下得出的，这种情况下可以忽略颗粒间交换相互作用。如果相邻粒子间接触面积很大，则粒子间交换相互作用增强，产生一定程度的一致转动磁化。

14.2.2　旋绕模式

旋绕模式是另外一种非一致转动模式。这种非一致转动模式在细长椭球颗粒中较常见，最早是通过微磁学模拟的方法研究的，计算比较复杂，在这里只给出主要结果。假设一个细长椭球状的单畴颗粒，一开始在长轴方向（也即 $+z$ 方向）被磁化，然后加一个反向磁场，使得每个磁矩都以半径为轴从 $+z$ 方向转到 xy 平面内，如图 14.7 所示。旋绕模式、一致转动模式的表面和截面磁矩分布如图 14.7 所示。

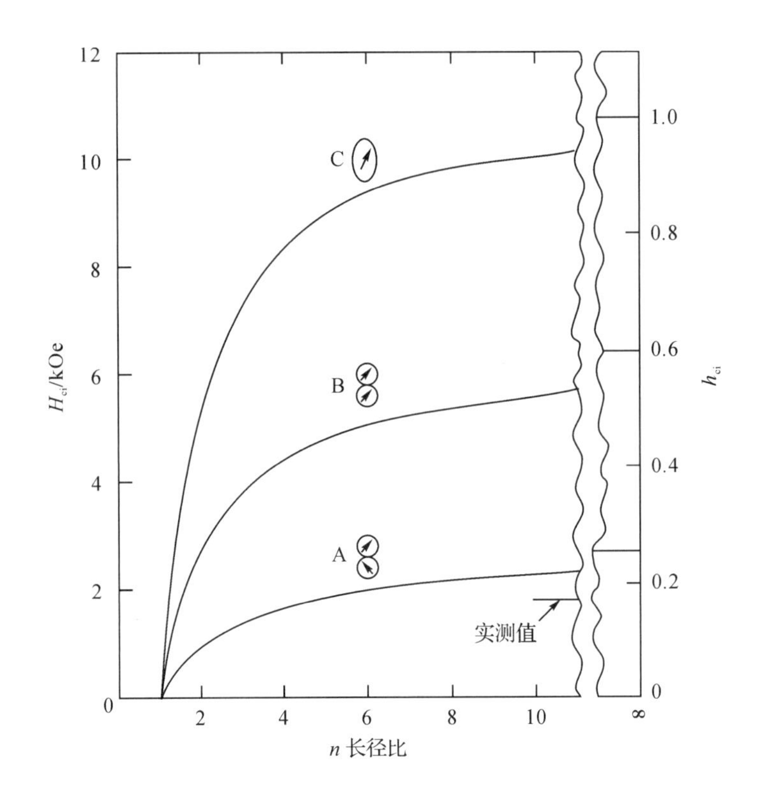

图 14.6　n 个粒子链体系（模式 A 和 B）和长径比为 n 的细长椭球颗粒（模式 C）中矫顽力计算值

注：图中实测值对应为细长椭球铁颗粒。

图 14.7(a)中磁矩反转完成了 1/4，图 14.7(b)中磁矩反转完成了一半，在每一个 xoy 截面上都形成了磁矩的闭环。假定椭球的长径比趋近于无穷大，那么椭球接近一个无限长圆柱，磁矩都平行于侧表面，在圆柱侧面没有自由磁极出现（因为是无限长圆柱，端部自由磁极可以忽略）。因此，在磁矩反磁化转动过程中，没有静磁能的增加。所以旋绕模式反转需要克服的能垒全部由交换能组成，因为相邻磁矩相互不平行，存在一定角度差。由于磁化过程中不会产生额外的静磁能，因此块体材料的矫顽力与颗粒填充率 p 无关。

图 14.7(c)和(d)是一致转动模式，磁矩平行排列，没有像旋绕模式一样磁矩形成闭环，圆柱表面产生自由磁极，在磁矩反磁化转动过程中，静磁能逐渐增大，但这种一致转动模式中没有交换能。

如果单畴颗粒的长径比从无穷大（无限长圆柱体）逐渐降低到 1（球形颗粒），则在旋绕模式中磁矩转动反磁化过程中开始出现静磁能，并且逐渐增大。这种情况下，反磁化过程中必须克服的能量为交换能和静磁能，并且静磁能所占的比例随着长径比的下降而增大。对于由这种长径比为有限值的磁粉所组成的磁体，其矫顽力与颗粒填充率 p 有关。

在旋绕模式中，相邻磁矩的夹角的平均值随着颗粒尺寸增大而减小，从而单位体积的交换能也减小，导致矫顽力随颗粒尺寸增加而下降。而在一致转动模式中，因为静磁能是和体积成正比的，所以它会随着颗粒尺寸增加而迅速增加。所以在大颗粒中，为了减小静磁能，磁矩倾向于不平行排列，需要克服的能垒主要是交换能，更容易通过旋绕模式来发生反磁化过程；小颗粒的静磁能小，磁矩倾向于平行排列，更容易通过一致转动模式来反转。

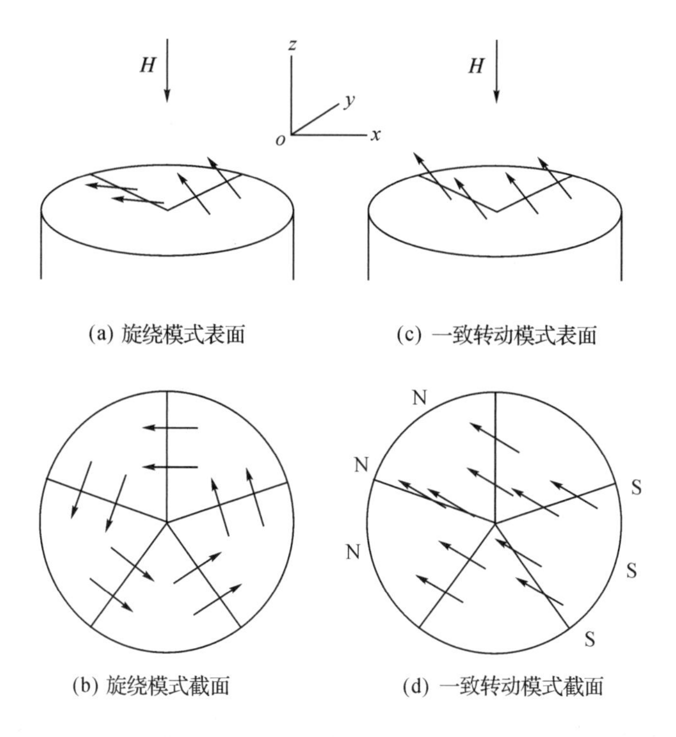

图 14.7　旋绕模式和一致转动模式表面与截面磁矩分布

14.3　畴壁位移主导的反磁化过程

当颗粒尺寸超过单畴临界尺寸时，颗粒内部将变为多畴结构，包含磁畴壁。对于多畴颗粒而言，其反磁化过程与单畴颗粒截然不同。

图 14.8 给出了大尺寸磁性颗粒的反磁化过程。颗粒为理想晶体，它的易磁化轴平行于 z 轴。把它沿 $+z$ 方向磁化到饱和，颗粒内部所有磁矩沿 $+z$ 方向取向，颗粒内会形成单畴，如图 14.8(a)所示。AB 为从颗粒内部到颗粒表面的线段，且 AB 与磁化方向垂直。施加沿 $-z$ 方向的外磁场使颗粒反磁化。图 14.8(b)中，由于受到内部磁矩的交换耦合作用最弱，在外磁场作用下，颗粒表面 B 点处的磁矩最先开始转动，偏离 xz 平面。紧接着，在外磁场和交换耦合的共同作用下，相邻原子磁矩也开始转动。图 14.8(c)(d)(e)描述了这种磁矩连续反转过程。在图 14.8(e)中已经形成了磁畴壁，畴壁厚度相当于 4 个原子层。随着磁矩的连续转动，形成了图 14.8(f)中的畴壁位移，产生了新的磁畴。假定颗粒为理想完美晶体，畴壁位移没有任何阻碍，畴壁只需要 1 个巴克豪森跳跃就可完成整个颗粒磁化的反转。磁性颗粒这种反磁化过程所得到的磁滞回线呈矩形。

这种畴壁位移的整个反磁化过程起始于颗粒表面原子的磁矩转动。这种转动必须克服材料的磁晶各向异性能，反转磁场即为矫顽力，矫顽力大小为 $H_{ci}=\dfrac{2K}{\mu_0 M_S}$。这种情况下，畴壁的形成和位移反磁化过程中的矫顽力与一致转动反磁化过程所遇到的阻力是相似的，都需要在克服磁晶各向异性能后实现反磁化。

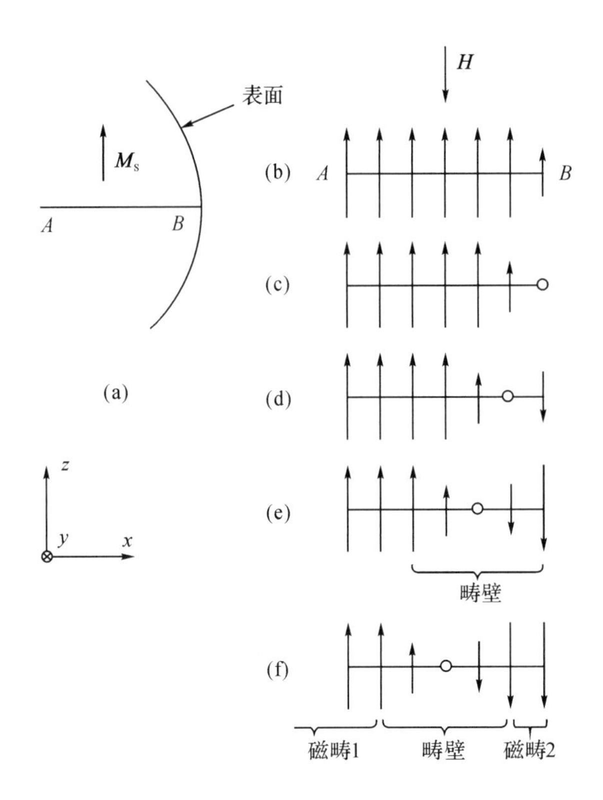

图 14.8 颗粒表面磁畴的形核过程

实际材料并非完美的晶体，而是存在各种各样的缺陷。例如：表面尖角处，退磁场变得很大；M_S 是由原子磁矩和近邻原子的交换耦合共同决定的，可能在空位、间隙原子或者位错核心附近局域地发生变化；与自旋-轨道耦合作用相关的 K 也会在缺陷和成分不均匀处发生改变。局域退磁场增加是畴壁形核最有利的因素。表面不平整包括凹陷和凸起两种，只有凸起引起的退磁场才会起到增加总的反向磁场的作用，如图 14.9 所示。当局域退磁场引起的静磁能太大时，颗粒表面会形成封闭磁畴来减小表面凸起或尖角处的自由磁极数目，如图 14.10 所示。这些磁畴在几千高斯的磁场下，样品即使被磁化到“饱和”状态，也仍然存在。这样，原本需要形核形成畴壁，现在只需要移动这些已经存在的小磁畴的畴壁就能使颗粒发生磁化反转。

大尺寸颗粒存在表面缺陷的可能性大，因此矫顽力更小。大颗粒的磁矩一旦发生反转，对系统整体磁矩的降低作用更明显。比如：体系内包含 8 个颗粒，其中 1 个颗粒发生反转，体系的 M_S 值下降到原来的 3/4。小颗粒因为表面积小，存在缺陷的概率降低，缺陷强度也相应降低。因此，单个颗粒发生反转对整体的影响也更小，表现出的宏观矫顽力也更大，如图 14.11 所示。因此，对于同种材料，在多畴状态下，随着颗粒尺寸的增大，往往表现为矫顽力逐渐降低。

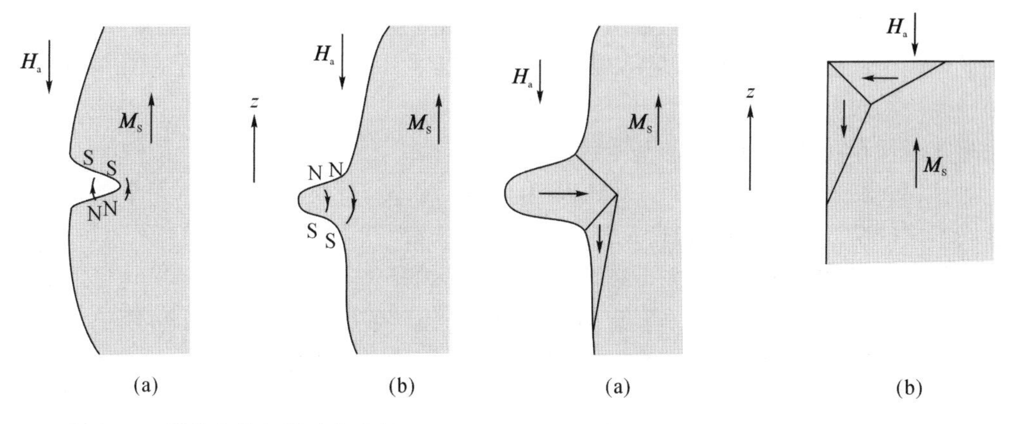

图 14.9　凹陷和凸起附近的磁场　　图 14.10　凸起和尖角处的磁畴

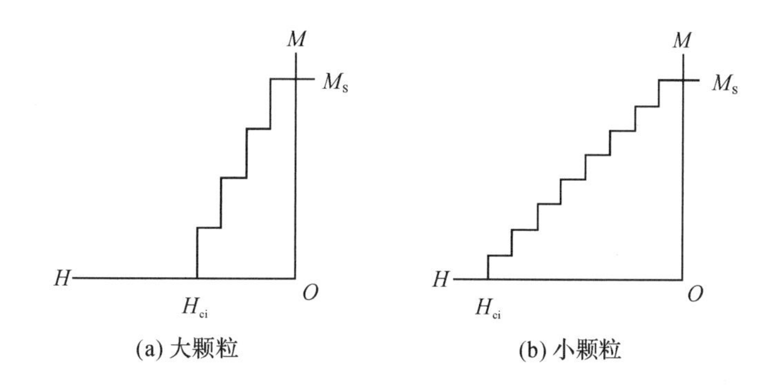

图 14.11　颗粒体系的退磁曲线

对于钡铁氧体来说，材料的磁晶各向异性常数很大，$K_1=3.3\times10^5\text{J/m}^3$，因此多畴理想晶体矫顽力的理论值为 $H_{ci}=\dfrac{2K}{\mu_0 M_S}=17\text{kOe}$。在图 14.1 中颗粒尺寸为 1μm 的钡铁氧体的矫顽力为 3kOe，钡铁氧体的单畴临界尺寸 D_s 为 73nm，因此 1μm 大小的颗粒一定是多畴的。钡铁氧体多畴颗粒的实际矫顽力远低于理论值，正是由于实际颗粒中存在各种各样的缺陷。同样，从图 14.1 中可以发现，随着尺寸的增大，多畴颗粒的矫顽力逐渐降低。

14.4　超顺磁性

对于单畴铁磁性颗粒而言，由于内部磁性原子或离子之间的交换作用很强，磁矩之间将平行取向，而且磁矩取向在由磁晶各向异性所决定的易磁化方向上。磁性颗粒的磁晶各向异性能为 KV，随颗粒体积 V 的减小而降低（材料的磁晶各向异性常数 K 为定值）。当颗粒体积减小到某一数值时，热扰动能 kT（k 是玻尔兹曼常数，T 是样品的绝对温度）与磁晶各向异性能相当，此时颗粒的磁化方向不再保持不变，而是随着时间的推移，颗粒内部磁矩整体保持平行地在多个易磁化方向之间反复变化。对于多粒子体系而言，不同颗粒的磁矩取向每时每刻都在变换方向，外加磁场会把每个颗粒的磁矩有序排列起来，而热扰动倾向于打乱这种有序排列。这与顺磁性的特点相似，顺磁性物质内部原子磁矩间无序分布，外磁场使无序原子磁矩有序化。但又与通常所说的顺磁性截然不同，顺磁性为原子磁矩无序，而这种情况下颗粒内部磁矩有序排列，但不同颗粒的磁化方向不同。因此，我们把磁性纳米颗粒的这种行为称为超顺磁性。

超顺磁性存在两个最重要的基本特征。

(1)以磁化强度 M 为纵坐标，以 H/T 为横坐标作图(H 为磁场强度，T 是绝对温度)，分别在不同的温度下(超顺磁温度范围内)测量其磁化曲线，这些磁化曲线必定重合在一起。

(2)不存在磁滞，即颗粒体系的剩磁和矫顽力都为零。

图 14.12 为铁颗粒分散在水银中的磁化曲线。在 200K 和 77K 温度下，体系均表现出超顺磁性，但是当温度下降到 4.2K 时，超顺磁性消失，出现磁滞现象。

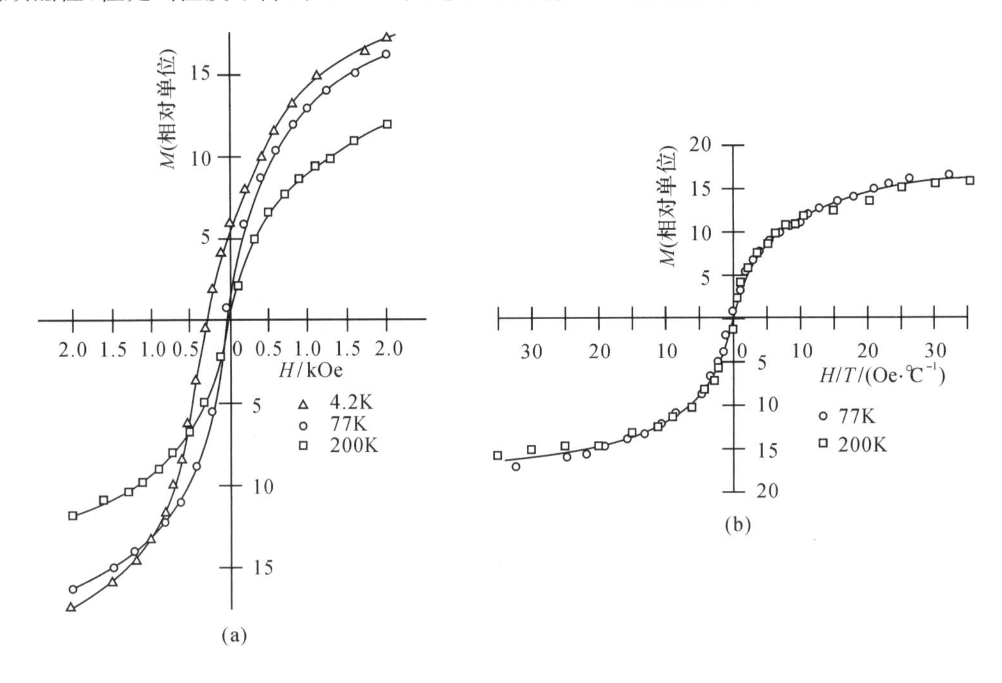

图 14.12 直径为 4.4nm 的铁颗粒在不同温度下的磁化曲线

当给定尺寸的颗粒在冷却到某个特定温度时，或者当温度不变而颗粒尺寸增加到某个临界尺寸 D_p 时，超顺磁性就会消失。为了测定这些临界参数，需要考虑体系达到热平衡的速率。假设单轴各向异性颗粒体系在外磁场下处于某个磁化状态，磁化强度为 M_i，在 $t=0$ 时撤去外磁场，其中一些颗粒由于热扰动会立刻改变磁化方向，颗粒体系的总磁化强度降低。任一时刻磁化强度降低的速率和这一时刻的磁化强度 M 以及玻尔兹曼因子 $e^{-\frac{KV}{kT}}$ 成正比，其中玻尔兹曼因子表示某一颗粒的热扰动能克服其各向异性能 KV 的可能性，所以有以下关系式成立：

$$-\frac{dM}{dt}=f_0 Me^{-\frac{KV}{kT}}=\frac{M}{\tau}$$

式中，f_0 称作频率因子，近似为常数 $10^9 s^{-1}$，τ 为弛豫时间。对上式移项并积分，得到剩磁 M_r 随时间的变化关系：

$$\int_{M_i}^{M_r}\frac{dM}{M}=\int_0^t\frac{dt}{\tau}$$

$$\ln\frac{M_r}{M_i}=\frac{t}{\tau}$$

$$M_r=M_i e^{-t/\tau}$$

τ 值是 M_r 下降到初始值的 1/e 所需的时间：

$$\frac{1}{\tau}=f_0 e^{-\frac{KV}{kT}}$$

式中，颗粒体积 V 和温度 T 都是指数项，因此 τ 值强烈依赖于这些参数。例如，直径为6.8nm的 Co 颗粒在室温下的弛豫时间 τ 仅为 0.1s，撤销外磁场后，颗粒体系的 M_r 会立刻下降到零，表现出超顺磁性；如果颗粒尺寸增加到 9nm，弛豫时间会上升到 3.2×10^9 s(100年)，颗粒体系会非常稳定，剩磁保持不变。

τ 随着体积 V 迅速改变，意味着 τ 的变化不会引起对应体积 V 很大的改变。测试样品的剩磁所需要的时间大致为 100s，因此选定弛豫时间 $\tau=100$s 时，所对应的体积 V_p 为超顺磁性颗粒的体积上限。将 $\tau=100$s 代入上面的公式：

$$10^{-2}=10^9 e^{-\frac{KV_p}{kT}}$$

计算可得 $KV_p=25kT$，也就是说，当磁晶各向异性能为 $25kT$ 时，颗粒剩磁才能够保持稳定。对单轴各向异性颗粒来说，$V_p=25kT/K$，对应的颗粒直径 D_p 也能计算出来，这也就是图 14.2 中所示超顺磁性的粒径上限，图中“稳定”和“不稳定”指的是弛豫时间分别大于和小于 100s。对圆球状钴颗粒来说，室温下临界尺寸为 7.6nm。

对于给定尺寸的颗粒来说，存在一个阻止温度 T_B，在这个温度以下，磁化状态能保持稳定。对于单轴各向异性颗粒，同样取弛豫时间 100s，那么 $T_B=KV/(25k)$，图 14.12 中的铁颗粒的阻止温度在 77K 和 4.2K 之间。图 14.13 给出了球状钴颗粒的临界尺寸、阻止温度和弛豫时间的关系。D_p 随温度的变化说明直径为 7.6nm 的钴颗粒的阻止温度是 20℃，超过这个温度颗粒将呈现超顺磁性。另一条曲线给出了 7.6nm 的钴颗粒的弛豫时间 τ 随温度的变化，在 20℃时 τ 等于 100s。

如前所述，磁性颗粒的剩磁能保持稳定的临界值为 $KV=25kT$。而磁晶各向异性能 KV 代表磁化在不同方向的最大能量差。也就是说磁化在不同方向的能量差大于 $25kT$ 时，颗粒剩磁才能保持稳定。

我们来考虑对颗粒体系施加外磁场时的情况。假设单轴各向异性颗粒体系的易磁化轴都平行于 z 轴，首先把它们沿 $+z$ 方向磁化到饱和，然后在 $-z$ 方向加一个反向磁场，这样颗粒的 $\boldsymbol{M}_S$ 会发生偏转并与 $+z$ 方向成 θ 角($0°<\theta<90°$)，单个颗粒的总能量为：

$$E=V(K\sin^2\theta+\mu_0 HM_S\cos\theta)$$

在 H 值给定的情况下，当 θ 取不同的值时，颗粒的总能量 E 不同，因此存在能量最小值 E_1(对应于 θ_1)和最大值 E_2(对应于 θ_2)。能量的最大值 E_2 与最小值 E_1 之差即为颗粒反磁化所需要克服的能垒。如果不存在其他能量作用，给定的 H 值对应于确定的 θ 值，在该 θ 值时，颗粒总能量 E 最小。但对于细小颗粒来说，颗粒的热扰动 kT 不可忽略，此时颗粒的 θ 角在一定范围内变化。如果 $\theta_1<\theta<\theta_2$，则颗粒剩磁仍然保持稳定；如果 $\theta>\theta_2$，则颗粒剩磁不再稳定。在 H 值给定的情况下，可以得到能量的最大值 E_2 与最小值 E_1 的差值：

$$\Delta E=E_2-E_1=KV\left(1-\frac{\mu_0 HM_S}{2K}\right)^2$$

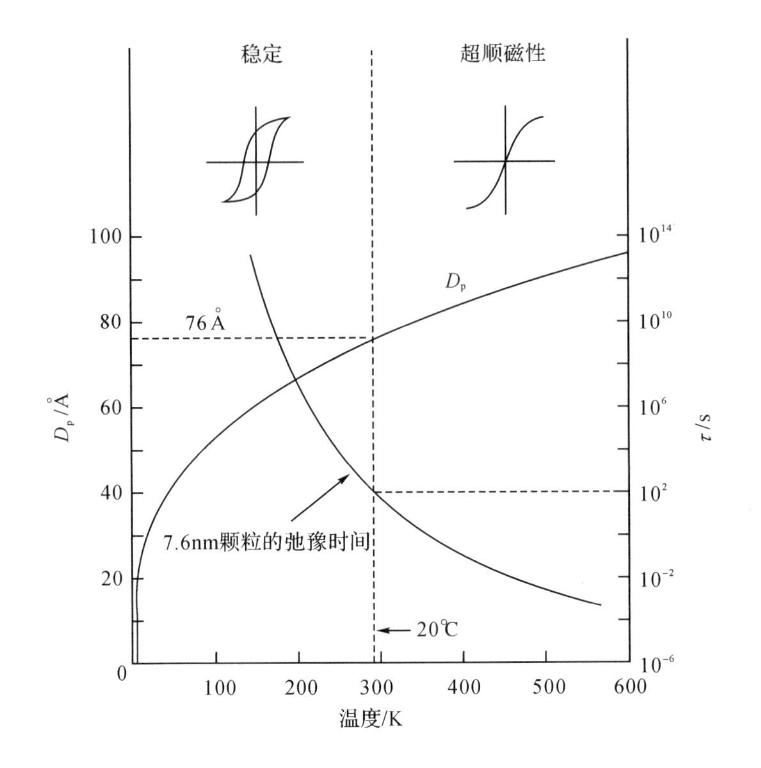

图 14.13 球状钴颗粒的临界尺寸、阻止温度和弛豫时间的关系

可以看出，在 $H=0$ 时，ΔE 具有最大值。施加外磁场后，势垒被外加场降低了。本来尺寸大于 D_p 的颗粒在零场下不会由于热扰动产生反磁化。但存在外加磁场后，能垒可能被降低到 $25kT$ 以下，从而剩磁变得不稳定，颗粒会由于热激活而产生反磁化，这个外加磁场即为体系的矫顽力 H_{ci}，于是有：

$$\Delta E=KV\left(1-\frac{\mu_0 H_{ci}M_S}{2K}\right)^2=25kT$$

求出：

$$H_{ci}=\frac{2K}{\mu_0 M_S}\left[1-\left(\frac{25kT}{KV}\right)^{1/2}\right]$$

当体积 V 非常大或者温度 T 趋近于零时，H_{ci} 趋近于 $\frac{2K}{\mu_0 M_S}$，即为块体材料未受热扰动影响时的矫顽力，用 $H_{ci,0}$ 表示。因为 $V_p=\frac{25kT}{KV}$，则可以得到相对矫顽力 h_{ci}：

$$h_{ci}=\frac{H_{ci}}{H_{ci,0}}=1-\left(\frac{V_p}{V}\right)^{1/2}=1-\left(\frac{D_p}{D}\right)^{3/2}$$

当颗粒尺寸 D 小于 D_p 时，理论上为超顺磁性。当颗粒尺寸 D 大于 D_p 时，h_{ci} 会随 D 的增加而增大，如图 14.2 所示。图 14.14 给出了 60Co-40Fe 合金颗粒随机分散在水银中的测试数据与理论计算值的对比关系。可以看出，实测值与理论计算值符合得很好。图中当 $D\approx 5D_p$ 时，矫顽力达到最大值。而后随着 D 的继续增大，颗粒变成多畴，上述公式不再适用，矫顽力随着颗粒尺寸增大而下降。

采用同样计算方法，可以得到相对矫顽力 h_{ci} 随温度 T 的变化(见图 14.15)：

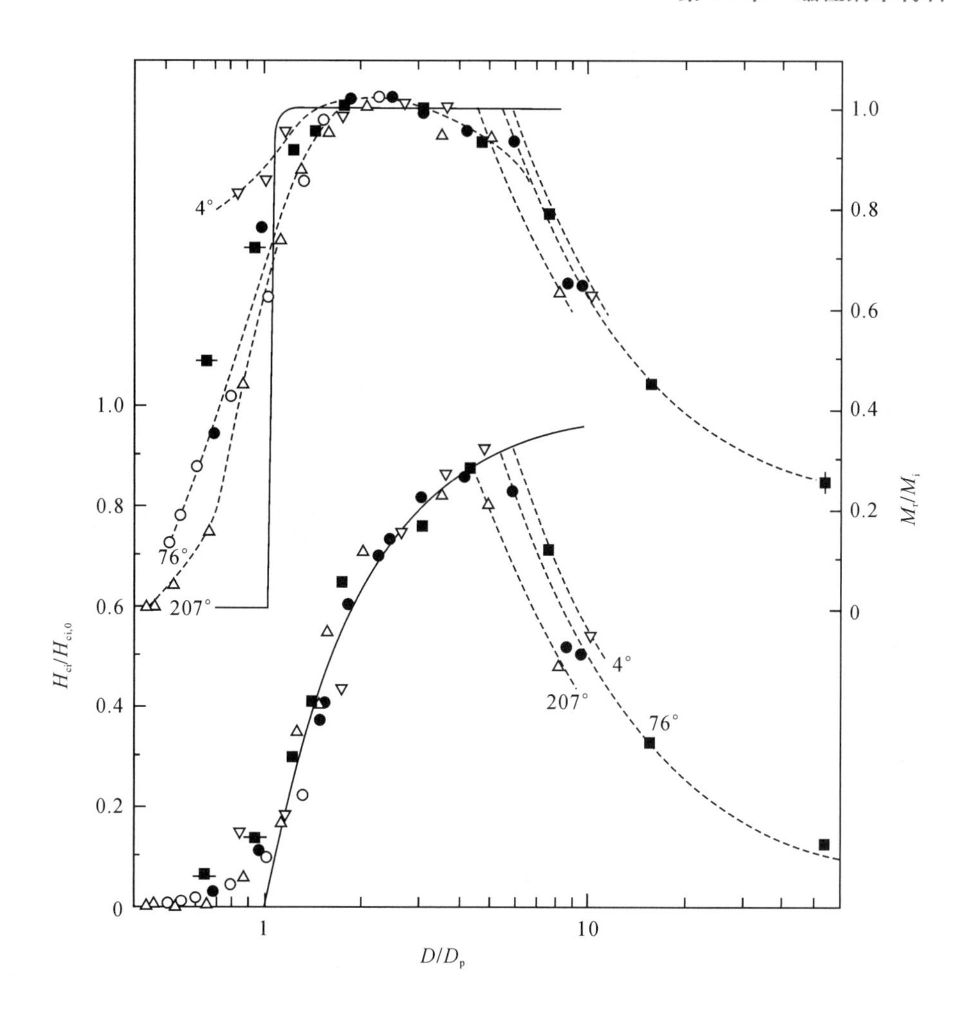

图 14.14 Co-Fe 合金颗粒矫顽力和剩磁随颗粒尺寸的变化(实线为计算值)

$$h_{ci}=\frac{H_{ci}}{H_{ci,0}}=1-\left(\frac{T}{T_B}\right)^{1/2}$$

对于颗粒尺寸是 D_p 的粒子来说，当温度超过 T_B 时，粒子的矫顽力为零。当温度小于 T_B 时，随着温度的降低，粒子矫顽力逐渐增大。

当颗粒尺寸小于 D_p 时，粒子为超顺磁性。当颗粒尺寸大于 D_p 时，热扰动的影响可以忽略，粒子剩磁保持稳定，此时剩磁与尺寸的关系可以表示为：

$$\ln\frac{M_r}{M_i}=-\frac{t}{\tau}=-f_0 t e^{-\frac{KV}{kT}}=-10^{11}e^{-25V/V_p}$$

根据公式，剩磁随尺寸的增大而急剧增大，迅速达到饱和磁化强度。在图 14.14 中剩磁变化的斜率非常大，接近垂直。实验值与理论值存在一定差异，这是因为一方面剩磁对尺寸非常敏感，而另一方面实验中的颗粒尺寸无法精确地固定在某个确定值，而是存在一个分布范围。

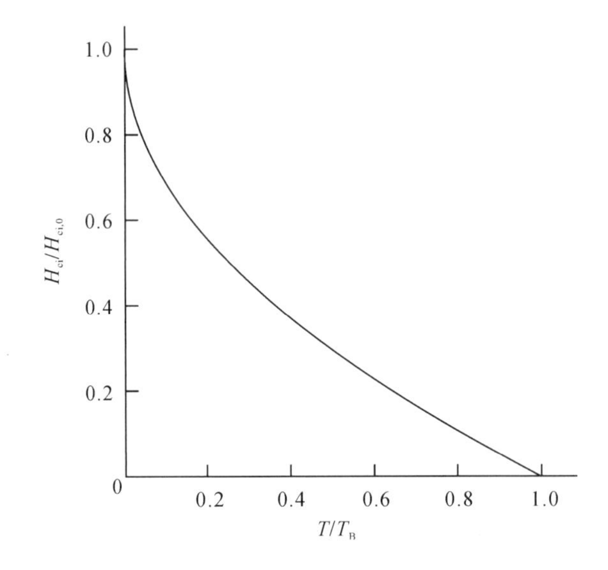

图 14.15 单畴颗粒矫顽力随温度的变化

14.5 磁性纳米材料的典型应用

1. 磁性液体

磁性液体是一种新型功能材料，它是将众多的纳米级的铁磁性或亚铁磁性微粒高度弥散于液态载液中而构成的一种高稳定的胶体溶液。微粒与载液通过表面活性剂混合而成的这种磁性液体即使在重力场、电场、磁场作用下也能长期稳定地存在，不产生沉淀与分离。目前，磁性流体已经广泛应用于选矿技术、精密研磨、磁性液体阻尼装置、磁性液体密封、磁性液体轴承、磁性液体印刷、磁性液体润滑、磁性液体燃料、磁性液体速度传感器与加速度传感器、磁性液体变频器、磁性液体陀螺仪、水下低频声波发生器和移位寄存器显示等。目前，磁性液体应用中的关键问题就是如何降低纳米颗粒的尺寸、控制纳米颗粒的单一性和分散问题。

2. 磁性记录材料

在磁性记录材料应用当中，为了不受温度的影响，材料必须有稳定的磁性能；同时，为了得到最好的记录效果，纳米颗粒也要具有小尺寸、高剩磁以及良好的耐腐蚀与耐磨性。由于物理化学性质的稳定，磁铁矿常被用作磁记录和数据储存材料。这类材料主要应用于制作磁带、磁盘等。

3. 生物医药

磁性高分子微球（也称免疫磁性微球）是一种由磁性纳米颗粒和高分子骨架材料制备而成的生物医用材料，其中的高分子材料包括聚苯乙烯、硅烷、聚乙烯、聚丙烯酸、淀粉、葡聚糖、明胶、白蛋白、乙基纤维素等，骨架材料主要是具有磁性的无机材料。而磁铁矿因具有物料性质稳定、与生物相容性较好、强度较高且无毒副作用等特点，被广泛地应用于生物医药的多个领域，如磁共振成像、磁分离、靶向药物载体、肿瘤热疗技术、显影剂制备、造影剂制备、细胞标记和分离、视网膜脱离的修复手术等。

习　　题

第 14 章拓展练习

14-1　概述磁性纳米材料的矫顽力与颗粒尺寸间的关系。

14-2　简述磁性纳米颗粒的反磁化过程。

14-3　如何区分超顺磁性和顺磁性？

参考文献

[1] CULLITY B D. Introduction to magnetic materials[M]. London: Addison-Wesley Publishing Company, 1972.

[2] 过壁君，冯则坤，邓龙江. 磁性薄膜与磁性粉体[M]. 成都：电子科技大学出版社，1994.

[3] HARRIS L A, GOFF J D, CARMICHAEL A Y, et al. Magnetite nanoparticle dispersions stabilized with triblock copolymers[J]. Chemistry of Materials, 2003, 15(6): 1367-1377.

[4] JIANG C Y, MARKUTSYA S, TSUKRUK V V. Compliant, robust, and truly nanoscale free-standing multilayer films fabricated using spin-assisted layer-by-layer assembly[J]. Advanced Materials, 2004, 16(2): 157-161.

[5] DUAN H W, WANG D Y, SOBAL N S, et al. Magnetic colloidosomes derived from nanoparticle interfacial self-assembly[J]. Nano Letters, 2005, 5(5): 949-952.

[6] JIANG C Y, TSUKRUK V V. Freestanding nanostructures via layer-by-layer assembly[J]. Advanced Materials, 2006, 18(7): 829-840.

[7] ROCA A G, MORALES M P, O'GRADY K, et al. Structural and magnetic properties of uniform magnetite nanoparticles prepared by high temperature decomposition of organic precursors[J]. Nanotechnology, 2006, 17(11): 2783-2788.

[8] PROZOROV T, MALLAPRAGADA S K, NARASIMHAN B, et al. Protein-mediated synthesis of uniform superparamagnetic magnetite nanocrystals[J]. Advanced Functional Materional Materials, 2007, 17(6): 951-957.

[9] DAOU T J, GRENECHE J M, POURROY G, et al. Coupling agent effect on magnetic properties of functionalized magnetite-based nanoparticles[J]. Chemistry of Materials, 2008, 20(18): 5869-5875.

[10] 李文峰. 化学方法低温合成 NiZn 铁氧体及磁性研究[D]. 兰州：兰州大学，2008.

[11] ROCA A G, VEINTEMILLAS-VERDAGUER S, PORT M, et al. Effect of nanoparticle and aggregate size on the relaxometric properties of MR contrast agents based on high quality magnetite nanoparticles[J]. Journal of Physical

Chemistry B, 2009, 113(19): 7033-7039.

[12] 洪若瑜. 磁性纳米粒和磁性流体制备与应用[M]. 北京:化学工业出版社,2009.

[13] SHEN J F, HU Y Z, SHI M, et al. One step synthesis of graphene oxide-magnetic nanoparticle composite[J]. Journal of Physical Chemistry C, 2010, 114(3): 1498-1503.

[14] DEMORTIERE A, PANISSOD P, PICHON B P, et al. Size-dependent properties of magnetic iron oxide nanocrystals[J]. Nanoscale, 2011, 3(1): 225-232.

[15] BAUMGARTNER J, DEY A, BOMANS P H H, et al. Nucleation and growth of magnetite from solution[J]. Nature Materials, 2013, 12(4): 310-314.

[16] 车如心. 纳米复合磁性材料制备、组织与性能[M]. 北京:化学工业出版社,2013.

[17] 冀翼. 镍纳米纤维及镍纳米颗粒的制备和性能表征[D]. 合肥:合肥工业大学,2013.

[18] 张恒. 纳米磁性材料的制备与磁性研究[D]. 银川:宁夏大学,2013.

[19] SINGH G, CHAN H, BASKIN A, et al. Self-assembly of magnetite nanocubes into helical superstructures[J]. Science, 2014, 345(6201): 1149-1153.

[20] 张嵩波. 铁钴镍系过渡金属氧化物纳米结构的制备、表征及磁性研究[D]. 长春:吉林大学,2014.

[21] 李志文. γ-Fe_2O_3/NiO 核壳结构纳米颗粒的制备、微结构与磁性研究[D]. 南京:南京大学,2015.

[22] 陈立钢. 磁性纳米复合材料的制备与应用[M]. 北京:科学出版社,2016.

[23] LI J, PENG X, YANG Y, et al. A novel magnetic-field-driving method for fabricating Ni/epoxy resin functionally graded materials[J]. Materials Letters, 2018, 222: 70-73.

[24] LI J, PENG X. Fabrication of Ni/Epoxy resin functionally graded materials via a reciprocating magnetic field[J]. Journal of Magnetics, 2020, 25(3): 383-388.

[25] 杨亚玲,李小兰. 磁性纳米材料及磁固相微萃取技术[M]. 北京:化学工业出版社,2020.

[26] 顾丽媛. 铁基磁性纳米材料的制备、表征及性能研究[D]. 武汉:武汉科技大学,2020.

[27] CHANG J, PENG X, LI J, et al. Design and fabrication of Ni/ZrO_2 metal-ceramic functionally graded materials by a moving-magnetic-field-driving method [J]. Journal of Materials Research and Technology-JMR&T, 2021, 13: 1000-1011.

[28] GAVILAN H, AVUGADDA S K, FERNANDEZ-CABADA T, et al. Magnetic nanoparticles and clusters for magnetic hyperthermia: optimizing their heat performance and developing combinatorial therapies to tackle cancer[J]. Chemical Society Reviews, 2021, 50(20): 11614-11667.

[29] ALI A, SHAH T, ULLAH R, et al. Review on recent progress in magnetic

nanoparticles: Synthesis, characterization, and diverse applications[J]. Frontiers in Chemistry, 2021, 9: 629054.
[30] 郄亚琴. 钴基磁性纳米材料的研究及应用[D]. 长春:吉林大学,2022.
[31] 王荣明,岳明. 低维磁性材料[M]. 北京:科学出版社,2022.

第15章

磁记录材料

21世纪是通信、广播、电子计算机技术三位一体的“信息世纪”。大容量存储技术在信息处理、传递和保存中占据相当重要的地位。就个人计算机而言,信息的处理和保存也从数兆字节上升到数吉字节的数量级,在军事情报、地球物理、银行保险、新闻广播、气象信息等信息存储方面更有几个数量级的增加。

磁记录技术在信息存储领域具有独特的地位,它的发展已经有100多年历史。表15.1中按时间顺序列出了与磁记录相关的发明、发现及产业化进展。从表15.1中可以看出,自1898年丹麦工程师Poulsen发明钢丝式磁录音机以来,磁记录材料飞速发展。现今以磁带、软磁盘和硬磁盘为主要形式的磁记录设备更是由于价格低廉、性能优良的特点,占据了计算机外部存储领域的大部分市场。其记录波长也由最初的1000μm缩短到目前的亚微米数量级。作为计算机外部存储媒体,磁记录材料至今仍处于记录密度逐年提高的发展态势。

到了20世纪80年代初期和后期,新的存储技术的出现和发展,对磁记录在计算机外存储领域的统治地位构成了一定的威胁,其中主要有光盘[包括CD-ROM、CD-R、CD-RW、DVD-ROM、DVD-R、DVD-RAM、磁光盘(MO)和相变光盘(PD)]和固态存储器。光记录的主要特点是采用非接触式记录,存储密度高、容量大,近年来随着其性价比的不断提高,已经在计算机外存领域获得应用,占据了一定的市场份额。但由于光记录技术中信息的写入和读出需要精密跟踪伺服的光学头,且光盘驱动器价格较高,数据传输速度慢等缺点,其应用受到一定的限制。固态存储器的主要特点是没有运动部件,可靠性高,并可以高速随机存储。随着移动存储业的发展,固态存储器中Flash Memory器件(如U盘等)最近几年发展迅速。它具有不需电池供电、数据不挥发性的优点,缺点是存储量较小,价格高。

随着新型巨磁电阻(giant magnetoresistance, GMR)磁头的问世和垂直磁记录技术的应用,磁记录介质的存储密度有了大幅的提升。同时由于磁记录具有信息写入和输出速度快,容量大,可擦除重写,并且价格低廉的特点,可以预计在今后相当长的一段时间内,磁记录仍将在计算机外存储领域发挥主导作用。

除了在计算机中的应用外,磁记录的应用领域相当广泛,电视、广播、教育、军事、空间技术、医学、科学研究和日常生活都离不开磁记录。录音技术是磁记录最早应用的领域,磁带录音机早已走进千家万户;录像技术在工业生产、军事、医学以及科研领域成为不可或缺的检测和监视技术;银行卡、餐卡、图书卡、乘车卡以及门卡等更是生活中的必需品。

表 15.1　与磁记录相关的发现、发明及产业化发展

年份	事件
1888	利用微小永磁体的磁化强度进行声音记录的想法诞生(Oberlin Smith 提出,美国)
1898	钢丝式磁录音机实用化(Valdemar Poulsen,丹麦)
1928	Fe_3O_4 磁性微粒涂布式磁带问世(F. Pfleumer,德国)
1933	发明环形磁头(Eduard Schueller,德国)
1938	发明交流偏压法(永井健三等,日本)
1940	γ-Fe_2O_3 用于磁带(德国)
1947	针状 γ-Fe_2O_3 用于磁带
1953	磁带装置在计算机外部存储设备中采用
1956	开发电视广播用 4 磁头 Video 磁带录像机(video tape recorder,VTR);第一块硬盘(IBM 公司)诞生
1957	磁盘装置在计算机中采用
1960	外部包覆 Co 膜的 γ-Fe_3O_4 微粒问世
1961	CrO_2 微粒子单相制作方法确立
1967	CrO_2 磁带商品化
1970	薄膜感应磁头代替环形磁头(美国,IBM 公司);电阻式 RAM(ReRAM)提出(美国)
1971	吸附 Co 的 γ-Fe_2O_3 问世;磁阻磁头设想提出
1974	针状结构金属膜磁介质垂直记录实验出现(日本)
1975	PMR 技术提出(S. Iwasaki)
1977	Co-Cr 溅射垂直磁记录实验出现(岩崎等,日本)
1978	高矫顽力 CrO_2 磁带商品化(美国);金属磁带商品化(美国、日本)
1979	小型磁盘试制(飞利浦公司);Co 系蒸镀磁带商品化(日本)
1981	Co-Ni-P 化学镀薄膜硬磁盘商业化(美国、日本)
1982	涂布型 Ba 铁氧体(垂直磁化)磁带出现
1987	全球第一套近线存储自动磁带库诞生
1990	超微细加工技术[利用扫描隧道显微镜(scanning tunneling microscope,STM)进行原子文字记录](IBM 公司)
1991	磁电阻效应(magnetoresistance effect,MR 效应)磁头开发
1992	在 1986 年发现金属超晶格巨磁电阻效应(giant magnetoresistance effect,GMR 效应)的基础上,发现纳米颗粒合金中的 GMR 效应
1994	发现超巨磁电阻效应(colossal magnetoresistance effect,CMR 效应)
1996	数字式 Video 磁盘商品化
1997	GMR 磁头问世
1998	量子磁盘制备成功(美国);写磁头改为单极磁头(single pole type head,SPT);热辅助磁记录技术提出(日立公司)

续表

年份	事件
2002	虚拟磁带库问世
2004	采用垂直磁记录技术的硬盘商品化(东芝公司);隧穿磁电阻(tunnel magnetoresistance,TMR)磁头替代 GMR 磁头
2005	希捷、东芝、日立相继推出采用垂直磁记录技术的硬盘驱动器
2007	日立推出首款 1TB 硬盘新品;飞秒圆偏振激光全光磁化反转存储技术提出(Stanciu,荷兰)
2008	微波辅助磁记录技术提出(美国);比特模式磁存储技术提出
2010	日立发布首款采用第六代垂直记录存储技术的单碟容量 500GB 2.5 寸硬盘
2011	希捷推出全球首款单碟容量 1TB 的硬盘;秒激光超快加热全光磁化反转存储技术提出
2012	磁记录密度突破 $1TB/in^2$(IBM 公司);发现微波辅助磁翻转现象(Okamoto,日本)
2013	叠瓦式 SMR 磁盘上市(希捷公司);HAMR 原型问世(希捷公司)
2014	充氦硬盘推出;Gd-Fe-Co 磁光薄膜材料问世
2016	3D XPoint 存储器推出(英特尔公司、美光公司);提出磁盘阵列技术 DVS-RAID
2017	HAMR HDD 发售(希捷公司);垂直磁随机存储器技术提出;非易失性存储器技术取得突破
2018	单原子级别数据存储成功(Natterer,瑞士);推出 22nm FinFET 制程的 STT-MRAM(英特尔公司);HAMR 商业化
2019	嵌入式 MRAM(eMRAM)产品推出(三星公司);eMRAM 商业化(格芯公司)
2020	BarraCuda Pro 14TB 硬盘推出(希捷公司);提出二维磁记录
2021	二维自旋轨道耦合材料出现;提出谐振波导系统技术
2022	提出 FT-RAID 技术(针对瓦记录磁盘的高可靠数据存储方法)

15.1 磁记录概述

15-1 磁记录概述

磁记录的功能是将一切能转变为电信号的信息(如声音、图像、数据和文字等),通过电磁转换记录和存储在磁记录介质上,并且该信息可以随时重放。

根据记录信息的形态,磁记录可以分为模拟式磁记录和数字式磁记录两大类。从记录和再生的质量、变频技术的难易等角度看,磁记录的总体趋势是从模拟式磁记录向着数字式磁记录的方向发展。根据磁化强度与记录介质的取向,数字式磁记录又可以分为水平磁化模式和垂直磁化模式两类。从小器件、高密度存储的角度来看,数字式磁记录的总体趋势是由水平磁化模式逐渐过渡到垂直磁化模式。

15.1.1 磁记录的基本过程

15-2 磁记录的基本过程

永磁体在移走磁化场后具有明显的剩磁,并且其剩磁的大小由其磁滞回线决定。磁记录介质实际上就是由具有这种磁化特征的、体积很小的永磁体构成的。通过磁头与磁记录介质之间的相对运动,就可以按照记录信号，以相应的磁化矢量的取向把信号记录下来。下面就以磁带录音机的工作过程为例，说明磁记录的基本过程。

图15.1(a)给出了磁带录音机的走带系统简图。由旋转绞盘和压带轮构成的驱动器E控制着磁带始终以恒定线速度转动。在A与E之间，磁带转动要经过三个电磁转换器件B、C和D。B是抹音磁头，起消除磁带磁性的作用；C是录音磁头，它的作用是使磁带沿着带长的方向磁化；D是放音磁头，其作用是检测磁带中的磁化强度。图15.1(b)为录音磁头的放大图，可以看出它实际上是带有微小气隙的电磁铁，气隙的典型宽度为1.5μm，约为磁带表面磁性层厚度的1/3。录音磁头通常由坡莫合金片组成，或者为块状铁氧体软磁材料。图15.1(c)中更加清晰地给出了气隙附近磁带的磁化状态。

下面分析信号的记录和重放过程。记录信号时，录音磁头线圈上产生一个信号电流，该电流将电磁铁磁化，在气隙处产生溢出磁场。当磁带转动通过磁头气隙时，气隙处的溢出场将磁带磁化。磁带转动离开气隙后，磁化部分残留剩磁，该剩磁即为记录信号。重放信号时，依靠放音磁头检测磁带中剩磁产生的磁场。因为磁带与磁头的相对速度保持不变，所以剩磁沿着磁带的长度方向上的变化规律就完全反映了磁化信号电流随时间的变化规律，这便是磁记录信号的基本过程。

将上面记录了信号的磁带以记录信号时相同的速度通过放音磁头，则从介质表面发散

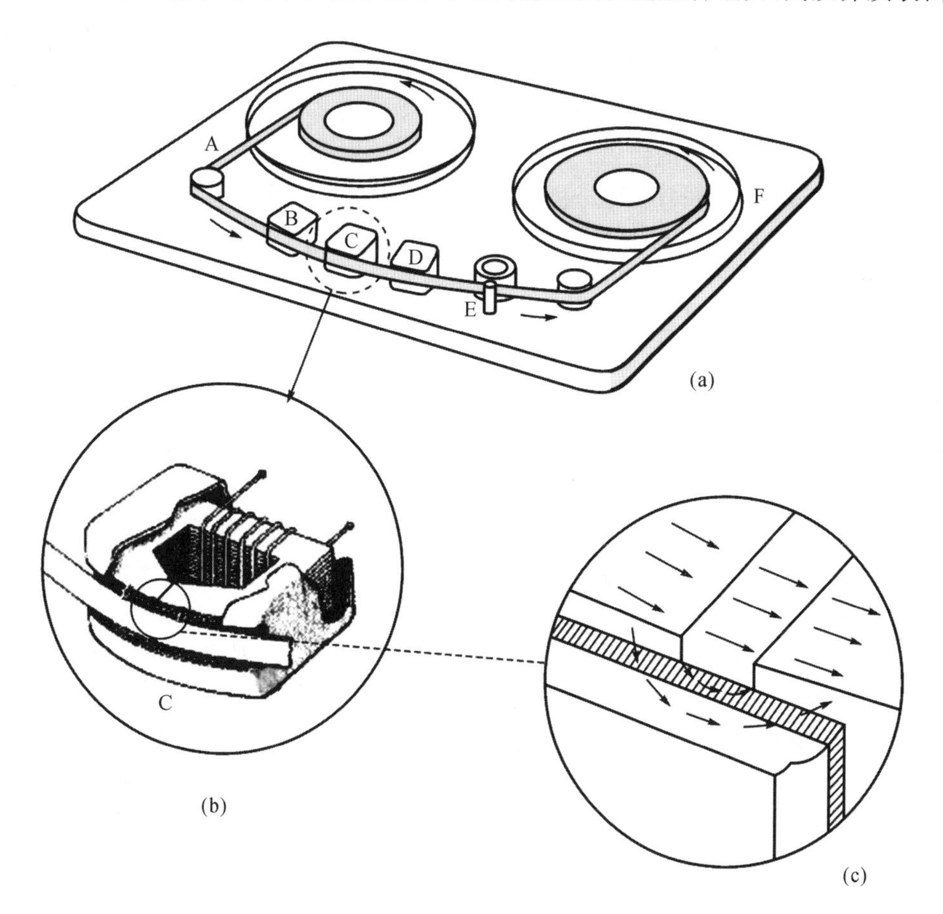

图15.1　磁带录音机走带系统与内部结构

的磁通将进入放音磁头磁芯，从而在磁头线圈中产生感应电压，该电压正比于磁通的变化率。虽然线圈中的感应电压不可能是记录信号的精确重复，但是经过适当的电路处理以后，就能重现记录信号。

在记录与重放过程之间，磁带上所记录的信号通常有个存放过程。在存放过程中，不允许外加的杂散磁场超过用于记录的磁场的强度，否则磁带中所记录的信息将出现错误。当不再需要这些信号时，抹音磁头可以产生一个大于记录磁场强度的磁场，就可以抹除原先记录的信息，抹除之后，记录介质又可准备记录新的信息。

利用磁记录方法可以记录模拟信号，也可以记录数字信号。在音频模拟记录过程中，为了保证良好的线性特性而采用交流偏置磁场。作为偏置用的高频电流与待记录的信号电流同时输入音频磁头线圈中，以便使记录介质工作在线性区间。在数字式磁记录中，磁介质的磁化强度分别沿着正方向和负方向取向，与数字编码"1"和"0"相对应，构成了数字记录信号。虽然模拟式磁记录和数字式磁记录由于应用场合的不同，在记录前和记录后对信号的加工会有很大不同，但是，由介质上的记录磁迹所构成的磁化强度的空间变化所代表的记录信号的时间变化规律这一磁记录的基本过程，是不会改变的。由于错误检测技术及校正电路的进一步完善，从原理上来说，所有的磁记录都可以用数字式磁记录方式来实现。

15.1.2 模拟式磁记录

15-3 模拟式磁记录

将声音振动的大小、图像的明暗等原样地转变为磁化的强弱，记录在记录介质表面上的方式称为模拟式磁记录。模拟信号是以连续变化的波形信号原样地记录磁化的强弱。在模拟式磁记录技术中，按照对信号调制的情况，可分为无调制记录（直接记录）和调制记录。

在无调制记录中，也不是对信号不做任何处理进行直接记录，而是通过施加偏磁来实现的。按照施加偏磁电流的情况，又可分为直流偏磁和交流偏磁两种方式。只是偏磁信号本身并不反映在磁介质的记录信号上，因此才称为直接记录。其中交流偏磁记录在现代的录音技术中已成为最普遍、最基本的技术。

调制记录中，载波信号反映在磁介质的记录信号上。偏磁记录通过磁头（电磁转换器件）便可以实现，而调制记录则需要通过电子管、晶体管等调制器来实现。

1. 偏磁记录

早期的磁记录是把信号转换成信号电流后，直接送入磁头线圈而记录在磁介质上的。假定输入的磁化电流具有正弦波形，磁介质本来处于消磁后的中性状态，无偏磁记录的工作点就是磁化曲线的原点，磁介质的起始磁化曲线具有图 15.2 所示的一般波形。按照逐点描迹法，可以得到相应的磁化强度波形。显然，当输入信号较小时，磁化在介质的可逆磁化区域进行，可以具有正弦形的磁化强度波形，但由于可逆磁化不会引起剩磁，这些正弦形信号波形在磁介质一离开磁头缝隙场的作用时就会消失；当输入信号幅度较大时，得到的磁化强度波形就是一种钟形的畸变波形。如果将相应的剩磁波形也用虚线表示在同一图形上，就会出现间断的小波形，这表明录放灵敏度不高，信号失真。此外还会出现磁介质的磁化深度小、能量转换效率差、信噪比低等许多缺点。凡输出的信号中不符合原输入信号的成分都属于噪声。

正是由于无偏磁记录存在许多缺点，所以人们才经过不断探索而采用偏磁记录。

偏磁记录，就是在记录磁头的线圈上输入信号电流的同时，叠加一个恒定幅值的直流或者交流偏磁电流，使磁介质中受到的是一种合成磁场的作用。由于它使磁化的工作点发生了偏移，因此被称为偏移磁化记录，简称偏磁记录。偏磁记录的目的是使被记录的磁化信号(确切地说应该是剩磁信号)与信号电流之间具有良好的线性关系，信噪比高。

1) 直流偏磁记录

在铁磁性材料的磁化曲线上，可以看到曲线的不可逆磁化阶段(即磁场大小在矫顽力 H_c 左右)具有较陡峻的变化率，形状近似于直线。可以设想，若信号电流只在此范围变化，就可以获得较好的线性关系和较高的记录灵敏度。为此就需要将磁化的工作点从原点搬移到 H_c 处。通过在记录磁头中施加一恒定的直流电流，经过消磁处理的磁带就会被磁化到矫顽力 H_c 状态，这样就实现了磁化工作点的迁移。在这种情况下，如果叠加一个正弦信号，就会得到没有畸变的正弦波磁化信号了，如图 15.3 所示。

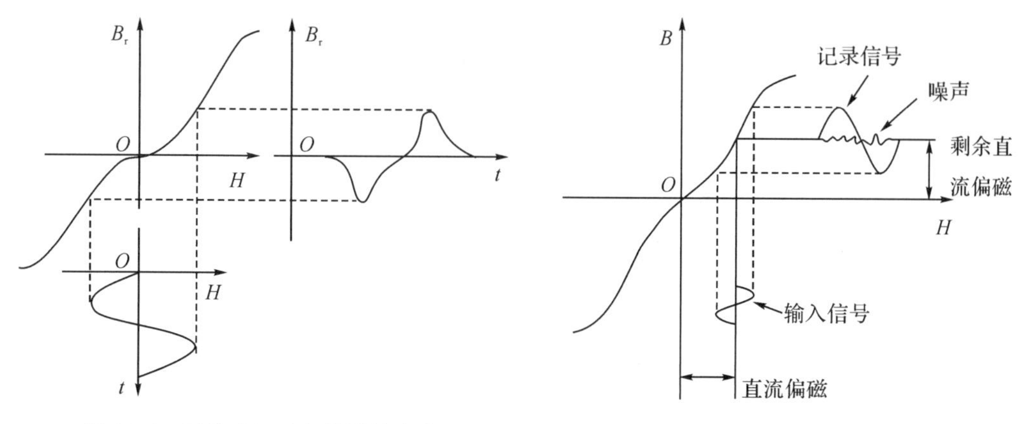

图 15.2　无偏磁记录与非线性失真　　图 15.3　直流偏磁原理

但需要指出的是，当没有信号时，在直流偏磁场作用下，磁介质将产生较大的剩磁，它就是直流背底噪声。这是因为，首先，实际的磁介质内部总存在一些不均匀性，造成工作点的剩磁在磁介质中也将是不均匀的，它们必然引起不均匀的磁通。在重放过程中，这种不均匀的磁通就会进入重放磁头，产生噪声电压。这是直流偏磁记录的最大缺点。其次，信号的动态变化范围只能在此线性部分，否则仍将引起波形的畸变，造成非线性失真。

2)交流偏磁记录

若在输入信号电流的同时，叠加一种交流电流，其幅值是信号电流幅值的 3～5 倍，其频率约为信号频率上限的 5～10 倍，这样就可以得到交流偏磁记录。上述对交流偏磁电流的要求是为了使磁介质能够磁化到饱和，以便得到较高的剩磁；同时防止信号与偏磁电流之间产生拍频干扰，出现不应有的噪声。

交流偏磁与直流偏磁之间的一个根本性的区别是：当输入信号为零时，交流偏磁电流对于磁介质作用的最终结果并不引起剩磁，从而也不会导致交流背底噪声。这里强调的是对磁介质作用的最终结果，它相当于交流消磁作用，最终的状态仍是磁中性状态。实践表明，交流偏磁记录具有很好的线性特性，具有信号失真度小、信噪比高等突出优点，因此立即获得了普遍使用。

交流偏磁记录原理如图 15.4 所示。首先，由于信号电流和交流偏磁电流的叠加，磁介质的记录输入波形可用 $ABC\text{-}A'B'C'$ 型波来表示。根据波形的对称性，其中心应位于磁介质磁化曲线的原点处，而磁化曲线分别在第Ⅰ和第Ⅲ象限表示，形成中心对称。其中输入包络线 ABC 的信号对第Ⅰ象限磁化曲线起作用，包络线 $A'B'C'$ 的信号对第Ⅲ象限起作用，形成两个工作点，它们分别在第Ⅰ和第Ⅲ象限得到两种输出的剩磁波形。由于磁化曲线的非线性特征，这两种剩磁波形显然都具有一定的畸变，但它们合成的结果，在磁介质中得到的却是十分好的正弦形剩磁波形 EFG。当没有信号输入时，交流偏磁作用的本身虽然也在第Ⅰ和第Ⅲ象限引起磁化，但由于对称性，两种剩磁符号相反、大小相等而相互抵消，最终对磁介质不引起剩磁。

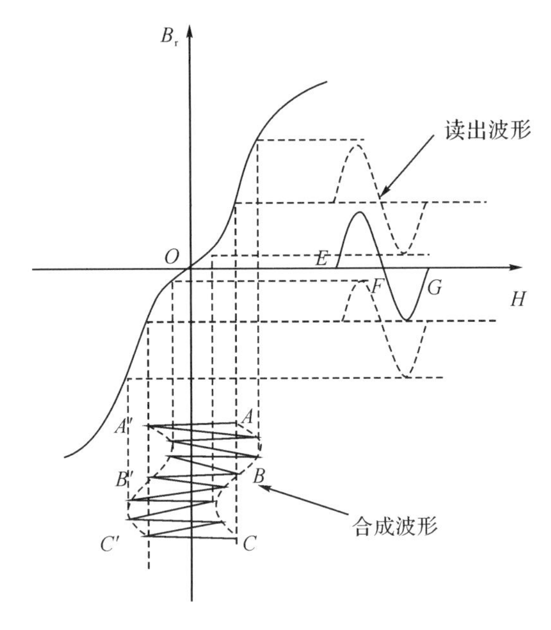

图 15.4 交流偏磁记录原理

2. 调制记录

在记录各种参数的测量值和图像信号时，由于输入信号随时间的变化范围很宽，有些是包含这直流成分的超低频信号，有些可能是某种瞬态式的信号，动态范围很宽，甚至达到100dB 以上。对于这样的情况，必须首先对信号进行调制处理，然后再进行记录。在重放过程中，这些经调制处理的信号必须解调处理，才能还原输出。用低频信号去控制高频振荡，使其具有低频信号特征的过程称为调制。其中低频信号称为调制信号或调制波，被控制的高频等幅振荡称为被调信号或载波。经过调制后的高频信号称为已调波。调制的目的是保证在传输过程中具有最小的失真度、合理的带宽、高的信噪比。其中应用较广的有调幅记录和调频记录，下面分别进行简单介绍。

以调制信号控制载波的振幅，使载波的振幅按调制信号的规律变化，这种调制称为振幅调制，简称调幅。这一过程中，载波、调制波和已调波的波形如图 15.5 所示。由图可见，连接已调波幅值各点所形成的包络线，反映了调制波的特点。

假设调制波为：

$$u_c = U_c \sin \omega_c t$$

载波为：

$$u_m = U_m \sin \omega_m t$$

则已调波为：

$$u_0 = (U_c + U_m \sin \omega_m t) \sin \omega_c t$$

以调制信号控制载波的频率，使载波的频率按调制信号的规律变化，这种调制称为频率调制，简称调频。调频波的形成过程及调频波的波形如图 15.6 所示。由图可见，调频波（调频信号）的特点是：其频率随调制信号振幅的变化而变化，而它的幅度却始终保持不变。

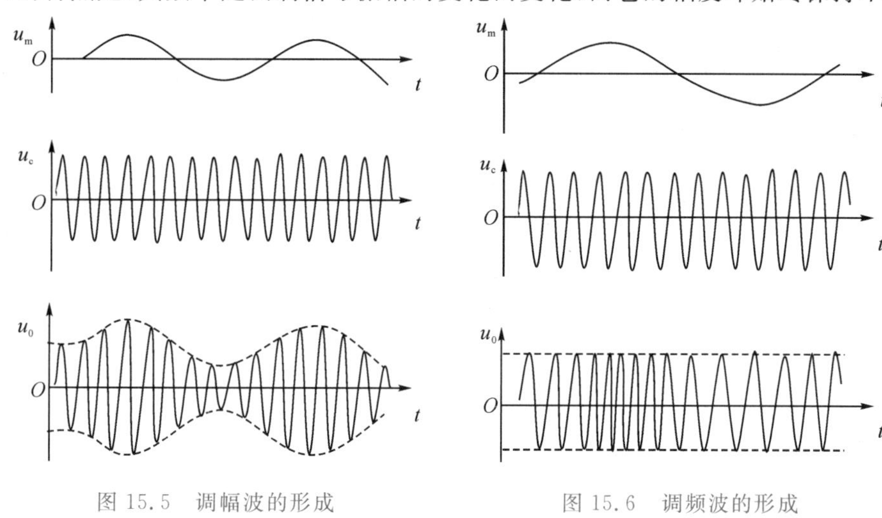

图 15.5　调幅波的形成　　　　图 15.6　调频波的形成

假设调制波为：

$$u_c = U_c \cos \omega_c t$$

载波为：

$$u_m = U_m \cos \omega_m t$$

则已调波为：

$$u_0 = U_c \cos(\omega_c t + m_f \sin \omega_m t)$$

15.1.3　数字式磁记录

15-4　数字式磁记录

数字式磁记录通过记录介质中微小永磁体单元不同的磁化方向所产生的“有”和“无”这两种有一定时间间隔的脉冲信号，来表示“1”和“0”这两种数值。目前，数字式磁记录方式主要用于计算机各种磁盘数据的存储，另外，音频、视频等领域也正在向数字信号记录的方向发展。

数字信号的记录原理如图 15.7 所示，可利用磁化方向进行记录，也可利用磁化反转进行记录。

根据磁化强度与记录介质的取向，数字式磁记录可以分为水平磁化模式和垂直磁化模式两类。数字式磁记录的总体趋势是由水平磁化模式逐渐过渡到垂直磁化模式。

1. 水平磁记录

水平磁记录通常采用环形磁头与具有纵向磁各向异性的记录介质相组合的形式，记录介质中的剩磁方向平行于介质平面。

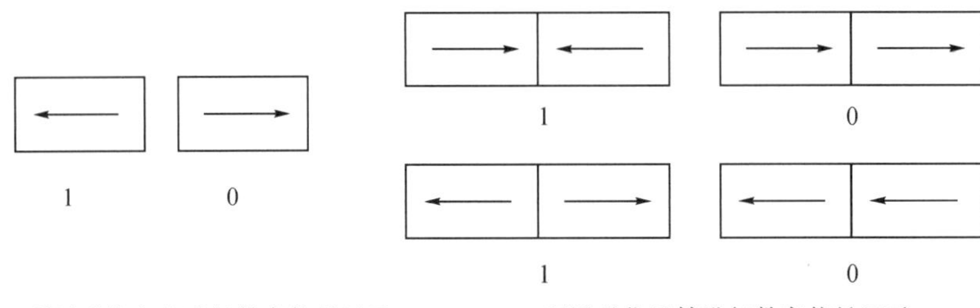

图 15.7　数字信号的记录原理

下面简要介绍水平磁记录模式中信号的记录和重放原理。记录信号时，磁头线圈上产生一个脉冲电流，脉冲电流将磁芯磁化，在气隙处产生溢出磁场。当磁介质转动通过磁头气隙时，气隙处的溢出场将介质磁化。磁介质转动离开气隙后，磁化部分残留剩磁，该剩磁即为记录信号，如图 15.8(a)所示。重放信号时，依靠磁头检测磁带中剩磁产生的磁场。如图 15.8(b)所示，当磁介质中所记录信号为“1”时，该微小永磁体所产生的磁力线从 N 极出发，绕过低磁导率的气隙，经由高磁导率的磁芯，回到 S 极。因此，磁芯中产生的磁通为逆时针方向。如图 15.8(c)所示，当磁介质中所记录信号为“0”时，情况刚好相反，电磁铁中的磁通为顺时针方向。因此，当磁介质中所记录信号“1”和“0”先后传动经过磁头气隙时，磁芯中磁通量发生变化，因此在磁头线圈中产生脉冲电压。

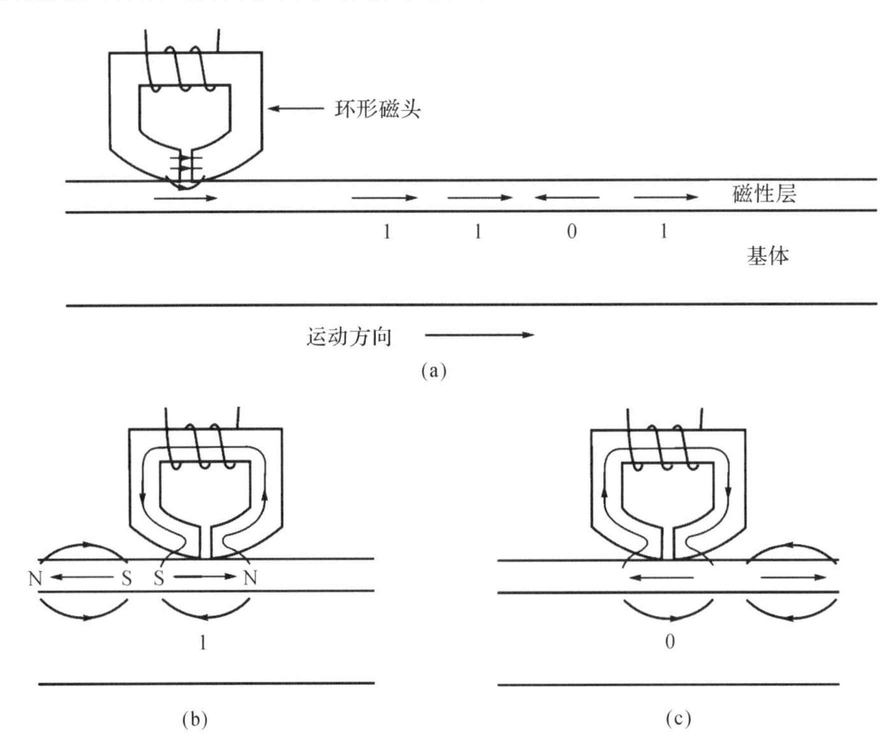

图 15.8　水平磁记录模式的记录和再生原理

随着新技术、新材料的开发和应用，水平磁记录的记录密度不断提高，也因此，水平磁记录的位密度越来越大地受到退磁场引起的过渡区展宽限制的影响，如图 15.9(a)所示。这

一展宽决定于 $M_r\delta/H_c$，这里 M_r 代表介质的剩余磁化强度，δ 代表介质的厚度，H_c 代表介质的矫顽力。因此，在过去的十几年中，介质的膜厚从 0.1μm 降到了 0.02μm 以下，矫顽力也由几百 Oe 增加到了 3kOe 以上。但是，这一趋势很难继续保持下去。因为过小的晶粒尺寸难以长久地保持磁记录的信号，而过高的矫顽力势必使磁头难以写入。所以，随着这一趋势的继续，诸如介质的热稳定性问题、磁头不完全写入的问题，以及介质噪声问题，都会变得相当严重。而对于垂直磁记录而言，记录密度越高退磁场反而越小，介质噪声也会相应减小。因此，当传统的纵向磁记录模式受到越来越多的问题的困扰时，人们把目光投向了具有很大发展潜力的垂直磁记录模式。

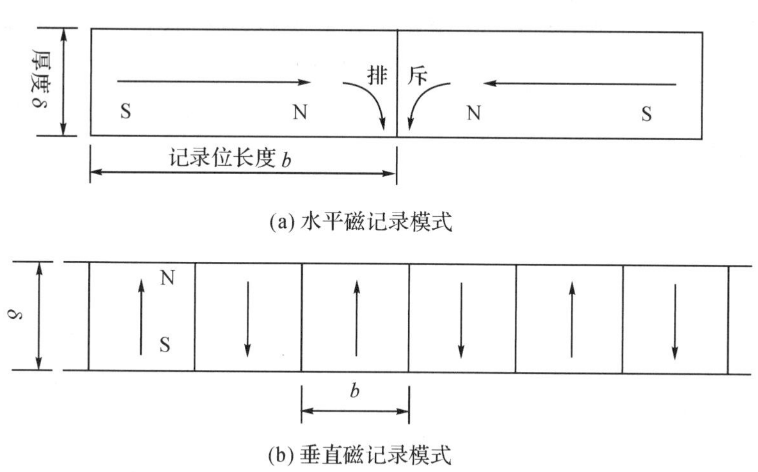

图 15.9　两种不同的磁记录模式

2. 垂直磁记录

垂直磁记录通常采用垂直磁头与具有垂直磁各向异性的记录介质相组合的形式，记录介质中的剩磁方向垂直于介质平面。如图 15.9(b)所示，垂直磁记录模式克服了水平磁记录模式在高密度记录时不可避免产生的退磁效应，并且随着记录面密度的提高，微小磁化单元产生的退磁场越来越小。因此相比水平磁记录，垂直磁记录大幅度地提高了记录密度。

要实现垂直磁记录，记录介质应具有很强的垂直磁各向异性。在垂直磁记录介质薄膜中，当自发磁化方向与膜面垂直时，由薄膜面上下出现的“自由磁荷”产生的退磁场 $H_{d\perp}$ 为：

$$H_{d\perp} = -\frac{|M_S|}{\mu_0}$$

式中，对于薄膜来说，退磁场因子 N 取 1。由此产生的单位体积的静磁能 U 为：

$$U = \frac{-\frac{1}{2}\int H_{d\perp} M_S \mathrm{d}v}{v} = \frac{M_S^2}{2\mu_0}$$

如果磁各向异性能比 U 还大，则自发磁化可以与膜面垂直。也就是说，材料垂直磁各向异性能 $K_\perp$ 应满足：

$$K_\perp \geqslant \frac{M_S^2}{2\mu_0}$$

为了从记录再生灵敏度等实用的角度提高磁记录系统的特性，需要先在磁记录层之下形成一层软磁层，构成 2 层结构。它由软磁材料的水平磁化膜和垂直磁化膜结合而成。用连续制备双层膜的溅射装置，先在基片上溅射一层 Ni-Fe 合金（Ni-Fe 合金有平行膜面的易磁化轴），然后再溅射一层 Co-Cr 膜，这样就形成了 2 层结构。这种 2 层结构的记录介质的开发，一直是与垂直磁头的开发同时进行的。

然而，若不能使磁头产生磁通的直径微小化，而仅仅是记录信息比特直径的变小，根本无法提高垂直磁记录模式的记录密度。因此，垂直磁头与垂直磁记录介质的开发是同时进行的。通过图 15.10 中所示的垂直磁头与 2 层结构垂直磁记录介质相组合的形式，可实现高密度记录的功能。图中所示的单磁极型磁头由软磁材料构成主磁极，与励磁线圈相连接，其自身构成开磁路结构，由主磁极发出磁场，但其端部磁场很弱。若与图中所示的 2 层结构垂直磁介质相组合，通过磁耦合关系，在软磁层形成水平磁化，这样 2 层结构磁记录介质便形成了马蹄形磁化模式。由磁头、打底层及夹于两者之间的垂直磁化膜形成闭合磁路，从而使主磁极端部形成强而垂直于膜面的磁场分布。由于这种磁场，垂直记录层中磁化反转所需要的宽度变得很窄。被记录的残留磁化，能在打底层中诱发马蹄形磁化，通过磁耦合而达到稳定化。

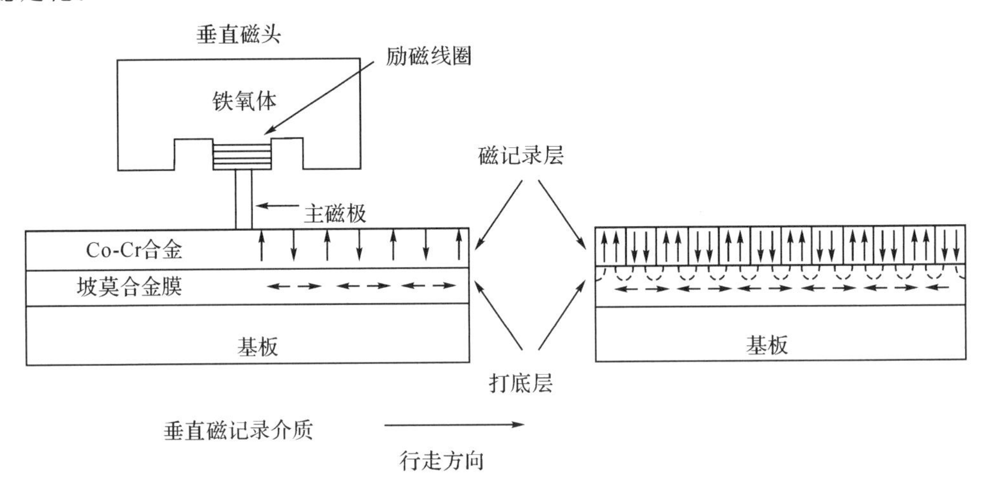

图 15.10 垂直磁头与 2 层结构垂直磁记录介质

15.2 磁头及磁头材料

15-5 磁头及磁头材料

磁头是磁记录中实现信息记录和再生功能的关键部件。在信号记录时，正、负脉冲电流通过磁头，在介质中产生 $\pm M_r$ 两种剩磁状态；在读出被记录的信号时，根据记录介质中的剩磁分布，磁头中产生相应的脉冲电流。也就是说，磁头是实现电信号和磁信号之间相互转换的电磁能量转换器件，对信号进行三种方式的加工：①记录（录音、录像、录文件等）；②重放（读出信息）；③消磁（抹除信息）。

15.2.1 磁头的分类

磁头在磁记录发展过程中经历了三个重要的飞跃阶段，即体型磁头、薄膜磁头、磁电阻读出磁头。

体型磁头是磁记录中沿用了很长时间的一种磁电转换元件。它的核心材料是磁头的磁芯。为减小涡流损耗,最初的磁头磁芯由磁性合金叠加而成。磁性合金具有高的磁化强度,不受磁饱和效应制约,从而能产生强的记录磁场。通常使用的磁芯材料是以Fe-Ni为基础的软磁合金,如坡莫合金(Fe-Ni-Mo-Mn合金)、仙台斯特合金(Fe-Si-Al合金)、Fe-Al合金和Fe-Al-B合金。这些合金的H_c在1.2A/m至4A/m之间,B_S在0.8T至1.0T之间。为了提高磁头的高频性能,开发了铁氧体磁头,其材料分两大系列:Mn-Zn铁氧体和Ni-Zn铁氧体。由于它们耐磨性能好,适于制作视频磁头。在铁氧体磁芯间隙中沉积一层软磁合金薄膜,从而提高记录磁场强度,称之为MIG(metal in gap)磁头。

薄膜磁头是在薄膜沉积工艺取得进展的基础上发展起来的。薄膜磁头是采用各种薄膜制造技术和光刻技术等制成的小型集成化磁头,以适应高密度储存器的发展需要。所用的材料仍多属于上述的合金软磁材料,其结晶状态有晶体结构的,也有非晶态的。按照线圈匝数来分,有单匝的和多匝的两种。薄膜型磁头具有以下特点:

(1)便于小型化、集成化,可组成多磁迹的浮动磁头,大批量生产时性能稳定,成本低;

(2)由于磁头工作缝隙小,磁场分布陡峻,磁隙宽度较窄,故记录的道密度较高,适用于高密度记录技术,在重放时分辨率也高;

(3)由于磁头线圈匝数较少,电感L、电容C的影响较小,频带范围宽,线圈截面积小,记录电流小,相应的记录磁化场较低,铁芯损耗小,重放时读出电压小,不适用于模拟磁记录技术;

(4)薄膜机械强度较低,耐磨性差;

(5)组合成的集成化磁头彼此靠得太近,容易相互干扰,需要有额外较好的电磁屏蔽措施。

体型磁头和薄膜磁头都是利用电磁感应原理进行记录和再生的。记录时,为了能使记录介质进行有效磁化,要求磁头磁芯具有高饱和磁通密度;再生时,为了能对来自磁记录介质的弱的磁通也能敏感地反应,要求磁芯材料具有高磁导率。因此,对体型磁头材料和薄膜磁头材料有如下要求:

(1)高磁导率;

(2)高饱和磁化强度;

(3)低矫顽力及低各向异性。

另外,一般还要求:

(1)高电阻率;

(2)小型、轻量,耐磨性强;

(3)加工性好。

磁电阻读出磁头是利用磁电阻效应制成的。磁电阻效应(MR效应)是指在磁场中介质电阻发生变化的现象。在本书第19章中将详细介绍相关材料磁电阻效应。一般情况下,磁电阻效应的大小与磁化方向有关,称这种现象为各向异性磁电阻效应。MR磁头就是利用了这种各向异性磁电阻效应。

MR磁头的基本结构如图15.11所示。在MR磁头中,沿MR元件易磁化方向流经电流I,而在与其垂直的方向上施加外部磁场H,则磁化M相对于易磁化轴呈θ角。MR磁电阻读出磁头采用了读写分离的磁头结构,写操作时使用传统的磁感应磁头,读操作则采用MR磁头。分离设计可以针对磁头的不同特性分别进行优化,以得到最佳的读写性能。读取时，记录介质磁场使磁头的磁化方向发生改变，从而引起磁头电阻的变化。一般说来，$\theta=0°$时，电阻取最大值 R_{max}；$\theta=90°$时，电阻取最小值 R_{min}。这样，电阻的变化范围为 $\Delta R=R_{max}-R_{min}$。用这种方法读取的磁头，其检出灵敏度相当高。为了在图 15.12 中的 H-R 曲线上得到直线形响应曲线，一般要施加偏置磁场，使磁头工作在直线响应区间内，这样可以高灵敏度地读出电阻的变化。

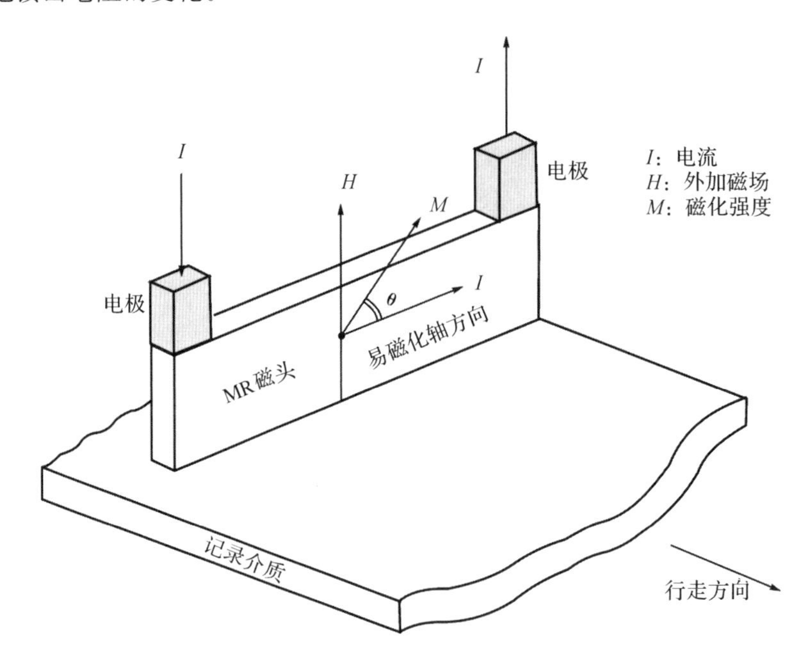

图 15.11 MR 磁头结构

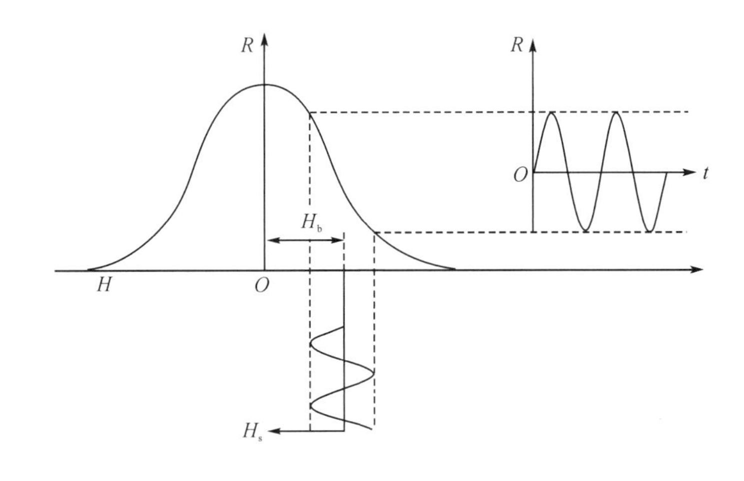

图 15.12 MR 磁头再生原理

MR 读出磁头现在已经广泛地应用在计算机用大容量硬盘驱动器(hard disk drive，HDD)、微机用 HDD 等方面，随着巨磁电阻(GMR)及超巨磁电阻(CMR)等更高灵敏度效应的研究开发，磁电阻效应和磁电阻效应磁头已经成为引人注目的技术领域之一。

当记录密度超过 4GB/in^2 时，就要用 GMR 磁头，通常采用多层膜结构。多层膜一般由自由层、导电层、钉扎层、反铁磁性层构成。隧穿磁电阻(TMR)磁头其结构不同于 GMR 磁头。TMR 是把 GMR 的导电夹层换成氧化铝膜，即两强磁层中间为绝缘层。它的读出输出信号强，且读出的记录密度可达 100GB/in^2。随着工艺和技术的进步，利用 MR 效应的自旋阀读出磁头也得到应用，其在低磁场、响应性和线性度方面有更好的表现。

磁电阻磁头具有许多优点，适合于高密度记录信息的重放过程。磁电阻磁头的特点如下：

(1)灵敏度高；

(2)分辨率高；

(3)对输出很低的磁带仍有良好的响应；

(4)输出电压与响应速度无关；

(5)可以在基板上制作多个磁阻磁头，以便读出多磁道信号。

但是磁电阻磁头只有重放的功能，并没有信号记录的功能。

15.2.2 磁头材料

1. 合金磁头材料

合金磁头材料具有高磁导率和高饱和磁通密度的优点，经常使用的是含钼坡莫合金(典型成分为 4%Mo-17%Fe-Ni)和仙台斯特合金(典型成分为 5.4%Al-9.6%Si-Fe)这两种材料。这两种材料在低频下的磁导率较高，而且矫顽力低。它们的磁致伸缩系数可做得接近于零，它们具有很高的饱和磁感强度，因而具有很好的写入特性。

坡莫合金软磁性能优异，加工性好，价格便宜，除了制作磁头的铁芯外，还可以作磁头的屏蔽罩和隔板。坡莫合金最大的缺点就是电阻率较低，涡流损耗非常大，即使在中频下，由涡流造成的磁导率下降也十分显著，因此通常采用薄膜层叠结构。坡莫合金系磁芯用薄膜，现在主要用电镀、溅射镀膜等方法制作。为了提高磁头表面的耐磨性，表面可以蒸镀一层薄的硼化物，进行表面硬化处理而不影响其磁性能。

由于录像磁记录技术的发展，宽频带、高硬度的 CrO_2 磁粉制作的录像带对磁头磨损严重，坡莫合金材料无法适用，仙台斯特合金在这特定的场合下代替了坡莫合金。仙台斯特合金的主要特点是：饱和磁感 B_S 高达 8500～10000Gs，达到和超过了坡莫合金的数值；电阻率比较高，高频性能好；硬度 HV>500，耐磨性大大超过了坡莫合金，但正因为硬度高，因此成形较为困难；磁导率随着温度的变化较大，耐腐蚀性能也较差。制备仙台斯特合金薄带和薄膜的方法与制造非晶态薄带的方法十分相似，通过熔融合金快淬法获得薄带。另外，用溅射法沉积薄膜，再经过 400℃退火同样可以比较成功地制备仙台斯特合金薄膜，由此获得优良的软磁特性。

还有许多材料，例如 Alfenlo(16%Al-Fe)、Alperm(17%Al-Fe)和 Mumetal(4%Mo-5%Cu-77%Ni-Fe)，也已成功地用于磁头。

2. 铁氧体磁头材料

铁氧体磁头的主要优点是：电阻率高，高频损耗小；高频条件下磁导率高；硬度大，耐磨性好；化学性能稳定，耐腐蚀性能好。正因为如此，铁氧体材料在高频磁头市场占有重要的位置。铁氧体也是一种硬质材料，当磁头和介质接触时，性能不会变差。只要制作工艺得当，铁氧体可以在很小的公差范围内精密加工而不发生变形，并且加工后的表面抗腐蚀性比金属好得多。

商业上人们最感兴趣的是两种铁氧体:一种是镍锌(Ni-Zn)铁氧体;另一种是锰锌(Mn-Zn)铁氧体。它们都是尖晶石结构。这两种材料的性质受镍与锌和锰与锌之比的影响。对于铁氧体磁头来说,其制造的工艺流程可以用图 15.13 表示。

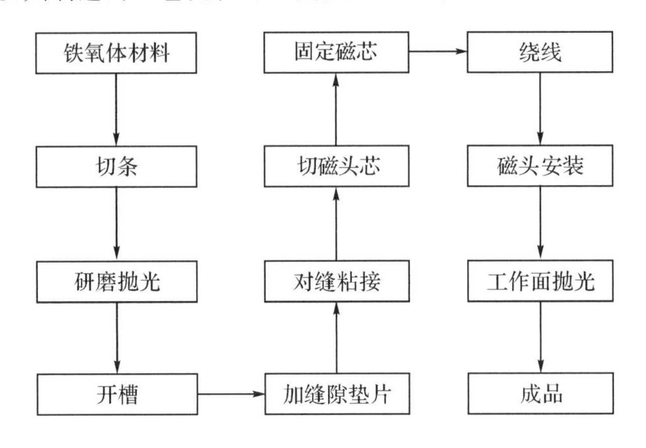

图 15.13　铁氧体磁头生产工艺流程

在磁性能方面,铁氧体最严重的缺陷是饱和磁感强度低,因此在提高记录密度方面存在巨大的困难。为了满足高密度存储对磁介质高矫顽力的要求,现在正在开发非晶态、纳米晶薄膜和多层膜等高饱和磁感应强度的磁芯材料。

3. 非晶态磁头材料

非晶态磁头材料是因金属磁带的出现,要求磁头高的饱和磁感而发展起来的另一种重要的磁头材料。非晶态磁性材料具有优良的软磁性能,将成为磁记录技术中最有希望、最有前途的磁头材料之一。

非晶态磁头材料具有许多突出优点:

(1)没有磁晶各向异性。因为原子排列中,没有长程有序,只存在原子尺度的短程有序。但是有些在磁场或者应力作用下,或者在冷凝过程中产生的结构和成分的不均匀分布,可以导致宏观的磁各向异性。要充分发挥其软磁特性,在适当的温度下的除应力退火是必要的一步。

(2)可以获得非常高的磁导率和饱和磁感应强度。

(3)具有较高的电阻率,与同类晶态合金相比电阻率约大 2～3 倍。它使涡流损耗降低,高频特性提高。

(4)硬度高,HV 可以达到 1000 以上。不仅对耐磨性有利,而且适合于精加工。

(5)容易得到耐腐蚀性材料,稍微加一点 P 和 Cr 等,可以得到既耐腐蚀又不恶化性能的材料。

(6)韧性高,加工性能好,可以得到薄带材料。

(7)具有低的磁致伸缩系数。

当然,非晶态磁头也有一些缺点:

(1)存在晶化趋势。非晶材料在一定条件下,例如处于结晶温度以上,会产生再结晶,这就完全失去了非晶态的特点。为了避免产生再结晶,整个加工过程所引起的温升都要限制在结晶温度以下。

(2)易产生感生各向异性。非晶态磁性材料,尤其是 Co 基合金,热处理或者机械加工引起的感生各向异性，使得磁导率急剧下降。

已开发出的耐磨性、耐腐蚀性均优良的实用型非晶态磁头材料，如Co-(Zr、Hf、Nb、Ta、Ti)二元系合金薄膜和Co-Fe-B类金属非晶态薄膜，由于它们Co浓度高，故饱和磁化强度高。适当调节组成成分，又可获得$\lambda \approx 0$的薄膜，如$Co_{87}Nb_5Zr_8$(B_S=1.4T)、$Co_{85}Nb_{7.5}Ti_{7.5}$(B_S=1.2T)和$Co_{90}Fe_2Nb_8$(B_S=1.43T)。

4. 微晶薄膜磁头材料

微晶软磁材料有更大的饱和磁化强度，用其制作的磁头比非晶材料更适合高矫顽力磁性介质的高密度特性。通常选择Fe基合金作为微晶软磁材料，主要是因为Fe的饱和磁化强度高。典型的体系为Fe-M(V、Nb、Ta、Hf等)-X(N、C、B)，通过溅射沉积法形成非晶态膜，而后加热形成微晶，通过晶粒微细化，降低磁致伸缩。在这种材料系统中，通过添加N、C、B元素中的任一种，来抑制晶粒生长，与上述M元素一起实现热稳定化，从而获得优良的综合软磁特性。

这种材料用于磁头的研究，大致从20世纪80年代开始。Fe-Ta-C、Fe-Ta-N等微晶膜已具有饱和磁感应强度B_S高于1.5～1.6T、磁导率μ高于3000(1MHz)的特性。

5. 多层膜磁头材料

多层膜是由不同化学组分的数十纳米或以下的超薄膜周期性沉积获得的，它具有优良的软磁特性。与微晶薄膜相比，多层薄膜可进一步抑制晶粒的生长。以Fe-C/Ni-Fe多层膜为例，多层膜效应抑制了柱状晶的生长，微晶化实现了低磁致伸缩，因此其B_S高达2T，H_c也很低，但耐热性差。它在500℃热处理后晶粒长大，软磁性能变坏。

目前典型的多层膜材料举例如下：

Fe-C/Ni-Fe　　用于垂直磁记录磁头；
Fe-Al-N/Si-N　　用于垂直磁记录磁头；
Fe-Nb-Zr/Fe-Nb-Zr-N　　用于硬盘磁头；
Co-Nb-Zr/Co-Nb-Zr-N　　用于广播用数字式VTR。

6. 磁电阻磁头材料

磁性材料的电阻随着磁化状态的改变而改变的现象称为磁电阻效应，这种效应在1857年就已经发现，但是一直到1971年才用来作为磁通敏感的读出磁头。

MR磁头或GMR磁头是作为读出磁头使用的。坡莫合金材料的磁各向异性小，是沿用至今的MR磁头用磁性材料。坡莫合金中Ni、Fe组分含量直接影响到材料的磁电阻效应，以及磁致伸缩、磁各向异性和初始磁导率等软磁特性。$Ni_{90}Fe_{10}$具有的磁电阻系数最大，η可达5%，偏离此成分时，η值变小。但是，实际应用的坡莫合金成分为$Ni_{85}Fe_{15}$，这是因为该成分材料的磁致伸缩为零。另外，Ni-Co系磁性材料具有更高的MR效应，其中$Ni_{80}Co_{20}$的磁电阻系数η可达6.5%，但是由于其各向异性磁场较大，所以不适合用于MR磁头。因此，目前MR磁头用磁性材料还是以坡莫合金为主。

GMR磁头通常采用多层膜结构。多层膜一般由自由层、导电层、钉扎层、反铁磁性层构成。其中自由层可为Ni-Fe、Ni-Fe/Co、Co-Fe等强磁体材料，导电层为数纳米的铜薄膜，钉扎层为数纳米的软磁Co合金，反铁磁性层用几纳米至数十纳米的Ni-Mn、Fe-Mn等反铁磁性材料。

15.3 磁记录介质及介质材料

15-6 磁记录介质及介质材料

现实生活中,接触到的磁录介质有磁带(ATR、VTR)、磁盘(硬盘等)和磁卡等,形式多种多样。但仅对磁性记录层而言,磁性记录介质可分为颗粒状涂布介质和薄膜型磁记录介质两大类。由于高密度存储的要求,颗粒状涂布介质已经被薄膜型磁记录介质取代。

15.3.1 磁记录介质应具备的特性

对于磁记录介质而言,总是希望其具有高的记录密度、高出力、高可靠性以及低噪声。那么,怎样才能满足上述要求呢?一般说来,磁记录介质应具备下述条件:

(1)饱和磁感应强度(B_S)大;

(2)矩形比(B_r/B_S)大;

(3)矫顽力(H_c)在允许的范围内应尽可能大;

(4)作为最小记录单位的微小永磁体应尽可能小,且大小及分布均匀;

(5)磁学性能分布均匀,随机偏差小。

另外,一般还要求:

(1)表面平滑,耐磨损、耐环境性能优良;

(2)磁学特性对于加压、加热等反应不敏感;

(3)化学的、机械的耐久性优良;

(4)不容易导电。

对于磁记录介质材料,要求其饱和磁感应强度高、矫顽力高以及磁滞回线具有良好的矩形性。实用中总是采用记录介质与磁头相组合的形式,因此记录介质的性能还会受到磁头性能的制约。对于颗粒状记录介质而言,其矫顽力的上限约为磁头中磁芯材料饱和磁化强度的 1/8～1/6。矫顽力越高,则记录越不完全,特别是进行重写时,由于原来存在的信息不能完全消除而出现严重问题。

记录介质的磁性层的厚度是影响记录密度的因素之一。在磁记录设备中,为了记录信息的更新,需要进行直接重写,即在消除原有信息的同时,直接进行新信息的写入。在这种情况下,特别是在进行长波长的记录时,残留在深层的信息会成为噪声的根源。因此在高密度记录中,应选择尽可能薄的磁性层。但如果磁性层太薄,又得不到足够的出力。一般认为膜厚应该与信息被记录的深度大致相等,实际上膜厚度可取记录信息波长的 1/4。特别是对于磁带来说,带盒直径为固定值,如果增加磁性层厚度,不仅仅提高了成本,同时磁带的总长度变短,使运行时间变短。

磁记录介质表面的平滑性也很重要。为了保证介质的写入、读出性能,一般要求磁头与介质间的距离与记录波长不相上下,为了防止磁头与介质之间的破坏性接触,不仅要正确设计磁头飞行动力学和加载力,而且必须对表面进行适当的处理,改善表面平滑度。但是,如果表面过于平滑,容易造成磁头吸附在记录介质表面,从而使耐久性出现问题,因此应选择最佳平滑度。

15.3.2　颗粒状涂布介质

1. 对颗粒介质的要求

颗粒状介质最好是单畴的，因此对颗粒的尺寸有一定的要求。一般应在 0.04～1μm 范围内，这种颗粒一旦磁化，可以保持很长时间。当颗粒远大于 1μm 时，颗粒内就会包含反向磁畴，很小的磁场就能造成畴壁的移动，从而造成磁性的变化，因此很容易受外界磁场的干扰；当颗粒小于 0.02μm 时，晶格热振动已经足以克服颗粒内原子磁矩的有序排列，形成较小的超顺磁性颗粒，这时矫顽力 H_c 和剩磁 M_r 均为零。因此只有单畴颗粒才能用作磁记录材料，颗粒内部没有畴壁，只有当外磁场超过矫顽力 H_c 时才发生磁化反转。

颗粒的形状以针状为最佳。这种形状保证了磁化的择优取向与长轴一致。一般来说，颗粒越小，针状越好，矫顽力也就越高。这是因为，矫顽力来自三个方面的因素：由于颗粒形状各向异性造成的阻力；材料的磁晶各向异性；材料应变状态与磁化之间的相互作用引起的阻力。其中形状和磁晶各向异性是矫顽力的主要影响因素，它们决定了材料矫顽力的大小。因此，颗粒针状越好，说明其形状各向异性能及结晶各向异性能越高，因此矫顽力越大。

颗粒状介质的输出信号电压与单位体积内磁性颗粒数 N 成正比，而噪声与 $\sqrt{N}$ 成正比，因此信噪比与 $\sqrt{N}$ 成正比。从这里看来，应在介质中使用大量的很小的磁性颗粒。但是随着颗粒的平均长度减小，具有超顺磁性的那部分颗粒在分布中的比例也就增大，从而不能用于记录。一般每立方厘米的磁性颗粒数应控制在 $10^{14}\sim10^{15}$ 个，太多了会使磁化状态不稳定。

磁性样品的矫顽力是磁性材料样品平均趋势的度量，必须在一个变化的磁场下测量，在这个变化的磁场下，孤立的磁性颗粒使自己的磁化方向发生翻转。较常用的一种方法是开关场分布(switching field distribution，SFD)法。如图 15.14 所示。将样品的磁滞回线进行微分，测量微分函数的半高宽，再用矫顽力除半高宽进行归一化($\Delta H/H_c$)处理。显然开关

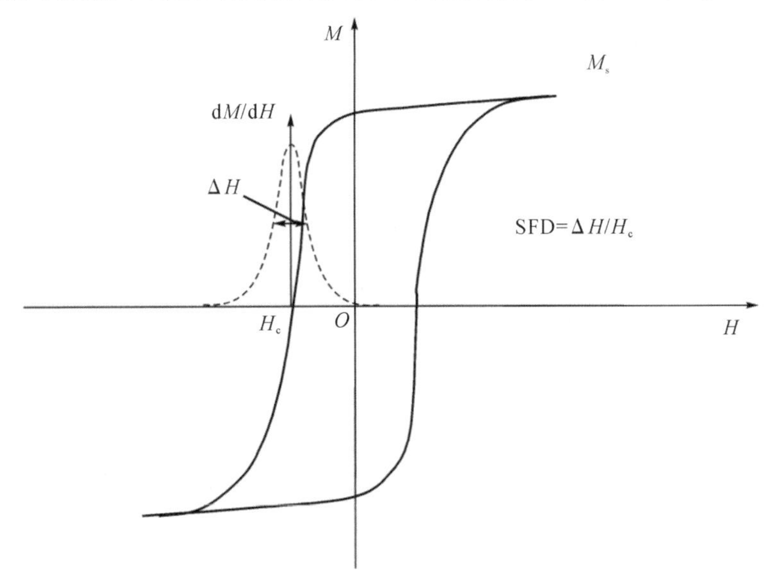

图 15.14　开关场分布

场分布值越小，孤立颗粒自身磁化方向发生翻转所需的磁场分布就越窄。对于定向的颗粒状介质，通常的值为 0.2～0.3。

颗粒状介质的居里温度必须比记录介质材料在使用、存贮和运输过程中的环境温度高。

综上所述，理想的颗粒状材料应由大量、稳定、单畴的颗粒组成，堆积密度越高越好，开关场分布尽可能窄，矫顽力在磁头允许的情况下足够高，同时矫顽力应不受时间、温度、应力等环境条件的影响。饱和磁化强度和剩余磁化强度应尽可能高，但应与所选择的矫顽力相匹配。居里温度应远高于材料在使用、存贮和运输中的温度。磁层具有一定的导电性，能够稳定地传导电荷。最后，磁致伸缩应尽可能接近于零。

2. 颗粒状涂布介质结构

图 15.15 为涂布型磁带结构，涂布型磁带主要由带基和附着其上的磁性涂覆层构成。带基通常采用 10～20μm 厚的聚对苯二甲酸乙二醇酯(polyethylene terephthalate, PET)，一般要在带基的上下两面预先埋附 Al_2O_3 磁粉等，形成微细的凹凸，以利于磁头及导销与磁带间的滑动。在这种带基之上涂布磁记录层。这种记录层是在有机粘结剂中，配入确定比例的颗粒状磁粉、增加耐磨性的 Al_2O_3 或铁丹粉、防止带电用的碳粉等构成的。最后，在记录层表面涂覆适当的有机润滑剂。还有一种最新开发出来的多层涂布技术，就是磁性层、基底层均由多层涂布来完成。另外，涂布工序在磁场的作用下完成，这样能尽可能保证颗粒状磁粉的长轴方向沿着记录道方向取向排列。

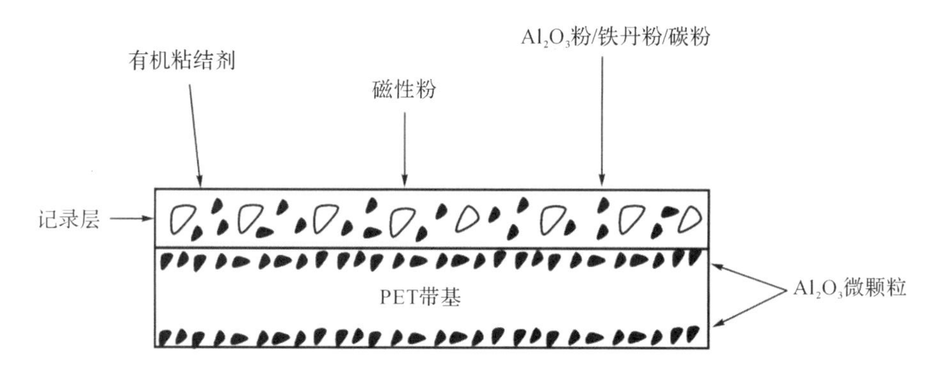

图 15.15　涂布型磁带结构

图 15.16 为涂布型磁盘结构。常用磁盘分硬盘和软盘两大类，前者是在厚度为 1～2mm 的铝合金盘基上附着磁记录层，后者是在可挠性 PET 盘基上附着磁记录层。为保证介质具有足够的耐磨损性能，不需要耐磁头坠落而引起的磨损，涂覆膜中要加入比其厚度略

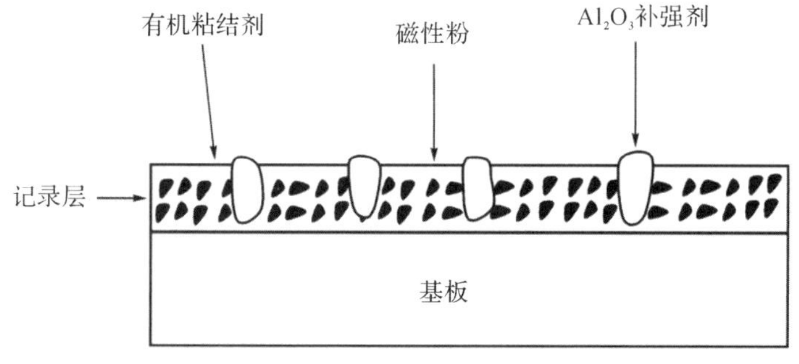

图 15.16　涂布型磁盘结构

大一些的补强剂。

为了使颗粒状介质能够在涂覆膜中尽可能均匀地分散，有机粘结剂的选择十分关键。理想的粘结剂应由疏水基和亲水基构成，亲水基吸附于微粒上，起锚连作用，疏水基在其外侧构成链状壳层。

3．磁性粉

1）γ-Fe_2O_3 磁粉

γ-Fe_2O_3 磁粉是德国于 1934 年发明的，是最早用于磁带、磁盘的磁粉，这种材料具有良好的记录表面，在音频、射频、数字记录以及仪器记录中都能得到理想的效果，而且价格低、性能稳定。制备工艺如图 15.17 所示。

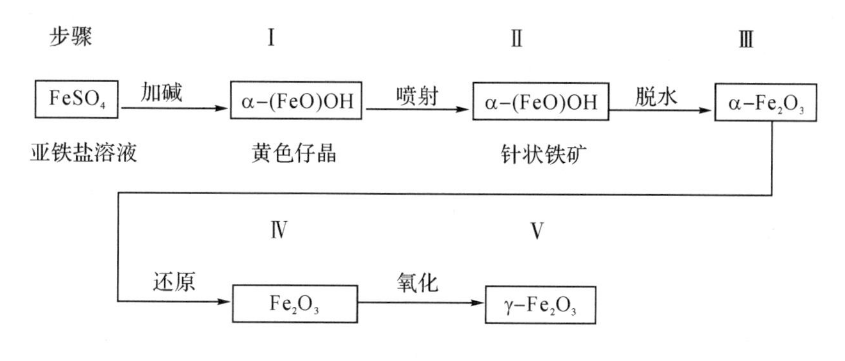

图 15.17　γ-Fe_2O_3 磁粉的制备工艺

用这种工艺制成的 γ-Fe_2O_3 是针状的，长度小于 1μm，长宽比在 3∶1 到 5∶1 之间，具有明显的形状各向异性。其矫顽力大于 16kA/m，比天然 Fe_3O_4（矫顽力小于 8kA/m）优越得多。因此，γ-Fe_2O_3 至今仍是广泛采用的记录材料。

γ-Fe_2O_3 为立方晶体结构。居里温度为 588℃，但这只是理论值，实际上在高于 250℃左右，γ-Fe_2O_3 就变成 α-Fe_2O_3。商业上可提供的 γ-Fe_2O_3 粉末的矫顽力范围为 20～32kA/m。γ-Fe_2O_3 的矫顽力温度系数仅为 -1×10^{-3}℃$^{-1}$。

总之，γ-Fe_2O_3 易于制造和分散，价格便宜，并且对温度、应力和时间稳定性好。γ-Fe_2O_3 较大的缺点是矫顽力不高。

2）包覆 Co 的 γ-Fe_2O_3

在现代的磁记录设备中，随着记录波长或位长度缩短，退磁场变大，因此要求磁介质具有较高的矫顽力。为了提高 γ-Fe_2O_3 的矫顽力，人们进行了种种尝试，曾发现使其固溶 Co 效果显著。但是，有一个难点很难克服，就是固溶的 Co^{2+} 离子容易在晶体中迁移，从而造成磁学特性不稳定。纯的 Co 铁氧体中的 Co^{2+} 是稳定的，但是，这种 Co 铁氧体矫顽力太高，不能使用。

为了解决这一难题，人们采用仅在 γ-Fe_2O_3 表面包覆 Co 铁氧体，开发出了 Co 包覆型的 γ-Fe_2O_3。主要是将 Co 置于颗粒表面或表面附近，得到表面掺 Co、吸附 Co 或者外延 Co 的磁粉。一种方法是在 $CoSO_4$ 水溶液中分散氧化铁颗粒，添加 NaOH，使颗粒上沉积 $Co(OH)_2$，然后将颗粒在短时间内加热到 45℃，离解氧化物，并使 Co 离子穿透到颗粒内很短距离，就可形成 Co 铁氧体层。还研究出在 γ-Fe_2O_3 单晶表面使 Co 铁氧体外延生长的方法等。还有一种方法是将 Co^{2+} 离子和 Fe^{2+}（1∶2）加入 γ-Fe_2O_3 的悬浮液中，调节 pH 值至碱性后再进行加热，在颗粒表面生成一层组分接近于钴铁氧体($CoFe_2O_4$)的材料，从而具有较强的单轴各向异性。目前，具有 55～70kA/m 高矫顽力的优质录像带已广泛采用此种材料。

3) CrO_2 磁粉

氧化铁虽然有很多优点，但是其矫顽力低，故成了磁记录发展的障碍。20 世纪 60 年代中期出现了 CrO_2 磁粉。CrO_2 具有金红石型晶体结构，其矫顽力明显高于 γ-Fe_2O_3。这种材料在自然界中不存在，但可以通过几种方法制备。最常用的方法是，在一定温度、压力和存在水的情况下，添加过量的 CrO_3，使 Cr_2O_3 氧化：

$$Cr_2O_3 + CrO_3 \longrightarrow 3CrO_2$$

制备出针状 CrO_2 晶体。其饱和磁化强度与 γ-Fe_2O_3 不相上下，但由于针状颗粒的形状规则，几乎无孔洞，很容易获得 35～50kA/m 的矫顽力，一段时间内在相当大范围内获得应用。但是，由于其价格较贵，并且在制备过程中出现 6 价铬离子这一毒性物质，必须进行处理。除此之外，CrO_2 材料的居里温度较低，磁粉的热稳定性较差。制备过程中需要高温高压，因而对设备要求高。粉末的硬度较高，时间长了会磨损磁头，所以现在已经很少采用。

4) 金属磁粉

使用金属颗粒的主要原因是它具有比氧化物更高的磁化强度和矫顽力，如纯铁的 $M_S = 1700$kA/m，而 γ-Fe_2O_3 的 $M_S = 400$kA/m，因此特别适合用作高密度记录介质。目前，已实用化的金属磁粉是以 Fe 为主体的针状磁粉。

针状金属磁粉代表性的制备方法有下面三种：

(1)针状粒子还原法：在 250～400℃下使针状氧化物(γ-Fe_2O_3，α-Fe_2O_3)或针铁矿 α-(FeO)OH颗粒在 375～400℃温度下，在氢气气流中还原。

(2)硼氧化物还原法：在 Fe、Co、Ni 等的盐的水溶液中，加入 $NaBH_4$ 等的硼氢化物，使磁性金属还原沉淀。

(3)在 Ar 和 He 气氛中施加磁场的同时，蒸发磁性金属，沉积得到金属磁粉。

金属磁粉的矫顽力高，为了充分发挥其功能，需要采用能发生强记录磁场的磁头。除了磁化强度和矫顽力高以外，金属颗粒的另外两个优点是导电性和光吸收性能好。但是，金属颗粒的化学性质通常比较活泼，在大气中容易腐蚀，甚至自燃烧，并且容易与粘结剂发生反应。为了提高稳定性，通常采用合金化方法使得粉末表面氧化。其另一个缺点就是磁粉颗粒越细，在粘结过程中越不易得到充分分散，磁浆中的磁性粉就会分布不均匀，甚至结块成闭合磁路，降低排磁效率和磁带的灵敏度，导致金属磁粉特性无法发挥。

5) 氮化铁

金属磁粉的磁矩较大，但容易与粘结剂反应，而且难以分散，因此可能导致噪声增大。氮化铁逐渐引起人们关注。随氮含量的变化，氮化铁具有不同的结构和性能，主要包括间隙固溶体(α，γ，ε)，以及化合物相 Fe_4N 和亚稳相 $Fe_{16}N_2$。

Fe_4N 在室温下也具有较大的磁矩，具有面心立方结构，居里温度是 500℃，易磁化方向为[111]，矫顽力约为 51kA/m，主要由形状各向异性构成。

$Fe_{16}N_2$ 的饱和磁化强度值为 2.83T，远高于其他材料，引起人们浓厚的兴趣。多年来，众多科学家使用了多种方法，如奥氏体淬火加回火热处理、氮化退火法、共析法、离子注入法、化学气相沉积法、物理气相沉积法等。然而令人遗憾的是一直未能成功地制备单相的

$Fe_{16}N_2$。这主要是因为 $Fe_{16}N_2$ 是亚稳相，在温度超过200℃时易分解为 α-Fe 和 Fe_4N。1989年，日本日立研究所的Sugita等人用分子束外延法在 $In_{0.2}Ga_{0.8}As(001)$ 单晶基片上成功制备出 α''-$Fe_{16}N_2$ 单晶薄膜，并测得其饱和磁化强度值为2.9T。近年来，采用纳米氧化铁粉作为原料，通过 H_2 还原 NH_3 氮化的气固相法制备也被广泛关注。这种方法的缺点在于 H_2 还原后获得的铁粉活性大，相互团聚严重，阻碍了氮化进程。为了克服纳米颗粒的团聚，不少科学家采用纳米氧化铁粉外包覆氧化铝或者氧化硅的方法，并且取得了一定效果。但氧化铝和氧化硅为非磁性组元，降低了体系的磁化强度。

6）钡铁氧体

钡铁氧体化学式为 $BaO \cdot 6Fe_2O_3$，晶体为六方点阵，c 轴为易磁化轴。其在室温显示出约 $320kJ/m^3$ 的单轴各向异性，很容易获得六角盘状微粒子。因此，具有很高的矫顽力，一般为100～900kA/m，添加Co和Ti等可对其进行调节。钡铁氧体饱和磁化强度与 γ-Fe_2O_3 不相上下，但由于单轴磁各向异性非常强，且容易获得矫顽力适当的粉末，因此，特别适用于作高密度的垂直磁记录介质。

盘状颗粒微粉可通过“玻璃结晶法”制备。具体方法是将 $BaO \cdot Fe_2O_3$ 和 B_2O_3 混合物熔融后，急冷，压延。氧化硼的作用是提供一个玻璃化矩阵，钡铁氧体就在矩阵中形成。再加热使颗粒结晶，B_2O_3 和多余的BaO用热醋酸除去，最后得到平均直径为 $0.08\mu m$、厚度为 $0.03\mu m$ 的 $BaO \cdot 6Fe_2O_3$ 颗粒。由这种玻璃晶化法制备的钡铁氧体微粉，粒度均匀，容易在有机粘结剂中分散，是作为磁记录介质的理想原料。

水热法同样可以制备六角状钡铁氧体颗粒。按一定比例配制 $FeCl_2$ 和 $BaCl_2 \cdot 2H_2O$ 的混合溶液，然后同含硝酸钾的氢氧化钠溶液混合，将前驱体溶液移入水热反应釜中，控制反应温度和时间，得结晶完好的六角片状钡铁氧体颗粒。水热反应制备钡铁氧体的合成路线如下：

$$Fe^{2+} + Ba^{2+} \xrightarrow[230℃]{OH^- + KNO_3} BaFe_{12}O_{19}$$

4. 颗粒状介质的优缺点

颗粒状涂布介质具有以下优点：

(1)颗粒状涂布介质的磁性能基本上由颗粒本身决定。而颗粒本身的磁性能可在涂布之前进行测量。涂布介质的非磁性能主要由粘结剂和其他非磁性成分决定。因此，磁性能和非磁性能可以独立地进行改造和控制，这是一个明显的优点。

(2)颗粒状涂布介质生产速度快，产量高，成本低。

(3)可提供或可开发的颗粒选择范围宽，只是受到磁头材料的限制。

同时，颗粒状涂布介质也存在许多缺点：

(1)在磁带和软盘中，磁性颗粒仅占涂层体积的40%，而硬盘仅占20%，这使得涂层的磁性能和记录性能变差。

(2)当产量高时，软盘和磁带涂布介质的厚度很难小于 $1\mu m$，硬盘介质的厚度很难小于 $0.25\mu m$。

(3)磁性颗粒生产过程中容易使独立的颗粒结块，因此很难生产具有理想记录特性的颗粒；同时，分散性难以控制，因为在不打碎颗粒的情况下要打碎结块是很困难的。

(4)在涂布过程中用磁场对颗粒进行定向或打乱定向不是很有效。

15.3.3 薄膜介质

薄膜介质包含100%的磁性材料，因此使用薄膜介质比使用颗粒状介质能得到更高的输出幅度。在实验室里薄膜介质的开发已有40余年，20世纪60年代已开始小规模地用于计算机磁盘驱动器，从20世纪80年代初期开始在商业上占据明显的地位。大部分薄膜介质用于硬盘，个人计算机更是推动薄膜介质发展的主要动力，它使得在有限的体积内尽可能地提高了存储容量。

剩余磁化强度不是材料本身的固有特性，而强烈地依赖于微结构、薄膜厚度、薄膜沉积的表面特性以及沉积的工艺条件。改变沉积的工艺条件可使 M_S 变化5%～10%，但 M_r 值的变化超过50%。矫顽力也不是材料的固有属性，它与薄膜内的磁各向异性有关。

图15.18表示一般的薄膜记录介质结构，它由基底、附加层、磁性层和保护层组成。在某些情况下，为了控制记录层的磁性能，在磁层和附加层之间也可增加一层缓冲层。此外，保护层可以是单层的，也可以是多层的。在保护层上还可以增加一层润滑层。

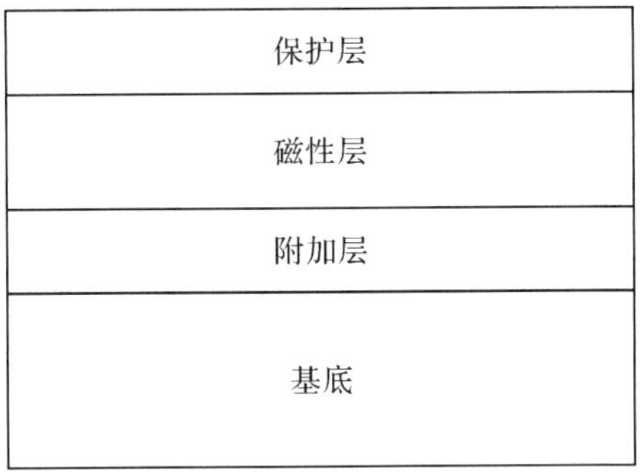

保护层
磁性层
附加层
基底

图15.18 薄膜记录介质的一般结构

基底可以是硬的，也可以是软的，这取决于具体应用情况。硬基底用于高密度、快速直接存取的磁盘，现在无论颗粒状涂布介质还是薄膜介质，使用的基底基本上都是铝镁合金。使用薄膜介质时，需要硬的附加层，因为铝镁合金的抗撞击能力较差。磁带和软盘的基底一般使用PET，其表面经过处理或加粘结层，以保证有机基底和无机磁性层之间粘结良好。

大部分实用的磁性薄膜是Co基金属合金。蒸发镀膜一般使用单元素金属介质，如Co、Fe，也可使用合金，但合金元素应有相同的蒸气压，如Co-Ni。使用W一类的抗腐蚀添加剂时需要精确控制沉积速率，因为它们与磁性材料的蒸气压可能有很大差别。射频或直流溅射的合金介质种类很多，用溅射技术可以很容易地改变成分，如Co、Co-Ni-W、Co-Pt、Co-Re等。溅射还可以生产非金属磁性薄膜，如 γ-Fe_2O_3。

为了减轻磁性薄膜的机械擦伤，不能使用像颗粒状介质使用的 Al_2O_3 一类的耐磨颗粒，而是使用一层抗磨损的保护层。同时还必须保证层间有一定的粘结强度，因此有时在保护层和磁性层之间添加一层粘结剂，有时也在基底和附加层之间添加一层粘结剂。

1. 基底和附加层

薄膜介质和颗粒状介质对基底的要求相同。由于存储设备的机械特性要求薄膜之间以及薄膜与基底之间有很强的粘结力，因此必须仔细地保持清洁度和材料的兼容性。由于薄膜记录介质具有多层结构，层与层之间的界面处往往会出现粘结失败的情况，因此会比颗粒状介质存在更多的问题。

对于薄膜介质来说，要求基底有很好的抛光。由于磁头在介质上飞行，因此磁盘表面的微观形貌必须非常均匀。由于在薄膜沉积过程中多次重复基板形貌，因此消除基板上的粗糙突起是至关重要的。基板中的凹陷也会造成沉积薄膜具有凹陷轮廓，使磁头-介质间距发生变化，表现为信号幅度的调制或信号下降，甚至丢失脉冲。

对于硬盘来说，基板的硬度很重要。虽然磁头在介质上飞行，但磁头在启停时与介质是接触的，而且飞行时也可能与盘片瞬间接触。磁性薄膜本身虽然硬度很高，但毕竟很薄，厚度一般仅为几十纳米到几百纳米，因此不可能从根本上提高磁性层/基底组合的硬度。典型的方法是在磁性膜和基底之间增加一附加层，一般使用 Ni-P 化学镀层，厚度范围为 15～25μm。它是非晶态的，并且具有明显的磷含量（约 10%），以使它成为非磁性的。

使用附加层的目的，除了提高硬度外，还有助于减小缺陷，为此附加层必须沉积得足够厚，然后再抛光除去几微米，以消除存在于基板中的凹陷和其他不规则情况。但要求附加层本身是可抛光的，不包含结核，否则又将产生其他缺陷。

2. 磁性层

磁性层的制备方法有化学沉积（电镀、化学镀）和物理沉积（真空蒸镀、直流或射频溅射、离子镀等）两种。早期的薄膜介质磁盘都是用化学沉积方法制备的，磁性层以 Ni-Co 或 Co 为主，添加适量的 P，表面再覆以 SiO_2 保护膜。现在经常采用连续倾斜蒸镀或溅射的方法制备性能优良的薄膜介质。

为了获得高矫顽力，要求磁性层材料的各向异性大，Co 基合金薄膜成为首选。Co 基合金多数由溅射方法制备。直流溅射的 Co-20at%Ni 合金薄膜，矫顽力可达 88kA/m，但耐腐蚀性差，耐摩擦性能也不好。因此，后来的研究工作重点集中在添加各种元素来改善薄膜介质的磁学和力学性能，如添加 Cr 可使耐磨性提高，添加元素 Ta 能细化晶粒，增大信噪比。后来发现 CoCr、CoPt 合金有优异的性能。在 CoCrPt 薄膜中加入 B 元素，可提高矫顽力，同时用 B 替代部分 Pt 也可降低成本。

在基底上覆盖一层 Cr 缓冲层，可提高 Co 基合金的磁性能。Co 基合金是六方结构，垂直于膜面的 c 轴为易磁化轴。薄膜生长时，通常的情况下是(001)面平行衬底面。体心立方的 Cr 膜以(110)面方向沿衬底生长。Co 和 Cr 的晶格常数接近，Co 膜在 Cr 膜上为异质外延生长，生长面为(101)。生长的 Co 基合金的 c 轴和衬底面成 30°夹角，提高了面内矫顽力。进一步研究表明，Cr 在生长时，(211)和(310)面也生长，为消除其影响，在缓冲层 Cr 膜中添加 Ti，可抑制晶面的生长。图 15.19 给出了水平磁记录盘片的结构示意。

垂直磁记录采用 Co-Cr 薄膜作为磁记录介质。用高频溅射或电子束蒸发的 Co-Cr 薄膜，其柱状微颗粒垂直于衬底面生长，晶粒直径平均在 100nm 以下。Cr 的加入能使薄膜的 $4\pi M_S$ 降低，对获得垂直于膜面的各向异性有利。进一步研究还知道，Cr 在柱状晶表面偏析，形成一顺磁层，使晶粒之间不产生交换相互作用，从而提高矫顽力。偏析是原子堆积过程中的表面扩散，因此在制备 Co-Cr 薄膜时，溅射速率和衬底温度的控制尤为重要。

在 Co-Cr 合金中添加各种元素，如 Mo、Re、V、Ta，发现 Ta 能抑制 Co-Cr 合金的晶粒长大和改善矩形比，并能抑制平面磁化的矫顽力。

在基底上溅射一层高磁导率的 FeNi 膜，作用是为记录介质提供回路，从而改变磁场分布，使记录介质中剩磁垂直分量得到加强。图 15.20 给出了垂直磁记录盘片的结构示意。

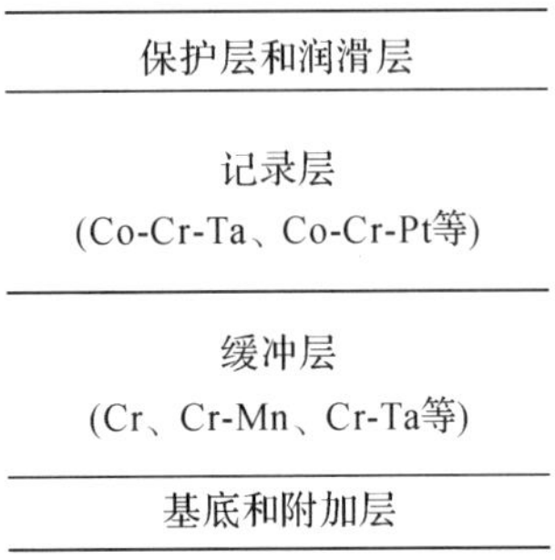

水平磁记录盘片
保护层和润滑层
记录层 (Co-Cr-Ta、Co-Cr-Pt等)
缓冲层 (Cr、Cr-Mn、Cr-Ta等)
基底和附加层

图 15.19 水平磁记录盘片结构

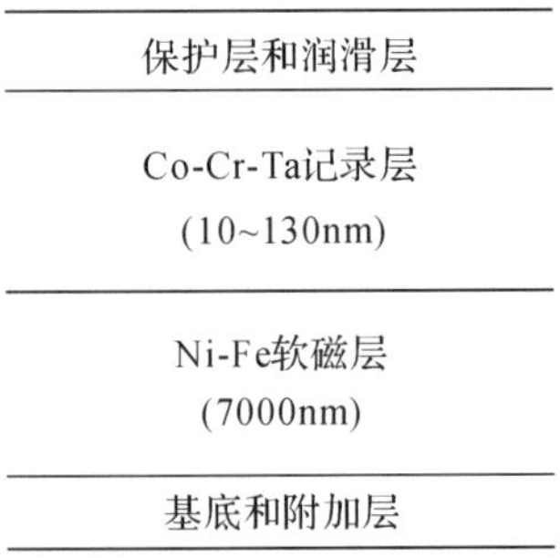

垂直磁记录盘片
保护层和润滑层
Co-Cr-Ta记录层 (10~130nm)
Ni-Fe软磁层 (7000nm)
基底和附加层

图 15.20 垂直磁记录盘片结构

除了 Co-Cr 系合金薄膜外，近些年 $L1_0$-FePt 垂直磁化膜和 SmCo 垂直磁化膜引起人们关注。它们都具有非常高的 K_U 值和优良的磁性能，非常适合用作超高密度垂直磁记录介质。

$L1_0$-FePt 相为面心四方结构，有序合金薄膜具有以下特征：

(1)具有较大的 K_U 值，可以在颗粒尺寸为 3～5nm 时，仍保持良好的热稳定性；

(2)具有窄的畴壁和细小的磁畴结构；

(3)具有较大的饱和磁化强度(可达 960kA/m)，可以实现更小的单畴颗粒直径，有利于提高读出信号强度；

(4)具有良好的耐腐蚀性和耐氧化性。

但 $L1_0$-FePt 合金薄膜存在有序化温度过高、易轴与膜面不垂直、颗粒间磁耦合作用强以及矫顽力过高难以写入等问题，限制了其在高磁记录密度磁盘中的应用。

Sm-Co 合金薄膜具有非常高的 K_U 值($2\times10^7 J/cm^3$)、较大的饱和磁化强度和较高的居里温度。通过添加适当的底层或缓冲层、控制适当的制备工艺，可以获得具有垂直各向异性，晶粒尺寸小到 10nm，矫顽力、矩形度以及剩磁比高的 Sm-Co 薄膜，部分磁性能可以达到超高密度磁记录介质的要求。但目前 Sm-Co 薄膜作为超高密度磁记录介质材料仍存在较多问题：如何降低薄膜的矫顽力；如何控制薄膜中颗粒间的磁耦合作用等。

3. 保护层

对硬盘来说，减小磁头与介质的间距是提高密度的关键，但磁头与介质间距的减小有可能造成磁头和磁盘的磨损，甚至磁头的撞毁，特别在接触启停的过程中，这个问题尤为突出。对软盘来说，在读出和写入过程中，磁头始终与介质连续接触。对颗粒状介质来说，通常是在磁性层中加入耐磨的硬颗粒，如 Al_2O_3 或 SiO_2，并且使用润滑剂。

对于薄膜介质来说，主要是使用耐磨的保护层。保护层应尽可能薄、不粗糙、耐磨，同时应不使磁头磨损，保护层与磁头之间没有静摩擦和动摩擦，还应尽可能具有强的抗腐蚀性。因此，保护层应该是比较硬的、化学性质不活泼的、能与磁性层很好粘结但与磁头不粘结的材料，同时应有高的抗张强度，并且不易碎裂。

通常使用的保护层材料是硬质碳。采用的成膜方法一般是溅射，但也可以用其他技术，如对碳氢化合物气体进行辉光放电分解等。带有 Cr 增强层的溅射铑薄膜也可以作为保护层。尽管铑是一种耐磨材料，但仍需要在其表面加上润滑剂。SiO_2 比较容易碎裂，而且表面对湿度比较灵敏，但仍可以比较成功地用作保护层。其方法是用旋转涂布的方法在

Co-Ni-P镀层上沉积 SiO_2。已开发的其他一些保护层材料还有 TiC、TiN、SiC、CrC_3、Al_2O_3 等。

15.4 磁光记录材料

15.4.1 磁光效应

一束入射光进入具有固有磁矩的物质内部传输或者在物质界面反射时，光波的传播特性发生变化，这种现象称为磁光效应。磁光记录是用光的特性进行记录，用磁的特性进行重放的技术。所以这种技术既有光的特点(记录密度高)，又有磁的特点(信号可以抹去和重新记录)。

磁光效应包括以下几种类型。

1. 塞曼效应

对发光物质施加磁场，光谱发生分裂的现象称为塞曼效应。从应用角度看，该领域还有待开发。

2. 法拉第效应和科顿-莫顿效应

法拉第效应是光与原子磁矩相互作用而产生的现象。当 YIG 等一些透明物质透过直线偏光时，若同时施加与入射光平行的磁场，透射光将在其偏振面上旋转一定的角度射出，这种现象称为法拉第效应，如图 15.21 所示。

15-7　法拉第效应

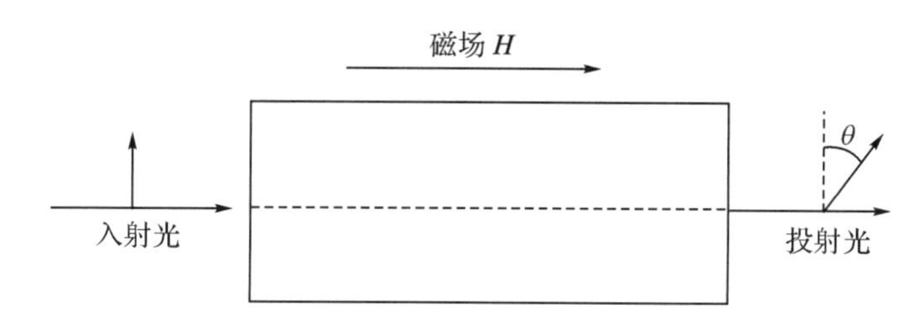

图 15.21　法拉第效应

对铁磁性材料来说，法拉第旋转角 θ_F 由下式表示：

$$\theta_F = FL(M/M_S)$$

式中，F 为法拉第旋转系数[(°)/cm]；L 为材料的长度；M_S 为饱和磁化强度；M 为沿入射光方向的磁化强度。对于所有透明物质来说都会产生法拉第效应，不过现在已知的法拉第旋转系数大的主要是稀土石榴石系物质，目前在光通信及光学计量等方面，研究、开发及应用都相当活跃。

若施加与入射光垂直的磁场，入射光将分裂为沿原方向的正常光束和偏离原方向的异常光束，这种现象称为科顿-莫顿效应，如图 15.22 所示。

15-8　克尔效应

3. 克尔效应

当光入射到被磁化的物质，或入射到外磁场作用下的物质表面时，

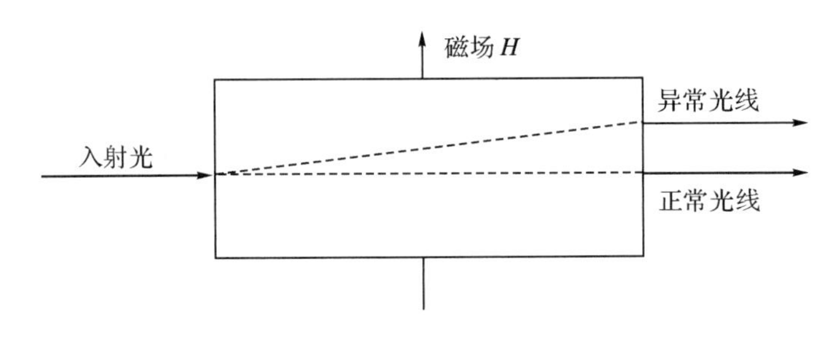

图 15.22 科顿-莫顿效应

其反射光的偏振面发生旋转的现象称为克尔效应。

根据磁化强度矢量 $\boldsymbol{M}$ 与光入射面和界面的不同相对取向，克尔效应可分为三种类型：

(1)极向克尔效应——磁化强度矢量 $\boldsymbol{M}$ 与介质界面垂直时的克尔效应，如图 15.23(a)所示。

(2)横向克尔效应——$\boldsymbol{M}$ 与介质表面平行，但垂直于光的入射面时的克尔效应，如图 15.23(b)所示；

(3)纵向克尔效应——$\boldsymbol{M}$ 既平行于介质表面，又平行于光入射面时的克尔效应，如图 15.23(c)所示。

极向克尔效应是目前应用最为广泛的一种克尔效应。从图 15.24 中可以看出，当具有直线偏振的激光入射到磁记录介质的表面时，反射光的偏振面因磁性膜的磁化作用而旋转 θ_K 或 $-\theta_K$ 角度。

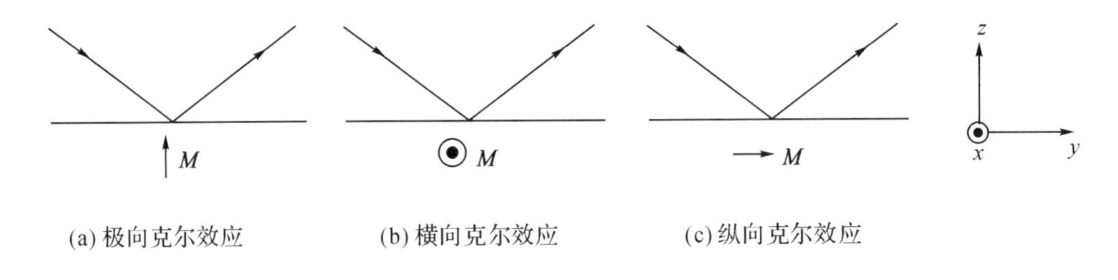

图 15.23 克尔效应

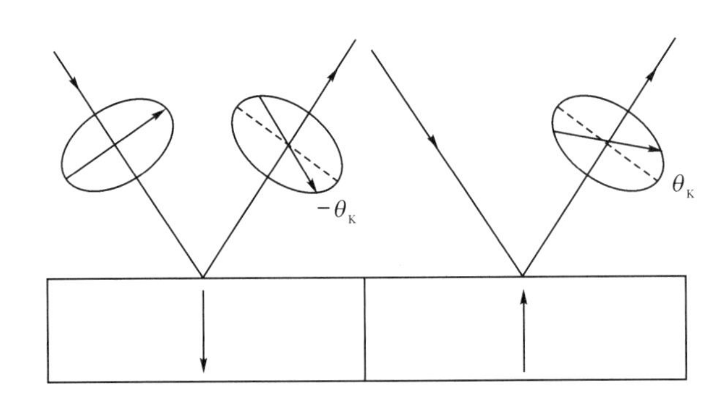

图 15.24 极向克尔效应

15.4.2　磁光记录和读出原理

1. 磁光记录原理

磁光记录的基本原理是利用热磁效应改变微小区域的磁化矢量取向。磁光记录介质膜在室温时具有大的矫顽力，并且磁化矢量垂直于膜面，如图 15.25 所示。记录时，用聚焦激光局部照射希望记录的部位，该处温度升高，矫顽力下降，与此同时，在该处施加反向磁场，使该部位磁化发生翻转，从而实现磁记录。磁光记录分居里温度（T_C）写入和补偿温度（T_{comp}）写入两种方式。

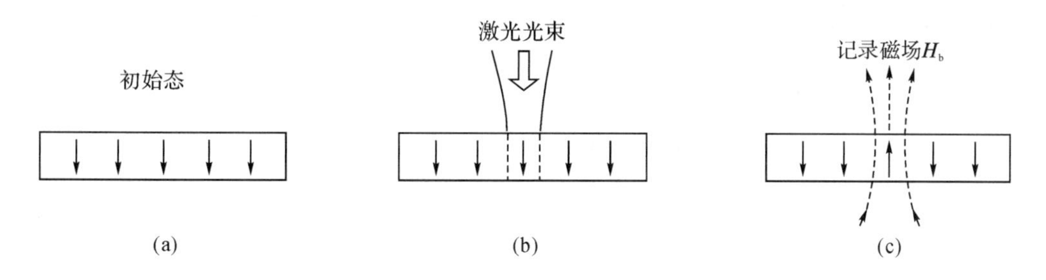

图 15.25　磁光记录原理

利用居里温度写入时，磁性膜中需要记录的部分被激光照射加热，温度急剧上升，超过薄膜居里温度 T_C 后，该部分自发磁化消失（$M=0$）。激光停止照射后，温度下降，在其冷却过程中，该部分重新被磁化，其磁化矢量方向与偏磁场 $\boldsymbol{H}_b$ 的方向一致。因为薄膜的矫顽力 H_c 大于 H_b，所以偏磁场不会改变薄膜其他非记录区域的磁化矢量方向。例如温度达到图 15.26(a)中所示的 T_L 时，若通过线圈或永磁体施加外磁场 $H_b > H_{cL}$，则可以实现磁化反转。

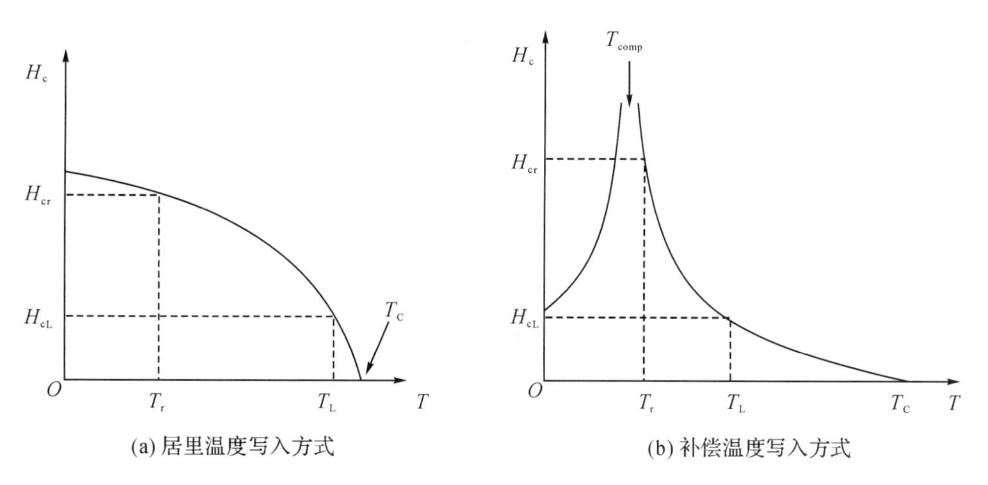

图 15.26　磁光记录中两种不同的写入方式

对于亚铁磁性材料，可利用补偿温度方式写入。亚铁磁性材料有一个特征温度 T_{comp}，在此温度时，其自发磁化强度为零。如图 15.26(b)所示，H_c 在 T_{comp} 附近随温度变化很大。当存储介质微小区域温度高于 T_{comp} 少许时，H_c 急剧下降，当符合 $H_c < H_b$ 时，该部位的磁

化矢量就可以实现翻转。同样，当温度达到图 15.26(b)中所示的 T_L 时，如通过线圈或永磁体施加外磁场 $H_b > H_{cL}$，则可以实现磁化反转。

铁磁性薄膜只有一个特征温度 T_c，居里温度写入是唯一的记录方式。为了降低激光功率，要求材料具有低的居里温度。亚铁磁性薄膜除了居里温度写入方式外，还可以通过补偿温度方式写入。补偿温度的高低可以由薄膜组分来调节，为了使记录后的磁畴稳定存在，一般 T_{comp} 在室温附近。不管是居里温度写入还是补偿温度写入，它们都具有共同的特点：记录温度 T_L 下的矫顽力 H_{cL} 比室温 T_r 下的矫顽力 H_{cr} 要低得多。

2. 磁光记录读出原理

记录的信息利用磁克尔效应或法拉第效应读出。图 15.27 为磁光盘存储信息的再生原理。在磁光盘中，磁化反转部分与其周围基体的磁化方向是相反的，因此，记录部分反射光偏振面旋转角与基体部分反射光偏振面旋转角之差等于磁克尔旋转角的 2 倍，为 $2\theta_K$。同时，调制检偏片角度使其与基体的磁克尔旋转方向相垂直，从而由基体反射的光被截止，检偏片仅能通过由记录位位置反射的相对于基体反射光偏振面旋转 $2\theta_K$ 的偏光。然后由光电二极管进行光电变换，光信号变为电信号，这样记录介质中的信号得以读出。读出时激光不能使记录介质过热，因此其加热功率要比记录时的功率低。

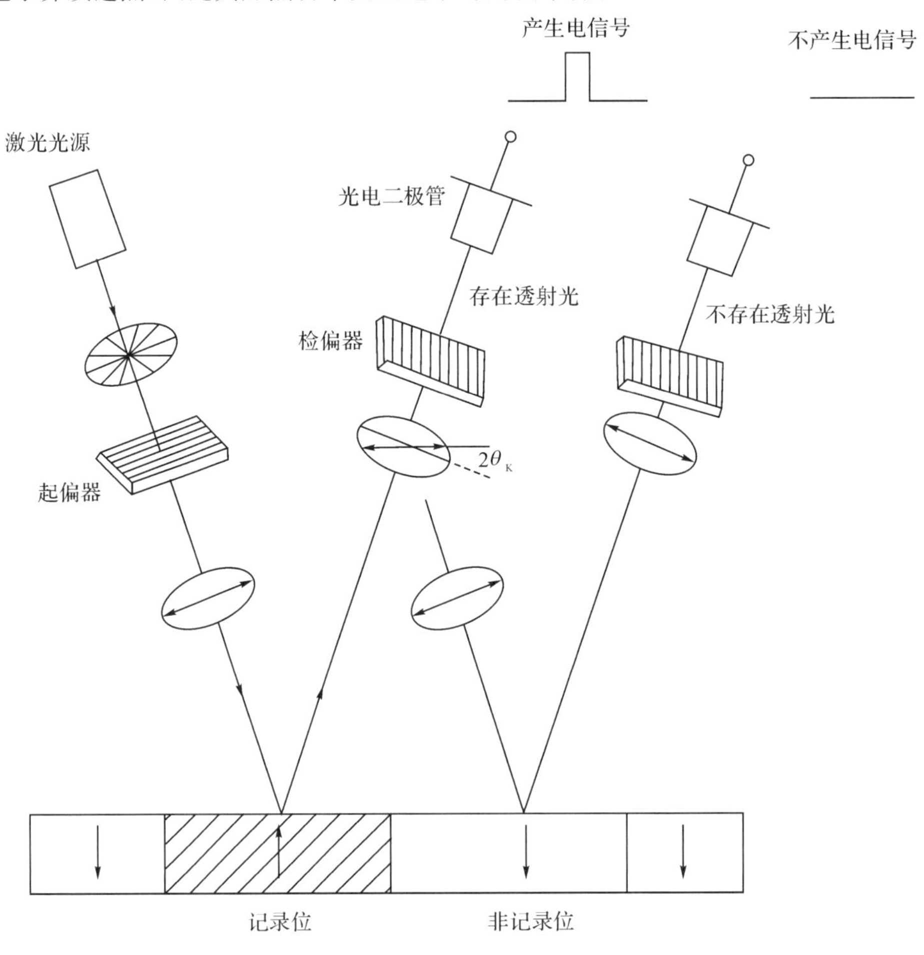

图 15.27　磁光盘记录信息再生原理

提高磁光薄膜的克尔效应和磁光盘的动态特性，高的 θ_K 为必要条件。现用的磁光记录材料的 θ_K 值并不大，可利用光学透明介质的光学干涉作用来提高磁光记录介质的克尔效应。典型的光学介质薄膜厚度对磁光层薄膜和反射率 R 的干涉效应的周期变化如图 15.28 所示。θ_K 和反射率 R 随电介质层厚度的周期变化规律相反。光信号存在关系 $I \propto R\sin^2\theta_K$，说明提高信号强度，要有高的反射率 R 和大的克尔角 θ_K，其中 θ_K 为主要因素，但如果反射率太低，依赖反射光强度的光盘道跟踪伺服信号就弱，伺服电路负担加重。因此，对实际使用的磁光盘必须进行多层膜结构的优化设计，即选择合适的电介质层的厚度。多层膜结构磁光盘设计的主要目的是用多层光学薄膜来适度降低反射率的同时增大磁光克尔效应，从而提高光盘的动态性能。

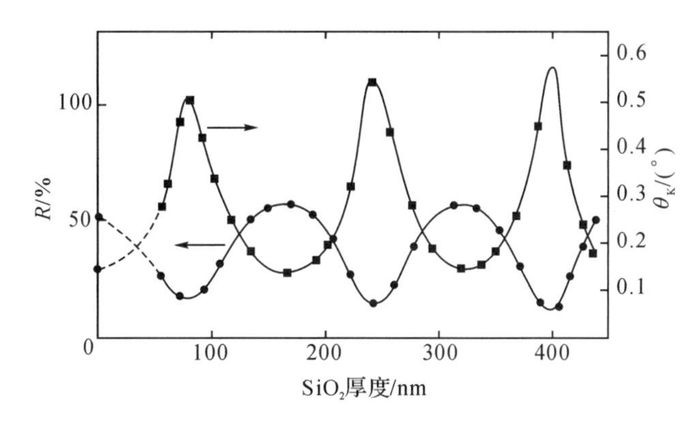

图 15.28　光学介质薄膜厚度对磁光层薄膜和反射率 R 的干涉效应周期变化

第一代磁光盘由四层薄膜组成，其中一层是磁光记录层，两层为光学介质层，另一层为 Al 反射层。图 15.29(a)是 5.25in 双面记录的盘片结构，由两片盘片对向（衬底面向外）粘合而成，外表面用有机保护膜保护。图 15.29(b)为单片盘片的膜层结构。光学介质层除了具有防止磁化膜氧化、损伤的作用外，还有通过多重干涉效应增强磁克尔效应的功能，一般采用透明、硬度高和折射率高的材料。常用的光学介质材料有 AlN、SiO、Y_2O_3、Si_3N_4、SiO_2-Tb 等。

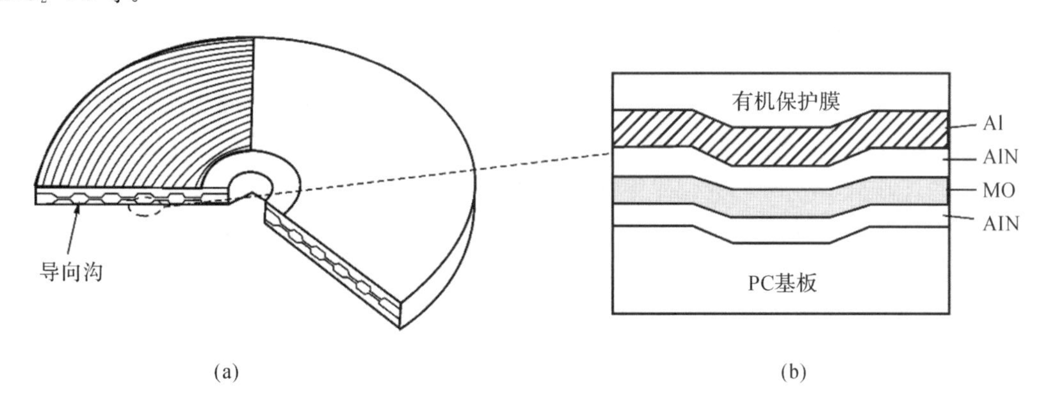

图 15.29　典型磁光盘记录介质的断面结构

15.4.3 磁光记录介质材料

Mn-Bi 合金是最早研究的磁光记录介质，但后来因其高温相容易向低温相转变、晶粒噪声大等原因，被搁置一旁，进一步研究表明，其仍有应用的可能。目前，磁光记录介质的主流是稀土-过渡族元素非晶态薄膜材料。有望作为下一代高记录密度使用的短波长记录材料是目前研究的热点，包括石榴石氧化物薄膜、Pt/Co 多层膜和 Pt-Co 合金薄膜。

1. 磁光记录介质的基本性能要求

理想的磁光记录介质材料需具备下列基本性能。

(1)为了提高记录密度、增大存储容量，光磁记录采用垂直磁化模式。作为垂直磁化的条件，要求垂直单轴磁各向异性能 $K_{\perp}$ 应分别满足：

$$K_{\perp} \geqslant \frac{M_S^2}{2\mu_0}$$

为满足上述条件，材料的饱和磁化强度 M_S 应较小，因此亚铁磁性材料具有明显的优点。

(2)为了产生良好的记录开关特性，薄膜的磁滞回线应为矩形，因此要求矩形比等于或接近于 1。

(3)材料的居里温度适中，否则记录用半导体激光器的功率必须很大。

(4)稳定的最小记录位尺寸 d 可粗略地表示为：$d \propto 1/H_c$，因此要求材料的矫顽力要足够大。亚铁磁性材料的补偿温度 T_{comp} 在室温附近时，其 H_c 很高。

在此基础上，还要满足下列条件：

(1)磁光盘的信噪比与磁克尔旋转角和动态噪声有关。因此，要求材料应有大的值，成膜后膜面光滑平整，晶粒大小为纳米数量级，尤以非晶薄膜为最佳。

(2)记录材料要有高的传导率。记录介质受激光作用时，能快速升温和冷却。

(3)热稳定性好。在记录/擦除激光光束反复作用下，材料的结构不发生变化，要求可擦写次数在 100 万次以上。

(4)抗氧化、抗腐蚀能力强。

(5)便于大面积均质成膜，具有很强的市场竞争性和良好的经济效益。

2. Mn-Bi 多晶膜

Mn-Bi 的晶体结构为 NiAs 型六方晶体，具有大的结晶各向异性，曾一度作为永磁材料的研究对象。因为六方晶体 Mn-Bi 的 c 轴垂直于膜面($K_U > 0$)，矫顽力大(160kA/m～320kA/m)，所以在 20 世纪 50 年代作为磁光记录介质加以研究。在 20 世纪 60 年代至 70 年代初出现了研究 Mn-Bi 磁光记录性能的高潮。

Mn-Bi 在晶体结构上有两个相，即低温相和高温淬火相。低温相是通常的 Mn-Bi 相，居里温度较高，$T_C = 360℃$。当低温相加热至居里温度以上时，Mn 原子产生位移，进入晶格的间隙位置，部分转变为顺磁相，从而导致磁矩下降。高温相急冷至室温(淬火)时，晶体将保持高温相的结构。高温相的居里温度低，$T_C = 180℃$，对磁光记录有利，但由于 M_S 低，相应的 θ_F 也低，读出信号变小。表 15.2 给出了 Mn-Bi 低温相和高温相的磁和磁光性能。

表 15.2　Mn-Bi 低温相和高温相的磁和磁光性能比较

结晶相	晶体结构	居里温度/℃	室温磁化强度/(kA·m^{-1})	品质因子(633nm)	相对激光记录功率	相对读出信号(633nm)
低温相	NiAs	360	600	3.05	1	1
高温相	无序 NiAs	180	440	1.4	0.2～0.35	0.3～0.5

高温相加热到约 360℃后，慢冷至室温又能形成低温相，其性能与初始的低温相基本相同。高温相作为记录介质是不稳定的，因为 Mn-Bi 高温相的居里温度低，但低的居里温度有利于降低激光记录功率，所以试图采用掺杂的方法来稳定高温相。用 Ti 替代部分的 Mn 取得了较好的结果：居里温度 T_C 为 125℃，在 150℃下放置数个星期后才发现有相转变，说明在室温下高温相向低温相的转变要经历几年，但还没有达到实用化的程度。

降低低温相的居里温度和晶粒尺寸是使 Mn-Bi 薄膜实用化的关键。人们试图通过各种元素替代部分 Mn 原子的方法来改变 Mn-Bi 薄膜的磁和磁光性能，添加的元素有 Al-Si、重稀土或轻稀土元素(Ho、Tb、Dy、Ce、Pr、Sm、Nd)。发现 Ce、Pr、Sm、Al-Si 等元素对极向克尔旋转角 θ_K 的提高和晶粒尺寸的减小有所贡献，分别达 2°～2.5°和 20～40nm，居里温度在添加元素前后没有变化，记录温度还是过高。另外，在制备工艺上 Mn-Bi 很难大面积成膜。因为 Mn 比较容易氧化，Bi 的熔点又低，流动性大，得到的 Mn-Bi 光盘很难在有效存储面积内为均匀薄膜，从而导致磁和磁光性能不一致。对以 Mn-Bi 为基的材料尚需深入研究，研究内容包括物理性能和成膜工艺。

3. 稀土-过渡族元素非晶态薄膜

第一代磁光盘选用稀土-过渡族金属(RE-TM)非晶态合金薄膜作为存储介质，发展到今天的 8 倍密度磁光盘(5.25in 双面容量 5.2GB)记录介质仍使用这种材料，可见它的魅力非同一般。这主要归功于非晶态合金的特性。从结构上来看，非晶态合金与液态金属相似，原子分布是一种长程无序或短程有序的排列；从热力学观点看，非晶态是亚稳定相，但众多的非晶态合金在室温下是稳定的。非晶态合金的独特优点是其成分连续变化，而不像晶态合金一样会出现某种特定的相，从而可获得成分连续变化的均匀合金系。这对磁光记录介质非常重要。这样可以在较大范围内调节磁光记录介质的磁性能，如饱和磁化强度 M_S、补偿温度 T_{comp} 和矫顽力 H_c 等，对设计磁光存储介质的磁和磁光性能十分有利。特别是磁光多层耦合膜的设计，可通过不同层的磁性膜的磁耦合作用，制备直接重写和高密度磁光记录盘。

非晶态 RE-TM 合金中 RE 与 TM 磁矩的整体排布，与晶体的情况相同，RE 为轻稀土类时，基本上是相互平行的(铁磁性)；RE 为重稀土类时，为反平行的(铁磁性)。重稀土-过渡族金属合金，根据成分不同，可以使整体磁化强度 M_S 较小，来源于 4f 轨道矩和晶场作用的磁晶各向异性也很大，有利于克服薄膜的退磁场并使其磁化矢量垂直于膜面。单原子各向异性大的 Tb、Dy 和 Co 感生的非晶薄膜的各向异性能也大。相反，含有单原子各向异性小的轻稀土 Gd 合金薄膜感生的各向异性能就小。因此，Tb-Fe-Co 非晶态薄膜成为磁光盘中使用最为普遍的合金成分。作为第一代磁光记录材料中最具有代表性的材料，Tb-Fe-Co 非晶膜具有下列优势：

(1)在近红外区(例如光波长为 800μm)能长期使用;

(2)可容易地获得垂直磁化膜;

(3)为非晶态结构,可避免晶界等造成的再生噪声;

(4)居里温度 T_C 为 200℃,与现在半导体激光功率可良好对应等。

但是,为了进一步提高记录密度,在波长小于 800nm 时,Tb-Fe-Co 非晶膜克尔旋转角 θ_K 会变低,因此需要进一步开发新的磁光记录材料。

研究 RE-TM 薄膜的 θ_K 与波长的关系发现:稀土元素在短波长处对 θ_K 贡献大,而 3d 过渡族金属 Fe、Co 则在长波长处对磁光效应有大的贡献。重稀土元素的 θ_K 符号在短波长区域为负,长波长区域为正;Fe 和 Co 的 θ_K 值,从可见光到紫外光均为负。因此,RE-TM 亚铁磁非晶态物质在短波长区域内重稀土元素和 Fe、Co 的 θ_K 符号相反,两者相互抵消而变小。而当 RE 为轻稀土类金属时,由于其铁磁性不会相互抵消,而是相互叠加,从而磁光效应随波长变短而增大。因此,短波长磁光记录应采用轻稀土-过渡族金属非晶态合金薄膜。图 15.30 中给出了 Nd、Ce 轻稀土元素和 Gd、Tb、Y 重稀土元素分别与 Co 组成的非晶态合金薄膜的 θ_K 与波长的关系。

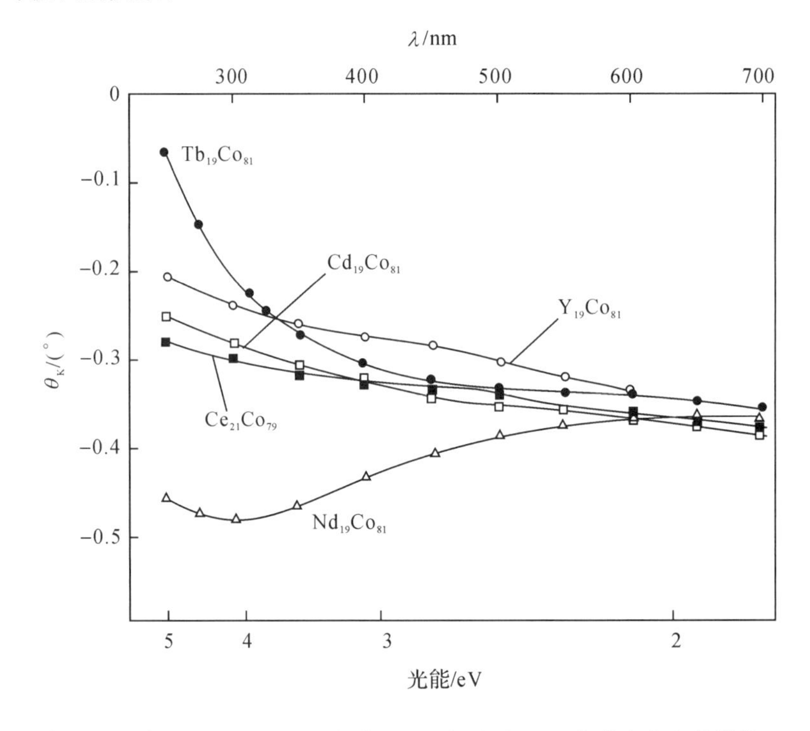

图 15.30 轻 RE(Nd、Ce)-Co 和重 RE(Cd、Tb、Y)-Co 非晶态合金薄膜的 θ_K 与波长的关系

如能结合轻、重稀土元素的上述特性,稀土-过渡族金属非晶态薄膜可应用于高记录密度的磁光盘。可采用以下方法:

(1)在 Tb-Fe-Co 合金中适当添加轻稀土,如 Nd、Pr 等;

(2)采用耦合膜结构,如轻稀土-过渡族合金非晶态薄膜作为读出层,它的平行于膜面的磁化矢量经重稀土-过渡族合金非晶薄膜的耦合,在读出激光的作用下,记录层的记录磁畴

复制到读出层，从而信号增强；

(3)采用多层膜结构，如 NdGd/FeCo 多层膜。

4. 石榴石氧化物薄膜

RE-TM 非晶态薄膜虽已成功地应用于第一代磁光盘，但由于以下原因难以在记录密度上有更大的突破：首先，稀土元素抗氧化能力差，对需永久保护的文档资料是一个安全隐患；其次，RE-TM 靶材的制作和回收困难，不利于降低盘片的制作成本。

在开发新材料时，人们首先想到的是石榴石铁氧体。石榴石氧化物在短波长时有很大的磁光效应，波长为 510nm 时的法拉第效应达 7.5°/μm。为保持高的信噪比，信号输出要大，因此石榴石铁氧体薄膜存储介质处于十分有利的竞争地位。

用于磁光记录的石榴石薄膜要求有高的矫顽力和大的磁光效应，因此，主要考虑各向异性常数 K_U 和磁光效应特性。

多晶石榴石薄膜的单轴各向异性的机制归结于应力感生，各向异性常数由下式给出：

$$K_U = -\frac{3}{2}\lambda_S\sigma$$

式中，λ_S 为多晶石榴石薄膜的磁致伸缩系数，σ 为由薄膜与衬底不同的热膨胀引起的应力。

薄膜的应力由下式给出：

$$\sigma = \frac{Y}{1-\mu}(\alpha_f - \alpha_s)\Delta T$$

式中，Y、μ 分别为薄膜的杨式模量和泊松比，α_f 和 α_s 分别是薄膜和衬底的膨胀系数，ΔT 表示薄膜热处理温度与室温之差。玻璃的热膨胀系数 α_s 一般为$(4\sim10)\times10^{-6}$，薄膜的热膨胀系数 α_f 在 10^{-5} 数量级，因此 $\alpha_f-\alpha_s>0$。为使 $K_U>0$，λ_S 必须是负值。表 15.3 列出了经整理后的各类稀土石榴石单晶材料在室温下的 λ_S 值。其中，DyIG 的 λ_S 负值最大，有利于获得 $K_U>0$ 的磁光薄膜。

表 15.3　各类稀土石榴石单晶材料的室温磁致伸缩系数

石榴石单晶	YIG	SmIG	EuIG	GdIG	TbIG	DyIG	HbIG	ErIG	TmIG	YbIG
$\lambda_{100}/10^{-6}$	−1.4	21	21	0	−3.3	−12.5	−4.0	2.0	1.4	1.4
$\lambda_{111}/10^{-6}$	−2.4	−8.5	1.8	−3.1	12	−6.9	−3.4	−4.9	−5.2	−4.5
$\lambda_S/10^{-6}$	−2.0	3.1	9.5	−1.8	5.9	−9.1	−3.6	−2.1	−2.6	−2.1

石榴石薄膜的磁光效应主要来自电子自旋-轨道相互作用，其能量大小由下式给出：

$$H_{LS} = \lambda_{LS}LS$$

式中，L、S 分别为轨道和自旋角动量，λ_{LS}为自旋-轨道耦合系数。实验证明，λ_{LS}随原子序数增加而增大，4d 的 λ_{LS}比 3d 的大 2.5～3 倍，5d 的 λ_{LS}要比 3d 的大 7～10 倍。用 Bi 部分替代 RE^{3+} 离子，可增大 H_{LS}，从而增强磁光效应。同时，在可见光至近红外的光波长范围内吸收几乎不增加，这样就提高了这一光波长范围内的品质因子，有利于实际应用。

石榴石氧化物薄膜不同于 RE-TM 合金薄膜，它对使用的激光波长吸收小，入射光的反射也小。因此，在实际应用中必须蒸镀金属反射膜，主要是提高记录介质的吸收效果，从而降低激光记录功率，同时使入射光反射。反射后的磁光效应称为有效法拉第效应，用 θ^* 表示，等效于 RE-TM 薄膜的克尔效应，从而可以和 RE-TM 记录介质薄膜兼用测试仪器和驱动器。基于石榴石氧化物薄膜自身的不同厚度会引起光学干涉效应,因此无须像 RE-TM 薄膜记录介质那样,要借助电介质薄膜(如 AlN 等)来获得克尔效应的增强。

石榴石氧化物记录介质由高频溅射方法制备,薄膜需经历 600℃左右的温度加热(溅射时衬底加热或成膜后晶化处理)。石榴石氧化物光盘一般采用玻璃作为衬底,也可采用钆镓石榴石(gadolinium gallium garnet, GGG)衬底。生长在钆镓石榴石衬底上的磁光盘用石榴石薄膜,其薄膜表面比在玻璃衬底上的表面光滑,可降低动态噪声,提高信噪比。由于石榴石氧化物记录介质具有高度抗氧化性和抗辐照性,可用于特殊用途,如军事、航空、航天等。

5. Pt/Co 超晶格和 Pt-Co 合金薄膜

所谓超晶格,是由磁性原子或分子与异种的原子或分子,以若干个原子层厚度为单位积层而成的。通过数个原子层的超薄膜积层,可获得在膜厚方向上与晶体类似的周期性,其实质可以看成是由人工方法制成的晶体,故又称为人工格子或超晶格,有时干脆简称为多层膜。由这种方法获得的膜层利用了磁性超薄膜自身的性质以及磁性体与非磁性膜之间的界面效应等,可以开发出新的物性、新的功能。

多层膜层状结构可由小角度范围的 X 射线衍射来验证。沿膜面法线方向成分周期变化引起散射因子的周期性变化,因此多层膜结构的调制长度 D(即两层薄膜的厚度之和)可由布拉格方程 $2D\sin\theta=n\lambda$ 得到。若组成多层膜的两种材料均为非晶态物质交替生长,则只有在小角度范围内出现衍射峰,如两种材料中有结晶物质,或界面已结晶化,那么除了小角衍射峰外,在大角度范围内会出现相应的结晶峰,并在结晶峰两侧出现卫星峰。

贵金属/过渡族元素磁性成分调制膜有望成为短波长高密度磁光记录介质,研究较多的是 Pt/Co 和 Pd/Co。其中 Pt/Co 的磁和磁光性能已达到实际使用的要求,它的主要特点是在激光波长 400nm 下,$\theta_K>0.3°$,另外 Pt/Co 多层膜的反射率也高,所以其磁光品质因子在短波长范围内优于 RE-TM 薄膜,是下一代超高密度的磁光存储介质。

Pt/Co 等多层膜的垂直各向异性的物理机制有待深入研究。初步认为,它的有效单轴各向异性 K_{eff} 由两部分组成,即界面各向异性 K_S 和体积各向异性 K_V,存在关系:

$$K_{\text{eff}}\cdot t_{\text{TM}}=2K_S+K_V\cdot t_{\text{TM}}$$

式中,t_{TM}(TM 代表 Co 或 Fe)为磁性层厚度,常数 2 表示每个磁性层由两个面与非磁性层交界。用 $t_{\text{TM}}K_{\text{eff}}$ 对 t_{TM} 作图,纵轴截距的 1/2 为 K_S,斜率为 K_V。图 15.31 给出了 Pt/Co 多层膜等效垂直各向异性能和 Co 厚度的关系。K_V 基本不变,K_S 的大小和衬底是否有 Pt 缓冲层关系很大。Pt 缓冲层能改善 Pt/Co 多层膜的(111)取向。它表明 K_S 对晶粒取向的依赖很大。

如果制备方法得当,$Co_{1-x}Pt_x$ 合金薄膜也能获得垂直于膜面的各向异性。x 可在 0.8～0.5范围内变化,但一般取 0.75 左右。制备方法有电子束两源蒸发(Co 和 Pt)、双靶共溅射(Pt 靶和 Co 靶)、分子束外延、复合靶溅射(Pt 靶上放置 Co 小块)和合金靶溅射(CoPt 合金单靶)。目前,合金靶溅射是规模生产所必须具备的技术条件。

用复合靶或合金靶溅射 Co-Pt 合金薄膜的磁和磁光性能基本相同。Co-Pt 合金的长程有序相和无序相不具有垂直于膜面的各向异性,但用多种方法制备的 Co-Pt 合金薄膜都有强的垂直各向异性、高的矫顽力和大的极向克尔旋转,它是下一代短波长磁光记录的后备材料。

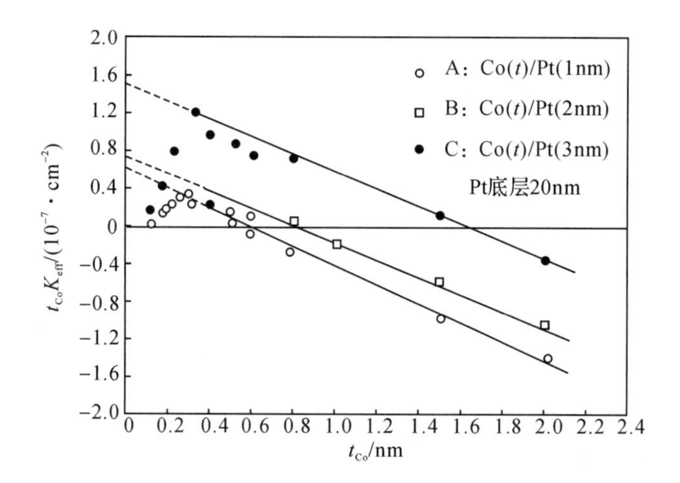

图 15.31 Pt/Co 多层膜的等效垂直各向异性能(K_{eff})与 Co 层厚度(t_{Co})的乘积($t_{Co}K_{eff}$)随 t_{Co}的变化

人们除了积极开发新的磁光效应材料，还在不断地采用新的技术手段，以实现高记录密度存储甚至超高记录密度存储。这些技术包括直接重写技术、多层膜结构的超分辨率读出技术和磁畴扩大再生技术等，具体可参阅相关书籍。

习 题

第 15 章拓展练习

15-1 概述磁记录的基本过程。

15-2 模拟式磁记录和数字式磁记录有何差别？

15-3 磁头可分为几种类型？常用的磁头材料有哪些？

15-4 磁记录介质应具备哪些性能？颗粒涂布介质与薄膜介质有何差别？常用的磁记录介质材料有哪些？

15-5 简述磁光记录和读出原理。列举几种常用的磁光记录介质材料。

参考文献

[1] KAHN O, KROBER J, JAY C. Spin transition molecular materials for displays and data recording[J]. Advanced Materials, 1992, 4(11): 718-728.

[2] 都有为，罗河烈．磁记录材料[M]．北京：电子工业出版社，1992.

[3] HAYASHI T, HIRONO S, TOMITA M, et al. Magnetic thin films of cobalt nanocrystals encapsulated in graphite-like carbon[J]. Nature, 1996, 381(6585): 772-774.

[4] OHNO H. Making nonmagnetic semiconductors ferromagnetic[J]. Science, 1998, 281(5379): 951-956.

[5] COEY J M D, SMITH P A I. Magnetic nitrides[J]. Journal of Magnetism and Magnetic Materials, 1999, 200(1-3): 405-424.

[6] MCHENRY M E, LAUGHLIN D E. Nano-scale materials development for future magnetic applications[J]. Acta Materialia, 2000, 48(1): 223-238.

[7] 李国栋.我们生活在磁的世界里——物质的磁性和应用[M].北京:清华大学出版社,2000.

[8] SOZINOV A, LIKHACHEV A A, LANSKA N, et al. Giant magnetic-field-induced strain in NiMnGa seven-layered martensitic phase[J]. Applied Physics Letters, 2002, 80(10): 1746-1748.

[9] HUR N, PARK S, SHARMA P A, et al. Electric polarization reversal and memory in a multiferroic material induced by magnetic fields[J]. Nature, 2004, 429(6990): 392-395.

[10] ASTI G, GHIDINI M, PELLICELLI R, et al. Magnetic phase diagram and demagnetization processes in perpendicular exchange-spring multilayers[J]. Physical Review B, 2006, 73(9): 16.

[11] 高铁仁.垂直磁记录介质的制备及物性研究[D].上海:复旦大学,2006.

[12] 严密,彭晓领.磁学基础与磁性材料[M].2版.杭州:浙江大学出版社,2019.

[13] CHAPPERT C, FERT A, VAN DAU F N. The emergence of spin electronics in data storage[J]. Nature Materials, 2007, 6(11): 813-823.

[14] ALLOYEAU D, RICOLLEAU C, MOTTET C, et al. Size and shape effects on the order-disorder phase transition in CoPt nanoparticles[J]. Nature Materials, 2009, 8(12): 940-946.

[15] 李彦波.超高密度磁记录用介质和磁头材料的研究[D].兰州:兰州大学,2010.

[16] 张旭辉.垂直磁记录介质材料的制备及翻转模式研究[D].上海:复旦大学,2010.

[17] COEY J M D. Hard magnetic materials: A perspective[J]. IEEE Transactions on Magnetics, 2011, 47(12): 4671-4681.

[18] ZHU M Y, DIAO G W. Review on the progress in synthesis and application of magnetic carbon nanocomposites[J]. Nanoscale, 2011, 3(7): 2748-2767.

[19] 张世杰.垂直磁记录介质 $L1_0$-FePt 的结构与磁性研究[D].上海:复旦大学,2011.

[20] 李宝河,冯春,于广华.高磁晶各向异性磁记录薄膜材料[M].北京:冶金工业出版社,2012.

[21] 张璐然.高密度磁记录用磁性薄膜的研究[D].兰州:兰州大学,2012.

[22] 刘静.FePt 和 FePt-Si-N 磁记录薄膜的制备、结构与性能[D].广州:华南理工大学,2013.

[23] 张开明.介质微结构与未来磁记录方式中记录过程的微磁学研究[D].北京:清华大学,2013.

[24] 邓晨华.高密度磁记录介质用 Fe(Co)Pt 纳米结构的制备与研究[D].临汾:山西师范大学,2016.

[25] 彭晓文.磁记录薄膜材料微观结构与织构演变机理的研究[D].北京:北京科技大学,2019.

[26] SHAW G, ALVAREZ S B, BRISBOIS J, et al. Magnetic recording of

superconducting states[J]. Metals, 2019, 9(10): 1022.

[27] HSU W-H, VICTORA R H. Heat-assisted magnetic recording-Micromagnetic modeling of recording media and areal density: A review [J]. Journal of Magnetism and Magnetic Materials, 2022, 563: 169973.

[28] 孙可为,金丹,任小虎. 磁性材料器件与应用[M]. 北京:冶金工业出版社,2023.

第16章

磁性液体

磁性材料的种类很多，通常以固态形式存在。随着科学技术的发展，固态形式的磁性材料已经不能满足高技术的特殊要求（如宇航服的转动密封、传感器等）。为此，科学家们研究开发了既具有磁性又具有流动性质的新型磁性材料——磁性液体。

制备磁性液体的最初尝试可以追溯到18世纪。1779年，Knight试图在水中悬浮铁粉末以获得磁性液体，但是在很短的时间内就出现了颗粒沉淀。到1898年，Bredig通过电化学反应方法制备出了磁性液体，称为磁性胶体。当时获得的磁性液体只是在磁性材料中增加的一个新品种，并没有明确的应用目标。在之后的半个多世纪中，很多科学家都致力于磁性液体的研究制备。1938年，Elmore采用化学共沉淀法制得了铁氧体磁性胶体，并以水作为分散相基液，为了避免沉淀的产生，还加入了作为表面活性剂的肥皂。Ostwald等人也利用化学反应制取了具有一定磁性能的胶体。不过因为磁性颗粒的直径过大或界面活性剂选择不当等，这种磁性胶体极不稳定，很难获得应用，因此也未获得足够的重视。

1965年，Pappel在宇航服可动部位密封情况下和火箭用液体燃料在失重情况下如何从燃料罐向发动机输送的研究中，研制了真正意义上的磁性液体并取得了专利。这种磁性液体的制备采用油酸作为界面活性剂，将磁铁矿粉和润滑油混合在一起，在球磨机中球磨，再利用离心方法去掉大颗粒。1966年，日本东北大学的下饭坂润三教授也研制成功了磁性流体。随后人们对磁性液体的特殊性能进行了广泛的探索和研究，并把它应用于科学实验和工业装置中。20世纪60年代末期，美国成立了磁性流体公司，专门从事磁性流体及其应用的研究，日本、苏联、英国等国家也相继开展了磁性流体及其应用的研究，我国也于70年代末期开始相关研究。目前，这种功能磁性材料已在航天航空、冶金机械、化工环保、仪器仪表、医疗卫生、国防军工等领域获得广泛应用。

磁性液体的发展按纳米级磁性颗粒被利用的时间顺序及特性可以分成三个阶段：20世纪60年代初，第一代铁氧体磁性液体（ferrite magnetic fluids）问世；80年代第二代金属磁性液体（metal magnetic fluids）出现；进入90年代日本研制出第三代氮化铁磁性液体（Iron-nitride magnetic fluids）。第一代铁氧体磁性液体问世解决了有无问题，第二代金属磁性液体的出现把磁性能，提得更高，第三代氮化铁磁性液体既具有良好的抗腐蚀性能，又具有较高的磁性能。

16.1 磁性液体的基本概念

16.1.1 什么是磁性液体

磁性液体(magnetic liquids),又称磁流体(magnetic fluids)、铁磁性流体(ferromagnetic fluids)、磁性胶体(magnetic colloids),是指经表面活性剂处理过的纳米磁性微粒高度分散在基液(载液)中形成的一种磁性胶体溶液。磁性液体既具有一般软磁体的磁性,又具有液体的流动性。即使在重力、离心力或强磁场的长期作用下,纳米磁性颗粒也不发生团聚现象,而保持磁性能稳定,而且磁性液体的胶体也不会被破坏。

磁性液体中的纳米级磁性颗粒比单畴临界尺寸还要小,因此它能自发磁化达到饱和。同时由于颗粒尺寸较小,粒子磁矩受热扰动的影响而混乱分布。在没有外加磁场的作用下,颗粒磁矩之间无定向排列,磁液系统总磁矩为零,并不表现出对磁性物体的吸引力。一旦有外磁场的作用,颗粒磁矩立刻定向排列,对外显示磁性。随着外磁场强度的增加,磁化强度也成正比地增加。达到饱和磁化后,磁场再增加时,磁化强度也不再增加。当外加磁场消失后,磁性颗粒立即退磁,几乎没有磁滞现象,其磁滞回线呈对称“S”形,如图16.1(b)所示。

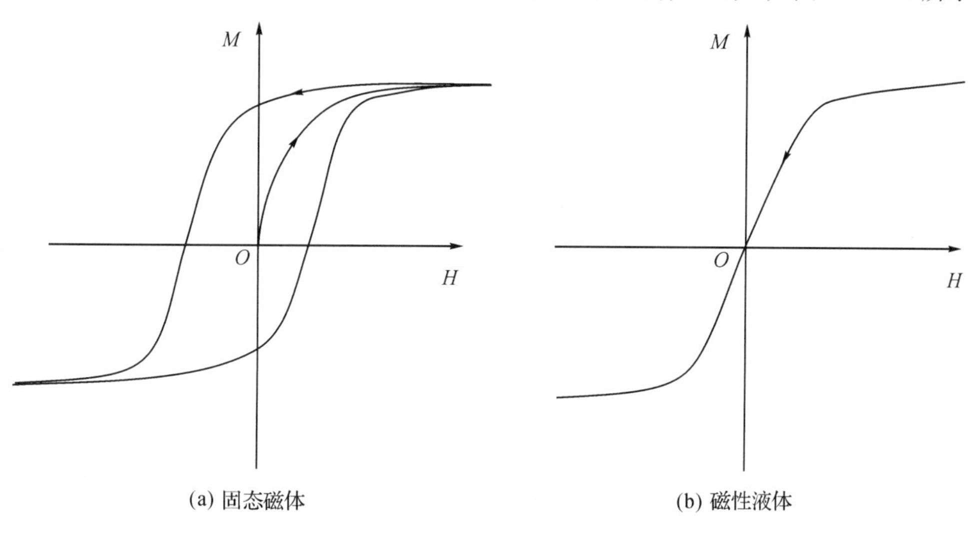

(a) 固态磁体　(b) 磁性液体

图16.1 磁化曲线

16.1.2 磁性液体组成及结构特征

磁性液体的基本结构如图16.2所示,其主要由三个要素构成,即纳米级磁性颗粒、基液或载液、包覆在纳米级磁性固体颗粒表面的界面活性剂(也称表面活性剂或分散剂)。此外,为了改善磁性液体的性能,常常还加入油性剂、抗氧化剂、防腐剂及增黏剂等。

1. 纳米级磁性颗粒

磁性液体中的纳米级磁性颗粒是指粒径很小的铁磁性物质,直径大约为10nm。常见的磁性颗粒有金属氧化物(Fe_3O_4、γ-Fe_2O_3)、铁氧体[$CoFe_2O_4$、(Mn-Zn)Fe_2O_4]、金

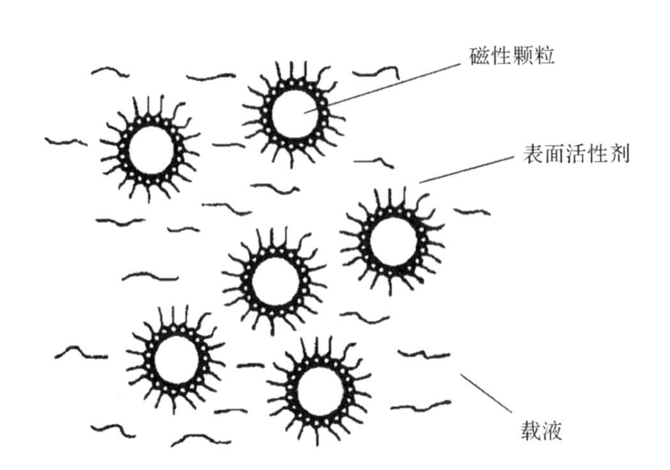

图 16.2 磁性液体的基本结构

属(Fe、Co、Ni 及其合金)和磁性氮化铁。由于直径很小,磁性微粒在基液中呈现出混乱的布朗运动,这种热运动能够抵消重力的沉降作用,也可以削弱粒子间的电磁凝聚作用,在重力和磁场力的作用下,始终稳定地分散在载液中,不沉淀也不凝聚。

2. 基液(载液)

磁性液体的基液又称载液或母液,一般为非导电性液体,如水、煤油、酯、硅油、烷烃等。基液也可以是导电的液态金属,如水银。基液的种类很多,常根据磁性液体的不同用途进行选择。例如,二酯类基液具有低蒸气压的特性,适用于真空并可长期使用,可以用于高速密封。表 16.1 列出了几种常见的基液及其特征与用途。

表 16.1 基液及其特征与用途

基液名称	磁性液体的特征与用途
水	pH 可在较宽范围内改变,价格低廉,可以用于医疗、磁性分离、磁显示、磁带等
酯及二酯类	蒸气压较低,适用于真空及高速密封,润滑性好的磁性液体适用于摩擦低的装置及阻尼装置,其他还可用于扬声器及步进马达等
硅酸盐酯类	耐寒性好,用于低温密封
碳氢化合物	黏度低,用于高速密封、阻尼,不同碳氢化合物基液的磁性液体可混合
氟碳化合物	不易燃、宽温、不溶于其他液体,适用于活泼环境,如含有臭氧、氯气的环境
聚苯基醚	蒸气压低、黏度低,适用于高真空及强辐射场合
水银	饱和磁化强度高,导热性好,可做钴、铁-钴微粒基液

3. 表面活性剂

表面活性剂也叫分散剂、稳定剂或表面涂层,可以将单个磁性颗粒的表面包覆起来,使之分开,悬浮于基液中。由于磁性微粒为无机类固体微粒,不溶解或不易分散在基液中,因此,在磁性微粒和基液两相(即固相与液相)之间应加入第三者以形成胶体。加入的物质,也就是表面活性剂,既可以吸附于固体微粒表面,又具有可以被基液溶剂化的分子结构。表面活性剂是一种具有极性官能团结构的物质,由非极性的亲油疏水碳氢链部分和极性的亲水疏油基团共同构成,两部分分别处于官能团的两端。因此,表面活性剂具有亲油亲水两种性质。官能团的一端化学吸附于磁性微粒的表面上；另一端向外伸向基液中，当基液与官能团的外端具有相似结构时，它们就能很好地相互溶解。由于磁性微粒表面包覆了薄薄的涂层，其官能团外部端带有同性电荷，当磁性微粒彼此接近时，相互排斥，不会因其相互吸引而发生凝聚或沉淀。基液不同，则所需的表面活性剂也不同，表16.2列出了与不同载液相适用的界面活性剂。

表16.2 基液及其适用的界面活性剂

基液名称	适用的界面活性剂
水	油酸、亚油酸、亚麻酸以及它们的衍生物，盐类，皂类
酯及二酯类	油酸、亚油酸、亚麻酸、磷酸二酯及其他非离子界面活性剂
碳氢基	油酸、亚油酸、亚麻酸、磷酸二酯及其他非离子界面活性剂
氟碳基	氟醚酸、氟醚磺酸以及它们的衍生物，全氟聚异丙醚
硅油基	硅熔偶联剂、羧基聚二甲基硅氧烷、羟基聚二甲基硅氧烷、氨基聚二甲基硅氧烷、羧基聚苯基甲基硅氧烷
聚苯基醚	苯氧基十二烷酸、磷苯氧基甲酸

磁性液体的成分在胶体的体系中是均匀的。无论是在体系的纵向还是在横向取样，其密度和成分几乎无变化。每一部分的性能都能够代表整个体系的性能。

16.1.3 磁性液体基本要求

磁性和流动性是磁性液体最主要的特征，也是对磁性液体最基本的要求。在工程应用时，磁性液体还需要满足以下要求：

(1)在使用的温度范围内，具有长期的稳定性；

(2)尽可能具有高的饱和磁化强度和起始磁导率；

(3)具有较低黏度和低的蒸气压，其中阻尼器件则要求具有一定黏度；

(4)在重力场、电场、磁场以及非均匀磁场中应具有稳定性，无明显凝聚，不产生沉淀和分层；

(5)有很好的热导性；

(6)无毒性。

16.2 磁性液体基本特性

磁性液体的特性是磁性颗粒、界面活性剂及载液性能的综合表征。作为一种特殊的胶体体系，磁性液体同时兼有软磁性和流动性，因此它具有特殊的物理特性、化学特性及流体力学特性。

16.2.1 物理特性

1. 磁化特性

磁性液体中的磁性颗粒平均为十几纳米，比单畴临界尺寸还小，因此它能够自发磁化达到饱和，由于颗粒磁矩在热运动的影响下任意取向，磁性液体系统呈超顺磁性。当磁性液体置于磁场中时，颗粒磁矩整齐排列，系统中各颗粒磁矩之和不再等于零，显示出磁性。

磁性流体属于超顺磁性的研究范围，而超顺磁性粒子的磁化过程服从朗之万函数关系。这是因为超顺磁性所研究的最小的磁性单元是铁磁性的单畴颗粒，它的饱和磁化强度 M_S 比一般顺磁物质要大许多。超顺磁性铁磁颗粒的磁化曲线是这样的：具有磁矩 $\mu=VM_S$ 的铁磁单畴颗粒在磁场 H 中的位能 E_H，$E_H=-VM_SH\cos\theta$，其中 V 为颗粒的体积，M_S 为饱和磁化强度，θ 为磁化强度和磁场之间的夹角。当各向异性小（$KV\ll kT$，K 为各向异性常数，k 为波耳兹曼常数，T 为绝对温度），一组小颗粒平衡时，θ 角服从波耳兹曼分布。相应的磁化曲线由朗之万函数表达为：

$$\widetilde{M}/\widetilde{M}_S=\coth\alpha-\frac{1}{\alpha}=L(\alpha) \tag{16.1}$$

$$\alpha=\mu H/(kT)=VM_SH/(kT) \tag{16.2}$$

当 $\alpha\ll1$（弱磁场）时，式(16.1)可近似表示为：

$$\widetilde{M}/\widetilde{M}_S\approx VM_SH/(3kT) \tag{16.3}$$

当 $\alpha\gg1$（强磁场）时，式(16.1)可近似表示为：

$$\widetilde{M}/\widetilde{M}_S\approx1-kT/(VM_SH) \tag{16.4}$$

由上式可见，含有超顺磁尺寸粒子的磁性流体在不加磁场时不呈现磁性；当加一小磁场时，则以恒定磁化率磁化；在高场时磁性很强，比一般顺磁性物质强得多。

磁性液体的磁化强度还和其密度有很大关系。在一定的磁场中，若不考虑粒子间的相互作用，磁性流体的磁化可以认为是固体微粒的磁化总和。因此，如果将磁性流体的密度作为变量，磁性流体的磁化强度 σ（指单位质量的磁化强度）可以近似地用下式来表示：

$$\sigma=\rho_2\cdot\frac{\sigma_s}{\rho}\cdot\frac{\rho-\rho_1}{\rho_2-\rho_1} \tag{16.5}$$

式中，σ 为磁流体的磁化强度，σ_s 为分散微粒的磁化强度，ρ 为磁流体密度，ρ_1 为溶剂的密度，ρ_2 为分散微粒的密度。

如四氧化三铁胶体在磁场强度为 0.88T、温度 20℃ 磁化时，磁性流体的密度对磁化强度影响很大。实验证明，这个公式和实测值符合得很好。

2. 热效应

图 16.3 是磁性流体的饱和磁化强度随温度变化的曲线，磁性液体的饱和磁化强度随着温度的提高而减小，直至居里点时消失。利用这一现象，将磁性液体置于适当的温度梯度的磁场下，磁性液体就会因压力梯度而流动。

此外，磁性流体的黏度也与温度有很大的关系，如图 16.4 所示。随着温度的升高，磁性液体的黏度逐渐下降。

3. 声学特性

声波在液体中传播时会由于能量的耗散而衰减。超声波在磁性液体中的传播速度及衰减量与外加磁场强度有关。外加磁场时，声音在磁性流体中的传播速度较未加磁场时要大。速度的变化量与磁性流体颗粒的浓度、黏度、传输频率和磁场强度有关，同时与传播方向和磁场方向的夹角有关。传播方向与磁场方向平行时，传播速度与无磁场时基本相同；传播方向与磁场成 45°时，传播速度最大。声波在磁性流体中的衰减也与磁场方向的夹角有关，还与基液的温度、固体磁性粒子粒径大小及体积份额有关。

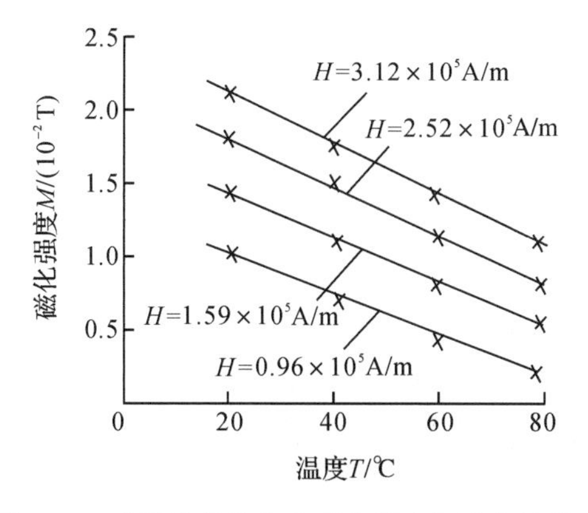

图16.3 磁性液体的饱和磁化强度与温度的关系

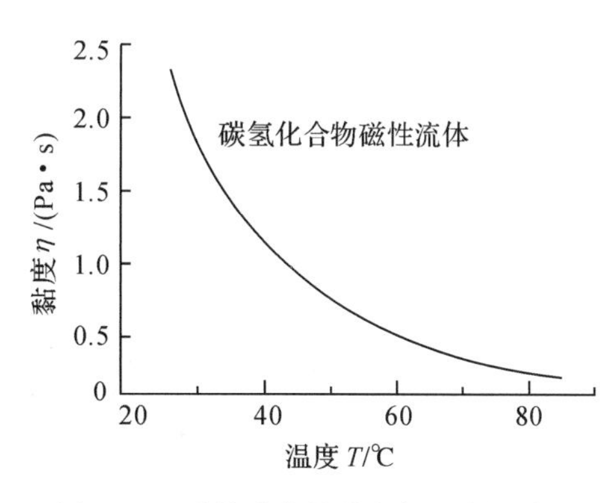

图16.4 磁性液体的黏度与温度的关系

4. 光学特性

磁性液体大多是暗褐色、黑色,并不透明。如果制成几微米厚的磁性液体膜,则光线可以通过。无外加磁场时,其光学特性为各向同性。在外加磁场的作用下,磁性液体的表现像一个单晶体,磁性粒子定向排列,使得磁性液体成为各向异性介质,产生光的双折射效应和二色性现象,而且随着外加磁场强度和方向的不同,双折射效应和二色性现象程度也不同。另外,磁性液体的组成之一是纳米级磁性颗粒,由于其对可见光的反射率低、吸收强,均呈现为黑色,且尺寸越小,颜色越黑,还会表现出宽频带强吸收、蓝移(即吸收带移向短波方向)的现象。

5. 黏度特性

磁性液体的黏度是一个重要的参数。磁性液体的黏度取决于基液的黏度,与磁性颗粒的含量以及外加磁场的大小及方向有关。无外加磁场,且磁性胶体浓度较低时,磁性液体呈现牛顿流体的特性;当施加静态的强磁场时,磁性液体的黏度一般会增加,并呈现非牛顿流体的特性。

Rosensweig 等用因次分析研究了以 Fe_3O_4 作微粒的磁性体,在外磁场的作用下黏度的变化。他认为可以根据 $V\eta_0/(MH)$(M 为微粒的磁化强度,H 为磁场强度,V 为剪切强度,η_0 为表面活性剂的黏度)来确定黏度。实验证明,在有外加磁场时,磁流体的黏度可增加4倍,液体流动方向与外加磁场方向平行时的黏度比垂直时大。液体黏度随外加磁场的增加而增大,这是因为在磁场作用下悬浮粒子流动阻力增大。在无磁场的情况下,悬浮粒子的运动方向与磁性流体流动方向一致,但是当磁场靠近磁流体时,磁粒子便向磁力线方向运动。磁粒子的这种运动会增大对流体流动的阻力,从而导致黏度增大。另外,从流变特性分析,磁流体的黏度,从低到高可根据磁场的强弱加以控制。同时随着外磁场的引入或去除,磁流体的黏度变化是非瞬时的,即发生在一定时间内的。

6. 磁性液体的密度

在载液和表面活性剂固定的情况下,磁性液体的密度主要取决于纳米级磁性颗粒的含量。它是直接影响磁性液体的磁化强度和黏度的重要参数。

7. 界面现象

磁性液体的表面在磁场力的作用下会产生特殊的变形。在玻璃容器中盛入磁性液体,沿垂直于磁性液体界面的方向施加磁场,由该方向磁场产生的静磁能有使界面扩张的作用,从而使表面张力减小。如果外加磁场强度较大，上述扩张作用大于流体的表面张力，则表面变得不稳定，磁性液体的表面出现无数的“针形磁花”。“针形磁花”的方向与磁力线的方向相同。“针形磁花”随着磁场强度的增大而长大。当磁场力、磁性液体的表面张力和重力平衡时，“针形磁花”就会保持不再长大。图 16.5 给出了磁性液体在磁场中显示磁力线分布的图形。但是，在平行于界面的方向施加磁场时，可以抑制表面的紊乱。

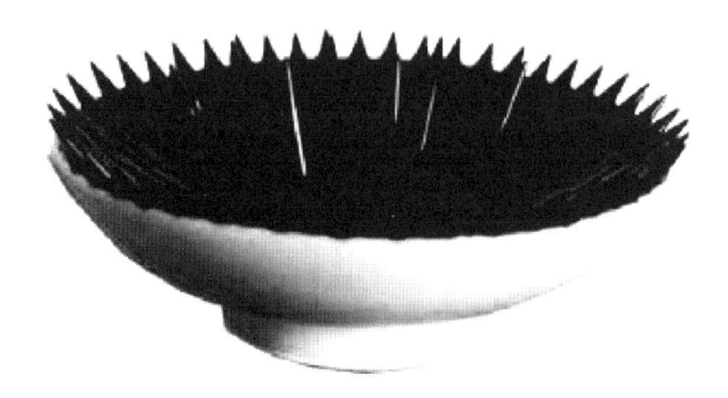

图 16.5 磁性液体在磁场中显示磁力线分布的图形

此外，在磁场作用下，磁性液体具有附着并保持在器壁表面上的功能。当非磁性液体沿这种自由界面流动时，与沿着固体壁面流动的场合相比，流动损失是不同的。有研究指出，在磁性液体的黏度比液动流体的黏度低的情况下，可降低压力损失，而且利于壁面的热传导。

另外，磁性液体还有初始磁化率、表面张力、热传导数等物理特性。

16.2.2 化学特性

1. 磁性液体的胶体稳定特性

磁性液体的胶体稳定特性是指在强磁场和重力的长时间作用下不分层，磁性颗粒不析出、不团聚。磁性液体的胶体稳定特性直接影响到它的应用。

2. 磁性液体的抗氧化特性

磁性液体的抗氧化特性，主要是指磁性颗粒的抗氧化性，对于金属磁性液体来说更为重要。因此金属磁性液体的磁性颗粒氧化后不但磁性能会大大下降，而且也会导致磁性液体胶体体系被破坏。

3. 界面活性剂与基液及磁性颗粒的化学匹配特性

界面活性剂是磁性液体的主要成分之一，界面活性剂有阳离子型、阴离子型和两性界面活性剂。界面活性剂有两性结构，既有亲液性，又具有憎液性。界面活性剂的亲液基必须与基液的分子机构或理化特性相近似，才能和基液互溶。界面活性剂的憎液基与磁性颗粒结合，包覆在磁性颗粒的表面并分散在载液中，形成稳定的胶体体系。这里有界面活性剂分子与基液及磁性颗粒之间的物理交互作用，也有它们之间的化学作用。界面活性剂的选择、添加方式、添加量的多少都会影响磁性液体的胶体稳定性。

4. 蒸发特性

同其他液体一样，磁性液体也具有挥发性。通常用蒸发率或饱和蒸气压来表示蒸发的速度。蒸发率的单位为 $mL/(s \cdot cm^2)$ 或 $g/(s \cdot cm^2)$，饱和蒸气压的单位为 Pa。压强一定时，温度越高，磁性液体的蒸发量越大；温度一定时，饱和蒸气压越高，磁性流体的蒸发量越大。磁性液体的寿命主要取决于基液和表面分散剂的蒸发率及饱和蒸气压的大小。为了获得长寿命的磁性液体，要选择蒸发率低、蒸气压小的基液和表面分散剂。其中，聚苯醚基磁性液体的蒸发率较低，使用时间较长。

16.2.3　流体力学特性

磁性液体的流体力学特性可以用修正的伯努利方程来表示：

$$p+\frac{\rho}{2}v^2+\rho gh-\frac{1}{4\pi}\int_0^H M\mathrm{d}H=C \tag{16.6}$$

式中，p、v、ρ、h、M、H 分别为磁性液体的压力、流速、密度、离开基准面的高度、磁化强度以及外加磁场强度。上式表明，流动中的磁性液体的压强能、动能、重力能和磁能的 4 项之和为一常数。与常规伯努利方程相比，式(16.6)添加了一项磁性能，使磁性液体具有其他流体所没有的、与磁性相关联的新性质，例如磁性液体的表观密度随外磁场强度的增大而增大。

表 16.3 列出了国产磁性流体及其特性。

表 16.3　国产磁性液体及其特性

型号载液	HW02	HM01	HM02	HJ01	HJ02	HZS1	HZS2
基液	水	煤油	煤油	机油	机油	二酯	二酯
颜色	黑色	黑色	黑色	黑色	黑色	黑棕色	黑棕色
饱和磁化强度/(10^{-3}T) $H\geqslant$650kA/m 测	25	30	60	30	50	25	40
密度/(g·cm^{-3})	1.30	1.0	1.50	1.0	1.50	1.27	1.40
黏度/(mPa·s)(25℃时)	12	6	30	10	10	70	15
载液饱和蒸汽压 /Pa(20℃时)						9	9
蒸发量/(g·cm^{-2}·h^{-1}) (80℃)				3.6×10^{-4}	3.6×10^{-4}	8.5×10^{-6}	8.5×10^{-6}
沸点/℃ (0.101MPa)	100	180	180	300	300	310	310
倾点/℃	0	−30	−30	−45	−45	−60	−60

16.3　磁性液体的稳定性

磁性液体是一种固液相胶体。一般情况下，密度不同的液体和固体混合后，在静止状态时，固体微粒的沉淀会使固液相发生分离。而且磁性液体中的固相微粒是强磁性体，相互的静磁吸引力等也会使微粒凝聚成团而破坏磁性液体的弥散稳定性。所以，稳定性是磁性液体最为重要的特性。影响磁性液体稳定性的因素有很多。

16.3.1　粒子间磁力吸引作用

磁性微粒的大小对磁性流体的稳定性至关重要。磁性微粒之所以能在基液中稳定地悬浮，是因为磁性粒子很小，足以使分子的热运动克服粒子间相互聚集的磁性引力。当两个磁矩在同一直线时，两个磁性粒子间的磁性引力位能变得最大，可用下式表示：

$$E_M=-\frac{2}{9}\frac{M^2r^3}{(h+2)^3} \tag{16.7}$$

式中，E_M 为磁力吸引位能，M 为磁化强度，r 为粒子半径，R 为粒子间的中心距离，$h=\frac{R}{r}-2$ 为粒子表面距离与粒子半径之比。

当两个粒子靠得足够近时($h=0$)，E_M 最大。如果要克服磁性粒子间的相互引力，达到分散稳定，就必须使微粒足够小，使粒子间的热振动能(kT)足以克服磁性引力。也就是说，当两个磁性粒子接触时，为达到分散稳定效果，需满足：

$$kT\geqslant E_M \text{ 或 } \frac{M^2r^3}{36}(h=0) \tag{16.8}$$

从而求出稳定的磁性流体中的粒径上限。以 Fe_3O_4 作为分散质的磁性流体为例，设 $M=0.35T$，求得粒径上限为 10nm。这是其热运动能量足以阻止由颗粒磁性相互作用而发生的团聚。

如果在制备磁流体过程中，选择合适的表面活性剂，使每个磁粉表面包一层表面活性剂使之游离于载液中，那么磁粉的稳定性和磁性能会有明显的好转。

设每个磁粉表面包覆 2nm 厚的表面活性剂，则当粒子接触时，$R-2r=4$nm，根据稳定性条件，由式(16.8)式计算出粒径的上限接近 12nm。

可见，使用表面活性剂磁粉粒径的允许值扩大了。

16.3.2 范德瓦耳斯引力作用

当大小不规则的颗粒紧密接触时，偶极子与偶极子之间相互作用所产生的范德瓦耳斯引力，也会使颗粒发生聚团。由于范德瓦耳斯引力是分子间瞬间电偶极矩的相互作用力，它是粒子间普遍存在的短程相互作用力，随着分子间的距离加大，迅速地减弱。当分子间距离为分子本身直径的 4～5 倍时，该引力便减弱到几乎可以忽略不计。根据理论计算，两个三维振子的相互作用可表述为：

$$E=-\frac{1}{r^6}\frac{3x^2}{4}\gamma_0 \tag{16.9}$$

式中，E 为范德瓦耳斯引力能(为距离的函数)，r 为振子平衡点间的距离，x 为极化系数(表征分子极化度)，h 为普朗克常数，γ_0 为电荷分布的特征振动频率。

当两个球形粒子表面距离为球的半径时，它们之间的范德瓦耳斯引力能等于热能。范德瓦耳斯引力与它们距离的 6 次方成反比，当颗粒紧密接触时，对 r 甚小的颗粒，范德瓦耳斯作用便显得十分重要。这种互相作用无法用热运动来克服，在颗粒彼此碰撞过程中，由于范德瓦耳斯作用颗粒可以凝聚成团，使聚结稳定性下降，破坏了磁性流体的特性。为了克服凝聚，削弱静磁作用，可以将磁性微粒用表面活性剂处理，宛如在颗粒上罩上一层单分子层的外衣。表面活性剂的作用在于其极化端被强烈地吸附在颗粒表面，形成溶剂化膜，膜的有效厚度在 1～8nm。由于导入一种熵或位阻斥力克服颗粒在短距离间的吸引，使热运动能量将颗粒维持在分散状态。这样可以进一步避免磁性引力和范德瓦耳斯引力，防止颗粒聚集，可使磁流体成为稳定的胶态体系。通常要求磁性颗粒直径 D 和溶剂化膜厚度 σ 的比值

$\sigma/D>0.20$。

16.3.3　重力场及梯度磁场作用

重力场的作用是促使磁性流体中的颗粒产生沉淀，使微粒浓度按高度分布即上稀下浓。由于浓度差又引起微粒由高浓度向低浓度方向扩散，因此在重力场中微粒的空间分布将处于重力与扩散力动态平衡之中。由此推导得出在重力场中胶体溶液中的粒子浓度梯度为：

$$\frac{\mathrm{d}n}{\mathrm{d}Z}=\pi d^3(\rho-\rho_c)ng/(6kT) \tag{16.10}$$

式中，n 为高度 Z 处单位体积内的胶粒数，d 为胶粒直径，ρ 为胶粒密度，ρ_c 为基液密度，g 为重力加速度。

当磁性流体置于磁场梯度为 $\mathrm{d}H/\mathrm{d}Z$ 的非均匀磁场中时，可用 $M\mathrm{d}H/\mathrm{d}Z$ 代替$(\rho-\rho_c)$g，于是得到：

$$\frac{\mathrm{d}n}{\mathrm{d}Z}=\pi d^3M\frac{\mathrm{d}H}{\mathrm{d}Z}n/(6kT) \tag{16.11}$$

显然微粒直径越小，流体梯度就越低。

当磁性流体在梯度磁场的作用下，被吸向高磁场一侧时，若磁性流体中有非磁性体存在，就会受到指向低磁场强度方向的浮力。因此磁性流体中的非磁性体与阿基米德的浮力一样受到磁浮力。该浮力根据磁场强度和磁流体的磁化的不同有很大区别。其浮力 F 的大小可用下式表示：

$$F=V[(\rho-\rho')g-\overline{M}\Delta H/(4\pi)] \tag{16.12}$$

式中，V 为非磁性体体积，ρ 为非磁性体密度，g 为重力加速度，ΔH 为磁场梯度，ρ'为磁流体的密度，$\overline{M}$ 为磁流体的平均磁化强度。不难看出，当 $F>0$ 时，非磁性体下沉；当 $F<0$ 时，非磁性体上浮；当 $F=0°$时，在磁性流体中浮动。

16.3.4　磁性流体与外磁场相互作用的影响

当磁场施加在磁性流体时，在液体内部产生一个体积力。磁性流体的体积力是由于磁场和每一个胶态微粒所形成的磁偶极矩相互作用而产生的。

管内流动的磁性流体的能量平衡满足并遵从修正的伯努利方程。与一般的伯努利方程相比，它附加一项负的磁能项 $\left(\frac{1}{4\pi}\int_0^H M\mathrm{d}H\right)$。磁能项$\frac{1}{4\pi}\int_0^H M\mathrm{d}H$ 与其他每一项组合，就产生新的流体现象。从修正的伯努利方程式还可看出，磁性流体在磁场中增加了一项与磁化强度、磁场有关的静压力，从而使压力变大。把一个比重大于磁性流体的非磁性物体放在磁性流体内，当把它们放进磁场时，原先沉在底部的物体会“漂浮”到表面上来。也就是说，磁场对磁性流体的压力、密度、离心力等施加影响，并可使其增加或减少。另外，在经受非均匀磁场作用下的磁性流体中，颗粒移动和结构形成是依赖时间的过程，强烈地受到载液黏度、颗粒浓度和空间分布的影响。

综上所述，在磁性流体中，存在着粒子间的磁力吸引、范德瓦耳斯引力、重力场、梯度磁场对磁流体的影响以及磁性流体黏度与外磁场的相互作用等。这些相互作用与影响，导致磁性微粒存在永久性的聚集作用。因此，在实际应用中很难制成长期稳定的磁性流体。尽管已有许多理论探讨评价这方面的问题，但是目前尚未找到对聚集体进行定量分析的好方法和消除聚集体的有效措施。探求能保持长期稳定的磁性流体结构模型和理论分析，仍是摆在我们面前的重要任务。

16.4 磁性液体的分类

磁性液体的种类较多，分类的方法不相同，可按超微磁性粒子的种类、载液类型等进行划分。通常按磁流体中超微磁性粒子类型进行分类。

16.4.1 按超微磁性粒子分类

按磁性颗粒的种类，磁性液体一般分为三类。

1. 铁氧体磁性液体

铁氧体磁性液体是纳米级的铁氧体磁性颗粒（Fe_3O_4、γ-Fe_2O_3）通过界面活性剂分散在载液中形成的胶体体系，也常称作铁酸盐系磁性液体。

2. 金属磁性液体

金属磁性液体是纳米级的金属磁性颗粒（Fe、Co、Ni 或 Fe-Ni、Fe-Co-Ni 等合金）通过界面活性剂分散在载液中形成的胶体体系。

3. 氮化铁磁性液体

氮化铁磁性液体是纳米级的氮化铁磁性颗粒（ε-Fe_3N、γ-Fe_4N 及 Fe_8N）通过界面活性剂分散在载液中形成的胶体体系。

16.4.2 按载液分类

磁性液体根据载液种类可分为水、有机溶剂（庚烷、二甲苯、甲苯、丁酮）、碳氢化合物、合成酯、聚二醇、聚苯醚、氟聚醚、硅碳氢化物、卤化烃、苯乙烯等。

16.5 磁性液体制备方法

磁性液体的制备方法很多，现将具有一定工业规模的方法介绍如下。

16.5.1 铁氧体磁性液体制备方法

1. 化学共沉降法

化学共沉降法是将二价铁盐溶液和三价铁盐溶液按一定的比例混合后，添加碱性溶液（NaOH 或 KOH）进行反应，合成 Fe_3O_4 磁性颗粒，再加入油酸钠溶液，继续加热，Fe_3O_4 表面会生成油酸的两分子吸附层，分散于水溶液中。将 pH 降至 5.5 时，Fe_3O_4 的两分子吸附层变为单分子吸附层，从水溶液分离沉淀。对该单分子层进行水洗，除去钠盐后，再将其适当地分散于溶剂中，制成铁氧体磁性液体。铁氧体磁性液体的饱和磁化强度一般为0.05T。该方法能够获得粒度均匀的纳米级颗粒，且成本低，适合工业化生产。

2. 机械研磨法

（1）球磨法：将 Fe_3O_4 粉末与煤油及油酸按一定比例混合在一起，装入球磨机进行研磨，大约需要5～20个星期，以保证Fe_3O_4粒子达到胶体尺寸，直径在2.5nm至15nm之间，然后用高速离心机除去直径大于25nm的粗大粒子。该法虽然简单，但耗时较长，效率低，费用高，不适合大批量生产。后来有人选用非磁性的方铁矿作为原料，研磨制成胶体溶液，然后再使其变为铁磁性，这样可以缩短约95%的研磨时间。

(2)轴承废渣再加工法：把抛光滚珠用过的废液加热到240℃，用煤油稀释后加热到沸点180℃，然后冷却至室温，用过滤或离心的方法，除去各种杂质得到胶体状的磁性液体。

3. 胶溶法

将Fe^{2+}和Fe^{3+}按物质的量之比1∶2混合后加氨水，合成Fe_3O_4，再将该Fe_3O_4加入含油酸煤油中煮沸时，Fe_3O_4表面吸附油酸，从水相向煤油相转移，生成煤油基磁性液体。

16.5.2 金属磁性液体制备方法

金属磁性材料(Fe、Co、Ni及其合金)的饱和磁化强度远远高于铁氧体，利用它们制备金属磁性液体，其饱和磁化强度较高，在应用上优于铁氧体磁性液体。但金属、合金以及包覆的复合纳米级粉末极容易氧化是金属磁性液体的致命缺点。金属磁性液体有以下几种制备方法。

1. 金属羰基化合物热分解法

在含有表面活性剂的载液中添加羰基金属化合物[$Fe(CO)_5$、$Co_2(CO)_8$、$Ni(CO)_4$或它们的混合物]，置于带有加热装置的密闭容器内，经热分解制成纳米级Fe、Co、Ni或其合金颗粒，这些颗粒经表面活性剂包覆后均匀、稳定地分散在载液中成为金属磁性液体。再将含有表面活性剂的载液放入热解炉内用N_2或Ar将有机金属络合物载入混合罐内，稀释后导入热解炉内，经热分解制成纳米级Fe、Co、Ni或其合金颗粒，这些颗粒经表面活性剂包覆后，均匀、稳定地分散在载液中成为金属磁性液体。该法工艺简单、能耗低，可制备高饱和磁化强度的磁性液体。

2. 等离子化学气相沉积(chemical vapor deposition, CVD)法

在反应容器底部旋转溶入表面活性剂的载液，并使容器保持在0.133Pa的低压状态。把能汽化分解后获得铁磁性金属颗粒的有机金属化合物作为原料，并使之气化，与H_2、N_2或Ar或者它们的混合气体混合后导入反应容器内，在直流电场、高频电场、微波或激光的作用下产生低温等离子体。在该等离子体的作用下使气化的有机金属化合物分解生成金属原子或者金属原子团，它们在向容器底部流动的过程中碰撞长大成纳米级金属颗粒，经搅拌后，这些金属颗粒被表面活性剂包覆后分散在载液中成为金属磁性液体。例如，用含NH_3的混合气体可制备氮化铁磁性液体，采用含O_2的混合气体可制备金属氧化物磁性液体。该法制备的磁性颗粒粒径分布较宽，制备装置复杂。

3. 真空蒸发冷凝法

在旋转的真空滚筒的底部放入含有表面活性剂的载液，随着滚筒的旋转，在其内表面上形成一液体膜。将置于滚筒中心部位的铁磁性金属加入，使之蒸发。冷凝后的粒径在2nm至10nm之间的铁磁性颗粒被液体膜捕捉，随着滚筒的旋转进入载液内。滚筒继续旋转，由底部提供新的液体膜，如此反复制备成金属磁性液体。该方法制备的磁性液体分散性好，粒度较为均匀，但其稳定性差，所需的设备也较为复杂。

另外还有电解沉积法、气相还原法、水溶液还原法等可以用来制备金属磁性液体。

16.5.3 氮化铁磁性液体制备方法

在 Fe-N 系化合物中，采用 Fe 元素与 N 元素的不同比例，可生成一系列的铁氮化合物，如 FeN、Fe_2N、ε-Fe_3N、γ-Fe_4N、$Fe_{16}N_2$ 等。Fe-N 系化合物在常温下为稳定相。作为近些年来发展起来的磁性材料，有着广泛的应用前景，在磁记录介质、磁性液体、微波吸收材料等方面具有实际应用价值。它的高饱和磁化强度、高矫顽力和比金属磁粉更好的稳定性是非常难得的。利用纳米级 ε-Fe_3N 颗粒制备的氮化铁磁性液体不但具有优良的磁性能，而且具有稳定的化学性能。氮化铁磁性液体是当前研究的热门课题。

1. 热分解法

其制备工艺和制取金属磁性液体大体相同。在制取磁性液体时通入适量的 NH_3，使之与 $Fe(CO)_5$ 反应生成不稳定的中间化合物或在 $Fe(CO)_5$ 受热分解后生成的纳米级铁粉的催化作用下使 NH_3 裂解产生原子氮。其反应如下：

$$Fe(CO)_5 = Fe + 5CO\uparrow$$

$$NH_3 \xrightarrow{\text{Fe 催化}} N + 3H$$

$$3Fe + N = \varepsilon\text{-}Fe_3N$$

生成的 ε-Fe_3N 化合物，按气相结晶的热力学条件进行形核、长大，形成相应的纳米级颗粒。这些氮化铁颗粒经表面活性剂包覆后均匀分散在载液中成为氮化铁磁性液体。该方法可以制备高饱和磁化强度的磁性液体。

2. 等离子 CVD 法

该方法是将 $Fe(CO)_5$ 蒸气与 Ar 和 N_2 的混合气体导入反应器内，同时用真空泵抽气使容器内的压力保持在 100Pa 左右。利用直流电场、高频电场或激光的作用产生低温氮等离子，在该等离子体作用下使 $Fe(CO)_5$ 分解成 Fe 原子并与等离子内活化的氮反应生成 Fe_xN 颗粒。由于在容器底部放置了含有表面活性剂的载液，当容器旋转时，容器内壁形成的液膜即可将反应生成的 Fe_xN 颗粒收集，最终生成氮化铁磁性液体。该法制备的磁性颗粒粒径分布较宽，导致磁性液体的饱和磁化强度相对较低。另外，$Fe(CO)_5$ 具有一定的毒性，需要一定的防护措施。

3. 羰基金属分解法

羰基金属分解法的制备工艺和制取金属磁性液体大体相似，即在制取磁性液体时通入适量的 NH_3，使之与 $Fe(CO)_5$ 反应生成不稳定的中间化合物或在 $Fe(CO)_5$ 受热分解后生成的纳米级铁粉的催化作用下使 NH_3 裂解产生原子氮。前者经一系列反应直接生成氮化铁，后者则直接和纳米级铁粉化合生成氮化铁。这些氮化铁颗粒经表面活性剂包覆后均匀分散在载液中成为氮化铁磁性液体。该法可制备高饱和磁化强度的磁性液体，其缺点同等离子 CVD 法相似，具有毒性，需要防护。

此外，氮化铁磁性液体的制备方法还有气相-液相反应法、等离子体活化法。

16.6 磁性液体应用

磁性液体最显著的特点是把液体特性与磁性特性有机结合起来。正是由于磁性液体具有独到的特性，人们利用这种特性加以应用。磁性液体在应用上的工作原理如下：

（1）通过磁场改变并利用磁性液体的物性；

（2）随着不同磁场或分布的形成，把一定量的磁性液体保持在任意位置或者使物体悬浮；

（3）通过磁场控制磁性液体的运动。

由于各个工作原理相互关联，所以应用时很少单独运用上述工作原理。以各自工作原理为主分类，其应用范围见表16.4。

表16.4　磁性液体的基本工作原理和应用范围

基本工作原理	被利用的性质	功能	应用
物性变化	磁性	由温度引起的磁变化	温度的计量和控制
		确认位置	液面计、测厚仪
		页面变形	水平仪、电流表
		内压变化	压力传感器、流量传感器
	磁光效应	光变化	磁力传感器、光学快门（相机）
保持作用	磁力	密封	轴、管密封，压力传感器
		可视化	法磁畴检测，磁盘、磁带检测；探伤
	热传导	散热	扬声器、驱动器
	黏性、磁力	润滑	轴承
		阻尼	旋转阻尼、阻尼测量器、扬声器
		负载保持	加速度计、阻尼器、研磨、比重计、选矿、轴承等
流体运动	磁力、流动性	制导	油水分离、造影剂、治癌剂
	磁力	流体驱动	泵、液压变速装置
		液滴变形	传感器、传动器
	磁力、热传导	热交换	能量变换、热泵、热导管、变压器、磁制冷、MHD发电
	流动性	位置控制	显示器
		薄膜变形	界面层控制装置

16.6.1　磁液密封

磁性液体密封是近年来出现的非接触性密封新技术。如图16.6所示，该密封由两个环形磁极和夹于磁极之间的环形永磁体及旋转轴组成。在磁极和旋转轴之间的间隙内注入磁性液体。由永磁铁、磁极和旋转轴构成的磁路使磁性液体被牢牢地吸在间隙中，形成一磁性液体"O"形环，将间隙堵住，起到防尘密封作用或阻止介质由高压侧向低压侧泄漏而达到密封。它可以封气、封水、封油、封尘、封烟雾等，是防止污染物通过的有效屏障。

磁液密封兼有接触式和非接触式密封的特点：在允许的压差范围内，能实现完全无泄漏，对易燃、易爆、剧毒和剧腐蚀性介质的密封尤其有效，在真空密封中，真空度可达1.33×

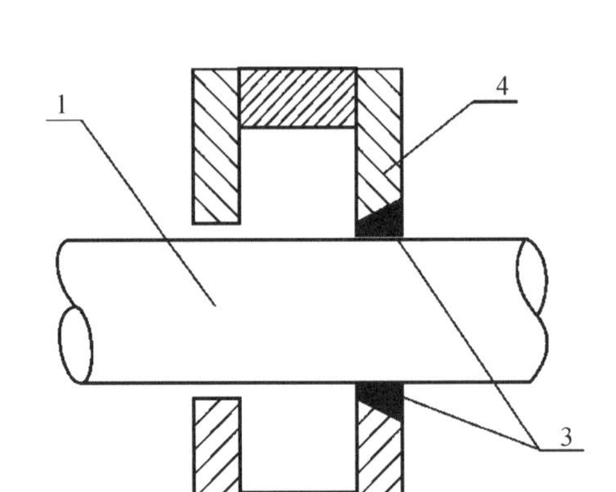

1—导磁性旋转轴；2—圆筒形永磁铁；3—磁液；4—磁极。

图 16.6 磁性液体轴向密封

10^{-6} Pa；适用转速范围广，轴的旋转速度从静止到低速、高速，都具有相同的密封效果，轴的最高转速可达 120000r/min，最高线速度达 30m/s；属于非接触式密封，无摩擦、磨损等问题，对轴的跳动、偏心和表面光洁度要求不严，整个密封结构寿命长，易于维护；磁液密封无方向性，瞬间过压，在压力回复时，磁液可自动复位；磁液密封结构的控制和辅助系统简单，磁液密封的同时又有润滑作用，因此无须外加润滑系统。

由于磁性液体本身具有独特密封结构与性能，因而广泛地应用于多个领域。磁液密封技术在动态密封方面，主要用于半导体加工业、光纤器件、X 射线仪、激光管、质谱仪、高温真空冶金炉、晶体生长设备和宇航电子设备等。在隔绝密封方面，主要用于保护精密机械、仪器、仪表，以免受环境污染。

与机械密封相比较，磁液密封有许多优点，但也有一定的适用范围。被密封介质应是气、液态或粉尘等。若介质为固态或固液混合态，均会破坏“O”形环，使密封失效。磁液的工作温度范围以−20～120℃为宜。温度过低，磁液可能凝固；温度太高，永久磁铁磁性减弱甚至消失，磁液迅速挥发，破坏其稳定性。

16.6.2 磁性液体研磨

随着精密机械的高性能化，对于构成精密机械的零件及电子零件、光学零件的几何精度要求越来越高。另外对于各种超硬材料的精细加工也提出了很高的要求。近年来采用磁性液体研磨对上述各种零件进行精加工达到了比较理想的地步，此举对高技术发展有着重要的意义。

该方法是在水或者油基磁性液体中混入粒度为数微米到数百微米的磨料，通过磁力作用使磨料强制研磨加工件的表面。由于加工件在研磨过程中自身可以旋转，不管加工面是平面还是曲面均能同时研磨。

16.6.3 磁性液体阻尼

磁性液体阻尼主要用以加大振动阻尼、减小共振、改善频率特征等。其原理是当外面的非磁性壳体旋转速度有变化时，产生内部的磁极包括磁铁和外部壳体的转动速度差，在外磁场的作用下，使具有一定黏度和磁饱和强度的磁性液体产生剪切力，这一剪切力带动磁极转动，直到消除与外壳的转动速度差为止。磁性液体的阻尼作用可以减小转动速度变化时的输出速度振荡，其特点是无机械磨损、低频小幅、外加磁场的大小可以控制阻尼的大小等，目前已在步进电机、伺服电机等领域广泛使用。

16.6.4 磁性液体润滑

磁性液体润滑是将纳米磁颗粒分散到润滑油中来实现的，这里润滑油作为磁性液体的载液。常用的润滑油（即载液）有双酯类和烷基萘类。当磁性液体加入摩擦副中时，由于内含的纳米颗粒尺寸比表面粗糙度小得多，不会引起摩擦副的磨损，而载液在摩擦副中可以起到与普通润滑油相同的润滑作用。除此以外，纳米颗粒的表面改性功能可以显著改善润滑油的悬浮稳定性，提高抗磨、减磨性能；磁性纳米颗粒还可以在磁场的作用下控制润滑位置，完全消除润滑剂的泄露，使摩擦区的状态稳定；此外，通过合理的磁场梯度设计，还可以增加磁悬浮力，提高轴承等的承载能力。磁性液体还具有很好的热传导性，可以将摩擦副产生的热量很快传出，从而降低摩擦副的温度，改善润滑条件。

近年来，磁性液体润滑已经有了很多方面的应用，比如大型设备和高精度高转速转动轴的轴承的润滑、计算机硬盘驱动器的润滑、机器人和精密仪器关节的润滑、齿轮箱的传动齿轮的润滑等，这些都大大地提高了设备或部件的使用寿命。

16.6.5 磁性液体在扬声器上的应用

由于近代音响向高品质、高性能、数字化、微型化等方向发展，应提高扬声器的动态范围和最大声压水平，以满足音响系统高水平的需要，为此必须提高扬声器的输入功率。输入功率的增大，会使音圈的温度相应上升，当超过允许值时音圈会产生热破坏。在扬声器空气隙内的音圈周围注入磁性液体可以改善音圈的散热条件。还可使音圈自动定位，提高扬声器的承受功率，改善频率响应，减少失真等。

采用注入磁性液体的高音扬声器、低音扬声器、汽车音响用扬声器均已商品化。

16.6.6 磁性液体在潜艇推进器上的应用

螺旋桨是潜艇噪声中最主要的噪声源。各国潜艇设计者千方百计改进螺旋桨的结构，来延缓和控制螺旋桨在高速推进时产生空化噪声，但收效甚微。用磁性液体推进器代替螺旋桨推进器能大幅度降低潜艇噪声，即使在高速推进时也能保持安静地航行。推进器的外套由钛合金制成，内壁装有具有高弹性、高韧性的橡胶套，在橡胶套内充有高饱和磁化强度的磁性液体，并在橡胶套外装有一组环形激磁线圈。当电流通过激磁线圈形成脉冲电磁场时，磁性液体在脉冲场作用下产生行进波，使橡胶套内壁不断"蠕动"，迫使海水从套筒前端吸入且得到加速，并以高速从后端喷出。

16.6.7 磁性液体在生物医学方面的应用

磁性液体在生物医学方面的应用曾进行过两种尝试。一是将药物混在磁性液体中制成乳剂注入血管中。在外加磁场的作用下将该乳剂移送到病灶部位进行治疗。二是用磁性液体做胃肠的X射线造影时的造影剂，然后在外加磁场的作用下进行胃肠的检查。

新近开发了一种除掉血液中特殊细胞的处理技术。对血液做化学处理使生物细胞粘覆超微磁性颗粒，从而使红血球磁化。然后，在强磁场梯度的作用下分离出红血球而将特殊细胞(肿瘤、白血病的细胞)除掉。该技术在人体骨髓移植方面将具有广阔的应用前景。

16.6.8 磁性液体在分离技术方面的应用

目前磁性液体已成功地用于比重法分离。其原理是把两种密度不同的需要分离的非磁性材料放入磁性液体中。然后在外加磁场的作用下使磁性液体的密度为上述两种物质密度的平均值时，一种物质下沉，而另一种浮起，达到分离回收的目的。

习 题

16-1 什么是磁性液体？与传统意义上的固态磁性材料相比，磁液有何特性？

16-2 磁性液体的常见种类有哪些？

16-3 磁性液体有哪些实际应用？

第16章拓展练习

参考文献

[1] GUTOWSKY H S, MCCALL D W. Slichter c p. nuclear magnetic resonance multiplets in liquids[J]. Journal of Chemical Physics, 1953, 21(2): 279-292.

[2] HUBBARD P S. Theory of nuclear magnetic relaxation by spin-rotational interactions in liquids[J]. Physical Review, 1963, 131(3): 1155-1165.

[3] MASSART R. Preparation of aqueous magnetic liquids in alkaline and acidic media[J]. IEEE Transactions on Magnetics, 1981, 17(2): 1247-1224.

[4] GIBBONS W M, SHANNON P J, SUN S T, et al. Surface-mediated alignment of nematic liquid-crystals with polarized laser-light[J]. Nature, 1991, 351 (6321): 49-50.

[5] JAEGER H M, NAGEL S R. Physics of the granular state[J]. Science, 1992, 255(5051): 1523-1531.

[6] ALBERT M S, CATES G D, DRIEHUYS B, et al. Biological magnetic-resonance-imaging using laser polarized xe-129[J]. Nature, 1994, 370(6486): 199-201.

[7] 过壁君，冯则坤，邓龙江. 磁性薄膜与磁性粉体[M]. 成都：电子科技大学出版社，1994.

[8] GREER A L. Metallic glasses[J]. Science, 1995, 267(5206): 1947-1953.

[9] TJANDRA N, BAX A. Direct measurement of distances and angles in biomolecules by NMR in a dilute liquid crystalline medium[J]. Science, 1997, 278(5340): 1111-1114.

[10] ASEFA T, MACLACHLAN M J, COOMBS N, et al. Periodic mesoporous organosilicas with organic groups inside the channel walls[J]. Nature, 1999, 402(6764): 867-871.

[11] VANDERSYPEN L M K, STEFFEN M, BREYTA G, et al. Experimental realization of Shor's quantum factoring algorithm using nuclear magnetic resonance[J]. Nature, 2001, 414(6866): 883-887.

[12] SHIMIZU Y, MIYAGAWA K, KANODA K, et al. Spin liquid state in an organic Mott insulator with a triangular lattice[J]. Physical Review Letters, 2003, 91(10): 4.

[13] WANG X, ZHUANG J, PENG Q, et al. A general strategy for nanocrystal synthesis[J]. Nature, 2005, 437(7055): 121-124.

[14] BIGIONI T P, LIN X M, NGUYEN T T, et al. Kinetically driven self assembly of highly ordered nanoparticle monolayers[J]. Nature Materials, 2006, 5(4): 265-270.

[15] 吕建强.纳米磁性液体制备及性能研究[D].北京:北京交通大学,2007.

[16] GEGENWART P, SI Q, STEGLICH F. Quantum criticality in heavy-fermion metals[J]. Nature Physics, 2008, 4(3): 186-197.

[17] 洪若瑜.磁性纳米粒和磁性流体制备与应用[M].北京:化学工业出版社,2009.

[18] 李学慧.纳米磁性液体制备、性能及其应用 preparation, performance and application[M]. 北京: 科学出版社, 2009.

[19] BALENTS L. Spin liquids in frustrated magnets[J]. Nature, 2010, 464(7286): 199-208.

[20] 李德才.磁性液体密封理论及应用[M].北京:科学出版社,2010.

[21] 王安蓉,许刚,舒纯军.磁性液体及其应用[M].成都:西南交通大学出版社,2010.

[22] WAN X G, TURNER A M, VISHWANATH A, et al. Topological semimetal and Fermi-arc surface states in the electronic structure of pyrochlore iridates[J]. Physical Review B, 2011, 83(20): 9.

[23] 池长青.铁磁流体的物理学基础和应用[M].北京:北京航空航天大学出版社,2011.

[24] 张猛.共沉淀法制备磁性液体用 Fe_3O_4 磁性纳米颗粒[D].北京:北京交通大学,2011.

[25] NICOLOSI V, CHHOWALLA M, KANATZIDIS M G, et al. Liquid exfoliation of layered materials[J]. Science, 2013, 340(6139): 1420.

[26] 陈剑峰.用于磁性液体的铁氮化合物的制备[D].北京:北京工业大学,2015.

[27] 陈立钢.磁性纳米复合材料的制备与应用[M].北京:科学出版社,2016.

[28] 李德才.神奇的磁性液体[M].北京:科学出版社,2016.

[29] 杨春成.磁性液体的磁性及磁粘性质研究[D].济南:山东大学,2016.

[30] 张静.磁性流体在外磁场下的动力学研究[M].北京:中国水利水电出版社,2016.

[31] 裴雷.磁性液体力学性能与机理的数值模拟研究[D].合肥:中国科学技术大

学,2020.

[32] 杨亚玲,李小兰.磁性纳米材料及磁固相微萃取技术[M].北京:化学工业出版社,2020.

[33] 郭佳硕.高速磁性液体密封结构优化设计与实验研究[D].北京:北京交通大学,2021.

[34] 杨璐.磁性液体流变特性及其对旋转密封阻力矩的影响研究[D].北京:北京交通大学,2022.

[35] CHEN R, QIAO X, LIU F. Ionic liquid-based magnetic nanoparticles for magnetic dispersive solid-phase extraction: A review[J]. Analytica Chimica Acta, 2022, 1201: 339632.

[36] 王荣明,岳明.低维磁性材料[M].北京:科学出版社,2022.

第17章 磁致伸缩材料

自然界中的所有物质都具有磁致伸缩特性。不同物质的磁致伸缩大小和方向各不相同。有些材料的饱和磁致伸缩系数 λ_S 是正值，表示材料被磁化时尺寸伸长；有些材料的饱和磁致伸缩系数 λ_S 是负值，表示材料被磁化时尺寸缩短。大多数物质的磁致伸缩系数较小，甚至部分物质的磁致伸缩无法被现有仪器检测。部分物质的磁致伸缩系数较大，可以用来制作换能器件。通常我们把饱和磁致伸缩系数 λ_S 大于 $\pm 40\times10^{-6}$ 的材料称为磁致伸缩材料。

17.1 磁致伸缩材料概述

磁致伸缩现象是在19世纪80年代发现的。大部分材料的磁致伸缩系数只有 10^{-6} 数量级，仅相当于热膨胀系数，所以一直难以实用化。直到20世纪30年代，人们发现Ni的饱和磁致伸缩系数 λ_S 约为 -40×10^{-6}，磁致伸缩材料才得到实用化。Ni是最早得到应用的磁致伸缩材料，第二次世界大战期间美军用它来制造声呐水声换能器。随后，Fe-Co-V合金也被发现具有相似的磁致伸缩性能（$\lambda_S=70\times10^{-6}$）和综合性能，和Ni一起得到广泛的应用。

20世纪60年代发现稀土金属Tb和Dy在低温下的磁致伸缩系数分别为 8700×10^{-6}（-184℃）和 8800×10^{-6}（-53℃）。这一结果令人振奋。接下来通过对重稀土金属铽(Tb)和镝(Dy)与磁性过渡族金属铁、钴、镍的合金化，提高材料的居里温度，使在极低温度下才能发生的磁致伸缩在室温下也能发生，并发现了具有立方Laves相结构的 $TbFe_2$、$DyFe_2$ 等二元稀土铁化合物，其室温下的磁致伸缩值达 2600×10^{-6} 以上，居里温度也远高于室温。其中，$TbFe_2$ 的 K_1 是负值，$DyFe_2$ 的 K_1 是正值。但是，它们的饱和磁场很大，这限制了其应用。该类材料的磁致伸缩值比传统材料磁致伸缩值要大几百倍，因此称为超磁致伸缩材料。

20世纪70年代，Clark等发现将 $TbFe_2$、$DyFe_2$ 等两种化合物混合制成复合稀土化合物时，它们的磁晶各向异性常数 K_1 可以互相抵消，成功发现了三元稀土过渡族金属间化合物 $Tb_{0.27}Dy_{0.73}Fe_2$ 合金。它具有超过 1000×10^{-6} 的大磁致伸缩系数、居里温度高、磁晶各向异性能小、饱和时所需的磁场强度大大降低（小于0.3 T）等优点。该材料迅速实用化，并被命名为Terfenol-D。Terfenol-D的发现给稀土磁致伸缩材料带来突破性的进展。Terfenol-D材料也存在一定缺点：该材料具有 $MgCu_2$ 型结构，脆性大，抗拉强度低，塑性变形差。这也使其应用受到很大限制。

20世纪90年代末，研究发现在Fe中加入Ga可使材料的磁致伸缩性能显著提高。

Fe-Ga合金在[100]方向的饱和磁致伸缩系数 λ_S 可达 400×10^{-6}，饱和磁化场很低，约为16kA/m，具有良好的强度、塑性和可加工性，引起了研究人员的广泛关注。

同样在90年代末，在Ni-Mn-Ga合金中发现了0.2%的磁场诱发应变，并且经十余年的发展，在马氏体相呈现调制结构的单晶Ni-Mn-Ga合金中已经获得了9.5%的磁致应变。虽然与传统的磁致伸缩材料不同，但Ni-Mn-Ga铁磁形状记忆合金仍属于磁致伸缩材料。

目前超磁致伸缩材料已经实用化。从实用角度来看，磁致伸缩材料应具备以下特性：

① 变位量和产生的应力大；

② 响应速度快；

③ 软磁性；

④ 可在低磁场下驱动；

⑤ 居里温度高；

⑥ 在使用气氛中磁致伸缩特性对温度的变化不敏感；

⑦ 高可靠性；

⑧ 环保性优良，兼备市场竞争力。

17.2 稀土超磁致伸缩材料

17.2.1 超磁致伸缩材料种类

到目前为止，已发现的超磁致伸缩材料主要有以下几类。

1. 稀土金属

稀土金属，特别是重稀土金属在低温下具有很大的磁致伸缩，在0K和77K下达 $10^{-3}\sim10^{-2}$ 的量级。由于稀土原子的电子云呈各向异性的椭球状，当施加外磁场时，随自旋磁矩的转动，轨道磁矩也要发生转动，它的转动使稀土金属产生较大的磁致伸缩。但稀土金属的居里温度较低，在室温下不能直接应用。近年来，低温工程的发展，使这种材料的应用成为可能，人们对其又产生了新的兴趣。几种稀土金属的磁致伸缩和居里温度如表17.1所示。

表17.1 几种稀土金属的磁致伸缩和居里温度

稀土金属	结构	$\lambda_S/10^{-6}$	测量温度/K	T_C/K	轴向压力/MPa
Tb	Hcp	1230	78	219.5	—
Dy	Hcp	1400	78	89.5	—
$Tb_{0.5}Dy_{0.5}$	Hcp	5300(单晶，b-轴)	77	—	4.89
$Tb_{0.6}Dy_{0.4}$	Hcp	6400(单晶，b-轴)	77	—	7.4
		6300(单晶，b-轴)	77	—	4.4
$Tb_{0.67}Dy_{0.33}$	Hcp	5750(单晶，b-轴)	77	—	8.1

2. 稀土-过渡金属间化合物

为了解决稀土金属居里温度低的问题，1969年，Callen根据过渡金属电子云的特征，提出稀土-过渡金属形成的化合物将具有较高的居里温度 T_C，可高达500～700K。这一想法在 1971 年得到了验证。之后，人们发现具有 1∶1、1∶2、1∶3、6∶23、2∶17 型的许多化合物具有超磁致伸缩现象，如表 17.2 所示。

表 17.2　稀土-过渡族金属化合物的磁致伸缩系数和居里温度

化合物	结构	$\lambda_S/10^{-6}$	测量温度/K	T_C/K
TbZn	CsCl	5400(单晶 λ_{100})	77	210
		2000(多晶)	77	—
$SmFe_2$	$MgCu_2$	−1560	室温	676～700
$PrFe_2$(含杂相)	$MgCu_2$	1000	室温	500
$TbFe_2$	$MgCu_2$	1763	室温	696～700
$TbNi_{0.4}Fe_{1.6}$	$MgCu_2$	1151	室温	—
$TbCo_{0.4}Fe_{1.6}$	$MgCu_2$	1487	室温	—
$DyFe_2$	$MgCu_2$	433	室温	633～638
$ErFe_2$	$MgCu_2$	299	室温	590～595
$SmFe_3$	$PuNi_3$	−211	室温	650～651
$TbFe_3$	$PuNi_3$	693	室温	648～655
$DyFe_3$	$PuNi_3$	352	室温	600～612
Tb_6Fe_{23}	Th_6Mn_{23}	840	室温	—
Dy_6Fe_{23}	Th_6Mn_{23}	330	室温	545
Pr_2Co_{17}	Th_2Zn_{17}	336	室温	1160～1200
$PrAl_2$	$MgCu_2$	2500	4.2	—
$SmAl_2$	$MgCu_2$	>500	4.2	—
$HoFe_2$	$MgCu_2$	80	室温	—
$HoFe_3$	$PuNi_3$	57	室温	—

室温下各种多晶 $REFe_2$ 化合物的磁致伸缩($\lambda_{/\!/}-\lambda_{\perp}$)随外加磁场 H 的变化曲线如图 17.1所示。其中，$\lambda_{/\!/}$ 和 $\lambda_{\perp}$ 分别表示平行和垂直于外加磁场方向的磁致伸缩值。对于各向同性的晶体，$\lambda_{/\!/}-\lambda_{\perp}=\frac{3}{2}\lambda_S$。当 RE 为 Tb、Dy 和 Ho 时，$\lambda_{/\!/}-\lambda_{\perp}$ 为正，表示这些化合物在磁场作用下伸长；而当 RE 为 Sm、Er 和 Tm 时，$\lambda_{/\!/}-\lambda_{\perp}$ 为负，表示这些化合物在磁场作用下收缩。如图 17.1 中曲线所示，$TbFe_2$、$SmFe_2$ 和 $DyFe_2$ 是最有前途的磁致伸缩材料。其中，尤其以 $TbFe_2$ 的磁致伸缩应变最大，甚至在 1989kA/m 的大磁场下都没有达到饱和。元素 Dy 和 Tb 的磁致伸缩相似；然而 $DyFe_2$ 的磁致伸缩却比 $TbFe_2$ 小很多，而且随磁场的增加缓

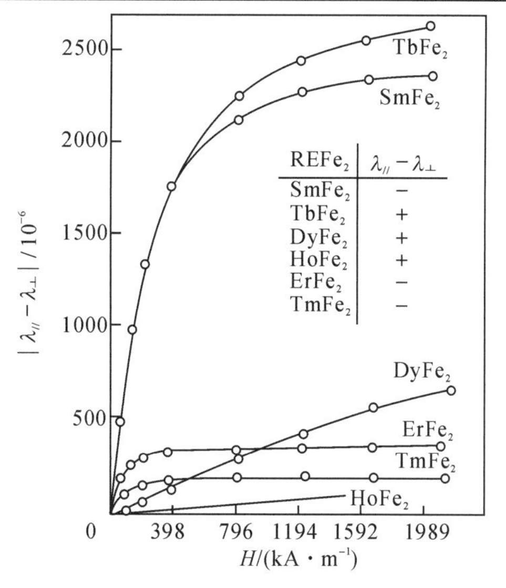

图 17.1　室温下多晶 $REFe_2$ 化合物的磁致伸缩曲线

慢增加。在常规磁场条件下，室温时 $DyFe_2$ 的磁致伸缩没有达到饱和，而其余的 $REFe_2$ 的磁致伸缩却很快达到饱和。

$REFe_2$ 材料不仅磁致伸缩应变大，而且居里温度也较高。但 $REFe_2$ 合金的磁晶各向异性能很高，各向异性常数达到 $10^6 J/m^3$ 数量级，使用时需要强磁场及大型电磁铁，因此实际应用存在一定的困难。为了能在低磁场下达到超磁致伸缩效果，人们将不同的 $REFe_2$ 合金相混合，开发出实用的超磁致伸缩合金。$REFe_2$ 的各向异性常数有正有负，于是利用符号相反的 $REFe_2$ 相互补偿，可以获取较低磁晶各向异性能的磁致伸缩材料。表 17.3 中给出了几种 $REFe_2$ 合金的磁晶各向异性常数和磁致伸缩系数的正负性。

表 17.3　几种 $REFe_2$ 合金的磁晶各向异性常数和磁致伸缩系数的正负性

参数	合金		
	$TbFe_2$	$DyFe_2$	$HoFe_2$
λ_S	+	+	+
K_1	−	+	+
K_2	+	−	−

根据表 17.3，如能将 $TbFe_2$、$DyFe_2$、$HoFe_2$ 适当地组合起来，就可能制成磁致伸缩系数为正，磁晶各向异性常数接近于零的合金。经正负补偿后的 Terfenol-D 三元合金的磁晶各向异性常数接近于零，如表 17.4 所示。被称为 Terfenol-D 的 Tb-Dy-Fe 合金具有非常出色的磁致伸缩特性，将在下一节详细介绍。

表 17.4　$REFe_2$ 型金属间化合物的磁晶各向异性常数

$REFe_2$	$TbFe_2$	$DyFe_2$	$HoFe_2$	$ErFe_2$	$TmFe_2$	$Tb_{0.27}Dy_{0.73}Fe_2$
$K_1/10^4 J\cdot m^{-3}$	−760	210	55～58	−33	−5.3	−0.64

3. 非晶薄膜合金

近年来，许多研究者采用溅射方法制备稀土-过渡金属非晶薄膜，并对薄膜的结构和磁致伸缩进行了研究。发现非晶薄膜具有良好的软磁性能，其在低磁场下的磁致伸缩显著提高，这对于磁致伸缩材料的实际应用具有重要意义。

4. 稀土氧化物

发现稀土金属具有巨大的磁致伸缩以后，人们想到稀土金属的氧化物也可以产生类似的磁致伸缩效应。研究表明，一些稀土金属氧化物在低温下具有很大的磁致伸缩，如 $Tb_3Fe_5O_{12}$ 在 4.2K 时，磁致伸缩系数(λ_{111})为 2460×10^{-6}，在 78K 时为 560×10^{-6}。

17.2.2　Tb-Dy-Fe 超磁致伸缩材料

Tb-Dy-Fe 合金和 $REFe_2$ 具有相同的晶体结构。$REFe_2$ 的晶体结构为 Laves 相，Laves 相中有三种不同的结构类型，即 $MgCu_2$（立方晶）、$MgZn_2$（六方晶）、$MgNi_2$（复合六方晶），而 $TbFe_2$ 和 $DyFe_2$ 属于 $MgCu_2$ 结构。图 17.2 为稀土-铁化合物 $MgCu_2$ 型结构的一个晶胞，稀土原子占据 Mg 的位置，具有四面体对称结构，铁原子占据 Cu 的位置。稀土原子构成金刚石结构，其在面心立方结构的基础上还有 4 个稀土原子占据 8 个小立方单元中的 4

个，如图 17.2(b)所示，与 A 原子近邻的 4 个面心原子 B、C、D、E 构成正四面体，将 A 原子围于中心；Fe 原子以四面体为单元填于金刚石结构的另外 4 个小立方单元中，构成如图 17.2(a)所示的 $REFe_2$ 结构。

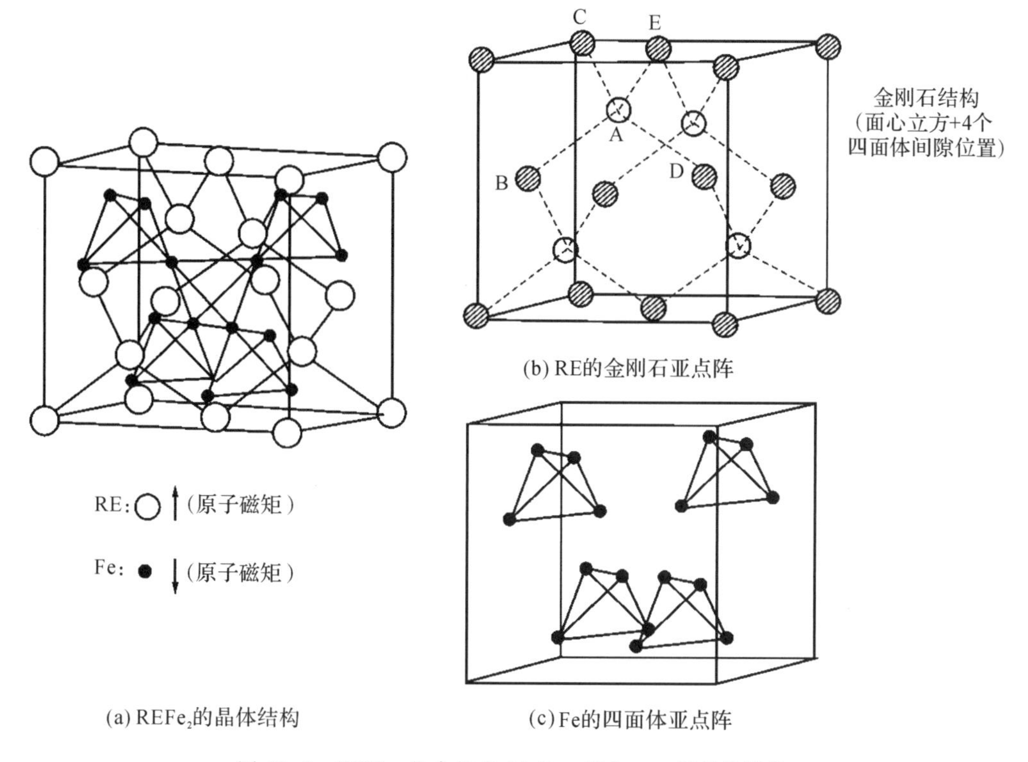

图 17.2　$REFe_2$ 化合物的 $MgCu_2$ 型 Laves 相晶体结构

稀土-铁化合物随着成分、组元的变化及温度的改变，会产生自旋再取向，易磁化轴方向也会发生变化。化合物 $GdFe_2$、$DyFe_2$ 和 $HoFe_2$ 的易磁化方向为[100]，其他大部分 $REFe_2$ 化合物的易磁化方向都是[111]。$Tb_{1-x}Dy_xFe_2$ 和 $Tb_{1-x}Ho_xFe_2$ 等三元化合物的易磁化方向随着 x 的增加而由[111]向[100]转变，并且随着温度的降低，发生转变的 x 值减小。根据用穆斯堡尔谱方法测定的 $Tb_{1-x}Dy_xFe_2$ 自旋再取向温度的成分关系曲线，$Tb_{0.3}Dy_{0.7}Fe_2$ 易磁化方向的转变发生在 240K，$Tb_{0.27}Dy_{0.73}Fe_2$ 的转变发生在 285K，在更低的温度下(23K)又转变为[110]方向。

$REFe_2$ 易磁化方向在不同温度下的转变将会影响材料在相应温度下的使用性能。因此，在设计应用器件时，必须采用该使用温度下所测量的材料参数和性能。$Tb_{0.35}Dy_{0.65}Fe_{1.95}$ 合金可在 223～393K 的温度范围内工作，$Tb_{0.3}Dy_{0.7}Fe_{1.95}$ 合金工作温度范围为 273～393K，$Tb_{0.27}Dy_{0.73}Fe_{1.95}$ 合金只能在 293～373K 的温度范围内应用。

$Tb_{0.27}Dy_{0.73}Fe_2$ 单晶的磁致伸缩具有显著的各向异性，$\lambda_{111}=1640\times10^{-6}$，$\lambda_{110}\leqslant100\times10^{-6}$。这说明只要制成[111]取向的大单晶或者[111]定向凝固的多晶体，就可获得 λ_S 很高的超磁致伸缩材料。遗憾的是，商品化的[111]取向的定向凝固多晶体产品很难得到，大多数的产品都是[112]取向的定向凝固晶体。

$Tb_xDy_{1-x}Fe_{2-y}$ 合金中，室温下的磁致伸缩随稀土和铁含量的变化而改变。对于 $Tb_{0.27}$

$Dy_{0.73}Fe_{2-y}$合金，在 $y=0.15$ 和 $y=0.025$ 处各出现一个磁致伸缩峰值；对于 $Tb_xDy_{1-x}Fe_2$ 合金，当 $x=0.7$ 时，磁致伸缩也出现一个峰值，表明该成分的合金具有很低的磁各向异性。

Mn、Co 或 Ni 部分置换材料中的 Fe，并改变合金中 Tb 和 Dy 的比例，可以获得一系列性能优良的超磁致伸缩合金品种。如日本 TOSHIBA 研制的 $Tb_xDy_{1-x}(Fe_{1-y}Mn_y)_2$ 系，用反铁磁性的 Mn 部分取代 Fe 后，显示出优异的磁致伸缩特性。

稀土-铁合金外加预应力时，磁性体会发生变形，磁化和磁各向异性发生变化，可获得更理想的磁畴排列，从而提高磁致伸缩特性。在磁场作用下，会产生磁致伸缩的跃变效应。跃变效应与合金取向度有关，取向度高(如单晶)的合金最易发生跃变效应。磁致伸缩跃变效应的机理是：无外磁场时，磁畴在外压力作用下，沿[111]优先排列，当有外磁场时，磁畴发生大部分的突然转向，产生强制的磁致伸缩跃变。

Terfenol-D 和其他磁或电致伸缩材料的比较见表 17.5。

表 17.5 Terfenol-D、纯镍、PZT 的部分性能参数

性能	Terfenol-D	纯 Ni	PZT-4	PZT-8
居里温度/K	653 ± 40	354	300	300
饱和应变/10^{-6}	1500 ~ 2000	−40	400	250
机电耦合系数 K_{33}	0.6 ~ 0.85	0.16 ~ 0.25	0.68	0.5 ~ 0.6
能量密度/(kJ · m^{-3})	14 ~ 25	0.03	0.96	2.5
响应时间	μs	—	ms	ms
声速/(m · s^{-1})	1640 ~ 1940	4900	4150	4500
杨氏模量/GPa	10 ~ 75	206	113	110
输出压力/(kg · cm^{-2})	300		150	—
相对磁导率 $\mu T/\mu_0$	9.0 ~ 12.0	60	—	—
动态磁致伸缩系数 d_{33}/(nm · A^{-1})	8 ~ 20	—	—	—
密度/(g · cm^{-3})	9.25	—	7.5	—
抗压强度/MPa	305 ~ 880	—	—	—
抗拉强度/MPa	28 ~ 40	—	76	—

注：机电耦合系数 K_{33} 是表征磁致伸缩材料或器件把电磁能转换成机械贮存能的效率的量度。

由表 17.5 可知：Terfenol-D 的应变值很大，比镍的大 40～60 倍，比压电陶瓷的大 5～8 倍；能量密度高，比镍的大 400～500 倍，比压电陶瓷的大 10～14 倍；机电耦合系数数大；声速低，约为镍的 1/3、压电陶瓷的 1/2；居里点温度高，工作性能稳定。对大功率而言，即使瞬间过热将导致压电陶瓷的永久性极化完全消失，而 Terfenol-D 工作到居里点温度以上也只会使其磁致伸缩特性暂时消失，冷却到居里点温度以下时，其磁致伸缩特性又可完全恢复。这种材料制成的换能器，适合在远程声呐和其他低频水声系统中应用。由于这些特性，这种材料在高技术领域引起了人们的广泛重视。

17.2.3 超磁致伸缩机理

目前普遍认为，超磁致伸缩现象是由于晶体在特定方向的电子分布受磁场的影响更大所致。下面以稀土元素与铁的金属间化合物 $REFe_2$ 为例，简述超磁致伸缩产生的机理。

迄今为止，磁致伸缩效应的出现都与材料成分中存在着具有未填满的 3d 和 4f 电子层的过渡族元素和稀土元素有关，因为只有这些元素才有自旋磁矩和原子磁矩。特别是稀土元素，由于最外层 5s 和 5p 电子壳层的屏蔽作用，4f 电子的运动受周围离子的影响很少，因而其具有“刚性”的运动轨道，并且具有很大的原子磁矩。对于 Fe 族过渡族元素，未填满的 3d 电子壳层的电子处于所有电子壳层的外围，其运动很容易受到周围离子产生的强电场的影响，其轨道运动往往受到破坏，以致它们对轨道磁矩的贡献很小甚至没有，电子自旋的贡献是原子磁矩的主要组成部分。所以 4f 电子对原子磁矩的贡献大于 3d 电子的贡献，稀土元素的原子磁矩大于过渡族元素。

在同一晶胞中，稀土原子的自旋磁矩与相邻的稀土原子平行而与相邻的铁原子的自旋磁矩反平行。铁亚晶格的各向异性比稀土亚晶格的各向异性小得多，因而常常把它忽略或作为微扰来处理。因此，稀土-铁化合物室温下的超磁致伸缩和磁各向异性都来源于稀土原子。稀土原子复杂的 4f 电子自旋结构及其较大的自旋轨道耦合使得稀土原子拥有较大的原子磁矩（$9\sim10\mu_B$）和巨大的磁各向异性，这正是产生超磁致伸缩的内禀条件。

稀土离子的 4f 轨道是强烈各向异性的，在空间某些方向伸展得很远，在另外一些方向又收缩得很近。当自发磁化时，L-S 耦合及晶格场的作用，使得 4f 电子云在某些特定方向上能量达到最低，这就是易磁化方向。大量稀土离子的“刚性”4f 轨道就这样被“锁定”在某几个特殊的方向上，引起晶格沿着几个方向上的大畸变，当施加外磁场时就产生了大的磁致伸缩。在 Laves 相中，不同的晶体学方向原子的排列不同。图 17.3 中所示的[111]方向为原子排列最紧密方向，在此方向上稀土原子处于紧接状态。稀土元素之所以显示磁性是因为基于其 4f 电子，其 4f 电子的电子云为一扁平区域。如果从外部施加磁场，则该电子云的状态发生变化，从而原子间的作用力发生变化。也就是说，由于稀土原子的电子空间分布发生变化，构成四面体的原子间的引力增强，从而稀土原子之间的距离略缩短。而从另一方面

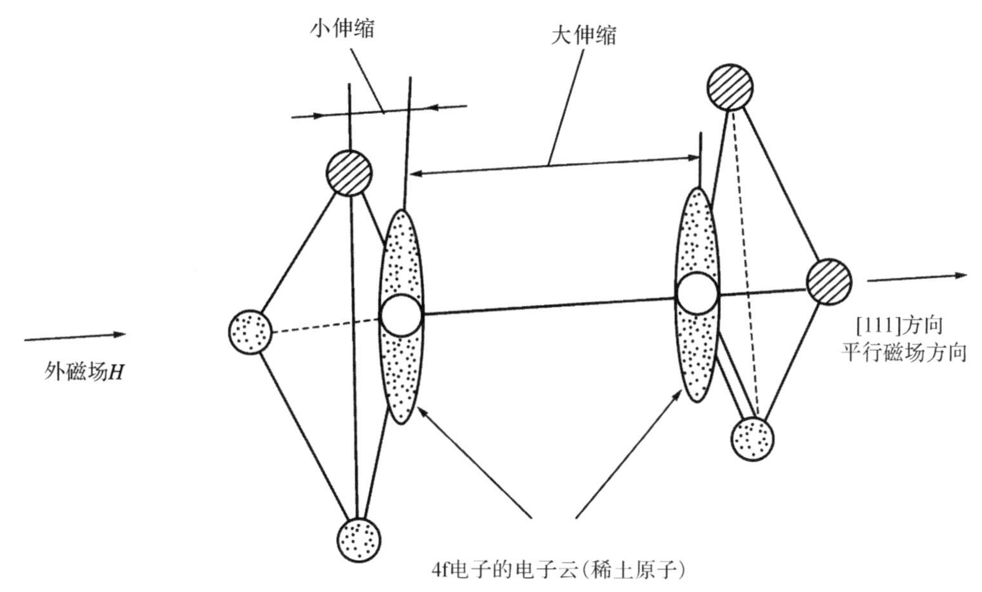

图 17.3　Laves 相型 $REFe_2$ 的超磁致伸缩模型

讲，联系四面体和四面体的引力减弱，从而造成较大的伸长。与收缩量相比，伸长量要大得多，从而产生超磁致伸缩。

在 Laves 相化合物中，沿晶体[111]方向的磁致伸缩量最大，作为晶体，发生如图 17.4 所示的伸长。因此，对于实际应用来说，[111]方向效果最好。

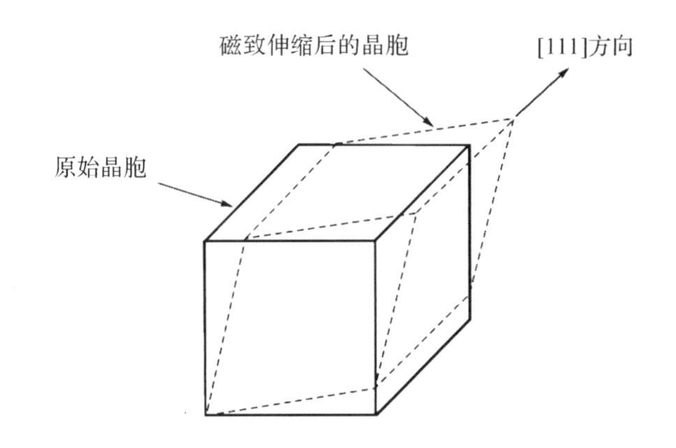

图 17.4　$REFe_2$ 晶胞沿[111]方向发生磁致伸缩后的变形

17.3　非稀土磁致伸缩材料

17.3.1　Fe-Ga 磁致伸缩材料

传统磁致伸缩材料虽然饱和磁化强度和居里温度高，力学性能好，但是其磁致伸缩性能有限。稀土超磁致伸缩材料虽然饱和磁致伸缩性能优异，但是重稀土原材料的成本较高，Laves 金属间化合物相也使得材料的抗拉强度低，脆性大。为此，寻找磁致伸缩性能优异、力学性能和成本因素均衡的新型磁致伸缩材料成为研究人员关注的热点。

1998 年美国海军海面武器中心的 A. E. Clark 小组，借鉴了有关 Fe-Al 磁致伸缩合金的研究成果，继发现“Terfenol”之后又发明了被称为“Galfenol”的 Fe-Ga 磁致伸缩材料。前期的研究发现，在 Fe(原子半径为 1.24Å)的基础上添加原子尺寸较大的非磁性元素 Al(原子半径为 1.43Å)和原子尺寸较小的金属元素 Be(原子半径为 1.13Å)所形成的固溶体结构，会对 Fe 原子晶格产生幅度相近、符号相反的影响，虽然 Al 原子和 Be 原子半径相异，但是两者的基态电子构型具有一定共性(即电子结构中缺乏 d 壳层电子)，通过与铁反应形成体心立方结构的固溶体而使磁致伸缩性能得到提高。根据理论推导和实验研究，发现铁基体心立方固溶体具有 6 个[100]易磁化方向，通过选取 d 壳层无电子和 d 壳层电子全满的非磁性合金化元素有望获得一种磁致伸缩性能优异、力学性能良好、成本低廉的新型磁致伸缩材料。Ga 元素同 Al 元素同族，具有满的 d 壳层，因此选用 Ga 元素同 Fe 作用形成 Fe-Ga 二元合金有可能获得低场下的大磁致伸缩应变。研究证实，Fe-Ga 合金具有较 Fe-Al 合金高得多的磁致伸缩值，纯铁的磁致伸缩系数仅有 20×10^{-6} 左右，非磁性 Ga 元素的添加可以显著提高其磁致伸缩效应，目前报道 Fe-Ga 合金的最大磁致伸缩 $\frac{3}{2}\lambda_{100}$ 已达 400×10^{-6}。与此同时，该合金强度高，脆性小，可以热轧，具有低的饱和磁化场（约 16kA/m）、高的磁导率（约 100，而 Terfenol-D 只有 10～15）和低廉的价格。因此，它更有适合应用于那些适合在强震动、大负荷、强腐蚀等恶劣条件下工作的器件的设计和制备，引起人们极大关注，有着巨大的潜在应用价值。

Fe-Ga 合金的二元平衡相图比较复杂。图 17.5 给出了富 Fe 区域的部分相图。从相图可以看出：在平衡态，富 Fe 区域存在 A2 相、B2 相（FeGa）、$D0_3$（Fe_3Ga）、$D0_{19}$、$L1_2$（Fe_3Ga）等。当 Ga 原子含量≤11%时，室温 Fe-Ga 合金均为单一的 A2 相；当 Ga 原子含量在 11%至 36%之间变化时，A2 相在低温下转变为 $D0_3$、$L1_2$、B2 或 $D0_{19}$ 相；当 Ga 原子含量为 36%时，该合金在 1037℃以上高温仍可保持单一的 A2 相。

图 17.6 给出了 A2、B2、$D0_3$、$D0_{19}$ 和 $L1_2$ 相的晶体结构。

A2 相是 Ga 在体心立方 α-Fe 中的无序固溶体，Fe 原子被 Ga 原子无序取代。在室温时 Ga 原子在 α-Fe 中的溶解度约为 12%，在 1037℃时可高达 36%。

B2 相同样为体心立方结构，其中 Ga 原子占据体心位置，Fe 原子占据顶点位置。当然，这两个位置是等效的。

$D0_3$ 相是一种有序相，或称为超结构相。它是由 8 个体心立方单胞组成的一个大单胞。在 $D0_3$ 结构中共有 4 种晶位：a 晶位是大单胞的 8 个顶角和 6 个面心的晶位；b 晶位是大单胞的 12 个棱边的中间晶位以及大单胞的中心晶位；c 和 d 是小单胞的 4 个中心晶位，它们交错分布，即 c 晶位边上都是 d 晶位，反之亦然。在 Fe_3Ga 的 $D0_3$ 相中，Fe 原子占据 a、b、c 三个晶位，Ga 原子占据 c 晶位。

$D0_{19}$ 相是以六方密排晶体结构为基础的超结构相，它由两个原子层，即 A 层和 B 层堆垛而成的，其堆垛顺序为 ABABAB……在 Fe-Ga 合金的 $D0_{19}$ 相中，A 层有 2 个晶位被 Ga 原子占据，B 层有一个晶位被 Ga 原子占据。

$L1_2$ 相为面心立方结构。在 Fe_3Ga 的 $L1_2$ 相中，晶胞的顶角位置被 Ga 原子占据，晶胞的面心位置被 Fe 原子占据。

B2、$D0_3$、$D0_{19}$ 和 $L1_2$ 相均为有序结构。

表 17.6 列出了 Fe-Ga 合金相图在富 Fe 区存在的相、相结构、成分范围和空间点阵等信息。

实际上，在 Fe-Ga 合金中，各相的存在及含量不仅仅与 Ga 原子的含量有关，还与制备技术和工艺参数密切相关。

有研究表明，在有些条件下，$D0_3$ 相中 Ga 原子的占位会有所改变，Ga-Ga 原子对沿[100]方向有序排列，形成了一种修正型的 $D0_3$ 相（modified-$D0_3$）。

当然，对于 Fe-Ga 合金的室温相组成仍存在一定分歧。分歧主要来源于对 Fe-Ga 合金在不同冷却方式下室温相结构的鉴别和相转变认识不足。A2、B2 和 $D0_3$ 相具有类似的体心立方结构、基本相似的晶格常数，往往共格析出。而且 Fe 原子和 Ga 原子的 X 射线散射因子相似，超晶格衍射峰很弱，对有序 $D0_3$ 相而言，最强的超晶格衍射峰的强度只有最强主峰的 0.6%，再加上多晶样品织构的影响，当第二相含量较低时，通过超晶格衍射峰来判断相组成并不准确。

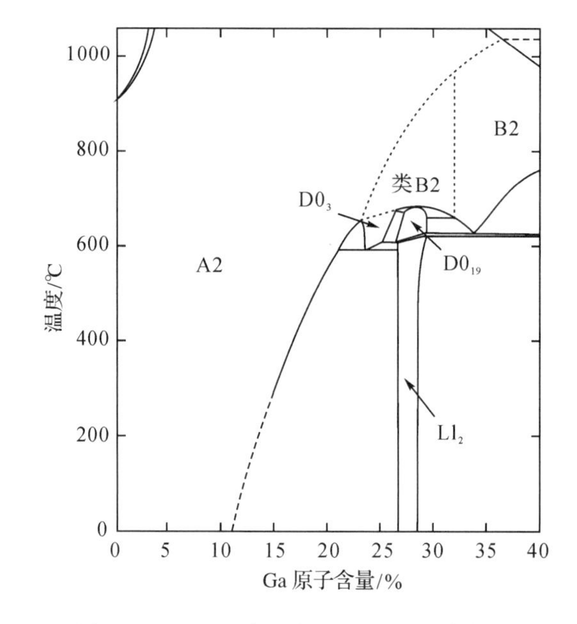

图 17.5 Fe-Ga 合金富 Fe 区二元平衡相图

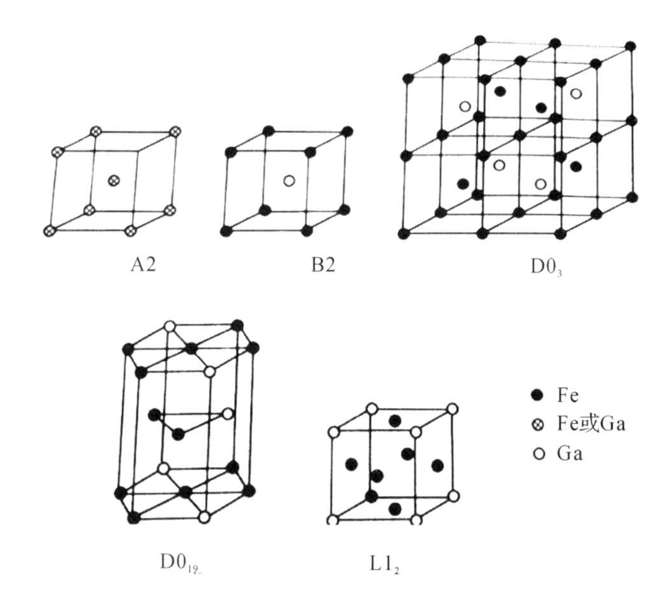

图 17.6 A2、B2、$D0_3$、$D0_{19}$ 和 $L1_2$ 相的晶体结构

表 17.6 Fe-Ga 合金相图在富 Fe 区存在的相

相	相结构/是否有序	Ga 的成分范围/at%	皮尔逊(Pearson)符号	空间群
A2	bcc/无序	0～36	cI2	$Im\bar{3}m$
B2	bcc/有序	31.5～47.5	cP2	$Pm\bar{3}m$
$D0_3$	bcc/有序	22.8～25.9	cF16	$Fm\bar{3}m$
$D0_{19}$	hcp/有序	26～29	cP4	P63/mmc
$L1_2$	fcc/有序	26.2～29.2	hP8	$Pm\bar{3}m$

不同 Fe-Ga 合金相表现出不同的磁致伸缩性能。图 17.7 为 Ga 原子含量为 24%～25%的合金单晶样品沿不同晶轴的磁致伸缩曲线。可以看出，A2 相的 λ_{100} 最高，其次为 B2 相，$D0_3$ 相最小。在磁场为 4kOe 时，A2 相的 λ_{100} 达到 140×10^{-6}，B2 相的 λ_{100} 达到 100×10^{-6}，而 $D0_3$ 相的 λ_{100} 仅为 50×10^{-6}。

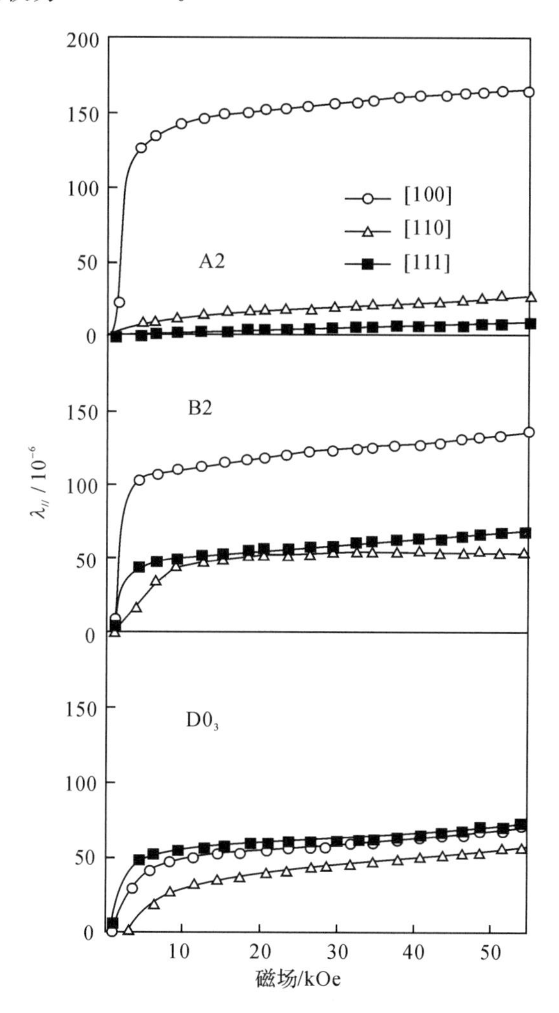

图 17.7　24%～25%Ga-Fe 合金 A2、B2 和 $D0_3$ 相单晶体平行磁场方向的磁致伸缩曲线

研究表明，Fe-Ga 合金的磁致伸缩性能与 Ga 原子含量密切相关。图 17.8 给出了 $Fe_{100-x}Ga_x$ 单晶合金的 $\frac{3}{2}\lambda_{111}$ 与 Ga 原子含量的关系曲线。当 $x<19\%$ 时，合金的 $\frac{3}{2}\lambda_{111}$ 为 $-(30\sim20)\times10^{-6}$；当 $19\%\leqslant x\leqslant21\%$ 时，合金的 $\frac{3}{2}\lambda_{111}$ 值发生急剧变化；当 $x>21\%$ 时，合金的 $\frac{3}{2}\lambda_{111}$ 变为 50×10^{-6}。

图 17.9 给出了 $Fe_{100-x}Ga_x$ 单晶合金的 $\frac{3}{2}\lambda_{100}$ 与 Ga 原子含量的关系曲线。可以看出，$\frac{3}{2}\lambda_{100}$ 与 x 的关系可以划分为四个区间。

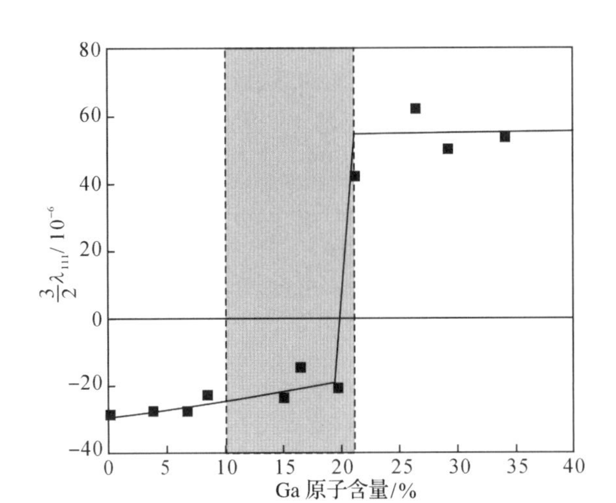

图 17.8 $Fe_{100-x}Ga_x$ 单晶合金的$\frac{3}{2}\lambda_{111}$与 Ga 原子含量的关系曲线

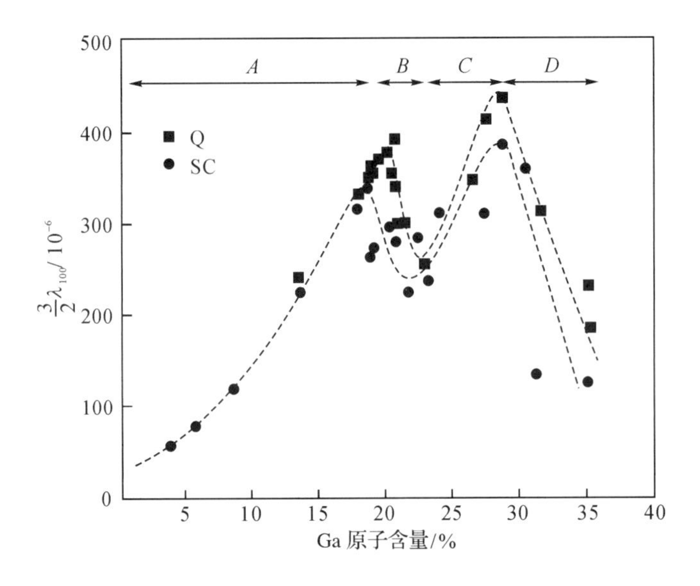

图 17.9 $Fe_{100-x}Ga_x$ 单晶合金的$\frac{3}{2}\lambda_{100}$与 Ga 原子含量的关系曲线

(1)Ga 原子含量在 17.9%～20.6%时，样品的$\frac{3}{2}\lambda_{100}$随 Ga 原子含量的增加而逐渐增大。增加过程同合金的热历史有显著关联：在缓冷状态下，最大值出现在 Ca 原子含量 17.9%处，到 320×10^{-6}；淬火状态下，最大值 390×10^{-6}，出现在 Ca 原子含量 20.6%处。

(2)Ga 原子含量在 20.6%～22.5%时，$\frac{3}{2}\lambda_{100}$值随着 Ga 原子含量的增加反而下降，并在 22.5%处呈现最小值 250×10^{-6}。

(3)Ga 原子含量在 22.5%～28.5%时，$\frac{3}{2}\lambda_{100}$值随 Ga 原子含量的增加再次增大，在

28.5%处缓冷态和淬火态都达到峰值,分别为 380×10^{-6}和 440×10^{-6}。

(4)Ga 原子含量大于 28.5%时,随着 Ga 原子含量的增加,磁致伸缩系数急剧下降。

可以看出,Fe-Ga 合金磁致伸缩性能不仅与成分相关,还受热历史的影响。淬火可以显著提高 Fe-Ga 合金的磁致伸缩性能,这说明合金的磁致伸缩变化与相结构密切相关。

磁致伸缩材料的性能与合金的组织有很强的关联性,而组织又取决于合金的成分、结晶过程以及后续热处理过程中的相变过程。通过研究相图,可掌握合金在不同条件下可能出现的各种物相,把握各种组态可能发生的转变方向及程度,并最终用于设计提高材料的磁致伸缩性能。

17.3.2 Ni-Mn-Ga 磁致伸缩材料

Ni-Mn-Ga 铁磁形状记忆合金是同时具有铁磁性和热弹性马氏体相变特征的金属间化合物,其最大磁致应变可高达 9.5%。Ni-Mn-Ga 合金和传统的磁弹性磁致伸缩材料不同,但是仍然属于磁致伸缩材料。

Ni-Mn-Ga 合金高温奥氏体相为高度化学有序的 Heusler 型合金 $L2_1$ 结构。化学计量成分 Ni_2-Mn-Ga 合金的晶格常数为 5.82Å,空间群为 225,Fm $\bar{3}$m,居里温度为 365K,饱和磁化强度为 160kA/m。Ni_2-Mn-Ga 合金晶体结构如图 17.10 所示。Ni-Mn-Ga 合金具有高度对称性,在高温奥氏体相中,Ni 占据 8c 位置,Mn 和 Ga 原子分别占据 4a 和 4b 位置。

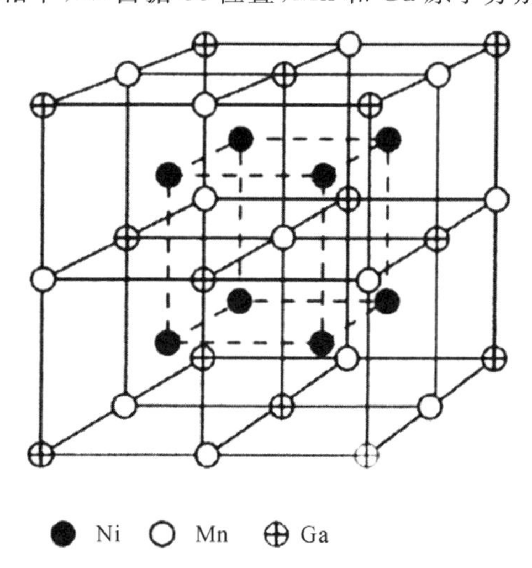

图 17.10 Ni_2MnGa 合金晶体结构

Ni-Mn-Ga 合金的马氏体相变是一个发生在一定温度范围,合金化学成分不变,原子在小范围内发生位移,具有热滞,能随温度的变化发生正向或逆向变化的无扩散固态相变。Ni-Mn-Ga 合金马氏体相变过程中还伴随着热效应的突变、磁性的突变和电阻率的突变等。

当 Ni-Mn-Ga 合金凝固成型,降温通过 800~1000K 的温度区间完成 $L2_1$ 相变后,处于居里温度以上时,合金处于奥氏体顺磁态。随着温度的降低,合金进入铁磁奥氏体态。随着温度的进一步降低,奥氏体逐渐向马氏体相转变,温度的降低使得奥氏体与马氏体之间存在自由能差,这个自由能差作为驱动力使得晶体结构发生变化。如果温度继续降低到远低于马氏体相变结束温度,而马氏体相变直接产物不是非调制结构马氏体,将发生由相变初始产物向最终产物的转变，即发生 5 层（或 7 层）调制结构马氏体向非调制结构马氏体的中间马氏体相变。发生中间马氏体相变的原因是生成的各种马氏体结构之间稳定性不同。对马氏体晶体结构的研究显示，非调制马氏体最稳定，5 层调制马氏体次之，7 层调制结构稳定性最差。

Ni-Mn-Ga 合金的逆马氏体相变又称为奥氏体相变，是上述马氏体相变的逆过程。

根据马氏体相变晶体学理论西山关系（K-S 关系），Ni-Mn-Ga 系列合金在经过马氏体相变后，可生成 24 种不同位向的马氏体变体，变体之间存在自协作效应，该效应将使变体在空间均匀取向，以保持系统具有最低的自由能。对于实际的 Ni-Mn-Ga 合金而言，经过马氏体相变后，不会产生全部 24 种变体，而是相变生成包含几种变体的多变体样品。这种样品的马氏体态呈现多种变体相互交错的自协作排列状态。

Ni-Mn-Ga 铁磁形状记忆合金的磁致应变就是来源于磁场诱发马氏体变体再取向，或描述为磁场驱动隔离不同取向变体的孪晶界的移动，如图 17.11 所示。无外磁场时，在每一个孪晶变体中磁化强度的方向按能量最低的方向排列；当施加外磁场 H 时，孪晶中磁化方向趋向于与 H 平行。如果磁晶各向异性能足够大，磁化强度方向与 H 方向接近的孪晶就会通过孪晶界的移动吞并周围的孪晶而长大，从而产生形状记忆效应。一定条件下，在外磁场 H 变换时，孪晶界会往复移动。磁场同样可以控制马氏体-奥氏体界面的移动，条件是马氏体亚结构全为孪晶，具有铁磁性并有高磁晶各向异性能；奥氏体强度足够高，层错足够低，有利于马氏体的增长并防止滑移变形的产生。

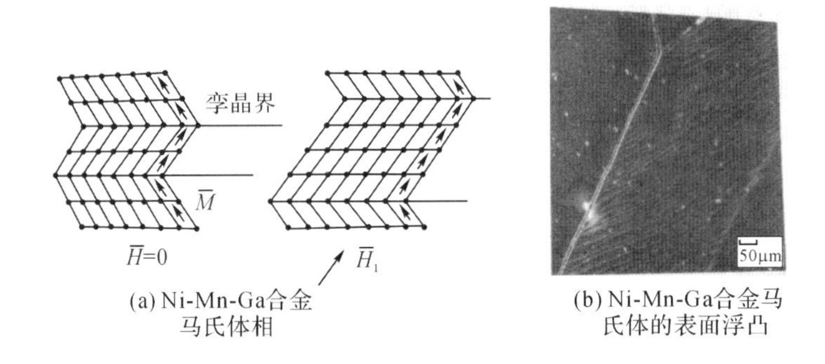

(a) Ni-Mn-Ga合金马氏体相

(b) Ni-Mn-Ga合金马氏体的表面浮凸

图 17.11 外磁场导致铁磁形状记忆合金变形的孪晶界的迁移和 Ni-Mn-Ga 合金马氏体相的表面浮凸孪晶界迁移

Ni-Mn-Ga 合金所具有的大应变、大磁致应变主要发生在马氏体相变温度附近。然而，正分配比的 Ni_2MnGa 合金的马氏体相变温度为 200K 左右，这对材料的实际应用带来了很大的限制。研究表明，适当地改变 Ni-Mn-Ga 合金中各元素的比例以及采用适当的替代元素，将使合金的马氏体相变温度 M_S 发生规律性的变化。另外，Ni-Mn-Ga 合金是一种金属间化合物，其脆性大、强度低等问题大大地限制了材料在实际中进一步的应用。适当的元素替代不光可以改变马氏体相变温度，还可以改善合金的力学性能。

Ni-Mn-Ga 铁磁形状记忆合金的形状记忆效应不是通过温度的改变而是通过磁场变换达到的。也就是说，在磁场作用下发生磁诱发相变，这个动作是瞬时进行的。因此，铁磁形状记忆合金不仅具有普通形状记忆合金大应变、大应力的优点，而且具有反应迅速、响应频率高的优点，有望成为智能材料系统中首选的驱动器材料。

17.4 磁致伸缩材料制备

17.4.1 合金棒材、定向晶及单晶制备

1. 棒材制备的主要方法

1)压力差法

将已配制熔炼好的母合金放于坩埚内,坩埚置于可抽真空和加压的容器里。容器上部通过密封环插入可移动的带石英管的杆。抽真空,熔化合金并保温一定时间。将石英管插入熔体中,充氩加压将熔体压入石英管中,冷却后即成棒材。

2)合金熔体顺序凝固法

坩埚底部有一孔,用于浇铸。用氧化铝热电偶保护管从上方插入注孔作为注塞棒。坩埚孔下部安装铸模,铸模底部安装水冷铜盘。加热熔化坩埚中的合金并保温一定时间,然后提起注塞棒,使合金充满铸模并自下而上定向凝固,可制备具有晶粒取向的合金棒材。

2. 定向晶及单晶制备的主要方法

1)布里奇曼(Bridgman)法

一般将预先熔炼的母合金放于适当的坩埚中,用电阻丝或高频感应加热熔化合金,然后以一定的速度使坩埚下降或使热源上移,进行单向凝固以得到定向晶或单晶。晶体取向为[112]方向。

2)区熔法

该法分为垂直悬浮区熔法和水平区熔法。先将合金熔炼成棒材,然后用感应加热进行区域熔化,以得到定向晶或单晶。晶体取向为[112]方向。

3)提拉法

将预先制备的合金置于坩埚中,用电阻丝、高频感应或电弧加热熔化合金,用籽晶以一定速度向上提拉,熔体逐渐固化而生长出定向晶或单晶。所提拉的晶体也具有[112]取向。

常用的 Terfenol-D 合金的产业化制备方法主要是区熔技术和改进的 Bridgman 技术。前者可获得直径为 3~7mm 的孪生单晶,性能较高;后者可得到直径为 8~50mm 的定向晶,性能稍低。

17.4.2 粉末冶金制备

1. 合金粉末直接烧结法

该法又分固相烧结法和液相烧结法。先将组成元素稀土金属和铁用电弧炉或感应炉熔炼成合金,于1000℃均匀化处理。破碎并球磨成几十微米的颗粒,经丙酮清洗并真空干燥后,将粉末装入橡皮管中,等静压成型,压制出的样品用钽箔包好,放入真空炉中于一定温度下烧结若干时间即成产品。产品质量与工艺过程有关,可得到97%的理论密度的烧结体。

2. 磁场热处理烧结法

原始合金也用熔炼方法先配制,并经均匀化处理。合金球磨成粉末后,用丙酮清洗并真空干燥。将粉末装入一定尺寸的橡皮管中,在橡皮管两端加上一个直流磁场,并叠加交流磁场,使粉末产生振动,以便更容易使粉末定向。也可将交流磁场换为脉冲磁场。在磁场中机

械加压压实粉末。压实体用钽箔包裹，置于真空炉中加热到一定温度，烧结若干时间。这样得到的样品具有较高的密度。经过磁场处理烧结的合金，往往具有[111]易磁化轴的取向。

3. 其他粉末冶金方法

用真空感应炉熔炼合金，熔体以 $10^2 \sim 10^3$ ℃/s 的冷速急冷成小于 15μm 的非晶态，再进行晶化热处理，得到结晶态微粒，然后用粉末烧结方法制成样品。

粉末冶金方法的优点是：①由于超磁致伸缩合金是金属间化合物，相当脆，不能用常规方法制备、成型及加工。而粉末冶金法却可以制备出具有复杂形状及各种尺寸的产品，在商业上具有吸引力。②通过对合金原料预先磁场定向处理，可以生产出具有晶体取向的合金材料，而其成本低于一般的区熔技术。

粉末冶金方法的缺点是：①粉末冶金过程会导致不理想的显微组织；②粉末冶金过程中会掺入氧，损害合金性能，导致产品的磁致伸缩特性低于铸造法制备的产品的性能。

总之，制备工艺的不同，将影响合金显微组织结构和纯度，从而影响其磁学性质。稀土金属性质活泼，高温下氧化反应剧烈，在冶炼温度 1100～1800℃下，稀土金属的蒸气压已很高，因此稀土-铁超磁致伸缩材料的冶炼过程不能在高真空和过高温度条件下进行，而必须适当控制温度并在高纯惰性气体保护下操作，其工艺的复杂性使人们积极开展对其冶炼工艺的研究。采用粉末烧结、粉末粘结、快淬法、气相沉积法等制备的产品，其超磁致伸缩性能目前低于熔炼法制备的产品。

17.5 磁致伸缩材料测试技术

17.5.1 磁致伸缩测试

磁致伸缩测量方法有干涉法、电容位移法、光杠杆法及电阻应变片法等。其中，电阻应变片法操作简便，广泛应用于工程构件中应力的测量。应变片的电阻变化由电阻应变仪测得并转换为应变数值显示，其工作原理如图 17.12 所示。

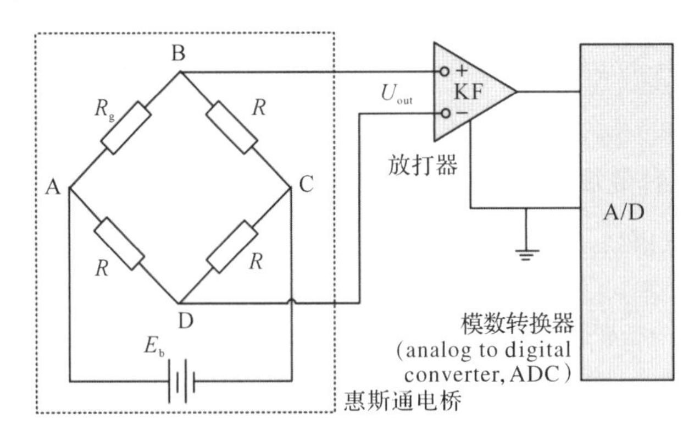

图 17.12 应变仪工作原理

测试前，应先将试样表面用砂纸打磨并用丙酮清洗，然后沿着试样轴向和垂直轴向分别用粘结剂贴上应变片。待粘结剂固化后，将试样放到磁场均匀区域，并调节试样轴向与外磁场方向之间的相对角度 θ，进行各向异性磁致伸缩测试，如图 17.13 所示。试样轴向与外磁场方向之间的相对角度 θ 可以在 0°～90°范围内选取。选定磁化方向后，将试样固定在样品托上，并接入测量系统。缓慢调节励磁电流大小，记录磁场大小连续变化时相对应的应变值。为确保测量时初始磁化状态的一致性，每次测量前均先将试样磁化至饱和状态后再退回至零磁场。

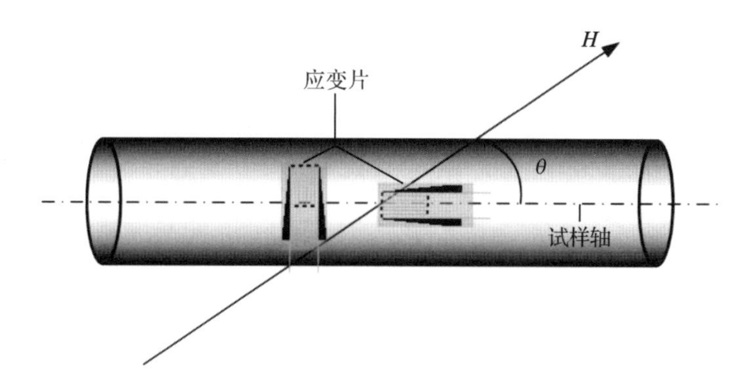

图 17.13　各向异性磁致伸缩测试

17.5.2　磁弹耦合性能测试

磁耦合实验部分可以采用多轴多功能全自动力磁耦合加载与测量系统。系统采用全自动控制电磁铁，极头间距可调，可更换不同尺寸的极头。系统采用液压驱动加载装置，通过伺服驱动器控制伺服电机为其提供驱动力。磁耦合实验内容主要包括测试不同预压应力下的磁滞回线和磁致伸缩曲线，以及不同偏置磁场下的应力应变曲线。为降低退磁场的影响，样品的长径比应比较大。将试样两端磨平整，并进行表面处理后，在试样轴向贴好应变片，在试样中部绕制拾取线圈，如图 17.14 所示。

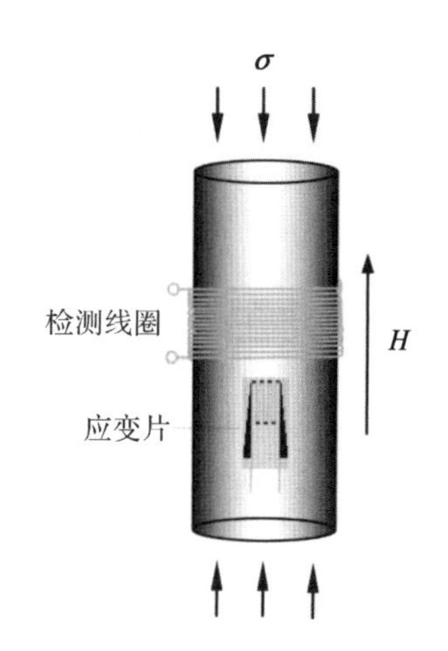

图 17.14　力磁耦合实验

在图 17.14 所示的测试过程中，外磁场和压应力均沿着轴向施加。在不施加预应力的条件下，从零磁场增大到饱和场，然后退至零场，反向磁化至饱和场，再退回到零场，测量该过程中磁化强度和磁致伸缩系数的变化，即磁滞回线及磁致伸缩曲线。而后，在试样轴向施加一定预压应力，再测量磁滞回线和磁致伸缩曲线。

测量应变应力曲线时，先测试在零磁场条件下的应变应力曲线，即加载到设定的载荷幅值，然后卸载至零，记录该过程中的应变随应力变化的曲线。而后，沿试样轴向施加一定偏置磁场，再测试上述过程中的应变应力曲线。为确保每次测量时样品具有相同的初始磁化状态，在测试前均将试样磁化至饱和状态，然后退回至零磁场或者设定的偏置磁场。

17.6 磁致伸缩材料应用

17.6.1 磁致伸缩材料基本要求

实用的磁致伸缩材料必须满足以下三个条件。

(1)材料的饱和磁致伸缩系数 λ_S 尽可能大。

(2)材料的磁晶各向异性场能 K_1 应足够大。没有足够大的 K_1,也就不可能有大的磁致伸缩。但是 K_1 又不能太大,过大的 K_1 会使磁矩转动所需的磁场太大,无法在较低的磁场下得到较大的磁致伸缩。

(3)居里温度 T_C 应尽可能高,至少要高于使用时的工作温度。

在开发磁致伸缩器件时,材料除了上述三个条件外,还必须满足以下要求:

(1)材料的 λ-H 曲线的最大斜率$(\mathrm{d}\lambda/\mathrm{d}H)_{\max}$大,这样材料将电磁能转换为机械能的效率就比较高。

(2)材料有尽可能大的机电耦合系数 K_{33}。K_{33}是材料动态磁致伸缩特性的一个重要技术指标,一般用来表示材料的能量转换效率。

(3)具有一定的抗压强度或抗拉强度和一定的韧性,以免材料在发生磁致伸缩时,由于应力的作用而导致材料失效和损坏。

17.6.2 磁致伸缩材料应用基础

磁致伸缩材料的应用主要涉及以下几种物理效应。

(1)磁致伸缩效应[焦耳(Joule)效应]:磁性体被外加磁场磁化时,其长度发生变化。可用来制作磁致伸缩制动器。

(2)磁致伸缩逆效应[维拉里(Villari)效应]:对铁磁性材料施加压力或张力,材料在长度发生变化时,内部的磁化状态也随之改变。可用于制作磁致伸缩传感器。

(3)ΔE 效应:磁致伸缩材料由于磁化状态的改变而引起自身杨氏模量发生变化的现象。可用于声延迟线。

(4)魏德曼效应(Viedemann 效应):在磁性体上形成适当的磁路,当有电流通过时,磁性体发生扭曲变形的现象。可用于扭转马达。

(5)魏德曼逆效应(Anti-Viedemann 效应):使圆管状磁致伸缩材料沿管轴发生周向扭曲,同时沿轴向施加交变磁场,则沿圆周出现交变磁化的现象。可用于扭转传感器。

正是利用上述效应,磁致伸缩材料才能广泛地应用于超声波、机器人、计算机、汽车、制动器、控制器、换能器、传感器、微位移器、精密阀和防震装置等领域。

17.6.3 在声学领域的应用

声呐是一个庞大的系统,包括声发射系统、反射声的接收系统、将回收声音转变成电信息与图像的系统,以及图像识别系统等。其中,关键性的技术是声发射系统中的水声换能器的试剂及所采用的高能量密度的材料。虽然电磁波常被用于通信和探测等方面,但在水下,它却因衰减过快而无法利用,于是人们利用声波及超声波信号来进行水下通信、探测、遥控等工作，声呐就成为潜艇的口、眼。这对材料的要求极高。早先采用的都是压电材料，但它们有以下缺点：①机电转换系数低(0.45～0.68)，输出功率低；②响应频率高，信号在水下衰减快，传输距离小；③在数千伏的高压下工作，安全性差。随着舰艇“隐身”技术的发展，现在的舰艇已经可以吸收频率超过 3kHz 的声波，从而可以“隐身”。为了打破敌方舰艇的“隐身”技术，探测更远距离的目标，提高换能器的发射功率，缩小体积，减轻质量，提高舰艇的综合作战能力，各工业发达国家都开始大力发展低频(几十赫兹至 2000Hz)、大功率(220dB 声源级)水声声呐，其发射器的关键材料就是 $REFe_2$。

自从大应变和低响应频率的 $REFe_2$ 压磁材料出现以来，这些问题得到了根本解决，声呐性能大大改善，海底探测距离已达到数千公里。图 17.15 是超磁致伸缩材料的应用原理。由驱动线圈提供磁场，Terfenol-D 棒材的长度会发生变化，从而将电能转换成声波或机械能输出。

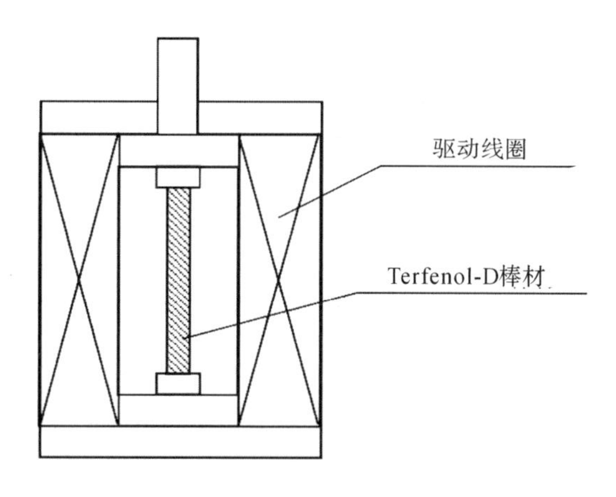

图 17.15　超磁致伸缩材料应用原理

$REFe_2$ 声呐主要还是用于低频大功率水声换能器研究。研究的主要内容是计算和测量这种材料的各向异性参数，比较不同成分材料的性能、机械偏置和工作偏置对材料参数的影响，以及各种形式的换能器的设计等。

除了在军事方面的应用，声呐还广泛应用于民用领域。在海洋业中，磁致伸缩材料可被开发用于海洋捕捞、海底测绘；地质上，可用于矿藏勘探、油井测探；在汽车工业中，可被用于超声邻近传感器和超声焊接；在材料领域，它被用于超声波无损探伤；在医学上，它可用于超声全息摄像、超声体外排石和心音搏脉传感器；在电器方面，日本用超磁致伸缩材料研制出小型扬声器；此外，它还可被用于激光、CD 唱机的聚焦控制。

17.6.4　在伺服领域的应用

伺服机构是将电信号及磁信号等的能量变换为机械能的机构，利用材料的磁致伸缩效应开发的伺服器件已有很多。

利用 $REFe_2$ 材料的低场大应变、大输出应力、高响应速度(100μs～1ms)且无反冲的特征，可以制成结构简单的微位移致动器，广泛用于超精密定位、激光微加工、精密流量控制、原子力显微镜、数控车床、机器人和阀门控制等方面。

图 17.16 是单纯利用磁致伸缩尺寸变化对喷嘴进行控制的原理。磁致伸缩控制棒置于

基板之上，棒上绕有线圈，线圈中通以电流产生磁场，该磁场控制棒伸缩，由于棒前端加工成圆锥状，即可通过磁致伸缩量的大小精细调整控制棒与喷嘴之间的空隙，来调节喷嘴流量。类似这种精细位置的控制在各种机器设备中应用广泛。

薄膜型超磁致伸缩微执行器的开发与应用是目前研究的一个热点。这类执行器是采用一些传统的半导体工艺，在非磁性基片(通常为硅、玻璃、聚酰亚胺等)的上、下表面采用闪蒸、离子束溅射、电离镀膜、直流溅射、射频磁控溅射等方法分别镀上具有正(如 Tb、Fe)、负(如 Sm、Fe)磁致伸缩特性的薄膜制成的，如图 17.17 所示。当在长度方向外加磁场时，产生正磁致伸缩的上表面薄膜伸长，而产生负磁致伸缩的下表面薄膜缩短，从而带动基片偏转和弯曲以达到驱动的目的。

此外，$REFe_2$ 高能量密度的特性还可用于制作高能微型马达和其他机械功率源。例如采用 $REFe_2$ 磁致伸缩材料制成的直线执行器，可以用来替代传统的步进马达用在计算机外设上，如计算机打印头、磁盘寻道头和显示屏等。

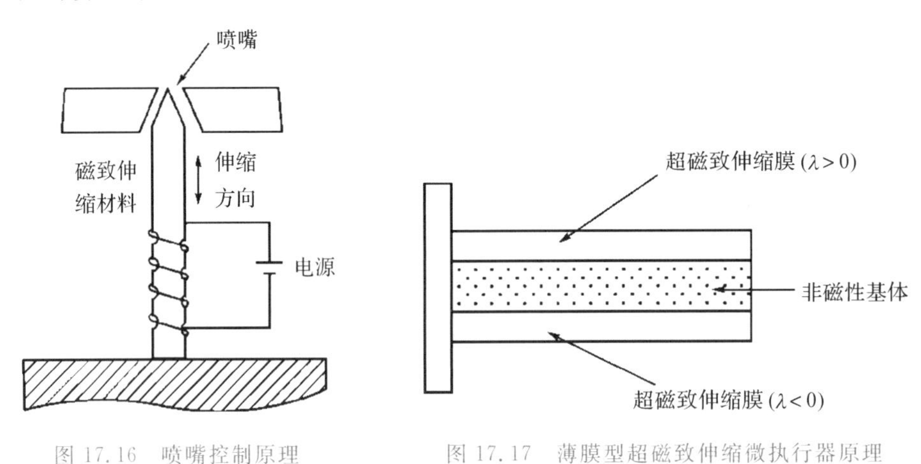

图 17.16 喷嘴控制原理　　图 17.17 薄膜型超磁致伸缩微执行器原理

17.6.5 在力学传感领域的应用

利用磁致伸缩材料的磁致伸缩逆效应和魏德曼逆效应，可以用来做力学传感器，测量静应力、振动应力、扭转力和加速度等物理量。

1. 静应力传感领域

利用因应变而导致磁特性变化从而使输出电压发生变化的现象，可用于磁应变传感器检测料斗的料位。把测力器放在料斗支撑部位，当有负载(传感器自重加上内装物重)加上时，传感器端子间就产生与此成比例的输出电压及信号，经放大比较后自动触发上/下限位开关，从而实现料位的在线监测和实时控制。

2. 振动、冲击应力传感器领域

在机器人领域中，常见的磁致伸缩器件原型有 3 种，如图 17.18 所示。以图 17.18(c)为例，当传感器处于受力状态时，x 方向和 y 方向上的磁场不再均匀分布，这样就会在输出线圈中产生磁通，激发线圈上成比例的 2 次电压信号。利用它做的传感器，可精确感受 0.01g的质量。

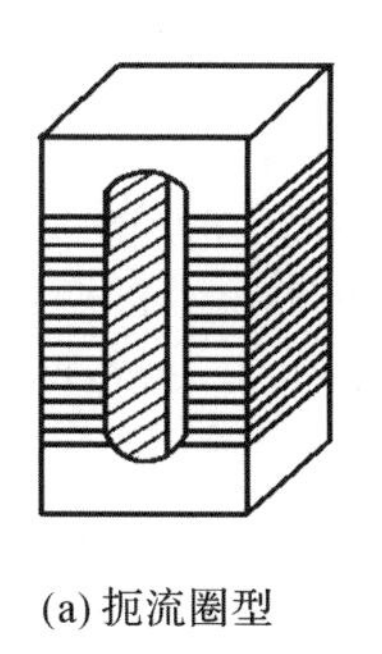
(a) 扼流圈型

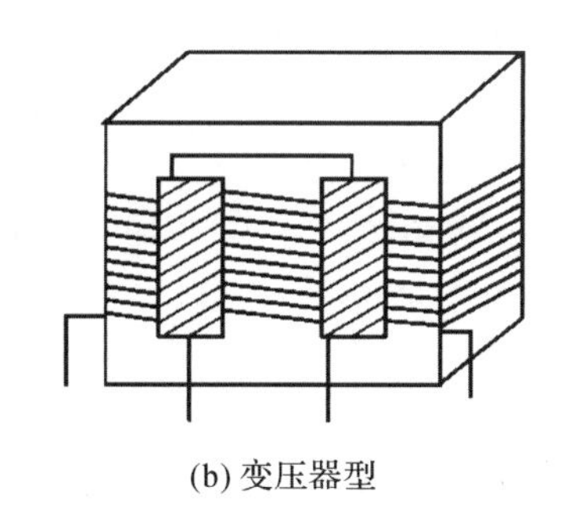
(b) 变压器型

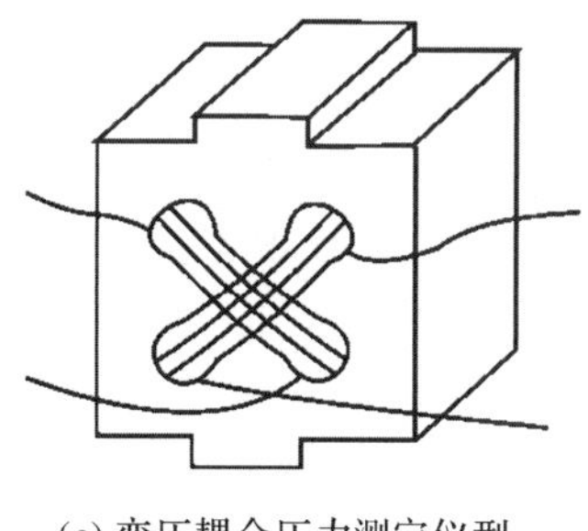
(c) 变压耦合压力测定仪型

图 17.18　磁致伸缩型传感器的结构原理

3. 扭矩传感领域

用磁致伸缩薄膜可做成动态范围大、响应快的扭矩传感器，其灵敏度比由传统金属电阻薄膜制成的扭转应变计高 10 倍。用磁头和镀镍磁致伸缩棒可做成可测瞬间扭力的非触型扭转传感器，该器件精度可达 3.5mV/(N·m)，可广泛用于轴承、感应电机等超微转矩检测中。

利用其逆效应（机械能反转为磁能）原理，可为马达和精密仪器设计阻尼减震系统。在这方面，已经研制了用于原子能发电所的配电管用超磁致伸缩防震装置，并将开发用于建筑的防震装置。对于未来的运载工具有人提出了用 Terferol-D 伺服阀控制液压柱产生阻尼的想法。此外在航空航天领域，压磁材料还可应用于飞机智能结构上的冲击振动的在线监测。

习　题

第 17 章拓展练习

17-1　简要概述超磁致伸缩材料 Tb-Dy-Fe 的性能特点。

17-2　简要概述铁磁形状记忆 Ni-Mn-Ga 材料磁致伸缩产生的机理。

17-3　简要概述 Fe-Ga 磁致伸缩材料产生的机理。

17-4　比较 Terfenol-D、Fe-Ga、Ni-Mn-Ga 三种磁致伸缩材料的优缺点。

17-5　列举磁致伸缩材料的典型应用。

参考文献

[1] KOON N C, WILLIAMS C M, DAS B N. Giant magnetostriction materials[J]. Journal of Magnetism and Magnetic Materials, 1991, 100(1-3): 173-185.

[2] SABLIK M J, JILES D C. Coupled magnetoelastic theory of magnetic and magnetostrictive hysteresis[J]. IEEE Transactions on Magnetics, 1993, 29(4): 2113-2123.

[3] IBARRA M R, ALGARABEL P A. Giant volume magnetostriction in the ferh alloy[J]. Physical Review B, 1994, 50(6): 4196-4199.

[4] ZRINYI M, BARSI L, BUKI A. Deformation of ferrogels induced by nonuniform

magnetic fields[J]. Journal of Chemical Physics, 1996, 104(21): 8750-8756.

[5] O'HANDLEY R C. Model for strain and magnetization in magnetic shape-memory alloys[J]. Journal of Applied Physics, 1998, 83(6): 3263-3270.

[6] TICKLE R, JAMES R D. Magnetic and magnetomechanical properties of Ni_2MnGa[J]. Journal of Magnetism and Magnetic Materials, 1999, 195(3): 627-638.

[7] CALKINS F T, SMITH R C, FLATAU A B. Energy-based hysteresis model for magnetostrictive transducers[J]. IEEE Transactions on Magnetics, 2000, 36(2): 429-439.

[8] SRINIVASAN G, RASMUSSEN E T, GALLEGOS J, et al. Magnetoelectric bilayer and multilayer structures of magnetostrictive and piezoelectric oxides[J]. Physical Review B, 2001, 64(21): 6.

[9] ZOU P, YU W, BAIN J A. Influence of stress and texture on soft magnetic properties of thin films[J]. IEEE Transactions on Magnetics, 2002, 38(5): 3501-3520.

[10] JILES D C. Recent advances and future directions in magnetic materials[J]. Acta Materialia, 2003, 51(19): 5907-5939.

[11] KELLOGG R A, RUSSELL A M, LOGRASSO T A, et al. Tensile properties of magneto strictive iron-gallium alloys[J]. Acta Materialia, 2004, 52(17): 5043-5050.

[12] PAULSEN J A, RING A P, LO C C H, et al. Manganese-substituted cobalt ferrite magnetostrictive materials for magnetic stress sensor applications[J]. Journal of Applied Physics, 2005, 97(4): 3.

[13] JIA Y M, OR S W, CHAN H L W, et al. Converse magnetoelectric effect in laminated composites of PMN-PT single crystal and Terfenol-D alloy[J]. Applied Physics Letters, 2006, 88(24): 3.

[14] 王庆伟. Fe-Ga合金相结构和磁致伸缩研究[D]. 杭州:浙江大学,2007.

[15] 王博文,曹淑瑛,黄文美. 磁致伸缩材料与器件[M]. 北京:冶金工业出版社,2008.

[16] KARACA H E, KARAMAN I, BASARAN B, et al. Magnetic field-induced phase transformation in NiMnColn magnetic shape-memory alloys—A new actuation mechanism with large work output[J]. Advanced Functional Materials, 2009, 19(7): 983-998.

[17] LEE J H, FANG L, VLAHOS E, et al. A strong ferroelectric ferromagnet created by means of spin-lattice coupling[J]. Nature, 2010, 466(7309): 954-U72.

[18] ROY K, BANDYOPADHYAY S, ATULASIMHA J. Hybrid spintronics and straintronics: A magnetic technology for ultra low energy computing and signal processing[J]. Applied Physics Letters, 2011, 99(6): 3.

[19] 李瑶坤. 强磁场下Fe-Ga合金组织与性能的基础研究[D]. 沈阳:东北大学,2011.

[20] LAGE E, KIRCHHOF C, HRKAC V, et al. Exchange biasing of magnetoelectric composites[J]. Nature Materials, 2012, 11(6): 523-529.

[21] 王国斌.磁场中凝固深过冷 $Fe_{81}Ga_{19}$ 合金的显微结构和磁致伸缩性能研究[D].兰州:兰州理工大学,2012.

[22] LEI N, DEVOLDER T, AGNUS G, et al. Strain-controlled magnetic domain wall propagation in hybrid piezoelectric/ferromagnetic structures[J]. Nature Communication, 2013, 4: 7.

[23] 胡勇.铁磁性 Galfenol 合金的感生磁各向异性及磁致伸缩性能研究[D].兰州:兰州理工大学,2014.

[24] 郭利利. Fe-Ga-Er 磁致伸缩合金组织结构及性能[D].包头:内蒙古科技大学,2015.

[25] 潘杏雯.巨磁致伸缩 TbDy(Ho)Fe 合金的准同型相界研究[D].杭州:浙江大学,2015.

[26] 陈志越.高(Pr,Nd)含量 $R(FeCo)_2$ Laves 相合金的制备及磁致伸缩性能研究[D].南京:南京航空航天大学,2016.

[27] 周寿增,高学绪.磁致伸缩材料[M].北京:冶金工业出版社,2017.

[28] SAKON T, YAMASAKI Y, KODAMA H, et al. The characteristic properties of magnetostriction and magneto-volume effects of Ni2MnGa-type ferromagnetic heusler alloys[J]. Materials, 2019, 12(22): 3655.

[29] BUKREEV D A, DEREVYANKO M S, MOISEEV A A, et al. Effect of tensile stress on cobalt-based amorphous wires impedance near the magnetostriction compensation temperature[J]. Journal of Magnetism and Magnetic Materials, 2020, 500: 166436.

[30] 张双樽.基于超磁致伸缩材料的电声换能器设计及仿真[D].焦作:河南理工大学,2021.

[31] 周质光. Tb-Dy-Fe 磁致伸缩材料的晶界组织重构与性能研究[D].北京:北京科技大学,2022.

第18章

磁热效应材料

磁热效应(magnetocaloric effect,MCE)又称磁卡效应,是磁性材料的一种固有特性,它是指由外磁场的变化引起材料内部磁熵的改变并伴随着材料的吸热和放热。

1881年Watburg首先观察到金属铁在外加磁场中具有热效应,1895年Langeviz发现了磁热效应。1926年和1927年Debye和Glauque两位科学家分别从理论上推导出可以利用绝热去磁制冷的结论后,磁制冷开始应用于低温制冷。1976年美国国家航空航天局的Brown首次将磁制冷技术应用于室温范围,采用金属Gd作为磁制冷工质,在7T的超导磁场和无热负荷的条件下获得了47K的温度差。室温磁制冷在效率和环保方面都要优于传统的气体压缩制冷,还具有熵密度高、体积小、结构简单、噪声小、寿命长以及便于维修等特点。1984年,Gambino等人利用$LaCO_5$吸氢后磁化强度变小而除氢后磁化强度变大的特性实现了热磁发电,热磁发电技术能够利用工业生产中的余热转化为电能,节能环保。1997年美国Amms实验室的Pecharsky等发现$Gd_5Si_2Ge_2$材料在室温附近就拥有巨磁热效应,$Gd_5Si_2Ge_2$材料的磁熵变高于金属Gd 1倍。2005年中国科学院物理所沈保根课题组发现的$LaFe_{1-x}Si_xH$化合物在室温附近的磁熵变更是几乎达到了Gd的3倍。

一系列的发现给室温磁制冷技术商业化、产业化带来了希望。目前不少国家的科研人员在开发室温磁热效应材料方面进行了广泛的研究,并取得了很多有益的成果。可以预期在不久的将来,磁制冷空调、磁制冷冰箱、热磁发电机等新型节能环保的设备将在人们的生活中广泛应用。因此,室温磁热效应材料和相关技术成为各国竞相研究的热点。

18.1 磁热效应

18.1.1 磁热效应原理

磁热效应是磁制冷得以实现的基础。由磁性粒子构成的固体磁性物质,在受到外磁场的作用被磁化时,系统的磁有序度加强(磁熵减小),对外放出热量;再将其去磁,则磁有序度降低(磁熵增大),又要从外界吸收热量。这种磁性粒子系统在磁场的施加与去除过程中所呈现的热现象称为磁热效应。

磁热效应是所有磁性材料的固有本质。图18.1给出了铁磁性材料在磁有序温度附近的磁热效应。图中水平方向箭头ΔT_{ad}表示绝热温变,竖直方向箭头ΔS_M表示等温磁熵变,它们都可用来表征磁热效应的大小。

常压下,磁体的熵$S(T,H)$是磁场强度H和绝对温度T的函数,它由磁熵$S_M(T,H)$、晶格熵$S_L(T)$和电子熵$S_E(T)$3个部分组成,即

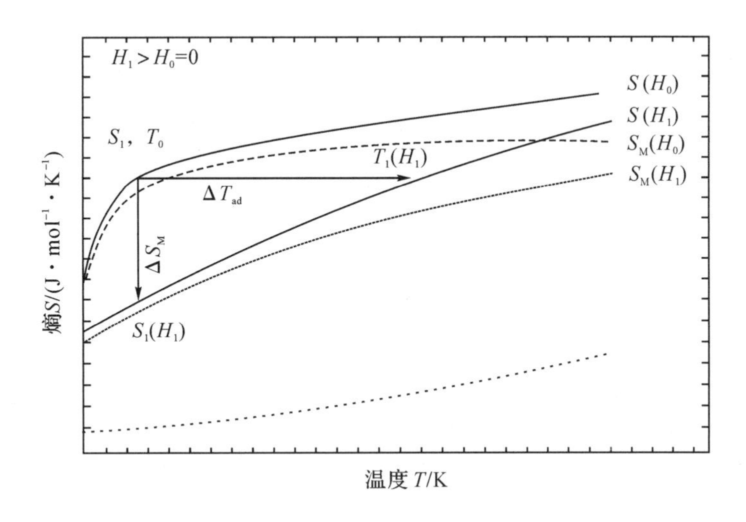

图 18.1 磁热效应的表征

$$S(T,H)=S_M(T,H)+S_L(T)+S_E(T)$$

可以看出，S_M 是 T 和 H 的函数，而 S_L 和 S_E 仅是 T 的函数。因此当外加磁场发生变化时，只有磁熵 S_M 随之变化，而 S_L 和 S_E 只随温度的变化而变化，所以 S_L 和 S_E 合起来称为温熵 S_T。于是上式可以改为：

$$S(T,H)=S_M(T,H)+S_T(T)$$

在绝热过程中，系统熵变为零，即

$$\Delta S(T,H)=\Delta S_M(T,H)+\Delta S_T(T)=0$$

当绝热磁化时，工质内的分子磁矩排列将由混乱无序趋于与外加磁场同向平行，根据系统论观点，度量无序度的磁化熵变小了，即 $\Delta S_M<0$，所以 $\Delta S_T>0$，故工质温度升高；当绝热去磁时，情况刚好相反，工质温度降低，从而达到制冷目的。如果绝热去磁引起的吸热过程和绝热磁化引起的防热过程用一个循环连接起来，通过外加磁场，有意识地控制磁熵，就可以使得磁性材料不断地从一端吸热而在另一端放热，从而达到制冷的目的。这种制冷方法就是我们所说的磁制冷。

18.1.2 磁热效应热力学描述

磁热效应材料的性能主要取决于以下几个参量。

1. 磁有序温度即磁相变点(如居里点 T_C、奈尔点 T_N 等)

磁有序温度是指从高温冷却时，发生诸如顺磁-铁磁、顺磁-亚铁磁等类型的磁有序化(相变)的转变温度。

2. 不同外加磁场条件下磁有序温度附近的磁热效应

磁热效应一般用不同外加磁场条件下的磁有序温度点的等温磁熵变 ΔS_M 或在该温度下绝热磁化时材料的绝热温变 ΔT_{ad} 来表征。

一般对于同一磁热效应材料而言，外加磁场强度变化越大，磁热效应就越大；不同磁热效应材料在相同的外加磁场强度变化下，在各自居里点处的 $|\Delta S_M|$ 或 ΔT_{ad} 越大，表明该磁热效应材料的磁热效应越大。

当磁性材料在磁场为 H、温度为 T 的体系中时，其热力学性质可用吉布斯(Gibbs)自由能 $G(M,T)$来描述。对体系的Gibbs函数微分可得到磁熵：

$$S(M,T)=-\left(\frac{\partial G}{\partial T}\right)_H \tag{18.1}$$

磁化强度：

$$M(T,H)=-\left(\frac{\partial G}{\partial H}\right)_T \tag{18.2}$$

由方程(18.1)(18.2)可以得到：

$$\left(\frac{\partial S}{\partial H}\right)_T=\left(\frac{\partial M}{\partial T}\right)_H \tag{18.3}$$

熵的全微分：

$$\mathrm{d}S=\left(\frac{\partial S}{\partial T}\right)_H\mathrm{d}T+\left(\frac{\partial S}{\partial H}\right)_T\mathrm{d}H=\frac{C_H}{T}\mathrm{d}T+\left(\frac{\partial M}{\partial T}\right)_H\mathrm{d}H \tag{18.4}$$

其中，$C_H=T\left(\frac{\partial S}{\partial T}\right)_H$ 定义为磁比热。

考察方程(18.4)：

(1)绝热条件下，$\mathrm{d}S=0$，则：

$$\mathrm{d}T=\frac{-T}{C_H}\left(\frac{\partial M}{\partial T}\right)_H\mathrm{d}H \tag{18.5}$$

(2)等温条件下，$\mathrm{d}T=0$，则：

$$\mathrm{d}S=\left(\frac{\partial M}{\partial T}\right)_H\mathrm{d}H$$

积分得：

$$\Delta S_{\mathrm{M}}(T,H)=S_{\mathrm{M}}(T,H)-S_{\mathrm{M}}(T,H=0)=\int_0^H\left(\frac{\partial M}{\partial T}\right)_H\mathrm{d}H \tag{18.6}$$

(3)等磁场条件下，$\mathrm{d}H=0$，则：

$$\mathrm{d}S=\frac{C_H}{T}\mathrm{d}T \tag{18.7}$$

通过实验测得 $M(T,H)$及 $C_H(H,T)$，根据方程(18.5)(18.6)(18.7)可求解出 ΔS_{M}、ΔT_{ad}。

18.1.3 磁热效应测试方法

磁热效应的测试方法可以归结为两种：直接测量法和间接测量法。

直接测量法就是直接测量试样磁化时的绝热温度变化 ΔT_{ad}。其原理是：在绝热条件下磁场分别为 H_0 和 H_1 时，测定相应的试样温度 T_0 和 T_1，则 T_1 和 T_0 之差即为磁场变化 ΔH 时的绝热温变 ΔT_{ad}。根据所加磁场的特点，直接测量法又可分为两种方式：①半静态法——把试样移入或者移出磁场时测量试样的绝热温度变化 ΔT_{ad}；②动态法——采用脉冲磁场测量试样的绝热温度变化 ΔT_{ad}。

间接测量法最主要的两种方法是磁化强度法和比热容测量法。磁化强度法即是在测定一系列不同温度下的等温磁化 M-H 曲线后，利用关系式(18.6)计算求得磁熵变 ΔS_{M}，通过零磁场比热容及 ΔS_{M} 可确定 ΔT_{ad}。比热容测量法即分别测定零磁场和外加磁场下，从 0K 到 $T_{\mathrm{C}}+100\mathrm{K}$ 温度区间的磁比热-温度曲线，从计算得到的不同磁场下的熵-温度曲线得到

ΔT_{ad}和 ΔS_M。

直接测量法简单直观，但只能测量绝热温变 ΔT_{ad}，同时对测试仪器的绝热性能和测温仪器本身的精度要求非常高(精度需达到 10^{-6}K 左右)，而且常常因测试设备本身的原因和磁工质本身 ΔT_{ad}较低而导致产生较大的误差，因此该方法并不常用。磁化强度法虽然需要带低温装置可控温、恒温的超导量子磁强计或振动样品磁强计来测试不同温度下的 M-H 曲线，但因其可靠性高、可重复性好、操作简便快捷而被广大研究者采纳。比热容测定法对磁比热计的要求较高，需提供不同强度的磁场、通过液氮实现低温、通过加热装置实现高温、通过程序实现精准的温度控制，但这种方法具有更好的精度。

18.2　磁制冷技术

18.2.1　磁制冷实现的过程

如图 18.2 所示，以最简单的卡诺循环为例对磁制冷过程进行说明。

(1)等温磁化过程：热开关 TS_1 闭合，TS_2 断开，磁场施加于磁工质上，使熵减小，通过高温热源与磁工质的热端连接，热量从磁工质传入高温热源。

(2)绝热去磁过程：热开关 TS_1 断开，TS_2 仍断开，逐渐移去磁场，磁工质内自旋系统逐渐无序，在退磁过程中消耗内能，使磁工质温度下降到低温热源温度。

(3)等温去磁过程：TS_2 闭合，TS_1 仍断开，磁场继续减弱，磁工质从热源 HS 吸热。

(4)绝热磁化过程：TS_2 断开，TS_1 仍断开，施加一较小磁场，磁工质温度逐渐上升到高温热源温度。

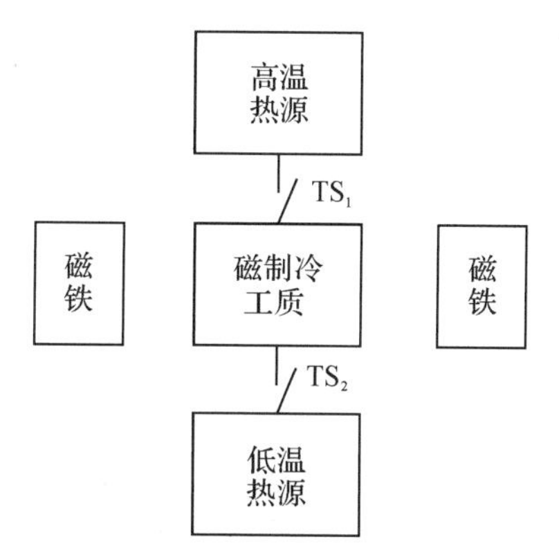

图 18.2　卡诺型磁制冷机工作流程

18.2.2　磁制冷与气体压缩制冷比较

磁制冷和气体压缩制冷是两种不同的制冷方式，具有较大差异。

(1)实现原理不一样：磁制冷是通过励磁、退磁而实现制冷，而传统气体压缩制冷则是通过气体压缩、膨胀而实现制冷。因此磁制冷不需能耗很大的压缩机，但须有磁场。

(2)制冷工质差异大：气体压缩制冷的工质为气体；磁制冷的工质为固体，无毒、无温室效应，不破坏臭氧层，且具有高熵密度。为获得 2.3R 的熵变化，气体压缩制冷在 $p_1=$

0.1MPa，$p_2/p_1=10$ 时需要 22.4L 的气体，而磁制冷如以磁工质 GGG($Gd_3Ga_5O_{12}$)为例，仅需 143cm^3 体积便能获得与上述气体系统相同数值的熵变，浓缩程度约为气体的 156 倍。因此作为小型、大功率的制冷系统，磁制冷是很有希望的。但磁工质高熵密度同时意味着，在等温吸热和放热过程中，迅速而又高效地进行自旋系统与外部热源之间的热交换将成为磁制冷中非常重要的问题。

图 18.3 给出了磁制冷、气体压缩制冷两种方式制冷原理的对比。表 18.1 给出了磁制冷、气体压缩制冷概括性的比较。

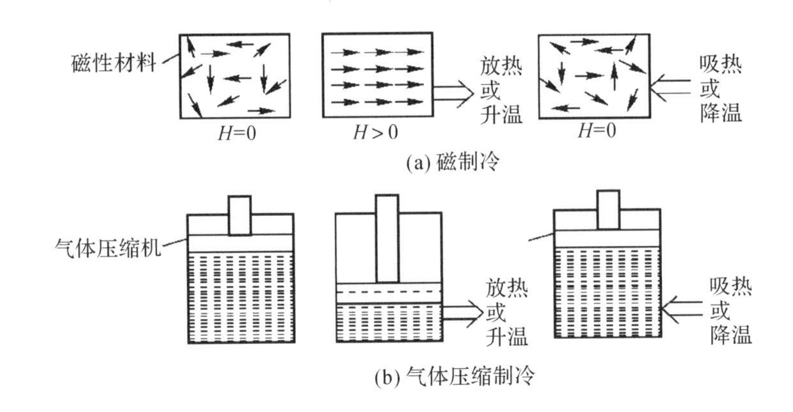

图 18.3 磁制冷与气体压缩制冷工作原理

表 18.1 磁制冷、气体压缩制冷比较

制冷方式	制冷工质		操作		
	工质	熵密度	外力	发生装置	操作种类
磁制冷	磁性物质	高	磁场	永磁磁体或电磁铁及驱动机构	励磁、去磁
气体压缩制冷	气体	低	压力	压缩机	压缩、膨胀

18.2.3 磁制冷循环

磁制冷基本过程是用循环把磁制冷工质的去磁吸热和磁化放热过程连接起来，从而在一端吸热，在另一端放热。根据采用不同种类的过程连接上述两个热交换过程，可以定义各种不同的制冷循环。

目前，具有较高效率的循环主要有卡诺(Carnot)循环、斯特林(Stirling)循环、布雷顿(Brayton)循环和埃里克森(Ericsson)循环四种。当制冷温度较低(低于 1K)时，晶格熵可以忽略不计，卡诺循环是适当的。当温度升高(1～20K)时，晶格熵逐渐增大到可与磁熵相比拟，状态变化的有效熵变小，需加很大外磁场才能有效制冷。当温度高于 20K 尤其在近室温时，晶格熵已对整体熵产生决定性影响，如采用卡诺循环，外场须高达 600T，这是不现实的。因此，必须在原有卡诺循环制冷机上外加一蓄冷器，以储存、释放晶格所散发的热量，这时，制冷循环转化为斯特林、布雷顿、埃里克森循环。原则上卡诺循环可用于制冷温度低于 20K 的磁制冷机，而斯特林、布雷顿、埃里克森循环则为 20～300K 温度的磁制冷机提供了可行的热力学方式。其中埃里克森循环由于制冷温度幅度大，可达几十 K，是高温下常用的磁制冷循环模式。

卡诺循环包含 $A_C \rightarrow B_C$ 和 $C_C \rightarrow D_C$ 两个等温过程以及 $B_C \rightarrow C_C$ 和 $D_C \rightarrow A_C$ 两个绝热过程,如图 18.4 所示。卡诺型磁制冷机的详细制冷过程见图 18.2。在这两个绝热过程中,由于与外部系统之间没有热量的交换,系统的总熵保持一定。当磁场使磁熵改变时,必然导致温度变化。于是在两个等温过程中便可实现放热和吸热,达到制冷的目的。

斯特林循环包含 $A_S \rightarrow B_S$ 和 $C_S \rightarrow D_S$ 两个等温过程以及 $B_S \rightarrow C_S$ 和 $D_S \rightarrow A_S$ 两个等磁矩过程,如图 18.5 所示。

布雷顿循环包含 $A \rightarrow B$ 和 $C \rightarrow D$ 两个等磁场过程以及 $B \rightarrow C$ 和 $D \rightarrow A$ 两个绝热过程,如图 18.6 所示。循环工作在磁场强度 H_0 和 H_1 之间。等磁场过程 $A \rightarrow B$ 放出图中"$AB12$"面积大小的热量,等磁场过程 $C \rightarrow D$ 吸收"$DC12$"面积的热量。绝热励磁过程 $D \rightarrow A$ 和绝热退磁过程 $B \rightarrow C$ 过程无热量交换。

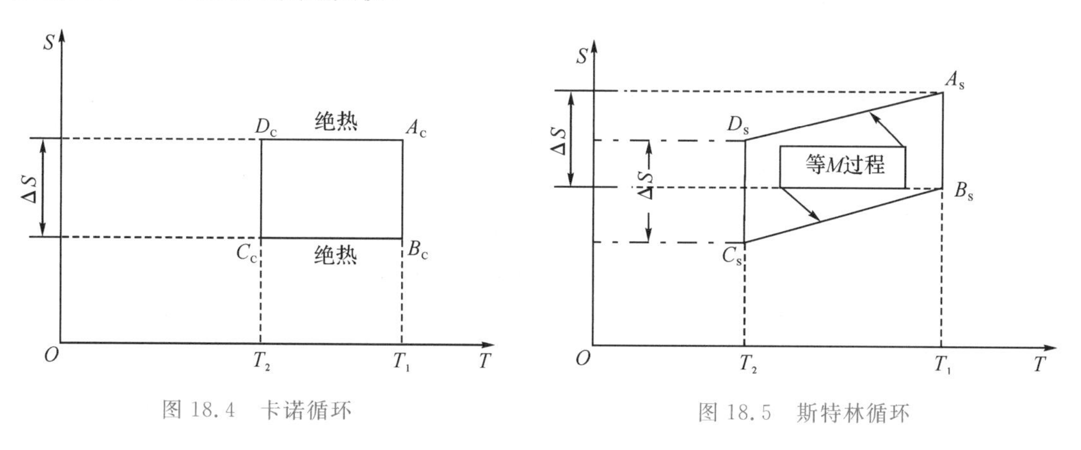

图 18.4 卡诺循环

图 18.5 斯特林循环

埃里克森循环包含 $A \rightarrow B$ 和 $C \rightarrow D$ 两个等温过程以及 $B \rightarrow C$ 和 $D \rightarrow A$ 两个等磁场过程,如图 18.7 所示。图 18.8 给出了埃里克森循环制冷机的工作原理,循环流程如下:①等温磁化过程Ⅰ,将外磁场 B_1 增大到 B_2,这时磁性材料产生的热量向蓄冷器排出,上部的蓄冷流体温度上升。②等磁场过程Ⅱ,外加的磁场 B_2 维持不变,磁性材料和电磁体一起向下移动,磁性材料在下移过程中不断地向蓄冷流体排放热量,温度从 T_1 变化到 T_2。③等温去磁

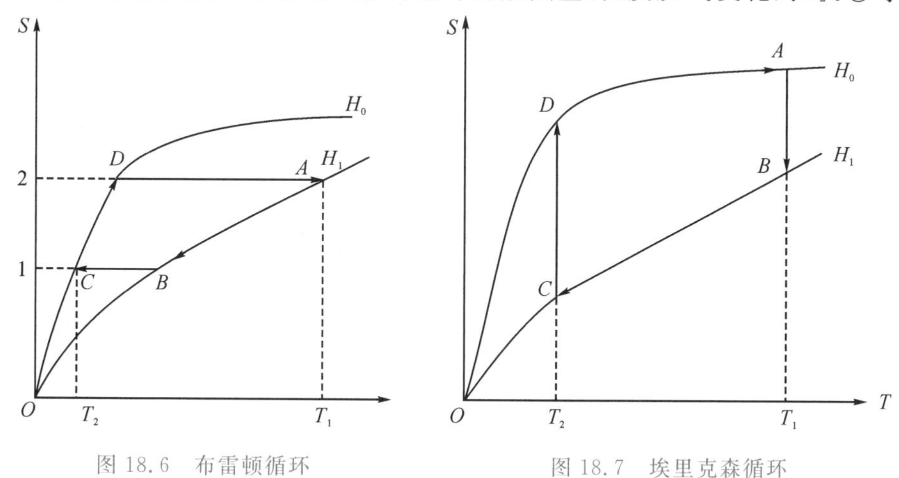

图 18.6 布雷顿循环

图 18.7 埃里克森循环

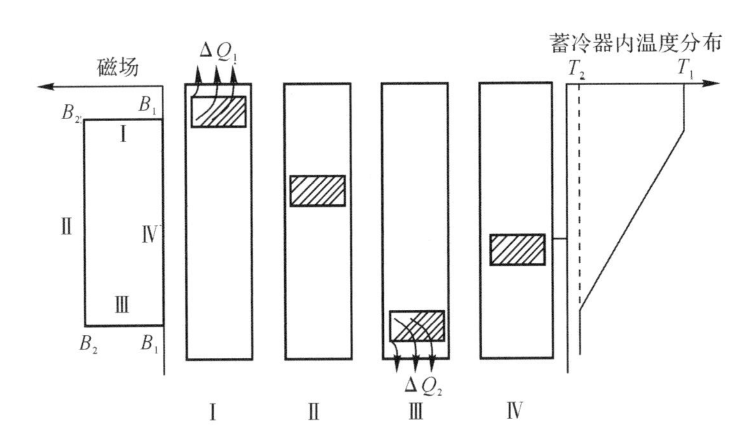

Ⅰ—等温磁化过程；Ⅱ—等磁场过程(强磁场)；Ⅲ—等温去磁过程；Ⅳ—等磁场过程(弱磁场)。

图 18.8 埃里克森循环制冷机的工作原理

过程Ⅲ，保持磁性材料和电磁体静止不动，磁场从 B_2 减小到 B_1，磁性材料从下部的蓄冷流体吸收热通量。④等磁场过程Ⅳ，维持磁场 B_1 不变，将磁性材料和电磁体一起向上移动，这时磁性材料从蓄冷流体吸收热量温度升高到 T_1，到此完成整个循环。

表 18.2 概括地给出了四种磁制冷循环的优缺点及适用场合。

表 18.2 四种磁制冷循环的比较

循环名称	优点	缺点	适用场合
卡诺循环	无蓄冷器、结构简单、可靠性高、效率高	温度跨度小，需较高外场，存在晶格熵限制，外磁场操作比较复杂	顺磁磁工质，结构简单，制冷温度在 20K 以下场合，制冷温度范围小
斯特林循环	需蓄冷器，可得到中等温跨	要求 B/T 为常数，外磁场操作复杂(需计算机控制)	制冷温区在 20K 以上，制冷温度范围适中
布雷顿循环	可得到最大温跨，可使用不同大小的场强	蓄冷器中传热性能要求高，需外部热交换器	制冷温区在 20K 以上
埃里克森循环	需蓄冷器，可得到大温跨，外磁场操作简单，根据需要可使用各种外场	蓄冷器传热性能要求很高，结构相对复杂，效率低于卡诺循环，需外部热交换器，且与外部热交换间的热接触要求高，操作复杂	制冷温度在 20K 以上场合，20K 以下场合也有使用的动向，制冷温度范围大

18.2.4 磁制冷关键技术

磁制冷技术的关键在于选择合适的磁制冷循环和相应的磁热效应材料。在低温温区(<20K)，由于磁热效应材料的晶格熵可忽略不计，这方面的研究到 20 世纪 80 年代末已经非常成熟。利用顺磁盐绝热去磁目前已达到 0.1mK，而利用原子核磁矩绝热去磁制冷方式可获得 2×10^{-9}K 的极低温。磁制冷方式，已成为制取极低温的一个主要方式，是极低温区非常完善的制冷方式。

中温温区(20～77K)是液氢的重要温区，而绿色能源液氢具有极大的应用前景，所以该温区的研究已经比较多。

对于高温温区(>77K),研究的重点在室温温区。在室温范围内,磁热效应材料的晶格熵很大,如果不采取措施取出晶格熵,有效熵变将非常小;另外,在室温范围内强磁场的设计以及换热性能的加强都是很关键的。总之,室温磁制冷的研究水平还远远低于低温范围的研究。有些还处于实验探索阶段。

除了选择合适的磁制冷循环以及高性能的磁工质以外,磁制冷还有以下几大关键技术。

(1)磁场分析、磁体结构设计:以永磁体磁化场为例,须采用有限元方法对永磁体磁场分布进行分析;根据场型分析指导磁体结构设计;研究发现磁极内表面的平整程度对磁场分布影响很大,因此磁体的加工制造也非常重要。

(2)蓄冷技术:在低温温区可以不考虑蓄冷的问题。但在中温温区及高温温区,磁制冷的晶格熵的取出须依靠蓄冷器,蓄冷材料的低温特性(比热、导热等)及蓄冷器设计将直接影响磁制冷机的功率和效率。因此必须对蓄冷材料的热力学性能进行深入研究,并选择较好的蓄冷材料设计出合理的蓄冷器。

(3)换热技术:换热性能的好坏直接影响室温磁制冷样机的制冷效率。在低温温区一般采用各种形式的热开关进行换热,而对于20K以上温区,一般多采用流体-固体换热,极少采用热开关形式进行换热。因此应针对相应的温区选择换热介质并设计好热开关或换热回路。

18.3 常用磁热效应材料

18.3.1 磁热效应材料选择依据

磁性物质由晶格体系、自旋电子体系以及传导电子体系组成,晶格熵 S_L、磁熵 S_M 和电子熵 S_E 构成了磁性物质的总熵。制冷循环中,晶格熵和电子熵因与磁场无关而对磁热效应无贡献,系统的冷却能力完全取决于磁熵的变化。根据热力学理论,系统的磁熵与朗德因子(g)、全角动量(J)有关,根据 Maxwell 方程可以得到顺磁材料磁熵变:

$$\Delta S(T,H)=-\frac{Ng^2J(J+1)\mu_B^2H^2}{6K_B(T-T_C)^2}$$

式中,N 为磁性原子密度,μ_B 为玻尔磁子,K_B 为玻尔兹曼常数。

铁磁材料在居里温度附近的磁熵变可用下式近似表示:

$$\Delta S_M\approx-1.07NK_B\left(\frac{g\mu_BJ}{K_BT_C}H\right)^{2/3}$$

作为磁性材料制冷能力的评价指标,磁熵变 ΔS 越大,磁热效应越显著,而且磁熵变通常随着外加磁场的增强而增大。ΔS 与 g、J、μ_B 呈正相关,且在居里点附近 ΔS 有最大值,即为了获得较大的 ΔS 应尽可能选居里点在工作温度附近且 g、J 较大的材料。

在温度较低的情况下,晶格熵很小,磁熵的变化即为系统的总熵变。但在室温区附近,晶格热振动剧烈,系统的部分冷却量需要用来冷却晶格体系,此时晶格熵成为热负载,使得磁熵系统的冷却能力有所降低。忽略电子和晶格耦合,用德拜近似理论考虑晶格的振动,材料晶格熵可以表示为:

$$S_L(T)=9Nk\int_0^T\frac{T^2}{\theta_D^2}\left[\int_0^{\theta_D/T}\frac{e^xx^4}{(e^x-1)^2}dx\right]dT$$

式中，θ_D 为德拜温度。图 18.9 是 $S_L(T)$ 与 T/θ_D 的关系曲线。从图中可以看出，$S_L(T)$ 随着 T/θ_D 的增大而增大。只有当 T/θ_D 较小时，$S_L(T)$ 才可忽略不计。所以，磁热效应材料的德拜温度 θ_D 应该越高越好。

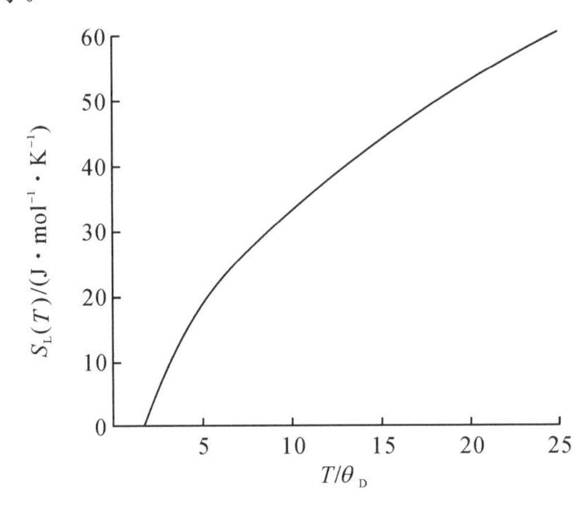

图 18.9 晶格熵 $S_L(T)$ 与 T/θ_D 的关系曲线

对于磁热效应系统来说，以 20K 为界，前后两温区不仅要改变循环的方式，而且对磁工质的特性要求也有所不同。对于卡诺型磁热效应机，必须充分注意晶格熵在制冷过程中的耗散作用，在保证其他特性的前提下，应选用德拜温度较高的工质。在 20K 以上的磁热效应过程中，材料选择的最大特点是采用具有强磁性的铁磁工质。由于 20K 以上的磁热效应循环一般都带有蓄冷器，起到剔除晶格热的作用，这样，作为一个能保证蓄冷器效率的系统，在理论上说，晶格熵对系统的影响不大。晶格热问题已转化为磁工质与蓄冷器间的传热问题，此时工质的导热性能变得尤为重要。

因此，综合以上各个因素，在选择磁热效应材料时，应遵循以下几个原则：

(1)由于磁熵变在居里温度附近取得最大值，材料的居里温度应在工作温度附近；

(2)为了获得大的磁熵变，根据 Maxwell 方程，应选择朗德因子 g、全角动量 J 大的磁性材料；

(3)选用发生一级磁性转变(即磁性变化与晶体结构转变相耦合)的材料，相变前后两相的磁性差异较大，可以得到较大的磁熵变化；

(4)较高的德拜温度，以尽量减小晶格熵和电子熵的不利影响；

(5)目前 20K 以上的磁热效应技术主要采用埃里克森循环方式，这就要求磁工质在尽可能宽的工作温区具有大的磁熵变；

(6)选择低比热、高导热率材料，以保证可以快速地进行热交换将热量传递出去，尤其是带有蓄冷器的磁热效应循环系统；

(7)电阻率高，以减少涡流损耗；

(8)性能稳定，成本低，制备工艺简单。

18.3.2 磁热效应材料分类

磁热效应材料根据应用温度范围可大体分为三个温区：低温区(＜20K)、中温区(20～77K)及高温区(＞77K)。下面分别加以介绍。

1. 低温区磁热效应材料

低温区主要是指20K以下的温度区间，在这个温区内磁热效应材料的研究已经比较成熟。在该温区中利用磁卡诺循环进行制冷，工作的工质材料处于顺磁状态，研究的材料主要有$Gd_3Ga_5O_{12}$（GGG）、$Dy_3Al_5O_{12}$（DAG）、$Y_2(SO_4)_2$、$Dy_2Ti_2O_7$、$Gd_2(SO_4)_3 \cdot 8H_2O$、$Gd(OH)_2$、$Gd(PO_3)_3$、$DyPO_4$、Er_3Ni、$ErNi_2$、$DyNi_2$、$HoNi_2$、$Er_{0.6}Dy_{0.4}$、Ni_2ErAl_2等。4.2K以下常用GGG和$Gd_2(SO_4)_3 \cdot 8H_2O$等材料生产液氦流，而4.2～20K则常用GGG、DAG进行氦液化前级制冷。

综合来看，该温区仍由GGG、DAG占主导地位，GGG适于1.5K以下，特别是10K以下优于DAG。在10K以上，特别是在15K以上，DAG明显优于GGG。另外，Shull等研究表明$Gd_3Ga_{5-x}Fe_xO_{12}$(GGIG)(x=2.5)具有超顺磁性，在较低磁场下就能达到饱和，对于采用低场实现20K以下温区的磁制冷具有重要作用。

2. 中温区磁热效应材料

中温区主要是指20～77K温度区间，是液化氢、氮的重要温区。在该温区，人们集中研究了$REAl_2$、$RENi_2$型材料及一些重稀土元素单晶多晶材料。$REAl_2$型材料复合化后获得了较宽的居里温度，如Zimn等人研制了一种$(Dy_{1-x}Er_x)Al_2$复合材料，该材料磁矩大，居里温度宽。表18.3列出了一些该温区的磁热效应材料的居里温度及在该温度一定外场H下的磁热效应。

表18.3 20～77K温区磁热效应材料

制冷材料	居里温度 T_C/K	外加磁场变化/T	T_C附近磁熵变 ΔS_M	T_C附近绝热温变 ΔT_{ad}/K
$(Gd_{0.40}Er_{0.60})NiAl$	21	5	15.2J/(kg·K)，3.76J/(mol·K)	
$(Gd_{0.45}Er_{0.55})NiAl$	23	5	4.6J/(mol·K)	
$(Gd_{0.50}Er_{0.50})NiAl$	25	5	13.2J/(kg·K)	11
$(Gd_{0.54}Er_{0.46})NiAl$	28	5	12.7J/(kg·K)，3.4J/(mol·K)	
DyAlNi	28	5	13.2J/(kg·K)，4.4J/(mol·K)	
$(Gd_{0.1}Er_{0.9})Ni_2$	28	7.5	4.8J/(mol·K)	
DyAlNi	29	7.5	2.15J/(mol·K)	
$(Gd_{0.60}Er_{0.40})NiAl$	29	5	12.2J/(kg·K)	
GdNiAl	29～59	5	10.5J/(kg·K)，2.6J/(mol·K)	
$(Gd_{0.54}Er_{0.46})AlNi$	30	7.5	5.5J/(mol·K)	
$(Dy_{0.40}Er_{0.60})Al_2$	31.6	7.5	6.4J/(mol·K)	10.40
$(Gd_{0.30}Er_{0.70})NiAl$	32	5	11.7J/(kg·K)，2.9J/(mol·K)	
$(Dy_{0.40}Er_{0.60})Al_2$	32	5	26J/(kg·K)，4.9J/(mol·K)	
$TbNi_2$	37	7.5	3.55J/(mol·K)	
GdPd	38	7.5	3.4J/(mol·K)	9.85
$(Dy_{0.50}Er_{0.50})Al_2$	38.2	7.5	6.7J/(mol·K)	10.46
$(Dy_{0.55}Er_{0.45})Al_2$	40.8	7.5	3.5J/(mol·K)	10.54
$DyAl_2$	63	2(5)		3.7(7)

3. 高温区磁热效应材料

高温区主要是指 77K 以上的温度区间，在该温区，特别是室温温区，因传统气体压缩制冷的局限日益凸显，而磁制冷技术刚好能克服该缺陷，因此受到极大的关注。由于该温区内温度高，晶格熵增大，顺磁工质已经不适用了，需要用铁磁工质。室温附近材料热容增大，磁制冷工质的热量传递也要相对较快以保证制冷效率。

Brown 在 1968 年首先发现重稀土元素 Gd 有大的磁熵变[9.5J/(kg·K)]，而且 T_C = 293K，接近室温，因此 Gd 及其合金引起广泛关注，并用它作为研究磁热效应材料磁热效应的一个对比标准。1997 年 Pecharsky 和 Gschneidner 在 $Gd_5Si_2Ge_2$ 合金中获得了拥有比 Gd 更大的磁熵变[18J/(kg·K)，0～5T]，并且由此发现了巨磁热效应（gaint magnetocaloric effect，GMCE），这是室温磁制冷发展的一个里程碑。此类化合物最重要的特征是晶体结构相变与磁相变的同时发生，导致在居里温度附近能够产生远大于金属 Gd 的磁热效应。该材料的巨磁热效应给了人们一个启示，如果应用晶体结构等的变化来改变系统的磁有序状态，那么就可以得到比传统的金属 Gd 大的巨磁热效应。一般来说，对于巨磁热效应材料，在磁场低于 5T 的条件下发生一级相变时，由于晶格转变，附加的磁熵变占总体磁熵变的比例超过 50%。紧接着，一系列具有一级磁性相变的磁热效应材料被发现，磁热效应材料研究掀起了一阵新高潮。

按照材料的种类来划分，人们研究的磁热效应材料主要有以下几种。

1. 稀土及其合金

1)Gd 金属及其合金化合物

在稀土金属及其合金的研究进程中 Gd 金属及其合金一直都是人们所关注的热点，这主要是因为 Gd 金属 4f 层有 7 个未成对的电子，具有较高的自旋磁矩，磁热效应显著。自从采用金属 Gd 作为磁工质获得了制冷效果，便揭开了室温磁制冷技术发展的序幕。金属 Gd 的居里温度恰好在室温区，而且 0～5T 磁场变化下最大的磁熵变 ΔS_{max} 约为 9.5J/(kg·K)，最大的绝热温变 ΔT_{ad} 约为 12K，通常被作为研究其他材料的基准量；但 Gd 金属价格高、易氧化等缺点限制了其发展。目前对 Gd 金属的研究主要集中在 Gd 合金化合物的磁热性能上。具有巨磁热效应的 $Gd_5(Si_xGe_{1-x})_4$ 化合物在 0～5T 的磁场下，相应的等温磁熵变 ΔS_M 可达到 39.0J/(kg·K)，但居里温度 T_C 较低，为 247K，随后通过调节 Si 和 Ge 的比例使 T_C 提升到 280K，而 S_M 却减小为 11.7J/(kg·K)。与 Gd 金属相比，$Gd_5(Si_xGe_{1-x})_4$ 化合物的 ΔS_{max} 远大于 Gd 金属，且在较宽的温区内连续可调，但 $Gd_5(Si_xGe_{1-x})_4$ 化合物的居里温度偏低，且要求原料 Gd 的纯度较高，造价高，不易生产，目前仍没有完美的解决办法，这些都限制了 $Gd_5(Si_xGe_{1-x})_4$ 化合物的发展。

2)$LaFe_{1-x}Si_x$ 基化合物

中国科学院物理所发现 $NaZn_{13}$ 结构的 $LaFe_{1-x}Si_x$ 化合物在低 Si 含量范围具有一级磁性相变。$LaFe_{1-x}Si_x$ 化合物与 $NaZn_{13}$ 具有相同的结构，称为 1∶13 相。$LaFe_{1-x}Si_x$ 化合物在居里温度附近晶格常数不连续变化，同时材料的磁性从铁磁性状态变化到顺磁性状态，发生了一级磁性相变，在磁性相变附近产生巨磁热效应。在 2T 磁场下，$LaFe_{11.6}Si_{1.4}$ 合金的磁熵变可以达到 13J/(kg·K)，且热滞几乎可以忽略不计，但此类合金化合物居里温度 T_C 较低，约为 200K，无法满足室温磁制冷的要求。目前提高 $La(Fe,Si)_{13}$ 合金居里温度的方法主要有：吸 H 技术（固溶 H）、利用 Co 取代 Fe 原子和用其他稀土元素部分取代 La。通过加氢或用其他元素如Ce、Pr等部分替代La能很好地控制T_C，从而在相对较小的外磁场下获得较大的ΔS_M与ΔT_{ad}峰值。如图18.10所示，$LaFe_{11.4}Si_{1.6}H_{1.5}$在0～2T磁场下的磁熵变为19J/(kg・K)，$T_C$为323K；通过掺入Co能让其居里温度在200K到290K之间变化，但是磁熵变会大幅降低。$La_{0.5}Pr_{0.5}(Fe_{0.88}Si_{0.12})_{13}$在外磁场为5T时$\Delta S_M$与$\Delta T_{ad}$峰值分别为30J/(kg・K)与11.9K，而控制$La_{0.5}Pr_{0.5}(Fe_{0.88}Si_{0.12})_{13}H_y$中的$y$值能使$T_C$增加到324K。由于在已报道的一级磁性相变磁热效应材料中，$LaFe_{1-x}Si_x$化合物的制备相对简单，价格不高，利用替代元素容易控制一级磁相变，所以被认为是最有希望实用的磁热效应材料。而我国率先发现$LaFe_{1-x}Si_x$化合物，使得我国磁热效应材料研究在国际上处于领先地位。

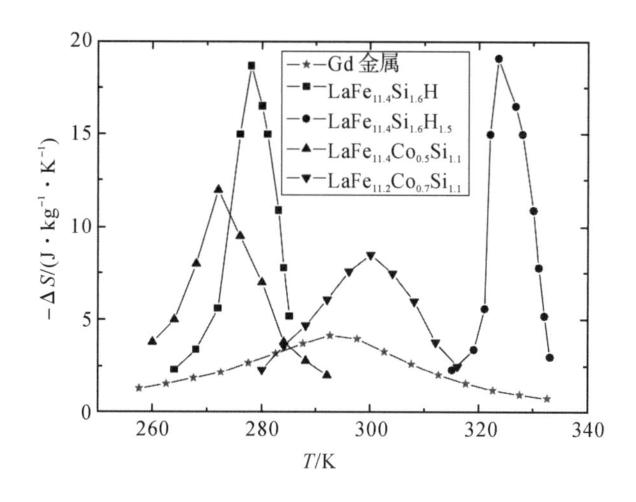

图18.10　$La(Fe,Si)_{13}$基化合物在0～2T磁场下的磁熵变

2. 过渡金属及其化合物

1) $MnFeP_{1-x}As_x$系及$MnAs_{1-x}Sb_x$系化合物

2004年Bruck发现六方Fe_2P型合金$MnFeP_{1-x}As_x$具有巨磁热效应，在As含量为0.35时，磁熵变达到最大值，在5T下为33.4J/(kg・K)。Mn-As化合物的巨磁热效应也来源于合金在一级磁相变温度处，磁相变和结构相变的同时发生。$MnFeP_{1-x}As_x$化合物在居里温度318K处晶体结构从正交MnP型晶体结构，转变为六方NiAs型结构，同时材料从铁磁态变化到顺磁态。由于As元素有毒，部分学者尝试使用无毒的Si、Ge来替代As。Dagula等研究发现，用Si置换As后，合金的磁热效应有较大的提高。Thanh发现$MnFeP_{1-x}Si_x$合金的居里温度可在230K至370K间调整；$x=0.5$时，磁熵变最大，在295K处达到30J/(kg・K)(0～2T)。用Ge替代的合金$Mn_{1.2}Fe_{0.8}P_{1-x}Ge_x$和$Mn_{1.1}Fe_{0.9}P_{1-x}Ge_x$在室温下均具有良好的磁热性能，且居里温度可调。随Ge含量的增加，居里温度是呈线性增加的，磁熵变先增加后减小，在Ge含量为0.25时达到了24.3J/(kg・K)。该系化合物磁热效应较大，原材料成本低，居里温度可调，但通过Si、Ge取代后仍存在其他问题，如热滞较大以及居里温度强烈依赖于Ge的浓度而使性能不稳定、效率降低等。如能合理解决这些问题，其将具有很广阔的应用前景。

与$MnFeP_{1-x}As_x$系化合物相近的还有$Mn\text{-}As_{1-x}Sb_x$系化合物。$MnFeP_{1-x}As_x$系化合物的明显缺点是在居里温度处伴随着较大的热滞。Palacios等指出用Sb部分替代As可以解决该问题，并且 $MnAs_{1-x}Sb_x$（$0\leqslant x\leqslant 0.4$）在外磁场为 6T 时的最大磁熵变为 25J/(kg·K)，$x=0$、$x=0.4$ 对应的 ΔT_{ad} 峰值分别为 12.4K、10.8K。而且 Sb 的加入能够调节 Mn-As 类化合物的居里温度。x 从 0 增加到 0.4 时，$MnAs_{1-x}Sb_x$ 的居里温度从 318K 降低到 225K。但是，$MnAs_{1-x}Sb_x$ 合金存在 As 元素的排放对生态有不利影响的问题。

2）霍伊斯勒（Heusler）合金

铁磁性材料 Heusler 合金 Ni-Mn-X（X 为 Ga、Sn、In 等）近年来一直备受关注，因为其合金具有巨磁热效应、巨霍尔效应、超磁致伸缩、形状记忆效应、交换偏置现象，所以此类化合物在晶体结构和磁学性能方面一直都是研究的热点。

Heusler 型 Ni-Mn-X 合金在马氏体结构转变温度附近存在巨磁热效应，相变过程中结构和磁性能的转变强烈影响着合金的磁热性能。2004 年 Aliev 等发现在 2.6T 磁场变化下 $Ni_{2.104}Mn_{0.924}Ga_{0.972}$ 合金的磁熵变约为 25J/(kg·K)。都有为等发现 $Ni_{45.4}Mn_{41.5}In_{13.1}$ 合金在 250K 附近的磁熵变约为 8J/(kg·K)（0～1T）。2005 年 Krenke 等发现 5T 磁场下 $Ni_{50}Mn_{37}Sn_{13}$ 的磁熵变达到 19J/(kg·K)。Ni-Mn-Ga 在冷却过程中，从立方奥氏体相转变为正方晶系的马氏体相。高温和低温下两种相的磁性存在着巨大差异，在马氏体相变点附近施加磁场，诱发马氏体一级结构相变，从而产生巨磁热效应。对非化学计量比的合金研究发现，居里温度 T_C 和马氏体转变温度 T_M 对成分非常敏感。通过调整合金的成分，可以使一级结构相变与磁性转变重叠，从而大幅提高磁熵变。特征温度 T_M 和 T_C 耦合程度越高，磁热效应越显著。

含有 In 或 Sn 的 Heusler 合金表现出负的磁熵变，即在加磁场时材料吸热，这与奥氏体和马氏体中交换作用不同有关。Ni-Mn-Sn 在冷却过程中会出现明显的一次结构相变和两次磁相变：①奥氏体铁磁无序相转变为奥氏体铁磁有序相；②奥氏体铁磁相转变为马氏体顺磁相；③马氏体顺磁相转变为马氏体铁磁相。其中第二次相变过程中存在热滞，为一级相变，另外两次磁相变均为二级相变。三次相变过程中都伴随磁性突变，二级相变对应正磁热效应，一级马氏体相变对应负磁热效应且磁熵变化幅度最大，因此 Ni-Mn-Sn 合金中负磁热效应更具应用前景。

Heusler 合金中 Ni-Mn-Ga 发现最早，最有代表性，在马氏体相变点附近具有巨磁热效应，通过改变元素比例或掺杂其他元素可在很宽的温度范围内调整相变温度。但 Ga 元素价格高，磁热效应的工作温区非常窄，仅 2～3K，对其应用极为不利。Ni-Mn-Sn 合金马氏体相的磁性很弱，相变前后的磁跃变更为显著，在具有更大磁熵变化的同时，制冷温区可以拓宽至 10K 以上。Ni-Mn-Sn 合金成本低，相变温度在室温区间连续可调，被认为是最有应用前景的磁热效应材料之一。

3. 类钙钛矿化合物

钙钛矿型化合物是一类神奇而具有多种用途的材料体系，它是十分重要的铁电压电材料、高温超导材料、光子非线性材料、电流变液材料、庞磁电阻材料以及催化材料。

类钙钛矿型锰氧化物 $RMnO_3$ 由于磁性与晶格之间强烈耦合而在居里点附近存在较大的磁热效应。较其他磁热效应材料而言，其优点在于涡流损耗小、成本较低、制备简单、性能稳定、磁熵变较大，但居里温度偏低，很难应用于室温附近。如 $La_{2/3}Ca_{1/3}MnO_3$ 的磁熵变为金属 Gd[1.5T 磁场下约为 4.2J/(kg·K)]的 1.5 倍，达到 6.26J/(kg·K)，但居里温度仅为 267K。虽然可以通过调整元素比例或掺杂其他元素将居里温度调至室温，但磁熵变会相应降低。如 $La_{0.6}Nd_{0.2}Na_{0.2}MnO_3$ 在居里点 295K 处磁熵变仅为 1.68J/(kg·K)(0～1T)，$La_{0.7}Ca_{0.2}Sr_{0.1}MnO_3$ 在居里点 308K 处磁熵变降至 3.6J/(kg·K)(0～2T)。Cu 掺杂后的 $La_{0.77}Sr_{0.23}Mn_{0.9}Cu_{0.1}O_3$ 合金在 325K 处磁熵变达到 4.41J/(kg·K)(0～1T)，高出同条件下高纯金属 Gd26%，这是一个很大的突破。总之，类钙钛矿型锰氧化物的居里温度通常低于室温，虽然可以将其调高至室温区间，但磁熵变会急剧下降，这一点是该系合金应用必须克服的问题。

4. 复合磁热效应材料

在高温区磁制冷工质的磁熵变在居里点附近出现一个峰值。而由埃里克森循环可知，具有磁熵变峰值的单一工质是不适合埃里克森循环的，埃里克森循环要求在一个较宽的工作温区内工质的磁熵变都大致相等。为了制造理想的适合于埃里克森循环的工质，通常把几种居里点不同的磁热效应材料按一定的比例复合成复合工质，从而使这复合工质在一个较宽温区内磁熵变大致相等。Smailli 研究了 220～290K 温区内 Gd、$Gd_{88}Dy_{12}$、$Gd_{72}Dy_{28}$、$Gd_{51}Dy_{49}$ 四种铁磁材料按等量比例复合材料的磁热效应，如图 18.11 所示。从图中可看到复合后的磁熵曲线比较平滑，适宜于埃里克森循环制冷。

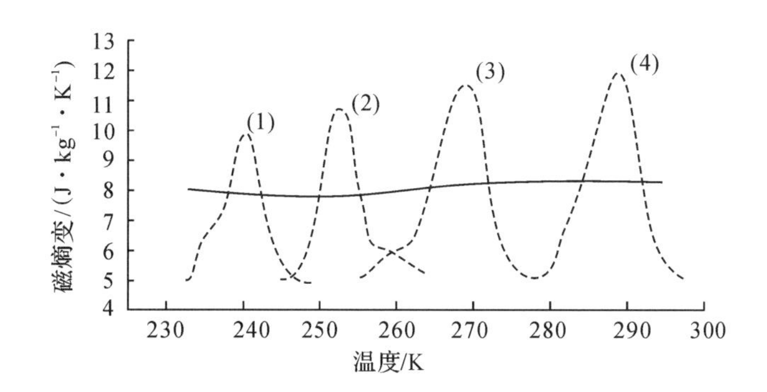

实线：复合材料。

虚线：(1)$Gd_{51}Dy_{49}$；(2)$Gd_{72}Dy_{28}$；(3)$Gd_{88}Dy_{12}$；(4)Gd。

图 18.11　磁熵变与温度关系曲线

5. 纳米磁热效应材料

前面所讨论的磁制冷工质材料都是块材，而将纳米技术引入磁热效应材料的研究中，人们发现了一些新的特点。

(1)与块材相比，纳米磁热效应材料晶界增加，饱和磁化强度减小，从而磁熵变减小；

(2)纳米材料的磁熵变峰值降低，曲线变得更加平坦，使其高熵变温区宽化，更适合于磁制冷循环的需要。

因此，纳米磁热效应材料较块材更适用于磁制冷。纳米磁热效应材料中较为典型的有 $Gd_3Ga_5O_{12}$ 纳米合金、Gd-Si-Ge 系合金、Gd 二元合金和类钙钛矿氧化物等。磁性材料的纳米化也是目前磁热效应材料研究的热点之一。

18.4 磁制冷应用

1. 磁制冷应用

磁制冷除了应用在极低温及液化氦等小规模的制冷外，磁制冷在民用领域有巨大的潜在应用市场，如表 18.4 所示。

表 18.4 磁制冷的潜在应用市场

应用场合		温区/K	应用场合		温区/K
液化气体	氢气	15～20	近室温制冷	空调、热泵	
	天然气	109		大规模集中制冷(中央空调)	288～300
	丙酮	231		汽车空调	288～300
	氨气	240		家用空调	288～300
	丁烷	273	工业热泵	糖的精炼、酒精蒸馏	300～470
近室温制冷	超市制冷及食品冷制			谷物干燥	295～315
	食品加工厂	265	农业废物分离处理	化学分离、处理	70～370
	冷冻蔬菜、水果、肉类、百货冷冻	275		核废物处理	250～370
	化学冷冻(Cl_2、NH_3、乙烯、聚乙烯)			农业	70～295

另外，磁制冷在空间和核技术等国防领域也有广泛的应用前景。在这个领域里要求冷源设备的重量轻、振动和噪声小、操作方便、可靠性高、工作周期长、工作温度和冷量范围广。磁制冷机完全符合这些条件，例如冷冻激光打靶的氘丸、核聚变的氘和氚丸、红外元件的冷却、磁窗系统的冷却、扫雷艇超导磁体的冷却等。

综上所述，室温磁制冷具有巨大的潜在应用市场，加上近几年在室温磁热效应材料和磁制冷样机方面取得了突破性进展，以及国际上研发室温磁制冷技术大力投入，室温磁制冷将得到迅猛发展。大规模制冷的中央空调、高档汽车空调可能首先得到应用。量大面广的家用冰箱、家用空调也有很大的发展前景。另外，无污染的绿色能源液化氢将是磁制冷的又一潜在大用户。

2. 需要解决的问题

作为具有巨大潜力的制冷技术，磁制冷取代传统的气体压缩式制冷还有很多问题要解决。

1)磁热效应材料的磁热效应不够大

在室温范围内目前可以应用的磁热效应材料主要是钆、钆硅锗合金以及类钙钛矿物质。它们的磁热效应大小虽然相比其他物质来说非常大，但其应用的温度区域很窄(当温度偏离居里温度 T_C 时，其磁热效应急剧减小)，峰值的绝对大小也还不能令人满意，而且只有在很高的磁场(5～7T)下才能产生明显的效果，而在低磁场下制冷效果显著下降。而且除类钙钛矿外，钆和钆硅锗合金的价格比较高，甚至还存在氧化等问题，因此要获得广泛应用还有很大困难。

采用复合材料可以使得磁性工质在较宽的温度区域内保持较大的磁热效应，这曾经在室温区的材料研究中得到验证，但是还没有在磁制冷中实际应用过，也有待于材料制造工艺水平的提高。

2)磁场强度不够大

磁场的产生可由超导磁体、电磁铁以及永磁体提供。超导体和电磁铁虽然可以提供5～7T的强磁场，但是目前的超导体还必须采用低温超导装置，需要温度极低的液氦冷却装置，不仅造价高而且结构复杂；而电磁体要提供强磁场，需要很大的电功率，而且装置笨重，维护麻烦。钕铁硼永磁体虽然价格低，制造方便，有很好的适用性，但是一般只能提供 1.5T 左右的磁场，而且气隙很小。

3)蓄冷技术和换热技术的改进

要使得磁性工质产生的热量可以尽可能快地带走，就要提高蓄冷器内的换热和外部换热器的换热性能。活性蓄冷器中的磁性材料既是磁性工质又是蓄冷材料。这种形式可以减少外部蓄冷器形式中二次换热产生的不可逆损失，还可以减少内部蓄冷器形式中的不同温度的蓄冷液体混合产生的不可逆损失。因此，活性蓄冷器逐渐成为室温磁制冷机蓄冷器的主要研究方向。

4)设计完善的室温磁制冷装置

室温磁制冷技术要真正实用化，达到令人满意的制冷效果，设计完善的室温磁制冷装置尤为重要。

室温磁制冷由于其高效和环保的特性会成为一项极具潜力的新的制冷方式，室温磁制冷装置可以替代目前的家用、商用、工业以及其他特殊用途的制冷装置。但是要真正得到广泛应用，还有待于在材料科学和制冷技术领域中取得新突破。伴随着材料科学的进步和生产加工技术的提高，室温磁制冷机的成本将会越来越低，产业化也将成为可能。

习　　题

第 18 章拓展练习

18-1　简述实现磁制冷的原理和技术。

18-2　列举典型的磁热效应材料。

18-3　简述磁热效应材料的典型应用以及所面临的问题。

参考文献

[1] MCMICHAEL R D, SHULL R D, SWARTZENDRUBER L J, et al. Magnetocaloric effect in superparamagnets[J]. Journal of Magnetism and Magnerials Materials, 1992, 111(1-2): 29-33.

[2] ZHANG X X, TEJADA J, XIN Y, et al. Magnetocaloric effect in $La_{0.67}Ca_{0.33}$ MnO delta and $La_{0.60}Y_{0.07}Ca_{0.33}$MnO delta bulk materials[J]. Applied Physics Letters, 1996, 69(23): 3596-3598.

[3] PECHARSKY V K, GSCHNEIDNER K A. Giant magnetocaloric effect in Gd-5 (Si_2Ge_2)[J]. Physical Review Letters, 1997, 78(23): 4494-4497.

[4] BOHIGAS X, TEJADA J, DEL BARCO E, et al. Tunable magnetocaloric effect

in ceramic perovskites[J]. Applied Physics Letters, 1998, 73(3): 390-392.

[5] PECHARSKY V K, GSCHNEIDNER K A. Magnetocaloric effect and magnetic refrigeration[J]. Journal of Magnetism and Magnetic Materials, 1999, 200(1-3): 44-56.

[6] PECHARSKY V K, GSCHNEIDNER K A. $Gd_5(Si_xGe_{1-x})(4)$: An extremum material[J]. Advanced Materials, 2001, 13(9): 683-686.

[7] 陈远富.室温磁致冷 GdSiGe 系合金的磁热效应、磁相变及其机制研究[D].成都:四川大学,2001.

[8] TEGUS O, BRUCK E, BUSCHOW K H J, et al. Transition-metal-based magnetic refrigerants for room-temperature applications[J]. Nature, 2002, 415(6868): 150-152.

[9] PECHARSKY A O, GSCHNEIDNER K A, PECHARSKY V K. The giant magnetocaloric effect of optimally prepared $Gd_5Si_2Ge_2$[J]. Journal of Applied Physics, 2003, 93(8): 4722-4728.

[10] PROVENZANO V, SHAPIRO A J, SHULL R D. Reduction of hysteresis losses in the magnetic refrigerant $Gd_5Ge_2Si_2$ by the addition of iron[J]. Nature, 2004, 429(6994): 853-857.

[11] 鲍雨梅,张康达.磁制冷技术[M].北京:化学工业出版社,2004.

[12] KRENKE T, DUMAN E, ACET M, et al. Inverse magnetocaloric effect in ferromagnetic Ni-Mn-Sn alloys[J]. Nature Materials, 2005, 4(6): 450-454.

[13] DE CAMPOS A, ROCCO D L, CARVALHO A M G, et al. Ambient pressure colossal magnetocaloric effect tuned by composition in $Mn_{1-x}Fe_xAs$[J]. Nature Materials, 2006, 5(10): 802-804.

[14] PHAN M H, YU S C. Review of the magnetocaloric effect in manganite materials[J]. Journal of Magnetism and Magnetic Materials, 2007, 308(2): 325-340.

[15] 赵哲龙. Gd-Al-TM 大块金属玻璃的形成、磁性和相变研究[D].上海:上海大学,2007.

[16] SHEN B G, SUN J R, HU F X, et al. Recent progress in exploring magnetocaloric materials[J]. Advanced Materials, 2009, 21(45): 4545-4564.

[17] 余华军. NiFeGa 铁磁形状记忆合金的相变特性及磁热效应研究[D].成都:电子科技大学,2009.

[18] MANOSA L, GONZALEZ-ALONSO D, PLANES A, et al. Giant solid-state barocaloric effect in the Ni-Mn-In magnetic shape-memory alloy[J]. Nature Materials, 2010, 9(6): 478-481.

[19] 赵金良. $NaZn_{13}$ 型和 $Ce_6Ni_2Si_3$ 型稀土-过渡族化合物的磁性和磁热效应[D].天津:河北工业大学,2010.

[20] DUNG N H, OU Z Q, CARON L, et al. Mixed magnetism for refrigeration and energy conversion[J]. Advanced Energy Materials, 2011, 1(6): 1215-1219.

[21] SMITH A, BAHL C R H, BJORK R, et al. Materials challenges for high performance magnetocaloric refrigeration devices[J]. Advanced Energy Materials, 2012, 2(11): 1288-1318.

[22] 邵铭杰. 钙钛矿 $Ho(Fe/Mn)O_3$ 的单晶生长及磁热效应研究[D]. 上海:上海大学, 2012.

[23] 苏彦涛. 钙钛矿型稀土钛酸盐晶体磁热效应及临界行为的研究[D]. 哈尔滨:哈尔滨工业大学,2013.

[24] MOYA X, KAR-NARAYAN S, MATHUR N D. Caloric materials near ferroic phase transitions[J]. Nature Materials, 2014, 13(5): 439-450.

[25] 莫兆军. 中、低温区磁热效应材料的研究[D]. 天津:河北工业大学,2014.

[26] 龚元元. 磁相变合金的磁致伸缩和磁热效应[D]. 南京:南京大学,2015.

[27] 毛乾辉. 铊基 3d 金属硫族化合物的超导电性、磁性和磁热效应研究[D]. 杭州:浙江大学,2016.

[28] 方依霏. 稀土钙钛矿 $TbFe_{1-x}Mn_xO_3$ 的磁相变和各向异性磁热效应研究[D]. 上海:上海大学, 2017.

[29] 王传聪. 磁热效应的调控研究[D]. 南京:南京大学,2017.

[30] ZARKEVICH N A, ZVEREV V I. Viable materials with a giant magnetocaloric effect[J]. Crystals, 2020, 10(9): 815.

[31] 商亚粉. 磁弹性一级相变磁致冷材料的磁热效应与滞后研究[D]. 成都:电子科技大学,2021.

[32] 许家旺. 磁相变材料磁热效应及反常热膨胀效应的研究[D]. 北京:北京科技大学,2021.

[33] MOUNIRA A, ZAIDI N, HLIL E K. Magnetocaloric effect simulation in TbFeSi and DyFeSi intermetallic magnetic alloys using mean-field model[J]. Journal of Superconductivity and Novel Magnetism, 2023, 36(2): 397-401.

[34] AMARAL J S, AMARAL V S. Simulating the giant magnetocaloric effect-from mean-field theory to microscopic models[J]. Frontiers in Materials, 2023, 10: 1037396.

第19章

自旋电子学材料

19.1 自旋电子学介绍

电子是一种基本的实物粒子，通常电子排列在原子核外各个轨道上做高速运动，同时电子也可以从一个原子转移到另一个原子，实现电子公有化。在19世纪，英国科学家汤姆逊首先发现了电子，人们之后认识到每一个电子都携带一定的电量，即基本电荷（$e=1.6\times10^{-19}$C），此即为电子的电荷属性。在20世纪20年代中期，量子力学发现电子的自旋角动量有两个数值，即$\pm\frac{1}{2}$，分别表示自旋向上和自旋向下，此即为电子的自旋属性。传统的电子器件和信息材料中，进行数据处理的集成电路利用的是半导体材料中电子的电荷属性，而数据存储介质如磁盘等则利用的是电子的自旋属性。在微电子技术中，相对于电子的电荷属性，电子的自旋态具有较长的弛豫时间，更不容易被杂质和缺陷散射破坏，人们也可以通过外部磁场方便地调节电子的自旋态。因此，理论上可以利用电子自旋自由度来设计运算更快、能耗更低、集成度更高且功能多的新型微电子器件，自旋电子学便是在这种背景下应运而生的。

自旋电子学研究自旋极化电子的输运特性，包括自旋极化、自旋相关散射与自旋弛豫，也包含基于上述特性而设计开发的通过磁场调制电子输运特性的功能性器件。通过在电子电荷的基础上加上自旋自由度，可以控制电子的诸多光电行为，是传统的通过电荷控制电子的有效互补手段。自旋电子器件相比于传统的电子器件具有存储速度快、存储密度大、信息不易丢失、功耗少、体积小等优点，同时自旋作为一个动力学参数，是量子力学固有的量子特性，它将导致新的自旋电子学量子器件诞生。

目前自旋电子学的研究主要包括自旋的注入、输运、检测和控制。自旋极化材料可以在自旋器件中直接产生自旋极化载流子。自旋注入包括铁磁金属到非磁性半导体、铁磁金属到非磁性金属、铁磁金属到超导体，以及磁性半导体到非磁性半导体和有机半导体的自旋注入。因此，获得自旋极化材料并且实施有效的自旋注入是开发自旋电子学器件的基础。从材料角度出发，本章主要介绍磁电阻材料、半金属材料和稀磁半导体三种自旋电子学材料。

磁电阻也称为磁致电阻，描述的是对通电的金属或者半导体施加磁场作用时引起的电阻值的变化。大多数金属的磁致电阻为正值，而过渡金属、类金属合金和磁性金属的磁致电阻通常为负值。1857年，人们首先在铁磁金属中发现各向异性磁电阻效应，但是磁电阻值很小。1988年，Fert教授在Fe/Cr多层膜中发现材料电阻率随磁化状态的变化发生显著改变，且由载流子的自旋相关散射决定。他将其称为巨磁电阻效应，并因此于2007年获得诺贝尔物理学奖。Fujimori 和 Milner 在 Co-Al-O 和 Ni-Si-O 体系中分别发现了由隧穿电子自旋极化率导致的巨磁电阻效应，称为隧道磁电阻。1993 年 Helmolt 等人在类钙钛矿铁磁薄膜中发现了高达 60%的室温磁电阻，称为庞磁电阻，与材料的磁性相变有关。利用磁电阻材料可以制成磁敏器件，在磁记录磁头、磁场传感器等微磁器件中有广泛的应用。

半金属材料是另外一种广为研究的自旋电子学材料，这种材料具有两个不同的自旋子能带：一种自旋取向的电子的能带结构呈现金属性，在费米面上有传导电子存在；另一种自旋取向的电子费米面落在价带和导带之间的能隙中，表现为绝缘体的性质。这种材料能隙恰好只在一个自旋方向的子能带中打开。所以根据不同的自旋方向，在同一种材料中同时表现出金属和绝缘体的特性。由于半金属铁磁体的特殊能带结构，理论上可以获得 100%的传导电子极化率，是一种理想的自旋电子注入材料，可以解决注入电子不匹配的问题，将在自旋阀、隧道结等磁电子器件中具有非常重要的应用价值。

将半导体的某些晶格位用磁性元素替代可以获得稀磁半导体。稀磁半导体是半导体自旋电子学的重要内涵，人们试图实现同时操作半导体中的电子的电荷自由度和自旋自由度，从而形成新的信息加工处理机制，满足未来信息技术对超高速、超宽带和超大容量的需求。

19.2 磁电阻材料

19-1 磁电阻效应

19.2.1 磁电阻效应

在外磁场作用下材料的电阻发生变化，这种现象称为磁电阻(MR)效应。表征 MR 效应大小的物理量为 MR 比，其大小常用以下两式之一来表示：

$$\eta=\frac{R(T,H)-R(T,0)}{R(T,0)}=\frac{\rho(T,H)-\rho(T,0)}{\rho(T,0)} \tag{19.1}$$

$$\eta=\frac{R(T,H)-R(T,0)}{R(T,H)}=\frac{\rho(T,H)-\rho(T,0)}{\rho(T,H)} \tag{19.2}$$

式中，η 为磁电阻系数；$R(T,0)/\rho(T,0)$、$R(T,H)/\rho(T,H)$分别代表温度 T 时，磁场依次为零和 H 时的电阻/电阻率。除非特殊说明，本书中材料 MR 效应的大小均由式(19.1)计算得到。金属的 MR 比通常比较小，一般不超过 2%～3%。如果外加电流方向与磁场方向平行，则材料的 MR 效应称为纵向 MR 效应；如果电流方向与磁场方向相反，则称为横向 MR 效应。

根据 MR 效应的起源机制，材料的磁电阻特性可分为两类：正常磁电阻效应和反常磁电阻效应。

正常磁电阻效应存在于所有磁性和非磁性材料中，它是由于载流子在磁场中运动时受到洛伦兹(Lorentz)力的作用，产生回旋运动，从而增加了电子受散射的概率，使电阻率上升而产生的，它与电子的自旋基本无关。正常磁电阻效应在低磁场下的数值一般很小，但在某些非磁性材料中，例如在金属 Bi 膜和纳米线、非正分的 $Ag_{1+\delta}Te$ 块体和薄膜及非磁性的 Cr/Ag/Cr 薄膜中，可观察到大的正常磁电阻效应。由于正常磁电阻效应没有磁滞现象，可以避免巴克豪森噪声，因而已经有正常磁电阻材料开发成商品化产品。

反常 MR 效应是具有自发磁化强度的铁磁体所特有的现象，其起因被认为是自旋-轨道的相互作用或 s、d 相互作用引起的与磁化强度有关的电阻率变化，以及畴壁引起的电阻率变化。因此，反常 MR 效应有三种机制：第一种是外加强磁场引起自发磁化强度的增加，从而引起电阻率的变化，其变化率与磁场强度成正比，是各向同性的负的 MR 效应；第二种是由于电流和磁化方向的相对方向不同而导致的 MR 效应，称为各向异性磁电阻（anisotropic magnetoresistance, AMR）效应；第三种是铁磁体的畴壁对传导电子的散射产生的 MR 效应。

Thomson 最早于 1856 年发现铁磁多晶体的 AMR 效应：当在被测铁样品电流方向外加磁场时，它的电阻会增加 0.2%；当在横向加一外部磁场时，它的电阻会下降 0.4%。它的微观机制是基于自旋轨道耦合作用诱导的态密度及自旋相关散射的各向异性。当电流方向与样品的磁化方向平行的时候，该样品会有最大的电阻值，即处于高阻态。在铁磁体中 $AMR=(\rho_{/\!/}-\rho_{\perp})/\rho_{/\!/}$，其中 $\rho_{/\!/}$ 为与磁场平行的电流方向的电阻率，$\rho_{\perp}$ 为与磁场垂直的电流方向的电阻率，ρ_0 为铁磁材料在理想退磁状态下的电阻率。一个世纪后利用 AMR 效应制出的磁头成功地被应用在磁记录中，在所有的 AMR 磁性材料中，坡莫合金具有最大的有用的磁电阻变化率（2%～3%）。如今，虽然作为磁头的功能已经被自旋阀等其他磁电子元件取代，但其高度敏感的特征因具有不可替代的优点和广泛的应用前景而一直受到相关领域的关注。

1988 年，Baibich 等人在由 Fe、Cr 交替沉积而形成的多层膜 $(Fe/Cr)_N$（N 为周期数）中，发现了超过 50% 的 MR 比，由于这个结果远远超过了多层膜中 Fe 层 MR 比的总和，故称这种现象为巨磁电阻（giant magnetoresistance, GMR）效应。利用反铁磁层交换耦合制造的 GMR 自旋阀读出磁头已经达到了 $100Gb/in^2$ 的量级。1993 年，Helmolt 等人又在类钙钛矿结构的稀土锰氧化物中观测到了超巨磁电阻（colossal magnetoresistance, CMR）效应，其 MR 值比 GMR 效应还大，$\eta=\Delta R/R$ 可达 $10^3\sim10^6$ 数量级。1995 年发现的隧穿磁电阻（tunnel magnetoresistance, TMR）效应，进一步引起世界各国的极大关注。和已经使用的自旋阀磁电阻材料相比，铁磁隧道结在室温下仍具有较高的磁电阻效应，达到 600%。2007 年度诺贝尔物理学奖授予法国国家科学研究中心的阿尔贝·费尔（Albert Fert）和德国于利希研究中心的彼得·格林贝格尔（Peter Grunberg），以表彰他们在 19 年前各自独立地发现了巨磁电阻效应，为现代信息技术，特别是为人们今天能使用小型化、大容量的硬盘以及在各种磁性传感器和电子学新领域的发展与应用中所做出的奠基性贡献。

19.2.2 金属超晶格的 GMR 效应

19-2 金属超晶格的 GMR 效应

1. 金属超晶格 GMR 效应概论

自从 Baibich 发现 $(Fe/Cr)_N$ 多层膜中高达 50% 的巨磁电阻效应以来，在过渡金属 Fe、Co、Ni 磁性薄膜与 Cr、Cu、Ag、Au、Ru、Mo 等非磁性薄膜所组成的多层膜系统中，GMR 效应被广泛观察到。研究发现，由 3d 电子过渡族金属铁磁性元素或其合金和 Cu、Ag、Au 等导体积层构成的金属超晶格，在满足下述三个条件的前提下，可以观测到 GMR 效应。

(1) 在铁磁性导体/非磁性导体超晶格中，构成反平行自旋结构。相邻磁层磁矩的相对取向能够在外磁场作用下发生改变。体系磁化状态可以在外磁场作用下发生改变。

(2) 金属超晶格的周期应比载流电子的平均自由程短。

例如，Cu 中电子的平均自由程大致在 34nm，实际上，Cr、Cu 等非磁性导体层的厚度一般都在几纳米以下。

(3)自旋取向不同的两种电子(向上和向下),在磁性原子上的散射差别必须很大。

在满足上述条件的铁磁性导体/非磁性导体超晶格中,人们发现了巨磁电阻效应,如图 19.1 所示。

早期存在 GMR 现象的多层膜样品,都是用分子束外延(molecular beam epitaxy, MBE)制备的,这是一种超高真空镀膜技术,在镀膜过程中,平均每分钟才形成一个单原子层,需要十分复杂、精密而且价格高的设备,限制了 GMR 的研究范围。1990 年,美国 IBM 公司的 Parkin 等人在用磁控溅射法制取的多晶$(Fe/Cr)_N$、$(Co/Cu)_N$ 多层膜中观察到了 GMR 现象和层间耦合振荡。从此,GMR 的研究工作得到了极大的推进,因为磁控溅射法的设备简单、价格低廉。同时,这也使 GMR 材料的广泛应用成为可能。

2. 金属超晶格 GMR 效应的特点

通过对金属超晶格 GMR 效应的研究,发现金属超晶格的 GMR 效应与上节所讨论的坡莫合金所显示出来的 MR 效应完全不同,主要表现在:

(1)电阻变化率大,其中 Cu/Co 多层膜的电阻变化率可达 70%。

(2)随磁场增强,电阻只是减小而不增加。一般磁电阻效应有纵效应和横效应之分,前者随磁场的增强电阻增加,后者随磁场的增强电阻减小。而金属超晶格 GMR 效应则不然,无论外加磁场与电流方向如何,磁场造成的效果都是使电阻减小。

(3)电阻变化与磁化强度-磁场间所成的角度无关。

(4)GMR 效应对于非磁性导体隔离层的厚度十分敏感。金属超晶格的 MR 比随着非磁性层厚度的变化而出现周期性振荡。图 19.2 是 Co/Cu 多层膜系统 GMR 随 Cu 层厚度 t_{Cu}变化的曲线。可以看到,在 $t_{Cu}=0.9nm$、$1.9nm$、$3.0nm$ 处,分别有一明显的峰值,不仅如此,随非磁性导体隔离层的厚度的变化,多层膜中磁层的层间耦合状态也出现铁磁↔反铁磁振荡,对应于 GMR 峰值处,层间耦合为反铁磁状态。

(5)具有积层数效应。决定磁性金属多层膜总厚度的周期数 N 是多层膜结构方面的一个重要的量。多层膜 GMR 值的大小通常与它有很大的关系。实验表明,随 N 的增加,GMR 值也增大,当 N 达到一定值时,GMR 值趋近饱和。

图 19.3 给出了 Fe/Cr 多层膜的 GMR 效应。图中纵轴是以外加磁场为零时的电阻 $R_{H=0}$为基准归一化的相对阻值,横轴为外加磁场。在 Fe 膜厚度为 3nm、Cr 膜厚度为 0.9nm、积层周期为 60 时,所构成的超晶格的 GMR 值可达 50%。

3. 金属超晶格 GMR 效应的起源

由于金属超晶格 GMR 效应表现出与坡莫合金中截然不同的特点,可以确定其应具有不同的产生机制。对于磁性多层膜的巨磁电阻效应,可利用二流体模型进行定性解释。

早在 1856 年,英国著名物理学家汤姆逊就发现了磁电阻现象,但直到 20 世纪 20 年代,量子理论建立以后,物理学家才能解释该现象的成因。针对铁磁性过渡金属元素非整数磁矩问题,Stoner 提高了能带劈裂交换模型,如图 19.4 所示。由于交换作用,对磁矩有贡献的 d 电子的能带产生劈裂,自旋向上的 d 电子能带降低到费米能级以下,因而,自旋向下的电子要比自旋向上的电子少,两者的差异造成了铁磁性过渡金属元素原子磁矩的非整数性。

受这一模型的启示,英国著名物理学家、诺贝尔奖获得者 Mott 提出一个关于铁磁性金属导电的理论,即所谓二流体模型。Mott 认为,在铁磁金属中,导电的 s 电子要受到磁性原

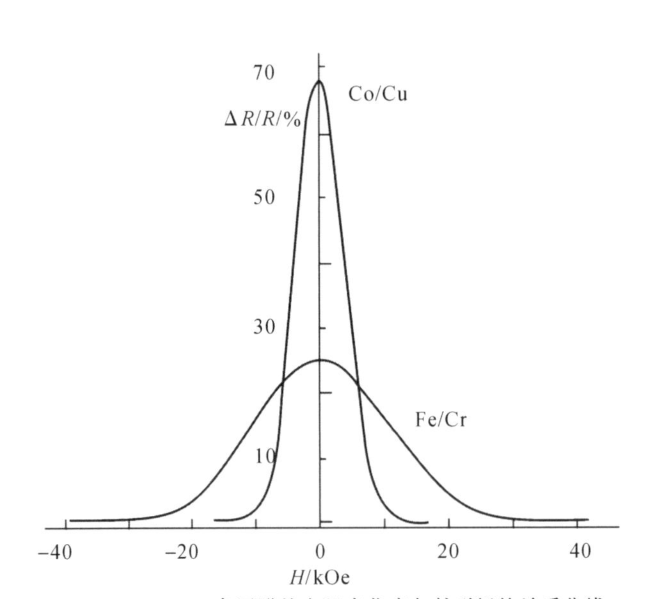

(a) Fe/Cr、Co/Cu多层膜的电阻变化率与外磁场的关系曲线

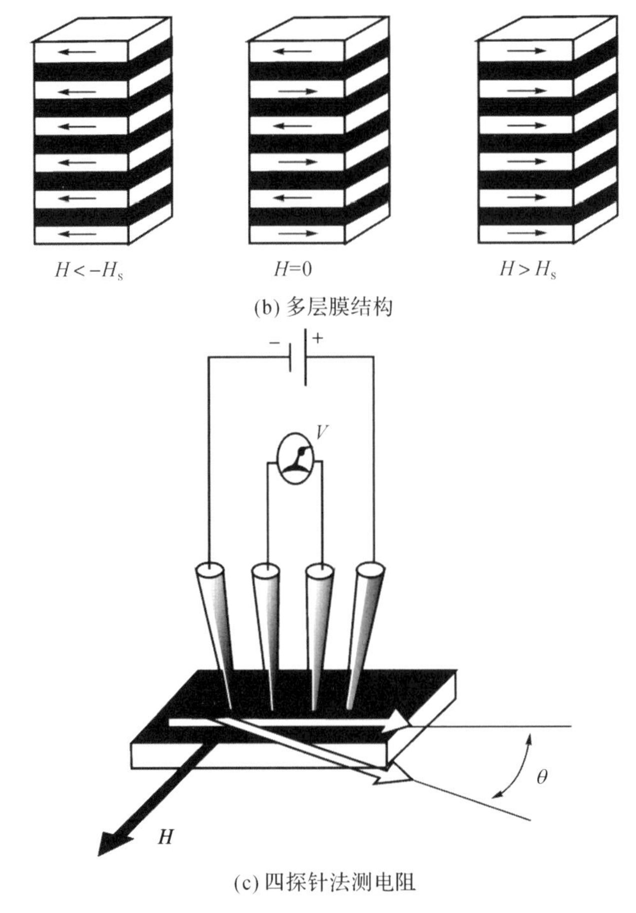

(c) 四探针法测电阻

图 19.1 巨磁电阻效应

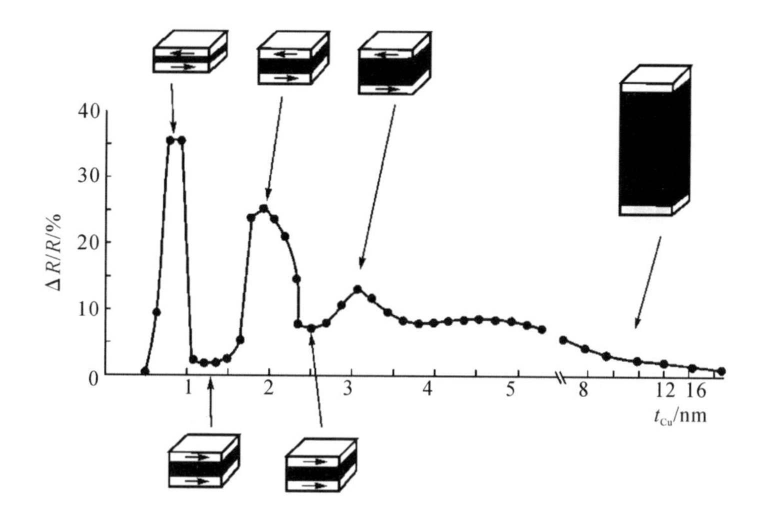

图 19.2　Co/Cu 多层膜的 $\Delta R/R$ 与 Cu 层厚度 t_{Cu} 的关系曲线

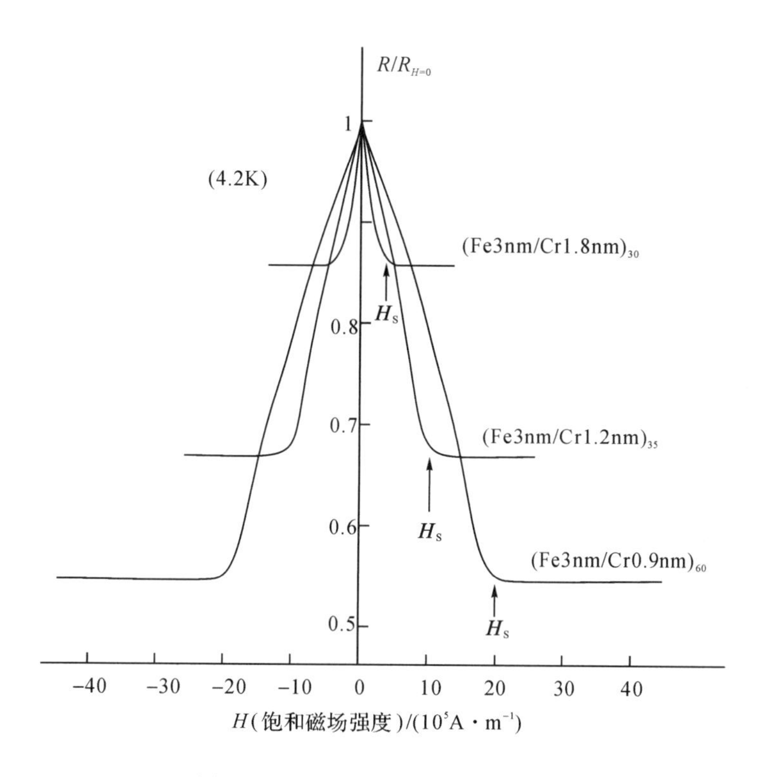

图 19.3　Fe/Cr 多层膜的 GMR 效应

子磁矩的散射作用(即与局域的 d 电子作用)，散射的概率取决于导电的 s 电子自旋方向与固体中磁性原子磁矩方向的相对取向。进一步的实验表明，自旋方向与磁矩方向一致的电子受到的散射作用很弱，自旋方向与磁矩方向相反的电子则受到强烈的散射作用。而传导电子受到散射作用的强弱直接影响材料电阻的大小。

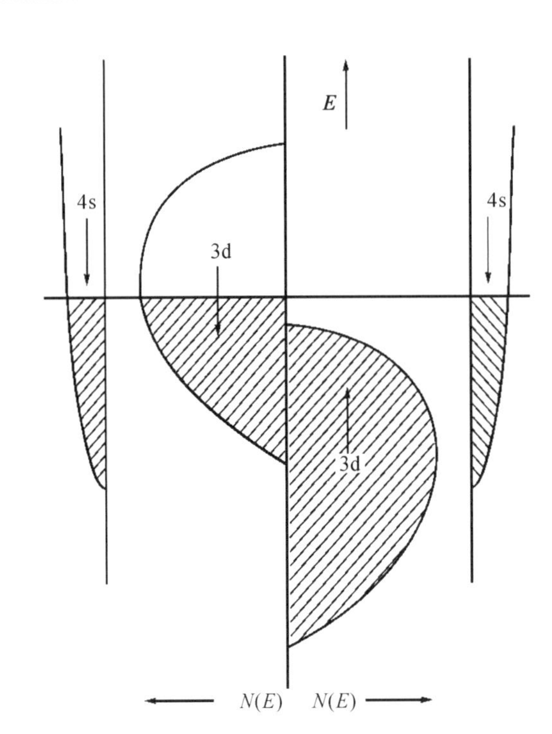

图 19.4 过渡金属的态密度函数 $N(E)$

目前,关于 GMR 起因的理论模型,是以 Mott 的铁磁金属电导理论为基础的。这里介绍关于磁性金属多层膜 GMR 起因模型的简要图像,如图 19.5 所示。它可以使读者对多层膜 GMR 的起因有一个定性的了解。

考虑在图 19.5 所示的超晶格样品中,传导电子在不同外加磁场作用下的运动情况。图 19.5(a)为外磁场为零时电子的运动状态。此时,多层膜中同一磁层中原子的磁矩沿同一方向排列,而相邻磁层原子的磁矩反平行排列,这时多层膜中传导电子的运动状态是怎样的呢?根据 Mott 的二流体模型,传导电子分成自旋向上与自旋向下两组,由于多层膜中非磁层对两组自旋状态不同的传导电子的影响是相同的,所以只考虑磁层产生的影响。

由图 19.5(a)可见,两种自旋状态的传导电子都在穿过磁矩取向与其自旋方向相同的一个磁层后,遇到另一个磁矩取向与其自旋方向相反的磁层,并在那里受到强烈的散射作用,也就是说,没有哪种自旋状态的电子可以穿越两个或两个以上的磁层。在宏观上,多层膜处于高电阻状态,这可以用图 19.5(c)所示的电阻网络来表示,其中 $R>r$。图 19.5(b)是外加磁场足够大,原本反平行排列的各层磁矩都沿外场方向排列的情况。可以看出,在传导电子中,自旋方向与磁矩取向相同的那一半电子可以很容易地穿过许多磁层而只受到很弱的散射作用,而另一半自旋方向与磁矩取向相反的电子则在每一磁层都受到强烈的散射作用。也就是说,有一半传导电子存在一低电阻通道。在宏观上,多层膜处于低电阻状态。图 19.5(d)所示的电阻网络即表示这种情况。这样就产生了 GMR 现象。

上述模型的描述是非常粗略的,而且只考虑了电子在磁层内部的散射,即所谓的体散射。但实际上,在磁与非磁层界面处的自旋相关散射有时更为重要,尤其是在一些 GMR 较大的多层膜系统中,界面散射作用占主导地位。

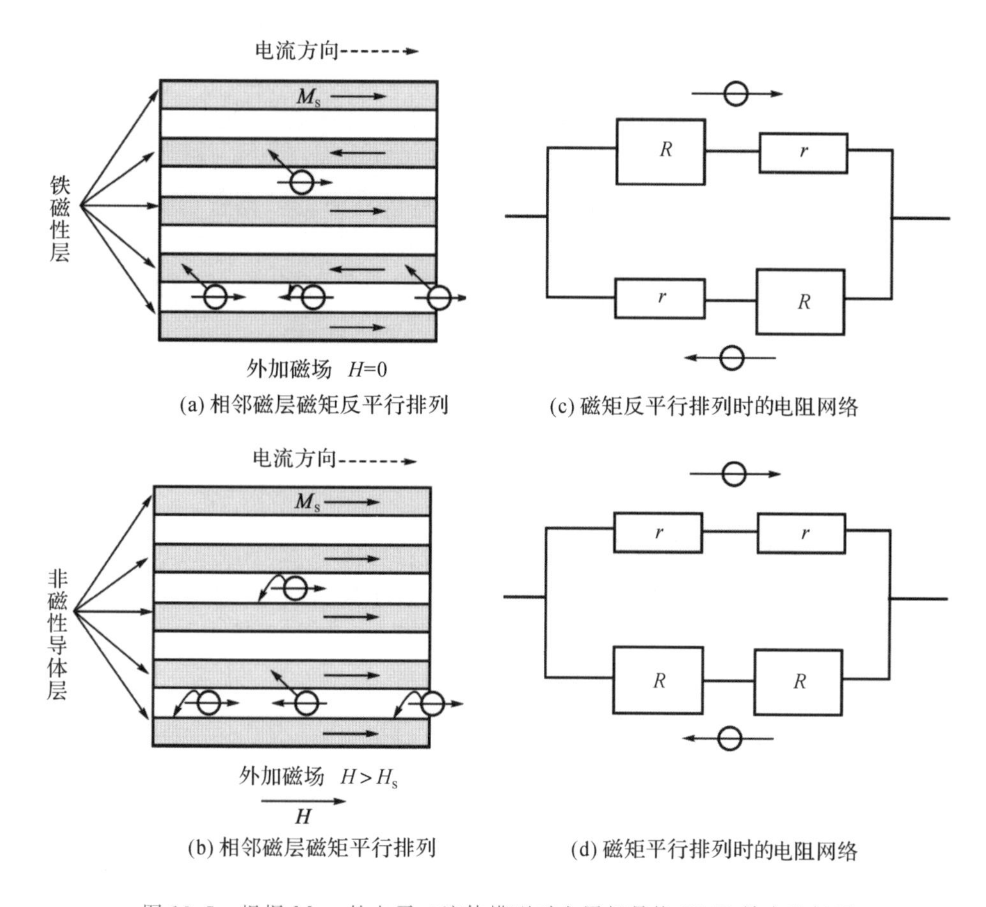

图 19.5 根据 Mott 的电子二流体模型对金属超晶格 GMR 效应的解释

19.2.3 自旋阀的 GMR 效应

19-3 自旋阀的 GMR 效应

随着 Baibich 在金属多层膜中发现具有 50% 的 GMR 效应，各国科学家纷纷从理论上和实践上对多层膜巨磁电阻效应加以研究。1991 年，Dieny 独辟蹊径，利用反铁磁层交换耦合，有效地抑制了巴克豪森噪声，并根据多层膜巨磁电阻效应来源于最简单重复周期的磁电阻效应，提出了铁磁层/隔离层/铁磁层/反铁磁层自旋阀(spin-valve，SV)结构，并首先在 NiFe/Cu/NiFe/FeMn 自旋阀中发现了一种低饱和场巨磁电阻效应。广义地讲，薄膜电阻与多层膜各层磁矩(自旋)之间相对取向有关的现象称为自旋阀磁电阻效应，但本节只讨论铁磁层/隔离层/铁磁层/反铁磁层“三明治”或它的变种自旋阀。

自旋阀具有如下优点：

(1)磁电阻变化率 $\Delta R/R$ 与外磁场的响应呈线性关系，频率特性好；

(2)低饱和场，工作磁场小；

(3)与 AMR 相比，电阻随磁场变化迅速，因而操作磁通小，灵敏度高；

(4)利用层间转动磁化过程能有效地抑制巴克豪森噪声，信噪比高。

下面将着重讨论自旋阀的原理、结构和类型。

1. 自旋阀的原理与结构

图 19.6(a)为典型的自旋阀结构。自旋阀主要由铁磁层(自由层)、隔离层(非磁性层)、铁磁层(钉扎层)、反铁磁层组成,其中 AF 为反铁磁层,F 为铁磁层,NM 为非磁性层。自旋阀中出现巨磁电阻效应必须满足下列条件:

(1)传导电子在铁磁层中或铁磁/非磁性(F/NM)界面上的散射概率必须是自旋相关的;

(2)传导电子可以来回穿过两铁磁层并能记住自己身份(自旋取向),即自旋自由程、平均自由程大于隔离层厚度。

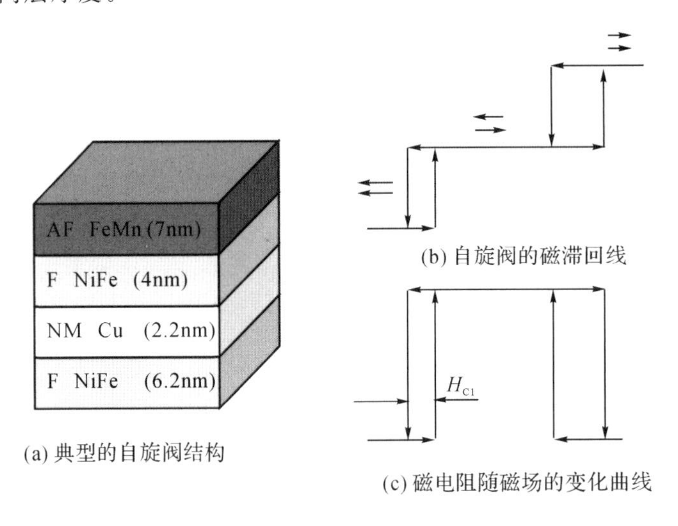

图 19.6 自旋阀的结构和原理

图 19.6(b)为自旋阀的磁滞回线,图 19.6(c)为磁电阻随磁场的变化曲线。未加磁场时,由于在制备自旋阀时,基片上外加一偏置磁场,两磁性层磁矩平行排列,这时自旋阀电阻小。在外加反向磁场的作用下,自由层首先发生磁化反转,两磁性层磁矩反平行排列,自旋阀电阻大。自旋阀电阻大小取决于两铁磁层磁矩(自旋)的相对取向,故称为自旋阀。自由层反转磁场由其各向异性场和通过非磁性层产生的耦合作用引起的矫顽场(H_{c1})和零漂移场(H_f)决定。这里零漂移场指由钉扎层和反铁磁层引起自由层磁滞回线的漂移。钉扎层是由于反铁磁层对铁磁层的交换耦合而起作用的,并在钉扎层中产生偏置场,如图 19.7 所示,这使得在较小磁场下自由层磁场发生反转时钉扎层磁场仍保持不变,自旋阀呈高阻态。当外磁场超过由反铁磁层交换耦合引起的偏置场时,钉扎层发生磁化反转,自旋阀电阻变小。Dieny 最早制成的自旋阀为基片/Ta(5nm)/NiFe(6.2nm)/Cu(2nm)/NiFe(4nm)/FeMn(7nm),自由层的反转磁场为 6.37×10^2 A/m,矫顽场小于 7.96×10 A/m,钉扎层的反转磁场约为 1.99×10^4 A/m。

为了满足应用要求,需要研制低饱和场、稳定性好、GMR 效应大的自旋阀。目前自旋阀面临的最大问题是抗腐蚀性和热稳定性问题。要解决这些问题,需要对各层材料提出相应的要求。希望反铁磁层具有高电阻、耐腐蚀且热稳定性好。表 19.1 列出了典型的反铁磁层材料的性质。

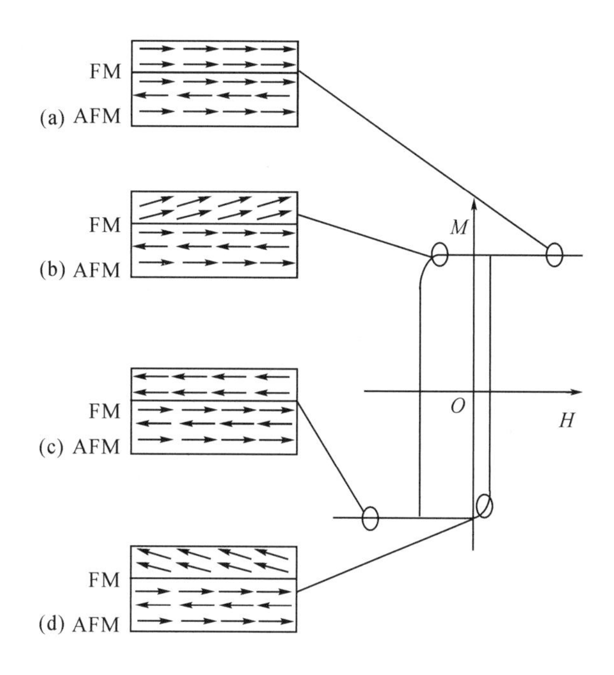

图 19.7　反铁磁层对铁磁层的钉扎作用

表 19.1　反铁磁层材料的性质

材料	交换耦合场/(10^4 A·m^{-1})	截至温度/℃	电阻率/(10^{-8} Ω·m)	抗腐蚀性	热处理
Fe-Mn	3.10	150	130	不好	不需要
Ni-Mn	7.96	>450	175	好	需要
Ir-Mn	2.15～1.63	150－280	200	好	不需要
Cr-Pt-Mn	2.39	380	350	好	不需要
Pd-Pt-Mn	3.82	300	—	好	需要
NiO	2.63	230	>10^7	好	不需要
NiCoO	—	105	—	好	不需要
α-Fe_2O_3	0.80	320	—	好	不需要
TbCo	可调节	150	—	不好	不需要

自由层一般采用矫顽力较小且巨磁电阻效应大的材料，例如 Co、Fe、CoFe、NiFe、NiFeCo、CoFeB、CoMnB、CoNbZr 等。钉扎层选择巨磁电阻效应大的材料，例如 Co、Fe、CoFe、NiFe、NiFeCo、CoFeB 等。

2. 自旋阀类型

自旋阀类型如图 19.8 所示。在图中，Sub 为基底，HM 为硬磁层，SM 为软磁层，F、F1、F2 为铁磁层，AF 为反铁磁层，NM 为非磁性层。

目前最典型的自旋阀结构是顶自旋阀[见图 19.8(a)]和底自旋阀[见图 19.8(b)]。通常首先在基片上溅射一层缓冲层，按需要控制生长过程，并且在自旋阀上面覆盖一保护层，以增强抗腐蚀能力。为了降低饱和磁场和提高巨磁电阻效应，两铁磁层选取不同的成分。

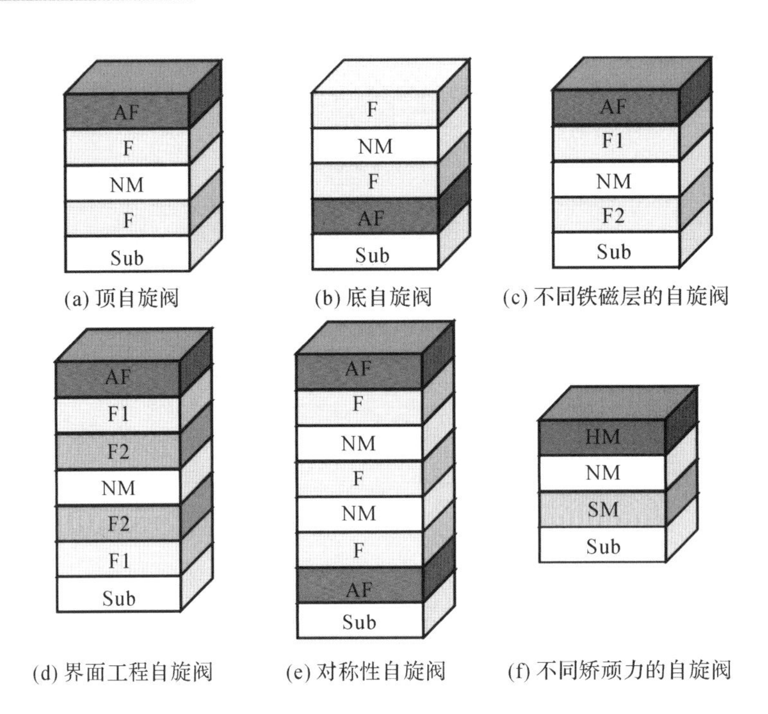

图 19.8 自旋阀的类型

自由层选取矫顽力小的软铁磁性材料，而钉扎层选取自旋相关散射大的材料，如图 19.8(c)所示。为了减小坡莫合金与非磁性隔离层的扩散，提高巨磁电阻效应，在其界面上插入 Co 薄层，如图 19.8(d)所示。然而，它也会引起矫顽力的增加，一种解决办法是只在钉扎层与非磁性隔离层的界面上插入 Co 薄层。为了进一步提高磁电阻效应，引入两个钉扎层，构成对称性自旋阀，如图 19.8(e)所示。适当调整各层厚度，允许传导电子通过四个界面层，从而可以增加巨磁电阻效应。一种典型的对称自旋阀为基片/NiO(50nm)/Co(2.5nm)/Cu(1.8nm)/Co(4nm)/Cu(1.8nm)/Co(2.5nm)/Ni(50nm)，其磁电阻达到 23.4%。一种可能的解释是：当电子在自旋阀顶部和底部，由于氧化层势垒较高，发生镜像反射，且各磁性层磁矩处在平行排列状态时，电子的平均自由程被延长，相当于调制多层膜结构。

另一种自旋阀是用硬铁磁层(如 PtCo)代替反铁磁层和钉扎层，基本结构为基片/软磁层(SM)/非磁隔离层(NM)/硬磁层(HM)，如图 19.8(f)所示。它的优点是结构简单，且可选择抗腐蚀性和热稳定性好的硬磁材料，克服了自旋阀的不耐腐蚀和稳定性差的缺点。它的缺点是硬磁层与自由层之间存在耦合，自由层的矫顽力增大，因而降低了自旋阀的灵敏度。

19.2.4 颗粒膜 GMR 效应

1. 颗粒膜概述

颗粒膜是将纳米尺寸的 FM 铁磁性颗粒(Fe、Co、Ni 等)镶嵌于 NM 非磁性基质(通常为贵金属 Cu、Ag、Au 或 3d 过渡金属以及氧化物等)，由于互不固溶，两种组元形成复合(合金)薄膜，具有微颗粒和薄膜双重性及交互作用效应。一般分为磁性金属-非磁金属合金型(FM-M)和磁性金属-非磁绝缘体(FM-I)型两大类。原则上，在平衡条件下，如果任意两组元A和B互不固溶，则A将以微颗粒的形式嵌在B的薄膜中或B以微颗粒的形式嵌在A膜中。改变组元的比例可以在较宽广的范围内改变膜的物理性质。满足条件的材料类型大体上有金属-金属、金属-绝缘体、半导体-绝缘体、超导体-绝缘体等10余种可能组合，如表19.2所示。另外，每一种组合又可以衍生出众多类型的颗粒膜，从而形成丰富多彩的研究内涵。颗粒膜的制备工艺简便，因此颗粒膜性质的研究及应用引起了人们的极大关注，尤其是对其巨磁电阻效应的研究，目前已形成了世界性的热潮。图19.9给出了典型的颗粒膜结构。

表19.2 颗粒膜10余种可能的组合

类型	金属	半导体	绝缘体	超导体
金属	Fe-Cu、Co-Ag	Al-Ge	Fe-Al_2O_3、Ni-SiO_2	
半导体	Pb-Ge	GaAs-1GaAS	Si-CoF_2、Ge-SiO_2	Bi-Ge
绝缘体	Au-Al_2O_3			Bi-Kr
超导体	SNS		Sn-氧化物	

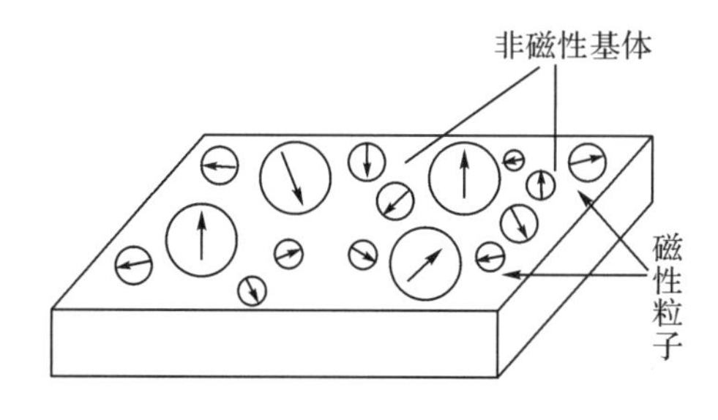

图19.9 颗粒膜结构

原则上，颗粒的成分与薄膜的成分在制备条件下互不相溶，因此，颗粒膜区别于合金和化合物，属于非均匀相组成的材料。与坡莫合金相比，颗粒膜具有很高的信噪比，而且颗粒膜没有磁畴壁，因而无对应噪声；与多层膜相比，颗粒膜虽然和多层膜表现出相似的GMR效应，但多层膜的GMR效应具有各向异性，而颗粒膜的GMR效应具有各向同性，且颗粒膜制备简单。然而，颗粒膜GMR效应所需的饱和场较多层膜大得多，阻碍了它的实际应用，探索其较小的饱和磁场是当前研究方向之一。表19.3是各类巨磁阻材料的优缺点。

表19.3 各类巨磁阻材料的优缺点

类型	GMR	外加磁场	灵敏度	应用中存在的问题
多层膜	小	大	低	难以实用
颗粒膜	大	大	低	需要降低饱和磁场
自旋阀	小	小	高	GMR需提高
钙钛结构氧化物	大	大	低	难
非连续多层膜	大	小	高	抑制巴克豪森噪声

颗粒膜属于非均质材料，其制备方法有多种，包括溅射、真空中共蒸发、溶胶-凝胶及化学气相沉积、化学电沉积等，其中物理方法以溅射法为主，常用射频或直流磁控溅射、离子束

或电子束溅射。溅射靶可采用相应组成的微粉混合均匀后加压成型，或使相应组成块（片）以适当方式组合成镶嵌的复合靶，改变靶上不同组成的面积比例，可获得不同成分的颗粒膜。应用电子探针微区分析等方法可确定其实际组成配比。基片温度、溅射率、气氛、制备后的热处理等都会影响颗粒膜微结构，一般要求真空度尽可能高，基片温度要合适。基片温度较低时，颗粒尺寸小，甚至可生成亚稳态固溶体；基片温度较高时，利于颗粒长大、相分离。控制颗粒膜成分比例、微结构，就可以较为方便地研究颗粒膜的各种物理性质。

2. 颗粒膜 GMR 效应机制

FM-M 型颗粒膜中的巨磁电阻效应类似于多层膜的情况，起源于自旋相关的杂质离子的散射，主要是磁性颗粒膜与非磁性金属介质间的界面散射和磁性颗粒本身之间的相互散射。当外场为零时，由于磁畴之间取向无序。自旋向上或自旋向下的传导电子在运动过程中总能碰到磁化方向与其自旋取向相反的磁畴，受到的散射较大，因此零场下处于高阻态。当外加磁场达到饱和磁场时，其中的电子自旋取向与磁畴磁化方向平行，所受到的散射较小，处于低阻态，即产生负巨磁电阻效应。因此，颗粒膜中的 GMR 效应与磁性金属多层膜的 GMR 效应的起源是相同的，但是颗粒膜中巨磁电阻效应主要来源于界面散射，它与颗粒直径呈反比关系，或者说与颗粒的比表面积呈正比关系。而且颗粒膜的 GMR 效应是各向同性的，其垂直磁电阻(perpendicular)和纵向磁电阻(longitudinal)相同。但在多层膜中由于存在退磁因子，它们略有不同。

FM-I 型颗粒膜与 FM-M 型颗粒膜不同的是 FM-M 型颗粒膜的 GMR 效应来源于自旋相关的散射，而 FM-I 型颗粒膜的巨磁阻效应来源于 TMR 效应，与被隧穿势垒分隔开的两个铁磁颗粒间的自旋相关隧穿(spin-dependent tunneling)有关。与磁电阻成正比的散射概率取决于隧穿电子的自旋是否平行于(倾斜于)单畴磁性颗粒的磁矩取向。如果所有铁磁颗粒的磁矩向上平行排列，具有向上自旋的电子只会受到轻微的散射，而自旋向下的电子将会受到强烈的散射。所以，当外磁场使所有铁磁颗粒的磁矩一致排列时，电阻最小，出现负的磁电阻效应。因此，FM-I 型颗粒膜的 TMR 效应与磁性金属颗粒的自旋极化率成正比。

19.2.5 磁性隧道结 TMR 效应

19-4 磁性隧道结的 TMR 效应

1. 概论

磁性隧道结(magnetic tunnel junctions，MTJs)是一种由两个铁磁层和中间的绝缘层所组成的“三明治”结构，两铁磁层间不存在或基本不存在层间耦合，只需要一个很小的外磁场即可将其中一个铁磁层的磁化方向反向，从而实现隧穿电阻的巨大变化，故 MTJs 较金属多层膜具有高得多的磁场灵敏度。同时，MTJs 这种结构本身电阻率很高、能耗小、性能稳定，因此，MTJs 无论是作为读出磁头、各类传感器，还是作为磁随机存储器(MRAM)，都具有无与伦比的优点，其应用前景十分被看好，引起世界各研究组的高度重视。

根据磁电阻效应的内部机制和发现时间来划分，一共有四代磁电阻技术。我们把 OMR(ordinary magnetoresistance)称为第一代磁电阻技术，严格来说，OMR 效应[即霍尔(Hall)效应]并不属于磁电阻技术，但是它同样有把磁信号转变为电信号的作用，而且这种转换效果与 AMR、GMR 和 TMR 带来的效果一样，且在工业中有着广泛的应用。以此类推，称 AMR 为第二代磁电阻技术，称 GMR 为第三代磁电阻技术，而 TMR 为第四代磁电阻技术。随着磁电阻技术的更新换代，其最重要的参数——灵敏度，也是显著提高的，其中TMR技术的灵敏度要比OMR效应高1000倍左右，这大大提高了磁信号向电信号转换的质量。三种磁电阻AMR、GMR和TMR在结构上有着显著的差别，图19.10给出了AMR、GMR和TMR的三种磁电阻效应的结构。从图中可以看出：AMR的电流是在平行于薄膜表面的面内流动的，并且一般情况下，在单层膜时，也会有比较明显的AMR效应出现；GMR和TMR都是多层膜的“三明治”结构，主要是两个铁磁性层被中间的隔离层隔开的三层结构，两个磁性层就是所谓的钉扎层和自由层，其中钉扎层的磁化方向是固定的，而自由层的磁化方向是可以随着外加磁场而变化的，且GMR电流方向与AMR一样，在平行于薄膜表面的面内流动，它的电极在薄膜的两边；TMR的结构与GMR类似，都是“三明治”结构，两个磁性层都是钉扎层和自由层，但是中间的隔离层不一样，TMR一般采用金属氧化物的绝缘材料做隔离层，电流沿着垂直于薄膜表面的方向流动，即从一个铁磁层流向另外一个铁磁层，在经过绝缘隔离层时，是通过量子隧穿来实现的，也正是因为这一点，这种效应被命名为隧道磁电阻效应。

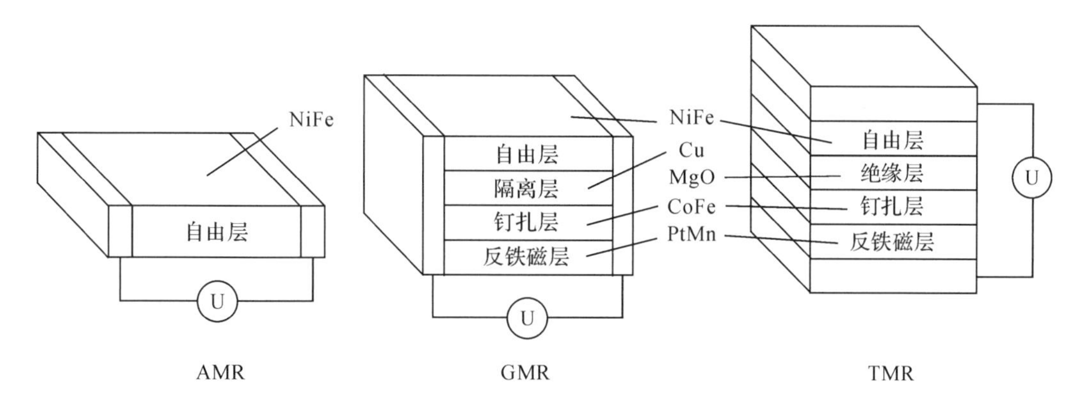

图19.10 AMR、GMR和TMR三种磁电阻效应的结构

2. 磁性隧道结中TMR效应的机制

磁性隧道结可以分为两种类型：一种是钉扎结构的隧道结(EB-SV型)，其利用反铁磁材料钉扎其中一层铁磁层的磁化方向；另一种是软-硬结构的隧道结(PSV型)，其利用两种不同矫顽力的铁磁材料作铁磁层。

EB-SV型磁性隧道结具有铁磁层/非磁绝缘层/铁磁层/反铁磁层结构，这样就导致了反铁磁钉扎层中的Mn原子在高温退火时向相邻的铁磁电极层和绝缘势垒层扩散，使TMR值下降。与EB-SV型MTJs相比，PSV型MTJs结构最明显的特征是没有反铁磁层，即为铁磁层/非磁绝缘层/铁磁层“三明治”结构。PSV型MTJs中两铁磁层的矫顽力不同，通过外磁场来实现两铁磁层磁矩的平行与反平行排列，从而导致TMR效应的产生。PSV型MTJs中硬磁层和软磁层一般采用相同的材料，但是厚度不同，矫顽力的差别正是因厚度的变化而产生的。一般情况下，相对较厚的铁磁层矫顽力大一些，为硬磁层。

在MTJs中，TMR效应的产生机理是自旋相关的隧穿效应。PSV型的MTJs一般结构为铁磁层/非磁绝缘层/铁磁层“三明治”结构。饱和磁化时，两铁磁层的磁化方向互相平行，而通常两铁磁层的矫顽力不同，因此反向磁化时，矫顽力小的铁磁层磁化矢量首先翻转，使得两铁磁层的磁化方向变成反平行。电子从一个磁性层隧穿到另一个磁性层的隧穿概率与两磁性层的磁化方向有关。如图 19.11 所示，若两层磁化方向互相平行，则在一个磁性层中，多数自旋子带的电子将进入另一磁性层中多数自旋子带的空态，少数自旋子带的电子也将进入另一磁性层中少数自旋子带的空态，总的隧穿电流较大；若两磁性层的磁化方向反平行，情况则刚好相反，即在一个磁性层中，多数自旋子带的电子将进入另一磁性层中少数自旋子带的空态，而少数自旋子带的电子也将进入另一磁性层中多数自旋子带的空态，这种状态的隧穿电流比较小。因此，隧穿电导随着两铁磁层磁化方向的改变而变化，磁化矢量平行时的电导高于反平行时的电导。通过施加外磁场可以改变两铁磁层的磁化方向，从而使得隧穿电阻发生变化，导致 TMR 效应出现。

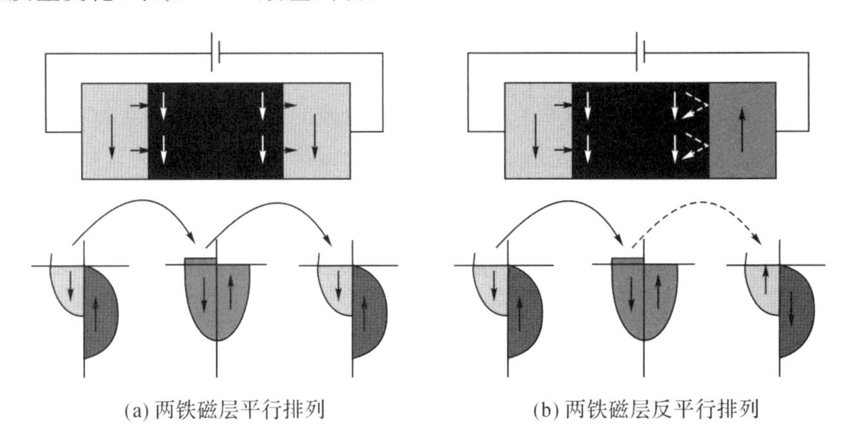

图 19.11 隧穿电流和铁磁层磁化方向的关系

MTJs 中两铁磁层电极的自旋极化率定义为：

$$P=\frac{N^{\uparrow}-N_{\downarrow}}{N^{\uparrow}+N_{\downarrow}}$$

式中，$N^{\uparrow}$ 和 $N_{\downarrow}$ 分别为铁磁金属费米面处自旋向上和自旋向下电子的态密度。

由 Julliere 模型可以得到：

$$\mathrm{TMR}=\frac{\Delta R}{R_{\mathrm{P}}}=\frac{R_{\mathrm{A}}-R_{\mathrm{P}}}{R_{\mathrm{P}}}=\frac{2P_1P_2}{1-P_1P_2}$$

式中，R_{P} 和 R_{A} 分别为两铁磁层磁化方向平行和反平行时的隧穿电阻，P_1 和 P_2 分别为两铁磁层电极的自旋极化率。

3. 磁性隧道结的性能

获得 TMR 值高且其他性能优良的 MTJs 有两个关键：一是寻找自旋极化率高的铁磁层材料；二是寻找优质的绝缘势垒层材料。如图 19.12 所示，从 MTJs 的研究进程可以看出，铁磁层材料已经从最初的铁磁金属 Fe、Co、Ni 及其合金 Ni-Fe、Fe-Co 发展到其他掺杂合金 Fe-Ta-N、Co-Fe-B、Co-Fe-Zr、Co-Fe-Si-B 和高自旋极化率的半金属材料 $LaSrMnO_3$、Fe_3O_4、Co-Mn-Al、Co_2FeSi、Co_2MnSi、Co_2MnGe、$Co_2FeAlSi$、Co-Cr-Fe-Al 等，其织构也从外延单晶拓展到多晶和非晶态。综合目前的实验结果可知，最佳的铁磁层材料是 Co-Fe-B 合金。

到目前为止，人们研究的绝缘势垒层材料包括氧化物、氮化物和半导体三类。氧化物除了常见的 Al_2O_3 和 MgO 外，还有 NiO、CoO、HfO_2、TaO_x、ZrO_x、$ZrAlO_x$、$HfAlO_x$、TiAlO、YO、$Sr\text{-}TiO_3$、$CaTiO_3$ 等；氮化物有 AlN；半导体有 EuS、AlGaAs、ZnS、AlAs、ZnSe。氧化镁

相对于氧化铝的旧的磁性隧道结技术是完全不同的物理机制,在氧化镁基的磁性隧道结里,电子隧穿过程中电子波函数具有长程的连贯性,所以只有电子波函数关于中间绝缘隔离层轴完全对称的电子才具有明显的大的隧穿概率。用半导体做绝缘势垒层,可以有效地降低 MTJs 的 RA 值,并使绝缘势垒层厚度不至于太薄而造成针孔等缺陷,从而有利于实现磁电阻器件的数据高速传输和噪声降低,但是不如 MgO 的 TMR 效应大。

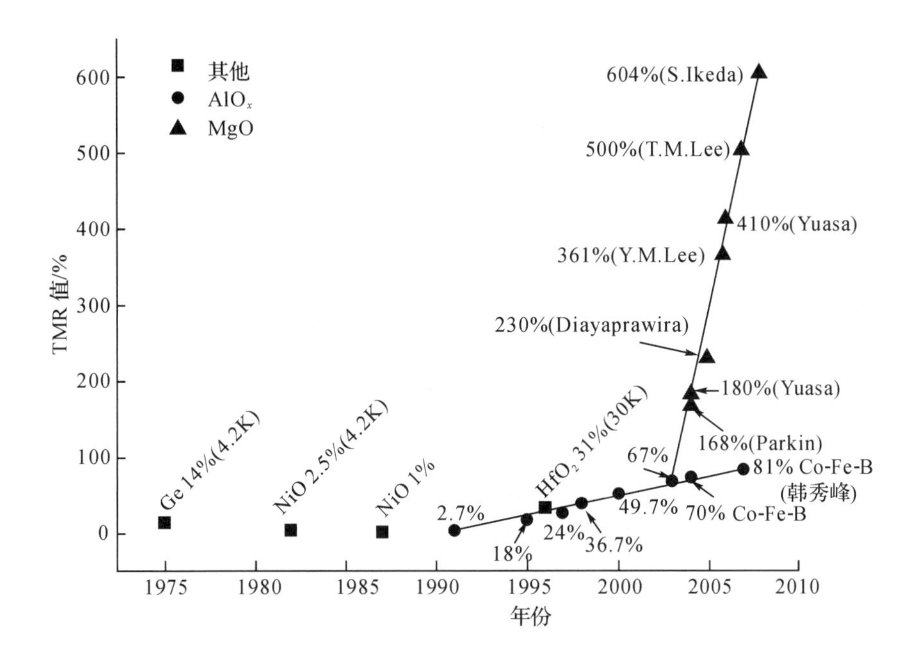

图 19.12 MTJs 的研究进程和性能

虽然 PSV 型 MTJs 的 TMR 值很高,热稳定性也很好,但是其两铁磁层磁化方向反平行时的隧穿电阻(RA 值)较高,仍然不能满足实际应用的要求。就用于计算机读磁头来说,要想使 MTJs 型的 TMR 读磁头在读取速率和噪声两方面均优于当前的自旋阀型 GMR 读磁头,则 MTJs 的 RA 值应低于 $4\Omega \cdot \mu m^2$。目前所能获得的最佳 PSV 型 MTJs 的 RA 值比这一数值仍然高出 2 个数量级。据文献报道,通过采用电阻率低的金属材料做衬底层和在铁磁层与 MgO 绝缘势垒层之间插入非常薄的 Mg 层这两种方法,均可以有效地降低 EB-SV 型 MTJs 的 RA 值,并且已经达到了实际应用的要求。借鉴相似的方法,很可能,也很有希望将 PSV 型 MTJs 的 RA 值降低到数欧平方微米。研究与开发室温 TMR 值高、热稳定性好、RA 值低、成本低的 TMR 材料将是今后磁电阻材料领域工作的重点和关键,其中低 RA 值的 PSV 型 MTJs 材料的研究和开发有望成为实现这一目标的突破口。

19.2.6 掺杂稀土锰氧化物 CMR 效应

1993 年,Helmolt 等人在 $La_{2/3}Ba_{1/3}MnO_3$ 钙钛矿型铁磁薄膜中发现室温下可达 60%的巨磁电阻效应,拉开了这类具有混和价态的氧化物中的磁电阻效应研究的帷幕。1994 年,Jin 等人发现 $LaAlO_3$ 单晶基片上外延生长的 $La_{1-x}Ca_xMnO_3$ 薄膜 77K 时在 60kOe 的磁场下,其磁电阻值达$-1.27\times10^5\%$,人们称之为庞磁电阻(CMR)效应,也有人称其为宏磁电阻、超巨磁电阻、超大磁电阻、极大磁电阻等。CMR效应研究开始白热化。之后，短短两年多的时间，人们在类钙钛矿结构Mn系氧化物$Ln_{1-x}M_xMnO_3$(其中三价离子Ln^{3+}包括La^{3+}、Pr^{3+}、Nd^{3+}以及Sm^{3+}；二价离子M^{2+}包括碱土离子Ca^{2+}、Sr^{2+}和B^{2+}以及Pb^{2+})中发现，无论是外延生长的薄膜还是大块的单晶和多晶材料大都具有庞磁电阻效应。这类氧化物中磁电阻效应最突出的是$Nd_{0.7}Sr_{0.3}MnO_3$(60K温度、80kOe磁场下磁电阻效应为$-1.06\times10^6\%$)和$Nd_{0.7}Ca_{0.3}MnO_3$(30K以下温度、50kOe外场中，电阻率变化幅度达7个数量级)。此外在$(Nd,Sm)_{0.5}Sr_{0.5}MnO_3$单晶体中发现电阻率变化为10000%的结果。这种效应的存在，是因为电子自旋、电荷和自由的晶格度之间的强烈的相互耦合。正是因为这种耦合，这种钙钛矿材料成了一种新的磁电现象的沃土，这种材料本来由于它的高温超导特性已经很著名，这又增加了它的知名度。下面简单介绍稀土掺杂锰氧化物CMR效应的机制。

1. 磁场诱发反铁磁-铁磁转变

在钙钛矿结构稀土锰氧化物$(La,Ca)MnO_3$中，如图19.13所示，锰离子磁矩在a-b平面为铁磁有序，在c轴方向为反铁磁有序，并且所有锰离子近邻均为反铁磁有序的磁矩排列。

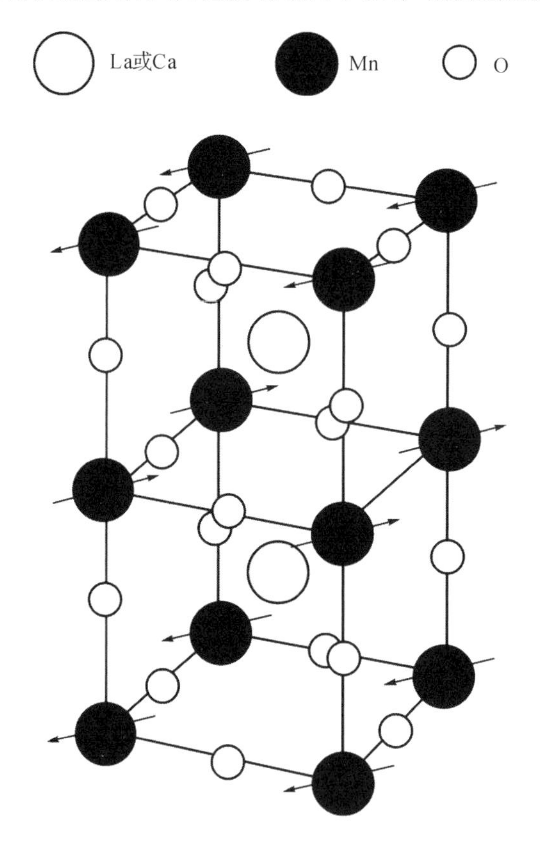

图19.13 钙钛矿结构$(La,Ca)MnO_3$晶格结构

在$La_{1-x}Ca_xMnO_3$化合物中，随二价元素Ca的掺杂，Mn变为三价与四价离子的混合态。当Ca^{2+}以比率x置换时，平均起来Mn^{3+}的价数要变为$Mn^{(3+x)+}$，此时，该物质中会导入空穴。随着x的增加，该体系发生从反铁磁性绝缘相向铁磁性金属相的转变。并且随着掺杂浓度增加，材料的铁磁转变居里温度升高。掺杂浓度x在0.3至0.4之间，样品的居里

转变温度在室温附近。与之相应，掺杂浓度 x 在 0.3 至 0.4 之间样品的电阻率最小。对这些现象通常以三价锰离子与四价锰离子之间存在通过中间氧位电子的“双交换作用”来解释。在材料中存在着 Mn^{4+}—O^{2-}—Mn^{3+} 的半共价结构，并且以 Mn 离子为中心形成氧八面体，氧八面体场的存在导致 Mn 离子 3d 轨道的分裂，如图 19.14 所示。在材料的居里温度以下，Mn 离子的 e_g 轨道与 O 离子 2p 轨道能量相近，电子通过 O 离子从 Mn^{3+} 和 Mn^{4+} 之间交换，根据洪特规则，电子的自旋状态保持不变，如图 19.15 所示。

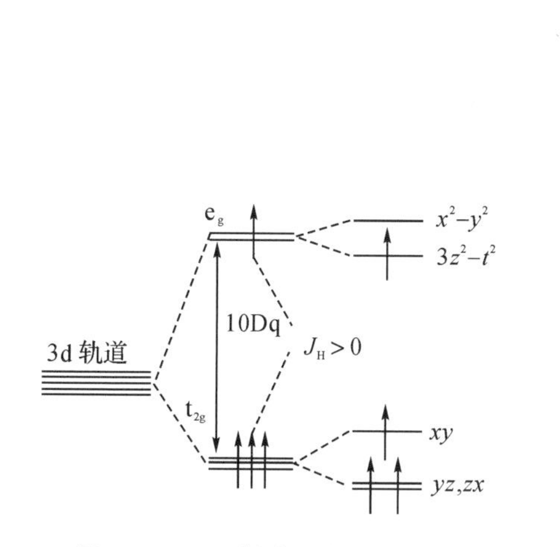

图 19.14 Mn^{3+} 离子的电子排布

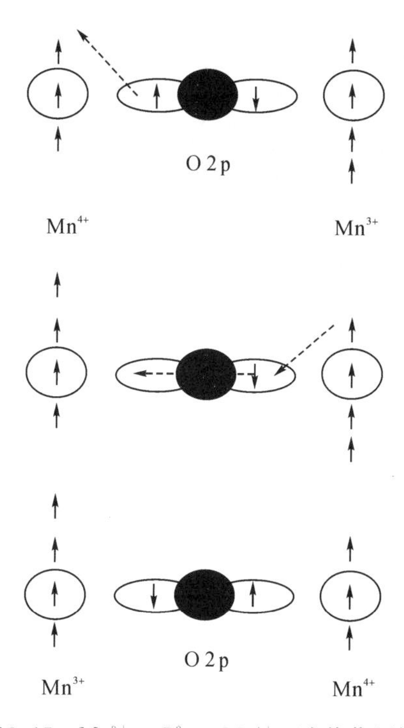

图 19.15 Mn^{3+}—O^{2-}—Mn^{4+} 双交换作用模型

假设化合物 $La_{1-x}Ca_xMnO_3$ 在铁磁转变温度 T_C 以下为铁磁性金属相，当该系统处于高于 T_C 温度时，锰原子磁矩随机取向，电子自旋取向也混乱，双交换作用难以进行，从而电阻处于极高状态。若在此状态下施加磁场，原子磁矩取向趋于一致，电子自旋的混乱度骤减，电阻明显降低，这正是人们所期待的负的磁电阻效应。

2. 磁场诱发结构相变

化合物 $La_{1-x}Ca_xMnO_3$ 的晶体结构为立方钙钛矿型，如图 19.16 所示。但在实际的晶体结构中，氧八面体会产生一定的变形。在某一临界温度 T_S 以上，菱方晶相更为稳定；在 T_S 温度以下，斜方晶相更为稳定。T_S 对于磁场比较敏感，如图 19.17 所示，在室温附近，磁场升高时，T_S 急剧下降，显示回线特性。可以想象，在钙钛矿型 Mn 氧化物中存在磁场诱发的结构相变，在磁场为 1～2T 左右时发生急剧相变，也就是说，磁场可以起到结晶结构开关的作用，与此相伴产生电阻突变。

上面对掺杂稀土锰氧化物的 CMR 效应机制做出了简单的解释，但仍存在一定的问题。实际上，关于磁电阻效应的起源问题，目前还没有一个令人信服的理论。目前，掺杂稀土锰氧化物 CMR 效应的使用还受到一定的限制，主要因素有二：一是锰氧化物的 CMR 效应强

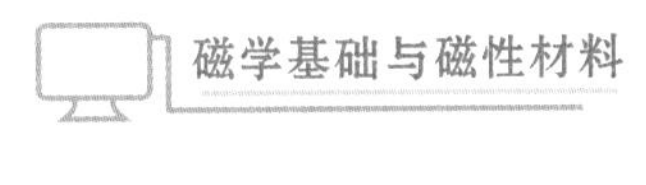

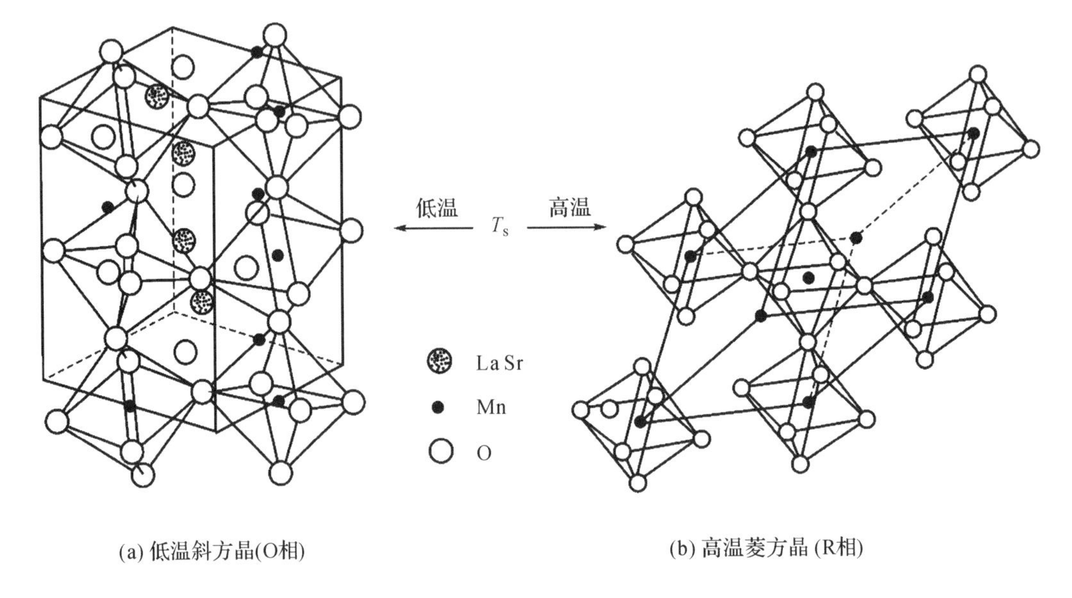

(a) 低温斜方晶(O相)　　(b) 高温菱方晶 (R相)

图 19.16　$La_{1-x}Sr_xMnO_3$ 的晶体结构

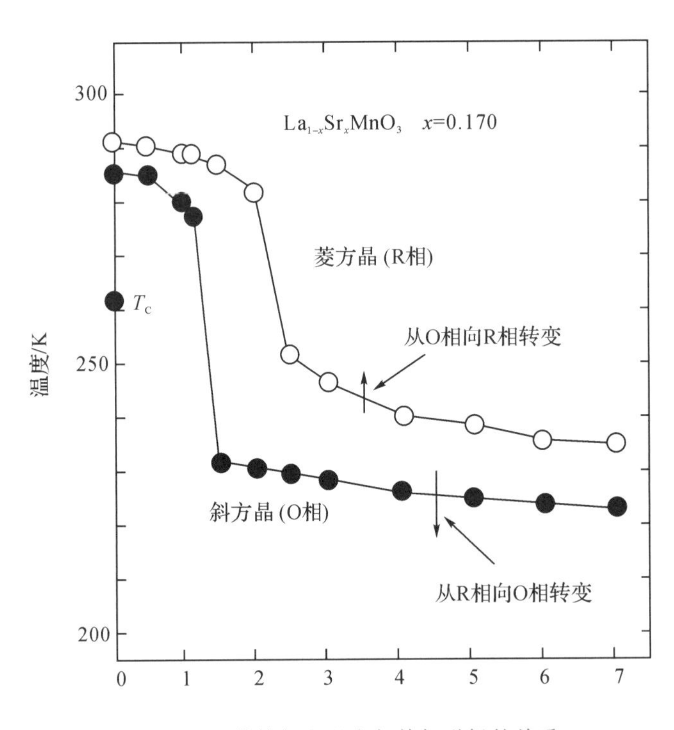

图 19.17　结构相变温度与外加磁场的关系

烈地依赖于温度，造成材料在应用时对温度稳定性要求过高；二是锰氧化物的 CMR 效应对应的磁场强度过高，限制了材料在低磁场下的应用。

19.2.7 磁电阻效应的应用

19-5 磁电阻器件

1. 磁电阻磁头

传统电磁感应式磁头，在读取高密度磁记录信息时，信噪比已不能满足要求，因为此时对应于每个记录位的磁通量是微弱的。如果采用薄膜磁电阻磁头读取信息，磁场的微弱变化对应着磁电阻的显著变化，是读取高密度磁记录信息较理想的手段。磁电阻磁头的结构及工作原理在 15.2 节中已经有详细介绍。

普通薄膜磁电阻磁头的各向异性磁电阻(AMR)最大不超过 6%，磁电阻变化的磁场灵敏度最大约为 0.4%/Oe，所需外场约为 400A/m。这些特性使得普通薄膜磁电阻磁头，如 Ni-Fe 合金薄膜，所能实现的磁记录信息的密度仍受到一定的限制，迄今所获得的最高水平为 $3Gb/in^2$。而巨磁电阻薄膜的 GMR 在室温下可达 10%～30%，磁场灵敏度可达 1%/Oe～8%/Oe，因而在超高密度磁记录读磁头上极具竞争力。TMR 磁头材料的主要优点是磁电阻比和磁场灵敏度均高于 GMR 磁头，而且其几何结构属于电流垂直于膜面(CPP)型，适合于超薄的缝隙间隔。

2. 磁电阻随机存储器(MRAM)

目前广泛采用的 RAM 是半导体动态随机存储器(dynamic random access memory，DRAM)和静态随机存储器(static random access memory，SRAM)。但无论是 DRAM 还是 SRAM 均为易失性的(即机器断电后，所存储的数据会全部丢失)，并且抗辐射性能差，给使用带来极大的不便。而半导体非易失存储器如电可擦除可编程只读存储器(electrically-erasable programmable read-only memory，EEPROM)，目前容量不大，抗辐射性能差，制作成本高。因此，发展体积小、速度快、容量大和制作成本低的非易失 RAM，对推动计算机的发展是很重要的。

MRAM 的结构原理见图 19.18，图中是一种基于 GMR SV 的 MRAM 方案。图 19.19 是 SV MRAM 工作原理。在图中，反铁磁层和钉扎层用作记录“1”和“0”。当字线电流(I_w)方向为正时(电流方向由里向外)，其电流大小使导线周围形成的圆磁场超过反铁磁层的矫顽力时，称之为记录“0”；反之，当字线电流为负(电流方向由外向里)时，反铁磁层的磁化方向反向，称之为记录“1”。读出时，在字线中通过正、负极性的，能使自由层改变方向的读出电流(I_S)。当读“0”时，自由层和钉扎层之间由反平行到平行，磁电阻由大变小，读出信号(V_S)为负；而当读“1”时，磁电阻由小变大，V_S 为正。这个过程可以是不破坏的，在进行 3 亿次读出后，信号不会发生任何变化。

MRAM 和现有的半导体 RAM 相比，最大的优点是非易失、抗辐射、长寿命和低成本。由于使用了 GMR 材料，每位尺寸的减小并不影响读出信号的灵敏度，可实现最大的存储密度。并且结构简单，减少了制作工艺步骤。GMR RAM 和半导体 RAM 的比较如表 19.4 所示。MRAM 在计算机的 BIOS 芯片、便携式电话、传真机、固态录像机、个人数字助理(personal digital assistant，PDA)和大容量电子存储器方面都有良好的应用前景。特别是其具有抗辐射性能，对军事和航空航天的应用具有重要意义。

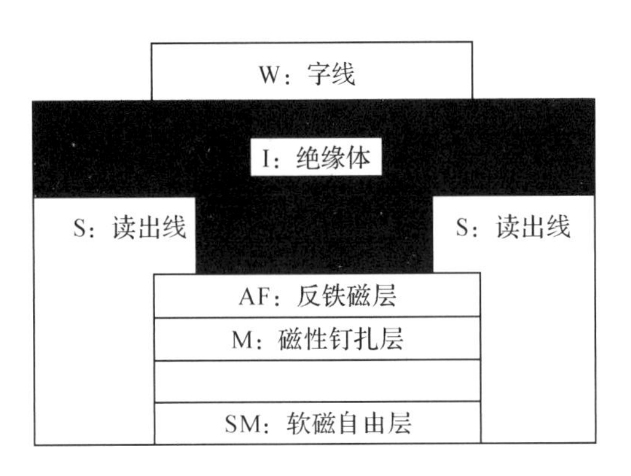

图 19.18 SV MRAM 结构原理

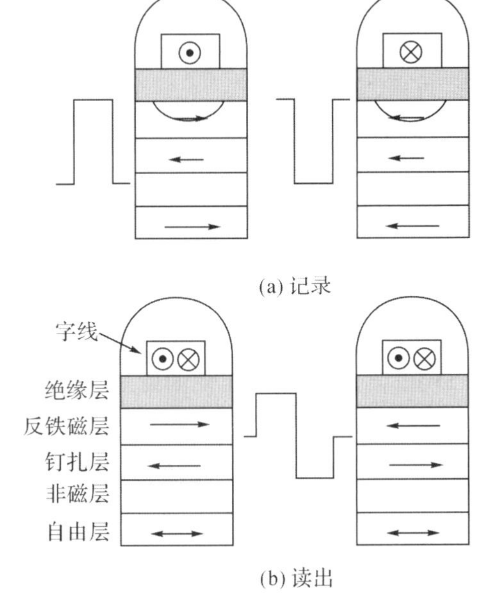

图 19.19 SV MRAM 工作原理

表 19.4 GMR RAM 和半导体 RAM 的比较

参数	半导体存储器	GMR 存储器
密度	结构复杂(10～20 套集成掩模板)，最小单元面积为 $10\lambda^2$(λ 为特征尺寸)	结构简单(2～3 套集成掩模板)，最小单元面积为 $4.48\lambda^2$
取数时间	100ns(快闪存储器 EEPROM)	2ns
非易失性	10 年(快闪存储器 EEPROM)	永久

3. 磁电阻传感器

磁传感器一般是将非磁学量转变为磁学量或直接对磁学量进行高灵敏度测量的器件，它是根据多种的磁效应制成的。磁电阻传感器是利用磁电阻效应来实现磁传感作用的一类高灵敏度磁传感器件。基于 GMR 效应和 TMR 效应的磁电阻材料是制造各种磁传感器(包括各种位移传感器、磁场传感器、磁场梯度传感器、电流传感器、速度和加速度传感器、电子罗盘、磁敏助听器、磁敏生物传感器、磁防伪和磁识别传感器)的最佳单元器件。

磁电阻位移传感器的原理如图 19.20 所示。图中，将被移动物体放置在移动永磁体滑块上，磁电阻传感器固定在其下方。当物体在位置 A、B 之间滑动时，其输出将会呈线性变化，通过相应的变换可得到位移的变化，目前这种传感器的灵敏度已经可以达到 1μm 以下。

角速度传感器的测量原理见图 19.21。图中，齿轮转动时，靠近齿轮的永磁体磁场分布会发生变化，放置的巨磁电阻传感器将有周期性信号输出，通过对信号的分析处理即可得到角速度，也可得知任意时刻相对于基准点的角度。

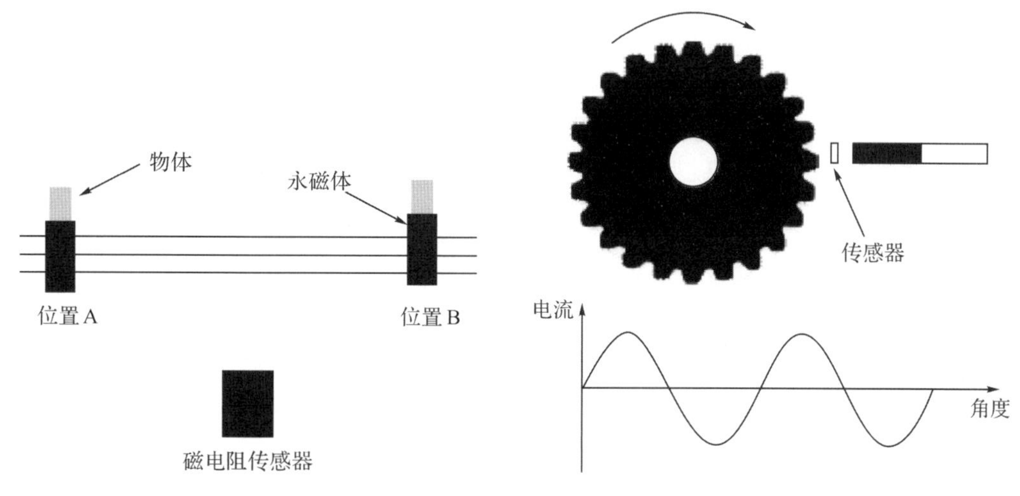

图 19.20　磁电阻位移传感器工作原理　　　　图 19.21　磁电阻角速度传感器工作原理

AMR 传感器具有体积小、灵敏度高、阻抗低、耐恶劣环境、成本低等优点，可测量 10^{-10} ~ 10^{-3} T 范围内的磁场，但由于 AMR 的 η 值低，在弱磁场中仍受到限制。采用 η 值大的 GMR、TMR 材料制作的传感器则打破了这种限制，极易实现小型化、廉价化，更广泛地应用于家用电器、汽车工业和自动控制技术中，对其非磁学量（如角度、转速、加速度、位移等物理量）转变为磁学量进行高灵敏度、高精确度控制，且不受物体变化速度的影响，充分发挥其抗恶劣环境和长寿命的优点，故在各类运动传感器中颇具竞争力。

19.3　半金属材料

半金属材料首先是在 20 世纪 80 年代荷兰 De Groot 等人对 Ni-Mn-Sb 和 Pt-Mn-Sb 等三元合金进行能带计算时发现的。固体中电子具有的能量和动量可以用能带来表示，一般来说每种自旋取向的电子都有自己的能带。对于硅等非磁性材料，两种自旋取向的电子的能带完全对称，总磁矩为零，自旋特性不明显，费米面处于价带和导带之间的带隙，表现出半导体行为。对于铁等磁性材料，两种自旋取向的电子的能带非对称，且不存在带隙，费米面上电子态密度连续。在温度远低于磁性材料的居里温度时，一种自旋取向的电子态密度大于另一种自旋取向的电子态密度，总磁矩不为零，因此具有磁性。对于半金属材料，一种自旋取向的电子的能带呈现金属特性，不存在带隙，在费米面上有传导电子存在，另一种自旋取向的电子呈现半导体特性，存在禁带，费米面恰好落在价带和导带的能隙中，在半金属材料中，电子的两种自旋分别表现为金属性和非金属性。

图 19.22 表示半导体硅的电子态密度随电子能量的分布关系。从图中可以看出，半导体硅电子态密度随能量对称分布，两种自旋取向的电子态密度相似，总磁矩为零，费米面处于价带和导带之间的带隙中，导致材料的半导体行为。

图 19.23 表示金属铁的电子态密度分布关系。从图中可以看到金属铁的态密度随能量呈现非对称分布，费米面上电子态密度连续，不存在带隙。两种自旋取向的电子态密度不相同，自旋向上的态密度较大，电子自旋不平衡，从而导致磁性的产生。

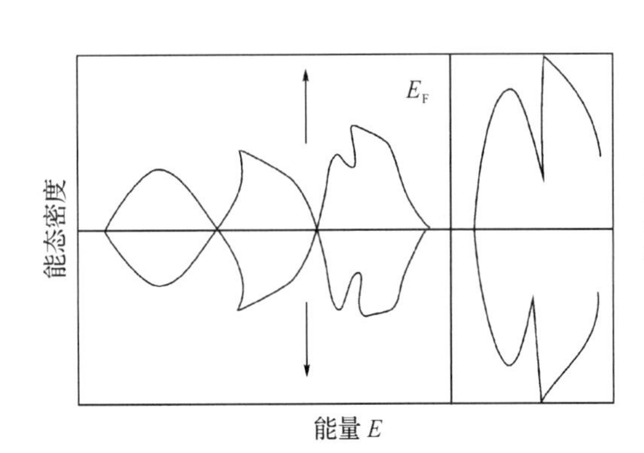

图 19.22 半导体硅的电子态密度随能量的分布关系

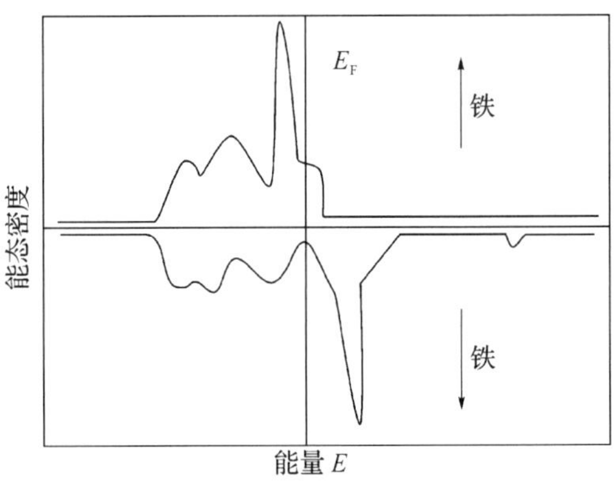

图 19.23 金属铁的电子态密度随能量的分布关系

图 19.24 表示半金属 CrO_2 的电子态密度分布关系。费米面处的电子自旋极化方向是单一取向，因此传导电子极化率达到 100%。自旋通道间存在能量带隙，会导致磁矩的量子化，材料每个原胞的磁矩是玻尔磁子的整数倍。而对于一般的磁性金属，则为非整数倍。对于半金属材料，磁化强度不随外磁场的改变而改变，自旋磁化率是没有意义的。

半金属材料大致可以分为：Heusler 结构半金属（NiMnSb、PtMnSb、Co_2FeSi、Co_2MnSi）；CrO_2 类半金属（CrO_2、CoS_2）；Fe_3O_4 类半金属（Fe_3O_4、CuV_2S_4）；钙钛矿型半金属（$La_{2/3}Ca_{1/3}MnO_3$、$La_{2/3}Ba_{1/3}MnO_3$）和其他类型的半金属。

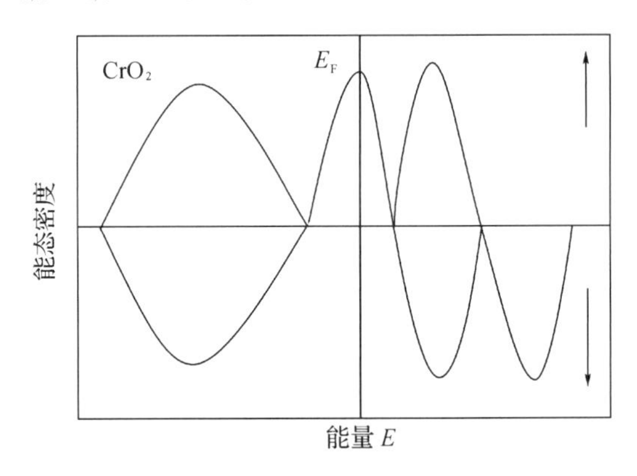

图 19.24 半金属 CrO_2 的电子态密度随能量的分布关系

19.3.1 Heusler 结构半金属

一种 Heusler 结构（$C1_b$）可以表示为 XYT，空间群（F3m），其中 X 为 Pt、Ni 等过渡族元素，Y 为 Mn、Nb 等过渡族元素，T 为 Sn、Sb、Bi 等元素。其结构如图 19.25 所示，每个晶胞包含三个原子，分别于 X(1/4,1/4,1/4)、Y(0,0,0)、T(1/2,1/2,1/2)，(3/4,3/4,3/4) 位置处为空。这种结构是一种不稳定结构，在实验中只观察到 Sb、Bi、Sn 构成的 $C1_b$ 型 Heusler 半金属。Ni-Mn-Sb 是被研究最多的 $C1_b$ 型 Heusler 半金属铁磁体，每个晶胞具有 4 个，μ_BMn 为 3 价，并且为少数自旋方向，Sb 为 5 价，Ni 占据双四面体坐标点，为 Mn 和 Sb 提供

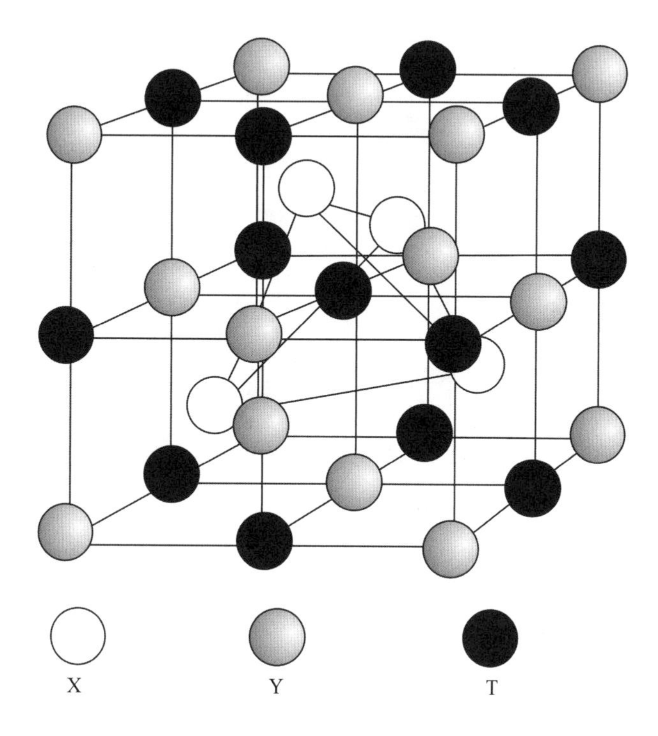

图 19.25 $C1_b$ 型 Heusler 合金单胞结构

基本的四面体，使立方结构中的 Mn-Sb 稳定。De Groot 首先通过电子结构的计算对 Ni-Mn-Sb 合金的能带结构进行了详细的描述，认为半金属性的获得与 Mn-d 和 Sb-p 的相互作用以及 Mn-d 和 Ni-d 的相互作用相关，这些猜想后来被 Yamasaki 等采用 LDA(local density approximation，局域密度近似)所证实。他们发现自旋向上的 Mn-d 和 Ni-d 态位于相同的能量区域，由于 Mn 的交换劈裂作用，自旋向下的能带是分离的，大的 Mn 的自旋劈裂和通过 Sb 的 Mn-Ni 间接交换作用产生了半金属带隙。

对于 Ni-Mn-Sb 的输运特性，在低温下，电阻率随温度变化关系满足 T^2 关系，在 90K 左右会发生转变，在该温度以上电阻随温度变化关系满足 $T^{1.65}$ 规律。这种相变本质上可能是由热激发效应导致的。如果费米能接近导带，热激发可能使电子从金属的多数自旋方向转到少数自旋方向导带中的空态，这种热激发可以减小磁矩，减小交换劈裂，导致费米能和导带之间的能量差减小，从而引起上述变化。

还有一种 Heusler 半金属具有立方 $L2_1$ 结构(Fm3m 空间群)，可以表示为 X_2YT，其中 X 为 Pt、Co、Ni 等过渡族元素，Y 为 Mn、Nb 等过渡族元素，T 为 Sn、Sb、Bi、Al、Si、Ga、Ge 等 s-p 元素，是一种典型的三元合金，其结构如图 19.26 所示。

从 $L2_1$ 型 Heusler 合金单胞结构可以看出，每个晶胞包含 4 个原子，分别为 X(1/4, 1/4,1/4)、Y(0,0,0)、T(1/2,1/2,1/2)、X(3/4,3/4,3/4)。4 个原子分别对应 4 个面心立方点阵，是 4 个立方点阵格子的叠合；Y 和 T 原子构成氯化钠结构，X 原子分布在 Y 和 T 分别组成的四面体中心中，即 X 原子组成简单立方结构，Y 和 T 分别交替居其体心。$L2_1$ 型 Heusler 合金的居里温度接近 1000K，其中 Co_2MnSn 为 905K，Co_2MnSi 为 985K，甚至在 Co_2FeSi 中发现了高达 1100K 的居里温度。如此高的居里温度使得 $L2_1$ 型 Heusler 合金具

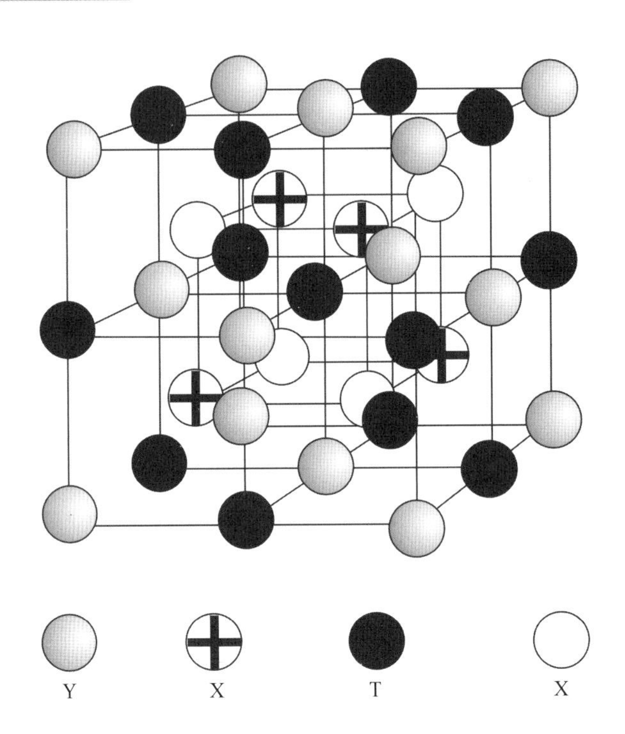

图 19.26　$L2_1$ 型 Heusler 合金单胞结构

有独特的地位。

$L2_1$ 型 Heusler 合金的半金属特性最早是由 Fujii 和 Ishida 在 1995 年通过计算明确的。2002 年，Galanakis 等对 $L2_1$ 型 Heusler 合金的电子结构进行了系统的研究，其具体的电子结构如图 19.27 所示。

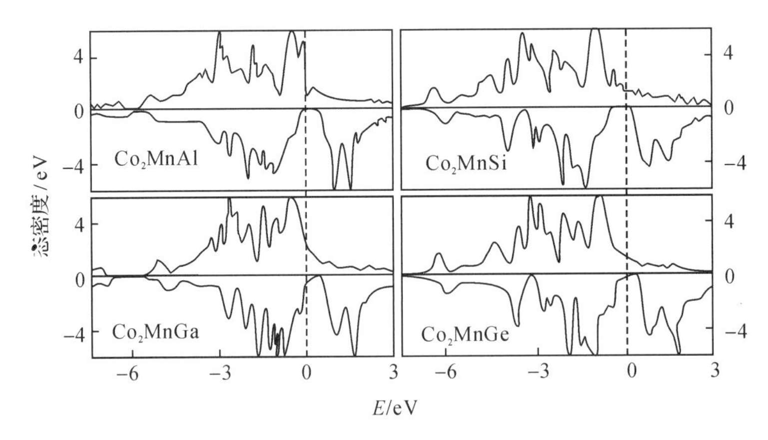

图 19.27　$L2_1$ 型 Heusler 合金的电子结构

$L2_1$ 型 Heusler 合金的另外一个有趣的现象是，当价电子数减小到每化学式为 24 时，会变成非磁性半导体或者半金属反铁磁体，而当价电子数继续减小时，则会重新进入半金属区域，只是多数自旋方向出现带隙，其中最典型的例子为 Mn_2VAl。但是需要指出的是，具有多数自旋方向带隙的半金属很少出现，因此需要寻找新的候选材料。

19.3.2　CrO_2 类半金属

在实际应用中，CrO_2 是一种很重要的过渡金属二元氧化物铁磁材料，其中针状的 CrO_2 材料已经广泛地被应用于磁记录材料。CrO_2 为铁磁有序相，居里温度为 390K。1986 年，Schwarz 提出了自洽能带结构理论，得出的一个有趣的结论就是 CrO_2 是一种半金属铁磁材料。这种能带结构类型能够产生明显的磁光效应，而这在 1987 年被 Kmper 等人证实。他们利用自旋高分辨光电发射方法测量了 CrO_2 费米面处的电子极化率，发现在费米面以下 2eV 确实存在 100%的电子极化率。

CrO_2 具有金红石结构，$a=0.4421$nm，$c=0.2616$nm，空间群为 $p4_2/mnm$。Cr 原子形成体心四方晶格，并被由氧原子形成的扭曲八面体包围。CrO_2 的半金属特性来源很简单，其中 Cr 以 Cr^{4+} 形式存在，剩下的两个 d 电子占据多数自旋方向的 d 轨道，晶体场劈裂来源于略微变形的八面体，多数自旋方向价带被填充 2/3，因此为半金属特性。由于交换劈裂，少数自旋 d 态具有更加高的能量。由于这个原因，费米面落在填满的 O 2p 态和空的 Cr 3d 态之间的带隙中。因此 CrO_2 的半金属特性基本上是 Cr 与其化合物的特性。只要晶体场劈裂变化不大，半金属特性将会保留，而且杂质的影响也不会很大。

2001 年，Anguelouch 采用化学气相沉积的方法制备了外延的 CrO_2 薄膜，并且采用点接触 Andreev 反射法获得了 CrO_2 的自旋极化率，发现 CrO_2 的外延薄膜的自旋极化率很高，基本接近于完美的半金属态，如图 19.28 所示。同时，Hwang 等发现在 CrO_2 晶粒周围存在绝缘态的 Cr_2O_3 时，会提高材料的磁电阻效应（见图 19.29）。其原因可归结为晶界处的绝缘态的 Cr_2O_3 增强了界面处势垒的高度，从而增强了样品的低温磁电阻效应，这一效应在自旋电子学器件的应用上具有重要的意义。

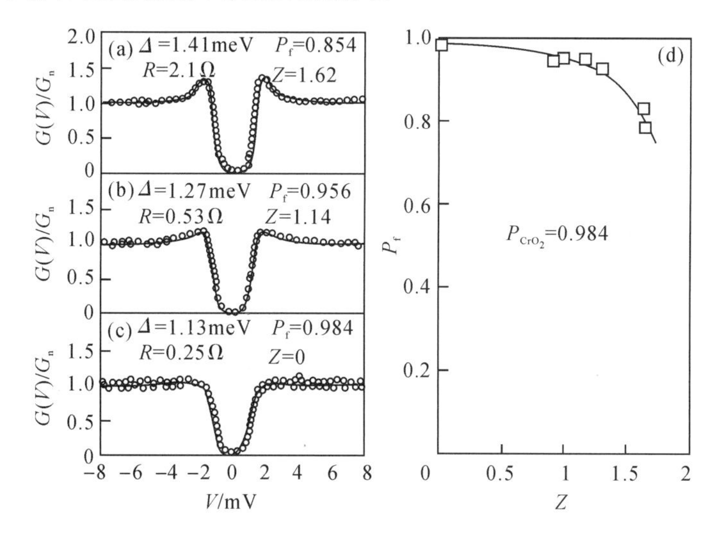

图 19.28　CrO_2 外延薄膜的 G-V 曲线与自旋极化率

注：(a)、(b)、(c)为 1.6K 下 Pb/CrO_2 点接触的 G-V 曲线（空心）和拟合曲线（实线）；(d)为拟合得到的 CrO_2 的自旋极化率。

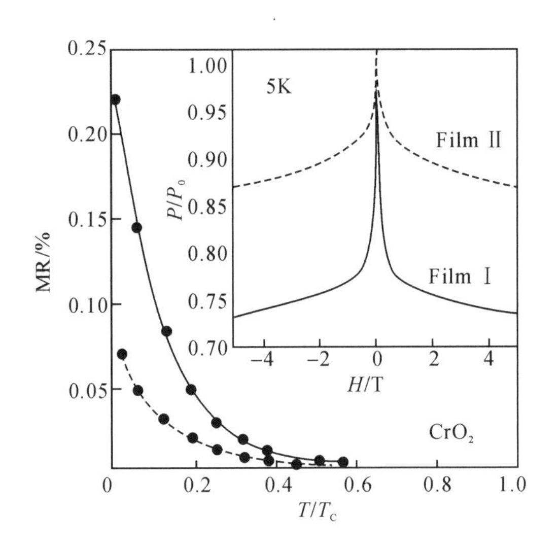

图 19.29 多晶 CrO_2 薄膜磁电阻随温度的变化关系

注：插图为磁电阻随磁场的变化关系；Film Ⅰ为含 Cr_2O_3 的样品，Film Ⅱ为不含 Cr_2O_3 的样品。

19.3.3 Fe_3O_4 半金属

Fe_3O_4 是自然界最广泛存在的铁的氧化物之一，也是一种很古老的磁性材料。在室温下，Fe_3O_4 具有反尖晶石结构，其中四面体 A 位被 Fe^{3+} 占据，八面体 B 位被 Fe^{2+} 和 Fe^{3+} 随机占据，并且 Fe^{2+} 和 Fe^{3+} 的含量相等，如图 19.30 所示。Fe_3O_4 具有亚铁磁性，居里温度为 860K 时，是具有重要潜在应用价值的自旋注入电子源，具有很高的电子极化率。在液氦温度下，通过隧道结法和晶粒晶界法以及微粒点接触法注入电子时，表现出明显的磁电阻效应，但随着温度的升高，电子极化率急剧下降。室温下一般氧化物结构材料的电子极化率都很小。

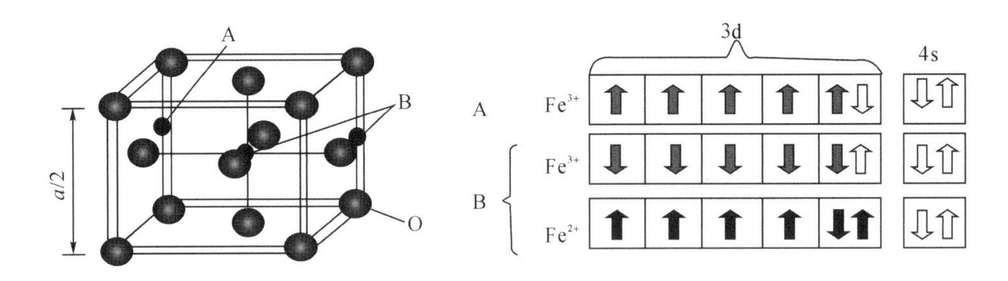

图 19.30 Fe_3O_4 的晶体结构和电子排列

Fe_3O_4 不同于 Heusler 合金，具有窄的 3d 能带，具有强关联效应。由强电子-电子相互作用导致的金属-绝缘体转变很早就在试验中被发现到了。1939 年 Verwey 发现在 126K 时，Fe_3O_4 发生结构畸变，并产生金属-绝缘体转变。Dedcov 等人利用自旋能量角分辨发射光谱测量 Fe_3O_4 外延薄膜费米面附近室温下的电子极化率，得到了高达 85%的电子极化率，费米面附近 1.5eV 的能带的自旋分辨发射谱与利用自旋劈裂能带密度函数的理论计算结果完全符合。Versluijs 等人采用纳米接触法对金属 Fe_3O_4 进行磁电阻测量，当外场为

7mT 时,可以在室温下获得超过500%的相对磁电阻。外场可以影响 *I-V* 曲线的形状,且磁电阻的大小和电阻值有关。他们认为当自旋极化电子通过很窄的畴壁时,电子的跳跃传输和对畴壁的自旋压会导致 *I-V* 曲线的非线性,从而导致巨磁电阻的产生。

19.3.4　钙钛矿型半金属

掺杂的钙钛矿锰氧化物 $Ln_{1-x}T_xMnO_3$(Ln 为三价稀土元素,T 为 Ca、Sr)是另外一种广为关注的半金属材料。标准的钙钛矿结构氧化物可以表示为 ABO_3,其中 A 为原子半径较大的稀土金属元素(La、Pr、Nd、Sm、Y)或者碱土金属元素(Ca、Sr、Ba),B 为原子半径较小的过渡金属元素,如 Ti、Mn、Fe。理想的钙钛矿结构具有空间群为 Pm3m 的立方结构,如图19.31所示,A 原子占据立方晶胞顶点,氧和 B 原子分别处于面心和体心位置,并且 B 原子自身也构成简单立方结构。B 原子处于氧空位组成的八面体中,两个近邻 B 离子之间被氧离子隔开形成 B-O-B 键。在掺杂的钙钛矿锰氧化物 $Ln_{1-x}T_xMnO_3$ 中,磁有序是基于双交换作用的,因此电子输运和其磁结构互相联系。当 Mn 离子的局域磁矩平行排列时,扩展态电子才能在不同离子间巡游,在洪特规则作用下,巡游电子自旋与局域磁矩方向一致,从而导致传导电子完全极化。

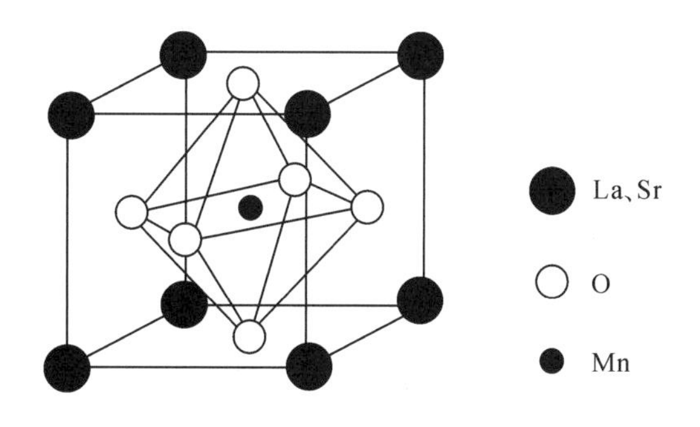

图19.31　钙钛矿结构

双钙钛矿氧化物是另一种类似的半金属材料,其单胞尺寸为普通钙钛矿结构的两倍,可以用 $A_2B^{\alpha}B^{\beta}O_6$ 表示。双钙钛矿氧化物可以看成由不同的 BO_6 八面体规则地相间排列而成。A 表示稀土或碱金属原子等大原子,B 表示过渡族金属原子等小原子。A 原子和氧原子形成面心立方结构,B 原子处于氧原子围成的八面体体心位置。在双钙钛矿结构中,B 原子的八面体结构由 $B^{\alpha}O_6$ 和 $B^{\beta}O_6$ 交替排列而成。钙钛矿 ABO_3 和双钙钛矿 $A_2B^{\alpha}B^{\beta}O_6$ 的结构如图19.32所示。此时 B^{α}-O-B^{β} 的180°超交换作用起主导作用,而直接交换作用和90°超交换作用的影响则可以忽略。

Pickett 最早预测了 La_2VMnO_6 为半金属反铁磁性,双钙钛矿结构具有更高的居里温度。Kobayashi 等通过能带结构计算研究了 Sr_2FeMo_6,发现在多数自旋方向上,价带由填满的 O 2s、O 2p 以及完全填满的 Fe 3d 态组成,并显示通常的晶体场劈裂。一个带隙将由 Mo 的 d 态形成的导带分离。在少数自旋方向,显示了被占据的来自 O 的导带以及具有 Fe 和 Mo 混合特征的杂化 d 带,居里温度在450K 左右。在 Sr_2FeReO_6 中也发现了同样的行为,并且发现了晶粒边界增强的隧穿磁电阻效应。其中4.2K下磁电阻约为21%,300K下磁电阻为7%,并且磁电阻随外加磁场呈现弱饱和趋势,其磁电阻效应如图19.33所示。

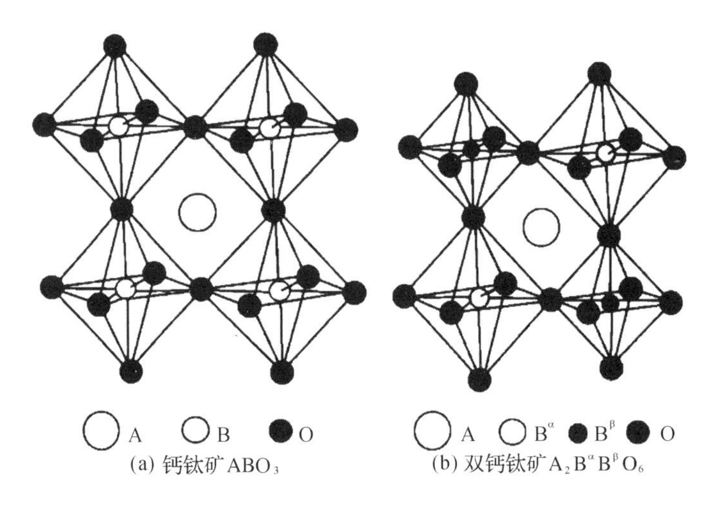

图 19.32 钙钛矿氧化物空间结构

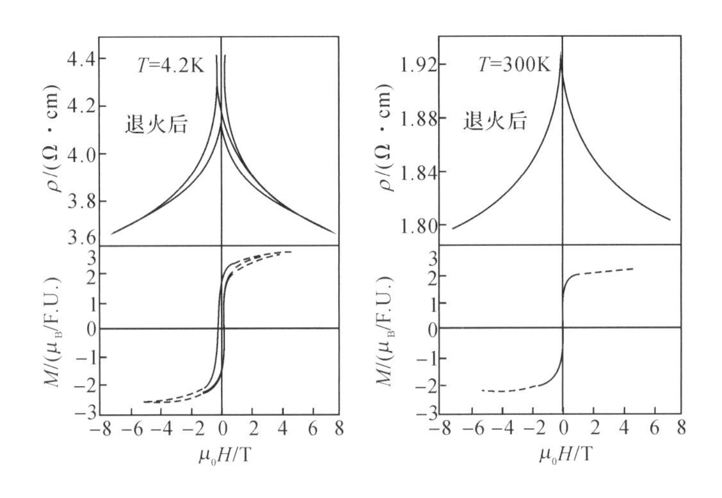

图 19.33 Sr_2FeReO_6 在 4.2K 和 300K 下的磁电阻和磁化强度随外加磁场的变化关系

19.4 稀磁半导体

半导体的研究及其应用在过去的一个世纪中高度发展，当代生活已经离不开构建于半导体材料之上的集成电路和微电子产业。但是目前人们对半导体的利用仅仅是操作其电子电荷自由度，而没有利用半导体电子的自旋自由度。举一个简单的例子：越来越便捷、高性能的计算机，其数据处理和寄存依靠的是半导体集成电路，操作电子的电荷属性，而数据存储则是利用磁性材料来实现的，操作的是电子的自旋自由度。半导体自学电子学就是研究如何同时操控电子的自旋和电荷两个自由度的一门新兴前沿学科，涉及物理、材料、工艺等诸多领域，力图融合电、光、磁，从而提升现有器件功能，开发新一代半导体自旋器件。

对磁性半导体的研究最早开始于 20 世纪 60 年代，集中于 Eu 和 Cr 的硫族化合物，包括盐岩结构的 EuS、EuO 以及尖晶石结构的 $CdCr_2S_4$ 和 $CdCr_2Se_4$ 等，在这些半导体中每个晶胞的相应的晶格位置都含有磁性元素，又称之为浓缩磁性半导体。Eu族化合物的自旋磁矩很大，每个Eu^{+}的自旋磁矩为$7\mu_B$。巡游载流子和磁性离子的局域电子之间相互作用使得其在金属-绝缘体相变点附近的光学和输运性质强烈依赖于磁矩和外加磁场。掺杂的Eu硫族化合物靠近导带边的电子具有100%的自旋极化率，并且适当的掺杂可以使其电导率和半导体材料的电导率相匹配，十分有利于其作为一种理想的自旋注入材料。但是这种浓缩磁性半导体存在居里温度低、制备加工困难等问题，不利于实际应用。

20世纪80年代人们开始研究Ⅱ-Ⅵ族稀磁半导体材料，即少量磁性元素掺杂Ⅱ-Ⅵ族非磁性半导体材料形成的合金，如(Cd,Mn)Te、(Zn,Mn)Se等。这种稀磁半导体可以保持闪锌矿或纤锌矿结构，同时获得高的磁性原子浓度。引入的Mn离子不提供也不束缚载流子，但是提供局域磁矩，磁性质受局域自旋之间的反铁磁性超交换作用控制，许多光学性质可以通过外场来调控，部分器件已经实现商品化。虽然Ⅱ-Ⅵ族稀磁半导体材料容易制备，但本身是绝缘的，n型或者p型掺杂困难，严重限制其应用。

90年代初人们开始关注Mn掺杂的Ⅲ-Ⅴ族稀磁半导体材料，这些稀磁半导体材料很容易和Ⅲ-Ⅴ族非磁性半导体如GaAs、AlAs、(Ga,Al)As和(In,Ga)As等形成异质结结构，表现出自旋相关散射、层间耦合、隧穿磁电阻等现象。有些实验室已经制备出了基于此种材料的自旋光发射二极管、自旋场效应晶体管等器件，但是这种材料仍然存在着居里温度太低的问题，限制了其实际应用。

2000年Dietl等对Mn掺杂的GaN、GaP、GaAs、GaSb、InP、InAs、ZnSe、ZnTe和ZnO等各种半导体材料的居里温度进行预测和计算，首次预测了Mn掺杂的p型ZnO稀磁半导体的居里温度T_C可能高于室温，由此引发了人们对宽禁带氧化物稀磁半导体的研究。十几年来人们对ZnO、In_2O_3、TiO_2以及SnO_2、CuO、HfO_2等氧化物开展了大量研究，在磁性离子掺杂、非磁性离子掺杂、不掺杂的氧化物半导体中都发现了室温铁磁性，极大地促进了稀磁半导体铁磁性来源、输运性质的研究内涵。

19.4.1 Ⅱ-Ⅵ族稀磁半导体材料

截至目前，人们研究最广泛、理解最透彻的稀磁半导体为合金。人们可以通过改变其成分来裁剪晶格常数和能带参数，磁性离子在子晶格中随机分布导致低温自旋玻璃态等重要的磁效应，Mn原子的替代也可以通过高效率电致发光来表征，使得其在光学平板显示领域中有重要的应用前景。

表19.5给出了$A^{\text{II}}_{1-x}Mn_xB^{\text{VI}}$型三元合金的晶体结构和相应的成分范围。从表中可以看出，在固溶体中，固溶度可以达到很高。原因在于合金中闪锌矿和纤锌矿两种晶体结构具有非常紧密的联系，虽然两者对称性不同，但是它们都具有s-p^3键，包含二价Ⅱ族元素的s电子和六价Ⅵ族元素的p电子。Mn为过渡族金属，价电子位于$4s^2$轨道。Mn的3d壳层半满，可以用$4s^2$来形成s-p^3键，来替代$A^{\text{II}}B^{\text{VI}}$四面体结构中的Ⅱ族元素。

表19.5 $A^{\text{II}}_{1-x}Mn_xB^{\text{VI}}$型三元合金的晶体结构和相应的成分范围

材料	晶体结构	成分范围
$Zn_{1-x}Mn_xS$	闪锌矿	$0<x\leqslant0.10$
$Zn_{1-x}Mn_xS$	纤锌矿	$0<x\leqslant0.45$

续表

材料	晶体结构	成分范围
$Zn_{1-x}Mn_xSe$	闪锌矿	$0<x\leqslant 0.30$
$Zn_{1-x}Mn_xSe$	纤锌矿	$0.30<x\leqslant 0.57$
$Zn_{1-x}Mn_xTe$	闪锌矿	$0<x\leqslant 0.86$
$Cd_{1-x}Mn_xS$	纤锌矿	$0<x\leqslant 0.45$
$Cd_{1-x}Mn_xSe$	纤锌矿	$0<x\leqslant 0.50$
$Cd_{1-x}Mn_xTe$	闪锌矿	$0<x\leqslant 0.77$
$Hg_{1-x}Mn_xS$	闪锌矿	$0<x\leqslant 0.37$
$Hg_{1-x}Mn_xSe$	闪锌矿	$0<x\leqslant 0.38$
$Hg_{1-x}Mn_xTe$	闪锌矿	$0<x\leqslant 0.75$

可以认为 $A^{II}_{1-x}Mn_xB^{VI}$ 材料是 $A^{II}B^{VI}$ 和 MnB^{VI} 的假二元合金。所有三元合金稀磁半导体的晶格参数都遵循韦格定律，晶格常数与成分的变化关系为：

$$a=(1-x)\,a_{II-VI}+xa_{Mn-VI}$$

式中，a_{II-VI} 和 a_{Mn-VI} 为二元组成的晶格常数。该公式说明晶格常数 a 实际上不依赖最近邻原子之间的距离，而只和成分有关，可以利用表 19.5 所示的数据计算出来。

所有的 $A^{II}_{1-x}Mn_xB^{VI}$ 稀磁半导体都是直接带隙半导体，与 $A^{II}B^{VI}$ 的能带相同，随着 x 的变化平滑地从 $A^{II}B^{VI}$ 转变为四面体键合的 MnB^{VI} 合金，而叠加在 $A^{II}B^{VI}$ 的能带结构特征之上的则是 Mn 的 $3d^5$ 壳层的效应。根据上述描述，可以通过改变成分来裁剪带隙。以 Mn 替代的 CdTe 为例，当 Mn 替代 Cd 时，带隙增加，$Cd_{1-x}Mn_xTe$ 的带隙随着成分线性变化，在 $x<0.77$ 的情况下，可以表示为：

$$E_g(300\text{K})=(1.528+1.316x)\text{eV}$$

$$E_g(4.2\text{K})=(1.606+1.592x)\text{eV}$$

$A^{II}_{1-x}Mn_xB^{VI}$ 合金的磁学性质的基础是 Mn^{2+} 之间的交换相互作用，其中阴离子会对 Mn^{2+} 之间的交换相互作用起到媒介的作用。Larson 等人研究发现最近邻和次近邻 Mn^{2+} 之间的相互作用为反铁磁状态，最近邻的反铁磁相互作用比次近邻的反铁磁相互作用大 5 倍，交换过程主要是阴离子作为媒介的双空穴过程。Mn 的含量或者温度不同，合金中存在的磁性相不同。高温下一般为顺磁相，低温下当 Mn 含量大于 0.2 时则为自旋玻璃相。

中子衍射结果显示，相邻自旋之间的反铁磁相互作用导致短程Ⅲ型反铁磁有序团簇形成。在稀磁半导体中的自旋分布会显示一定的空间局域波动，表示团簇开始形成。随着温度的降低，团簇尺寸长大，表现在中子衍射上为磁性峰变窄。最终的结果是团簇尺寸足够大，互相连接在一起（见图 19.34）。这些具有内部短程有序的团簇互相连接可以近似等同于自旋冻结，表现为磁导率的陡变。同时实验也证明自旋玻璃转变温度 T_g 也是 x 和 J 的增函数。对于高 x，单位体积内的团簇数量会更大，离得更近。在给定温度下，团簇尺寸也是 J 的增函数，因此对于高的 J 和 x，这种冻结现象将在更高温度出现。

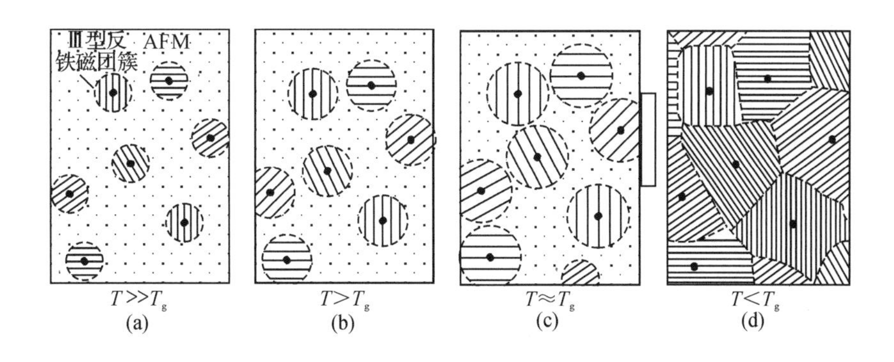

图19.34　内部具有Ⅲ型反铁磁有序的团簇的经验图像

19.4.2　Ⅲ-V族稀磁半导体材料

对Ⅲ-V族稀磁半导体材料的主要研究目标是实现材料的室温铁磁性，实现输运和光学特性对磁性状态的依赖性，同时保持材料的半导体特性，对掺杂、外场和光很敏感，并且与传统的微电子和光电子半导体技术具有兼容和可整合性。主要研究思路是利用低价态的Mn来替代Ⅲ-V族半导体中的阳离子，并且产生空穴。当浓度大于1%时，会导出足够多的空穴，这些空穴可以作为媒介，使来自强局域化的Mn $3d^5$ 电子提供 $S=5/2$ 磁矩，从而实现铁磁有序。

使Ⅲ-V族半导体磁性化的主要障碍是磁性元素Mn在化合物中的固溶度很低，由于磁效应基本上与磁性离子的浓度成正比例，因此不能在较低的掺杂浓度下获得显著的磁性能。平衡条件下Ⅲ-V族半导体晶体中Mn的溶解度上限为0.1%，超过这个极限，会发生相分离和表面分离。采用低温分子束外延技术，可以制备高掺杂量的Ⅲ-V族稀磁半导体材料。

稀磁半导体材料是否表现为绝缘体或者金属行为依赖于掺杂量和后期退火过程。通常情况下，在2%～5%的范围内观察到金属行为，在更高或者更低的掺杂量下则表现为绝缘体行为。经过退火之后，伴随着载流子浓度的增加和无序散射的减小，电阻率会明显地降低。在Mn掺杂量为1.5%时出现的金属绝缘体转变接近于掺杂半导体的Mott绝缘体极限。最优退火条件下，退火的样品在Mn掺杂量高于1.5%的整个范围内都可以保持金属性。

反常霍尔效应是系统中自旋轨道耦合的直接结果，在稀磁半导体中可以用来间接测量样品的磁化强度。因此，反常霍尔效应是探测制定温度下系统的铁磁状态的最简单的方式。在(Ⅲ，Mn)V半导体中，铁磁性最初就是通过反常霍尔效应测量发现的。图19.35显示，无论是否包含无序分布，在典型空穴密度 $\rho\approx 0.5\text{nm}^{-3}$ 和百分之几的Mn的含量下，理论上的(Ga,Mn)As稀磁半导体的反常霍尔电导率是数十 $\Omega^{-1}\cdot\text{cm}^{-1}$。无序分布倾向于在Mn掺杂时提高反常霍尔电导率，并且在高Mn浓度下抑制反常霍尔效应，因为由无序而展宽的能量可以与交换场相比拟。图19.35中插图也表示反常霍尔效应的大小不仅对空穴和Mn浓度敏感，而且对在基底和磁性层间由于晶格失配产生的张力很敏感，其中 $e_0=(a_{\text{substrate}}-a_{\text{DMS}})a_{\text{DMS}}$。

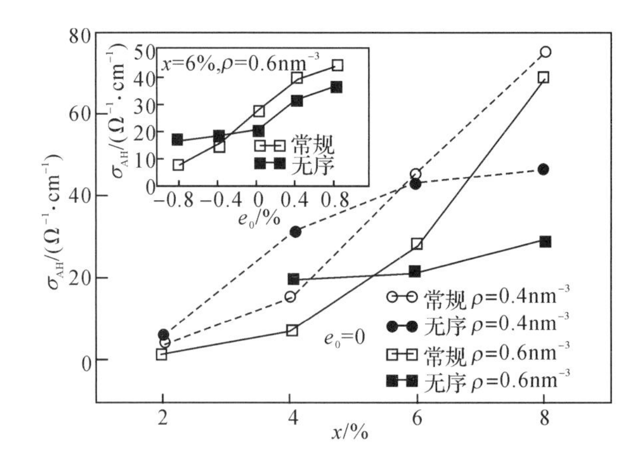

图 19.35 (Ga,Mn)As稀磁半导体的异常霍尔效应

注:空心点为理论计算得到的 $Mn_xGa_{1-x}As$ 稀磁半导体的异常霍尔电导率;实心点为考虑了 Mn 无序分布以后得到的异常霍尔电导率。

19.4.3 氧化物宽禁带稀磁半导体材料

虽然Ⅱ-Ⅵ族稀磁半导体材料和Ⅲ-Ⅴ族稀磁半导体材料研究起步较早且取得了很大的进展,但是它们大多具有较低的居里温度,限制了其使用,因此为了实际需要仍有必要研究室温下具有铁磁性的稀磁半导体。Dietl 等人从理论上预测基于宽禁带半导体的稀磁半导体的铁磁性在室温下是稳定的。实验方面关于 Co∶TiO_2 薄膜室温铁磁性的报道极大地促进了氧化物稀磁半导体的研究。已有的实验工作主要集中在 ZnO、TiO_2 两种体系中,同时在其他一些氧化物体系中也发现了室温铁磁性,下面分别加以介绍。

ZnO 是Ⅱ-Ⅵ族化合物半导体,禁带宽度为 3.35eV,本征状态下是 n 型导电,可以通过掺杂技术来实现 p 型导电。$Zn_{1-x}M_xO$(M 为 Co、Mn、V、Fe 等)薄膜可以通过射频磁控溅射、脉冲激光沉积、溶胶凝胶等方法来制备。衬底通常采用[0001]方向的蓝宝石,薄膜和衬底之间具有较低的失配度(2%),即使在掺杂后,ZnO 的纤锌矿结构仍然可以保留。采用非平衡制备方法,可以有效地克服 Co 等过渡族金属在 ZnO 中的溶解度限制,能够得到 25%以上掺杂量的薄膜。

Co∶ZnO 薄膜由于生长方法或者生长条件不同,其磁性能的重复性很差。有研究者报道利用脉冲激光沉积可以制备具有室温铁磁性的 Co∶ZnO 薄膜,而另外有研究者却发现采用激光分子束外延技术生长的薄膜却没有铁磁性,且 Co 原子的磁矩比金属 Co 的原子磁矩低很多,说明其中 Co 是以 Co^{2+} 存在的。已经发现利用射频磁控溅射可以在[0001]取向的蓝宝石基底上生长居里温度为 70K 的 $Zn_{0.93}Mn_{0.07}O$,而在$(11\bar{2}0)$取向的蓝宝石基底上却无法得到铁磁性的 Mn∶ZnO 薄膜,说明衬底对薄膜的磁性有着重要的影响。理论预测 V 掺杂也可以得到室温铁磁性,而在实验中得到了居里温度在室温以上的 $Zn_{0.85}V_{0.15}O$ 薄膜,薄膜的磁化强度对外磁场表现出明显的依赖关系,表明薄膜具有铁磁性。更有人报道在 $Zn_{0.94}Fe_{0.05}Cu_{0.01}O$ 中已经获得了高达 550K 的居里温度,并且室温下的饱和磁化强度达到 $0.75\mu_B$/Fe。

稀磁半导体最重要的特征是磁电阻效应。图 19.36 给出了不同 Co 掺杂量下 Zn_{1-x}

Co_xO : Al 薄膜在不同温度下的等温电阻曲线，其中 Al 的作用是增加载流子浓度，使薄膜导电。在低温下可以观察到三种不同的磁电阻行为，MR 受 Co 含量 x 的影响。当 Co 含量很小($x=0.02$)时，薄膜只表现出负的磁电阻；而当 Co 含量很高($x=0.15$)时，则表现出正的磁电阻。低温下 $x=0.10$ 的薄膜的磁电阻效应基本上和 $x=0.06$ 的薄膜的磁电阻效应相同。当磁场较小时，$x=0.10$ 的薄膜表现出负的磁电阻，之后磁场达到 H_{max}，变为正磁阻，在 H_{max} 之上又显现出负磁阻。在磁场 H_{max} 处，正磁阻具有最大值且随着温度的降低而减小。

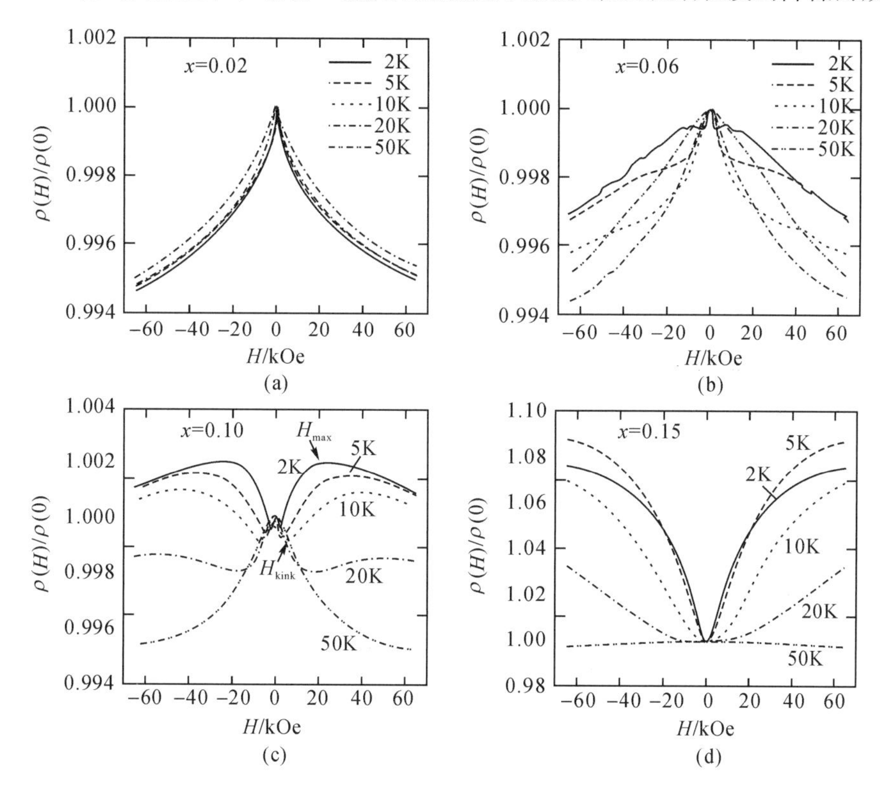

图 19.36 不同温度下，激光沉积的 $Zn_{1-x}Co_xO$: Al 薄膜在 $x=0.02$、0.06、0.10 和 0.15 时的等温磁电阻(磁场垂直膜面)

在 Fe 掺杂的 $Zn_{0.94}Fe_{0.05}Cu_{0.01}O$ 中，100K 以下也观察到了很大的正磁致电阻(5K、2T 条件下高达 60%)。另外在 Ni 掺杂的 Ni : ZnO 薄膜以及非磁性元素掺杂的 ZnO : S 薄膜中都观察到了很大的低温磁电阻。

另外一种经常用来作为稀磁半导体母体的氧化物材料为 TiO_2。TiO_2 可以以很多不同的形式存在，例如金红石、锐钛矿和板钛矿。其中金红石是四方晶体结构，带隙宽度为 3eV，锐钛矿也是四方晶体结构，带隙宽度为 3.2eV。锐钛矿为亚稳态，通常情况下，难以以块状的形式存在，但是可以利用脉冲激光沉积或者外延沉积的方法在[100]的 $LaAlO_3$ 衬底上以叠层的形式生长。也可以利用外延生长在[111]$SrTiO_3$ 衬底上获得外延的金红石薄膜。掺杂元素在 TiO_2 母体中的分布与生长过程有很大的关系，例如，一定条件下，富含 Co 的锐钛矿中的 Co 会在锐钛矿外延层中聚集成核，极端条件下，几乎所有的 Co 都以团簇的形式相互隔离，产生纳米尺度的铁磁性相，而在 Co 均匀分布的情况下则不会产生铁磁性。Kim 等人认为在较低的氧分压下生长，锐钛矿型的 TiO_2 薄膜中的氧空位有利于 Co 离子的扩散，导致纳米团簇的形成，从而影响薄膜的磁学性质。

在 Co：TiO_2 薄膜中，不同条件下生长的薄膜 Co 原子的饱和磁矩变化很大。Matusumoto 等人发现 $LaAlO_3$ 上生长的 $Ti_{0.93}Co_{0.07}O_2$ 中 Co 原子磁矩为 $0.32\mu_B$/Co，Al_2O_3 上生长的 $Ti_{0.95}Co_{0.05}O_2$ 则为 $1\mu_B$/Co。Shinde 等人得到了 $1.4\mu_B$/Co 的 Co 原子磁矩。甚至有人得出了 $1.7\mu_B$/Co 的 Co 原子磁矩。这么大的分布范围表明，生长条件，特别是氧分压，在 Co 团簇和 TiO_2：Co 相的形成过程中有重要作用。Stampe 等人利用脉冲激光沉积技术制备了锐钛矿和金红石结构的 $Ti_{1-x}Co_xO_2$ 外延薄膜，并发现室温铁磁性，锐钛矿结构的磁矩为 $1.7\mu_B$/Co，金红石结构的磁矩为 $0.6\mu_B$/Co，透射电镜发现金属 Co 以微晶的形式出现在锐钛矿表面而不是进入锐钛矿的晶格中。

对于低温磁电阻，在 8T 磁场强度下，3K 时未掺杂薄膜的磁电阻为 6%，1%掺杂的 TiO_2 薄膜磁电阻为 23%，而 2%掺杂的薄膜的磁电阻为 40%，更高浓度的掺杂磁电阻则和 2%相同。在 2K 下当磁场和薄膜表面垂直时，$Ti_{0.93}Co_{0.07}O_2$ 可以获得 60%的磁电阻。

还有一些其他氧化物也被用来作为稀磁半导体的母体，如金红石型 SnO_2、Cu_2O、钙钛矿结构氧化物等。可以利用脉冲激光沉积等非平衡制备手段得到掺杂量高达 30%的 Co 或者 Mn 掺杂的金红石型 SnO_2，但是发现 Mn 掺杂的 SnO_2 是顺磁性的，而 Co 掺杂的 SnO_2 则为铁磁性的，且居里温度接近 650K。同样利用脉冲激光沉积制备的 $Co_{0.05}R_{0.005}Cu_{0.945}O$（其中 R 为 Al、V、Zn）薄膜发现只有在 Al 掺杂的 Cu_2O：Co 薄膜中才能观察到室温铁磁性，而其他薄膜中则观察到类似自旋玻璃的性质。通过在高温下对钙钛矿结构的 $ATiO_3$（A 为 Ba、Sr、La）进行 Co 或者 Mn 注入，然后降温到室温可以获得钙钛矿型稀磁半导体。具体来说，对 $BaTiO_3$ 掺 Mn，磁化强度随温度的变化关系表现为非布里渊区形曲线，而掺 Co 时磁化强度随温度上升而近似线性下降。这种现象在 $SrTiO_3$ 和 $KTaO_3$ 中也观察到过。

习　　题

第 19 章拓展练习

19-1　自旋电子学材料与传统磁性材料有何区别？

19-2　何谓磁电阻？磁电阻效应包括哪些种类？各自产生的机理是什么？

19-3　列举磁电阻效应的典型应用。

19-4　半金属材料有何特点？

19-5　何谓稀磁半导体材料？试分析其磁性来源。

参考文献

[1] FURDYNA J K. Diluted magnetic semiconductors-an interface of semiconductor physics and magnetism[J]. Journal of Applied Physics, 1982, 53(11): 7637-7643.

[2] DIENY B, SPERIOSU V S, PARKIN S S P, et al. Giant magnetoresistance in soft ferromagnetic multilayers[J]. Physical Review B, 1991, 43(1): 1297-1300.

[3] PARKIN S S P, LI Z G, SMITH D J. Giant magnetoresistance in antiferromagnetic Co/Cu multilayers[J]. Applied Physics Letters, 1991, 58(23):

2710-2712.

[4] GAJ J A, GRIESHABER W, BODINDESHAYES C, et al. Magnetooptical study of interface mixing in the CdTe-(Cd,Mn)Te system[J]. Physical Review B, 1994, 50(8): 5512-5527.

[5] SCHIFFER P, RAMIREZ A P, BAO W, et al. Low-temperature magnetoresistance and the magnetic phase-diagram of $La_{1-x}Ca_xMnO_3$ [J]. Physical Review Letters, 1995, 75(18): 3336-3339.

[6] MARTIN M C, SHIRANE G, ENDOH Y, et al. Magnetism and structural distortion in the $La_{0.7}Sr_{0.3}MnO_3$ metallic ferromagnet[J]. Physical Review B, 1996, 53(21): 14285-14290.

[7] RAMIREZ A P, SUBRAMANIAN M A. Large enhancement of magnetoresistance in $Tl_2Mn_2O_7$: Pyrochlore versus perovskite[J]. Science, 1997, 277(5325): 546-549.

[8] PARK J H, VESCOVO E, KIM H J, et al. Direct evidence for a half-metallic ferromagnet[J]. Nature, 1998, 392(6678): 794-796.

[9] MOREO A, YUNOKI S, DAGOTTO E. Solid state physics-Phase separation scenario for manganese oxides and related materials[J]. Science, 1999, 283 (5410): 2034-2040.

[10] UEHARA M, MORI S, CHEN C H, et al. Percolative phase separation underlies colossal magnetoresistance in mixed-valent manganites[J]. Nature, 1999, 399(6736): 560-563.

[11] OHNO H, CHIBA D, MATSUKURA F, et al. Electric-field control of ferromagnetism[J]. Nature, 2000, 408(6815): 944-946.

[12] MATSUMOTO Y, MURAKAMI M, SHONO T, et al. Room-temperature ferromagnetism in transparent transition metal-doped titanium dioxide[J]. Science, 2001, 291(5505): 854-856.

[13] WOLF S A, AWSCHALOM D D, BUHRMAN R A, et al. Spintronics: A spin-based electronics vision for the future[J]. Science, 2001, 294(5546): 1488-1495.

[14] 孙阳.钙钛矿结构氧化物中的超大磁电阻效应及相关物性[D].合肥:中国科学技术大学,2001.

[15] RAVINDRAN P, KJEKSHUS A, FJELLVAG H, et al. Ground-state and excited-state properties of $LaMnO_3$ from full-potential calculations[J]. Physical Review B, 2002, 65(6): 19.

[16] SCHWARTZ D A, NORBERG N S, NGUYEN Q P, et al. Magnetic quantum dots: Synthesis, spectroscopy, and magnetism of CO^{2+} and Ni^{2+} doped ZnO nanocrystals[J]. Journal of the American Chemical Society, 2003, 125(43): 13205-13218.

[17] 姜寿亭,李卫.凝聚态磁性物理[M].北京:科学出版社,2003.

[18] OHTOMO A, HWANG H Y. A high-mobility electron gas at the $LaAlO_3$/$SrTiO_3$ heterointerface[J]. Nature, 2004, 427(6973): 423-426.

[19] SCHWARTZ D A, GAMELIN D R. Reversible 300K ferromagnetic ordering in a diluted magnetic semiconductor[J]. Advanced Materials, 2004, 16(23-24): 2115.

[20] COEY J M D, VENKATESAN M, FITZGERALD C B. Donor impurity band exchange in dilute ferromagnetic oxides[J]. Nature Materials, 2005, 4(2): 173-179.

[21] DAGOTTO E. Complexity in strongly correlated electronic systems[J]. Science, 2005, 309(5732): 257-262.

[22] ROCHA A R, GARCIA-SUAREZ V M, BAILEY S W, et al. Towards molecular spintronics[J]. Nature Materials, 2005, 4(4): 335-339.

[23] 洪峰.铁磁性半金属 CrO_2 表面的几何结构和电子态的第一性原理研究[D].上海:复旦大学,2005.

[24] FITZGERALD C B, VENKATESAN M, DORNELES L S, et al. Magnetism in dilute magnetic oxide thin films based on SnO_2[J]. Physical Review B, 2006, 74(11): 10.

[25] 严密,彭晓领.磁学基础与磁性材料[M].2版.杭州:浙江大学出版社,2019.

[26] CHAPPERT C, FERT A, VAN DAU F N. The emergence of spin electronics in data storage[J]. Nature Materials, 2007, 6(11): 813-823.

[27] 赵遵成.界面掺杂对磁电阻的影响及Co/NiO/Cu/Co结构中的异常磁光克尔效应研究[D].上海:上海交通大学,2007.

[28] KIM W Y, KIM K S. Prediction of very large values of magnetoresistance in a graphene nanoribbon device[J]. Nature Nanotechnology, 2008, 3(7): 408-412.

[29] PALACIOS J J, FERNANDEZ-ROSSIER J, BREY L. Vacancy-induced magnetism in graphene and graphene ribbons[J]. Physical Review B, 2008, 77(19): 14.

[30] 刘俊.新型尖晶石结构半金属材料磁电性能的第一性原理计算[D].重庆:重庆大学,2008.

[31] 周正有.La-Sr-Mn-O掺杂及复合材料结构和磁电输运性质研究[D].南昌:南昌大学,2008.

[32] HOPPLER J, STAHN J, NIEDERMAYER C, et al. Giant superconductivity-induced modulation of the ferromagnetic magnetization in a cuprate-manganite superlattice[J]. Nature Materials, 2009, 8(4): 315-319.

[33] IKEDA S, MIURA K, YAMAMOTO H, et al. A perpendicular-anisotropy CoFeB-MgO magnetic tunnel junction[J]. Nature Materials, 2010, 9(9): 721-724.

[34] OGALE S B. Dilute doping, defects, and ferromagnetism in metal oxide systems[J]. Advanced Materials, 2010, 22(29): 3125-3155.

[35] WANG D D, CHEN Q, XING G Z, et al. Robust room-temperature rerromagnetism with giant anisotropy in Nd-doped ZnO nanowire arrays[J]. Nano Letters, 2012, 12(8): 3994-4000.

[36] 顾浩. Co、Fe 掺杂 ZnO 稀磁半导体结构与磁性能研究[D]. 杭州:浙江大学,2012.

[37] SANDO D, AGBELELE A, RAHMEDOV D, et al. Crafting the magnonic and spintronic response of $BiFeO_3$ films by epitaxial strain[J]. Nature Materials, 2013, 12(7): 641-646.

[38] 李静. 自旋电子学材料的 PLD 法制备及其磁性能研究[D]. 杭州:浙江大学,2013.

[39] 米文博,王晓姹. 自旋电子学基础[M]. 天津:天津大学出版社,2013.

[40] 韩秀峰. 自旋电子学导论[M]. 北京:科学出版社,2014.

[41] 王超. 核/壳结构 ZnO 量子点的结构与性质研究[D]. 合肥:中国科学技术大学, 2014.

[42] SPALDIN N A. Magnetic Materials: Fundamentals and Applications[M]. 2nd ed. 北京:世界图书出版公司, 2015.

[43] 钟智勇. 磁电阻传感器[M]. 北京:科学出版社,2015.

[44] JUNGWIRTH T, MARTI X, WADLEY P, et al. Antiferromagnetic spintronics[J]. Nature Nanotechnology, 2016, 11(3): 231-241.

[45] 陈娇娇. 半导体硅和锗的磁电阻性能研究和应用[D]. 北京:清华大学,2016.

[46] 孙浩. 拓扑非平庸材料以及铁磁半金属的第一性原理研究[D]. 合肥:中国科学技术大学,2016.

[47] OHIO L, INFORMATION N. Magnetic Nanomaterials: Fundamentals, Synthesis and Applications[M]. Weinheim: Wiley-VCH, 2017.

[48] 丁翠. 1111-型新型块材稀磁半导体:$(La_{1-y}AE_y)(Zn_{1-x}Mn_x)AsO$(AE=Ca,Sr,Ba)的制备和物性研究[D]. 杭州:浙江大学, 2017.

[49] 张军然. 磁性氧化物 Fe_3O_4 和拓扑半金属 ZrSiS 的制备与输运特性研究[D]. 南京:南京大学,2017.

[50] 张亢. 铋基拓扑绝缘体和 Cd_3As_2 拓扑狄拉克半金属纳米结构的制备及其若干输运现象的研究[D]. 南京:南京大学,2017.

[51] LI Y, LI J, YU Z, et al. Study on the high magnetic field processed ZnO based diluted magnetic semiconductors[J]. Ceramics International, 2019, 45(16): 19583-95.

[52] 郭胜利. 新型稀磁半导体的制备及 μSR 研究[D]. 杭州:浙江大学,2019.

[53] WANG A-Q, YE X-G, YU D-P, et al. Topological semimetal nanostructures: from properties to topotronics[J]. Acs Nano, 2020, 14(4): 3755-78.

[45] GUPTA A, ZHANG R, KUMAR P, et al. Nano-structured dilute magnetic semiconductors for efficient spintronics at room temperature[J]. Magnetochemistry, 2020, 6(1).

[55] 苏鉴. 垂直各向异性 FeNiB/MgO 薄膜的巨大隧穿磁电阻和磁化状态的调控[D]. 北京:中国科学院大学(中国科学院物理研究所),2020.

[56] LV B Q, QIAN T, DING H. Experimental perspective on three-dimensional topological semimetals[J]. Reviews of Modern Physics, 2021, 93(2).

[57] 孙勇. 3d过渡金属稀磁半导体的磁性调控机制研究[D]. 西安:西北大学,2021.

[58] 邓俊. 新型磁性半金属和半导体的设计与第一性原理计算研究[D]. 北京:中国科学院大学(中国科学院物理研究所),2021.

[59] 冯兰婷. 二维金属和拓扑半金属材料电子输运性质的理论研究[D]. 长春:吉林大学,2022.

[60] 陈伟斌. 磁电阻薄膜的制备及双轴巨磁电阻传感器的研究[D]. 济南:山东大学,2022.

[61] LI T, ZHANG L, HONG X. Anisotropic magnetoresistance and planar Hall effect in correlated and topological materials[J]. Journal of Vacuum Science and Technology A, 2022, 40(1): 010807.